本书第一版荣获“中国石油和化学工业联合会科技进步奖三等奖”

天然气利用新技术

第二版

樊栓狮　王燕鸿　郎雪梅　等　编著

TIANRANQI LIYONG XINJISHU

化学工业出版社

·北京·

《天然气利用新技术》第二版由七大篇组成，共分十一章。气源篇主要介绍天然气的来源。化工篇主要包括天然气化工，天然气与石油化工，天然气与煤化工，天然气制氢技术，天然气制芳烃等内容。能源篇介绍了天然气发电技术，主要探讨联合循环发电，天然气与分布式能源。交通篇介绍天然气作为替代能源在运输业中的应用。城市燃气篇中主要阐述了城市天然气的特点、规划及输配系统。储运篇中通过对七种常规和非常规天然气储运方法原理、特点的介绍以及比较，对天然气储运技术的未来发展进行了展望，提出了各种天然气储运技术的技术壁垒。最后的节能篇重点探讨了天然气利用过程中的节能技术，天然气与新能源利用等。

本次修订增加了“气源篇”；天然气制芳烃、天然气水合物储存和分解实验室研究、天然气水合物生产储运案例、天然气制氢-加氢站建设；调整了能源篇中天然气冷热电三联供，天然气与分布式能源的顺序，条理性更强。

本书涉及天然气利用技术的各个方面，内容系统全面，可供天然气利用技术人员及研究人员使用，也可供高等院校相关专业师生参考。

图书在版编目（CIP）数据

天然气利用新技术/樊栓狮等编著. —2版. —北京：化学工业出版社，2020.6

ISBN 978-7-122-36360-2

Ⅰ.①天… Ⅱ.①樊… Ⅲ.①天然气利用-高技术-普及读物 Ⅳ.①TE64-49

中国版本图书馆CIP数据核字（2020）第036250号

责任编辑：袁海燕　　装帧设计：王晓宇

责任校对：王素芹

出版发行：化学工业出版社（北京市东城区青年湖南街13号　邮政编码100011）

印　　刷：三河市航远印刷有限公司

装　　订：三河市宇新装订厂

787mm×1092mm　1/16　印张24　字数646千字　2020年7月北京第2版第1次印刷

购书咨询：010-64518888　　售后服务：010-64518899

网　　址：http：//www.cip.com.cn

凡购买本书，如有缺损质量问题，本社销售中心负责调换。

定　　价：128.00元

前言

本书第一版自2012年出版以来，鉴于其对天然气技术国内外进展较为全面的介绍，得到同行的认可和广大读者的欢迎。并荣获2014年中国石油和化学工业联合会科技进步三等奖和2014年中国石油和化学工业优秀出版物奖（图书奖）一等奖。自20世纪以来，随着世界范围内石油资源的严重短缺，以天然气代替石油成为当今世界调整能源结构、减少污染的一大趋势。中国将要迎来天然气黄金时代。“天然气经济效应”将推动我国的能源革命、环保革命、产业革命迈向一个崭新的发展阶段。为介绍国内外的最新进展，以及吸收广大读者对本书第一版提出的改进意见，对原书进行了必要的修订补充后重新出版。此次修订在第一版的基础上做了如下改进：

完善了从源头到产品的天然气利用链条，新增了气源篇；

增加了天然气化工中近几年的热门研究，如天然气制乙烯、天然气制芳烃；

在保持原版材料和内容前提下，对分布式能源重新整理和编排：把冷热电三联供和分布式能源以及天然气冷能利用进行了合并，移至第6章；

在原版的框架下，更新了天然气水合物储运和天然气储气库等章节的内容。

希望这些工作能使第二版的《天然气利用新技术》一书更受欢迎。

全书分七大篇共十一章。第一篇气源篇（第1章），介绍了天然气的几种主要来源，由王燕鸿负责编著，李璐伶参与。第二篇化工篇（第2章到第5章）。第2章介绍了传统天然气化工——合成氨、制甲醇、制烯烃和炔烃、制炭黑以及甲烷氯化物等技术。第3章和第4章将天然气和石油化工、煤化工结合，介绍了天然气制合成油、合成气的基本原理、工艺以及发展前景。第5章对天然气制氢技术进行了叙述，包括天然气重整制氢、裂解制氢、现场制氢，以及其他利用天然气制氢的新技术。由王燕鸿、郎雪梅、李刚负责编著与修订。第三篇能源篇（第6章），介绍了天然气发电技术和分布式能源，由王燕鸿和徐文东完成。第四篇交通篇（第7章），对天然气作为替代能源在运输业中的应用进行叙述，对不同类型的天然气（CNG、LNG、LPG、ANG、NGH）在车用（船用、飞机用）燃料的技术性、经济性上进行了比较，由樊栓狮负责编写。第五篇城市燃气篇（第8章）中主要阐述了城市天然气的特点、规划及输配系统，由刘建辉负责编著。第六篇储运篇（第9章）中介绍了七种常规和非常规天然气储运方法的原理、特点，由樊栓狮、于驰、王盛龙负责编著和修订。第七篇节能篇（第10、11章）探讨了天然气利用过程中的节能技术以及与其他新能源联合使用技术，由徐文东和解东负责编写。整书的统稿由王燕鸿和郎雪梅完成，樊栓狮审定。

在本书的编写修订过程中，得到了各章撰稿人和统稿人的大力支持，他（她）们为此付出了大量的辛勤劳动，在此对所有参与本书编写的老师和同学表示感谢。感谢中国博士后科学基金（No. 2019T120860）、国家自然科学基金（No. 21736005）的大力支持。本书在编著过程中，考虑到知识的系统性而引用了相关的文献内容，在此对被引文献的作者表示感谢。对所引用资料参考文献中可能有所疏漏，也请作者和读者给予谅解。

樊栓狮

2019年11月11日

第一版前言

石油是20世纪全球工业发展的主要能源，从20世纪下半叶起，天然气在世界能源消费构成中的比重不断上升。随着世界范围内石油资源的严重短缺，以天然气代替石油是当今世界许多国家调整能源结构、减少污染的一大趋势。作为石油的替代能源，天然气更加清洁，而且世界天然气储量丰富，后备资源充足。国际上认为21世纪天然气在能源消费中的比例应达到33%以上。目前，发达国家已经达到26%，而我国只有3%左右。“天然气经济效应”将推动我国的能源、环保产业向一个崭新的方向发展。

工业企业领域是天然气消费的主要领域，也是天然气消费的大用户。有数据表明，发达国家在天然气能源使用方面，民用不超过30%，工业用可达到70%。近年来，各工业发达国家和各大化学公司都积极开发与研究天然气利用新技术。

笔者自1996年开始研究天然气利用技术以来，先后受到中国石油科技中青年创新基金项目，中国科学院院长基金及重点项目，国家自然科学基金，国家“863”“973”项目以及广东省及中海油等多个项目的资助。本书以笔者承担的这些科研项目为基础，结合国内外研究现状，系统而严谨地论述了天然气利用的各项新技术。

本书由六大篇组成，共分10章。第一篇化工篇，由4章组成。第1章介绍了传统天然气化工——合成氨、制甲醇、制烯烃和炔烃、制炭黑以及甲烷氯化物等技术的国内外现状、生产方法，并对其技术经济性进行了分析。第2章和第3章将天然气和石油化工、煤化工结合，介绍了天然气制合成油、合成气的基本原理、工艺及发展前景。第4章对天然气制氢技术进行了叙述，包括天然气重整制氢、裂解制氢、现场制氢，以及其他天然气制氢的新技术。第二篇能源篇（第5章），主要介绍了天然气发电技术，综述了世界天然气发电的现状，在介绍天然气发电的技术原理和特点基础上探讨了联合循环发电，并分析了天然气发电的经济性和环境效应。第三篇交通篇对天然气作为替代能源在运输业中的应用进行阐述，对不同类型的天然气（CNG、LNG、LPG、ANG、NGH）在车用（船用、飞机用）燃料的技术性、经济性上进行了比较，为今后天然气做替代燃料的应用打下基础。城市燃气篇中主要阐述了城市天然气的特点、规划及输配系统，分析了分布式能源的特点和分布式能源系统的设计原则，并通过实际项目说明。储运篇中通过对七种常规和非常规天然气储运方法原理、特点的介绍以及比较，对天然气储运技术的未来发展进行了展望，提出了各种天然气储运方面的技术壁垒。最后的节能篇重点探讨了天然气利用过程中的节能技术，比如天然气的冷能、压力能利用，以及与其他新能源联合使用技术。

本书涉及天然气利用技术的方方面面。虽然开展天然气利用技术的研究已有较长的时间，也有些成熟技术。但天然气作为一种能源，具有极大的开发潜力和很好的应用前景，目前很多技术尚没有具体的工业应用实例。由于我国西部和海洋的天然气储量非常丰富，开发天然气利用的新技术对我国宏观能源决策有着重要而迫切的现实意义。

本书在编著过程中，考虑到知识的系统性而引用了相关的文献内容，在此对被引文献的作者表示感谢。

编著者

2012年1月

目录

气 源 篇

化 工 篇

能 源 篇

交　通　篇

城市燃气篇

储　运　篇

节 能 篇

气源篇

1

天然气的来源

近千年来，人类的能源构成发生着重大的变化，从最初的木柴到煤炭，再到石油，经历了从固态到液态的变迁。20世纪20年代以前是以煤炭为主的时代，20年代中期以后，石油取代了煤炭的地位，跃居为世界的主要能源，世界进入石油时代。现在，世界正处在天然气取代石油而成为世界首要能源的过渡时期。提高天然气在一次能源消费中的比例是各国优化能源结构的共同选择。世界天然气资源十分丰富。最近数十年来，世界天然气探明可采储量的增长速度都高于石油，到1995年按热值计算，探明的天然气储量已基本与石油持平。据2019年BP世界能源统计年鉴，截止2018年，世界天然气剩余探明可采储量达到196万亿立方米[1]。此外，还有大量的非常规气资源。常规和非常规气的资源完全可以满足人类对能源的长远需求。

天然气分为常规天然气和非常规天然气两大类型。常规天然气是指能够用传统的油气生成理论解释的天然气。非常规天然气是指在成藏机理、赋存状态、分布规律或勘探开发方式等方面与常规天然气不同的天然气资源，主要包括页岩气、致密气、煤层气和天然气水合物[2]。全球范围内，非常规天然气资源十分丰富，开发利用的技术日趋成熟，是常规天然气最现实的替代资源，在世界能源结构中扮演着非常重要的角色。我国非常规天然气资源也十分丰富。

1.1 常规天然气

根据《石油天然气储量计算规范》（中华人民共和国地质矿产行业标准DZ/T 0217—2005），常规天然气（gas）是指天然存在的烃类和非烃类气体以及各种元素的混合物，其在地层条件下呈气态或者溶解于油、水中，在地面标准条件下只呈气态。

烃类气体的主要成分为烷烃，其中甲烷占绝大多数，另有少量的乙烷、丙烷和丁烷。天然气具可燃性，在标准状态下甲烷至丁烷以气体状态存在，戊烷以上为液体。甲烷是链最短和最轻的烃分子。非烃类气体包括硫化氢、二氧化碳、氮、水汽和少量一氧化碳以及微量的稀有气体（如氦和氩）等。

从地质角度上讲，常规天然气在烃源岩由有机质经生物化学作用、热催化作用或热裂解作用生成后，在浮力和流体压力的驱使下，经过一定距离的一次运移和二次运移在常规圈闭中聚集，形成常规天然气藏。常规天然气主要是以游离状态储集在储层中，所以气藏常位于构造的较高部位，受生、储、盖组合控制，成藏需要致密盖层和有效的圈闭条件。

常规天然气主要集中分布在欧亚大陆和中东地区，欧亚大陆和中东地区的常规天然气剩余技术可采资源量分别为134万亿立方米和103万亿立方米，合计占全球常规天然气剩余技术可采资源量的一半。

我国天然气资源潜力较大，经过中国石油天然气股份有限公司第四次油气资源评价[3]，显示我国常规天然气（扣除致密气量）地质资源量为7.8万亿立方米，陆上占52%，海域占48%。剩余常规天然气资源主要分布在塔里木盆地、四川盆地、鄂尔多斯盆地和南海等重点地区，岩性地层、前陆盆地、海相碳酸盐、海域深水等是未来的主要勘探领域，目前探明程度不高，还有大幅增加天然气储量和产量的基础与潜力[4]。

1.2 非常规天然气

我国非常规天然气资源量极其丰富，从目前的资源量预测值来看（图1-1），非常规天然气地质资源量高达275.8万亿立方米，技术可采资源量为60.6万亿立方米，为常规天然气的2.3倍，资源潜力巨大。其中，页岩气技术可采资源量居首，为25万亿立方米，天然气水合物、煤层气和致密气技术可采资源量相近，分别为12.6万亿立方米、12万亿立方米和11万亿立方米[3,5~9]。

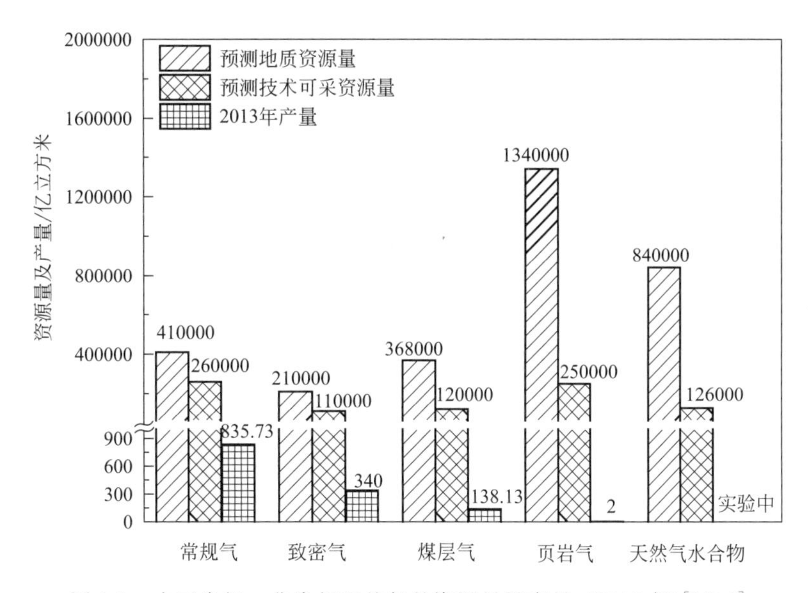

图1-1　中国常规、非常规天然气的资源量及产量（2013年）[3,5~9]

注：常规气的相关数据已从文献原始数据中扣除致密气量；致密气地质资源量为文献［7］所预测范围的中值；煤层气产量为地面抽采（29.26亿立方米）和地下抽采（108.87亿立方米）的总量；天然气水合物预测技术可采资源量为笔者采用最终采收率0.15估算所得数值

从非常规天然气的资源分布来看，中国致密气广泛分布于鄂尔多斯、四川、塔里木、准噶尔、松辽等10余个盆地，其中鄂尔多斯苏里格气田储量最大[10]。从地域上看，我国煤层气资源主要分布在晋陕蒙、新疆、冀豫皖和云贵川渝等四个含气区，以山西沁水盆地和内蒙古鄂尔多斯盆地东缘为主要聚集地。我国的页岩气资源发育区包括华北-东北、南方、西北和青藏四大地区，主要分布于四川盆地、塔里木盆地、准噶尔盆地、吐哈盆地、鄂尔多斯盆地、华北盆地和松辽盆地7个盆地，以陆相沉积盆地为主[11]。天然气水合物资源主要分布在东海海域、南海海域、东北冻土区和青藏高原冻土区，其中南海海域储量最大[12]。

1.2.1 页岩气

页岩气是指主体位于暗色泥页岩或高碳泥页岩中，生成、储集和封盖都发生在页岩体系中，表现为典型的“原地成藏”模式，以吸附或游离状态赋存于页岩基质孔隙或裂缝中，具有商业开发价值的非常规聚集天然气。

根据世界页岩气资源量最新评价，世界页岩气的可采资源量 $187.6\times10^{12}m^3$，主要分布在北美、亚洲、欧洲和拉丁美洲[13]。中国南方海相页岩地层是页岩气的主要富集地区，此外，松辽、鄂尔多斯、吐哈、准噶尔等陆相沉积盆地的页岩地层也具有页岩气富集的基础和条件[14]。

页岩气主要来源为生物成因气、热裂解气或二者的混合气。生物成因气藏埋藏相对较浅，有机质未成熟；热成因气藏埋藏较深，有机质处于成熟或过成熟状态[15]。页岩气的“甜点区”与原油和干酪根的高温裂解阶段相对应。生物成因气是页岩在生物化学成岩阶段由细菌降解而形成的气体，也有富有机质盆地抬升后经后期生物作用改造而形成的气体，如美国密西根盆地的 Antrim 页岩气。热解成因气是指干酪根和生成的原油在高温下热解、裂解而形成的气体，其产生途径为：干酪根分解成沥青并产生一部分气体→沥青分解成油并产生一部分气体→油裂解成高含碳量的焦炭或沥青残余物并产生大量气体。前两步产生的气体为初次裂解气，第三步产生的气体为原油二次裂解气，对页岩气的贡献巨大。

页岩气的赋存形态多变，以吸附态和游离态为主，还有少量的溶解态。游离气和吸附气的比例在不同的页岩气层系中存在差异，在埋藏深的异常高压页岩气藏中，以游离气为主；在埋藏浅的低压页岩气藏中，吸附相态可占天然气赋存总量的 20%～85%[16]

页岩气、盆地中心气、致密砂岩气以及煤层气均属“连续型”气藏。页岩气藏的成藏特征明显不同于常规气藏，主要表现为以下几个方面：①成藏时间与干酪根和原油的裂解时间一致；②无明显圈闭，不受构造因素的控制；③页岩由大量黏土矿物、有机质和细碎屑组成，岩石超致密；④页岩气因缺乏运移通道而保存在致密的泥岩孔隙中，形成页岩气藏。这就决定了页岩气是一种低孔隙度、低渗透率的连续性物藏，孔隙度只有 3%～5%，渗透率大小一般处于 0.01～0.1mD。页岩气以吸附和游离赋存方式存在于页岩裂缝中，没有圈闭，没有明显的气层边界，气流的阻力比常规天然气大。

在开发裂缝性页岩气藏时，页岩裂缝和基质孔隙中的游离页岩气首先排出，当地层压力进一步降低时，吸附在页岩表面的页岩气逐渐开始解吸，并从基质扩散至天然和诱导裂缝系统中，最终以渗流方式进入井底，可采至地面。游离气渗流速度较快，吸附气解吸扩散速度较慢，是页岩气开采的重要机制之一[17]。

页岩气存在于页岩裂缝中，要使其尽可能地流入井筒，就必须使井筒穿过尽可能多的储层，因而页岩气开采时在钻井方式上主要采用水平井。水平井与页岩层中天然和诱导裂缝相交机会大，可以获得更大的储层泄流面积，产量是直井的 3～5 倍。

一般而言，页岩储层的天然裂缝发育程度比较低，需要采用压裂增产技术来沟通储层微裂缝。压裂增产技术按照压裂方式可分为分段压裂、同步压裂和重复压裂。按压裂手段可分为清水压裂、超临界 CO_2 压裂和水力喷射压裂[18]。不同压裂增产技术的技术特点和适用条件如表 1-1 所示。

表 1-1　不同压裂增产技术的对比分析[18]

项　目	技术特点	适用条件
分段压裂	产层多，水平井段长	因地制宜，技术成熟，应用广泛
同步压裂	增强相互作用，形成复杂裂缝网	井位距离近，良好后勤保障与协调工作

续表

项目	技术特点	适用条件
重复压裂	重建储层裂缝，性价比高	已开采过产能下降的井
清水压裂	成本低，污染小，形成复杂裂缝网	天然裂缝系统发育的井
超临界 CO_2 压裂	扩散系数大，不含水，破岩压力低，速度快，环保	黏土含量高的页岩，可与 CO_2 储存结合的气井
水力喷射压裂	定位准确，无需机械封隔，节省时间	裸眼完井的生产井

页岩气水平井分段压裂技术是目前页岩气开发的主体技术，需要借助多级可钻式桥塞或封隔器等分隔装置以达到分段目的，如图 1-2 所示。页岩气固井主要采用泡沫水泥固井技术，完井则以套管固井后射孔方式为主[19]。

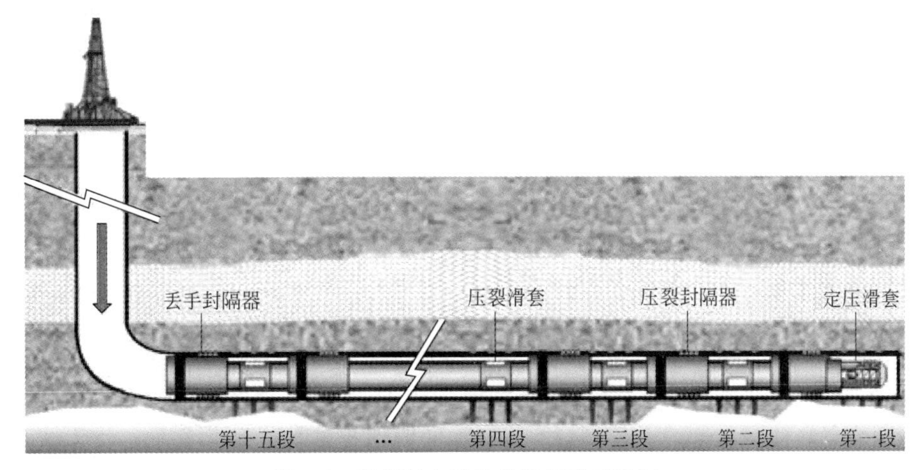

图 1-2 页岩气水平井分段压裂示意图

美国是最早研究页岩气的国家，已经发现了丰富的页岩气资源，并已进入页岩气的大规模商业开发阶段。

2012 年以来，国内页岩气开发快速推进，在借鉴国内常规油气开采经验及国外先进技术的基础上，顺利实施了一批页岩气水平井钻完井作业及大型压裂施工作业。目前，我国已掌握了最核心的长水平井分段压裂技术，并实现了桥塞等核心技术装备的国产化，其中自主研发的 3000 型压裂车达到了世界领先水准，但在井工厂式立体压裂技术方面需要进一步深入研究[20]。

1.2.2 致密砂岩气

致密气是指渗透率小于 0.1mD 且必须通过采用增产措施或特殊工艺井才能获得商业气流的砂岩地层天然气。我国的致密砂岩气藏具有埋藏深度大、气层薄、低孔、低渗、含气饱和度和含水饱和度差异大、低丰度、裂缝发育、地层压力异常的特点[21]。

在钻完井方面，针对气藏埋藏深度大、气层薄的特点，我国致密气开发主要应用低成本的小井眼井和欠平衡钻井工艺，完井则以多级水平井裸眼完井和多分支井完井两种方式为主。致密气藏既有边水气藏，又有底水气藏，对于产水气藏，目前广泛采用泡沫排液技术排出井筒积液。

致密砂岩气藏低孔低渗的地质特征使得开发时需要对其进行压裂增产改造，我国致密气储层压裂技术先后经历了酸化/小规模笼统压裂、大规模压裂探索、单层适度规模压裂、直井多层分压合采压裂、水平井多段、直井多层压裂 5 个发展阶段。直井分层压裂技术一般在纵向上小层、薄层较多的致密砂岩气藏采用，在我国苏里格气田和须家河气藏取得了较好的效果，但尚未成为主流技术。水平井分段压裂技术可提高水平段整体的渗流能力，在致密气开采中应用越来越广泛，我国多级滑套封隔器和水力喷射分段压裂技术已可实现 10 段以上的分段改造，达到了国际先进水平，成为我国致密气开发的主流技术[10]。

1.2.3 煤层气

煤层气俗称瓦斯，是一种与煤炭伴生，以吸附状态储存于煤层中的非常规天然气，主要成分为甲烷和氮气，热值比天然气低，燃烧后几乎不产生有害废气，燃烧的灰分排放量为燃煤的 0.68%，SO_2 排放量为燃煤的 0.14%，CO_2 排放量为燃煤的 60%，因此是生产优质的工业、化工、发电和居民生活燃料的潜在能源。我国煤层气资源丰富，截止 2016 年我国已探明煤层气地质储量为 $68.69\times10^{12}m^3$[22]，埋深 2000m 以浅地质储量为 $36.81\times10^{12}m^3$，埋深 1500 米以浅的可采资源量为 $10.87\times10^{12}m^3$[24]，与全国常规天然气资源储量相当，居世界第三[23]。主要分布在山西、鄂尔多斯盆地东部等。我国煤层气资源可划分为东北、华北、西北和南方四大煤层气聚集区。东北气区主要集中在内蒙古东部的海拉尔盆地（群）、二连盆地（群）以及东北三省的松辽盆地（群）；该区的地质资源量为 $11.32\times10^{12}m^3$，占全国的 30.8%，可采资源量 $4.32\times10^{12}m^3$，占全国的 39.7%。华北气区主要分布在横跨陕甘宁蒙四省的鄂尔多斯盆地、山西的大同-宁武盆地、沁水盆地、华北北部的渤海湾盆地以及华北南部盆地等；华北气区地质资源量为 $10.47\times10^{12}m^3$，占全国的 28.4%，可采资源量 $2.00\times10^{12}m^3$，占全国的 18.4%。西北气区分布在新疆的准噶尔、三塘湖、焉耆、吐哈、塔里木等盆地以及青海的柴达木盆地等，并以准噶尔盆地和塔里木盆地最为集中；西部气区地质资源量 $10.36\times10^{12}m^3$，占全国的 28.1%，可采资源量 $2.86\times10^{12}m^3$，占全国的 26.3%。南方气区主要分布在川南-黔西-滇东地区的四川盆地、楚雄盆地、十万大山盆地和三水盆地等。地质资源量 $4.66\times10^{12}m^3$，占全国的 12.3%，可采资源量 $1.70\times10^{12}m^3$，占全国的 15.6%[22]。

煤层气由烃类气体（甲烷及其同系物）和非烃类气体（二氧化碳、氮气、氢气、一氧化碳、硫化氢以及稀有气体氦、氩等）组成。虽然煤层气的成分都是以烃类为主，但是在不同盆地、不同部位、不同煤层、不同埋深及不同煤层气井之间，煤层气的组分往往出现较大差异。煤层气按照甲烷含量可以分为高浓度煤层气和低浓度煤层气。高浓度煤层气的主要组分为甲烷、二氧化碳、氮气，尤以甲烷含量最高，一般大于 80%；非烃类气体二氧化碳和氮气含量通常小于 20%，其中氮气约占三分之二，二氧化碳约占三分之一。一氧化碳和稀有气体含量甚微。高浓度煤层气可以直接作为工业燃料、民用燃料使用。

低浓度煤层气一般是指甲烷浓度低于 30%的煤层气。按照国家《煤矿安全规程》规定，对煤层气进行利用时，甲烷浓度不得低于 30%。对于这一部分煤层气，目前的做法是在煤矿附近做民用燃料或直接排放。虽然我国 2005 年就已研发出低浓度煤层气发电技术，且在全国得到普遍推广应用，但由于该发电技术对含氧煤层气的输送技术要求高，且与电网并网困难，因此资源利用率不高。我国每年排放的煤层气在 $194\times10^8m^3$ 以上，约占世界煤层气排放总量的 35%。这不仅浪费资源，而且还污染环境。因此，提高煤层气利用率对减少能源浪费和环境污染、改善我国能源结构、发展循环经济和低碳经济具有重要意义。

煤层气主要以吸附状态存储于煤储集层中的微孔隙表面（70%～95%），部分游离于煤孔隙中或溶解于煤层水中。煤岩层既是生气源岩，又是煤层气储集层，是典型的自生自储、双重孔隙（裂隙和基质）的有机储层，裂隙为煤层气渗流通道，由割理和后生裂隙组成，基质块是煤层气的主要储集空间[25]。煤层渗透率小于 $1\times10^{-3}\mu m^2$，孔隙压力梯度一般小于 0.01MPa/m，属于低压地层[26]。

煤层气产出是一个复杂的降压、解吸、扩散、渗流的过程，煤层气在基质中的流动是由浓度梯度引起的扩散，然后由于压力梯度作用在裂隙中引起渗流，如图 1-3 所示[27]。

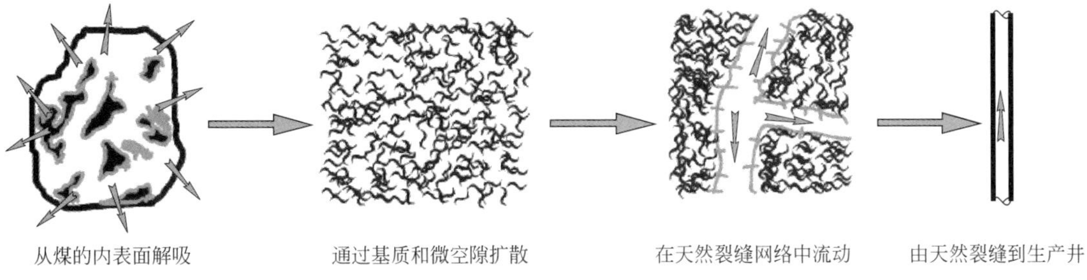

图 1-3 煤层气开采原理[27]

煤层强度低，胶结性差，均质性差，使得煤层气井钻井与常规油气差别较大。开采煤层气的钻井技术以常规直井、丛式井为主，水平井技术是重要的辅助技术，包括多分支水平井、U 型井、V 型井与水平井分段压裂技术，衍生的新技术主要有定向羽状分支水平井技术和空气欠平衡钻井技术[28]。

多分支水平井是一种集钻井、完井与增产措施于一体的新型水平井，在一个主水平井眼两侧钻出多个分支井眼作为泄气通道，同时在距主水平井井口 200m 左右处钻一口与主水平井眼连通的排采直井，以满足排水降压采气的需要，如图 1-4 所示[29,30]。多分支水平井能够沟通更多的裂缝系统，提高储层导流能力，累积产气量约为直井产气量的 4.5 倍，被认为是适合中国煤层气藏地质特点的最佳技术选择[31]。多分支水平井在我国刚刚起步，技术还不成熟，其规模化、产业化开发尚有很长一段时间。与压裂直井相比，多分支水平井的经济效益仅在渗透率较低、厚度较薄的储层中更优，压裂直井在今后一段时间内仍将是煤层气开发的主力井型[32]。

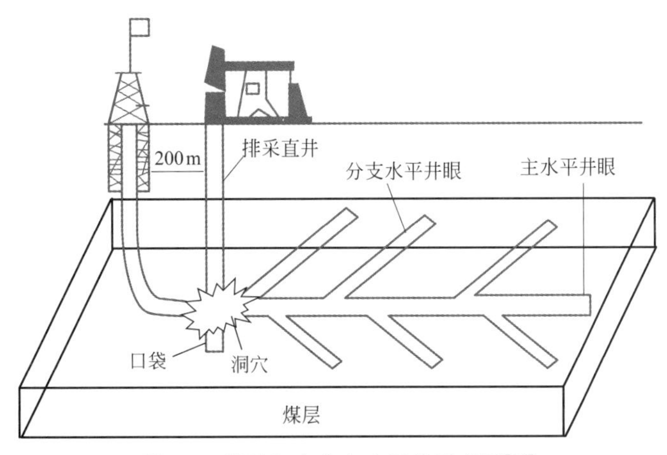

图 1-4 煤层气多分支水平井示意图[30]

保护煤储层的空气钻井技术和压裂增产技术是直井开发的关键技术。采用空气钻井技术可提高钻井速度，并能有效保护煤储层，避免钻井液漏失和失水引起的井壁垮塌风险[33]。直井压裂在我国整体应用效果良好，一般采用清水加砂，压裂液规模一般 400～600m^3，加砂量 28～45m^3，完井方式以裸眼洞穴和套管射孔压裂为主[34]。

地面抽采的煤层气 CH_4 含量大于 92%，仅含有少量 CO_2，几乎不含 H_2S，净化处理工艺相对简单。但煤层气储集层多数情况下是饱含水的，生产井为气水同产井，必须采取较长时间的排水降压手段降低储层压力进行煤层气开发，排采技术设备有杆式抽油泵、螺杆泵以及电潜泵，一般采用电潜泵进行排采[35]。

1.2.4 天然气水合物

天然气水合物，俗称“可燃冰”，天然气水合物是由天然气和水在较低温度和较高压力条件下形成的非化学计量数的笼形固体化合物[36]。主要分布于深海沉积物以及陆域的永久冻土中[37]。天然气水合物中蕴含的天然气主要由一些短链烷烃组成，其中 CH_4 占绝大多数，另有少量的 C_2H_6、C_3H_8 和 C_4H_{10}，此外通常还含有 H_2S、CO_2、N_2、CO 以及微量的稀有气体如 He 和 Ar 等。

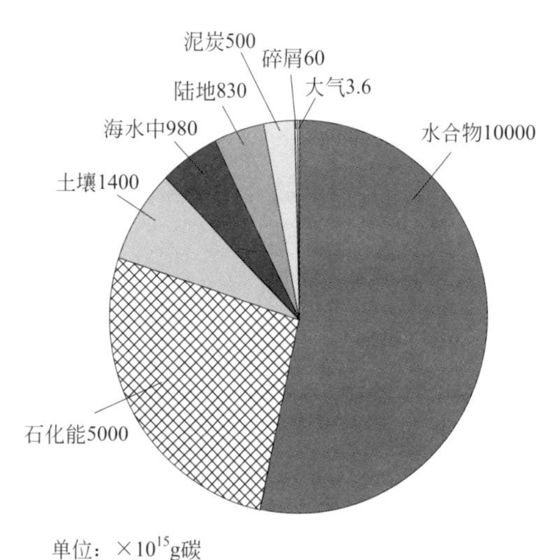

图 1-5 Kvenvolden 对地球碳元素分布估计图

地球上以天然气水合物（本文此后不特别说明情况下，天然气水合物和水合物，天然气和气体不做区分）形式存在的天然气总量达 $10^{16}m^3$（标况）以上，其碳含量比其他石化能源总含碳量两倍还多。图 1-5 是 Kvenvolden 1988 年对地球碳元素分布的估计[38,39]。水合物巨大的资源总量和其广泛的分布，使许多国家希望通过开采天然气水合物满足其能源需求，特别是资源贫乏的日本、韩国及能源进口需求巨大的中国[40~43]。

形成天然气水合物的气体来源有两种：“原地资源型”与“异地它源型”。原地资源型气体一般由水合物稳定带周围的有机质经微生物作用演化并经短距离（10～1000m）迁移而来；而异地它源型气体则是在稳定带较深的底部油气藏或成熟生油岩中形成，并经泥火山形成的裂隙、断层长距离（100～1000m）迁移而来。这些气体可分为微生物成因气、热成因气和混合成因气三种类型。生物成因气来源于产甲烷的微生物，其特点是甲烷纯度高（$C_1/C_{2+}>1000$）[36]。这类水合物分布广泛，现已证实为生物成因的天然气水合物区域包括了美国东南部近海、加利福尼亚北部近海、秘鲁、黑海、墨西哥湾等海底水合物。生物成因水合物在美国布莱克海台采集到的样品中表现尤为明显。墨西哥湾是生物成因的气体水合物的另一个主要场所，该区气体水合物主要由甲烷组成，含有少量乙烷、丙烷。热成因气是在较高温度和较大埋藏深度条件下通过一定的物理作用，有机质经热解形成的以甲烷为主的混合气体，除了主要的组分甲烷外，热成因气（$C_1/C_{2+}<100$）还含有一些碳链较长的烃类如乙烷和丙烷。这类气体通常形成Ⅱ型或者 H 型水合物。可根据甲烷碳同位素与气态烃的组成来判定天然气水合物的成因类型，如图 1-6 所示。

自 1963 年麦索亚哈地区发现天然气水合物矿藏以来，许多天然气水合物矿藏被陆续勘探和发现[44]。天然气水合物主要存在于世界范围内沟盆地质体系、陆坡、边缘海盆陆缘，尤其是泥火山、热水活动、盐泥底辟及大型断裂构造带等区域。截止 2006 年，全球大约有 220 处发现了水合物。至 2010 年，全球超过 230 个区域发现天然气水合物[45]。目前世界海域内有 88 处直接或间接发现了天然气水合物，其中 26 处岩芯中见到天然气水合物，62 处见到有天然气水合物地震标志似海底反射（Bottom Simulating Reflector，BSR），同时其他许多地方发现了水合物形成的生物或碳酸盐结壳标志。已调查并圈定有天然气水合物的海域主要分布在西太平洋海域的白令海、鄂霍次克海、千岛海沟、冲绳海槽、日本海、四国海槽、南海海槽、苏拉威西海、新西兰北岛、东太平洋海域的中美海槽、北加利福尼亚俄勒冈滨、秘鲁海槽、大西洋海域的美国东海岸外布莱克海台、墨西哥湾、加勒比海、南美东海岸

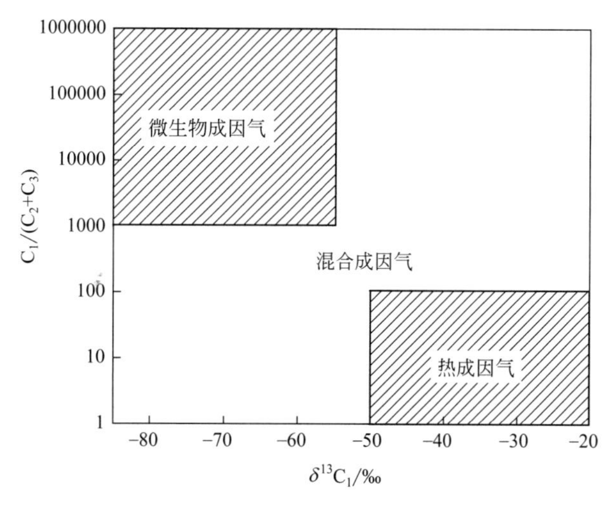

图 1-6 天然气水合物气源成因类型判识与划分

外陆缘、非洲西海岸海域、印度洋的阿曼海湾、北极的巴伦支海和波弗特海、南极的罗斯海和威德尔海以及黑海与里海[46]。勘探表明，大西洋面积的 85%、太平洋的 95%、印度洋的 96%的海底地层含有天然气水合物。Makogon 认为，全世界 90%以上水合物分布在海底，不足 10%分布在陆地沉积物中。中国在西沙海槽、东沙陆坡、台湾西南陆坡、冲绳海槽、南海北部等区域也发现了天然气水合物存在的大量地球物理与地球化学证据[47]。人们现已对地球上水合物资源总量进行了多次估算。这些估算通常基于：①自然界中甲烷来源有多少以及怎样产生的；②气体水合物稳定区的厚度是多少以及甲烷是如何到达这些区域的；③在水合物稳定区内沉积物中 CH_4 水合物的饱和度。全球的天然气水合物资源估计汇总见图 1-7。从图 1-7 可看出整体趋势上水合物资源估计值随着时间逐渐递减，这是因为人们对水合物认识不断提高。在 2002～2011 年这段时间全球水合物储量估计值的中位数为 $2.5\times10^{15}\,m^3$（标准状态 CH_4），对于全球天然气的需求量 $3.1\times10^{12}\,m^3$ 而言，全球水合物储量是非常巨大的。

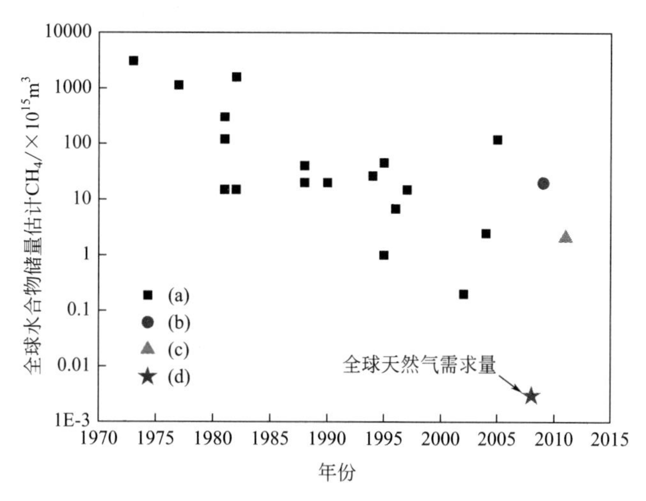

图 1-7 全球天然气水合物储量估计

数据来源：(a) Sloan et al.[49]；(b) Archer et al.[50]；(c) Burwicz et al.[51]；(d) 国际能源署[52]

需要注意的是地球上水合物储量的估计值与技术上可开采、有经济价值的水合物资源存在着根本区别。过去 40 多年不同研究小组的对全球水合物资源储量的估计值差别很大，并且在对水合物资源储量估计时几乎没有考虑开采的可行性。作为一种潜在资源来考虑，地层中甲烷水合物的积累具有最小气体浓度、经常性产气量以及比较可观的气体总量等特性，这些属性必须与现有的中型或大型天然气藏（常规或非常规）进行比较。2011 年 Boswell 与 Collett[48]估计了全球技术上可采的水合物总量约为 $3\times10^{13}m^3$，并结合数值模型从能源供应潜力、现场勘察数据方面考虑，阐述了含水合物的砂岩储层相对于其他类型的水合物储层更易开采，这是由于砂岩型储层渗透性更高与常规天然气开采技术类似。虽然水合物资源技术上可采的估计值与其储量相比相差很大（仅占储量的 1%左右），但技术的进步会极大提高水合物资源的可采量。

1.2.5 沼气、填埋气

沼气是一种绿色的可再生能源，其利用有机物质（如禽畜粪便、作物秸秆、生活垃圾以及废水等）在厌氧条件下，经微生物发酵而生成的一种可燃气体，主要成分为甲烷（50%～70%），与天然气类似[53]。同时，沼气中还含有二氧化碳（20%～40%）、氮气（0～5%）、硫化氢（1%～3%）以及少量氢气（<1%）和氧气（<0.4%）等。填埋气是指垃圾填埋后，在一定的条件下（如适当的水分、温度及酸碱度），垃圾中的有机物经厌氧细菌的作用而产生的可燃气体，其成分与沼气类似，甲烷含量略低，约为 30%～55%；二氧化碳的含量更高，约为 30%～45%。除此之外，还含氮气、氧气、硫化氢、氨气、氧气、一氧化碳及微量气体[54]。

沼气和填埋气均属于有机物质在厌氧条件下分解产生的可燃气体，均包括四阶段[55]。

① 好氧生物分解阶段。周围大气中的氧气逐渐被消耗，二氧化碳将随时间的推移而迅速产生。本阶段主要成分为氮气、氧气与二氧化碳。

② 厌氧生物分解，不产生甲烷阶段。氧气耗尽进入厌氧反应阶段。本阶段的主要成分是氢、氮和二氧化碳。

③ 厌氧生物分解，不稳定产生甲烷阶段。二氧化碳和氮的含量显著下降，氢和氧的浓度趋于零，甲烷的含量很快上升。

④ 厌氧生物分解，稳定产生甲烷阶段。甲烷、二氧化碳和氮的含量达到了稳定的数值。甲烷的含量在达到了高峰值后开始下降。经过较长的一段时间后，当垃圾中的有机物被消耗完后，便不再产生任何气体。

沼气和垃圾填埋气均可在自然环境下产生，如通过工程化建设，有效收集这部分气体，并进行合理利用，不仅可避免生成的可燃气体放空对环境和人身安全带来的危害[56]，还可实现农业有机废弃物/垃圾的无害化处理、资源化利用[57]。目前，沼气和垃圾填埋气的主要用途及存在的问题如下。

（1）城市燃料。从两种气体的成分可知，两种气体均有腐蚀和有恶臭味的气体，其中垃圾填埋气还有可能存在有毒的二噁英[58]。同时，从其产生过程可知，两类气体的产气量和品质是随原料的成分和时间而变化的[59]，这给它们的收集，特别是处理和利用带来困难。

然而，城市燃气对天然气的热值和组成有一定的要求。这要求花费大量的投资，对沼气和填埋气进行一系列的脱碳、脱水等处理[60]。其中，两种气体中均含有大量的 CO_2，CO_2 溶于水会形成酸液，据美国防腐工程师协会（NACE）相关标准，当 CO_2 分压 p_{CO_2} <0.021MPa 时，酸液的腐蚀作用较小可忽略；当 0.021MPa< p_{CO_2} <0.21MPa 时，为中等腐蚀；p_{CO_2} >0.21MPa 时，为严重腐蚀[61,62]。以 40% CO_2 含量的沼气为例，为避免腐蚀，储运压力需低于 0.053MPa，这必将造成储运效率的大大降低。同时，大量 CO_2 的存在还会降低气体热值（仅为 20～26MJ/m^3），使其满足不了城镇管输燃气的要求。

目前，常用的脱碳工艺主要包括高压水洗法、化学吸收法、物理吸附法、膜分离法、低温分离法等。其中，高压水洗法在沼气填埋气脱碳中的应用最广，化学吸收法工艺较为成熟且普及程度高，在天然气净化、煤气化、合成气净化等领域均有广泛应用[63,64]。不同工艺的特点如表 1-2 所示[65]。

表 1-2 常用脱碳工艺对比

工艺		CO_2 浓度要求	CO_2 相态	优点	缺点
化学吸收	溶液	中低	气	工艺成熟	再生能耗高、腐蚀性强
	$M_{n/2}O$、$M(OH)_n$①	无	气	腐蚀性小	能耗高、吸收剂易老化
物理吸附	溶液	高	气	腐蚀性小	脱碳效率低
	吸附	无	气	无腐蚀、效率高	控制复杂，且成本较高
	高压水洗	高	气	能耗低、操作简单	CH_4 损失率高、能源利用率低
膜分离		中高	气	无污染、操作简单	成本高、规模小
低温分离	低温冷凝	高	液	效率高	冷能需求大
	水合物法	无	固	能耗低、适用范围广	反应速度慢、选择性低

① M 指碱金属，如 Ca、K 等。

除此之外，脱碳后的沼气或填埋气如需并入城市燃气管网，还须进行脱水处理。常用的脱水工艺包括溶剂吸收法、固体吸附法、膜分离法和化学反应法等。溶剂吸收法和固体吸附法目前在天然气工业中应用较广泛；化学反应法由于再生困难而难以推广。不同工艺的特点如表 1-3 所示[66]。

表 1-3 常用脱水工艺对比

方法名称	分离原理	脱水剂	特点
溶剂吸收法	甲烷与水在脱水溶剂中溶解度的差异	氯化钙水溶液	费用低、需更换，腐蚀严重，露点降较低（10～25℃）
		氯化锂水溶液	对水有高的容量，露点降为 22～36℃
		甘醇-胺溶液	同时脱水、脱 H_2S、脱 CO_2，携带损失大，再生温度要求高，露点降低于三甘醇脱水
		二甘醇（DEG）水溶液	对水有高的容量，溶液再生容易，再生浓度不超过 95%。露点降低于三甘醇脱水，携带损失大
		三甘醇（TEG）水溶液	对水有高的容量，再生容易，浓度达 98.7%，蒸气压低，携带损失小，露点降高（28～58℃）
固体吸附法	利用多孔介质对不同组分吸附作用的差异	活性铝土矿	便宜，湿容量低，露点降较低
		活性氧化铝	湿容量较活性铝土矿高，干气露点可达－73℃，能耗高
		硅胶	湿容量高，易破碎，可吸附重烃，露点降可达 80℃
		分子筛	高湿容量，高选择性，露点降大于 120℃，投资及操作费用高于甘醇法
化学反应法	利用与 H_2O 的化学反应	—	可使气体完全脱水但再生困难
膜分离法	利用 H_2O 与烃类渗透通过薄膜性能的差异	高分子薄膜	工艺简单，能耗低，露点降较低（～20℃），存在烃的损失问题

由此可知，对于小规模的沼气厂或垃圾填埋站，将其作为城市燃料的可行性不高[67]。目前，我国中小型沼气工程的比例高达 93.6%，然而中小型沼气工程的处理量和产量均较小，原料保障性低、储运成本过高、沼液难消纳，导致整体运行不佳、多数亏损、长期可持续运营能力较低，存在许多闲置现象。因此，在“十三五”期间，我国减弱了对中小型沼气工程和垃圾填埋站的建设力度，转而大力发展系统化的、大规模的工程，以实现沼气和填埋

气的综合、高效利用。

（2）发电　将沼气或填埋气经过燃气轮机发电，对原料气组成要求不高，可直接利用，技术成熟，是目前优先考虑的利用方式[68]。同时，直接发电对生产规模无要求，可用于小、中、大型的沼气厂与垃圾填埋站。

（3）农村用能　家用沼气工程还可用于农村的炊事、生活用能。目前，我国沼气年产量约为158亿立方米，可解决2亿多人口炊事用能，占全国天然气消费量的5%，可减少1100万吨标准煤的使用。同时，沼气生产时会产生大量的沼肥等，其可以代替农业化肥的使用。

垃圾填埋气和沼气相比，前者的收集工作难度更大，且对工程的规模有一定要求，目前国内还处于起步阶段。后者的收集工作相对简单，且可建设不同规模的沼气工程，目前国内已处于起步的中期阶段。同时，沼气工程还得到国家发改委的政策支持，据《全国农村沼气发展"十三五"规划》报告，到2020年，沼气年产量将提高31.1%，达到207亿立方米/年。沼气的热值约为天然气的0.6倍，将其用于发电，年产电量约400亿千瓦时，可减少1480万吨的煤消耗量。净化后的沼气并入到天然气管网，能弥补124亿立方米/年的天然气供给缺口。

参　考　文　献

[1] BP世界能源统计年鉴2019年［R］. 2019.

[2] 宁宁，王红岩，雍洪，等．中国非常规天然气资源基础与开发技术［J］. 天然气工业，2009，29：9-12.

[3] 童晓光，张光亚，王兆明，等．全球油气资源潜力与分布．石油勘探与开发，2018，45（4）：727-736.

[4] 李建忠，郑民，张国生，等．中国常规与非常规天然气资源潜力及发展前景［J］. 石油学报，2012，33（A01）：89-98.

[5] 张大伟，李玉喜，张金川．全国页岩气资源潜力调查评价及有利区优选成果［R］. 中国国土资源报．2012.

[6] Dai J，Ni Y，Wu X. Tight gas in China and its significance in exploration and exploitation［J］. Petroleum Exploration and Development，2012，39（3）：277-284.

[7] 周志斌．中国非常规天然气产业发展趋势、挑战与应对策略［J］. 天然气工业，2014，34（02）：2.

[8] 邱中建，邓松涛．中国非常规天然气的战略地位［J］. 天然气工业，2012，32（1）：1-5.

[9] 张寒松．清洁能源可燃冰研究现状与前景［J］. 应用能源技术，2014，（8）：54-58.

[10] 王静，赵修太，白英睿，等．我国致密气开发技术现状及未来发展定位［J］. 精细石油化工进展，2013，（6）：16-20.

[11] 王丽波，郑有业．中国页岩气资源分布与节能减排［J］. 资源与产业，2012，14（3）：24.

[12] 王南，裴玲，雷丹凤，等．中国非常规天然气资源分布及开发现状［J］. 油气地质与采收率，2015，（1）：005.

[13] 接敬涛，邵先杰，乔雨朋，等．页岩气资源状况及开发技术综述［J］. 内蒙古石油化工，2015，（12）：117-120.

[14] 李玉喜，张金川．我国非常规油气资源类型和潜力［J］. 国际石油经济，2011，（03）：11-18.

[15] 路萍，刘兴国．页岩气勘探开发综述［J］. 油气地球物理，2013，11（3）：54-56.

[16] 张小龙，张同伟，李艳芳．页岩气勘探和开发进展综述［J］. 岩性油气藏，2013，25（2）：116-122.

[17] 张楠，郭肖，严仁田，等．页岩气水平井开采及分段压裂技术浅析［J］. 低渗透油气田，2011，（1）：122-127.

[18] 陈云天，蔡宁生．页岩气开采技术综述分析［J］. 能源研究与利用，2013，（2）：28-31.

[19] 崔思华，班凡生，袁光杰．页岩气钻完井技术现状及难点分析［J］. 天然气工业，2011，（31）：72-75.

[20] 王中华．国内页岩气开采技术进展［J］. 中外能源，2013，（2）：23-32.

[21] 康毅力，罗平亚．中国致密砂岩气藏勘探开发关键工程技术现状与展望［J］. 复杂气藏开发技术研讨会［C］. 2007：239-245.

[22] 毕彩芹．中国煤层气资源量及分布［J］. 石油知识，2018，（2）：12.

[23] 崔长春．煤层气开发利用前景诱人［J］. 天然气化工，2008，33（3）：71-74.

[24] 姚国欣，王建明．国外煤层气生产概况及对加速我国煤层气产业和效益分析［J］. 中国煤层气，2008，5（4）：14-16.

[25] 吴晓东，师俊峰，席长丰．煤层渗透率敏感性及其对煤层气开发效果的影响［J］. 天然气工业，2008，（28）：27-29.

[26] 赵岳，沙林浩，李立荣，等．中国煤层气井固井技术发展现状［J］. 钻井液与完井液，2011，（28）：63-65.

［27］罗克勇．煤层气水平井排采控制研究［D］．西安科技大学，2011．

［28］蒋作焰，王安广，刘晓勇．煤层气井钻井技术［J］．内江科技，2011，32：115-116．

［29］刘志强，胡汉月，史兵言，等．煤层气多分支水平井技术探讨［J］．探矿工程：岩土钻掘工程，2011，38（3）：26-30．

［30］李生奇．煤层气多分支水平井钻井关键技术研究［J］．煤炭与化工，2014，27（11）：52-55．

［31］任建华，齐东明，张亮，等．煤层气多分支水平井结构优化设计［C］．2013年煤层气学术研讨会论文集，2013．

［32］安永生，陈勇光，吴晓东，等．煤层气压裂直井与多分支井经济评价对比研究［J］．石油钻采工艺，2011，33：97-100．

［33］王一兵，孙平，鲜保安，等．沁水煤层气田开发技术及应用效果［J］．天然气工业，2008，28：90-92．

［34］穆福元，贾承造，穆涵宜．中国煤层气开发技术的现状与未来［J］．中国煤层气，2014，（2）：3-5．

［35］王旱祥，兰文剑，刘延鑫，等．煤层气井电潜泵排采系统优化设计［J］．煤炭工程，2014，（01）：27-30．

［36］Sakagami H，Takahashi N，Hachikubo A，et al. Molecular and isotopic composition of hydrate-bound and dissolved gases in the southern basin of Lake Baikal，based on an improved headspace gas method［J］. Geo-Marine Letters，2012，32（5）：465-472．

［37］郭济．可燃冰：未来清洁能源的主流［J］．广西电业，2014，（6）：87．

［38］Kvenvolden KA. Methane hydrate—A major reservoir of carbon in the shallow geosphere?［J］. Chemical Geology，1988，71（1-3）：41-51．

［39］Kvenvolden KA，Rogers BW. Gaia's breath—global methane exhalations［J］. Marine and Petroleum Geology 2005；22（4）：579-590．

［40］张炜，王淑玲．美国天然气水合物研发进展及对中国的启示，上海国土资源，2015，（2）：79-82，91．

［41］于兴河，付超，华柑霖，等．未来接替能源——天然气水合物面临的挑战与前景，古地理学报，2019，（1）：107-126．

［42］王力峰，付少英，梁金强，等．全球主要国家水合物探采计划与研究进展，中国地质，2017，44（3）：439-448．

［43］Moridis G J，Reagan M I，Kim S-J，et al. Evaluation of the Gas Production Potential of Marine Hydrate Deposits in the Ulleung Basin of the Korean East Sea［J］. Spe Journal 2009；14（4）：759-781．

［44］杨圣文．天然气水合物开采模拟与能效分析［D］．华南理工大学，2013．

［45］Makogon YF. Hydrate of nature gas［J］. encyclopedia of life support systems（eolsss），2010，（2）：49-59．

［46］袁咏梅．天然气水合物调查和研究现状［J］．科技信息（学术版），2006，（04）：370-371．

［47］王秀娟，吴时国，王大伟，等．琼东南盆地多边形断层在流体运移和天然气水合物成藏中的作用［J］．石油地球物理勘探，2010，（01）：122-128，164，174．

［48］Boswell R，Collett TS. Current perspectives on gas hydrate resources［J］. Energy & Environmental Science，2011，4（4）：1206-1215．

［49］Sloan ED，Koh CA. Clathrate Hydrates of Natural Gases（third ed.）［M］. New York：CRC Press，2008．

［50］Archer D，Buffett B，Brovkin V. Ocean methane hydrates as a slow tipping point in the global carbon cycle［J］. Proceedings of the National Academy of Sciences of the United States of America，2009，106（49）：20596-20601．

［51］Burwicz E B，Rüpke L H，Wallmann K. Estimation of the global amount of submarine gas hydrates formed via microbial methane formation based on numerical reaction-transport modeling and a novel parameterization of Holocene sedimentation［J］. Geochimica et Cosmochimica Acta，2011，75（16）：4562-4576．

［52］I. E. A. World energy outlook special report：are we entering the golden age of gas?［R］. Paris，France：International Energy Agency，2011．

［53］王飞，蔡亚庆，仇焕广．中国沼气发展的现状、驱动及制约因素分析［J］．农业工程学报，2012，（01）：184-189．

［54］金涛．长沙市城市固体废物处理场填埋气产生与迁移模型研究［D］．湖南大学，2017．

［55］张笑千，宫徽，王凯军，等．垃圾填埋气收集利用全流程系统解决方案［J］．中国沼气，2018，36（06）：61-64．

［56］Su Y，Zhang X，Xia F F，et al. Diversity and activity of methanotrophs in landfill cover soils with and without landfill gas recovery systems［J］. Systematic and Applied Microbiology，2014，37（3）：200-207．

［57］Chen Q，Liu T. Biogas system in rural China：Upgrading from decentralized to centralized?［J］. Renewable and Sustainable Energy Reviews，2017，78（Supplement C）：933-944．

［58］Zheng L，Song J，Li C，et al. Preferential policies promote municipal solid waste（MSW）to energy in China：Current status and prospects［J］. Renewable and Sustainable Energy Reviews，2014，36（0）：135-148．

［59］Duan Z，Lu W，Li D，et al. Temporal variation of trace compound emission on the working surface of a landfill in Beijing，China［J］. Atmospheric Environment，2014，88：230-238．

［60］Lee H H，Ahn S H，Nam B U，et al. Thermodynamic Stability，Spectroscopic Identification，and Gas Storage Capacity of CO_2-CH_4-N_2 Mixture Gas Hydrates: Implications for Landfill Gas Hydrates [J]. Environmental Science & Technology, 2012, 46 (7): 4184-4190.

[61] 杨桦，王风江，杨涛．含 CO_2 气井防腐工艺技术 [J]. 天然气工业，2007，27 (11)：116-119.

[62] Altarawneh S, İslamoğlu T, Sekizkardes A K, et al. Effect of Acid-Catalyzed Formation Rates of Benzimidazole-Linked Polymers on Porosity and Selective CO_2 Capture from Gas Mixtures [J]. Environmental Science & Technology, 2015, 49 (7): 4715-4723.

[63] Muchan P, Saiwan C, Narku-Tetteh J, et al. Screening tests of aqueous alkanolamine solutions based on primary, secondary, and tertiary structure for blended aqueous amine solution selection in post combustion CO_2 capture [J]. Chemical Engineering Science, 2017, 107 (12), 574-582.

[64] Narku-Tetteh J, Muchan P, Saiwan C, et al. Selection of components for formulation of amine blends for post combustion CO_2 capture based on the side chain structure of primary, secondary and tertiary amines [J]. Chemical Engineering Science, 2017, 107 (12), 542-560.

[65] 李璐伶，樊栓狮，温永刚，李淇，陈秋雄．水合物法分离 CH_4/CO_2 研究现状及展望 [J]. 化工进展，2018，37 (12)：4596-4605.

[66] 诸林．天然气加工工程．第二版．[M]. 北京：石油工业出版社，2008.

[67] 何海，陈泽智，龚惠娟．垃圾填埋气净化与提纯技术最新研究进展 [J]. 环境卫生工程，2018，26 (05)：69-72.

[68] 石建屏，徐黎黎，孙会宁，等．城市生活垃圾填埋气测算及资源化利用研究 [J]. 再生资源与循环经济，2016，9 (12)：32-35.

化工篇

2

天然气化工

2.1 天然气制合成氨

2.1.1 概述

2.1.1.1 全球合成氨（氮肥）工业发展历程

合成氨是生产尿素、硫酸铵、氯化铵、碳酸氢铵等化学肥料的基础原料。世界上第一个研究成功合成氨技术并付诸实施的是德国卡斯鲁荷技术大学（The Technical University of Karsruhe）的哈伯（Fritz Haber）教授。哈伯教授进行了大量的试验研究，并建立了能力为80g/h NH_3 的试验装置。这一进展引起了德国巴斯夫（BASF）公司的兴趣，为促成该技术的工业化，巴斯夫公司投入大量人力和物力进行工业开发，在布什（Carl Bosch）的带领下终于于1913年9月9日在德国路德维希港（Ludwigshafen）以北3km的Oppau建成了第一座工业规模的合成氨工厂。该厂初始生产能力为30t/d，1915年扩大到120t/d，到1916年末再次扩大到250t/d，1925年的生产能力已达到 15×10^4 t/a。由于该工艺是由哈伯完成了基础研究工作，布什完成了工业化，因而该方法被称为“哈伯-布什法”，成为合成氨生产的经典方法[1]。

在哈伯发明制氨技术后，欧美各国相继开发了很多种类的合成氨方法，但大多与哈伯-布什法雷同。但也开发了一些具有不同特色的工艺方法。

20世纪60年代，各种原料的制氢技术及与之相配套的净化方法均已实现工业化，各种反应的机理也已为人们所熟知。同时，离心式压缩机在大型合成氨设备中得到使用，合成氨生产技术至此已日趋成熟。此时，研发方向转向了工程设计领域，运用石油工业方面建设大型单系列装置的经验，美国Kellogg公司首先于20世纪60年代开发出了以天然气为原料、日产千吨的大型合成氨装置，使吨氨能耗降到41.87GJ/t NH_3。20世纪70年代中期，由于世界石油危机，能源价格大幅度上涨，严重冲击着合成氨工业，使成本上升，效益下降。因此，有实力的大公司都以节能降耗为目标，开发出各具特色的各种节能型新流程，如Kellogg、Braun、ICILAC、Uhde、Topsøe等，使能耗降至30GJ/t NH_3 左右。20世纪70年代后期至80年代，亚洲、非洲、拉丁美洲等的一些发展中同家通过引进技术，相继建设了一批大型合成氨装置。

进入20世纪90年代以来，由于催化技术的进步、设备材质的改进、CO_2 脱除系统能耗进一步下降、蒸汽平衡的改善及换热式转化炉的使用，节能效果明显提高。现代合成氨装置的节能方案不仅要考虑能量在数量上的综合平衡，更要从有效能的角度突出能量的分级利用和多次利用，从而使每吨氨的能耗降到最低。如加拿大工业公司规模为1250t/d的合成氨厂，采用 Uhde-ICI-AMV 节能型工艺，吨氨能耗可降到 27.1GJ/t NH_3，表 2-1 给出了不同时期合成氨工艺的能耗情况。

表 2-1　不同时期合成氨工艺能耗[1]

年代	装置规模/(t/d)	能耗/(GJ/t NH_3)	典型工艺
1939	<100	78.7	焦炭为原料的 NEC 工艺
1946～1955	150	58.6	常压天然气转化
1956～1963	300	50.2	ICI 加压蒸汽转化
1964～1975	600～1500	41.0	Kellogg 标准工艺
1976～1982	1000～1500	38.5	Kellogg 改良工艺
1986～2000	1000～1500	27.1	KAAP
2000～现在	1000～1850	26.4	KAAP plus

世界合成氨工业所用原料主要是天然气和油田气。20 世纪 80 年代以来，世界合成氨工业原料路线基本上是稳定的，天然气制氨比例缓慢上升。1990 年，天然气制氨能力为 8460×10^4t N，占总能力的 72%，到 2003 年已达到约 11400×10^4t N，大约占总生产能力的 84%左右。

2.1.1.2　氨的性质和质量指标

氨在常温常压下是无色有强烈刺鼻催泪作用的有毒气体，比空气轻。氨的主要性质列于表 2-2，氨易溶于水而生成氨水溶液。在水中的溶解度随压力增加而增大，随温度上升而减小。

表 2-2　氨的主要性质[2,3]

项　　目	数据	项　　目	数据
相对分子质量	17.0312	临界压缩系数	0.242
摩尔体积(0℃,101.3kPa)/(L/mol)	22.08	临界热导率/[kJ/(K·h·m)]	0.522
液体密度/(g/cm³)		临界黏度/mPa·s	23.9×10^{-3}
(0℃,101.3kPa)	0.6386	标准生成焓(25℃,气相)/(kJ/mol)	−45.72
(−33.4℃,101.3kPa)	0.682	标准熵(25℃,101.3kPa)/[J/(mol·K)]	192.731
气体密度/(g/L)		自由能/(kJ/mol)	−16.391
(0℃,101.3kPa)	0.7714	低热值 LHV/(kJ/g)	18.577
(−33.4℃,101.3kPa)	0.888	高热值 HHV/(kJ/g)	22.543
熔点(三相点)/℃	−77.71	电导率(−35℃)/(S/cm)	
熔融热(−77℃)/(kJ/kg)	332.3	纯品	1×10^{-11}
蒸汽压力(三相点)/kPa	6.077	工业品	3×10^{-5}
沸点(101.3kPa)/℃	−33.43	着火点(DIN 51794 测定法)/℃	651
蒸发热(101.3kPa)/(kJ/kg)	1370	爆炸范围(NH_3 体积分数)/%	
临界压力/kPa	11.28	氨氧混合	15～79
临界温度/℃	132.4	氨空气混合	
临界密度/(g/cm³)	0.235	(0℃,101.3kPa)	16～27
临界体积/(cm³/g)	4.225	(100℃,101.3kPa)	15.5～28

中国国家标准 GB 536—1988 规定合成无水液氨分为优等品、一级品、合格品三级。各级商品的质量应符合表 2-3 的要求。

表 2-3　中国液氨的规格（GB 536—1988）

指标名称	质量指标		
	优等品	一等品	合格品
氨含量/%	>99.9	>99.8	>99.6
残留物含量/%	<0.1(重量法)	<0.2	<0.4
水分/%	<0.1	—	—
油含量/(mg/kg)	<5(重量法) <2(红外光谱法)	— —	— —
铁含量/(mg/kg)	<1	—	—

2.1.2 天然气制氨的工艺原理

2.1.2.1 天然气制氨的工艺步骤

以天然气为原料生产氨的工艺步骤示于图 2-1。

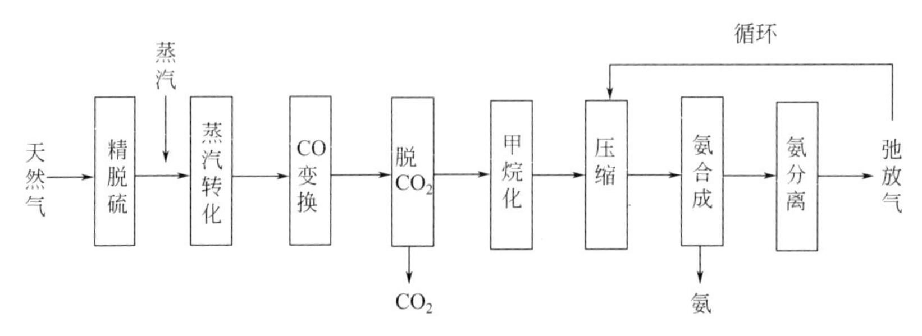

图 2-1 天然气制氨的工艺步骤[4]

从图 2-1 可见，天然气精脱硫后经蒸汽转化、CO 变换、脱除 CO_2 及甲烷化（脱除微量 CO_x），压入氨合成塔，分离后循环，弛放少量气体。不少装置还回收弛放气中的氢气。

也有一些合成氨工艺在图 2-1 的基础上有所变化。

(1) 天然气精脱硫[5~8]

天然气在进入转化工序之前，需将天然气中的硫化物脱除至 0.5×10^{-6}，甚至 0.1×10^{-6}。天然气的精脱硫可采用氧化锌法（中温脱除法）或加氢转化串接氧化锌法。

① 中温氧化锌精脱硫　氧化锌脱硫剂以氧化锌为主体，常加有助剂如氧化镁或氧化铜等，并用矾土水泥等黏结剂制成。它可将天然气的总硫含量（包括 H_2S、COS、CS_2 及硫醇）降至 0.3×10^{-6} 以下，甚至达到 0.1×10^{-6} 以下，硫容可达其质量的 25%左右。

虽然氧化锌脱硫在更高的温度下用氧氧化可获得再生，但因其硫容高、使用寿命长，故并不再生。

② 加氢转化串接氧化锌精脱硫　当气流中含有噻吩及硫醚之类与氧化锌难以反应的组分时，需先将它们加氢转化为 H_2S，再以氧化锌脱除剂除去之。通常使用的加氢转化催化剂为钴铜系催化剂，是将氧化钴及氧化钼载于活性氧化铝上制成，也可使用铁钼及镍钢催化剂。

(2) 天然气转化制合成气[9~12]

天然气转化制合成气是整个合成氨装置的关键工序，其投资占到整个装置的 50%以上，而且转化工序的能耗在总能耗中也处于决定性的地位。

转化工序通常包含两段，第一段为蒸汽转化，第二段为配入适量空气，提供合成氨所需的氮以及使氧与一段未转化的甲烷发生不完全燃烧，形成高温，供残余甲烷进一步转化。

就热力学平衡而言，天然气的蒸汽转化反应宜在低压下进行，升高压力对转化不利。但事实上，转化仍选择在较高压力下进行，目的是降低整个装置的能耗、缩小装置尺寸和提高催化剂床层的给热系数。压力的升高需以提高温度来弥补对转化率的不利影响。

要使反应后的合成气中的残余 CH_4 含量达到 0.3%，温度需达到 1000℃。作为一个吸热反应，所需反应热通过炉管传递，要达到如此高的温度，炉管材质受蠕变强度限制，无法解决。为此安排两段反应，第一段反应温度为 790～820℃，此时炉管管壁温度为 900～

920℃；第二段补入适量空气，使 CH_4 发生不完全燃烧反应，自热至 1200℃，可提供进一步蒸汽转化所需的热量。

在转化过程中使用的水碳比（水蒸气与甲烷的质量比）应超过化学计量要求，这不仅是为了加速反应及降低平衡 CH_4 含量，更主要的是为了防止产生析碳反应。然而，高的水碳比会使装置的能耗增加，为此需改进催化剂的抗析碳性能以降低水碳比。

(3) 合成气中 CO 的变换

CO 变换工序是 CO 与水反应，生成 CO_2 和 H_2。由于 CO 变换为放热反应，低温有利于反应的平衡，故多数工艺采用高温变换串低温变换的流程；前者用以加快反应，后者用以保证达到足够的 CO 变换率。此外，也有的工艺采用一段等温变换的流程。

在 CO 变换过程中，压力对其平衡无影响，但加压可增加反应速率从而可提高空速运行；较低的温度有利于平衡但不利于反应速率。增加水气比对变换反应是有利的，但这将导致能耗上升。

(4) 合成气体中 CO_2 的脱除[11~13]

天然气蒸汽转化所得合成气 CO_2 浓度约 18%，以吨氨计需脱除的 CO_2 量约为 $635m^3$，大大低于以重油或煤为原料时的 CO_2 量。

常用的脱 CO_2 方法有化学吸收法和物理吸收法。物理吸收法能耗低，但净化度与压力相关，很难满足合成氨的工艺要求。化学吸收法中，净化度与压力关系不大，特别适用于 CO_2 分压不高而净化度要求甚高的场合，因而在合成氨中应用广泛。表 2-4 列出了合成氨生产中应用的几种化学吸收法的净化结果和能耗对比。其中，Benfield 法和 MDEA 法是天然气制氨中应用最广的方法，而 MEA 法已很少被采用。

表 2-4　几种脱 CO_2 工艺比较

工艺名称		吸收剂	净化气 CO_2 含量/(mL/m^3)	相对能耗/%
醇氨法	MEA	20%单乙醇胺水溶液	<50	100
	缓蚀性 MEA	20%单乙醇胺水溶液+胺类缓蚀剂	<50	45~65
	MDEA	40%甲基乙二醇胺水溶液	<50	28~32
热钾碱法	Benfield	25%~30%K_2CO_3 水溶液+DEA 等	500~1000	30~34
	G-V	K_2CO_3 水溶液+As_2O_3+甘氨酸	500~1000	<50
	Catacarb	25%~30%K_2CO_3 水溶液+添加剂	500~1000	<50

① 热碳酸钾溶液法　此法简称热钾碱法或钾碱法。出于 K_2CO_3 溶液吸收 CO_2 速率慢，净化度较低并腐蚀性大等问题，出现各种改良热钾碱法，都是采取加活化剂到碳酸钾溶液中而形成各自的专利和方法。如表 2-5 所示。

表 2-5　各种改良热钾碱法

方法名称	活化剂	专　利　者
Benfield	二乙醇胺	美国 UOP
G-V	氧化砷和氨基酸	意大利 Giammarco
Catacarb	烷基醇胺的硼酸盐	美国 Eickmeyer
Carsol 法	烷基醇胺	比利时 Carbochim
Flexsorb 法	空间位阻胺	美国 Exxon
复合催化剂热钾碱溶液法	多种活化剂	中国南京化学工业(集团)公司研究院
SCC-A 法	二亚乙基三胺	中国四川化工总厂

碳酸钾溶液吸收 CO_2 的总反应为：

$$CO_2 + K_2CO_3 + H_2O \longrightarrow 2KHCO_3 \quad (2\text{-}1)$$

加入活化剂（B）后的碳酸钾溶液吸收 CO_2 的机理可用下式表示：

$$CO_2(\text{溶解}) + B \longrightarrow CO_2 \cdot B \quad (2\text{-}2)$$

$$CO_2 \cdot B + H_2O \longrightarrow HCO_3^- + H^+ + B \quad (2\text{-}3)$$

可见吸收 CO_2 的过程由两步构成：首先是溶解的 CO_2 与活化剂生成中间化合物 $CO_2 \cdot B$，第二步是中间化合物水解生成 HCO_3^- 并释放出活化剂，重新利用。

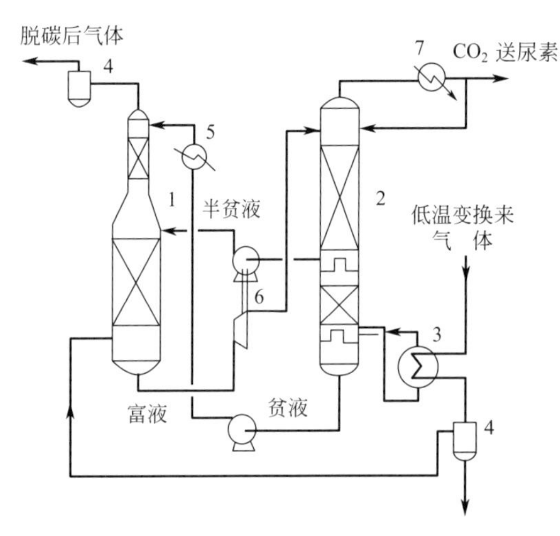

图 2-2 合成气脱 CO_2 装置工艺流程

1—吸收塔；2—再生塔；3—再沸器；4—分离器；5—换热器；6—水力透平；7—冷凝器

对于有机胺活化剂，其反应可写成：

$$CO_2 + RR'NH \longrightarrow RR'NCOOH \quad (2\text{-}4)$$

$$RR'NCOOH + H_2O \longrightarrow HCO_3^- + H^+ + RR'NH \quad (2\text{-}5)$$

碳酸钾溶液也能将原料气中的 COS、CS_2 水解为 H_2S 和 CO_2 而吸收，因而也具脱硫净化功能。

如图 2-2 所示，大型合成氨应用热钾碱法大都采用两段吸收两段再生流程并将吸收和再生分别组合进两个塔内。由于 CO_2 的脱除负荷主要分配在半贫液吸收段，而贫液吸收段主要起净化作用，因而吸收塔设计成下大上小形状。

下面简要介绍几种热钾碱法。

a. Benfield 法 美国 UOP 公司的 Benfield 法是天然气制氨中应用最广的脱除 CO_2 方法，全球已有数百套装置应用，其典型操作条件示于表 2-6。

表 2-6 Benfield 法典型操作条件

溶液组分/%			转化度①/%			CO_2 浓度/%		压力/MPa		温度/℃		
总碱度	DEA	V_2O_5	贫液	半贫液	富液	进料气	净化气	吸收	再生	贫液	半贫液	富液
27～30	3	0.5～1	25～30	40～42	75～73	18	0.1	2.8	0.06	70～75	110～115	115～120

① K_2CO_3 转化为 $KHCO_3$ 的程度。

b. 国内开发的热钾碱法 已在工业上应用的有南京化学工业公司研究院在 20 世纪 80 年代开发的复合催化热钾碱法和四川化学集团公司在 20 世纪 70 年代开发的 SCC-A 法[14]。

复合催化热碱法的吸收剂中的活化剂由几种物质组成，其中一种有机胺与 CO_2 有很高的分子反应速率常数，以很高速率吸收 CO_2 生成氨基甲酸酯。而活化剂中另一种组分则可加快氨基甲酸酯的分解和水解，放出游离胺再用于吸收过程。这样就加快了吸收液吸收和解吸 CO_2 的速率。该法的典型操作条件示于表 2-7。工业运行表明其能耗和消耗与低能耗 Benfield 法相当。吸收液不起泡，操作稳定。

表 2-7 复合催化热钾碱法典型操作条件

溶液组成			压力/MPa		温度/℃			CO_2 浓度/%	
K_2CO_3	活化剂	V_2O_5	吸收	再生	贫液	半贫液	再生	进料气	净化气
25%～30%	30g/L	7g/L	1.2～2.8	0.05	75	103	113	18～32	<0.1

SCC-A 法用二亚乙基三胺（DETA）为活化剂，工业运行表明，操作稳定，净化度可达 CO_2 小于 0.1%，吸收剂负荷在 18～23m^3（CO_2）/m^3 范围（标准状态）。

② 活化 MDEA 法　甲基二乙醇胺（MDEA）是一种选择性吸收天然气中 H_2S 的溶剂。1970 年德国 BASF 公司在 MDEA 水溶液中加入活化剂以加快其吸收 CO_2 的速度，开发出活化 MDEA 脱除气体中 CO_2 的方法。以后又使配方系列化以适应不同的工况。到 20 世纪 90 年代，活化 MDEA 法脱碳装置已超过 90 套，并有进一步增多的趋势。脱 CO_2 的化学反应为：

$$CO_2 + H_2O + R_3N \Longrightarrow R_3NH^+ + HCO_3^- \tag{2-6}$$

MDEA 与 CO_2 之间并不生成稳定的氨基甲酸盐，生成不稳定的碳酸氢盐，因而容易再生。活化剂通常是哌嗪（对二氮己环，$NHC_2H_4NHC_2H_4$），加量约 3%。

溶液无毒，设备无腐蚀，溶液有多种再生方案，用于合成氨装置脱 CO_2 时通常使用压力下闪蒸加蒸汽汽提的流程，典型工艺参数示于表 2-8。

表 2-8　活化 MDEA 法工艺参数

溶液组成/%		再生热/(kJ/m^3)	吸收温度/℃			CO_2回收率/%	CO_2纯度/%
MDEA	哌嗪		气入塔	塔上部	塔下部		
30～40	3	2280	75	53.5	66.5	99～100	99.70

(5) 甲烷化[15～18]

甲烷化是除去合成气中 CO 和 CO_2 的最后工序，使其转化为 CH_4。为了减少氢的消耗，有些大型装置在脱除 CO_2 前增设一道选择催化氧化工序，将 CO 转化为 CO_2，CO 浓度可降至 1～2mL/m^3。

① 甲烷化反应机理　甲烷化反应如下：

$$CO + 3H_2 \rightleftharpoons CH_4 + H_2O + 206.28kJ/mol \tag{2-7}$$

$$CO_2 + 4H_2 \rightleftharpoons CH_4 + 2H_2O + 165.09kJ/mol \tag{2-8}$$

甲烷化反应平衡常数示于表 2-9。

表 2-9　甲烷化反应的平衡常数

温度/℃	220	260	300	360	400	460	500
$K_{(1-7)}$	2.3473×10^{10}	4.5626×10^{8}	1.5161×10^{7}	2.0004×10^{5}	1.6862×10^{4}	6.7099×10^{2}	1.0219×10^{2}
$K_{(1-8)}$	1.5589×10^{8}	6.2706×10^{6}	3.8747×10^{5}	1.1094×10^{4}	1.4442×10^{3}	1.0023×10^{2}	20.997

从表 2-9 可见，甲烷化为放热反应，低温对平衡有利，但温度低于 200℃时，CO 与催化剂上的 Ni 有生成 $Ni(CO)_4$ 的危险，应予避免。

CO_2 的甲烷化较 CO 难，有实验证明 CO_2 可能先转化为 CO_2 后再甲烷化。

② 甲烷化催化剂　甲烷化过程所用的催化剂都是载于 Al_2O_3 上的金属 Ni。加有促进剂 MgO 或 Cr_2O_3 等。市场上常见的催化剂均列在表 2-10 中。催化剂的外形和制备工艺不同，性能上也有差异。在使用中，硫、砷、氯等会使催化剂永久性中毒。还应控制进料的（$CO+CO_2$）浓度不得高于 0.7%，防止催化剂过高的温升而缩短寿命。催化剂能承受短时低于 500℃的高温。此外，还应防止带入 Benfield 溶液，因其会堵塞微孔而使催化剂失活。

③ 甲烷化操作条件　甲烷化在催化剂使用初期温度可较低，在 270～280℃，后逐步升高，典型工艺条件示于表 2-11。

表 2-10 甲烷化催化剂

型号		J103H	J105	CJ106	ICI11-3	C13-4	PK-5
外观 外形尺寸/mm		黑色条 $\phi6\times(5\sim8)$	灰蓝片 $\phi5\times(5\sim6)$	灰黑球 $\phi5\sim8$	片状 $\phi5.4\times3.6$	球状 $\phi5\sim8$	环条 $\phi6$
化学组分	Ni/%	12	≥21	>12	18	68～72	√
	Al_2O_3/%	余	24.0～30.5	75～80	√①	0.1	
	MgO/%		10.5～14.5	1	√	CaO<4～6	
	ReO/%		7.5～10	2	CaO	27	
	烧失重/%		<28	<1	16～18		
制造工艺		浸渍	共沉淀	浸渍			
堆密度/(kg/L)		0.8～0.9	1.0～1.2	0.85～0.95	1.1	0.78±0.05	0.65～0.7
比表面积/(m^2/g)		130～137	～100	100～200			
孔容/(mL/g)		0.24～0.30	0.37	0.40～0.45			
机械强度/(N/cm)			≥180	150			
使用压力/MPa		0.1～5.0	0.1～3.0	0.5～5.0			
使用温度/℃		250～400	270～420	250～430	230～450	250～425	220～450
使用空速/h^{-1}		6000～8000	6000～10000	3000～10000			
使用效果(CO_2)							
入口/%		<0.7	<0.7	0.5～1.0			
出口/(mL/m^3)		<10	5～10	<10			

① 表示含有此组分。

表 2-11 甲烷化典型工艺条件

进料气(CO)/%		出口($CO+CO_2$)/10^{-6}	温度/℃		压力/MPa	空速/h^{-1}
CO	CO_2		进料	出料		
0.5	0.2	≤5	270～315	319～364	2.9～3.0	4000～4500

(6) 合成气压缩

在天然气制氨过程中，合成气制备和净化、氨合成是在不同压力下操作的。原料天然气、空气或氧气、冷冻压缩中氨气均需用压缩机压缩至工艺要求的压力。因此，在合成氨生产中，气体压缩是十分重要的工序。

合成氨生产中用的压缩机有活塞式和离心式两类。中、小型制氨装置大都选用活塞式压缩机。大型氨厂的合成气和循环气压缩均采用离心式压缩机。其特性可参见相关专著[19,20]。

合成氨装置大型化的发展与离心式压缩机的应用密切相关。1965 年，美国 Kellogg 公司应用蒸汽透平驱动的离心式压缩机设计出 600t/d（NH_3）单系列装置，将蒸汽转化压力提高至 2.8MPa。合成氨压力降至 15MPa，装置能耗大大下降。此后，离心式压缩机的技术进步逐渐达到如下水平：①单机规模能满足 1500t/d（NH_3）以上需要；②出口压力可达 45MPa；③叶轮的圆周速度可达 350m/s；④转速可达 2.5×10^4 r/min。

表 2-12 列出了典型的 1000t/d（NH_3）装置的压缩机的压力范围和功率。表 2-13 列出了其中离心式合成气压缩机的主要技术数据。

表 2-12 日产千吨氨厂的压缩机

压缩机名称	压力范围/MPa	功率/kW
天然气压缩机	0.7～4	约 1100
工艺空气压缩机	0～4	约 6300
合成气和循环气压缩机	2.7～15	约 15000
氨压缩机(冰机)	0～18	约 7800
合计		30200

表 2-13 日产千吨氨厂离心式合成气压缩机主要规格

项目	低压缸	高压缸
入口压力/MPa	2.5	6.2
出口压力/MPa	6.3	15.2
入口温度/℃	35	8
出口温度/℃	171	—
入口气量(标准状态)/(m^3/h)	121177	121177
循环气量(标准状态)/(m^3/h)	—	556900
转速/(r/min)	10313	10313
叶轮数量/个	9	8
驱动方式	二级蒸汽透平	
功率/kW	15110	
高压透平/kW	12953	
低压透平/kW	2157	

应当指出，合成气水含量需降至小于 1mg/L 方可进入合成氨工序，常在合成气主压缩机的中间冷却器之后安排分子筛干燥器脱水。

(7) 氨的合成[11,21,22]

① 反应热力学 N_2 和 H_2 生成 NH_3 的化学反应如下：

$$\frac{1}{2}N_2 + 1\frac{1}{2}H_2 \rightleftharpoons NH_3 \tag{2-9}$$

这是一个放热可逆反应，反应过程的结果是体积缩小，加压有利于 NH_3 生成。要在高温、高压下才能获得工业上可行的单程转化率。系统在这样条件下已不能按理想气体来计算平衡常数。工程上，根据实验数据导出经验公式计算出的反应平衡常数如表 2-14 所示。

表 2-14 氨合成反应的平衡常数

温度/℃	压力/(kgf/cm^2)					
	10	50	100	300	600	1000
200	0.64880	0.69780	0.73680	0.91200	2.49300	10.35000
300	0.06238	0.06654	0.06966	0.08667	0.17330	0.51340
400	0.01282	0.01310	0.01379	0.01717	0.02761	0.06035
500	0.00378	0.00384	0.00409	0.00501	0.00646	0.00978
600	0.00152	0.00146	0.00153	0.00190	0.00200	0.00206
700	0.00071	0.00066	0.00070	0.00087	0.00085	0.00052

注：$1kgf/cm^2 = 98.07kPa$。

利用平衡常数可求得在平衡条件下混合气中的氨平衡浓度。图 2-3 是在传统铁基催化剂体系中，氨平衡浓度随压力、温度和合成气组成变化的数据。

反应的热效应是压力和温度的函数，在工程应用的温度、压力范围内，反应表观热效应在 51.5～55.2MJ/kmol（NH_3）范围内。

② 反应动力学 N_2 和 H_2 在铁基催化剂上生成 NH_3 的反应是典型的多相催化过程。普遍认为氮在催化剂上的活性吸附是反应速率的控制步骤。1939 年推出的捷姆金-佩热夫动力学方程式获得了普遍认同，一直是合成氨反应塔设计的基础之一。这项动力学方程的主要

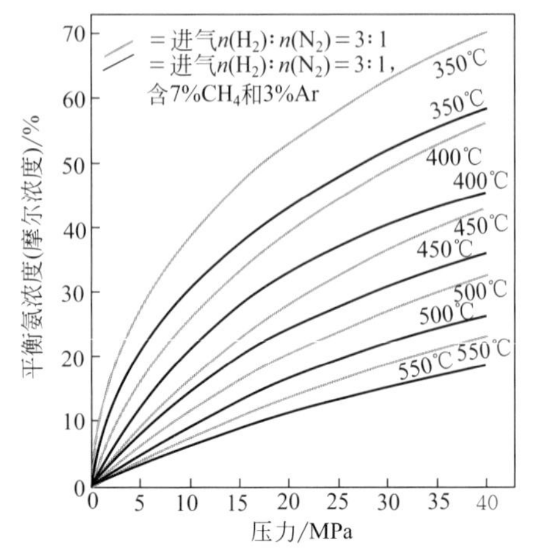

图 2-3　合成氨体系中氨的平衡浓度

假设条件为：氮在催化剂上的活性吸附是反应速率的控制步骤；而催化剂表面活性不均匀，氮的吸附遮盖程度为中等；气体为理想气体并且反应距平衡近。捷姆金-佩热夫方程的表达式：

$$v=K_1 p_{N_2}\left(\frac{p_{H_2}^3}{p_{NH_3}^2}\right)^{\alpha}-K_2\left(\frac{p_{NH_3}^2}{p_{H_2}^3}\right)^{\beta} \qquad (2\text{-}10)$$

式中，v 为过程瞬时总速率，kmol/(m^2 · h)；K_1，K_2 为合成及分解反应的速率常数，atm/h (1atm = 0.101325MPa)；p_{NH_3}，p_{H_2}，p_{N_2} 为氨、氢、氮组分的分压，atm；α，β 为常数（$\alpha+\beta=1$）。

工程应用经验表明，该方程对空速和温度的变化是相当符合的，但对压力的变化，速率常数不能恒定。此后捷姆金等又对方程做了修正，可参见文献。

后来的动力学研究表明，在合成条件下反应器中气速大，外扩散对反应速率的影响可忽略不计，而内扩散的影响则很明显。由此而提出了催化剂的内表面利用率的概念，并提出多种计算方法，以期获得合成氨宏观动力学规律。

③ 工艺条件分析　从工艺原理看，氨的合成由三个工序组成工艺回路，如图 2-4 所示。

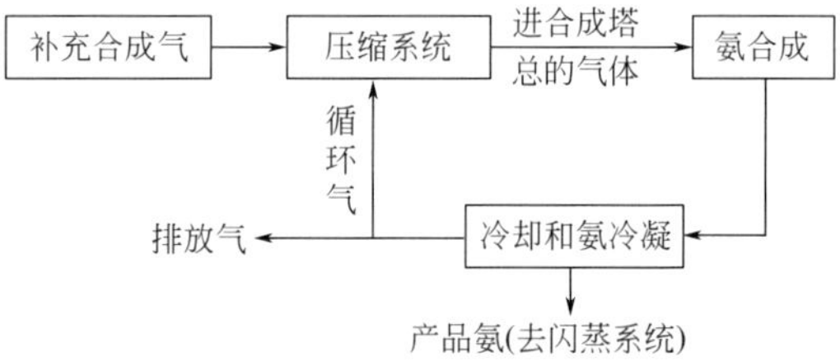

图 2-4　氨合成过程的流程示意图

优化回路的工艺参数，是为了实现操作费用低、危险性小、设备寿命长和停工时间短的条件下生产出所需液氨产品。工艺参数优化也一直是合成氨工艺改进的目标之一。表 2-15 列出了氨合成回路主要参数对回路设计、操作和性能方面的影响，也是下面进行工艺条件分析的摘要。

表 2-15　操作参数对氨合成回路性能的影响

参　数	增　加	减　小
温度	(1)有利于反应速率 (2)催化剂活性降低时升高温度 (3)需加大气体循环量 (4)促进氢与氮合成塔内件的腐蚀	(1)平衡有利于提高氨浓度 (2)氨分离器出气中氨含量降低，提高了单程合成率和产率
压力	(1)有利于提高氨平衡难度 (2)允许提高空间速度操作 (3)有利于产品氨的冷凝 (4)增加了补充气压缩机的功率	(1)单程合成率降低 (2)需要加大循环量 (3)需要低温冷冻系统 (4)降低了总的压缩机功率
惰性气	(1)减少了反应物的分压，使产量减少 (2)单程合成率降低 (3)氨平衡浓度减少 (4)循环气量需加大 (5)合成气排放损失少	(1)氨合成率增加，由于回路中排放的气量大，使补充压缩机功率增加 (2)补充气中惰性气含量低时，可减少排放气量 (3)在一定产量下，允许在较低压力下操作
氢氮比	在补充气压缩机能力一定的情况下，补充气中氢氮比高则产量降低	(1)降低比率可改善回路的性能 (2)最适宜的比率在 2.5～3.0 之间
循环气量	单程合成率降低，出气中氨含量降低，催化剂床层温度降低。由于通气量增大使产量增加(若合成塔在高峰值下操作)	转化率增加

a. 合成压力　氨合成的压力在过去几十年变化很大。在1940～1960年间，使用活塞式压缩机时。合成压力在29.4～58.8MPa范围。1970年以后，采用离心式循环压缩机的大型合成氨装置，合成压力在14.7～26.5MPa范围。

高压对氨的生成有利。图2-5表明补充气中的氢转化为氨的百分率随合成压力增高而增大的情况。从该图可以看出，随压力上升合成过程的氨净值也增大。高的合成压力也对分离回收氨的节能有利。在压力大于60MPa下只需水冷却即可分离回收氨，在压力不大于15MPa下则需经氨冷才能实现分离回收。

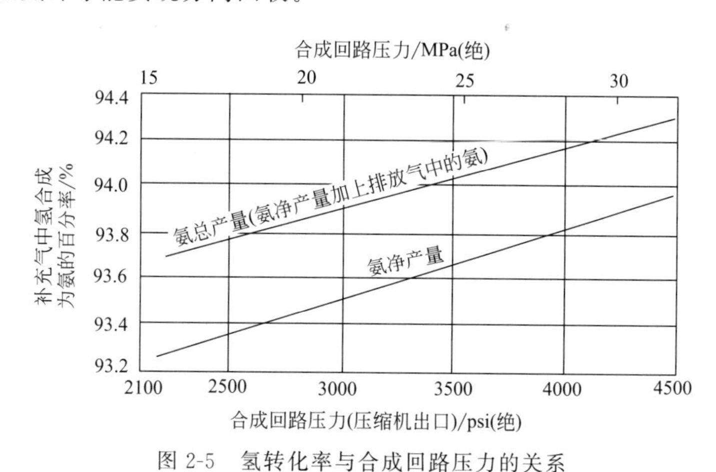

图2-5　氢转化率与合成回路压力的关系

1psi＝1bf/in^2＝6894.74Pa

工程设计中为了减少压力功耗和设备管线投资，往往必须降低合成压力。图2-6是BASF公司900t/a合成氨装置的合成压力与功耗的关系，可见，合成压力在22～27MPa范围内，总功耗较低。随着合成氨工艺的改进（如多级氨冷、低压降径向合成塔和高效催化剂等），从而使合成效率提高，压力降到10～15MPa范围也不会使总功耗上升，进一步目标是实现造气和氨合成等压操作。中国现有大型合成氨厂一般在14.71MPa和26.38MPa两种压力下操作。而小型氨厂的操作压力大都在31.38MPa。

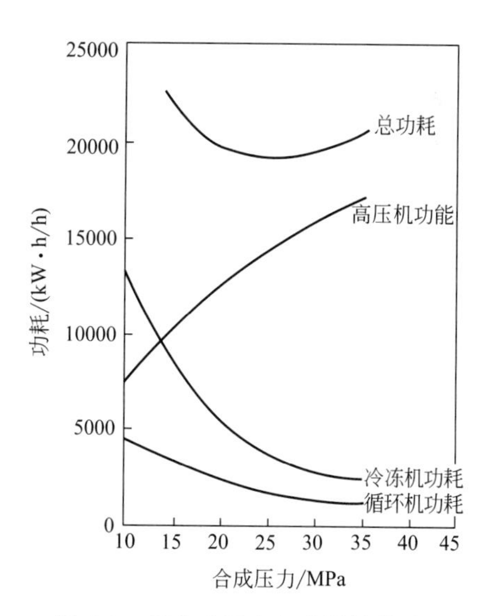

图2-6　氨合成压力与功耗的关系

b. 气体组成

(a) 入塔气体的氢氮比　进合成塔的气体的氢氮比从化学计量看应为3∶1，然而在工程实践上最适宜的氢氮比应以获得最大的出塔气氨含量为判断标准。其适宜值与反应距平衡远近无关，可从捷姆金-佩热夫方程求极值得到最佳值。合成塔内反应距平衡远近与塔内气体空速直接相关，图2-7表明了最佳氢氮比随空速的变化情况。在工业应用空速1×10^4～$3\times10^4h^{-1}$范围内，最适宜的氢氮比在2.5～2.9之间。但一般认为在工程应用压力9.81～98.07MPa下最佳氢氮比仍应是3∶1。

(b) 惰性气体含量　氨合成回路中惰性气体CH_4和Ar是由补充合成气带入回路的，回路中惰气含量增加的不利影响在表2-15中已有概括性说明。回路中惰性气含量可通过弛放部分循环气而控制。增大弛放量可降低惰性气含量，但使天然气耗量增加，如图2-8所示。图中的基准是天然气净热值为35.71MJ/m^3，回路压力为21.57MPa。但如回收利用弛放气，原料消耗增加并不明显。不论哪种情况下，补充合成气惰性组分含量都会使压缩和循环功耗加大。

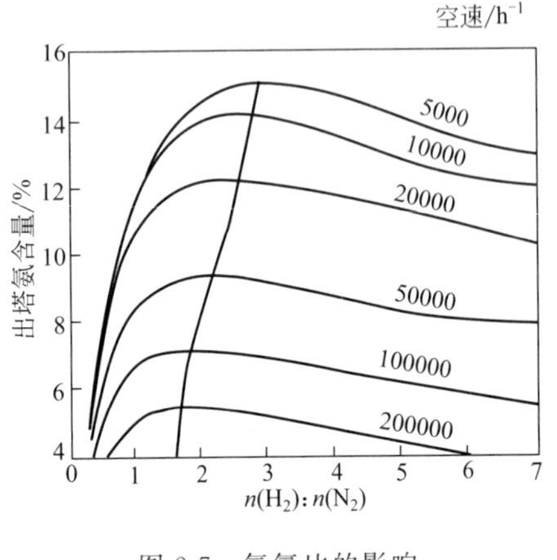

图 2-7　氢氮比的影响

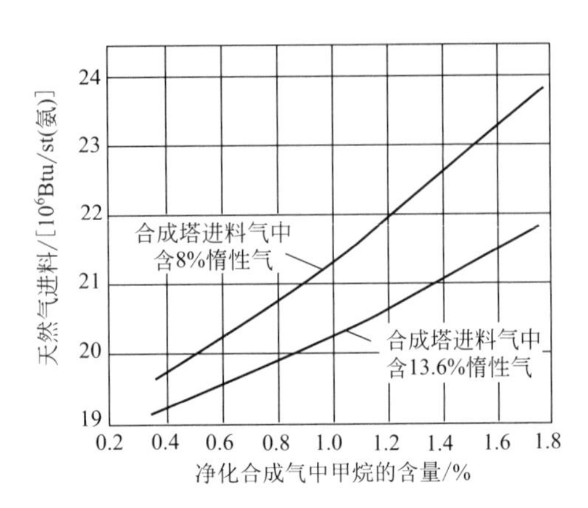

图 2-8　补充合成气中残余甲烷含量对天然气进料量的影响

1Btu=1055.96J，1st=6.356kg

在工业装置运行中，回路中的入塔气惰性气含量远大于补充合成气中情性气含量。在低压回路中控制惰性气含量在 8%～15%范围；在高压回路中可控制在 16%～20%。

(c) 循环气的氨含量　循环气的氨含量越高，合成氨过程的氨净值就越低，生产效率也就越差。循环气的氨含量主要取决于氨分离系统的效率，对于已设定回路压力的系统只能通过调节冷凝温度以控制循环气的氨含量。图 2-9 表示冷凝分离器气相中的 NH_3 浓度随压力、温度变化的情况。工业上，当采用低压回路时（小于 15MPa），控制 NH_3 含量在 2% ～ 3.2%；中压下（26MPa 左右）在 2.8%～3.8%，高压（38MPa 左右）下应小于 6.5%。

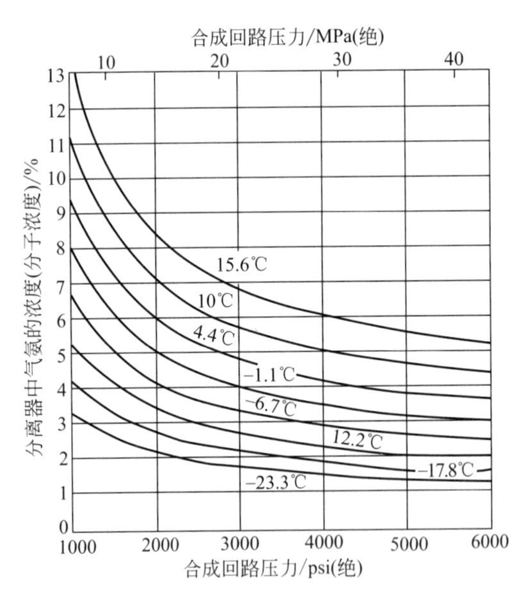

图 2-9　不同温度及压力下分离器气相中氨的平衡浓度

c. 温度　温度对合成氨反应的影响是双重的，在表 2-15 中已有扼要说明。粗略而言，当系统远离平衡时，温度升高会使转化率提高；在近平衡条件下，温度上升则使转化率下降。可见在系统不同的物料组成条件下各有其最适宜的反应温度，在工程上要实现这样的温度控制是十分困难的。工程上优化合成塔结构设计亦只能满足合成条件控制的基本要求。

具体的温度适宜分布与选用的催化剂相关。一般而言，催化剂床层的进口温度应不低于催化剂的起始反应温度；而最高温度不得超过催化剂的耐热温度。目前国内外普遍使用的催化剂起始反应温度为 350～360℃，而耐热温度均不超过 500℃。

d. 空速　空速直接影响合成氨系统产能。工业上可用提高空速来增产。但过高的空速会使 NH_3 合成率下降，循环气中氨含量减少，同时也使分离 NH_3 冷量、合成系统阻力、循环气压缩功、设备投资等稍有增加。因此，空速也存在优化设计问题。

工业上，通常根据合成压力、反应器结构和动力价格等同素综合平衡选择。一般低压合成氨回路选择较低的空速，约在 5000～10000h^{-1}，中压回路在 15000～30000h^{-1}，而高压回路空速可达 60000h^{-1}。

(8) 氨的分离

出合成塔混合气氨含量与入塔气中氨含量之差称为合成过程的氨净值。循环气中氨含量越高，合成氨装置的生产效率越低，也就是合成过程的氨净值越小。而循环气中氨含量取决于氨分离系统的操作压力和温度，如图 2-9 所示。合成氨回路压力是全局因素一般难以调控变化，因此，为了获得可接受的生产效率，只能调控氨分离系统的温度。

分离合成塔出口气中氨的方法主要是冷凝分离法，冷凝分离可用水冷或氨冷。操作压力在 20～30MPa 的合成氨回路，水冷却只能将循环气中氨含量降到 7%～10%，进一步冷却到 0℃以下才能降到 2%～4%。而回路操作压力小于 15MPa 时，则需冷到－23℃以下才能使循环气中氨含量降到 2%以下。

根据上述原理，工程上分离出塔气中氨通常采用冷凝分离法。高压下操作的小型氨厂则采用水吸收分离法。

典型的冷凝分离流相有两种：一次分氨和两次分氨。前者系大多数大型氨厂采用的流程。又可分为循环压缩机之前和之后分氨两类。均可使循环气中氨含量保持在 2%左右的较低水平。当要求产品为液氨时，还必须设氨压缩系统，将其冷凝冷却液化而进入产品储罐。两次分氨流程仅在回路压力较高的中小氨厂采用。先经水冷再经氨冷两次分离氨。

随着合成压力的降低，冷凝分离氨的能耗显著上升，这是目前限制合成压力进一步降低的关键因素之一。

(9) 合成氨弛放气的回收利用[11,23]

为维持系统组成稳定，防止甲烷和氩气等惰性气体在氨合成回路中积累，保持入塔气中惰性气含量在 10%～13%范围，必须弛放一部分循环气。从液氨储槽中也会排放出溶解气体。两者统称弛放气。大型装置的弛放气量一般在 200m^3/t 氨左右。事实上，弛放气中除含有显著量的氩气外，还含有一些氦、氖等稀有气体。其组成和数量同制氨原料和工艺相关。一般弛放气的组成范围：H_2 60%～70%，N_2 20%～25%，CH_4 7%～13%，NH_3 2%，Ar 3%～8%。按 10^3t/d 合成氨厂估算，如果回收 85%的氢，相当于每天多产 NH_3 40～50t，氨厂能耗（以 NH_3 计）可下降 0.5～1.2GJ/t。

应当指出，采用 Braun 工艺的装置由于在深冷净化工序排出了惰性气，故其弛放气量较少，约为 120m^3/t 氨。在这些组分中，氨是装置的目的产品，氢和氮气是合成原料，氩等稀有气体具有特殊用途，CH_4 可作为燃料。以往，弛放气多作为转化炉燃料使用，20 世纪 80 年代以来，其回收利用，主要是氢的回收利用得到了很大发展，取得了很好的经济效益。

工业上常用的回收弛放气有用组分的方法有：中空纤维膜法、变压吸附法和深冷法。三种方法比较见表 2-16。氨的回收通常采用水洗，氢的回收有膜分离法、变压吸附法、深冷法和储氢合金法等，深冷法可同时副产氩、氦等稀有气体。

表 2-16　弛放气中回收 H_2、N_2 的方法比较[11]

项目 \ 方法	中空纤维膜法	深冷法	变压吸附法
装置规模/(m^3/h)	约 17200	10000～30000	1000～50000
压力/MPa	14(膜内外压差 7)	4～6	1.4～2.8
温度/℃	35	一级 100K,二级 85K	常温

续表

项目 \ 方法	中空纤维膜法	深冷法	变压吸附法
氢回收率/%	86	90～95	50～85
氢纯度/%	87～95	87～95	99.99
动力(弛放气 1000m^3/h)/kW·h	1	20～97	41.5
冷却水/(m^3/h)	—	250	16.8
软水/(t/h)	—	0.63～1	0.086
投资回收年限/a	1.5	3	3
工业化情况	工业化	工业化	工业化

① 膜分离法　膜分离法利用氢气和其他组分通过膜时渗透速率的差异回收氢气。合成氨弛放气中氢气的典型回收方法是孟山都公司开发的普里森（Prism）法，Prism 采用聚砜复合膜制成的中空纤管束，此管束含有内径 0.02～0.12mm、外径 0.03～0.16mm 的细管上万根。

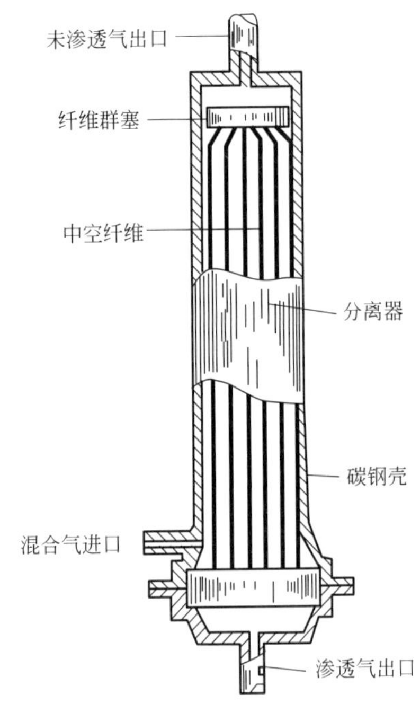

图 2-10　中空纤维膜分离器

这种方法是英国孟山都（Monsanto）公司于 1979 年首先在氨厂中应用成功，回收装置称 Prism 装置。分离器是用聚砜选择性渗透膜制成的中空纤维管束组装而成，其外形类似换热器。外形尺寸范围是直径 ϕ100～200mm，高 3～6m。结构如图 2-10。中空纤维管外径 0.4～0.5mm，内径约 0.2mm。可将多个分离器串联或并联组合而满足不同规模和分离的要求。图 2-11 是一种 8 个分离器串联而回收两种压力等级富氢气和燃料气的 Prism 装置。由于聚砜膜不耐 NH_3，弛放气须经水洗除 NH_3 至小于 20mg/L 才进装置。

回收的富氢气体含 H_2 90%左右，$N_2$6%左右；燃料气含氢 64%左右。中国引进的大型氨厂大多采用这种方法。由于装置无转动设备，操作简单可靠。

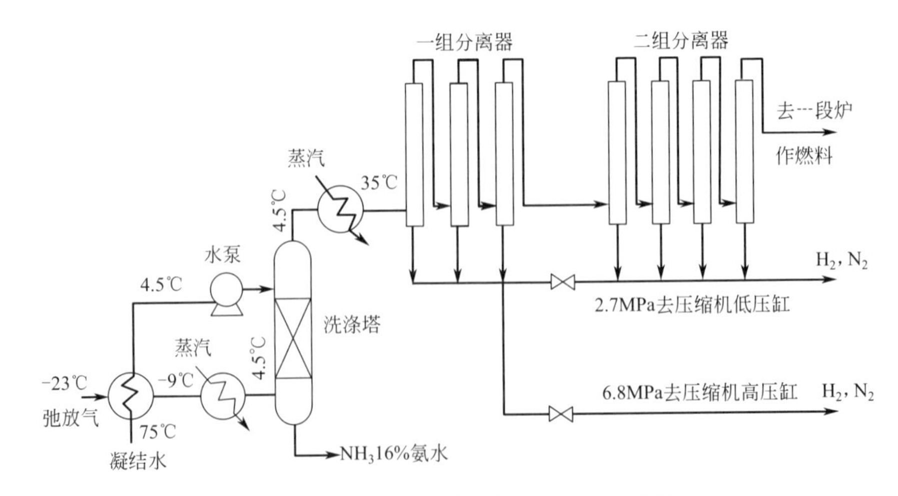

图 2-11　Prism 回收弛放气中 H_2、N_2 流程

② 变压吸附法（PSA）　变压吸附法在20世纪60年代已开始在美国氨厂中用于回收弛放气中的氢气。美国 United Catalysis 和我国西南化工研究院等都开发了以变压吸附法从合成氨弛放气中回收氢气的工艺，现已成为应用相当广泛的方法。该法是利用分子筛吸附剂对不同气体分子吸附强弱与压力相关的原理而实现气体分离的。其分离过程为吸附、均压、顺向减压、冲洗、充压和最终充压六个步骤形成一个循环，过程反复进行而实现气体分离。一般由4～10个床组成，此方法的关键是各步骤按时间切换进行的程序控制部件的工作可靠性和耐久性，流程简单。国内西南化工研究院于1974年开发成功此方法的成套装置，至今已在各行业中推广应用，装置已达400套左右，其自控系统和操作可靠性均已处于先进水平。

变压吸附一般采用多塔均压流程，目前世界上应用最广的是四塔流程。常用的吸附剂有活性炭、活性氧化铝、硅胶及分子筛等。变压吸附法对获得纯度达99%以上的氢气，甚至可达99.9999%，其氢气回收率则低于膜分离法，为50%～85%。

③ 深冷法　深冷法是将难以冷凝的氢气与其他可冷凝的组分分离，此法流程较长，操作复杂、能耗较高，但其氢气回收率可达90%以上，并可同时生产氩、氖等稀有气体。操作压力可达6.8MPa。氨回收率约30%，在三种常用方法中其回收率是最高的，但对弛放气的预处理要求严格，需设分子筛吸附器把关。

④ 储氢合金法　储氢合合法是利用某些合金（如钛系、稀土系和镁系储氢合金）在一定条件下可以选择吸收氢的特性将其从弛放气中分离出来。美国空气产品和化学品公司进行了处理量为142m^3/h的扩大试验，不需要先脱除氨，操作压力为1～4MPa，氢气纯度达到99%，氢回收率为70%～95%。

除以上几种方法外，还有使用某些具有选择性吸收能力的有机溶剂将其他组分从弛放气中分离出来而获得氢气的洗涤法，适宜的溶剂有氯苯等。

2.1.2.2　合成氨催化剂[11,29]

(1) 发展情况

合成氨催化剂经80多年的发展．铁基加助催化剂而制成的催化剂仍然是使用最广泛的品种。早年的铁基催化剂 $n(Fe^{2+})/n(Fe^{3+})$ 在0.5～0.7范围，助催化剂为碱金属和铝、镁、硅、铬等的氧化物；只能在较高的温度（大于500℃）和压力（20～30MPa）下才能达到可接受的时空产率，其低温活性甚差。

随着大型氨厂的出现，节省投资和降低压缩功耗的要求更为迫切。开发低温活性好的催化剂成为关注的重点。研究中发现将铁基催化剂的 $n(Fe^{2+})/n(Fe^{3+})$ 调节到0.36～0.5范围可大为改善低温活性。接着又发现在铁基催化剂中加入钴可大大增加催化剂的比表面并使结晶粒度更小，从而大幅度提高催化剂的低温活性。现今工业上广泛使用的铁基催化剂ICI74-1、A201等即是这类品种，它们可在7～8MPa压力下获得满意的时空产率。

20世纪90年代，Kellogg公司在BP公司室内研究的基础上，开发出钌基（Ru）催化剂（Ke-1520）。采用高表面积石墨（HSAG）为担体，5%～10%（质量分数）Ru并加助催化剂。Ke-1520催化剂的活性比常用的铁基催化剂高10～20倍。在加拿大投入工业应用，成为Kellogg公司开发的制氨新工艺KAAP的核心技术。

中国于1950年即已开发了自己的铁基合成氨催化剂。经过几十年的不懈努力，国产合成氨催化剂在品类和性能方面都已能满足大、中、小型合成氨装置的工艺要求。表2-17列出了合成氨催化剂的主要品种和相关参数。

(2) 催化剂的粒度和形状

催化剂的颗粒大小和形状对催化剂的活性和床层压力降有明显的影响，表2-18的实验数据说明了这种影响。从表2-17中可见常用的合成氨催化剂都有不规则的外形，这种形状的产品制备方法简单，成品率高而价格也较低。也有制成小球状的，其压力降较小，而价格较贵。

表 2-17　主要合成氨催化剂型号和性能

型号		A106	A109	A110	A201	KM-I	ICI35-4	ICI74-1	C73-1
化学成分/%	FeO	34.1	33.5	30.5	28.3	35.52	26.3	22.40	30.37
	Fe_2O_3	58.4	57.6	61.7	66.3	54.86	—	70.3	55～58
	Al_2O_3	3.8～4.2	2.6～3.2	2.4～3.8	2.1～2.6	2.85	2.5	1.8	2～3
	CaO	0.7～1	2.1～3.4	1.9～2.3	1.0～1.8	3.27	2.0	0.48	0.7～1.2
	K_2O	1～1.5	0.5～0.8	0.5～0.7	0.4～0.7	0.66	0.8	0.64	0.5～0.8
	SiO_2	＜0.45	0.7～1.1	0.45	—	0.28	0.4	—	＜0.4
	CoO				5～7			1～6	
外形		不规则	不规则	不规则	不规则	不规则	不规则	不规则	不规则
堆密度/(kg/L)		2.7～3	2.7～2.8	2.7～3.0	2.8	2.5～2.85	2.6～2.85		2.6～2.9
使用温度/℃		395～560	380～530	360～510	425～500	390～550	350～550	350～460	370～590
生产者		南京化学工业公司				丹麦 Topsøe	英国 ICI		美国 UCI

小颗粒催化剂的比表面明显大于大颗粒，例如，1mm 粒径的催化剂比表面达 11～16m^2/g，而 8mm 粒径仅为 3～8m^2/g。在还原过程中小粒径催化剂受水的影响也小得多。工程应用上，同体积合成塔用较小粒径的催化剂可获更大的产能，即要达到同样的产能，用小粒径催化剂可减少装填量。但床层阻力降亦增大，对节能有不利影响。

(3) 催化剂的还原和预还原

表 2-18 为催化剂颗粒大小对催化剂活性和床层相对压降的影响。

表 2-18　催化剂颗粒大小对催化剂活性和床层相对压降的影响

颗粒规格/mm	6～9	6～9	3～9	3～6	2～4	1～3	1～1.5
相对活性	1.00	1.02	1.09	1.11	1.19	1.26	1.28
相对压力降	1.00	1.14	1.80	2.14	3.35	6.04	8.22

合成氨催化剂必须还原处理后才有活性。还原过程主要化学反应为：

$$Fe_3O_4+4H_2 \xlongequal{} 3Fe+4H_2O \tag{2-11}$$

反应是吸热的，需外供热。同时，CoO 也还原为金属钴。

研究表明，在还原过程中催化剂的晶体结构、微孔结构和表面性能都发生了变化。随还原过程进行，微孔体积和表面积随还原程度呈线性增长。就单粒催化剂而言，在还原中其孔隙中生成的水蒸气浓度会一直保持很大，使金属铁表面直到还原完成后才会暴露出来。从过程分析看，低的温度和水蒸气浓度对还原有利，为此还原过程必须控制在高空速下进行。

工业上常采用合成气[$n(H_2)/n(N_2)\approx 3:1$] 为还原气体，控制合成塔中水蒸气在 3000mg/L 以下。还原终点以出水量达理论水量的 95%为准。显然，在工业装置上很难达到最佳的还原条件，因此，市场上出现了预还原产品。这类产品一般是在预还原后再做钝化处理，含有约 2%可还原氧，使用时须做活化处理以恢复活性。

(4) 催化剂的寿命与中毒

合成氨催化剂寿命可达 10～20 年，主要取决于工厂操作的好坏。一些毒物会缩短催化剂寿命，高活性催化剂对毒物更为敏感。

硫、磷、砷会使催化剂永久性中毒。催化剂含硫 0.1%以下即完全失活。卤素也能使催化剂永久性中毒，催化剂本身含氯也必须小于 5mg/L。前已述及含氧化物（CO、CO_2、

H_2O 等）是使催化剂中毒的主要因素。铜、镍的氧化物也是催化剂的毒物。此外，油类会阻塞催化剂孔隙，造成暂时性中毒。

防止催化剂中毒主要是做好合成气的净化处理。

2.1.2.3 天然气制氨工艺

合成氨的原料主要有天然气、油田伴生气、石脑油、重油和煤。以天然气和油田伴生气为原料的氨产量约占世界氨产量的 84%左右。

氨合成过程消耗大量的能源，因此节能技术的研究和新型氨工艺的开发一直是世界各国极为关注的重要课题。多年来，各工艺开发商竞相开发了各种节能型新工艺，其总能耗均已降至 28～32GJ/tNH_3[25]。

天然气制氨工艺经半个多世纪的发展，已形成多种各具特色的工艺。它们均成熟可靠，综合能耗水平也大致接近。世界上以天然气为原料的先进的合成氨工艺主要有以下几种[11]：美国 Kellogg 公司的节能型工艺和 KAAP 工艺；美国 Braun 公司的低能耗低成本深冷净化工艺；英国 ICI 公司的 AMV 节能型工艺和 LCA 工艺；德国 Uhde 公司的 UHDE-ICI-AMV 节能型工艺；德国 Linde 公司的 LAC 工艺；丹麦 Topsøe 公司的低能耗工艺。

2001 年，美国 Kellogg 公司和 Braun 公司进行了合并，组成了 Kellogg Brown & Root（简称 KBR）公司，并对两个公司所拥有的合成氨技术进行了整合，形成了技术更为先进的合成氨生产工艺，分别称为 KBR KAAPPlus 工艺和 KBR Purifier 工艺。但新公司的合成氨工艺本质上仍是原两公司的合成氨生产工艺，故在本书中仍按 Kellogg 公司和 Braun 分别进行介绍。

本节将扼要介绍如下工艺的概况和特点。

美国 M. W. Kellogg 公司的节能型工艺和 20 世纪末开发的改进制氨工艺（Kellogg Improved Ammonia Process），亦称为 KRES-KAAP 工艺（Kellogg Reforming Exchange System-Kellogg Advanced Ammonia Process）；

美国 Brown & Rott Braun 公司的深冷净化工艺（Braun Purifier Process）；

英国 ICI 公司的 AMV（Ammonia V）节能工艺和 LCA（Leading Concept Ammonia）工艺；

德国 Uhde 公司的低能耗工艺（Uhde Low Energy Process）；

德国 Linde 公司的 LAC^{TM}工艺（Linde Ammonic Concept）；

丹麦 Haldor Topsøe 公司的低能耗制氨工艺（Topsøe Low Energy Ammonia Process）。

(1) Kellogg 节能型工艺[11]

① 工艺概述　全球制氨产能约有一半是 Kellogg 公司设计的。传统的 Kellogg 公司天然气制氨装置物耗能耗均较高，综合能耗在 37.7～41.8GJ/t NH_3 范围。中国 20 世纪七八十年代引进的 30×10^4t/a 装置就是这种类型。20 世纪 80 年代中期，Kellogg 公司在多年经验的基础上开发出节能型工艺，1984 年建成第一套装置，综合能耗小于 31.4GJ/t NH_3，随后又在荷兰等地建厂。中国四川化学集团公司也建有 600t/d 此类工艺的天然气制氨装置。工艺流程示于图 2-12。天然气经两段蒸气转化制合成气，再经高低温变换、脱碳、甲烷化、压缩与脱水后进入合成塔制氨。

② 主要工艺特点　与传统工艺相比其主要工艺特点如下。

a. 天然气转化压力从 3.14MPa 提高到 3.65MPa。两段蒸汽转化炉负荷做了调整，减少一段负荷增加二段负荷，这样可使一段炉管操作条件趋于缓和。二段炉的工艺空气改用汽轮机驱动压缩机供给。

b. 采用了新型的浮头式换热器，设备简单并节约了管材。

c. 采用物理溶剂 Selexol 脱碳工艺，可节约蒸汽消耗，但 CO_2 回收率低，不能满足下

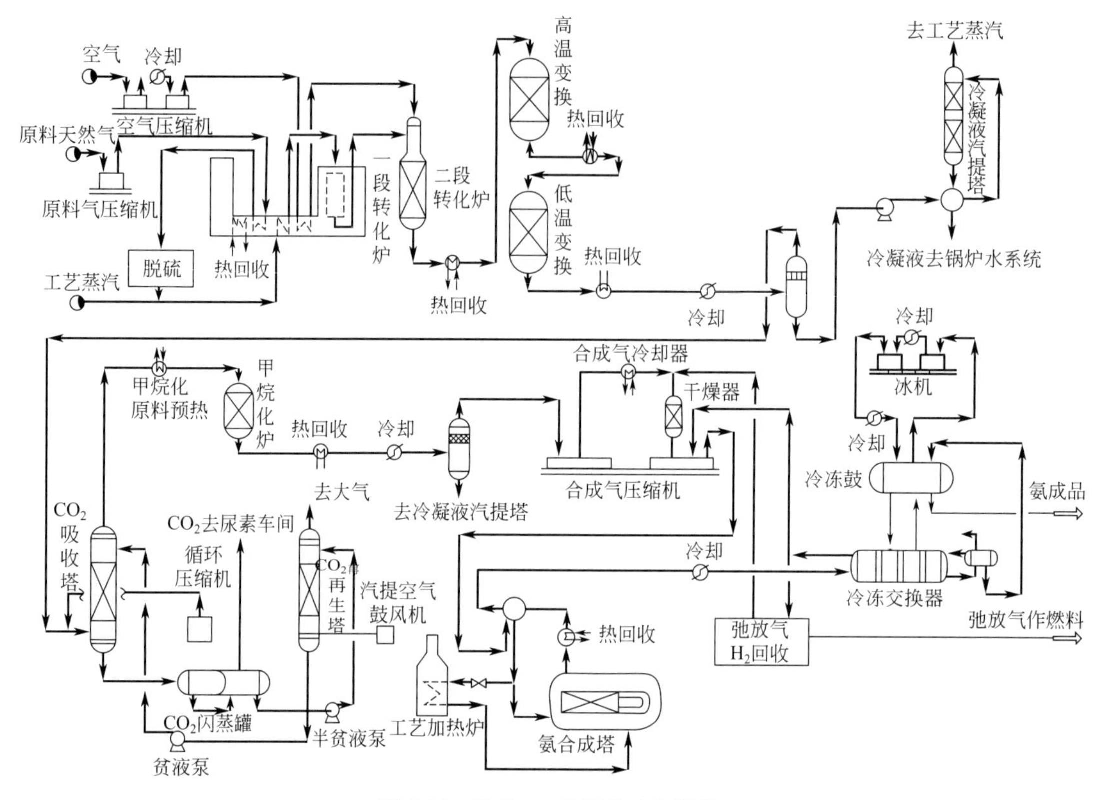

图 2-12 Kellogg 节能型工艺流程

游产品尿素生产的需要。

d. 甲烷化后的合成气采用分子筛干燥净化，可直接送入氨合成塔。

e. 采用卧式氨合成塔系统，并采用小颗粒催化剂和提高出口氨浓度，减少了合成回路的循环比及压缩机的动力消耗。

f. 采用新型组合式换热器。

g. 采用四级氨冷器。

h. 完善了蒸汽系统，冷凝液的处理采用了汽提法。

（2）KRES-KAAP 工艺[11]

① 工艺概述 Kellogg 公司将其在 20 世纪 90 年代开发的 KRES 转化换热系统和 KAAP 改进合成氨工艺相结合而完成了 KRES-KAAP 制氨新工艺设计。虽然此项组合新工艺尚未建成工业装置，但上述两项新工艺都已工业化。KRES-KAAP 制氨工艺的原理流程如图 2-13。

KRES 工艺用换热式转化炉代替了传统的一段外加热转化炉。二段转化炉为自热式，其出口气在换热式转化炉中进行热交换以供所需转化热。换热式转化炉采用开口管式结构，转化管可自由伸缩管束可拆卸，催化剂装卸方便。KRES 工艺投资和能耗降低 5%～8%。

KAAP 合成氨工艺采用 Kellogg 公司新开发的钌基催化剂，前文已有介绍。由于钌基催化剂的活性甚高。因此合成塔的催化剂装填量少，床层薄可防止过热发生。1992 年在加拿大 Ocelot 氨厂工业应用表明。可使合成回路投资下降 15%～20%，节能 25%。

② 工艺特点

a. KRES 造气工艺与两段蒸汽转化相比。设备造价低，占地面积少，投资节省 5%～10%，设备结构简化，操作灵活性更大，维修工作量减少。可利用的烟气余热少，蒸汽发生

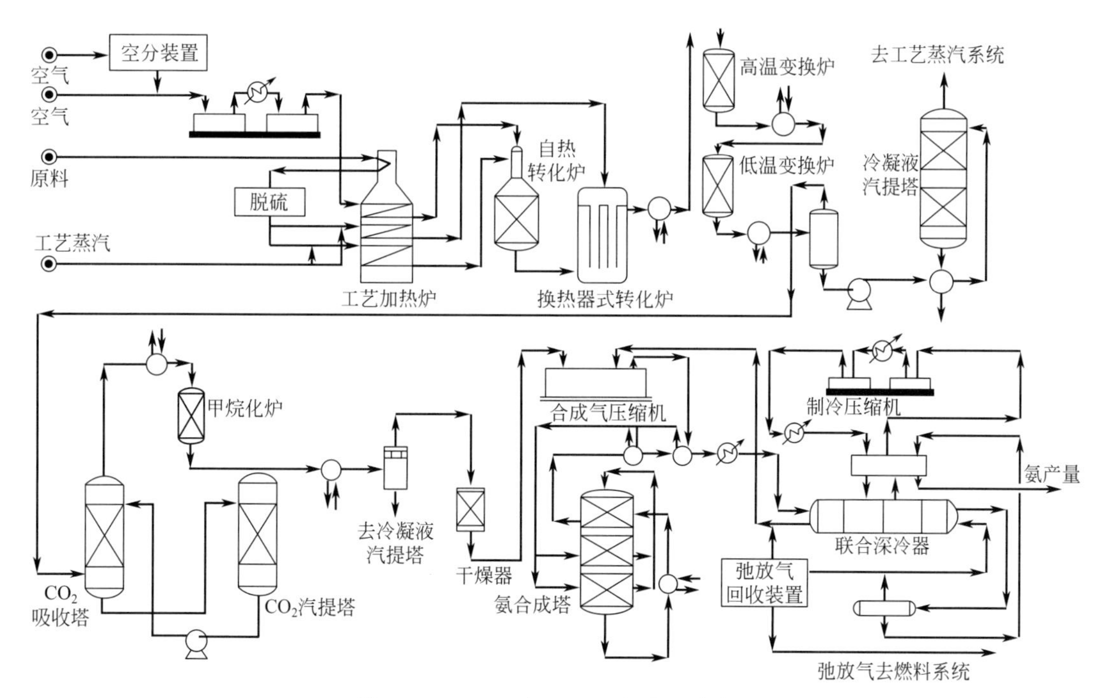

图 2-13　KAAP 与 KRES 组合工艺流程

量约少 20%，因此天然气消耗下降。

b. 天然气、蒸汽和富氧空气加热炉的燃料消耗与烟气量均比原一段炉小，CO_2 和 NO_x 排放明显下降，环保效应好。

c. KAAP 合成氨工艺使用高活性钌基催化剂，反应塔可设计得小，且单程转化率更高循环比下降。其综合效果合成回路投资节省 15%～20%，全装置节约 5%左右；综合能耗下降 1.16GJ/t NH_3。

(3) Braun 深冷净化工艺[11]

① 工艺概述　Braun 深冷净化工艺于 20 世纪 60 年代开发成功，首套 680t(NH_3)/d 装置于 1968 年投产，综合能耗 34GJ/t NH_3。经几十年的改进完善，现代的深冷净化工艺综合能耗已可降到 29GJ/t NH_3 左右。中国锦西天然气化肥厂、四川天然气化肥厂和乌鲁木齐二化肥厂都用该工艺。

Braun 深冷净化工艺流程如图 2-14 所示。此工艺的主要特点是二段炉采用过量 50%～75%的空气操作，以减少一段转炉负荷并提高热效率。多余的 N_2 及 CH_4、Ar 则采用深冷分离除去，合成气纯净，不排放弛放气。

② 工艺特点　Braun 最鲜明的特点是采用深冷净化单元将入塔合成气净化到很高的程度，而形成如下与此相关的工艺特点：

a. 入塔合成气仅含痕量 CH_4(0.2%～0.3%)，$n(H_2)/n(N_2)$ 在 2.98 左右。提高了合成氨净值，延长了催化剂寿命，也使合成塔可设计为绝热式结构。其结果是装置运转率提高，生产成本下降。

b. 合成回路不直接排放弛放气，深冷装置排放的燃料气数量也大为减少，节省了弛放气回收装置投资和运行费用。

c. 由于一段转化炉负荷减少，可在比传统转化炉低 100℃下运行，炉管寿命延长、维修工作量减少，并节省投资约 30%。

d. 调整两段转化负荷分配和采用富氧（30%O_2）后，提高了两炉热效率，一段炉效率

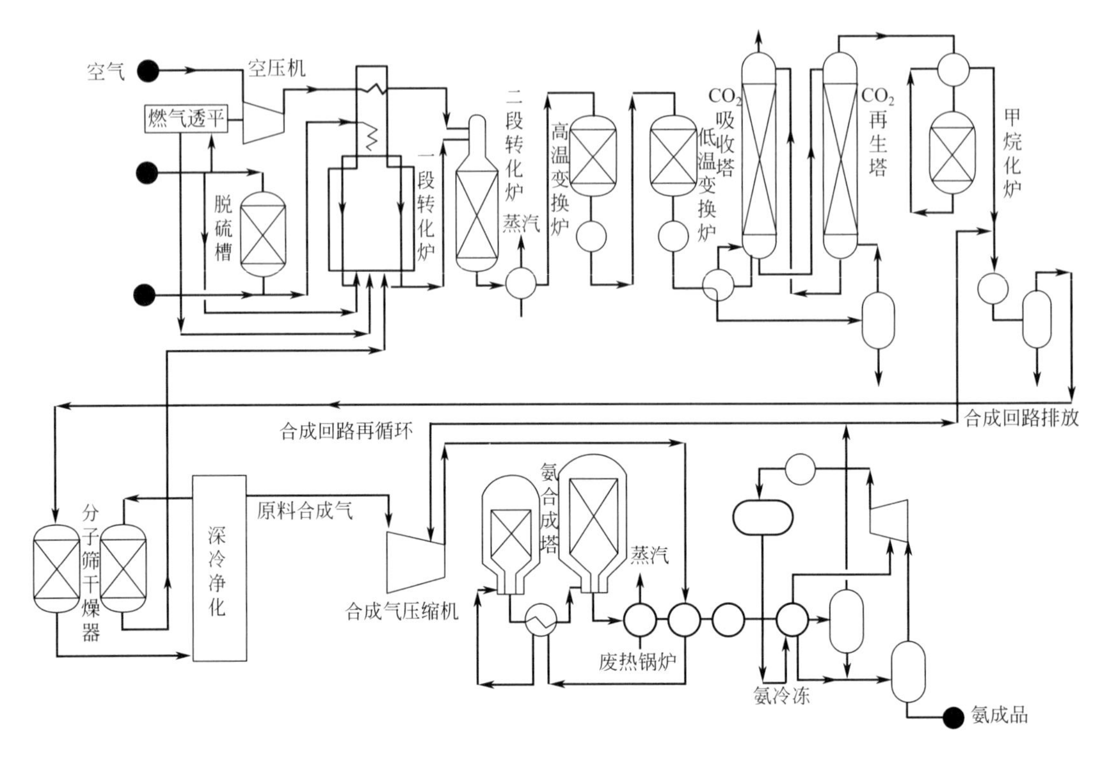

图 2-14　Brown 深冷净化制氨工艺流程

在 82%～92%，二段炉接近 100%。

e. 全装置综合能耗可降到 28.4%～29.3% GJ/t NH_3。

(4) ICI 的 AMV 节能工艺[37]

① 工艺概况　英国 ICI 公司开发的 AMV 工艺于 1985 年工业化，规模为 1350t/d (NH_3)。ICI-AMV 工艺的制氨基本步骤与传统工艺完全相同，但经过优化调整后，使各工序效率更高并易操作，但并不增大投资。其工艺流程如图 2-15 所示。

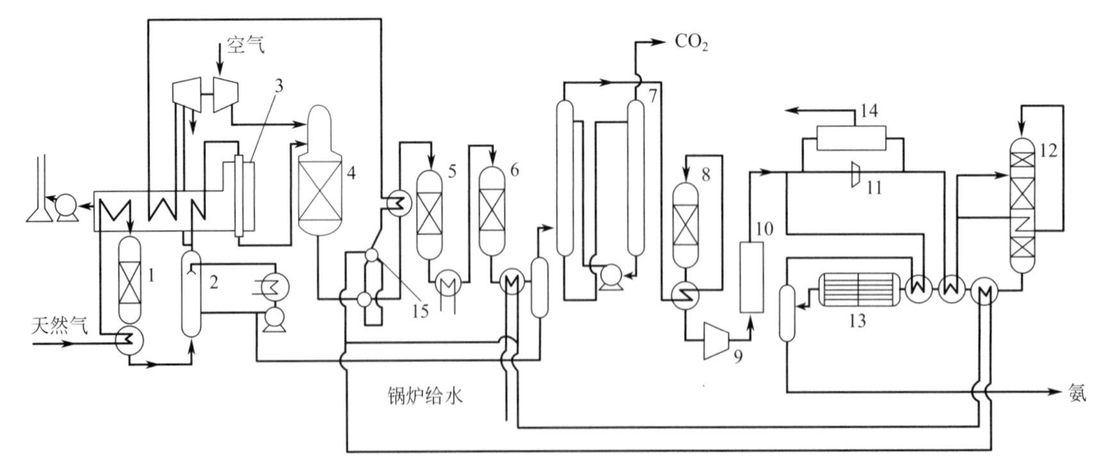

图 2-15　ICI-AMV 合成氨工艺流程

1—脱硫器；2—饱和器；3—一段转化炉；4—二段转化炉；5—高温变换炉；6—低温变换炉；7—脱 CO_2 系统；8—甲烷化炉；9—合成气压缩机；10—冷却和干燥系统；11—循环压缩机；12—氨合成塔；13—氨冷器；14—深冷分离系统；15—高压废热锅炉

② 工艺特点

a. 原料天然气利用高温变换气余热用工艺冷凝液饱和以减小工艺蒸汽消耗。

b. 一段转化压力为2.5～3.5MPa，温度为705～788℃，操作条件温和。二段炉空气不预热且过剩20%左右，使出口温度仅为871～954℃，残余甲烷升至1%左右。

c. 用深冷净化装置处理一部分合成回路循环气，与回路等压操作。回收氢并弛放含惰性气的燃料气，从而调节入塔气$n(H_2)/n(N_2)$。

d. 使用高活性铁催化剂，合成氨压力降到7～8MPa。

e. 简化了蒸汽系统，并选用低能耗脱CO_2方法。

f. 其综合能耗可降到28.4～29.3GJ/t NH_3。

(5) ICI-LCA 工艺[27]

① 工艺概况　ICI-LCA工艺于20世纪80年代后期问世。该工艺的要点是应用ICI开发的GHR气体换热式转化技术将二段转化炉出口气作为一段转化的热源而取代了一段转化炉。为此，二段炉负担更大份额的甲烷转化负荷，而产生出含氮过量的合成气。同时，ICI还开发出将合成气经变压吸附（PSA）分离CO_2和弛放过剩N_2与其他惰性气体的技术用于LCA工艺；此外，CO变换仅采用一级工艺。ICI公司开发此工艺的目的是针对小型制氨装置（300～600t/d）。1988年ICI公司将自己在英国Severnside的旧工厂用LCA工艺改建成两套450t/d的装置。此后，未见有应用LCA工艺的报道。ICI-LCA工艺流程如图2-16所示。

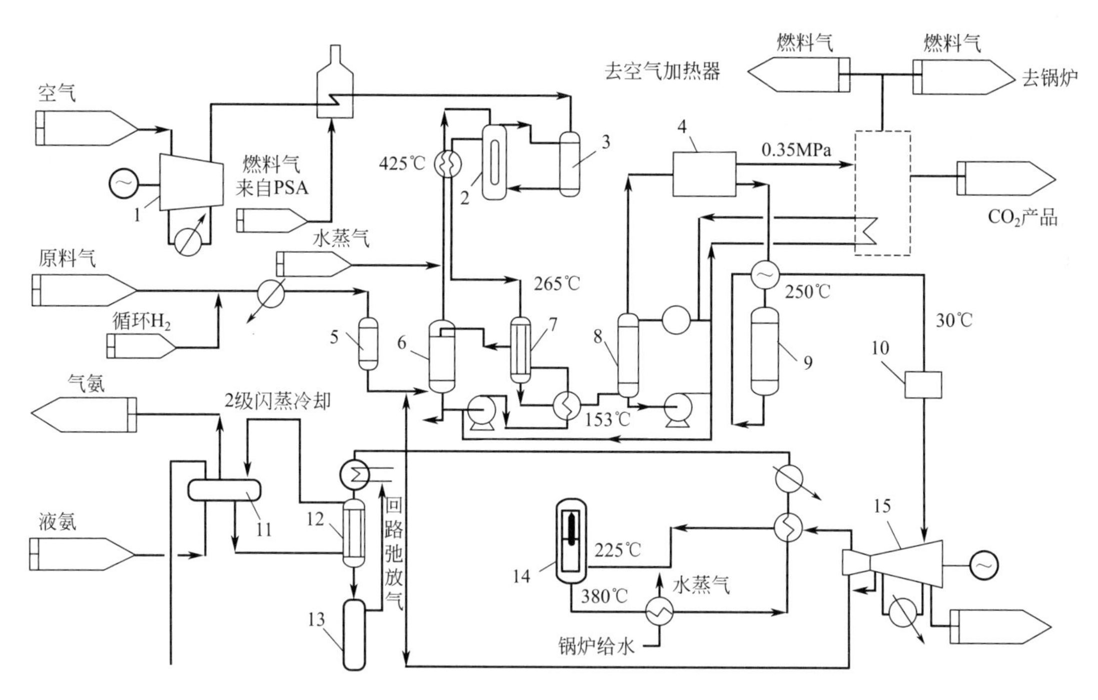

图2-16　ICI-LCA工艺流程

1—工艺空气压缩机；2—气体加热转化炉；3—二段转化炉；4—PSA系统；5—加氢脱硫；6—饱和塔；7—变换炉；8—减湿塔；9—甲烷化炉；10—气体干燥塔；11—闪蒸槽；12—冷却器；13—氨分离器；14—氨合成塔；15—合成气/循环气压缩机

② 工艺特点

a. 天然气一级转化在气体加热转化器进行，由二级转化气供热，操作温度仅700～750℃，H_2O与CH_4摩尔比仅2.5∶1。热效率高；

b. 二段转化工艺空气过量50%，且先预热，以产生足够热量供一级转化；

c. 将中低变合并在一个管壳式反应器中进行等温反应，由于ICI71～3/71-4催化剂活性高可保证变换完全；

d. 在一特别设计的变压吸附装置中将变换气中的惰性气体（氩）和多余的N_2除去，并同时回收CO_2。但CO_2纯度尚不能直接用以制尿素；

e. 采用高活性铁基催化剂使合成氨可在7～8MPa和380℃左右高效运行，综合能耗29.5GJ/t NH_3左右。

（6）Uhde低能耗工艺[28]

① 工艺概况 德国Uhde公司在英国ICI-AMV工艺的基础上进行了重要改进而形成自己的低能耗工艺，亦称Uhde-ICI-AMV工艺，此工艺在能量利用优化方面具特色。合成塔是大直径间接换热三床层径流式串联倒U形管废热锅炉，优化了温度分布，并在等压下回收氨和氢。1985年建成1250t/d的首套装置，综合能耗仅27.1GJ/t（NH_3）。1992年又在中国中原化肥厂建成1000t/d装置，设计能耗28.8GJ/t（NH_3），图2-17为其工艺流程。

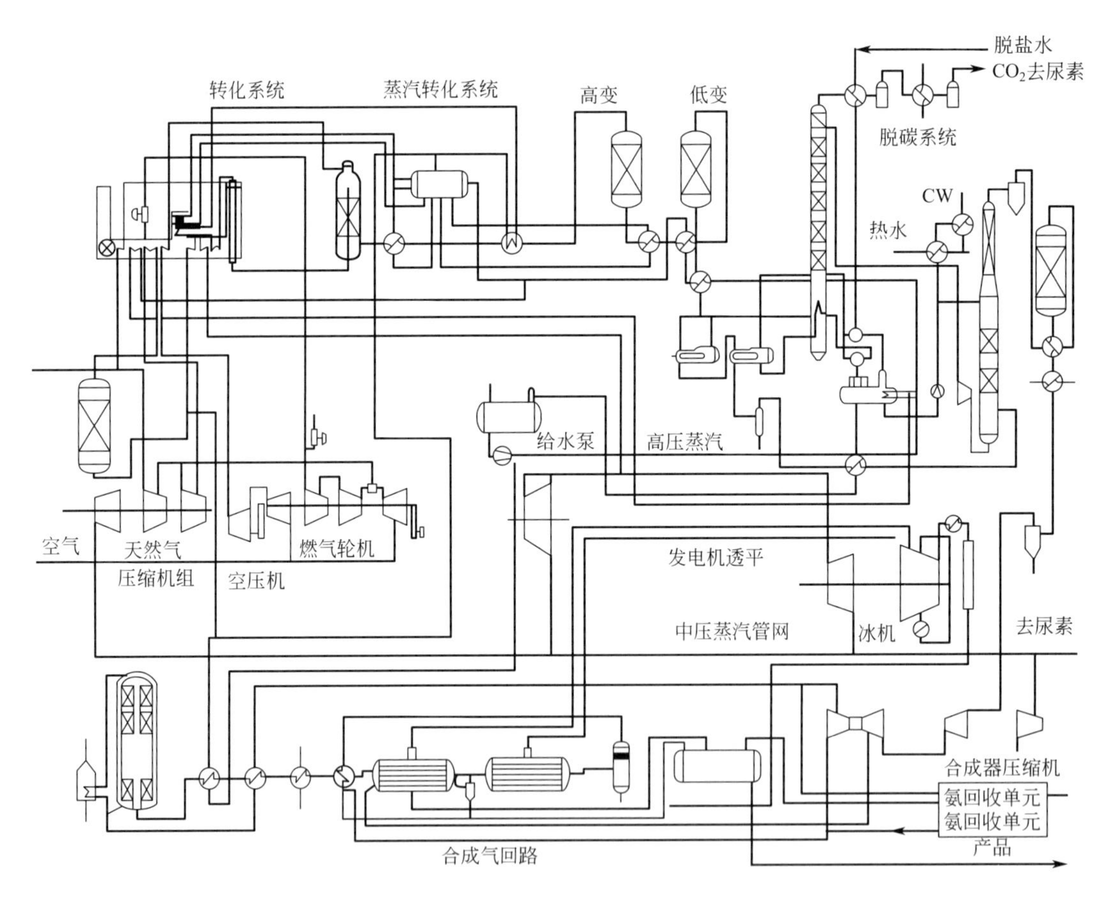

图2-17 Uhde-ICI-AMV节能工艺流程

② 工艺特点 Uhde低能耗制氨工艺的主要特点如下。

a. 工艺空气压缩机用燃气轮机驱动，燃气轮机排气用作一段转化炉燃烧用空气。节约燃料20%，全装置总能耗下降5%。

b. 提高一段转化压力到4.7MPa，以降低合成气压缩功耗而使总压缩功耗下降30%。

c. 二段转化炉空气过量25%～30%以减少一段转化负荷和投资。一段转化用低水碳比催化剂，使水碳比降到2.75，节约了工艺蒸汽。二段转化出炉气经换热产生11.2MPa，530℃的高压过热蒸汽，品质好，能量可逐级降压利用，节能效果好。

d. 采用了带多级喷射泵和真空压缩机的节能型Benfield脱碳方法，降低能耗，节约的低品位热用于预热锅炉供水。

e. 应用Uhde公司开发的大直径间接换热的三床层径流式氨合成塔。串联倒U形管废热锅炉生产12.5MPa高压蒸汽。合成塔装填ICI74-1小粒径铁基含钴低温高活性催化剂。合成压力18MPa，转化率高，床层压降小。

f. 与合成回路等压回收氨（水吸收法）和氢（深冷法）。氨回收率95%，循环气含氨小于0.1mL/m^3；氢回收率90%。降低了能耗。

(7) LAC^TM^ 制氨工艺[29]

① 工艺概况 德国Linde公司的LAC™工艺流程如图2-18。与传统工艺不同，只有一段蒸汽转化，取消了二段转化；CO变换使用等温变换技术。没有甲烷化，而用Linde开发的PSA过程净化氢气。此工艺适用规模为400～1500t/d，首套装置每天生产1350t，建于印度。

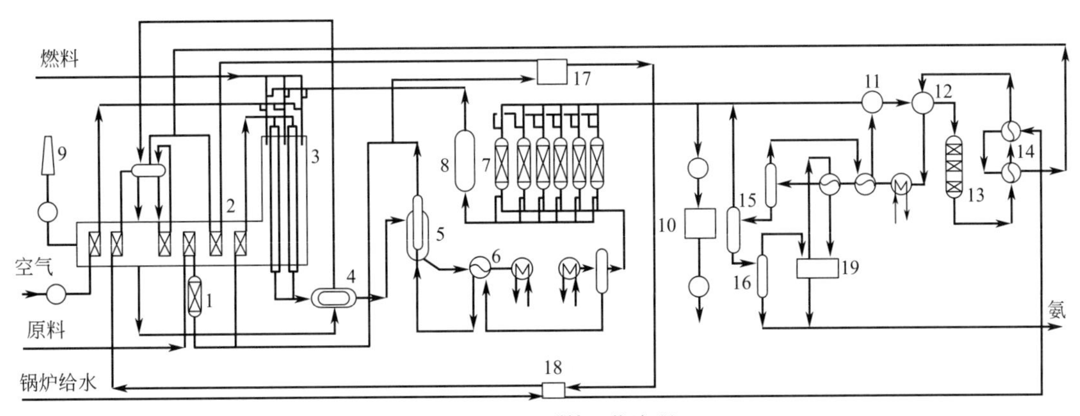

图2-18 LAC™工艺流程

1—脱硫反应器；2—预热器；3—转化炉；4—气体冷却器；5—等温变换炉；6—水加热器；7—PSA装置；8—缓冲缸；9—烟囱；10—空分装置；11—合成气压缩机；12—热交换器；13—氨合成塔；14—废热锅炉；15—氨分离器；16—闪蒸缸；17—蒸汽发电装置；18—冷凝液系统；19—冷冻装置

② 工艺特点

a. 取消了三个催化工艺步骤，将投资额降低到传统工艺的50%左右。

b. 提供了一种PSA装置的转化气净化系统，PSA装置具有已被证实的可靠性。

c. 制成不含惰性气体的合成气，取消了弛放气净化步骤。

d. 需用一套附加的洗涤装置回收CO_2。

e. 把工艺冷凝液直接送回变换炉生产工艺蒸汽，取消了冷凝液处理设备。

f. 工艺流程简单，总的压力降减少。

g. LAC工艺直接制氨，从而缩短了开车时间，大大减少了原料的消耗。

h. 全面简化了传统工艺路线，从而节省了投资费用，减少施工时间，缩小了占地面积，减少维修费用和备件费用，以及更换催化剂的费用。

i. 可以从工艺物流中直接得到纯氢和纯氮。其他可能的副产品（如O_2，Ar，CO_2，CO，CH_3OH）可以很容易地综合利用。制氮是Linde专有技术。

(8) Topsøe低能耗制氨工艺[11]

① 工艺概况 Topsøe公司通过改进合成氨过程用催化剂、开发低压降径向合成塔和优化设计能量回收利用等技术而在20世纪80年代推出了低能耗制氨工艺，如图2-19所示。

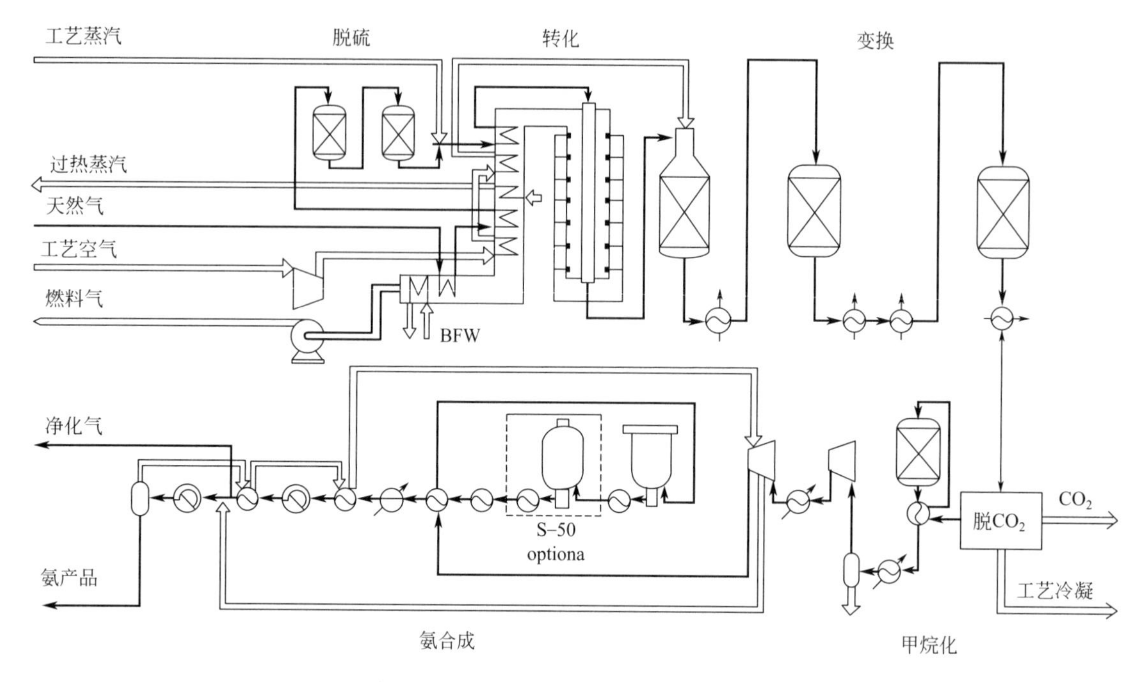

图 2-19 Topsøe 低能耗制氨工艺流程

② 工艺特点

a. 使用自己开发的低水碳比抗积炭催化剂，可使水碳比降至 2.8～2.0，节能效果好。还开发出结构简单、造价低的绝热式预转化炉，可用于现有装置的转化“瓶颈”扩能技改，节省燃料和增加进气量。

b. 使用新开发的铜基变换催化剂，活性好、抗积炭，能适应低水碳比运行条件。

c. 用物理方法脱 CO_2，节省的热量用以预热锅炉给水、脱盐水和汽提工艺凝液。

d. 使用所开发的 S-200 型二床层合成回路，其特点是塔阻力小，转化率高，出口氨浓度大于 17%，循环气量减少，节能明显。这种回路全球已有 50 多套在运行。

e. 后来又开发了 S-50 型单床合成塔和 S-300 型三床层合成回路。前者具有造价低、运输方便特点，可与 S-200 型串联而形成 S-250 回路，比 S-200 型效率更高。

f. 能量回收利用系统可使烟气排放温度降到 140℃。装置综合能耗在 28.4～29.3GJ/t (NH_3) 范围。

(9) 天然气制氨工艺性能比较[11]

上述天然气制氨工艺除 KRES-KAAP 外，其余均已有工业装置。它们的技术成熟程度和能耗水平都接近，都是可以采用的制氨工艺，现将它们的工艺性能摘要列于表 2-19。

表 2-19 天然气制氨工艺性能比较

项目		Kellogg 节能型	Braun 深冷净化	ICI-AMV	ICI-LCA	Linde LAC™	Uhde ICI-AMV	Topsøe LEAP
原材料及公用工程消耗	原料及燃料天然气/(m^3/tNH_3)	859	853	879	—	—	—	896
	电/(kW·h/tNH_3)	56	81.41	47	—	—	—	37
	循环冷却水/(m^3/tNH_3)	260	190.5	—	—	—	—	165.5
	脱盐水/(m^3/tNH_3)	1.0	3.38	—	—	—	—	1.52
	中压蒸汽输出/(t/tNH_3)	1.64	2.11	1.86	—	—	—	1.16

续表

方法 项目		Kellogg 节能型	Braun 深冷净化	ICI-AMV	ICI-LCA	Linde LAC™	Uhde ICI-AMV	Topsøe LEAP
工艺参数及特点	(1)一段转化							
	转化炉型	顶部点火	侧面点火				顶部点火	侧面点火
	水碳比	3.2	2.7	2.75	2.5	3.0～3.2	3.0	2.5
	出口甲烷含量(体积分数)/%	11	25	16			13～15	14
	出口温度/℃	805	700	740～788	750	815～845	800	800
	出口压力/MPa	3.6	3.1	3.4	3.4	2.75～2.94	3.6～4.0	3.4～3.6
	燃烧空气预热	对流部分	气体透平出口气				对流部分	对流部分
	(2)二段转化							
	工艺空气	过量空气10%	过量空气50%	过量空气20%	过量空气20%		计量值	计量值
	出口甲烷含量(体积分数)/%	<0.5	1.3	1.0	0.7	无二段炉	1～1.4	0.3
	空气压缩机	气体透平带动	蒸汽透平带动				蒸汽透平带动	蒸汽透平带动
	(3)CO变换	传统中低变	传统中低变	传统中低变	一段变换采用列管式等温反应器，采用ICI71-3/71-4新型催化剂	一段等温变换	传统中低变	二段或三段变换，使用低温高活性催化剂
	CO出口含量(体积分数)/%	0.3	0.2～0.5				0.3	0.2～0.25
	(4)CO_2脱除	Selexol或低热耗Benfield	低热耗Benfield或MDEA法	Selexol低热耗Benfield或MDEA法	低热耗Benfield或MDEA法	低热耗Benfield或MDEA法	低热耗Benfield或MDEA法	Selexol或低热耗Benfield或MDEA法
	(5)甲烷化	传统法	传统法		脱过量N_2，CO_2，CO，CH_4	10～12床PSA清除CH_4，CO_2，CO等，无甲烷化	传统法	传统法
	(6)分子筛干燥	一般提供	提供	提供	提供	一般不提供	可以提供	一般不提供
	(7)深冷净化	没有	有，脱除CH_4和部分氩，并调整$n(H_2)/n(N_2)=3$				没有	没有
	(8)氨合成压力/MPa	14.5	18	8.3～11.5	7.85	15.0	14.0	14
	合成塔	卧式径向层间换热	三个单层绝热壁合成塔串联，塔间副产蒸汽	Uhde径向三层中间换热或Cascale轴径向塔	Cascale轴径向塔	Cascale轴径向塔	Uhde三床中间换热或两个合成塔串联	S-250(S-200+S-50二塔串联)
	弛放气回收	Prismh或深冷法	不需	压缩机出口分流部分气体经深冷回收H_2后返回循环压缩机	无	无		
	(9)反应热回收	副产高压蒸汽	副产高压蒸汽	预热锅炉给水或副产高压蒸汽	副产蒸汽6MPa	副产高压蒸汽	副产蒸汽12.5MPa高压蒸汽	副产高压蒸汽

续表

项目＼方法		Kellogg 节能型	Braun 深冷净化	ICI-AMV	ICI-LCA	Linde LAC™	Uhde ICI-AMV	Topsøe LEAP
能耗/(GJ/t NH_3)		28.4～30.0	28.4～29.3	28.4～29.3	28.4～30.0	28.4～29.3	28.4～29.3	28.4～29.3
建厂情况	国外	2(1000t/d，1360t/d)	8(1360～1500t/d)	1(1150t/d)	2(450t/d)	2(1350t/d和400t/d)	3(1000～1800t/d)	无工业示范装置
	国内(1997年以前)	1	4	2	—	—	—	10(如渭河)

2.1.3 不同原料合成氨的经济比较

合成氨的生产过程主要有三步：一是原料气的制备（简称造气），制造含一定比例的氢氮混合气；二是原料气的净化，必须除去对氨合成有害的杂质，以获得氢氮比为3∶1的纯净的氢氮混合气；三是氨的合成，一般在高温、高压和催化剂作用下合成为氨。图2-20为不同原料生产原料气的方法。采用哪种原料来生产合成氨，主要取决于能否大量地、经济地获得该原料。表2-20为不同原料生产合成氨投资比较。

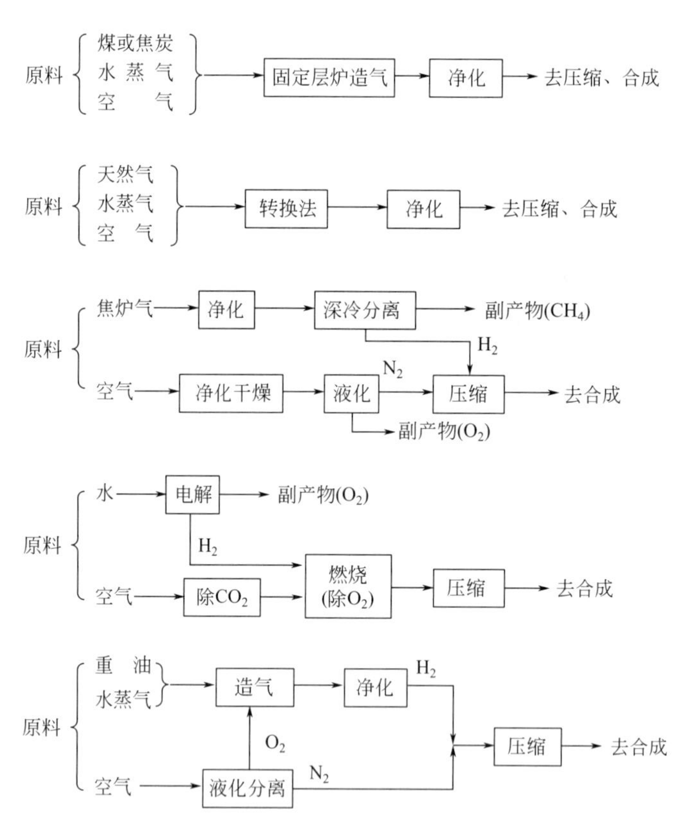

图2-20 不同原料生产原料气的方法[30]

表2-20 不同原料生产合成氨投资比较

项目	天然气	石脑油	重油	煤焦
投资/亿元	5.6	6.5	8.0	—
能源/(GJ/t NH_3)	28～30	35.5	41.8	54.4
成本/(元/t NH_3)	257	390～447	220～280	500

由表2-20可以看出，天然气制氨的投资最少、能耗最小、成本也较低。不同原料生产合成氨的经济指标比较见表2-21。

表2-21　不同原料生产合成氨比较

原　料	煤、焦炭	褐煤	焦炉气	天然气	重油	水电解
建厂投资	1	1.2～1.3	0.85～0.9	0.85～0.9	0.90	1.5～1.7
每吨氨成本	1	1.1～1.2	0.55～0.7	0.45～0.6	0.90	1.2～1.3

由表2-21可以看出，采用不同的原料合成氨的建厂投资，如以煤或焦炭为100%，则用焦炉气时为85%～90%，用天然气时也为85%～90%，用重油时为90%。吨氨成本仍以煤或焦炭作为比较基准，则用焦炉气为55%～70%，用天然气为45%～60%，用重油为90%。

由表2-22可以看出，生产规模增大，投资亦增多，但比投资却下降，即大规模生产是有利的。

表2-22　大型氨厂规模和投资费用的关系

产量/(tNH_3/d)	200	400	600	800	1000
主要设备费/百万美元	3.6	5.8	7.7	9.5	11.2
附属设备费/百万美元	0.9	1.5	1.9	2.4	2.8
总建厂费/百万美元	4.5	7.3	9.6	11.9	14.0
比投资/(美元/t NH_3)	64.3	52.1	45.7	42.6	40.0

采用不同规模装置、不同原料生产合成氨，其单位产品能耗是有较大差别的。

由表2-23可见，影响实际能耗的因素如下[32,33]。

表2-23　各种原料制氨的设计能耗[31]

原料	生产方法	规模/(t/d)	能耗/(GJ/tNH_3)
煤	常压间歇气化	150	66.11
煤	加压连续气化	1000	50.37
天然气	蒸汽转化(1.82MPa)	180	52.17
天然气	蒸汽转化(3.04MPa)	1000	39.15
重油	部分氧化(3.04MPa)	150	63.30
重油	部分氧化(8.59MPa)	1000	54.01

① 原料和生产方法。以天然气为原料制氨的能耗低于煤和重油；加压气化优于常压气化，较高压力下生产的能耗较低。

② 生产规模。不同原料的大规模（1000t/d）生产，均比小规模（$<$200t/d）生产的能耗低。

按“九五”以天然气为原料的合成氨产量占总产量的比重计算，“十五”前四年以天然气为原料的合成氨产量增加90万吨。“十五”天然气制氨平均能耗1390kgce/t，与以煤油为原料的合成氨能耗1810kgce/t相比，吨氨能耗低420kgce/t，节能37.8×10^4tce。因此，调整天然气作合成氨生产原料是有很大节能潜力的。

2.2　天然气制甲醇

2.2.1　概述

甲醇是外观为无色透明液体的有机化工产品，其分子式为CH_3OH，相对分子质量为

32.04，常压下沸点为64.7℃。该产品是重要的基本有机化工原料之一，被誉为C_1化学的“基石”，在基本有机原料中的地位仅次于乙烯、丙烯和苯，其众多的下游产品对工农业、交通运输以及国防工业有着重要作用。约合90%的产品用作生产甲醛、甲基叔丁基醚、醋酸、甲酸甲酯、氯甲烷、甲胺、二甲醚及其他各种合成材料的原料，仅有10%左右的产品直接用作燃料或者调和车用燃料。

天然气制甲醇技术发展很快。在天然气化工中，甲醇是仅次于合成氨的大宗产品，全球甲醇产量有90%以上是采用天然气为原料生产的，我国近几年以天然气为原料生产的甲醇所占比例也由10%左右快速上升至30%以上。

2.2.1.1 甲醇生产方法

甲醇生产方法分为高压法（19.6～29.4MPa）、低压法（5.0～8.0MPa）和中压法（9.8～12.0MPa）[34]。目前，甲醇生产方法主要是中压法和低压法两种工艺，以低压法为主，这两种方法生产的甲醇占甲醇总产量的90%以上。

高压法是德国巴斯夫（BASF）公司于1923年发明的，并建成了世界第一套3000t/a的高压高温生产装置，采用锌铬催化剂，反应温度为360～400℃，压力为19.6～29.4MPa。随着脱硫技术的发展，高压法也在逐步采用活性高的铜系催化剂，以改善合成条件。高压法虽有70多年的历史，但由于原料和动力消耗大，反应温度高，生成粗甲醇中有机杂质含量高，而且投资大，其发展长期以来处于停顿状态。

低压法以ICI工艺和Lurgi工艺为典型代表，是由英国帝国化学（ICI）公司于1966年首先开发成功，并且得到德国鲁奇等公司积极响应，很快发展起来的甲醇合成技术。低压法基于高活性的铜系催化剂，其活性明显高于锌铬催化剂，反应温度低（240～270℃），在较低的压力下可获得较高的甲醇收率。而且选择性好，减少了副反应，改善了甲醇质量，降低了原料的消耗。此外，内于压力低，动力消耗降低很多，工艺设备制造容易。

随着甲醇工业规模的大型化，如采用低压法势必导致工艺管道和设备较大，因此在低压法的基础上适当提高合成压力，即发展成为中压法。中压法仍采用高活性的铜系催化剂，反应温度与低压法相同，但由于提高了压力，相应的动力消耗略有增加。

2.2.1.2 甲醇生产原料

生产甲醇的原料可以是天然气、焦炉气、乙炔尾气、煤、焦炭、渣油、石脑油等。在发展甲醇生产的初期，原料以煤、焦炭等为主，但从20世纪50年代起，随着天然气大规模开发和管网建成、天然气蒸汽转化制合成气工艺开发成功，天然气逐步成为合成甲醇的主要原料[35]。实践证明，以天然气为原料生产甲醇的成本及消耗较之以煤和油为原料有较大优势，其与油、煤的成本比为100∶140∶150。

表2-24所示为当前全球甲醇生产中采用的几种原料各自所占的比例。从表2-24不难看出，全球甲醇生产原料结构目前以天然气为主，以液态烃和煤为辅。

表2-24 全球甲醇生产原料构成

原料	原料结构/%			
	1997年	1998年	1999年	2000年
天然气	90.7	90.8	91.1	91.4
液态烃	6.7	6.7	6.5	6.3
煤	2.6	2.5	2.4	2.3

近年来，世界甲醇生产技术的发展基本上都是围绕天然气转化制甲醇进行的。我国由于煤炭资源非常丰富，煤制甲醇具有资源优势。近年来，我国在研发天然气转化制甲醇技术的

同时，也开展了一些煤制甲醇的相关研究工作以及产煤区的甲醇项目规划。但是，发展“天然气转化制甲醇”是大趋势。

2.2.2 天然气制甲醇现状和技术发展趋势

用天然气生产甲醇的工序有天然气脱硫净化，制合成气，甲醇合成及精馏。由于水蒸气转化和甲醇合成催化剂很易受含硫化合物的毒害，原料天然气进入转化制合成气工序之前需要进行脱硫净化，要求净化后的天然气含硫量小于 $(0.1\sim0.3)\times10^{-6}$。天然气转化成合成气需在结构复杂、造价很高的转化炉中进行，在高温和催化剂的存在下进行甲烷水蒸气转化反应。转化炉的设计、操作及炉管材料都要求非常严格，热量的利用、喷嘴的结构及材料都有复杂的技术问题。甲醇合成是在一定温度和压力下进行的，是典型的气-固相催化反应过程。甲醇合成反应后生成的粗甲醇中含有高级醇、醚、酮及水分等杂质，必须采用精馏法进行杂质分离，最后制得符合标准要求的精甲醇产品。

2.2.2.1 甲醇生产技术最新进展[35,36]

近年，甲醇生产技术的发展重点是节能降耗、降低成本，围绕这一重点研发的成果主要反映在装置大型化、CO_2 回收利用、新型催化剂等方面。

(1) 装置大型化

20 世纪 80 年代末期以来，甲醇生产装置大型化取得了明显进展。20 世纪 80 年代初建设的 2000t/d 装置的运转实践验证了甲醇装置大型化的可行性，开发甲醇生产工艺技术的几大巨头都在近期内围绕甲醇装置大型化技术进行了卓有成效的研发工作，如 Synetix、Methanex、TEC、Kvaerner 和 ICI 等公司都开始采用新型对流换热式转化炉等技术。这些技术进步使得已建甲醇装置产能达到了 170×10^4 t/a 上，拟建单系列甲醇装置产能达到 200×10^4 t/a 以上。

在甲醇生产装置大型化的研发中，鲁奇公司做了大量开拓性的工作。已建设的两套 5000t/d 的装置，即特立尼达 Atlas 甲醇公司的装置（2003 年投产）和伊朗国家石油化学公司在 Pars 经济能源特区的装置（2004 年投产），均采用了鲁奇公司的大型化甲醇工艺。

KPT 公司采用不同方案，以改进的常规技术为特立尼达 Atlas 甲醇公司设计了 5400t/d 的全球第一套最大型的甲醇装置（2003 年投运）。该装置采用不到 900 根管子的单系列转化器，催化富气（CRG）预转化炉使进料转化成理想的混合物（CH_4、H_2、CO 和 CO_2）供给主蒸汽转化炉，转化时无需供氧。离开主转化炉的合成气用 Synetix LPM 工艺在 KPT 蒸汽发生反应器中催化转化为甲醇。在相对较低压力下操作，可降低能耗和投资费用。

Kvaerner 公司还与 BP Amoco 合作开发了紧凑式合成气转化炉（compact reformer）工艺，而不用两台蒸汽转化炉。由于有大量的内部热循环，紧凑式转化炉热效率超过 90%，而常规装置仅为 60%～65%。该转化炉与低压甲醇合成相结合的甲醇新工艺应用在 3000t/d 装置上，预计投资费用可比常规蒸汽转化装置节约 3000 万美元。

日本东洋工程公司（TEC）在用于甲醇合成的 MRF-Z 反应器基础上设计了 5000t/d 甲醇装置。合成气直接进入管式反应器的管程，并径向透过催化剂进入多孔外管。这一设计使反应器压降仅为 0.05MPa，而常规系统为 0.5MPa；催化剂床层中插入的热交换器用于取走反应热，该反应器可节能 7%～8%。TEC 正在设计 10000t/d 的甲醇合成装置，采用两台 TEC 专有的热交换器式转化炉（TAF-Xs）、一台吹氧二次转化炉和两台 MRF-Z 反应器。预计新的工艺流程对于 10000t/d 的装置建造费用可减少到 6 亿美元，而使用 MRF-Z 反应器的 5000t/d 装置的建造费用为 4 亿美元，常规的 2500t/d 装置的建造费用为 3 亿美元。

Starchem 公司和 ABS Lummus 公司合作开发的甲醇工艺采用串联的 4～6 个反应器进

行甲醇合成，取消了循环回路，其布局比需要并列设置的常规甲醇装置更为经济，应用于10000～15000t/d装置以生产燃料级甲醇或用于发电。以天然气原料按0.47美元/GJ单位计，该工艺可以按3.32美元/GJ的成本价格生产甲醇，其成本降低的一个主要原因是采用天然气部分氧化生成含H_2、CO_2、N_2的合成气。使用富氧50%的空气而不是纯氧用于部分氧化，也使费用进一步降低。富氧空气通过膜法产生，避免了昂贵的制冷制氧装置。工艺系统需要补加的H_2则由另一套膜分离装置从甲醇合成回路中的富氮弛放气中获得，余下的含N_2气流则用作气体透平的低热值燃料。

(2) CO_2的回收利用

Topsøe公司近年来在甲醇装置添加CO_2转化方面的研究工作比较成功，CO_2转化的优点在于可优化用于甲醇生产的合成气组成，同时，CO_2比天然气易于转化，可节约投资和能耗。然而，只有在有大量相对较纯的CO_2可用并且费用较低时，CO_2转化才是经济的。伊朗Bandar Iman石化联合企业已建有一套100×10^4t/a甲醇装置（2002年开工建设）。该装置有825t/d过剩的CO_2可以利用，其能耗预计比常规的蒸汽转化低5%～10%，转化部分（占投资60%）的CO_2转化炉很小，合成反应器（占投资10%～15%）稍大。生产甲醇的净费用减少约4美元/t。

三菱气体化学公司和三菱重工公司提出一种流程，从转化炉烟气中回收CO_2和利用合成反应器中的CO_2，根据这一概念，同规模的蒸汽转化炉装置能力可提高20%。CO_2回收过程可使用三菱重工专有的空间位阻胺KS-1作为单乙醇胺（MEA）吸收剂的替代品，采用KS-1所需能耗约为使用MEA的1/5。

(3) 新型催化剂的应用

目前，国外低压气相法合成甲醇开发出了多种新型Cu-Zn-Al系催化剂，其代表性产品有ICI公司的ICI51-3和ICI51-7、丹麦Topsøe公司的MK101、德国BASF公司的S86-3、德国Lurgi公司的C79-5GL等。通过改进制备工艺，催化剂的分散度、比表面积、孔道结构等得到改善，活性、寿命、生产强度都有了很大提高，催化剂的总体水平也有了很大提高，其中ICI51-7将铜、锌氧化物负载于铝锌上并添加MgO，可在较高活性下保持较高的选择性；S86-3催化剂在6～10MPa和200～360℃下具有良好的活性和选择性，节能和节省投资效果明显。

2.2.2.2 全球甲醇生产与需求现状[22]

目前，甲醇生产装置分布较广，截至2016年底世界甲醇的装置总数约为1000套，总生产能力近1.3亿吨，同比增长8.3%。产能排名前十的主产国家分别为中国、沙特、特立尼达和多巴哥、俄罗斯、伊朗、美国、新西兰、委内瑞拉、马来西亚和阿曼，这些国家的甲醇产能占全球总产能的97%。随着煤制甲醇工业的快速崛起，我国正在成为世界甲醇市场的新增长极，产能占世界的58.8%。[22]

2010年，全球甲醇需求量为4900万吨，到2021年需求量将超过9500万吨。在中国的带动下，东北亚将占全球甲醇需求量的近70%，其次是北美地区占9%，西欧地区占8%。这与2000年的情况形成鲜明对比，彼时中国仅占全球甲醇需求的12%，而北美和西欧分别占33%和22%。

(1) 全球天然气制甲醇生产装置概况

20世纪80年代中后期，甲醇装置规模为（30～60)万吨/年。进入20世纪90年代，丰富廉价的天然气产地新建装置的规模增长到100万吨/年。近年来，甲醇装置大型和超大型化的趋势更加明显，国外最大产能的单系列甲醇装置已达到5225吨/天。甲醇市场中，产能集中在主产国，但主产国生产企业的产能集中度相对较低。全球前二十名的甲醇生产企业，产能占全球总产能的36%。

全球前十名的甲醇生产企业分别是 Methanex、Ar-Razi、Zagros Petrochemical Company、兖州煤业榆林能化有限公司、Petronas、陕西延长中煤榆林能化、神华包头有限公司、Methanol Holdings (Trinidad) Ltd、蒲城清洁能源、宁夏宝丰能源。其中，中国占据五个席位。这五家企业都拥有煤炭制甲醇、甲醇制烯烃的一体化装置，均是在我国煤多油少的资源禀赋条件下发展起来的新型煤化工企业，甲醇产能均较大，分别达到 240 万吨/年、180 万吨/年、180 万吨/年、180 万吨/年和 170 万吨/年。另外，较大的煤制烯烃企业还有神华宁夏和中天合创，神华宁夏一期和二期的甲醇产能共计 347 万吨/年，中天合创的产能也有 280 万吨/年。表 2-25 为全球甲醇生产企业前十九名及产能统计。

表 2-25 全球甲醇生产企业前十九名及产能统计

生产企业	产能/(万吨/年)	占比
Methanex	936.3	7.67%
Ar-Razi	476	3.90%
Zagros 石油化学公司 Zagros Petrochemical Company	330	2.70%
兖州煤业榆林能化有限公司 Yanzhou Coal Industrial Yulin Energy Chemical Co.,Ltd	240	1.97%
Petronas	236	1.93%
陕西延长中煤榆林能化 Shaanxi Yanchang China Coal Yulin Energy and Chemical Co.,Ltd	180	1.47%
神华包头有限公司 Baotou Shenhua Coal Chemical Industry Co.,Ltd	180	1.47%
Methanol Holdings(Trinidad)Ltd	180	1.47%
蒲城清洁能源 Pucheng Clean Energy Chemical Company	180	1.47%
宁夏宝丰能源 Ningxia Baofeng Energy Co.,Ltd.	170	1.39%
Metor	169	1.38%
大唐国际 MTP 项目 Datang International MTP Project	168	1.38%
宁夏神华煤业集团 MTP 项目 MTP Project of Shenhua Ningxia Coal Co.,Ltd	167	1.37%
新疆广汇新能源有限公司 Xinjiang Guanghui New Energy Co.,Ltd	120	0.98%
久泰能源集团 Jiutai Energy Group	115.1	0.94%
华电榆林天然气化工有限责任公司 Huadian Yulin Naiural Gas Chemical Industry Co.,Ltd.	111	0.91%
Salalah 甲醇公司 Salalah Methanol Company	110	0.90%
Metafrax	110	0.90%
中国石化集团四川维尼纶厂 Sinopec Sichuan Vinylon Works	180	0.88%

近年来，还有多套大型甲醇生产装置在建和投产。最近，托普索（Topsøe）宣布在土库曼斯坦正式启动全球唯一的天然气-汽油联合工厂，该工厂包括全球最大的基于自热重整

（ATR）的甲醇工厂，采用了托普索的 SynCOR Methanol™解决方案，甲醇产能为5225吨/天。在过去两年中，托普索已经签署了五份基于SynCOR™技术的类似产能的许可协议，这些项目正处于不同的发展阶段。

（2）全球甲醇供需状况[24]

全球范围来看，甲醛是下游衍生物中需求量最大的品种，约占全球甲醇消费量的35%。甲醛消费领域主要来自建筑行业对黏合剂的需求，因此受经济环境影响较为显著。甲基叔丁基醚（MTBE）用甲醇占到全球需求量的27%，其主要用于生产高纯度异丁烯和提高汽油辛烷值。另外，约有8%用于制醋酸。其他衍生产品包括对苯二甲酸二甲酯、甲基丙烯酸甲酯、甲胺、溶剂和防冻剂等。在燃料消费领域，甲醇汽油、二甲醚等具备未来新型清洁燃料的潜力，虽然在欧美受到抵制，但是在中国和伊朗得到一定发展。2017年二甲醚成为甲醇的第五大衍生物。随着中国汽油需求的持续快速增长，2017年中国直接调和进汽油池的甲醇用量达700万吨，到2026年将进一步增长至1000万吨。在中国，燃料生产和汽油调和已成为甲醇第二大需求板块。

2014年以来，随着煤制烯烃技术的不断成熟，煤（甲醇）制烯烃产能急剧上升，在甲醇下游消费所占比重也在不断扩大。到2021年，全球甲醇产量的近五分之一将用于MTO（甲醇制烯烃，煤基制烯烃技术）生产，以满足中国不断扩大的化学品需求。中国及伊朗的甲醇制烯烃产业不断发展拉动了甲醇的消费。2016年、2020年、2025年全球甲醇供需情况及预测见表2-26。

表2-26 2016年、2020年、2025年全球甲醇供需情况及预测

年份	生产能力/(万吨/年)	产量/万吨	表观消费量/万吨
2016年	12950	9613	9613
2020年	17200	13142	13164
2025年	23017	16112	16115

2.2.2.3 我国甲醇生产技术现状[26]

我国甲醇工业起步于20世纪50年代，早期装置大多建在合成氨厂，流程上多为联醇工艺。多数装置规模小，以2000年资料统计，186家生产企业合计产能为370万吨/年，平均不到2万吨/年，而联醇厂产能占了64%。近十年，我国甲醇产量、消费量持续上升，2018年产量达5703万吨，表观消费量达6414.22万吨，同比分别增长25.9%、20.3%；甲醇进口量在2016年达到高点，之后稍有下降，2018年净进口甲醇711.22万吨，甲醇自给率88.9%。

2018年我国甲醇有效产能8302万吨/年，其中煤制甲醇产能6319万吨/年，占全年总产能的76%，天然气制甲醇约占11%，焦炉气制甲醇约占13%。我国甲醇企业大型化、集团化程度提高，行业集中度提升明显。截至2018年底，我国产能规模在50万吨/年以上的甲醇生产企业超50家，涉及产能逾5700万吨/年，占全国有效总产能近7成，多集中在我国煤炭资源相对丰富的西部地区。2019年4月18日，中国氮肥工业协会发布了2018年甲醇产量20强企业名单，这些企业甲醇产能规模均在百万吨级以上，包括国家能源投资集团有限责任公司、山西晋城无烟煤矿业集团有限责任公司、中天合创能源有限责任公司、兖矿集团有限公司、河南能源化工集团有限公司、中国中煤能源有限公司、陕西煤业化工集团有限责任公司、宁夏宝丰能源集团有限公司、陕西延长中煤榆林能源化工有限公司、新奥集团股份有限公司、中海石油化学股份有限公司、上海华谊（集团）公司、大唐内蒙古多伦煤化工有限责任公司、山东华鲁恒升集团有限公司、久泰集团、新疆广汇新能源有限公司、南京诚志清洁能源有限公司、陕西长青能源化工有限公司、内蒙古东华能源有限责任公司、重庆卡贝乐化工有限责任公司。

据不完全统计，2019 年上半年我国已投产的新/扩建甲醇装置总产能在 130 万吨，较 2017 年、2018 年同期增幅变化不大，新增项目包括：大连恒力 50 万吨/年煤制甲醇（配套 35 万吨/年醋酸、82 万吨/年 MTBE）、黑龙江宝泰隆 60 万吨/年煤制甲醇（配套 30 万吨/年轻烃）以及山西建滔潞宝 20 万吨/年焦炉气制甲醇装置，新增项目仍以煤路线为主。

2019 年我国投产 13 套甲醇装置，共计产能 887 万吨/年。其中，有配套下游的甲醇装置产能 510 万吨/年、无配套下游的甲醇装置产能 377 万吨/年。

2.2.3 天然气制甲醇工艺流程及特点

2.2.3.1 天然气制甲醇的工艺步骤[11]

以天然气为原料生产甲醇的工艺步骤有造气、压缩、合成及产品的分离精制等，如图 2-21 所示。因合成反应的单程转化率不高，故过程气需循环反应。

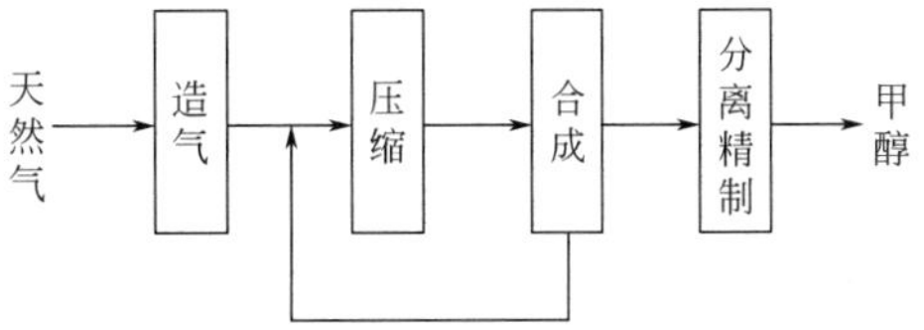

图 2-21 天然气制甲醇的工艺步骤

天然气制甲醇过程中的化学反应出现于造气及合成两个工序中，造气可见 2.1.2.1。

① 合成工序的主要化学反应　合成工序的主要反应为：

$$CO+2H_2 \longrightarrow CH_3OH+90.77kJ \quad (2\text{-}12)$$

可见，这是一个原子经济型反应，无副产物生产。

过程中也可能存在 CO_2 与 H_2 反应生成甲醇的反应，即：

$$CO_2+3H_2 \longrightarrow CH_3OH+H_2O+49.16kJ \quad (2\text{-}13)$$

这一反应也可视为 CO 与 H_2 合成甲醇反应与 CO 变换的逆反应之和。

在合成过程中，除主产物甲醇外，还有一些微量含氧有机物生成，如二甲醚、甲酸甲酯及 C_2 以上的醇类等。

② 合成气制甲醇的热力学　由于合成甲醇需在压力下进行（早期使用高压，后改用中压或低压），因此应考虑到气体的可压缩性，而以逸度表征：

$$K_f=\frac{f_{CH_3OH}}{f_{CO}f_{H_2}^2}=\frac{p_{CH_3OH}\gamma_{CH_3OH}}{p_{CO}\gamma_{CO}p_{H_2}^2\gamma_{H_2}^2}=K_pK_\gamma \quad (2\text{-}14)$$

式中　K_f——以逸度表示的平衡常数；

K_p——以压力表示的平衡常数；

K_γ——逸度系数比；

f,p 及 γ——各组分的逸度、分压及逸度系数。

表 2-27 给出了不同温度下合成甲醇反应以逸度表示的平衡常数。

表 2-27　合成甲醇反应的平衡常数

温度/℃	100	200	250	300	350	400	450	500
K_f	10.84	1.695×10^2	1.692×10^3	2.316×10^4	4.458×10^{-5}	1.091×10^{-5}	3.265×10^{-6}	1.134×10^{-6}

从表 2-27 可见，合成甲醇反应的平衡常数值比较低，且随温度上升而急剧下降。

图 2-22 给出了温度及压力对平衡转化率的影响。

以表 2-28 所示的初始合成气组成，计算了在 5.066MPa 压力下不同温度时的平衡组成，结果如表 2-29 所示。

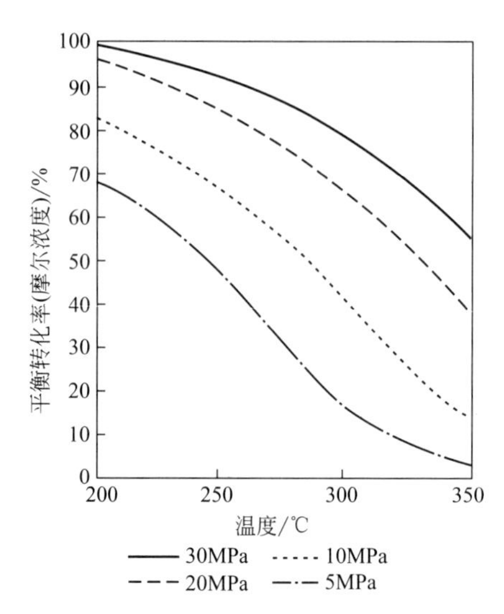

图 2-22 反应温度及压力对合成甲醇平衡转化率的影响

注：天然气经转化后组成为 73%H_2，15%CO，9%CO_2，3%CH_4

表 2-28 初始合成气组成

组分	CO	CO_2	H_2	H_2O	N_2	CH_4
含量/%	13.05	9.24	62.85	0.33	0.47	14.06

表 2-29 5.066MPa 下合成甲醇的平衡组成[11]

温度/℃		225	250	275	300	325
各组分的平衡浓度/%	CH_3OH	14.34	9.82	5.64	2.85	1.36
	CO	3.36	6.47	9.57	11.78	13.13
	CO_2	10.98	10.37	9.58	8.92	8.39
	H_2	51.28	54.86	57.95	59.88	60.74
	H_2O	1.33	1.08	1.06	1.19	1.43
	N_2	0.60	0.56	0.52	0.49	0.48
	CH_4	18.09	16.82	15.64	14.86	14.44
CO 及 CO_2 转化率/%		50.38	36.97	25.30	12.79	6.10

综上所述，合成甲醇的平衡常数较低且随温度的上升而下降，这就从热力学上决定了合成甲醇反应不可能有高的单程转化率，要提高转化率就需要有良好低温活性的催化剂。

2.2.3.2 天然气制甲醇的生产工艺[11,22,38~44]

1923 年德国 BASF 公司开发出使用 ZnO-Cr_2O_3 催化剂合成甲醇的高温高压工艺后，合成甲醇工艺即沿着降低能耗及装置大型化的方向发展，后开发了使用 Cu-Zn 催化剂的低压工艺和中压工艺。低压工艺以英国 ICI 和德国 Lurgi 技术为代表。目前采用 ICI 技术生产的甲醇约占世界甲醇产量的 60%，Lurgi 技术占 20%。四川维尼纶厂 9.5×10^4t/a 的甲醇装置采用了 ICI 工艺，而齐鲁石化公司 10×10^4t/a 的装置，则采用了 Lurgi 工艺。此外，丹麦 Topsøe 公司、日本 MGC/MHI（三菱气体化学品公司/三菱重工业公司）、美国 Kellogg 公司的技术也占有一定的市场份额。

生产甲醇的原料有煤、油和天然气。以天然气为原料生产甲醇路线占优势的主要原因是投资及消耗较低，其与油、煤的成本比为 100∶140∶150（表 2-30）。目前世界上以天然气为原料的甲醇装置能力已占总产能的90%以上，美国则是100%。近期世界上新建的大型甲醇装置大多集中在中东、新西兰、特立尼达、墨西哥等富产天然气，且气价低廉的地区。

表 2-30　不同原料甲醇的相对成本

项　目	天 然 气	轻油或渣油	煤
装置占地(相对)	100	200	300
操作人员数(相对)	100	140	200
能耗/(10^9J/t)	<30	33	
投资(相对)	100		154
精甲醇成本(相对)	100	140	150

目前，国外新建甲醇装置单系列规模已达2500t/d，总能耗降至32×10^9J/t以下，而单系列规模为5000～10000t/d的装置设计也已完成，其总能耗可降至29×10^9J/t以下。在这一过程中，合成甲醇反应器结构的改进和新型合成催化剂的应用起到了重要作用。

(1) ICI 低压合成工艺

① 工艺流程　ICI低压甲醇合成工艺的流程见图2-23。

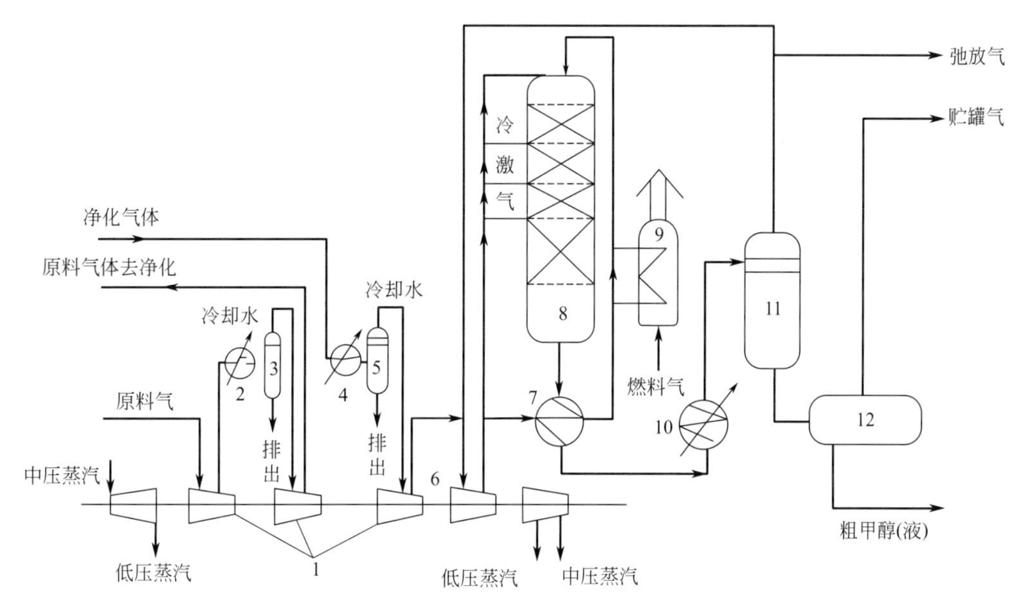

图 2-23　ICI低压甲醇合成工艺流程

1—原料气压缩机；2—冷却器；3—分离器；4—冷却器；5—分离器；6—循环气压缩机；7—换热器；8—甲醇合成塔；9—开工上加热炉；10—甲醇冷凝器；11—甲醇分离器；12—中间储罐

合成气压缩并与循环气混合，预热后进入冷激式合成反应器，在230～270℃和5MPa压力下于催化剂上反应生成甲醇。

反应出口气经换热冷却，得到粗甲醇，未反应气体返回反应器。为使惰性气体含量维持在一定范围内，弛放一部分气体作为燃料。

合成气压缩机可选用离心式透平压缩机。以天然气为原料在蒸汽转化过程中还可副产蒸汽，以其驱动透平带动离心式压缩机而降低能耗。

② 合成反应器　绝热型冷激式反应器是ICI低压工艺中广泛采用的反应器（图2-24）。反应温度通过催化剂床层间菱形分配器直接喷入冷激气体调节，催化剂由上而下为连续的床层。

菱形分布器是ICI甲醇合成反应器的一大特色，它由内、外两部分组成。“外部”是菱形截面的气体分布混合管，由四根长的扁钢与许多短的扁钢斜横着焊于长扁钢上构成管架，并在外面包上双层金属丝网，内层是粗网，外层是细网。“内部”是一根双套管，内套管朝下钻有一排直径 10mm 的小孔。外套管朝上倾斜 45°钻有两排直径为 5mm 的小孔，内、外套管的小孔间距均为 80mm。

冷激气进入菱形分布器“内部”后，自内套管的小孔流出，再经外套管的小孔喷出，在混合管内和流过的热气流混合，从而降低气体温度，并向下流动，在床层中继续反应。气体分布管的菱形截面可使反应气体和冷激气混合均匀。各分布管之间的距离使约 97%以上的反应气体能够通过混合管与冷激气混合，同时又可使催化剂自由通过，以利装卸。

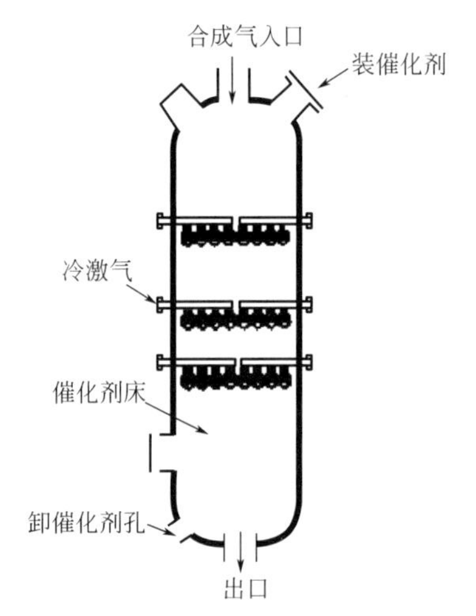

图 2-24 ICI 绝热型激冷式反应器

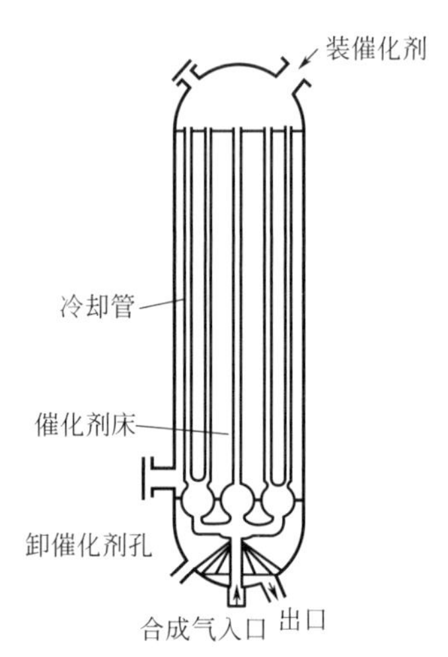

图 2-25 ICI 冷管式气冷等温反应器

此种反应器结构简单，但催化剂床层温差大、转化率低、循环气量大且反应热不能回收。

近年来，ICI 公司为了提高收率，降低成本，开发出了新型的冷管式反应器（图 2-25）。在此种气冷式反应器内，底部的集合管把进料气分配到反应器内的冷却管中，而位于冷却管间壳程催化剂床层中的反应热则被有效回收用于预热原料气。这种反应器床层温度接近等温，使催化剂得到有效利用，由此可增加产量 2%。

③ 催化剂　20 世纪 60 年代中期 ICI 开发成功 Cu-Zn 系低压甲醇合成催化剂，型号有 ICI51-1、ICI51-2 等。近年来又开发出了第三代催化剂 ICI 51-3，其活性组分 Cu 分散在特殊设计的铝酸锌担体上，可使反应温度降至 190℃，催化剂使用寿命从 3 年延长至 5 年，催化剂强度和产品收率亦有所提高。

为解决催化剂烧结导致活性下降问题，ICI 又研制出 ICI 51-7 催化剂，在 $CuO-ZnO-Al_2O_3$ 中加入了 MgO，使 CuO 和 ZnO 在担体上分散得更好，工业应用证明可改善催化剂的活性和热稳定性，较成功地解决了绝热型反应器床温变化大而使催化剂失活的问题。

④ 产品的分离与精制　反应生成的粗甲醇除含有甲醇和水外，还含有醇、醛、酮、酸、醚、酯、烷烃、胺、羰基铁等几十种微量的有机杂质必须脱除。ICI 低压甲醇合成工艺采取双塔精馏流程，可生产出符合美国 AA 级质量标准的精甲醇产品（流程见图 2-26）。第一塔为预蒸馏塔，分离轻组分和溶解的气体，主要是

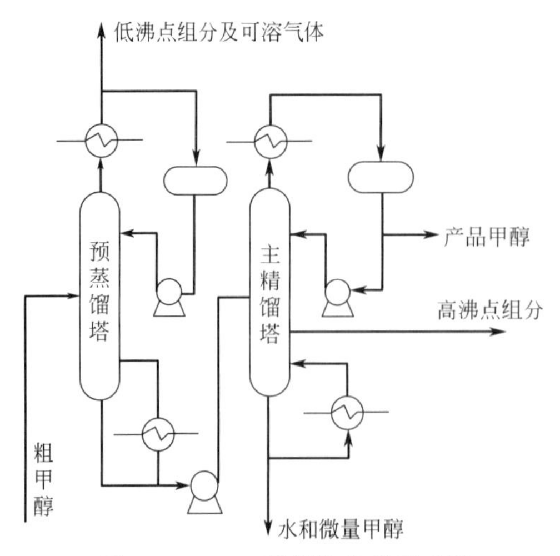

图 2-26 ICI 双塔精馏流程示意图

二甲醚。第二塔为主精馏塔，除去包括乙醇、水及高级醇在内的重组分。再沸器由透平排出的低压蒸汽供热。

⑤ 主要消耗指标　传统的 ICI 工艺造气采用蒸汽转化，投资和能耗较高。最近，该公司利用其开发的已成功使用于合成氨中的两段联合转化工艺开发出了称为 LCM（Leading Concept Methanol）的新工艺。新工艺造气第一步是蒸汽转化，第二步纯氧自热转化。其综合能耗大大降低。表 2-31 给出了 ICI 传统工艺和 LCM 工艺的消耗指标。

表 2-31　ICI 传统工艺和 LCM 工艺的消耗指标

项　　目	ICI 传统工艺	LCM 工艺
天然气/(m^3/t)	1031	873
活性炭/(kg/t)	0.022	催化剂消耗约折合 3.09 美元/t 甲醇
转化催化剂/(kg/t)	0.154	
甲醇催化剂/(kg/t)	0.286	
冷却水/(t/t)	87.8	100
蒸汽/(t/t)	0.006	
工艺水/(t/t)	3.32	1.7
电/(kW·h/t)	63	44

(2) Lurgi 低压合成工艺

① 工艺流程　Lurgi 低压甲醇合成工艺流程见图 2-27。原料气加压至 5.2MPa 与循环气以 1∶5 的比例混合，升温至 220℃左右进入管壳型合成反应器。出塔气温度约 250℃，含甲醇 7%左右，换热冷却到 40℃，冷凝的粗甲醇经分离器分离。弛放部分气体作为燃料，大部分气体压缩循环。

② 合成反应器　Lurgi 列管式反应器是典型的等温型反应器（图 2-28）。催化剂置于管程，壳程用水作冷却介质，反应热由管间沸水带走。其主要特点如下：

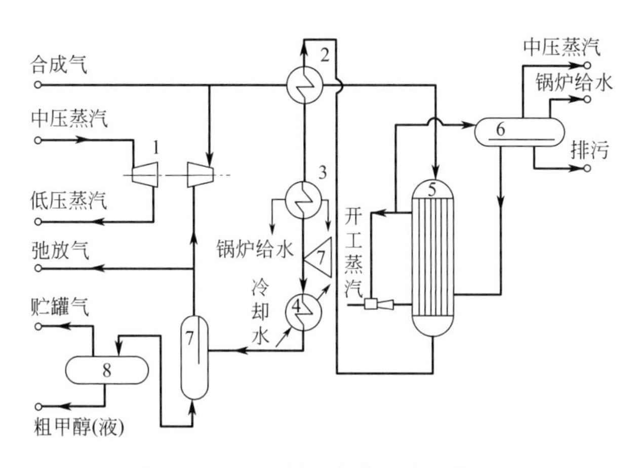

图 2-27　Lurgi 低压合成甲醇工艺流程

1—循环气压缩机；2—热交换器；3—锅炉水预热器；4—水冷却器；5—甲醇合成反应器；6—汽包；7—甲醇分离器；8—粗甲醇储罐

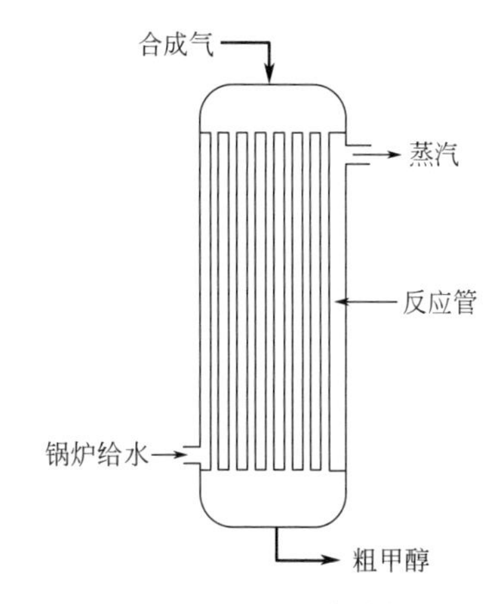

图 2-28　Lurgi 列管式低压甲醇合成反应器

a. 反应床层内温度稳定，大部分催化剂床层温度在 250～255℃之间，温度变化小，有利于延长催化剂的寿命，并允许原料气中含较高的 CO；

b. 床层温度通过调节蒸汽汽包压力控制，灵敏度达 0.3℃；

c. 回收反应热生产4.0MPa的中压蒸汽，用于驱动循环压缩机透平，热量的利用比较合理；

d. 出口甲醇含量较高，单程转化率高，催化剂利用率高；

e. 设备紧凑，开工方便，开工时可用壳程蒸汽加热。

这类反应器的缺点是结构复杂，对管壳结构机械设计的要求高，大型化受到限制。

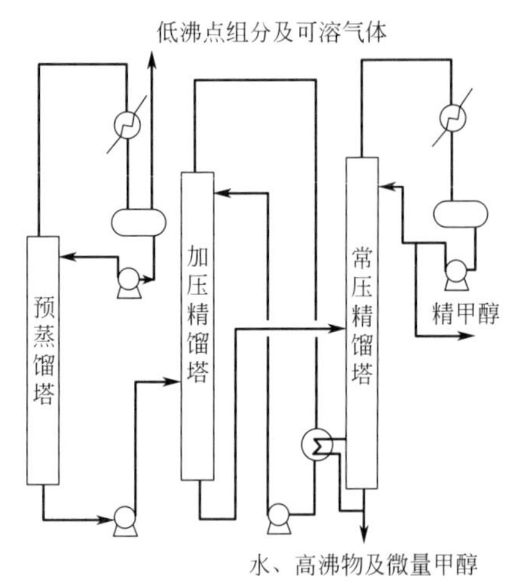

图2-29　Lurgi低压甲醇合成工艺三塔精馏流程

③ 催化剂　Lurgi公司开发低压甲醇合成工艺比ICI稍晚，Lurgi LG-104是其代表性的催化剂。此外，Lurgi还与Sud Chemie AG合作开发出了一种适合CO_2含量较高合成气的催化剂C79-5GL。

④ 产品的分离精制　Lurgi低压甲醇合成工艺——甲醇的分离精制采用三塔精馏流程（图2-29）。预蒸馏塔用以分离二甲醚等轻组分，甲醇则在加压精馏塔和常压精馏塔回收，由于以加压塔顶蒸汽作为常压塔再沸器热源，热量消耗可较双塔流程下降30%～40%。

⑤ 主要消耗指标　表2-32给出了传统的Lurgi低压甲醇合成工艺的消耗指标，采用联合转化造气及装置进一步大型化后其能耗可从31.5GJ/t降至29.8GJ/t。

表2-32　Lurgi低压甲醇合成工艺的消耗指标

项　目	数　值	项　目	数　值
天然气/(m^3/t)	1029	冷却水/(t/t)	155
活性炭/(kg/t)	0.220	蒸汽/(t/t)	−0.45
转化催化剂/(kg/t)	0.154	工艺水/(t/t)	4.72
甲醇催化剂/(kg/t)	0.286	电/(kW·h/t)	58

(3) 其他低压合成工艺

① 托普索（Topsøe）工艺　丹麦Topsøe公司的低压甲醇合成反应器系径向流动，从而减少了催化剂床层的阻力；其开发的MK-101型铜基高活性催化剂，也可在220℃下操作，可低至200℃，寿命为2～3年，而且甲醇合成的副产物很少，对产品的分离精制更为有利。最近，该公司又推出了CMD甲醇合成反应器和冷管式甲醇合成反应器。

② MGC/MHI工艺　日本三菱瓦斯和三菱重工联合开发的MGC/MHI超级转化器是一种混合式等温型反应器，催化剂置于套管的环形空间，冷原料气进入内管与环形空间的过程气换热，反应热主要由套管外的沸腾水取出产生蒸汽。与传统的冷激式反应器相比，其转化率提高一倍，能耗降低10%，出口气中甲醇浓度可达到14%，并可通过增加反应管数量扩大装置的生产能力。1993年在委内瑞拉建设的一套73×10^4t/a甲醇装置就使用MGC/MHI开发的超级转化器。但此种反应器较Lurgi反应器更复杂，催化剂装卸也困难。

③ Kellogg公司工艺　美国Kellogg公司于1988年为智利一甲醇厂设计了球形甲醇合成反应器，生产能力高达2268t/d。由于球体受力均匀，有效容积大，减少了设备的投资。

④ 浆液合成工艺　美国空气产品及化学品公司与化学系统公司合作，借鉴F-T合成中的浆液反应器技术，开发了浆液合成甲醇工艺LP-MeOH，现已建成260t/d的工业示范装

置。此中，Cu-Zn 催化剂悬浮于惰性矿物油中，合成压力 5MPa，温度 250℃，反应器为内径 0.6m 的泡罩塔。由于系统在接近等温的条件下操作并有良好的传热性能，单程转化率可达 20%～30%。

(4) 高压及中压合成工艺

① 高压合成工艺 高压法是指压力为 25～32MPa 的甲醇合成工艺。工业上最早应用的甲醇合成技术就是在 30～32MPa 压力下，使用 Zn-Cr 催化剂的高压合成工艺，合成反应器为连续换热的内冷管型，反应温度为 360～400℃，出反应器气体中的甲醇含量为 3%左右。铜基催化剂亦可在高压下操作，压力为 25～27MPa，采用冷管型合成反应器，反应温度为 230～290℃，出反应器气体中的甲醇含量为 4%左右。

由于低压法甲醇合成工艺的投资及能耗等技术经济指标均显著优于高压法，故现已不再采用高压法建设新装置。

② 中压合成工艺 随着甲醇装置的大型化，现已有日产 2000t 甚至更大的装置，为降低设备及管道尺寸，出现了中压法即压力在 10～20MPa。中压法仍采用高活性的铜系催化剂，反应温度与低压法相同，具有与低压法相似的优点，但由于提高了压力，相应地甲醇合成效率也提高了。

2.2.3.3 各种甲醇合成工艺的比较[11]

(1) 各种甲醇合成反应器的特点

表 2-33 列出了目前工业上使用的几种甲醇合成反应器的特点。

表 2-33 各种甲醇合成反应器的特点

公司	反应器类型	气流方向	床温	性能	结构
ICI	冷激式	轴向	温差大	转化较差，易安装维修	简单
Kellogg	中间冷却式	径向	较冷激式稍小	改善了转化	较复杂
Topsøe	中间冷却式	轴向	较冷激式稍小	压差小	较复杂
ICI	中间冷却式	轴向-径向	较冷激式稍小	操作更为简便	较复杂
Lurgi	管壳式	—	均匀	转化好	复杂
MGC	套管式	—	均匀	转化好，热效率高	复杂
APCI	浆液式	轴向	均匀	转化好，效率高	较复杂

(2) 甲醇合成催化剂

表 2-34 列出了国内外一些型号的低压合成催化剂的组成和主要操作条件。

表 2-34 低压甲醇合成催化剂[22]

生产单位	型号	组分/%					操作条件		空速/10^4h^{-1}
		CuO	ZnO	Al_2O_3	Cr_2O_3	V_2O_3	压力/MPa	温度/℃	
英国 ICI 公司	51-2	60	30	10			4.9～6.1	210～270	1
英国 ICI 公司	51-3	60	30	10			7.8～11.8	190～270	1
德国 Lurgi 公司	LG-104	51	32	4		5	4.9	210～240	
美国 UCI 公司	C79-2						5.5～11.7	220～330	
丹麦 Topsøe 公司	LMK	40	10		50		9.8	220～270	1
中国西南化工研究院	C302	51	32	4		5	5.0～10	210～280	

(3) 两种主要低压合成工艺的比较

表 2-35 对 ICI 低压合成工艺和 Lurgi 低压合成工艺进行了综合比较。

表 2-35 两种主要的低压合成工艺比较

项目	ICI 工艺	Lurgi 工艺
反应器类型	冷激式	列管式
合成压力/MPa	5	5
合成反应温度/℃	230～270	225～250
进料气中 CO 含量/%	约 9	约 12
出料气中 CH_3OH 含量/%	3～4	5～7
时空产率/[t/(m^3·h)]	0.33	0.65
甲醇精制	双塔流程	三塔流程
反应热利用	不副产蒸汽	副产蒸汽

2.3 天然气制乙炔及乙烯

2.3.1 天然气制乙炔

2.3.1.1 概述

乙炔含有极活泼的叁键，它能与许多物质进行化学反应，衍生出几千种有机化合物，乙炔曾被称为“有机合成工业之母”。尽管在近 30 年受到廉价的乙烯原料的巨大冲击，但在生产 1,4-丁二醇（γ-丁内酯、四氢呋喃）、炔属精细化学品（叔戊醇、2,5-二甲基己二醇、β-紫罗兰酮、β-胡萝卜素）、丙烯酸（酯）和醋酸乙烯等以乙炔为原料的技术路线仍然具有竞争优势。

在国外，天然气制乙炔在基本有机化工原料领域仍然占有相当重要的地位。美国乙炔生产能力 19 万吨/年，其中以天然气制乙炔的生产能力为 12 万吨/年，约占 60%；西欧乙炔生产能力 26 万吨/年，以天然气制乙炔的生产能力 23 万吨/年，约占 90%；东欧乙炔生产能力 49 万吨/年，采用天然气原料的生产能力 32 万吨/年，约占 64%。

2.3.1.2 国外乙炔市场需求及消费结构

由于各国化工产业的结构不尽相同，乙炔的消费结构也有所区别，现举西欧地区近期乙炔的市场需求及消费结构。

由表 2-36 看出，在西欧乙炔主要用于生产醋酸乙烯、1,4-丁二醇和丙烯酸。

表 2-36 西欧乙炔化工产品对乙炔需求量及增长趋势[45]

产品	乙炔需求量/kt			年均增长率/%				
	1992	1993	1994	1995	2000	2005	1995～2000	1995～2005
氯乙烯	25	0	0	0	0	0		
醋酸乙烯	50	56	59	62	68	69	1.9	1.1
1,4-丁二醇	52	42	56	59	73	79	4.4	3.0
丙烯酸	22	24	26	26			0	0
乙炔炭黑	6	6	6	6	6	6	0	0
其他	22	22	20	20	20	20	−0.4	0
合计	177	150	167	173	167	174	0.7	0

2.3.1.3 国内乙炔法研究进展情况

我国乙炔化工产品主要有聚氯乙烯、醋酸乙烯、氯丁橡胶、含氯有机溶剂及医药产品。

主要采用电石乙炔原料，天然气制乙炔所占比重较小，我国2003年生产的电石约480万吨，相当于167万吨乙炔，而以天然气制乙炔主要是四川纶维尼纶厂的3万吨/年生产装置。

中科院成都有机所于1987年下半年开始乙炔法丙烯酸的试验研究工作，并于1990年7月23日通过省级鉴定，1988～1994年期间，在中科院成都有机化学研究所小试的基础上，1995年四川乐山岷江化工厂采用了2L内循环反应器做扩试实验，CO的浓度97%、乙炔为普通的乙炔钢瓶，反应生成的丙烯酸平均浓度为18.15%，最高为19.8%，整个反应体系上下温度均匀，单程转化率达80%以上，反应液澄清无结碳现象，对液相产物进行分离，粗丙烯酸用甲苯-丁酮复合萃取剂进行萃取并精馏后得到丙烯酸纯度为99%，丙烯酸的总回收率为98%。表2-37为中试投资费用。

表2-37　中试投资费用

费用名称	中试装置/万元	费用名称	中试装置/万元
设备费	207.62	第二部分费用	41.75
安装费	126.17	不可预见费	100.35
土建费	66.65	试验费	150.00
第一部分费用合计	400.44	合计	692.54

四川乐山岷江化工厂根据扩试的结果，1995年上了300吨/年乙炔羰基合成丙烯酸中试装置，总投资692.54万元并于1996年投入使用，前后开车运行时间大约3个月，打通了整个流程并得到丙烯酸产品，反应生成的丙烯酸浓度大概13%左右，最高达15%，精馏后丙烯酸浓度为98%，造成中途停止试验主要有以下原因：主要是由于该厂经营出现困难，资金短缺，没有能力继续进行试验（当时四川乐山岷江化工厂一年的利润才100万）。乙炔法生产丙烯酸的成本见表2-38。

表2-38　乙炔羰基合成丙烯酸生产成本（生产1t丙烯酸所需量）[45]

原料名称	单价/(元/t)	消耗量/kg	损失量/kg	消耗费用/元
乙炔	6063.2	380		2304
四氢呋喃	14000		100	1400
CO	1000	517		517
水				
催化剂	80000		5	400
其他费用				1000
合计				5621

目前，丙烯酸的市场价格为15000元/t，主要受市场供需关系影响，作为投资生产丙烯酸及酯的企业应该会得到比较好的回报。

国内尚有许多富产天然气的地区（陕北、新疆、青海等）也在规划建设新的天然气乙炔生产装置。今后，我国的天然气乙炔工业发展前景看好。

2.3.1.4　天然气制乙炔生产工艺

尽管一度受到乙烯原料的巨大冲击，乙炔仍然是生产1,4-丁二醇、氯乙烯等有机化学品的重要原料。目前，低碳烯烃价格日渐上涨，美国的工商界认为乙炔的原料地位将重新恢复。

工业化的乙炔生产方法主要有电石法、部分氧化法、电弧法和等离子法。表2-39是4种乙炔生产法的投资对比情况，其中，天然气部分氧化法是目前先进国家广泛采用的一种工艺方法。该方法裂解气分出乙炔后所得大量的CO和H_2可作为合成甲醇的原料，在经济上有利。另外，从表2-39中可以看出，在同等生产规模条件下，4种方法中以等离子体法的投资最低，仅为部分氧化法的1/3，电石法的1/2，电弧法的2/3。

表2-39 4种乙炔生产法的投资及车间主要消耗估算[22]

项目	单价	电石法		天然气电弧裂解法		天然气部分氧化法		等离子裂解法	
		指标	金额/元	指标	金额/元	指标	金额/元	指标	金额/元
原料和动力消耗									
天然气	0.98元/m^3	—	—	2689	2805	5740	5625	2550	2499
电能	0.464元/(kW·h)	11991	5564	13900	6450	2300	1067	10000	4640
氧气	0.62元/m^3	—	—	—	—	3220	1996	—	—
焦炭	500元/t	1.65	825	—	—	—	—	—	—
蒸汽	72元/t	0.56	40	4.0	288	4.5	324	4.0	288
冷却水	0.45元/t	471	212	300	135	650	293	300	135
NMP	32元/kg	—	—	7.5	240	7.5	240	7	224
副产品$CO+H_2$	0.3元/m^3	—	—	—	—	8750	2625	—	—
C_2H_4	4.0元/kg	—	—	204	816	—	—	115	460
H_2	0.2元/m^3	—	—	3800	760	—	—	2700	5400
炭黑	11元/kg	—	—	116	1276	—	—	54	594
成本合计		6641		7066		6920		6192	
单位投资比		2		1.5		3		1	

注：1. 表中天然气采用的是干气（CH_4按100%计），设备折旧未考虑。

2. 装置规模：电石法为0.67×10^4t/a，电弧裂解法为2.87×10^4t/a，部分氧化法为3.0×10^4t/a，等离子法裂解法是中试规模（600t/a）。

3. 投资比以等离子法的投资费用为1。

天然气部分氧化法制乙炔可副产大量合成气，能够用于生产甲醇或合成氨。

由煤出发通过电弧等离子体方法制乙炔具有低成本的前景，受到普遍的关注并有许多公司参与开发研究，但是都没有进行到工业阶段。美国Textron Specialty Material和德国Ruhr公司都曾在20世纪80年代进行过中试，前者还得到美国政府的资助，后来都是因为在经济上竞争不过油和天然气制乙炔而停止。

不同原料裂解制乙烯时，乙炔在产物中的含量范围在0.9%～1.5%（表2-40）。从资源角度看，如能有效回收就可以淘汰现有的其他生产路线。但是由于这样生产的乙炔，对乙烯生产的依赖性过强，装置建设和操作费用高，有些地方还需要电石乙炔的备用系统，加上必须有长期的合同用户，以及安全等各方面的原因，现在的乙烯厂一般都采取加氢或脱除的方法不予回收，只有一些较新的工厂在有市场保证后设计了联产乙炔流程，如美国的Chevron化学公司在得克萨斯Baytown的工厂和Equistar化学公司（原名Quantum Chemical）在得克萨斯La Porte的工厂都设有联产流程。

表2-40 不同原料生产乙烯时副产乙炔的质量分数[11]

乙烷	丙烷	丁烷	戊烷	石脑油	煤油	柴油
0.3～0.6	0.7～1.0	1.1～1.5	1.5～2.0	1.0～2.5	1.6	1.0～1.5

烃类裂解法以天然气中的甲烷以及其他烃类为原料，其主导方法为天然气部分氧化法，这是当前工业上生产乙炔最经济合理的路线。除此之外，使用天然气为原料生产乙炔的方法还有高温裂解的乌尔夫（Wulff）法及电弧法等，但经济性均较部分氧化法差，故很少应用。

(1) 天然气部分氧化法制乙炔工艺[11,46,47]

天然气部分氧化法制乙炔的典型工艺是BARF工艺，以此工艺建设的装置有23套，乙

炔总产能 80×10^4 t/a；在美国，该法产量占 80%以上。

此外，比利时氮素化学公司（SBA）与美国 Kellogg 公司合作开发用于天然气裂解制乙炔的 SBA-1 型炉已建设了 8 套装置，合计产能 20×10^4 t/a。意大利 Montecatini 公司、美国 Monsanto 公司及前苏联国家氮素工业和有机合成产品科学研究设计院（ГИАП）等也都有自己的天然气部分氧化制乙炔工艺。中国重庆化工研究院开发了旋焰炉工艺，并在 500t/a 乙炔规模的装置上进行了向炉内喷入轻油实现“一炉三气”（生产乙炔、乙烯及合成气）的试验。

① BASF 法工艺原理及流程

a. 化学反应　天然气在部分氧化炉内的反应是复杂的，主要反应有以下一些：

$$2CH_4 = C_2H_2 + 3H_2 - 381kJ \tag{2-15}$$

$$CH_4 + O_2 = CO + H_2O + H_2 + 278kJ \tag{2-16}$$

$$CO + H_2O = CO_2 + H_2 + 41.9kJ \tag{2-17}$$

$$C_2H_2 = 2C + H_2 - 227kJ \tag{2-18}$$

式(2-15) 系生成乙炔的主反应，为强吸热反应，反应所需热量则由反应式(2-16) 提供；式(2-17) 为 CO 变换反应；式(2-18) 为乙炔分解反应，亦为吸热反应。

除以上反应外，还有乙炔聚合生成高级炔烃、烯烃及芳烃等的反应。

所以，部分氧化炉出口气除含有目的产品乙炔外，还有 CO、H_2O、CO_2、水蒸气、未反应的 CH_4 及 O_2 等组分，还有一定量的炭黑。

b. 工艺流程　BASF 法工艺流程包括原料预热、反应炉、骤冷（防止乙炔的进一步分解）、分离炭黑及乙炔提浓等工序。其工艺流程见图 2-30。

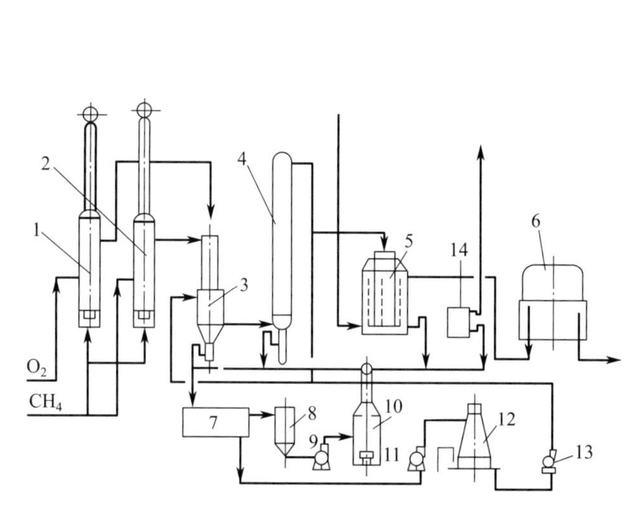

图 2-30　BASF 天然气部分氧化法制乙炔工艺流程

1—氧气预热器；2—天然气预热器；3—转化炉；4—冷却塔；5—电滤器；6—气柜；7—炭黑浮升器；8—搅拌器；9—炭黑泥浆泵；10—焚烧炉；11—水泵；12—凉水塔；13—循环水泵；14—放空水封

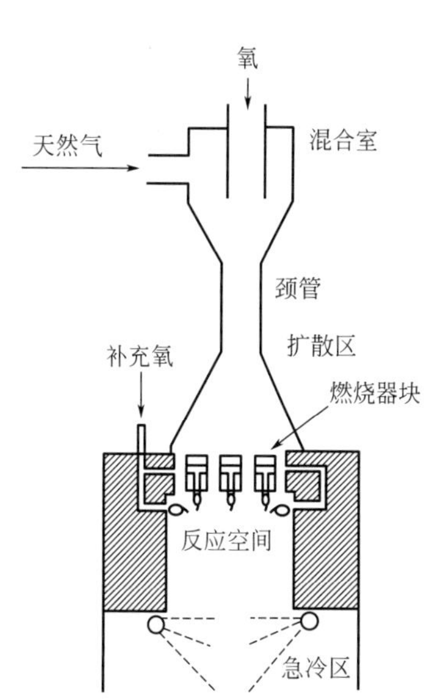

图 2-31　BASF 转化炉

c. BASF 转化炉　BASF 工艺的核心是其转化炉，BASF 转化炉（见图 2-31）的烧嘴为水冷式。先将天然气预热到600～650℃后与氧气混合，氧气与原料气在文氏管内混合然后通过 100 多个通道的烧嘴板，在通道中的气体混合物的速度既要避免回火又要避免熄火，多通道之间的空间吹入辅氧以确保火焰稳定。大约 1/4 的甲烷进料被裂解为乙炔，其余的甲烷被部分烧掉以提供反应热量。由于BASF转化炉的烧嘴板具有100多个通道，人们俗称为“多管炉”。在乙炔生成的最佳位置，同时也是最容易产生炭黑的位置，将反应气迅速喷水急冷，必须经常用刮刀清除沉积于烧嘴壁上的焦炭。以甲烷为原料时，乙炔的总产率大约为24%。

经过不断改进，BASF转化炉的烧嘴直径已由8mm扩至25mm，相应地每炉烧嘴数也由360个降至100个以下；反应区气流速度可升至60m/s以上，单炉能力可达7500t/a。

BASF转化炉的主要工艺条件示于表2-41。

表2-41 BASF转化炉主要工艺条件

预热温度/℃	氧比 $(O_2/\Sigma C)$	混合管流速/(m/s)	混合区停留时间/s	烧嘴速度/(m/s)	反应温度/℃	反应区流速/(m/s)	反应压力	反应区停留时间/s	骤冷温度/℃
600～650	0.576	250～350	0.01～0.2	120～200	1500	40～60	常压	0.003～0.005	87

经骤冷后的反应气常称为稀乙炔气，其组成示于表2-42。

表2-42 稀乙炔气组成

组分	C_2H_2	H_2	CO	CO_2	CH_4	O_2	其他	炭黑
体积分数/%	8.4	56.0	27.5	3.4	3.7	0.5	0.5	37.5g/m³

当以水将裂解气骤冷时，裂解气所含的大量显热无法回收。为了回收这部分热量，BASF开发了以渣油代替水骤冷的工艺；与水骤冷法相比，此时每生产1t乙炔可回收6.7t蒸汽，取得了很好的节能效益。

d. 乙炔提浓　从表2-42可见，稀乙炔气中含有一定量的炭黑，在提浓前需将其除去，通常使用过滤器将炭黑含量降至3mg/m³以下。

表2-43给出了乙炔在一些溶剂中的溶解度[51]，*N*-甲基吡咯烷酮（NMP）及二甲基甲酰胺（DMF）是常用的乙炔提浓溶剂，也有工艺使用低温液氨作乙炔溶剂。图2-32为NMP提浓乙炔流程图。

表2-43 乙炔在一些溶剂中的溶解度（乙炔分压101.3kPa）

溶解度/(m³/m³) 温度/℃	溶剂						
	水	NMP	DMF	甲醇	丙酮	醋酸甲酯	液氮
20	1.03	38.4	37	11.5	20	19.5	—
10	1.31	47.5	46	15	28	27.0	—
0	1.73	63.0	60	20	40	35.5	—
−10	—	90.0	79	28	56	46.0	—
−20	—	125.0	108	38	80	63.0	170

② 其他天然气部分氧化制乙炔工艺

a. SBA-Kellogg工艺　与BASF工艺相比，此工艺乙炔炉及流程安排有如下特点。

(a) 乙炔炉完全使用金属材料而不用耐火材料，故开车迅速，几分钟即可进入正常运行；

(b) 反应区侧壁有水膜沿气流方向润湿，故不致结炭而可取消刮炭措施，但水幕也使裂解气中的乙炔浓度降至7.8%～8%；

(c) 混合室为多管式，每根混合管接一喷嘴而不需要扩散管，因混合时间缩短而可将预热温度升至700℃；

(d) 乙炔提浓以液氨为溶剂，尾气用于生产合成氨；

(e) 天然气及氧耗量略高于 BASF 法，相应地尾气量也多一些。

b. 蒙特卡蒂尼工艺　此法的主要特点是反应在 0.4MPa 的压力下进行，因此后续部分的能耗降低，生产能力增大。但因压力升高，为防产生爆炸问题，天然气的预热温度需降至 500～550℃，氧耗因此也增加。

c. Monsanto 工艺　此工艺的特点是在烧嘴内设置了旋涡器产生旋转火焰，可防止烧嘴花板下表面结炭。

d. ГИАП 工艺　前苏联 ГИАП 工艺旋焰乙炔炉内反应区流速高达 100m/s，从而大大提高了生产能力，喷嘴中的旋焰器形成旋转火焰而加强了火焰的稳定性。

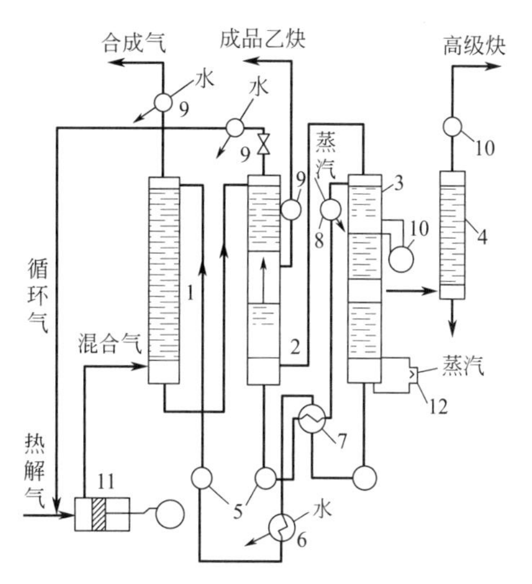

图 2-32　NMP 提浓乙炔流程图

1—乙炔吸收塔；2—一段解吸塔；3—二段解吸塔；4—辅助塔；5—泵；6—冷却器；7—热交换器；8—预热器；9—气体洗涤器；10—真空泵；11—压缩机；12—再沸器

e. 重庆化工研究院"一炉三气"工艺　重庆化工研究院开发的旋焰炉，其主要特点是采用了高速旋流混合器及喷嘴，从而形成了强湍流旋焰气流，既能有效地防止早期着火，从而保证装置安全平稳运行，又能消除回流死区，缓解乙炔的深度裂解，从而提高了乙炔产率，在预热温度 600～650℃的条件下，出炉裂解气中乙炔浓度可达 8.6%（BASF 炉为 8.4%）；而且由于烧嘴直径大，单炉生产能力可达 1×10^4 t/a；此项研究经逐级放大，已完成厂 3000t/a 的半工业试验。

为了提高热利用率，回收常规工艺中急冷失去的热量，以 500t/a 的旋焰炉进行了利用余热喷油联产乙烯的试验。试验表明，采用此技术，乙炔炉的热利用率提高 22.8%，乙炔产量提高 10.7%，乙烯收率达到 40.8%（2.34t 轻油产 1t 乙烯），相应地，乙炔成本下降 20%，尾气（作为合成气利用）产量也增加 20%以上。这种一炉同时产乙炔、乙烯和合成气的工艺被简称为"一炉三气"技术。

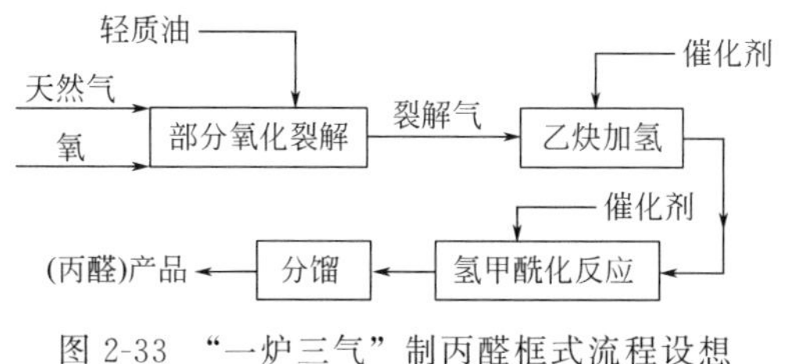

图 2-33　"一炉三气"制丙醛框式流程设想

最近，他们与中国科学院成都有机化学所联合提出了将此"三气"不经分离而生产丙醛的方案，其框式流程示于图 2-33。此方案的特点是将产品乙炔选择性加氢为乙烯，再经氢甲酰化反应而得丙醛。

丙醛可根据市场情况或加氢得丙醇，或氧化得丙酸。

(2) 天然气制乙炔的其他方法[11]

① 乌尔夫（Wulff）法　此工艺系先以燃料和空气完全燃烧将热量积蓄于炉内耐火材料中，然后通入原料在常压及 1200～1500℃的条件下，裂解成乙炔及乙烯等。

可使用的原料有包括天然气在内的各种烃类，当以丙烷为原料时，乙炔与乙烯的比例在 35∶1～1∶3.5 范围之间，单程通过时总的乙炔及乙烯产率达到 51%～59%。此工艺使用 DMF 为提浓溶剂。

美国联碳公司使用 Wulff 专利建设了工业试验装置，此后在世界范围内曾建设了 8 套装置，总产能达 24×10^4 t/a，后因经济上缺乏竞争力而陆续停产。

② 电弧法 电弧法是德国 Hüls 公司开发的生产乙炔的工艺，它在电弧炉内的两电极间通入高电压（7kV）、强电流（1150A）形成电弧，电弧产生的高温可使甲烷及其他烃类裂解生成乙炔，气流在电弧区的停留时间仅为 0.002s。

裂解气以烃类急冷而可由附加的裂解得到乙烯等，经后续的分离系统而得乙炔等各种产品。

电弧法的优点是烃类的转化较部分氧化法更加快速而完全，可使用各种原料且开停车方便，缺点是电耗高达 10kW·h/kg 以上，且电极寿命短，需采用双炉操作。

③ 等离子体转化工艺 等离子体是物质存在的第四种状态，它是气体分子受热、受激放电而离解和电离产生的电子、离子、原子、分子及自由基等高化学活性物质组成的集合体，其正负电荷总量相等。等离子体可分为高温等离子体、热等离子体和低温等离子体。低温等离子体以其非平衡性、低能耗及低温下的高反应活性而被用于有机合成反应。

甲烷虽然很稳定，但使用等离子体也可将其激发而转化，国内外在这方面进行着广泛的工作，将其转化为 C_2 烃、合成油、炭黑和氢气等[48~50]。

中国成都有机化学所进行了以等离子体将甲烷转化为乙炔等产物的实验室研究，对于纯甲烷体系，转化率随功率上升而上升，60W 时达 69.36%，乙炔选择性 67.92%，余为乙烯及乙烷，压力的升高有不利影响。使用甲烷-水体系时，甲烷转化率及乙炔选择性均显著升高，在 H_2O 与 CH_4 摩尔比为 3.86 时，转化率可达 84.87%，乙炔选择性为 85.68%。

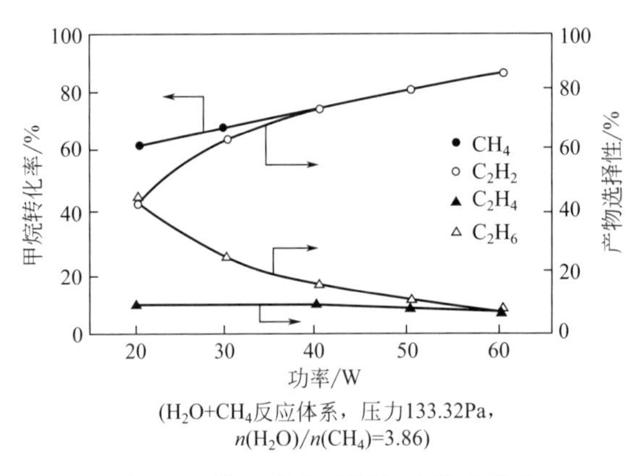

图 2-34 输入功率对甲烷-水体系转化率和产物选择性的影响[48]

图 2-34 给出了甲烷-水体系在不同输入功率下的甲烷转化率和乙炔等产物的选择性。

天津大学使用等离子体技术转化纯甲烷时，在常压和低气体温度（小于 20℃）下，甲烷转化率可达 20%，C_2 烃（主要为乙烷和乙烯）的选择性高达 90%。

天然气等离子体法制乙炔技术经济方面均优于部分氧化法。国内目前等离子体法制乙炔已扩大试验，其功率达 150kW·h，该装置生产能力大于 100t/a，若能在此规模上放大数倍获得突破，则可能建立千吨级或万吨级乙炔生产厂。

2.3.1.5 技术经济分析

由表 2-44 看出天然气制乙炔成本 6063.2 元/t。企业现在外购电石综合价为 2300 元/t，每生产 1t 乙炔消耗 2.87t 电石，1t 乙炔的原料成本为 6601 元。即每吨天然气制乙炔成本比外购电石制乙炔成本低 537.8 元。

表 2-44 国内天然气制乙炔的生产成本[52]

项目	单价/元	消耗指标	金额/(元/t)
一、原料			5092.7
1. 天然气(原料)	0.8	5741m³	4592.8
(燃料)	0.8	413m³	330.4
2. 氧气			
3. *N*-甲基吡咯烷酮	35.00	3.5kg	122.5
4. 其他化学品			47

续表

项目	单价/元	消耗指标	金额/(元/t)
二、公用工程			2193
5. 蒸汽(3.6MPa)	56.00	23t	1288
6. 电(乙炔)	0.35	615kW·h	215
(空分)	0.35	1263kW·h	442
7. 其他			248
三、副产品			−2752.5
8. 尾气	0.25	9810m^3	−2452.5
9. 低压蒸汽(0.6MPa)	20.00	15t	−300
10. 炭黑		45kg	
四、工资及附加	15000元/(人·年)	200人	100
五、制造费	折旧14年、维修		1430
六、生产成本			6063.2

目前工业上生产乙炔的方法有烃类裂解法和电石法，此外乙烯装置也可副产少量乙炔。早期还开发了电弧法等以烃类为原料制乙炔的方法。

电石乙炔的生产成本是天然气乙炔部分氧化法的1.74倍，详情如表2-45所示。

表2-45　天然气乙炔与电石乙炔的经济对比[11]

工艺方法	生产费用/(美元/t)				
	原料	副产品及公用工程	人工	其他	合计
天然气乙炔	824.4	−296.4	97.0	407.8	1032.8
电石乙炔	1635.8	19.8	24.3	114.6	1794.5

2.3.1.6　我国天然气制乙炔工业的发展前景[53]

① 丰富的天然气资源为天然气制乙炔的发展提供了广阔的前景。据有关资料介绍，探明的天然气储量接近石油，而未探明的可回收储量则超过石油约1倍，随着石油资源的日益减少，天然气必将成为未来的主要能源之一。

② 我国天然气资源量为（40～43）$\times10^{12}m^3$，近年来在新疆、陕西、南海等地区又开发了不少大气田，这就为我国的天然气制乙炔的发展提供了广阔的前景。

③ 与电石法乙炔相比，天然气乙炔的优势更为突出，因为电石法乙炔产生大量电石渣，同时电石生产又是高能耗、重污染行业，国家已不鼓励发展电石。因此发展天然气乙炔符合环保要求。

④ 乙炔曾被称作有机之母，随着石油化工的发展，逐渐被乙烯取代，但在有些产品中，乙炔仍无法被取代。同时乙烯的建设需要在有石油资源及巨资的条件下，而我国有些地区如四川等地就没有建乙烯的条件，这些地区具有天然气资源，因此在这些地区应积极发展乙炔化工。

2.3.2　天然气制烯烃

2.3.2.1　概述[22,54,55]

烯烃作为基本有机化工原料，在现代石油和化学工业中具有十分重要的作用。由于近几年来石油资源的持续短缺以及可持续发展战略的要求，世界上许多石油公司都致力开发非石油资源合成低碳烯烃的技术路线，并取得一些重大的进展。以天然气为原料制取烯烃的方法有三种：甲醇法（MTO）、费-托合成法（F-T）及甲烷氧化偶联法（OCM）。随着我国西气东输工程的全面启动，对于天然气的化工利用也取得一定的进展。我国内蒙古伊化集团与德国 EUB 财团签署了开发天然气化工产业合资合作协议，计划在内蒙古鄂尔多斯市兴建规模为 600kt/a 天然气经甲醇制烯烃（NG-MTO）装置，建设期为 3 年。项目建成后，将成为世界上采用该技术最大的生产装置。这样不仅可以减少我国对石油资源的过度依赖，而且对推动贫油地区的工业发展及均衡合理利用我国资源都具有重要的意义。

天然气制烯烃技术路线主要有三种：甲烷氧化偶联反应制烯烃、天然气经合成气制烯烃和天然气经甲醇或二甲醚制烯烃工艺。天然气中含有 95%的甲烷，用甲烷制取烯烃曾受到各国科学家的重视，针对 OCM 反应机理、新催化剂、反应工艺及反应器等方面进行了研究，作为研究的重点——催化剂，由于其本身反应受动力学控制，C_2 烯烃单程收率较低，最新的专利 C_2 烯烃的收率最高才达到 26.83%，而且副产物的气体分离也相当困难，难以实现 OCM 工业化，对以 OCM 合成乙烯的最新研究报道也不是很多。

由合成气制烯烃工艺是用费-托法制合成气，再由合成气，即 CO 与 H_2 反应制得烯烃，副产水和 CO_2。由于产品分布受 Andorson-Sohulz-Flory 规律（链增长依批数递减的摩尔分布）的限制，想要高选择性地得到低碳烯烃有相当的难度，并且选择性 F-T 合成的催化剂寿命还有待提高，近期难以实现工业化。

MTO 法是由合成气经过甲醇转化为烯烃的工艺，是目前天然气制烯烃的研究开发中最具备实现工业化条件的工艺。国际上一些著名的石油和化学公司，如埃克森美孚公司（Exxon-Mobil）、巴斯夫公司（BASF）、环球石油公司（UOP）和海德鲁公司（Norsk Hydro）都投入大量资金和人员，进行了多年的研究，目前已建有采用 UOP/Hydro 工艺的 200kt/a 乙烯工业装置。此外，Chem Stystems 咨询公司还对 300kt/a MTO 工艺、通用乙烯生产工艺进行了技术经济分析比较，确立 MTO 工艺技术的可行性。

低碳烯烃中的乙烯、丙烯是现代化学工业的基本有机原料，其传统的生产方法是通过石脑油裂解得到的。这种路线最大的缺点是过分依赖石油。近 20 年来，由于原油价格持续上涨，炼油厂采用石脑油、轻柴油等可进一步生产附加值更高的产品，而不愿意直接出售石脑油和轻柴油，导致裂解原料价格不断攀升，从而造成乙烯和丙烯的成本增加，迫使国际上的一些大型石油公司寻找新技术及原料上的出路。其中，以天然气为原料的非石油资源合成低碳烃的路线，已成为当前提高天然气化工利用，减轻石油能源危机的重要手段。

从天然气制乙烯，无论什么方法原则上都应称为 Gas to Olefins（简称 GTO）。从工艺步骤上可分为三种：一步法，二步法和三步法（见表 2-46）。

表 2-46 天然气制乙烯的主要方法

原料	名称	方法
天然气	一步法	$CH_4 \longrightarrow C_2H_4$
	二步法	$CH_4 \longrightarrow CO+H_2 \longrightarrow C_2H_4$ $CH_4 \longrightarrow CH_3OH \longrightarrow C_2H_4$
	三步法	$CH_4 \longrightarrow CO+H_2 \longrightarrow CH_3OH(CH_3)_2O \longrightarrow C_2H_4$ $CH_4 \longrightarrow CO+H_2 \longrightarrow C_2H_5OH \longrightarrow C_2H_4$

一步法，天然气脱氢制成乙烯。此法正在研究之中，主要研究方向是：选择性氧化法和氧化偶联法（OCM 法）。

二步法的工艺路线主要有合成气路线、温和氧化路线和一氯甲烷路线。其中一氯甲烷路线工艺比较麻烦，离工业化尚远。①合成气路线，天然气经过合成气直接生成乙烯，属于费-托法合成燃料工艺。第一步技术成熟。第二步技术正在研究之中，催化剂的活性和选择性还未达到工业生产可以接受的阶段。②温和氧化路线，天然气温和氧化生成甲醇，再用MTO法制成乙烯。

三步法主要有：①甲醇路线，天然气经过合成气、甲醇而生成乙烯，国外称为GTO工艺。前二步是C_1化工中的成熟工艺，第三步甲醇制乙烯，国外称为MTO法，是有希望的新工艺。②二甲醚路线，天然气制合成气，经催化剂直接生成二甲醚，再裂解制成乙烯，是三步法的主流工艺（SDTO法），属于费-托法合成燃料工艺路线。③乙醇路线，天然气制合成气，经催化剂直接生成乙醇，再脱水制成乙烯。

其中二步和三步法的一些中间步骤在工业上已是成熟技术，因此整个技术的关键在最后的制烯烃步骤。从工艺过程分析，天然气→合成气→甲醇→烯烃（SMTO）、天然气→合成气→二甲醚→烯烃（SDTO）两条路线是目前最有可能有所突破的两种工艺。SMTO工艺中因已证实甲醇转化为烯烃之前首先在催化剂上脱水变为二甲醚（DME），而二甲醚合成反应过程中往往又经历甲醇的生成阶段，因此，SDTO应当视为SMTO的一种差别很小的变体。因此，本章节重点介绍SMTO中的甲醇制烯烃（MTO）部分。

MTO反应所使用的催化剂集中在小孔和中孔的酸性沸石上，孔径在0.45nm左右的八元氧环小孔沸石包括菱沸石、毛沸石、T沸石、ZK-5、SAPO-17、SAPO-34等。

2.3.2.2 天然气制烯烃工艺

(1) 甲烷氧化偶联反应（OCM）的研究[56]

① 甲烷氧化偶联的技术现状　甲烷氧化偶联反应（oxidative coupling of methane，OCM）过程是甲烷在高于900K的温度下与氧气发生催化反应生成低碳烃和大量的热。

$$CH_4 + O_2 \longrightarrow C_2H_6,\ C_2H_4,\ CO_x\ (x=1,\ 2),\ H_2O,\ H_2 \qquad (2\text{-}19)$$

甲烷氧化偶联制低碳烃是一种非石油提供乙烯原料的新异路线，随着石油资源的短缺，甲烷氧化偶联制乙烯将越来越具有战略意义，这对天然气的转化利用具有促进作用。在20多年的甲烷氧化偶联研究历程中，探寻新型高性能甲烷氧化偶联催化剂和反应工艺一直是研究者工作的重点，虽然经过研究者辛苦的研发过程甲烷氧化偶联技术取得长足的发展。但从文献报道的结果看，几乎还不能找到能与现有的石脑油裂解制乙烯在成本上相竞争催化剂体系。目前所报道的催化剂体系普遍是甲烷的转化率较低，但若提高甲烷的转化率又会导致乙烯的选择性降低。所以开发新型高转化率和高选择性的催化剂及反应工艺仍是将来甲烷氧化偶联研究的难点。

② 甲烷氧化偶联反应热力学　甲烷直接脱氢生成乙烯和氢气的反应式如下：

$$2CH_4 \longrightarrow C_2H_4 + 2H_2 \qquad \Delta G^{\ominus} = 170\text{kJ/mol} \qquad (2\text{-}20)$$

根据物化参数计算出该反应的标准摩尔吉布斯自由能为170kJ/mol远大于零，由热力学第二定律知这是一个很难进行的反应。在有氧的情况下发生的反应如下式所示：

$$2CH_4 \longrightarrow C_2H_4 + 2H_2 \qquad \Delta G^{\ominus} = 170\text{kJ/mol} \qquad (2\text{-}21)$$

$$2H_2 + O_2 \longrightarrow 2H_2O \qquad \Delta G^{\ominus} = 474\text{kJ/mol} \qquad (2\text{-}22)$$

$$2CH_4 + O_2 \longrightarrow C_2H_4 + 2H_2O \qquad \Delta G^{\ominus} = -304\text{kJ/mol} \qquad (2\text{-}23)$$

可以看到在氧气的存在下，总反应的标准吉布斯自由能为-304kJ/mol小于零，该反应是一个可自发进行的反应。因此在有氧条件下，甲烷就可以比较容易发生氧化偶联反应。但是由于乙烯是一种化学性质比较活泼的物质，在高温有氧气存在的条件下容易深度氧化生成CO_x，降低了乙烯的选择性。然而在高温下甲烷才更容易活化，因此要想同时获得较高甲烷转化率和乙烯选择性，寻求高温下抑制目标产物深度氧化的催化剂配方是今后甲烷氧化偶联催化剂研制开发的重点和难点。

③ 甲烷氧化偶联反应机理[54,56]　要使甲烷分子活化发生化学反应必须打断C—H键的断裂。对于甲烷C—H键的断裂有学者报道了异裂和均裂两种方式[57]。但甲烷氧化偶联制

乙烯反应比较复杂且多副反应，在不同类型的催化体上，反应过程有可能不同。在一定反应条件下甲烷是怎样与催化剂活性位结合活化，催化剂上哪些晶格氧是有活性的，以及催化剂的酸碱性和表面结构对反应选择性的影响一直都存在争论[58~60]。大多数学者认同甲烷氧化偶联反应为表面催化-气相自由基反应，即 CH_4 与催化剂表面的活性氧物种作用生成 CH_3·，再由 CH_3·生成 C_2H_6，然后 C_2H_6 经脱氢得到乙烯。

OCM技术的核心是催化剂的研究与开发。在所研制的催化剂中，显示出较佳性能的催化剂大体可以分为3类：碱金属与碱土金属氧化物，稀土金属氧化物和过渡金属复合氧化物。

a. 碱金属与碱土金属氧化物　未改性的碱土金属本身具有活性，而加入碱金属后，可能引起晶格畸变，增加了活性中心，并减少了表面积，防止甲烷的深度氧化，从而提高了催化剂的活性和选择性。目前，活性较高的催化剂中多半含有碱金属。在碱土金属中以Mg、Ca较为合适，碱金属则以Li、Na等研究得较多，另外加入稀土元素对提高催化剂的活性、选择性和稳定性也有良好的作用。但这类催化剂存在着高温下碱金属流失，使催化剂失活的问题，有待进一步地研究解决。

b. 稀土金属氧化物　稀土金属氧化物有较高的活性和选择性。如 Sm_2O_3、La_2O_3、Pr_2O_3 及Ce-Yb等都已证明具有OCM活性。稀土经碱金属或碱土金属改性后显示出很好的活性和选择性，受到研究者的普遍注意。其中以 Sm_2O_3 催化剂的活性较好，尤其是LiCl改性后，活性得到进一步的改进。

c. 过渡金属复合氧化物　OCM反应中使用的过渡金属复合氧化催化剂中，活性比较好的有Mn、Pb、Zn、Ti、Cr、Fe、Co、Ni等。过渡金属氧化物对OCM虽具有活性，但选择性不高，所以一般用碱金属、碱土金属氧化物或卤化物等改性，可以大大提高其对OCM反应的活性。其中以中科院兰州化物所开发的Na-W-Mn/SiO_2 系列催化剂的性能最为优异，该体系不仅具有高的甲烷转化率和 C_2 烃选择性，通过流化床和寿命试验证明具有很好的流化床长期操作稳定性，同时还适合1～11MPa的加压反应可以提高OCM反应中乙烯的含量。

OCM技术要真正实现工业化，要求甲烷单程转化率应在35%以上，C2选择性在85%以上。2010年，美国锡卢里亚公司（Siluria）使用生物模板精确合成纳米线催化剂，可在低于传统蒸汽裂解法操作温度200～300℃的情况下，在5～10个大气压下，高效催化甲烷转化成乙烯，活性是传统催化剂的100倍以上。该公司设计的反应器分为两部分：一部分将甲烷转化成乙烯和乙烷；另一部分将副产物乙烷裂解成乙烯。这种设计使反应器的给料既可以是天然气也可以是乙烷，提高乙烯收率，同时节约能耗。2015年4月，Siluria公司投资1500万美元，在德克萨斯州建成投运乙烯产能（3.4～6.8）万吨/年的示范工厂，标志着世界首套通过OCM技术大规模生产乙烯的装置诞生[61]。

Siluria公司天然气直接制乙烯工艺的技术优势主要体现在以下方面：与传统石脑油裂解制乙烯相比，其成本低，温室气体排放少、节能效果好，生成的乙烯除用于制聚乙烯外，还可以进一步转化为液体燃料；燃料不苛求，甲烷可来自天然气，也可来源于生物质；可利用已有的乙烯生产装置和回收设备，改造成本低。OCM的工艺流程如图2-35所示[62]。

(2) 甲烷无氧脱氢制乙烯

2014年中国科学院大连化学物理研究所包信和院士团队基于“纳米限域催化”的新概念，创造性地构建了硅化物晶格限域的单中心铁催化剂，成功地实现了甲烷在无氧条件下选择活化，一步高效生产乙烯、芳烃和氢气等高值化学品。该研究将具有高催化活性的单中心低价铁原子通过两个碳原子和一个硅原子镶嵌在氧化硅或碳化硅晶格中，形成高温稳定的催化活性中心；甲烷分子在配位不饱和的单铁中心上催化活化脱氢，获得表面吸附态的甲基物种，进一步从催化剂表面脱附形成高活性的甲基自由基，随后在气相中经自由基偶联反应生成乙烯和其他高碳芳烃分子，如苯和萘等。在反应温度1090℃和空速21.4L/(g_{cat}·h) 条

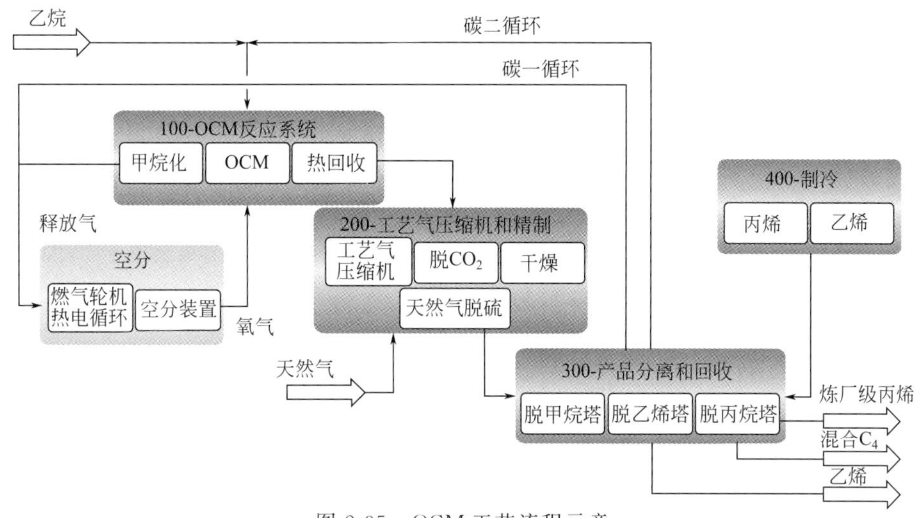

图 2-35　OCM 工艺流程示意

件下，甲烷的单程转化率达 48.1%，乙烯的选择性为 48.4%，所有产物（乙烯、苯和萘）的选择性>99%。在 60h 的寿命评价过程中，催化剂保持了极好的稳定性。与天然气转化的传统路线相比，该研究彻底摒弃了高耗能的合成气制备过程，大大缩短了工艺路线，反应过程本身实现了二氧化碳的零排放，碳原子利用效率达到 100%[63]。

(3) 典型的 MTO 工艺[22]

① UOP/Hydro 的 MTO 工艺　美国 UCC 公司在 20 世纪 80 年代就发现了一种磷酸硅铝（SAPO）合成分子筛体系，对甲醇转化成乙烯和丙烯具有特殊的选择性。1988 年，UCC 公司的分子筛研究部门成为 UOP 的一部分，UOP 是世界著名的石油化工技术研究开发公司之一，有长期的工程放大经验，其借助于 SAPO 催化剂及 UOP 工艺设计经验，于 1995 年与挪威的 Norsk Hydro 公司合作开发出 UOP/Hydro MTO 工艺，该工艺带来了 MTO 技术发展过程中的阶段性革命。1995 年 6 月，UOP 公司和 Hydro 公司合作建成一套甲醇加工能力 0.75t/d 的示范装置，连续稳定运行了 90 天，取得了极为理想的结果。现在，采用 UOP/Hydro 工艺的 200kt/a 乙烯工业装置已于 1998 年建成投产，据称已能实现 500kt/a 乙烯装置的工业设计，并可从 UOP 及 Hydro 公司获得建厂许可证。

1995 年建立的 UOP/Hydro-MTO 示范装置是以粗甲醇为原料，催化剂是基于 SAPO-34 分子筛材料的 MTO-100，SAPO-34 虽然是理想的催化材料，但对流化床操作不是坚固耐用的材料。因此，MTO 催化剂是 SAPO-34 与一系列专门选择的黏合剂材料之结合体。据推测，MTO-100 中所采用的黏合剂是处理过的二氧化硅和氧化铝。

该工艺过程的原料是甲醇。由于可以使用粗甲醇为原料，节省了为生产 AA 级甲醇（纯度为 99.85%，质量分数）所需要的蒸馏工序，因而节省了上游甲醇装置的基建投资。但是，删除蒸馏塔就意味着如果经济形势发生变化，甲醇就不能为其他用途而销售，从而限制了甲醇装置的生产灵活性。

整个装置包括原料甲醇和催化剂储存进料系统、空气压缩净化系统、氮气系统、压缩冷冻系统、冷却系统、冷换系统、产品分离系统、反应-再生系统及控制系统等几大部分。反应-再生部分工艺流程和设备基本上与炼油工业成熟的Ⅳ型催化裂化流程及设备相同，将流化床反应器与流化床再生器相连，来自新鲜催化剂料斗的新鲜催化剂与再生器来的再生催化剂以及甲醇气体（换热后汽化）一起进入反应器底部，与反应器中催化剂充分混合，在均匀温度下反应。反应器中多余的催化剂用空气输送至再生器底部，再生器中通入足够的空气，使催化剂上的焦炭在流化状态下完全燃烧。由于流化床条件和混合均匀的催化剂的作用，反应器几乎是等温的。反应产物在分离前流经专门设计的进料/馏出物热交换器组，经热回收被冷却，大部分水冷凝后自产物中分离出来。产品物流经压缩机脱 CO_2，再到干燥器脱水。经脱水后的物流进入产品回收工段，该工段根据需要可包括脱乙烷塔、脱甲烷塔、乙炔饱和器、C_2 分离器、C_3 分离器、脱丙烷塔和脱丁烷塔。甲醇裂解产品中丙烷、乙烷和 H_2 的产率非常低，可直接满足化学级丙烯和乙烯的要求。如果欲生产聚合级乙烯和丙烯，则需乙烷、乙烯分离塔和丙烷、丙烯分离塔。另外，由于反应物富含烯烃，只有少量的甲烷和饱和物，所以流程选择前脱乙烷塔．而省去前脱甲烷塔，节省了投资和制冷能耗。图 2-36 是带有聚合级乙烯和丙烯产物回收系统的 MTO 工艺流程示意图。

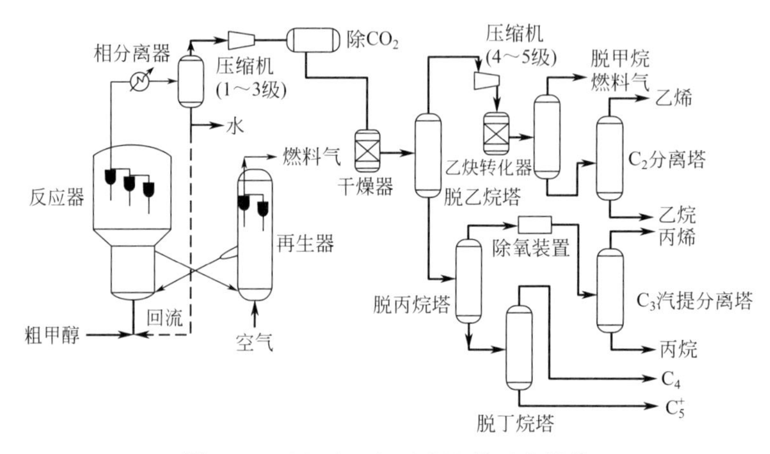

图 2-36 UOP/Hydro MTO 的工艺流程

UOP/Hydro MTO 工艺公开的操作温度为 350～525℃，最好为 350℃，操作压力为 0.2～0.4MPa。另外，通过综合调节物料通过量、温度、压力和催化剂循环速率可以控制产品的选择性。表 2-47 为公开的专业文献中发表的 UOP/Hydro MTO 工艺的产率指标。

表 2-47 UOP/Hydro MTO 工艺的各组分产率

含碳组分	产率/%	含碳组分	产率/%
轻质石蜡烃 C_1～C_4	4	C_5^+ 脂肪族化合物	4
乙烯	40	剩余物、无机物和焦炭	3
丙烯	38	合计	100
丁烯(含微量 1,3-丁二烯)	11		

表 2-48 列出了不同操作模式时的典型总物料平衡情况。UOP/Hydro MTO 工艺过程可在最大乙烯和最大丙烯操作模式之间进行自由切换，使 n(乙烯)/n(丙烯) 在 0.64～1.5 之间变化，这种工艺操作弹性为用户提供了灵活多变的需求。

表 2-48 UOP/Hydro MTO 工艺灵活性 单位：kt/a

项目		最大乙烯	高乙烯	高丙烯
原料	甲醇	2434	2549	2472
产品	乙烯	400	500	450
	丙烯	425	325	375
	混合丁烯	124	107	110
	C_5^+ 烃	50	50	47
	轻馏分	24	89	56
	其他	1412	1479	1434
	合计	2434	2549	2472
	乙烯+丙烯	825	825	825

② MTO的产物分布及技术经济评价　MTO工艺以 $C_2^=$ 和 $C_3^=$ 为主要目的产品，并且通过改变反应强度还可以调节乙烯与丙烯的比例，乙烯/丙烯比例可在0.75～1.5之间变化。表2-49给出了乙烯产能为 50×10^4 t/a的工艺两种工况产物组成情况。

表2-49　UOP/hydro MTO工艺产物组成情况

项　目		高乙烯工况		高丙烯工况	
		10^4 t/a	%	10^4 t/a	%
产物分布	乙烯	50	47.5	50.0	34.5
	丙烯	32.5	30.9	66.0	45.5
	丁烯	10.5	10.0	18.5	12.7
	C_5	6.0	5.7	7.5	5.2
	氢、燃料气、焦等	6.2	5.9	3.0	2.1
	合计	105.2	100.0	145.0	100.0
甲醇进料量/(10^4 t/a)		250.2		337	

表2-50比较了天然气经MTO制乙烯工艺与常规的石脑油制乙烯工艺，可见前者具有烯烃碳收率高、产品可调节性好、产物分离系统简单及对设备材质要求不苛刻等优点。

表2-50　MTO及石脑油裂解制乙烯工艺对比

原　料	天　然　气	石　脑　油
以吨烯烃计的原料消耗量	大致2300m³	大致2.0t
以碳计的烯烃收率/%	大致80	大致50
以 C_2/C_3 计的产品可调节性	1.5～0.75	调节幅度小
H_2+CH_4 量	大致0.7%	大致0.25%
反应气中烯烃浓度	较高	较低
决定设备材质的反应温度/℃	450～525	825～890①

① 裂解出口温度。

图2-37～图2-39分别为MTO的经济性对丙烯、天然气定价的敏感性和对规模经济性的敏感性。

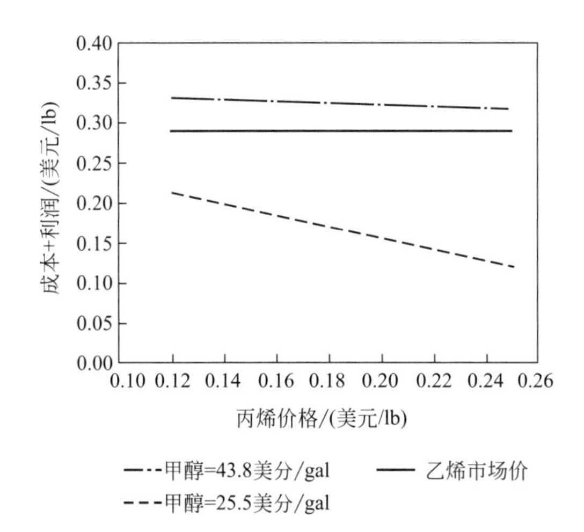

图2-37　MTO的经济性对丙烯定价的敏感性
（USGC，2000年第一季度；1lb=0.4536kg，1gal=3.78541dm³）

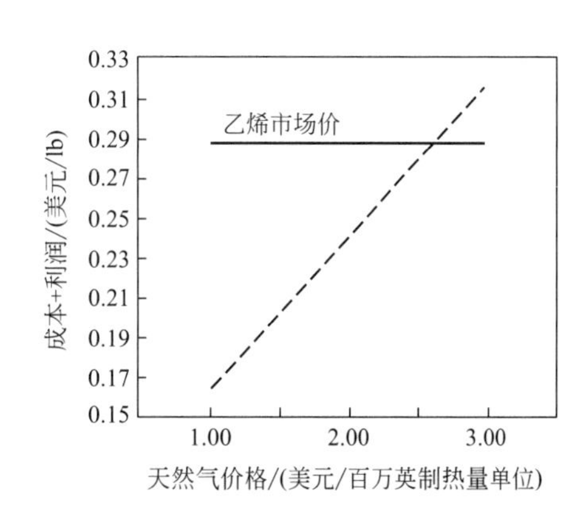

图2-38　MTO的经济性对天然气定价的敏感性
（USGC，2000年第一季度；1英制热量单位=1055.96J）

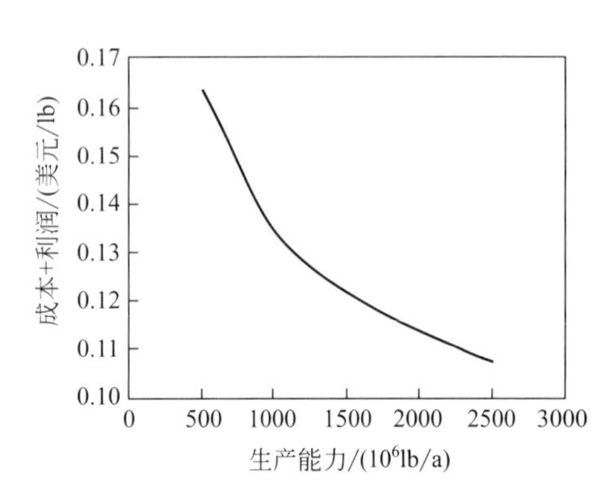

图 2-39 MTO 的经济性对规模经济性的敏感性
（USGC，2000 年第一季度；甲醇=25.5 美分/gal，$1gal=3.7541dm^3$）

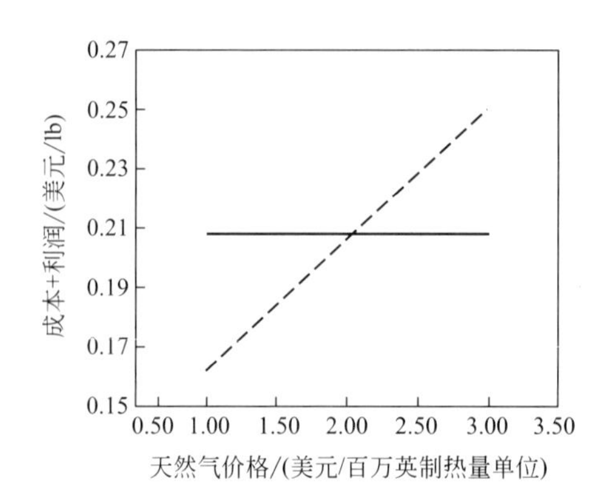

图 2-40 MTP 的经济性对天然气定价的敏感性
（USGC，2000 年第一季度）

上述趋势对于鲁奇的 MTP 工艺也同样存在。图 2-40、图 2-41 分别是 MTP 工艺对天然气价格及投资规模的敏感件分析。

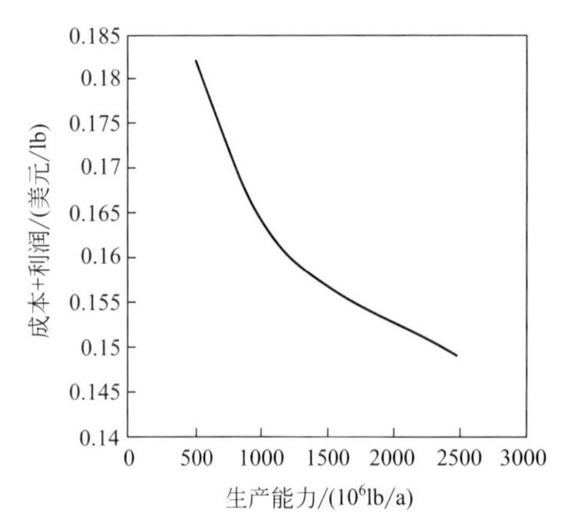

图 2-41 MTP 的经济性对规模经济性的敏感性
（USGC，2000 年第一季度；甲醇=25.5 美分/gal）

通过对三种工艺的技术经济分析与对比，得出如下结论。

a. MTO 工艺技术上是可行的，经济上比石脑油制烯烃有一定的竞争力，但这个竞争力的重要基础在于天然气的价格，即天然气的价格应低于 1 美元/百万英制热量单位或更低。

b. 通过对天然气为原料经合成气、甲醇制乙烯的过程和石脑油裂解制乙烯过程进行技术经济分析比较，以 50×10^4t/a 乙烯为基准，结果表明，前一种路线的投资回报率远高于后者。当然，随石油价格的波动，这两种路线的差距大小也会有所波动。

c. 由于 MTO 工艺国外尚无大型化工业生产装置生产的实践经验，不能排除在技术上存在一定的风险，从而带来经济上的巨大损失。因此在决策前应投入相当的资金，做好前期论证工作。

此外，美国 UOP 公司也曾对 500kt/a 乙烯装置的 MTO 技术和传统石脑油制乙烯技术的经济性作了分析，结果发现，同样乙烯规模为 500kt/a，GTO 投资比石脑油法高出 43%(石脑油法不包括炼厂的建设费用)；但生产成本仅为石脑油的 20%，且投资简单，回报率高出 3%。

UOP 公司认为，将天然气制甲醇和甲醇制烯烃两者结合起来可使总投资下降 20%。因为 MTO 可用粗甲醇为原料，常规甲醇装置的精馏部分则可不建，相应甲醇部分的投资可减少 10%。此外，MTO 反应所产生的水亦可返回造气工序。据 UOP 公司分析，MTO 可用于 3 种不同场合。其一是在气田或气田附近的 GTO 联合生产装置；其二是将所生产的甲醇送往离终端用户较近的一个地区或多个地区；其三是在现有石脑油或 LPC 裂解装置中增加 MTO 反应器端。由于产品回收段仅需增加极小的负荷使可能烯烃总产量得到提高，故投资回报率（ROI）可超过 36%，而前两种情况的 ROI 仅为 27.5%。

③ 其他工艺[11]

a. 甲烷热解制乙烯工艺　甲烷性质十分稳定，热解温度远高于乙烷蒸汽裂解生产乙烯的温度。甲烷热解产品除乙烯外，还包括大量的乙炔（主要产品）、C_3～C_{12}烃和焦炭。因而，高温热解技术主要用于从天然气生产乙炔。为提高乙烯的收率，法国石油研究院在20世纪80年代中期推出了用于热解的蜂窝状陶瓷材料反应器技术。甲烷的转化率为31%，乙烯选择性为23%。

b. 甲醇/烃裂解工艺　德国柏林科学院提出的甲醇/裂解工艺（CMHC工艺），是将甲醇、烃和水进料在HZSM-5分子筛催化剂上于680℃温度下进行裂解。甲醇转化率可达99.3%，乙烯选择性为21.0%、丙烯为19.2%、丁烯为4.5%，其余的芳烃和焦炭各占18.6%和1.2%。与甲醇单独进料的甲醇裂解制乙烯相比，乙烯和丙烯的产率分别增长3.2%和2.2%。

c. 合成气制低碳烯烃　20世纪七八十年代，德国Ruhr公司在此领域做了许多工作，开发的Fe-Ti-Zn-K催化剂，是迄今为止开发出的用于合成气制低碳烯烃的最好的催化剂。此外，超细粒子催化剂、非晶态合金催化剂、氧化物和复合氧化物催化剂以及沸石基催化剂在F-T合成低碳烯烃的反应中均表现出一定的反应活性，尤其是超细粒子催化剂。然而，烯烃收率均不高。

最近，出于F-T合成液体燃料和甲烷直接氧化偶联或通过甲醇制烯烃的技术受到更大关注，合成气制低碳烯烃研究的进一步开发较为沉寂。

2.3.2.3 天然气制烯烃的新技术[64～66]

除了通过常规的催化化学方法将甲烷转化为碳一烃外，科学家们也试图通过其他的方法与技术提高甲烷的转化率与选择性，其中主要有等离子体技术、膜催化技术、电化学技术、微波促进技术、光催化技术。

(1) 等离子体技术

等离子体是气体分子受热、电场、辐射等外加能量激发而离解、电离形成正粒子、负粒子和中性粒子的集合体，因其中的正负电荷总量基本相等而称为等离子体。等离子体可分为高温等离子体和低温等离子体，低温等离子体还可分为热等离子体和冷等离子体等。20世纪初，德国就开展了CH_4热等离子体转化为C_2H_2的研究，20世纪50年代，Huels利用直流电弧裂解CH_4生产C_2H_2，工艺转化率为50%左右，日产1.5t C_2H_2能耗为12kW・h/m^3。美国杜邦公司利用等离子炬将CH_4转化为C_2H_2，转化率达80%。通常用于甲烷转化的等离子体属于低温等离子体。等离子体可由气体放电形成，如辉光放电、射频放电、微波放电、电晕放电、无声放电等。

(2) 膜催化技术

这种技术是将催化剂担载在多孔陶瓷上，修饰成膜通过膜催化反应器进行偶联反应。所选用的催化剂除了常规的碱金属（碱金属氧化物）/碱土金属氧化物（Na_2O-MnO_2、MgO-PbO、Ag-Al-MgO、Ag-Bi_2O_3等）之外，还选用了如离子-电子混合半导体膜、介于固体-液体之间的奇特同体材料，其特点是O_2能够快速迁移。该技术中碳二烃的选择性较高(50%～97%)，但甲烷的转化率较低，有待于进一步的开发。

(3) 电化学技术

将固体电解质电化学反应器应用于甲烷氧化偶联反应起始于1966年。研究的热点是筛选高传输效率的电解质和高活性、高选择性的电极。已应用于该反应的电解质有ZrO_2和YSZ。电极材料早期为Pt、Ag或其他金属所形成的合金如Pt/Rh、Ag-Pd-Mn合金、Ag-Bi合金以及Pt、Ag掺杂的氧化物如Pt/Sm_2O_3、Bi_2O_3-Ag等。金属氧化物和复合氧化物是近来固体电解质电化学反应器中采用最多的阳极材料。钙铁矿型稀土复合氧化物ABO_3已取代了Pt、Ag等贵金属的阴极材料。表 2-51 列出了以 YSZ 为固体电解质进行甲烷氧化反应条件。

表 2-51 电化学促进甲烷氧化反应

阴极材料	阳极材料	反应温度/℃	产物
Ag	Ag^+	700	C_2H_6、C_2H_4
Ag	AgBi、Ag	800	C_2H_6、C_2H_4
$LaMnO_3$	$LaMnO_3$	700～850	C_2H_6、C_2H_4
Pt 或 Ag	Pt/Sm_2O_3	700～760	C_2H_6、C_2H_4
$La_{0.9}Sr_{0.1}MnO_3$	$M_{1-x}MCuO_3$	850～900	C_2H_6、C_2H_4
Ag	Ag/Bi_2O_3	700	C_2H_6、C_2H_4

由表 2-51 可见，反应温度偏高，耗能大，催化剂易烧结且甲烷转化率低（$<5\%$），并存在深度氧化。因此该类反应的任务是筛选高选择性、高活性的电极材料和抗烧结、化学性质稳定的催化剂。

(4) 微波促进技术

当选用质子型催化剂，如 Fe、Co、Ni 或 Fe-Ni 合金时，可用微波代替炉子加热进行甲烷转化。这类催化剂是较好的介电材料，电磁能容易转化为热能，低温下即可实现甲烷的偶联。反应中需要优化的因素为总辐射时间、脉冲间隔时间、催化剂表面温度等。研究表明该过程中催化剂一方面为甲烷裂解提供活性部位，降低活化能，另一方面催化剂金属表面自由电子与微波强磁场作用将微波能有效地转化为裂解能。缺点主要体现为结焦严重，需要氢气和额外的能量清焦。

(5) 光催化技术

光子的能量可精确地限定在所需的范围，因此可通过光激发的方法实现甲烷的偶联，天津大学的钟顺和等人利用 CO_2 脉冲激光促进了甲烷偶联。甲烷转化率为 35%，乙烯的选择性为 93%。

上述新技术的应用与常规的催化反应相比，甲烷的转化率碳二烃的选择性有所提高，但也存在着不足，尚未工业化生产，还有待进一步的研究与开发。从长远考虑，特别是在石油资源日益减少的情况下，开展天然气氧化偶联制烯烃的研究是最有吸引力的研究课题之一，与现在从石油裂解制取乙烯法相比有很强的竞争优势。

2.4 天然气制炭黑

2.4.1 概述

炭黑为工业中不可或缺的化工原料，是仅次于钛白粉的重要颜料。炭黑是最好的黑色颜料，着色力及遮盖力最强，视觉感官上呈中性，具有稳定、耐热、耐化学品、耐光等特点。同时，炭黑又是塑料、橡胶制品的改质添加剂。

据记载，中国是世界上最早生产炭黑的国家之一。在古时候，人们焚烧动植物油、松树枝，收集火烟凝成的黑灰，用来调制墨和黑色颜料，这种被称之为“炱”（音 tai）的黑灰就是最早的炭黑。1872 年，美国首先以天然气为原料用槽法生产炭黑，从此定义炭黑为“以气态或液态的碳氢化合物在空气不足的条件下进行不完全燃烧或热裂分解所生成的无定形炭，为疏松、质轻而极细的黑色粉末”。1921 年，C. S. 莫特发现炭黑对橡胶的补强作用之后，炭黑工业才迅速发展起来。20 世纪 20 年代，又出现了以天然气为原料的气炉黑和热裂黑。后来，J. C. 克雷奇致力于从液态烃生产炭黑，开发了油炉法工艺。1941 年，试产出第一批油炉黑。1943年，世界上第一座工业化规模的油炉黑工厂在美国投产。当今，油炉法是效率最高、经济效益最好的炭黑生产方法，油炉黑的产量已占炭黑总量的70%～90%。

炭黑是用多烃类的固态、液态或气态物质经不完全燃烧而产生的微细粉末。气态、液态或固态的烃类都可以用作炭黑的生产原料，气体原料有天然气、矿坑瓦斯气、炼油尾气、电石气等；液体原料有煤焦油、石油炼制的馏分油等；固体原料有萘、蒽等。炭黑外观为纯黑色的细粒或粉末状，颜色、粒径、密度均随原料和制造方法的不同而有差异。炭黑不溶于水、酸、碱，能在空气中燃烧变成二氧化碳。

2.4.2 炭黑的分类

“炭黑”是各种用途的炭黑产品的总称，每一种炭黑有其特定的物理化学性质，这些性质与所用原料、燃烧裂解过程、生产方式和工艺操作条件紧密有关。炭黑既可按其制造方法分类；也有按生产原料分类，如乙炔炭黑；也有按其应用领域分类，如橡胶炭黑、色素炭黑和导电炭黑；也可按最终制品的性能分类，如高耐磨炉炭黑（HAF）和快压出炉黑（FEF）等[67]。

炭黑的生产方法主要有接触法和炉法炭黑两种形式，即不完全燃烧法和热分解法[68]，见表2-52。

表2-52　炭黑按制造方法分类

<table>
<tr><th colspan="3">制造方法</th><th>主要原料</th></tr>
<tr><td rowspan="6">不完全燃烧法</td><td rowspan="3">接触法</td><td>槽法</td><td rowspan="3">天然气、煤层气(煤矿瓦斯气)、焦炉煤气、芳烃油</td></tr>
<tr><td>圆筒法</td></tr>
<tr><td>圆盘法</td></tr>
<tr><td colspan="2">油炉法</td><td>芳烃油</td></tr>
<tr><td colspan="2">气炉法</td><td>天然气、煤层气(煤矿瓦斯气)</td></tr>
<tr><td colspan="2">灯烟法</td><td>矿物油、植物油</td></tr>
<tr><td>热分解法</td><td colspan="2">热解法、乙炔分解法</td><td>天然气、乙炔</td></tr>
</table>

(1) 接触法炭黑

接触法是把原料气燃烧的火焰同温度较低的收集面接触，使裂解产生的炭黑冷却并附着在收集面上加以收集。接触法炭黑包括槽法炭黑、滚筒法炭黑和圆盘法炭黑。

槽法炭黑以天然气为原料，通过特制的火嘴，在火房内与空气进行不完全燃烧，其火焰的还原层与缓慢往复运动的槽钢相接触，使炭黑沉积在槽钢表面，通过刮刀将炭黑刮下，掉入漏斗内，而后输出并加以收集。因其原料主要使用天然气或煤层气，故又称为天然气槽法炭黑或瓦斯槽法炭黑。

利用固体烃类（如萘、蒽等）或液体烃类（蒽油、防腐油等），辅以焦炉煤气或甲烷含量较低的煤层气，以这种油、气为主要原料所生产的炭黑称为槽法混气炭黑，也称为粗蒽炭黑。当去掉槽钢时，称为无槽混气炭黑或混气炭黑。

滚筒法炭黑采用回转运行的钢制水冷滚筒为冷却收集面，使之与燃烧火焰接触，并加以收集。滚筒法的原料主要为焦炉煤气，或水煤气与防腐油或蒽油等混配。

圆盘法炭黑中，火焰接触面为钢制圆盘，该法基本已被淘汰。

(2) 炉法炭黑

炉法炭黑是将气态烃、液态烃或气态烃和液态烃混合作为原料，在反应炉内与适量的空气高温燃烧、裂解，生成的炭黑悬浮在烟气中，经冷却、收集而获得炭黑。只使用天然气、油田伴生气或煤层气等气态烃原料生产的炭黑，称为气炉法；而只使用煤焦油或油类等液态烃原料生产的炭黑，称为油炉法。灯烟炭黑是在炉子内，把液烃原料加入敞口浅盘中，在限制空气量的条件下，进行大火焰燃烧，用这种方法生产的炭黑称为灯烟法。改变炉型结构、火嘴形式和控制温度，可制得不同品种的炭黑。

(3) 热裂法炭黑

热裂法炭黑以气态烃为原料，间歇式生产。首先将原料气和空气按完全燃烧比例混合，同时送入炉内燃烧，温度逐渐上升至1300～1400℃后，停止供给空气，只送原料气，使原料气在高温下热分解生成炭黑和氢气。由于裂解反应吸收热量，炉温不断减低，当温度至1000～1200℃时，再通入空气，使原料气完全燃烧而升高炉温，然后停止供给空气进行生产炭黑，如此间歇进行的生产方法称热裂法。热裂炭黑主要有三个品种，即中热裂黑、无污染的中热裂黑和细热裂黑。中热裂黑的氮吸附比表面积为6～10m^2/g，细热裂黑则为10～15m^2/g。以天然气为原料经裂解生成的炭黑称为热裂炭黑；以乙炔气为原料经热裂生成的炭黑称为乙炔炭黑。

在炭黑工业发展的早期，主要就地利用油（气）田气态烃原料生产各种槽法和炉法炭黑。20世纪40年代以来，合成橡胶用量的增大以及环境保护要求的日益严格，以油为原料的各种油基炭黑迅速发展，到20世纪70年代已占到炭黑总产量的90%以上。但由于某些国家在油气资源开发利用的特殊情况以及天然气炭黑在性能上尚具有不完全为油炉法炭黑所代替的某些特点，天然气炭黑至今在炭黑工业中还有一定比重。我国目前以天然气为原料生产的炭黑主要为槽法炭黑和半补强炉法炭黑。

2.4.3 天然气制炭黑的生产方法[11,69,70]

2.4.3.1 天然气槽法制炭黑的生产工艺

槽法炭黑属于接触法，是炭黑发展史上最早的一种生产方法。此法使用往返运动的槽钢将火焰中裂解生成的炭黑粒子附着然后用刮刀收集。1872年国外建立了第一座利用天然气为原料的槽法火房。为满足橡胶工业的需要，我国在1951年建起第一座天然气槽法炭黑火房。槽法炭黑具有较高的橡胶补强性能和着色强度，虽然国外不断发展油基炉炭黑来代替槽法炭黑，但作为天然橡胶补强剂，槽法炭黑的综合性能仍为其他炭黑所不可替代。在制造着色素炭黑方面，目前仍以槽法炭黑为主。

火嘴是槽法炭黑生产的基本单元，用泡皂石加工或瓷质烧制，有宽度为0.8～1.0mm的条形缝口供天然气喷出燃烧成蝙蝠翅形火焰；槽钢切断火焰时则炭黑附着于槽钢表面上，移动至固定刮刀处则炭黑被刮下；每个火嘴日用气2.0～2.5m^3，每台火房1728～1904个火嘴，20～24台火房为一生产单元，日产炭黑1500～1800kg。

图2-42为槽法炭黑生产工艺流程图。天然气经减压后均匀分布至每台火房2内的分配气管，由于安装在气管上的火嘴喷出燃烧，产生蝙蝠翅形火焰；当槽钢3切断火焰，炭黑则积附在槽钢面上；槽钢缓慢地作往复运动，经过固定的刮刀将炭黑刮下落入炭黑斗6内；经风管或螺旋输送器7将炭黑汇总送至加工间；经杂质分离器8除去硬碳，再经造粒机形成粒状炭黑后进行包装。调节不同的工艺参数（火嘴缝口宽度，火嘴与槽钢距离，槽架运行周期，进入空气量及原料成分等）可以制得不同品种的炭黑。

火房内的火焰温度1350～1450℃，槽钢温度约为500℃。槽钢产率为18～20g/m^3，即每吨槽黑耗用天然气在$5\times10^4m^3$以上。其燃余气组成示于表2-53，因热值很低，难于收集利用。

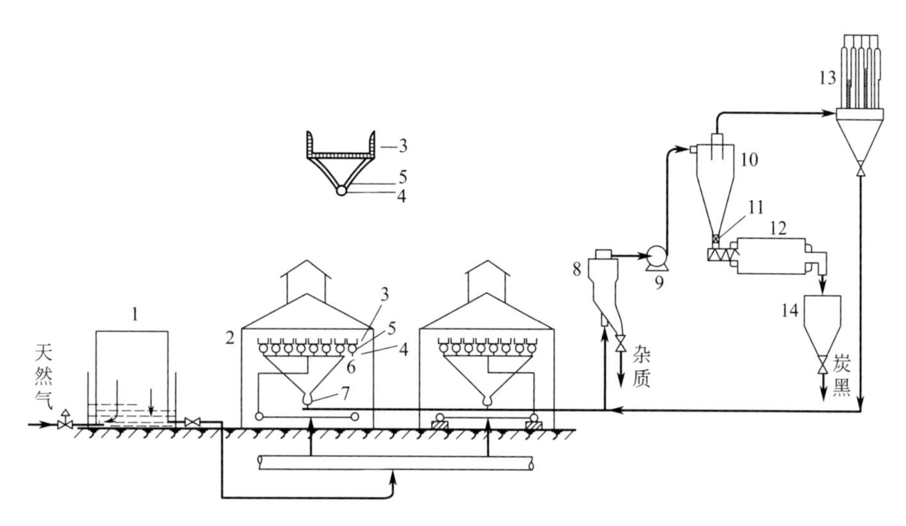

图 2-42 天然气为原料生产槽法炭黑的工艺流程

1—定压储气罐；2—火房；3—槽钢；4—燃烧气管；5—火嘴；6—炭黑斗；7—风管或螺旋输送器；8—杂质分离器；9—抽风机；10—旋风分离器；11—回转气密阀；12—造粒机；13—回收过滤箱；14—储存斗

表 2-53 槽黑燃余气组成

组　分	CO	H_2	CH_4	CO_2	O_2	N_2
干基/%	2～3	0.1	0.1	0.1～0.2	15～17	80～81

由于槽法炭黑收率低，消耗天然气多，产量低，投资大，所用钢材多，工艺过程落后，大气污染严重，加之20世纪70年代以来新工艺炭黑迅速发展，槽法炭黑逐步被淘汰。但由于槽法炭黑具有其特殊用途，目前在炭黑的生产中仍占一定的地位。为了解决大气污染及综合利用热能，可采用低浓度的气田卤水洗涤火房排出的尾气，以清除其中的炭黑粉尘，使尾气排放达到国家标准；同时可用回收余热，将淡卤水得以浓缩制盐；回收热量折算为天然气，约相当于火房用气量的30%～40%。

2.4.3.2 天然气半补强炉法炭黑生产工艺

天然气生产半补强炉黑的主要工艺参数见表2-54。工艺流程如图2-43所示。

表 2-54 天然气生产半补强炉黑主要工艺参数

天然气/空气	炉温/℃	高温区停留时间/s	火嘴箱压力/kPa	滤袋负荷/[m^3/(m^2·min)]
1/(4～4.5)	1250～1350	4～6	13.3～40.0	1.0～1.2

天然气与空气按1∶(4～4.5)的比例经特质的火嘴箱2喷入炉内，在炉内形成选择燃焰，炉内温度控制在1250～1350℃，其所生成的炭黑悬浮在含有一氧化碳、二氧化碳、氢气、水蒸气和氮的燃余气中。燃余气在高温下停留4～6s后进入冷却塔5中用喷雾水冷却，使燃余气冷却至350～380℃，然后进入过滤箱上的玻璃纤维滤袋7，使悬浮在气流中的炭黑附着于滤袋上，燃余气则透过滤袋排于大气中。利用反吸风自动振抖装置使滤袋产生吸胀作用，将炭黑从滤袋上抖下，送至加工间进行造粒。根据生产炭黑的品种和粒径要求，控制不同风比，增加空气使炉温提高，收率减低，粒径减小，空气的混合和紊流好坏也是影响收率和炭黑质量的重要条件。

在半补强炭黑生产过程中，用喷雾冷却降低高温燃余气的温度，这部分热能未得到利用。现在，我国某些半补强炭黑的生产装置已采用废热锅炉代替冷却塔，回收热能发电，工

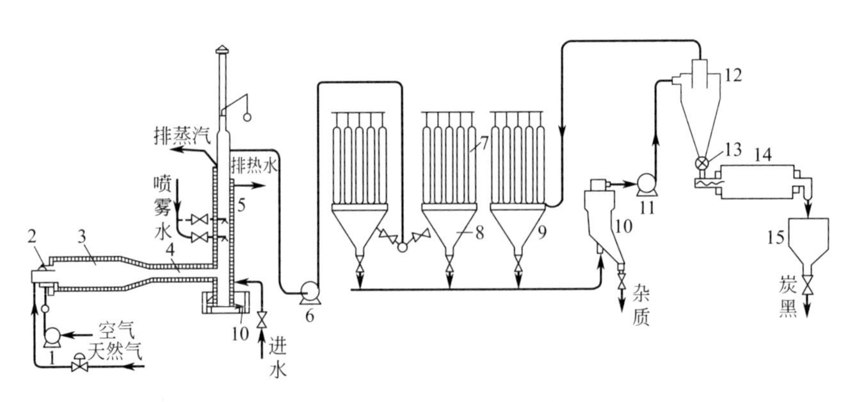

图 2-43　天然气半补强炉法炭黑生产工艺流程

1—鼓风机；2—火嘴箱；3—燃烧法；4—烟道；5—冷却塔；6—抽风机；7—滤袋；8—收集箱；9—回收过滤箱；10—杂质分离器；11—抽风机；12—旋风分离器；13—回转气密阀；14—造粒机；15—储存斗

艺流程如图 2-44 所示。经生产实践证明，用废热锅炉代替冷却塔，对炭黑产量和质量都无明显影响，不用水进行急冷，炭黑的灰分还有所降低。

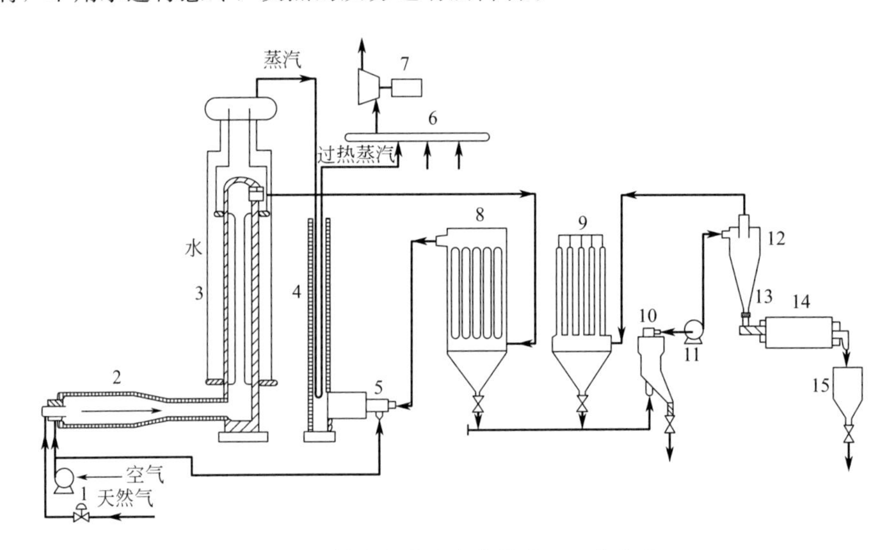

图 2-44　炉法炭黑生产余热发电工艺流程

1—鼓风机；2—炭黑反应炉；3—废热锅炉；4—过热器；5—燃烧炉；6—高压蒸汽管汇；7—汽轮发电机组；8—圆筒过滤箱；9—回收过滤箱；10—杂质分离器；11—抽风机；12—旋风分离器；13—回转气密阀；14—造粒机；15—储存斗

近年来，对气炉法炭黑生产技术进行了两项改进，即加油富化和富氧生产。加油富化是在气炉法炭黑火嘴箱的中心，插入一根带有机械雾化喷嘴的喷油管，向炉内喷入蒽油或煤焦油。加油富化提高了产量，降低了成本，取得了较好的经济效益。富氧生产是以富氧空气代替空气通入反应炉来生产炭黑。炭黑生产需要的是空气中的氧，而空气中的氮气在反应过程中被加热到系统相同的温度，吸收了热量，最后随尾气排出，浪费了热量。富氧生产降低而带来气耗，可以提高处理量；降低了炭黑尾气的总量，相当于增加了后部收集设备的能力；降低了尾气中氮含量，相对提高了一氧化碳和氢的含量，使氮氢比适于作合成氨的原料气，实现富氧生产气炉法炭黑联产合成氨。

采用空气生产半补强炭黑，每吨炭黑耗气 6315m^3，尾气量 6035m^3；采用富氧空气（氧气含量 33.5%），则每吨炭黑耗气量 4769m^3，尾气量 1717m^3，可生产合成氨 2.24t，且尾气不再排入大气，消除了尾气对环境的污染。

影响气炉法炭黑性质和收率的因素较多，如天然气成分、炉温及烟道温度、空气和天然气比例等。控制空气和天然气比例（通称风气比）是炉法炭黑生产中最重要的工艺条件。实际上，炉温也是由空气和天然气量之比来控制的。空气量越多，完全燃烧的天然气量越多，炉温越高，炭黑收率及单炉能力下降，炭黑粒子变细。当加大天然气处理量和降低炉温，会提高炭黑的 DBP 吸收值。

2.4.3.3 热裂炭黑生产工艺

与炉法及槽法不同，热裂炭黑是在隔绝空气无火焰情况下天然气高温热裂解所生产的，这类炭黑主要用于需适度补强而最大限度填充增量的橡胶制品。

热裂炭黑装置通常有两台裂解炉，交替进行蓄热和裂解。在蓄热阶段，通入天然气完全燃烧，至 1400℃时切断空气，仅通入天然气进行裂解，每个阶段运行 5min。离开裂解炉的烟气喷水冷却送收集系统分离出炭黑，尾气中 H_2 浓度在 85%左右，可用于稀释原料气或作他用。中国目前尚无热裂解炭黑装置。

2.4.3.4 新工艺炭黑生产工艺

由于天然气炭黑耗气多，随气价上涨而成本升高，导致以富含多环芳烃的原料油生产炭黑的油炉法开发成功。1969 年新工艺炭黑问世，其品种及技术迅速发展，从而成为首选工艺。

新工艺炭黑的主要特点是：收率可高达 60%（老的油炉黑工艺收率仅 30%～40%），其粒径均匀且表面“光滑”，故用于橡胶有更好的补强及加工性能，用作色素炭黑时着色强度高。

新工艺有别于老的油炉黑工艺的关键是将燃料的燃烧与原料的裂解分在两段进行，并采取了一系列措施使原料油与燃烧气混合而油料剪切分散。

表 2-55 给出了不同原料和工艺生产炭黑的收率和能耗情况。

表 2-55 不同原料和工艺生产炭黑的收率和能耗

工艺	原料	工业收率/(g/m³)	碳收率/%	能耗/(MJ/kg)
槽法	天然气	8～32	1.6～6.0	(1.2～2.3)×10³
气炉法	天然气	144～192	27～36	(2.3～3.0)×10²
热裂法	天然气	160～240	30～45	(2.0～2.8)×10²
油炉法	多环芳烃原料油	300～600kg/m³①	23～70	93～160

① 系液体原料。

2.4.4 国内外现状

2.4.4.1 国外炭黑的发展情况和展望

据统计，2004 年全球炭黑市场总需求量为 8100kt，其中，67%用于轮胎，24%用于非轮胎橡胶制品，如管、带和卷材等；9%用于非橡胶制品，如油墨、塑料和油漆等。其中亚太地区、北美和西欧是炭黑最大的消费地区，需求量分别为 1960kt、1830kt 和 1400kt。我国需求量的增长速度最快，年均增长率高达 5.3%。预计今后全球炭黑需求量将以 4%的速率增长，基本上与全球橡胶耗用量的增长速度同步。到 2010 年，世界炭黑需求量接近 9480kt。

从世界范围看，特种炭黑的需求增长最为强劲，它在整个炭黑市场上的耗用量所占比例不到 10%，但其价格却比橡胶用炭黑高很多。由于橡胶用炭黑的生产工艺和技术日趋成熟，特种炭黑将成为研究和开发活动的焦点。近年世界炭黑实际需求和需求预测见表 2-56。

表 2-56 近年世界炭黑实际需求和需求预测

应用领域	2005 年	2015 年	2025 年	年均增长率/%
轮胎/kt	5899	8735	12550	3.9
非轮胎橡胶制品/kt	2029	3100	4380	4.0
特种炭黑/kt	780	1115	1470	3.6
需求总量/kt	8708	12950	18400	3.9

炭黑是一种高耗能产品，在油价不断上涨和能源短缺的情况下，炭黑生产中的节能显得尤为重要。同时，国际上对环保、安全和卫生的要求日益严格，对炭黑的生产也提出了更高的要求。基于上述背景，炭黑产品正在向节能环保、多功能和专用化方向发展，生产工艺也在向高技术化、节能环保方向发展。其新进展主要表现在以下几个方面。

(1) 油炉法炭黑生产技术

目前，世界油炉法炭黑工厂的规模平均约为 70kt，最大的 190kt。每套装置的年生产能力为 20～60kt，几大生产厂商的反应炉型各有其特点，但都属于“新工艺炭黑反应炉”的范畴，装置的工艺流程和设备已经趋同。

近几年油炉法的主要技术进展有：①改进反应炉的结构、工艺，提高反应温度，以增加品种、提高产品质量和收率；②采用富氧空气，在原料油或者反应过程中添加结构调节剂、活化剂或其他成分，以显著改变产品性能和提高收率；③扩大单台反应炉的生产能力，采用高温空气预热器、在线锅炉和尾气锅炉，以充分利用烟气的物理和化学热，达到节能降耗的目的；④采用高效袋滤器和新型滤袋、炭黑尾气燃烧废气脱硫装置，使排放气体的粉尘含量和硫含量符合环保要求；⑤改进包装设备和包装方式，消除在运输和使用时可能产生的污染。

(2) 等离子体法炭黑生产技术[71,72]

以等离子体法生产炭黑的技术，正在挪威和法国积极研究开发，有可能取得突破，并实现产业化。等离子体法是利用等离子电弧产生的高温，以裂解油或其他含碳的原料生产炭黑，其优点是：①没有燃烧过程，原料炭的收率高；②产生的氢气可作为化工原料或清洁汽车燃料；③生产过程中，不产生和排放 CO、CO_2、SO_2、NO_x 等有害废气，有利于环境保护；④等离子体的温度高，原料多样，有利于产品炭黑品种的多样化。

(3) 炭黑的改性处理

采用物理或者化学方法，对炭黑进行改性处理，在此基础上开发炭黑新产品。

国外炭黑新产品开发的特点是高功能化和专用化，具体可分为如下几类。

① 低滚动阻力和高性能轮胎用炭黑　低滚动阻力轮胎或称“绿色轮胎”，“绿色轮胎”要求轮胎兼有耐磨性、行驶安全性（主要是抗湿滑性）和低滚动阻力，是轮胎发展的主要方向。它是在发展子午线轮胎的基础上，进一步降低汽车油耗，减少汽车废气排放量，从而达到进一步节能环保的目的。

② 高纯净度炭黑　炭黑产品中常有一些硬粒，硬粒含量高时，会影响高压电缆护套、橡胶油封等制品的使用寿命，影响橡胶、塑料制品的外观和气密性，影响涂料层的表面光洁度，影响化纤原液着色和塑料加工时的工艺性能。为此国外已开发了纯净度高、硬粒含量少的高纯净度炭黑新品种系列。

③ 工业橡胶制品专用炭黑　车漆用橡胶制品如门窗封条、雨刷、空调管、油封、传动带、密封圈等，对胶料的要求是具有不同的硬度、压出和阻尼性能，为此国外开发生产了以硬度、压出和阻尼性能进行分类命名、便于用户选择的品种系列，如轮胎的气密层，主要要求气密性，为此也有专用的炭黑品种。

④ 色素炭黑新品种　色素炭黑新品种是以其黑度、色相、流动性等为性能特征。国外

开发的这些新品种除了具备不同的黑度和色相以外，还具有不同的功能，分别适用于特别光滑的塑料薄膜、电缆的绝缘护套、接触食品的塑料制品以及电子器件制品的着色等用途。

⑤ 导电炭黑新品种　导电炭黑品种，原料是以其导电性能的高低来命名的，品种只有几个。近几年又增加了一些具有特殊功能、专用性较强的品种。例如：导电性和分散性好，表面光滑、容易剥离，适用于高压电缆屏蔽料的新品种；导电性适中、分散性好，加工性好，适用于抗静电塑料薄膜或制品的新品种。

2.4.4.2　我国炭黑的生产状况和前景

(1) 我国炭黑的生产状况[73]

在汽车和轮胎制造业的带动下，中国炭黑工业近十几年来取得了长足发展，主要表现在：一是产能和水平不断提高，二是产品结构调整成效显著。我国炭黑产量已由1995年的5.1万吨扩大到2005年的161万吨。近五年来新增炭黑产能更是高达223万吨，平均每年增长近45万吨。据统计，2005～2009年新增炭黑产能分别为31.6万吨、51.0万吨、43.5万吨、40.0万吨和56.5万吨。由此推算，全行业近5年的新增产能占2009年炭黑总产量的51%。

近年来我国炭黑新增生产能力发展很快，据中国橡胶工业协会炭黑分会的统计，2009年全国炭黑产能规模在1.5万吨以上的炭黑企业有60余家，总产能约为435万吨。产能介于5万～10万吨的中型企业有20家。产能在10万吨以上的大型企业有10家。2009年10家大型炭黑企业的产能合计为207万吨，约占国内总产能的47%；30家大中型企业的炭黑产能合计为340万吨，占国内炭黑总产能的78%。中国轮胎工业的飞速发展吸引了美国卡博特、德国德固赛等跨国炭黑公司纷纷到中国投资。除了外资企业的加入以外，我国内资企业也普遍进行了以推广千吨级新工艺炭黑生产技术为主要内容的技术改造，企业的生产技术水平和装备水平有较大的提高。预计今后几年，我国炭黑产量还会以年均8%的速度增长，产品也可逐渐满足子午线轮胎、其他汽车用橡胶制品以及塑料、涂料、油墨等领域高档产品的使用要求，节能效率也将进一步提高[74]。

虽然我国炭黑产量增长很快，但是由于我国炭黑企业比较分散，规模普遍比较小，年产10万吨以上的炭黑企业产能之和仅占全国总产能的47%，如太原市宏星炭黑有限公司、河北龙星化工集团、江西黑猫炭黑股份有限公司、浙江省绍兴仁飞炭黑有限公司等；年产1万～5万吨的炭黑企业却有60余家之多，产业结构很不合理。因此，我国必须依靠科技进步和创新、调整产业结构，提高管理能力，不断提升我国炭黑产业水平。

(2) 我国炭黑生产存在的问题

2006年，我国炭黑产量超越美国，成为全球最大的炭黑生产国，但由于炭黑企业比较分散，规模普遍比较小，因此我国还不能算炭黑强国。我国炭黑行业存在的问题主要有以下几点。

① 产业结构不合理　近几年来炭黑基本建设呈现遍地开花的局面，多数新建企业年产能力只有2万吨，抗风险能力较弱，只能以低价倾销（只有正常价格的1/2甚至更低），严重影响了炭黑行业的经济效益。

② 原料油资源紧缺是制约全行业发展的瓶颈　目前炭黑制造业普遍使用乙烯焦油、煤焦油和天然气作为原料，这些资源都是不可再生资源。2005年7月份以后，煤焦油市场一度出现了有价无市的局面。能源紧张以及对原料需求的日益增多，使炭黑原料油供应不足。而且大产能新工艺炭黑生产线的开发以及湿法造粒炭黑的发展，对乙烯焦油的需求量大幅度增加。

③ 炭黑总产能过剩　2003～2005年，我国炭黑的总产量和表观需求量基本持平，近5年全行业综合设备利用率仅为60%，造成企业资金稀缺，发展没有后劲。

④ 生产技术仍有差距 国内企业湿法造粒单台炉年产能力多数为1.5万～5万吨/年，而国外大多为2.0万～2.5万吨/年。国外橡胶用炭黑品种已发展到40多种，并实现了炭黑品种的高功能化和专用化，而国内炭黑品种只有20种左右，“绿色轮胎”所必需的炭黑品种还处于研发阶段。

⑤ 环境污染日益严重 在炭黑生产中，碳含量为90%的原料油在800℃预热时，只有大约2/3的碳可以转化为炭黑，其余1/3的碳作为二氧化碳往往被排到大气中，加剧了温室效应。炭黑生产尾气中一氧化碳和氢气虽然可用来干燥炭黑或用于发电，但其发电效率也只有30%左右；生产过程中排放的氮气温度也在220℃左右，同样会使全球变暖。因此，如何提高生产效率和加强生产的环保性，将是炭黑行业面临的两大挑战。

(3) 我国炭黑生产发展前景

我国炭黑行业近年来虽然发展速度较快，但与跨国炭黑公司相比，在适应市场经济发展上仍有较大差距。其整体产能较高，技术水平相对落后，生产规模较小，企业核心竞争力不强。今后在发展中应该考虑以下几点。

① 加大开发新品种力度。全行业要尽快缩小与发达国家的差距，加强科研投入，建立较大规模的研发中心。同时，以产学研相结合的方式进行炭黑生产理论、应用、新产品开发、现金设备等多方面的研究，除继续发展橡胶用炭黑常规品种外，还要研发生产绿色轮胎所需要的低滞后炭黑和转化炭黑等新品种以及非橡胶领域所需的特种炭黑，以满足不断变化的市场需求。

② 充分利用油、气资源，解决好优质炭黑原料油短缺问题。大力发展煤焦油加工产业，如大型炭黑企业可自己建立焦油加工装置；充分利用天然气、煤层气和焦炉煤气资源，将其用于反应炉燃料，替代部分原料油；进一步研发合理配用粗煤焦油技术；积极开发应用国产催化裂化澄清油。每吨炭黑的原料油消耗平均值应降低到1.8t以下，大型企业应降低到1.7t以下。

③ 实施清洁生产和安全生产。环保性、安全性是当今炭黑产业面临的一大挑战。炭黑企业必须努力开发并推广应用节能环保新技术，充分利用炭黑生产过程中的余热和可燃尾气；推广应用炭黑污水处理和回收利用技术，实现污水的零排放；积极开发等离子体法炭黑生产技术以及炭黑尾气脱硫、脱氮技术；所有炭黑企业“三废”排放和厂界噪声，均应达到所在地区的环保标准；尾气必须用来烧锅炉或在焚烧后方可排放；主要炭黑生产企业均应通过ISO 14000环保体系认证。

④ 提高生产效率。如采用高碳含量的燃料、提高火焰的温度、使用富氧空气、采用低氢含量的原油、提高原料油预热温度、提高反应空气的预热温度、采用等离子法（目前还处于试验阶段）等不含燃烧过程的炭黑制造方法。

2.5 天然气制甲烷氯化物

2.5.1 概述

甲烷氯化物是包括一氯甲烷（氯甲烷）、二氯甲烷、三氯甲烷（也称氯仿）、四氯化碳四种产品的总称，简称CMS。是有机产品中仅次于氯乙烯的大宗氯系产品，为重要的化工原料和有机溶剂[75]。

甲烷氯化物系列产品中，一氯甲烷作为甲基氯硅烷的原料，85%以上用于有机硅生产（基本上是自产自用），作为商品销售的量很少；四氯化碳装置在发达国家按《关于消耗臭氧层物质的蒙特利尔议定书》（以下简称“蒙约”）要求已被关闭（其二氯甲烷、三氯甲烷装置副产的四氯化碳除极少部分销往第三世界国家外，其余的均作为生产原料转化为其他产品予以消化）；三氯甲烷大部分用作生产 HCFC-22 和聚四氟乙烯的原料，作为 HCFC-22 的原料逐年在增长；二氯甲烷主要用于脱漆剂、黏合剂溶剂、农药、气溶胶等的生产[76]。

1847 年弗雷泽用丙酮漂粉法首先小批量生产了麻醉用氯仿。1893 年缪勒和杜波依斯提出用二硫化碳液相氯化法生产四氯化碳。1923 年德国赫斯特公司采用甲烷直接氯化法生产二氯甲烷。直到 1937 年，美国陶氏化学公司的装置投产后，甲烷氯化工艺才被广泛采用，成为生产氯甲烷的主要路线。

2.5.2 甲烷氯化生产工艺

2.5.2.1 甲烷热氯化生产氯甲烷的工艺[77]

虽然氯与甲烷的用量比高时，可得到较多的三氯甲烷和四氯化碳，但因甲烷氯化是强放热反应，生成的多氯衍生物众多，放出的热量越大，反应越剧烈，难于控制。如温度升至 500℃，就会发生如下的爆炸性分解反应（也称燃烧反应）：

$$CH_4+2Cl_2 = C+4HCl \qquad \Delta H_{298}^{\ominus}=292.9\text{kJ/mol} \qquad (2\text{-}24)$$

工业上甲烷的热氯化总是采用大量过量的甲烷 [$n(CH_4):n(Cl)=3:1\sim4:1$ 或更高]，氯化产物以一氯甲烷和二氯甲烷为主。如要获得更多的多氯甲烷，往往是将已部分氯化的产物再进行氯化。氯化产物的再氯化通常采用液相光氯化法。

即使采用大量过量甲烷，要使氯化反应能顺利进行，氯与甲烷也必须进行充分混合，以避免局部含量过高，同时温度分布需保持均匀，不应有局部过热现象发生。甲烷热氯化反应温度较高（400℃左右），反应过程中不仅有大量热量放出，且有大量强腐蚀性氯化氢气体产生。反应器材质必须能耐酸，工业上采用绝热式反应器，反应释放的热量由大量过量的甲烷带出。

甲烷热氯化生产甲烷氯衍生物的工艺流程如图 2-45 所示。

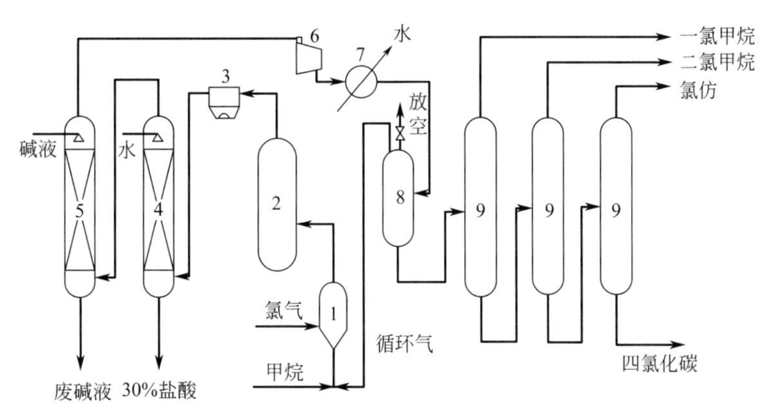

图 2-45　甲烷热氯化制甲烷氯衍生物工艺流程

1—混合器；2—反应器；3—空冷器；4—水洗塔；5—碱洗塔；6—压缩机；7—冷凝冷却器；8—分离器；9—蒸馏塔

甲烷、氯气和循环气以一定比例在混合器中混合后，进入绝热式反应器，在 380～450℃下进行反应，反应产物经空冷器冷却和水洗（除去 HCl）及碱洗（中和酸性气体）后，进行压缩，再冷凝冷却，使四种甲烷氯衍生物都冷凝下来，不凝气体 70%左右为甲烷，其余为氮和少量氯甲烷。不凝气体中少部分放空，其余循环。冷凝液经精馏分别得到一氯甲烷、二氯甲烷、三氯甲烷和四氯化碳。用上述方法生产甲烷氯衍生物，副产物 HCl 没有充分利用，因此氯的利用率只有 50%。

为了合理利用副产物 HCl，工业上采用了甲醇与 HCl 反应生产一氯甲烷，以及一氯甲烷再光氯化制取四种甲烷氯衍生物的工艺。反应为：

$$CH_3OH + HCl = CH_3Cl + H_2O \quad (2\text{-}25)$$

该反应可在气相中进行，也可在液相中进行。气相反应所用催化剂为 Al_2O_3、$ZnCl_2$/浮石、Cu_2Cl_2/活性炭等，反应温度 340～350℃，压力 0.3～0.6MPa。液相反应是在氯化锌水溶液中进行，反应温度 100～150℃。

甲烷热氯化法对原料天然气有较严格的要求，硫应为痕量，C_2^+ 含量应低于 0.01%，氧含量亦应低于 0.01%。

调节原料氯比可在一定范围内控制产物比例，典型组成为氯甲烷 35%、二氯甲烷 45%、氯仿 20%及少量四氯化碳；甲烷的总有效转化率为 85%，氯为 97%。

日本旭硝子热氯化工艺以每吨甲烷氯化物计的消耗指标示于表 2-57。

表 2-57 甲烷热氯化工艺消耗指标

氯气	天然气	蒸汽/(t/t)	电/(kW·h/t)	工业水/(m^3/t)	纯水/(t/t)	氮气/(m^3/t)
理论值的 1.06～1.07 倍	理论值的 1.3～1.4 倍	2.5	450	6	2	30

2.5.2.2 甲烷氧化氯化工艺[70]

甲烷氧化氯化工艺又称 Transcat 工艺，使用 $CuCl_2$-CuCl 混合物熔盐为催化剂，它们实际上起着氯载体及氧载体的作用，熔盐还是良好的热载体。甲烷氧化氯化一般采用移动床催化氧化氯化工艺，见图 2-46 所示，20 世纪 70 年代初，由美国 Lummus 公司首先工业化应用成果。

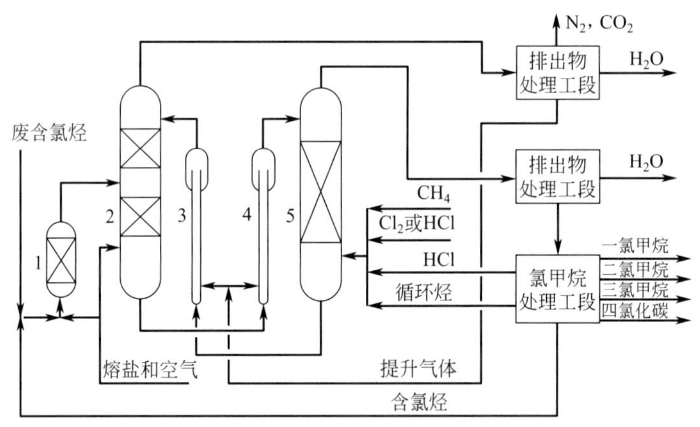

图 2-46 甲烷氧化氯化法制甲烷氯化物生产流程

1—裂解反应器；2—氧化反应器；3,4—气体提升管；5—氧化氯化反应器

在氧化氯化工艺中，首先将废氯烃用裂解反应煅烧裂解成 HCl、Cl_2、CO_2 和 H_2O，裂解温度控制在 1316℃以下，裂解气从中部进入氧化反应器，催化剂由氧化反应器上部进入，空气由下部进去，在反应器内发生氧化反应，使氧载入由氯化亚铜、氯化铜和氯化钾（起降低熔点作用）组成的熔盐溶液中。

氧化反应器出来的气体经处理后，含有 N_2、CO_2、H_2O 和 O_2，一部分排入大气，另一部分返回系统作为提升气，将氧化反应器底部出来的含氧熔盐提升到氧化氯化反应器中以及将氧化氯化反应器出来的用过的熔盐提升到氧化反应器中去载氧。

与氧化反应器一样，载氧的熔盐从反应器上部进入氧化氯化反应器，经填料床层与下部

进来的 CH_4、Cl_2 等混合气逆流接触，发生甲烷的氧化氯化反应，生成甲烷氯化物混合气。生成气由塔顶导出，至流出物处理工段除去 CO_2 和 H_2O，然后再到氯甲烷分离工段分离出不同甲烷氯化物产品。

氧氯化反应温度为 370～450℃，压力不超过 0.7MPa；反应器内衬瓷质材料，反应对氯的总收率超过 99%，对于甲烷则取决于产品分布在 75%～90%间。当四种产品的比例依次为 1.0∶1.5∶2.0∶0.5 时的消耗指标列于表 2-58。

表 2-58 甲烷氧氯化法消耗指标①

天然气/(t/t)	氯化氢/(t/t)	蒸汽/(t/t)	电/(kW·h/t)	冷却水/(m^3/t)	燃料/(MJ/t)
0.204	0.807	2.10	178	248	215

① 产品比例：CH_3Cl∶CH_2Cl_2∶$CHCl_3$∶CCl_4＝1.0∶1.5∶2.0∶0.5。

氧化氯化法不仅可用天然气作原料，还可用乙烷、乙烯等作原料生成烷烃氯化物。由于氧分子不直接与原料气接触、操作较安全，而且氧化氯化反应区压力不超过 0.7MPa，温度 371～545℃，设备要求相应较低。

2.5.2.3 四氯化碳生产工艺[70]

无论用综合氯化法还是氧化氯化法生产甲烷氯化物，其最终产品都可得到四氯化碳。如果所需产品仅为四氯化碳，可采用单一四氯化碳生产工艺（见图 2-47）。

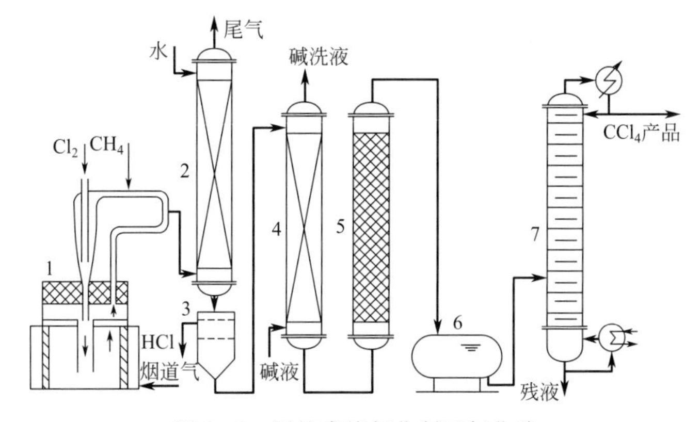

图 2-47 甲烷直接氯化制四氯化碳

1—热氯化反应器；2—吸收塔；3—分离器；4—碱洗塔；5—干燥塔；6—中间罐；7—精馏塔

将甲烷预热到 3800℃，与氯气按 3.8∶1 的比例混合后经喷嘴进入反应器，同时带入部分氯化产物；反应器顶部排出的产物气，大部分返回反应器，少部分进入吸收塔与水逆流接触，氯化甲烷被冷却下来，HCl 被吸收生成盐酸，两者一起进入分离器，上层为水相，排出为盐酸，下层则为粗四氯化碳。粗四氯化碳经碱洗、干燥、精馏处理后，即得四氯化碳产品。

2.5.2.4 甲烷综合氯化生产工艺

以甲烷热氯化法制取甲烷的低氯化物，再以光氯法使低氯化物进一步氯化成甲烷高氯化物的方法称为综合氯化法，该技术由美国 Dow 化学公司开发，其目的产物包括甲烷的四种氯化物。

在生产上，为了安全和简化生产条件，在较低温度下对甲烷先进行热氯化，得到氯化物中，低氯化度甲烷比例较大，然后再用石英水银灯产生 340nm 波长的紫外光对低氯化产物进行光化氯化，提高高氯化物甲烷的比例。工艺流程如图 2-48 所示。

原料天然气（甲烷）与循环气混合后，与氯气按混合气∶氯气为（3～4）∶1 的比例混

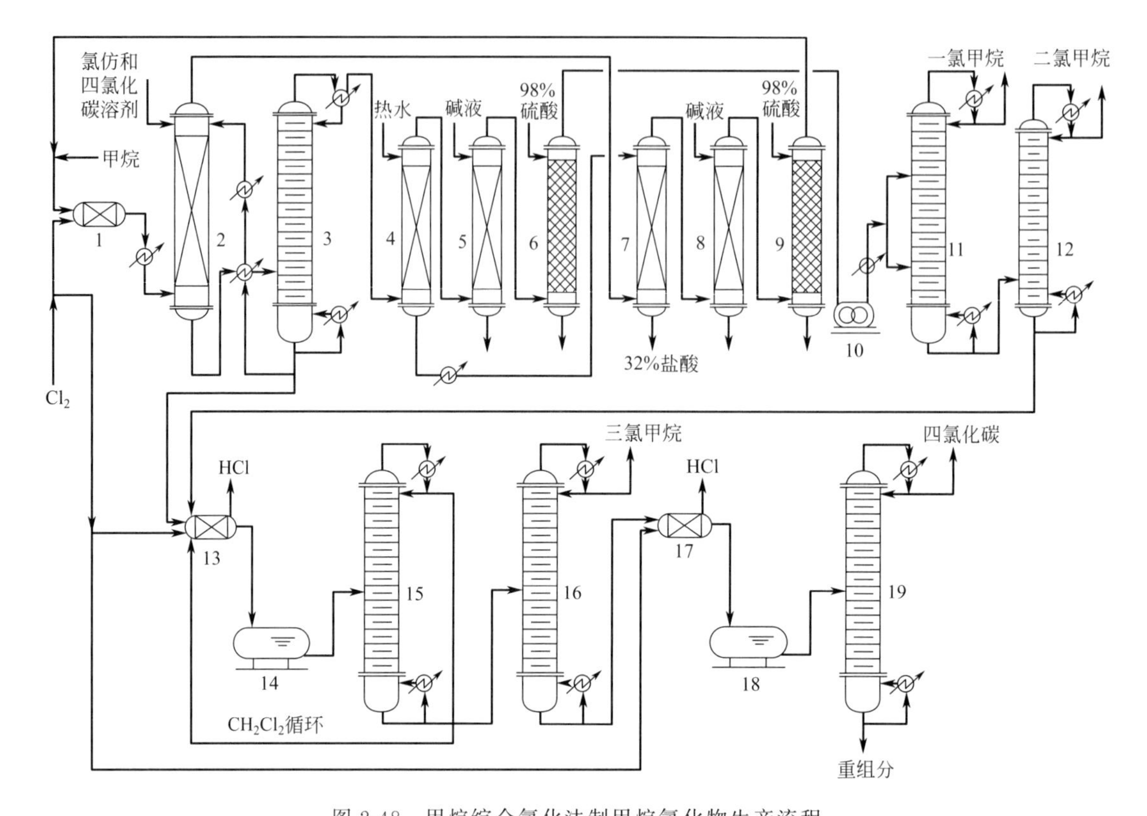

图 2-48 甲烷综合氯化法制甲烷氯化物生产流程

1—一级反应器；2—主吸收塔；3—汽提塔；4,7—洗氯塔；5,8—中和塔；6,9—干燥塔；10—压缩机；11—氯甲烷塔；12—二氯甲烷塔；13—二级反应器 A；14,18—储罐；15—中间产物塔；16—三氯甲烷塔；17—二级反应器 B；19—四氯化碳塔

合送入一级反应器，反应器内装石墨板填料，温度保持在 400℃左右进行氯化反应。反应后的气体中除甲烷氯化物外，还有未反应的甲烷和产生的氯化氢气体，氯气通常被消耗完。

反应气体经换热器冷却后，在主吸收塔内用－30～－20℃的三氯甲烷和四氯化碳混合液洗后，分离出氯化物；剩余气体送入洗氯塔用热水脱出 HCl，然后经中和塔中和、干燥塔干燥后返回与原料气混合再用。

主吸收塔底出来的吸收液进汽提塔解吸出大部分一氯甲烷和二氯甲烷，解吸气用热水洗涤除去夹带的 HCl 后，经中和、干燥，送至蒸馏塔依次蒸馏出 CH_3Cl 和 CH_2Cl 作为产品。

汽提塔和第二蒸馏塔的残余物进入二级反应器 A 中进行液相光氯化反应，紫外光 340nm，常温下反应。反应产物溢流进入储罐后，送中间产物塔将二氯甲烷分解出来返回光氯化反应器（二级反应器 A）回用，余液送入氯仿精馏塔蒸出三氯甲烷产品；残液再经二级反应器 B 光化氯化成四氯化碳，送四氯化碳精馏塔提纯后得四氯化碳。

产品规格：

CH_3Cl 纯度	99％
CH_2Cl_2 纯度	90％
$CHCl_3$ 纯度	99.5％
CCl_4 纯度	99.5％

定额消耗（以生产每吨甲烷氯化物计）：

天然气（甲烷＞90％）	2220m^3
氯气	6960kg

2.6 天然气提氦气

2.6.1 概述

氦（He）是一种稀有的惰性气体，无色无味，化学性质极为稳定，在通常情况下，不与任何元素相化合，具有化学惰性。氦在大气中的含量甚微，是十分宝贵的稀有气体。

氦的相对原子质量是 4.003，是仅比氢重的气体，在空气中氦气的浮力为氢气的 92.67%。氦气的沸点为－268℃，是最难液化的气体。氦气有很强的扩散性和极大的流动性，氦气还是热的良导体，对放射性有较强的抵抗能力。氦气的这些特殊性质，使它在工业和科学研究中有着广泛的用途，特别是在原子反应堆、火箭、导弹等军事工业方面更有着极其重要的用途。

由于氢气可燃且在空气中爆炸范围极宽，从安全角度考虑，充气飞艇和升空气球几乎都使用氦气。氦的化学惰性使氦气成为金属焊接最好的保护气体，氦气还用于半导体晶体生成、冶金等的保护气。用氦气和氧气组成的人工呼吸气可用于医疗和潜水，以减轻呼吸道病患者的痛苦和避免深海潜水时发生潜水病。氦气还可用于压力和真空容器的检漏。因为氦气有极大的流动性，为了利用它的这一特性，制造出了专门的氦质谱检漏仪，可以方便准确地发现器壁上极其微小的孔隙。在气体冷却型原子反应堆中，氦气作为冷却介质有不腐蚀管道、优良的热传导性和不会变成放射性气体等优点。在导弹的制作和应用方面，氦气用作清洗剂和火箭燃料压送剂[78]。

在低温工程方面，运用液体氦和固体氦可以获得极低的低温，可用于超导技术、卫星通信、低温泵、低温物理实验研究等。

氦气的用途十分广泛，但它在自然界中的富集度却不高。对于工业提氦来说，氦的来源只有两个途径：一是通过空气分离的副产物获得；二是从含氦天然气中提取。由于空气中氦的含量甚微，一般空分产氦极少。而含氦天然气中氦的体积分数约为 0.2%，大大高于空气中的含量，具有很高的提取价值。提取方法一般用深冷分离法及膜分离法。

深冷分离法比较成熟，它利用氦气液化温度极低的特点，在低温下将天然气中其他组分逐级冷凝液化并分离，以便氦气在气相中浓缩，第一步得到氦气含量为 65%～70% 的粗氦（中间产品），粗氦在高压下通过低温冷凝，将氦气含量提高到 98%左右，再通过低温吸附除去微量的氮、氢、氖、甲烷等即得到纯氦产品。整个过程在低温下操作，故在进入分离装置以前，原料气应先进行净化处理，以防止 H_2O、CO_2 等在分离过程中冻结。

膜分离法是利用有机薄膜对不同气体渗透能力的差异而使氦气得以分离的方法。

当用含氦天然气生产氦时，弛放气中氦含量被浓缩至原天然气氦含量的 10 倍左右，有利于进一步提取氦，增加过程的经济性。

我国目前发现的含氦天然气不多，氦含量也不高。四川威远气田是我国目前发现的唯一氦含量较高的气田，氦含量为 0.2%。我国于 20 世纪 60 年代初开始从事天然气提氦的科研工作，成功地从氦含量为 0.04%的天然气中提取并生产出合格的 A 级（纯度为 99.99%）氦产品，并在四川建成了天然气提氦工厂。

2.6.2 深冷分离法提氦工艺

深冷分离法是从天然气中提氦的主要方法，目前世界上建立的大型天然气提氦工厂都采用这种方法。深冷分离法提氦一般包括天然气净化、粗氦提浓和粗氦精制三个工序[79～81]。

2.6.2.1 天然气净化

净化是天然气提氦的首要工序，其目的是除去天然气中的 H_2S、CO_2、水分以及 C_2^+ 等杂质，以防止它们在深冷分离过程中以固体形式析出而堵塞阀门、管道或设备。

净化指标及方法与天然气液化过程相似。对于 C_2 以上重质烃类的脱除，由于天然气提氦的最低温度比天然气液化过程更低，因而要求更高。重质烃类多用冷冻法脱除，根据相平衡数据在流程的适当位置设置分离器即可分离出相应的重质烃类。

2.6.2.2 粗氦提浓

净化后的天然气需经过两次冷凝才能得到氦含量为 60%～70%的粗氦产品，这个过程叫粗氦提浓，工艺流程见图 2-49。

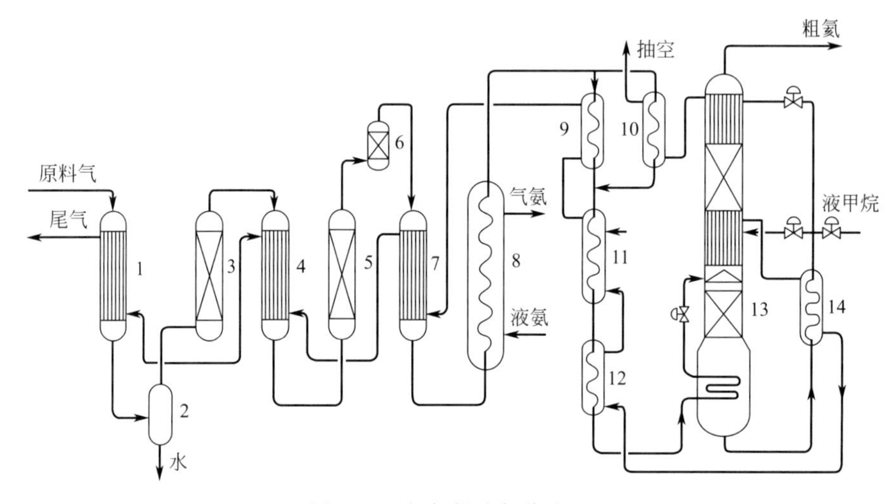

图 2-49 氦气提浓部分流程

1,4,7,9～12—换热器；2—分离器；3—硅胶干燥器；5—分子筛吸附器；6—过滤器；8—氨预冷器；13—提浓塔；14—液甲烷过冷器

一次冷凝通常是用 49kPa 压力下沸腾的液态甲烷作冷源，冷凝压力根据天然气组分的气液相平衡数据加以选取。一般经一次冷凝后粗氦中的氦含量可达 5%～10%，其余成分为甲烷、氮、氢。

一次冷凝设备实际上是一个冷凝蒸发塔。在蒸发塔部分，将溶解在液态烷烃中的氦蒸发以减少釜液中的氦含量（氦溶损），对氦含量低的天然气，蒸发釜内液态烷烃中氦含量应控制在一定水平以下，以保证氦的提取率。

二次冷凝也是在一个冷凝蒸发塔内进行的，塔顶冷凝器一般选用常压下沸腾的液氮作冷源，有时也采用负压下蒸发的液态甲烷作冷源，其操作压力一般取决于一次冷凝蒸发塔的操作压力。经二次冷凝后，粗氦中的氦含量可提高到 60%～70%，其余成分为氮和少量的甲烷和氢。为了减小氦损失，二次冷凝也应注意减少蒸发釜内液态烷烃中的氦含量。

2.6.2.3 粗氦精制

粗氦精制是指氦的纯化过程，流程如图 2-50 所示。由液氮温度下的高压冷凝和高压吸附过程组成。从氦提浓塔出来的粗氦中氢的体积分数为 $2\times10^{-3}\sim5\times10^{-3}$，在精制前配入定量氧气，用 Pd/Al_2O_3 催化剂将其除去，使氢的体积分数小于 2×10^{-6}后，封入油封罐。

脱氢后的粗氦加压至 15～18.7MPa 进行精制，先冷凝除去其中的大部分的氮和残余的全部甲烷，使氦的体积分数提高到 98%以上。最后用活性炭吸附器除去残留氮，得到纯度

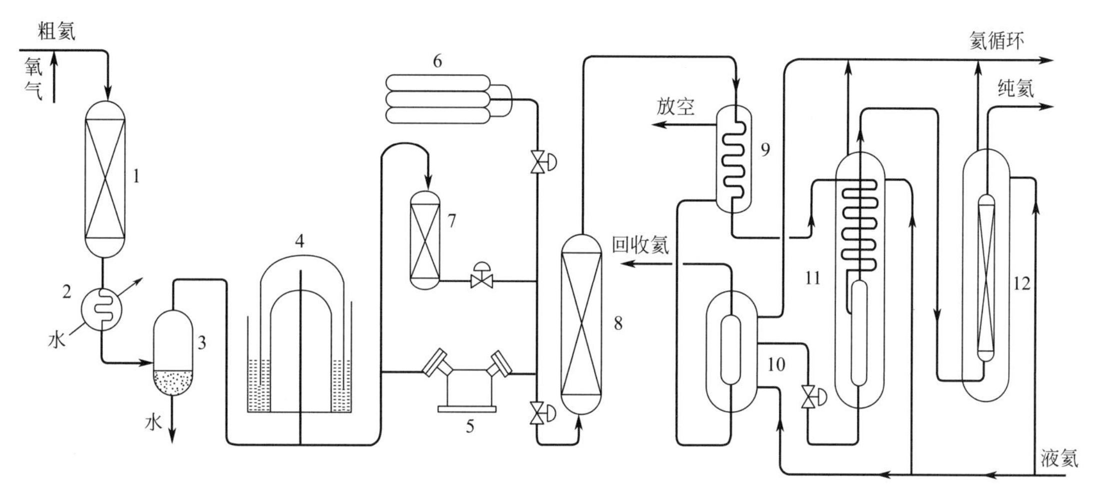

图 2-50　粗氦精制部分流程

1—催化脱氢反应器；2—水冷器；3—水分离器；4—油封罐；5—氦压缩机；6—粗氦干式储罐；7—氧化铜脱氢反应器；8—粗氦干燥器；9—预冷器；10—氦回收器；11—冷凝器；12—活性炭吸附器

为 99.99%以上的氦产品。冷凝液中夹带约 2%～3%的氦，用节流方式回收。

2.6.3 膜分离法天然气提氦

深冷分离法是从天然气提氦的主要方法，产品纯度和收率都很高，但操作弹性低，设备投资和操作费用都很大。

膜法气体分离的基本原理是根据混合气体中各组分对各种膜的渗透性差别而使混合气体分离的方法。这种分离过程不需要发生相态的变化，不需要高温或深冷，并且设备简单、占地面积小、操作方便[82]。

从天然气中分离氦，由于原料气中氦的体积分数很低，一级分离只能起到相对富集的作用，必须采用多级分离才能得到纯度较高的氦。图 2-51 是一种典型天然气膜分离制氦的流程。流程采用了三级分离方式，可得到产品氦的纯度为体积分数 97.1%。

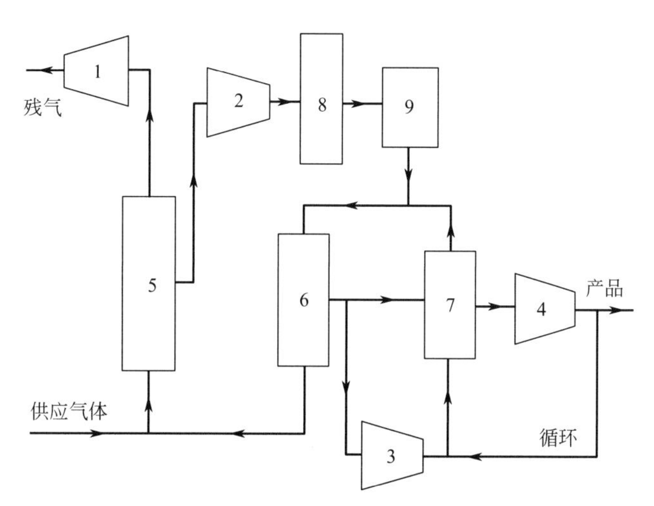

图 2-51　三级分离天然气制氦工艺示意

1～4—压缩机；5～7—膜渗透器；8—气体洗涤器；9—干燥器

各国对天然气膜分离法制氦的研究很多，不断有新成果问世[80,83]。美国 Union Carbide

公司采用聚醋酸纤维平板膜分离器从天然气中提氦，经二级膜分离，氦浓度达82%左右。四川化工研究院研制的聚碳酸酯中空纤维膜已用于威远天然气化工厂的粗氦精制。由于单机膜分离法所得氦的浓度不高，级数太多又失去了膜分离法经济的优点。因此，将深冷分离方法和膜分离法结合起来的研究越来越多。

2.6.4 变压吸附法天然气提氦[84]

据报道，美国有14家商用氦生产商，其中有13家从天然气提氦，投入运行的20套装置中有9套采用了变压吸附（PSA）技术制取纯氦，但详情未见报道。

美国氦技术（Nitroech）公司所申请的专利表明，采用两段PSA装置可将含氦小于10%的气源浓缩至98%以上。其实例为：两段PSA均使用4个活性炭吸附床依次经历吸附、循环、降压、排空及加压等工序，一段吸附器每个装活性炭11m^3，二段每个装1m^3；进料气含氯4%，CH_4 26%，N_2 70%，压力345kPa；一段PSA可将氦浓度升至90%，再进入二段；二段PSA所得产品氦浓度达到99.999%，二段排放气返回一段作为进料，氦的总收率可达95%。

从以上介绍可见，无论是膜分离或变压吸附，用于粗氦精制的效果均更好一些，而且就目前的技术条件而言，深冷与PSA或膜分离的组合流程是现实的先进流程。

参 考 文 献

[1] Donald H. Lauriente. CEH Marketing Research Report. Ammonia，March，1998.

[2] 黄鸿宁等．化工百科全书．合成氨．第六卷．北京：化学工业出版社，1994.

[3] 石化部化工设计院主编，河北工学院编写．氮肥工艺设计手册．理化数据分册．北京：石油化学工业出版社，1977.

[4] 李寿生，牛波．关于中国化肥工业当前发展的几个问题．现代化工，1998，(5).

[5] 陈丽．中国合成氨市场．化肥设计，1997：35（5），5-9.

[6] 于遵宏等主编．大型合成氨厂工艺过程分析．北京：中国石化出版让，1993.

[7] 姜圣阶等主著．合成氨工艺学（第一卷）．北京：石油化学工业出版社，1978.

[8] 余祖熙等编著，化肥催化剂使用技术．北京：化学工业出版社，1988.

[9] 江启滢等．固定床两段法甲烷部分氧化制合成气工艺条件及稳定性研究．石油与天然气化工，1988，30（6）：269-272.

[10] 傅利勇等．CH_4、CO_2与O_2催化氧化制合成气．石油与天然气化工，1999，28（2）：89-94.

[11] 陈赓良．天然气综合利用，北京：石油化工出版社，2004.

[12] 陈泽焜．活化钾碱液脱碳工艺的进展．大氮肥，1984，(1)：1-9.

[13] 曲平等．合成氨装置脱碳工艺发展与评述．大氮肥，1997，(2)：97-102.

[14] 张学模，储政，古俊智．脱CO_2技术进展及评价．2001，22（2）：14-24.

[15] 张成芳编．合成氨工艺与节能．上海：华东化工学院出版社，1988.

[16] 徐文渊，蒋长安．天然气利用手册，北京：中国石化出版社，2002.

[17] 黄海燕，沈志虹．天然气转化制合成气的研究．石油与天然气化工，2000，29（6）：276-279.

[18] Kwllogg M W. U S Patent 4568530. 1986.

[19] 徐忠主编．离心式压缩机原理（修订本）．北京：机械工业出版社，1990.

[20] 姜圣阶等编．合成氨工学（第三卷）．北京：石油化学工业出版社，1978.

[21] 沈浚主编．合成氨．北京：化学工业出版社，2001.

[22] 肖建新．国内外甲醇产业及市场分析．煤化工，2015，43（3）：63-68.

[23] 曾阳．变压吸附法回收弛放气中氢、氮气．化肥工业，1981，(2)：53-57.

[24] 蒋子龙，姜博洋，王金鹏，孙宝文．国内外甲醇市场分析及展望，化学工业，2017，35（6）：29-34.

[25] 陈赓良．天然气联合转化制合成气的述评．石油化工，1998，27（8）：609-614.

[26] 朱琼芳．我国甲醇及其下游产品市场分析与展望．煤化工，2019，47（6）：52-56.

[27] SRI Int. PEP Review 89-1-3. Ammonia from Natural Gas by ICI "LCA" Process，March 1990.

[28] Hooper C W，Pinto A. Development and Operation of ICI-AWV Ammarnia Process. FIA Review. vol.，1988.

［29］ Nielsen A. An investigation on prometed iron catalysts for synthesis of ammonia. 3ed. Jul. Gjellerups forlag，Conpenhagen，1968.

［30］ 刘盛宾，苏建智主编．化工基础．北京：化学工业出版社，2005.

［31］ 王瑾．节能型合成氨工艺与技术．贵州化工，2008，33（1）：5-7.

［32］ Livingstone J G et al. New Ammonia Process Reduces Costs. Chem. Eng. Progr.，1983，79（5）：62-66.

［33］ James G R. Energy Efficiency in Ammonia Plants. Chem. Eng. Processing，1984，80（6）：33-38.

［34］ 赵建军．甲醇生产工艺．北京：化学工业出版社，2008.

［35］ 钱伯章．国内外甲醇市场需求和生产技术发展．化工科技市场，2004，（2）：1-6.

［36］ 石明霞，王天亮，时锋．甲醇生产技术新进展与市场分析及预测．化工科技，2010，18（4）：71- 75.

［37］ SRI Int.．PEP Review 83-2-1. Ammonia from iCI'S Low Pressure“AMV”Process，Feb 1984.

［38］ 朱炳辰．甲醇．化工百科全书（第 8 卷）．北京：化学工业出版社，1994.

［39］ 牟云缙．天然气甲醇工业国内外现状及发展建议．天然气化工：C1 化学与化工，1990，15（6）：12-19.

［40］ Mansfield K. Increasing Methanol Plant Output. Nitrogen，1993，（201）：21.

［41］ A Catalytic Route to Methanol Boasts Greater than 90% Conversion. Chem. Eng，1995：102（6）：15.

［42］ 郭有才等．天然气直接空气氧化制甲醇研究．低温与持气，1991，（4）：29-32.

［43］ Methane to Methanol Technology Moves Closer to Reality. Chem. Eng，1998，105（6）：27-28.

［44］ Periana R A，et al.．Novel，High Yield System for the Oxidation of Methane to Methanol. Natural Gas Conversion Ⅱ. 3rd NG Conv. Symp，1994：533-544.

［45］ 曾毅，王公应．天然气制乙炔及下游产品研究开发与展望．石油与天然气化工，2005，34（2）：89-93.

［46］ 刘炳华等．乙炔．化工百科全书（18）. 北京：化学工业出版社，1998.

［47］ 杨朝富，卢玉中．天然气制乙炔工艺，聚氯乙烯，2005，（12）：7-11.

［48］ 陈栋梁，王真，洪品杰等．微波等离子体下甲烷脱氢偶联制 C2 烃．石油与天然气化工，2000，29（1）：1-4.

［49］ 李慧青，邹吉军，刘昌俊等．等离子体法制氢的研究进展．化工进展，2005，17（1）：69-77.

［50］ 张月萍，刘昌俊，许根慧．甲烷等离子体化学利用及其对新世纪能源、环境和化工的影响．化工进展，2001，12（3）：51-56.

［51］ 向本琴等．乙炔衍生物．化工百科全书（18）．北京：化学工业出版社，1998，（9）：823-847.

［52］ 王金祥．西部大开发重大问题与重点项目研究（青海卷）. 北京：中国计划出版社，2006.

［53］ 于静．天然气制乙炔工艺装置调查报告．中国氯碱，2000，（3）：3-4.

［54］ 彭国峰，赵田红，蔺永萍等．天然气制乙烯技术的研究进展．化工时刊，2006，20（1）：70-72.

［55］ 唐宏青，袁自伟，蒋德军．天然气制乙烯工艺的研究和前景．化工设计，1999，9（1）：5-8.

［56］ 潘登．甲烷氧化偶联催化剂的制备及双层床反应工艺的研究，北京化工大学硕士毕业论文，2007.

［57］ Pak S，Qiu P，Lunsford J H. Elementary Reactions in the oxidative coupling of methane over $Mn/Na_2WO_4/SiO_2$ and $Mn/Na_2WO_4/MgO$. J. Catal，1998，179（1）：222-230.

［58］ 李燕，诸林．甲烷氧化偶联制乙烯工艺研究进展．化工时刊，2005，19（4）：54-57.

［59］ 张志翔，王凤荣，苑慧敏等．甲烷氧化偶联反应制乙烯的研究进展．现代化工，2007，27（3）：20-25.

［60］ Xin Y X，Song Z J，Tan Y Z，et al. The directed relation graph method for mechanism reduction in the oxidative coupling of methane. Catalysis Today，2008，131（4）：483-488.

［61］ 胡徐腾．天然气制乙烯技术进展及经济性分析，化工进展，2016，35（6）：1733-1738.

［62］ 瞿国华．天然气氧化耦合 OCM 制乙烯工艺．乙烯工业，2017，29（2）：1-5.

［63］ Xiaoguang Guo，Guangzong Fang，Gang Li，et al. Direct，Nonoxidative Conversion of Methane to Ethylene，Aromatics，and Hydrogen. Science，294，344：616-619.

［64］ Liu Changjun，Abdulathin Marafee，Bobby Hill，et al．Oxidative coupling of methane with AC and DC corona discharges. Ind Eng Chem Res，1996，35（10）：3295-3301.

［65］ Yaping L，Anthony G D. Oxygen-Permenable dense membrane reactor for the oxidative coupling of methane. J. Membrane Science，2000，170：27-34.

［66］ 杨恩翠，王保伟，王万得．甲烷偶联合成碳二烃反应研究进展．天津化工，2002，（2）：1-3.

［67］ 李炳炎，炭黑生产与应用手册．北京：化学工业出版社，2000.

［68］ 刘建国，试述炭黑的生产、应用现状及趋势．化工科技市场，2010，33（10）：34-38.

［69］ 炭黑工业研究设计所，炭黑生产基本知识．北京：化学工业出版社，1980.

［70］ 魏顺安，天然气化工工艺学．北京：化学工业出版社，2009.

［71］ 罗义文，漆继红，印永祥等．等离子体裂解天然气制纳米炭黑和乙炔．化学工程，2004，32（4）：42-45.

［72］ 刘颖，王浩静．热等离子体裂解天然气的研究进展．天然气化工：C1 化学与化工，2003.28（1）：31-35.

[73] 毛子霖．炭黑工业的现状和发展前景．橡胶工业，2000，47（4）：230-236.
[74] 郭隽奎．炭黑工业现状与节能减排展望．橡胶科技市场，2011.（4）：8-11.
[75] 张鑫．我国甲烷氯化物行业现状及发展趋势．中国农药，2011，（7）：21-28.
[76] 徐继红．甲烷氯化物生产技术进展．氯碱工业，2001，（4）：1-5.
[77] 诸林．天然气加工工程．北京：石油工业出版社，2008.
[78] 赵力军，吴国奇．氦气市场及应用．低温与特气，1997，（4）：8-10.
[79] 刘苏民．天然气提氦工业现状及发展建议．天然气化工：C1 化学与化工，1990，16（6）：41-43.
[80] 陈华，蒋国梁．膜分离法与深冷法联合用于从天然气中提氦．天然气工业，1995，15（2）：71-73.
[81] 龙增兵，琚宜林，钟志良等．天然气提氦技术探讨与研究．天然气与石油，2009，27（4）：28-31.
[82] 疏朝龙，庄震万，时钧．膜法天然气提氦．南京化工学院学报，1994，16（1）：61-65.
[83] 陈华，刘泽军，膜分离法从天然气中提浓氦的实验研究．天然气工业，1995，15（5）：66-69.
[84] 陆慕郭．天然气提氦工业的发展．石油与天然气化工，1989，18（1）：41-46.

3

天然气与石油化工

3.1 天然气与石油

石油和天然气是当今世界占主导地位的能源。其他的替代能源在未来几十年难以撼动其地位。核电和水电，目前在世界能源构成中，总共只占10%左右，受铀和水力资源的局限，它们不可能取代石油和天然气[1]。太阳能利用大有可为，但是规模有限，目前的比重不到1%。至于生物能源，如乙醇，在个别农业资源特别巨大的国家可以发挥大的作用，在世界范围内，土地首先要保证50亿～60亿人吃饱饭，它动摇不了石油天然气的地位。

自从1967年世界范围的一次能源结构发生大的变化，石油取代煤炭成为第一能源以来，目前，石油一直是世界第一大能源。1973年，石油在一次能源构成中的比重达到最高点——45.8%。此后，随着天然气、核能、水电及其他替代能源的增长，这一比重缓慢下降，目前大体上保持在34%左右。但石油加天然气的比重高达62%以上。这一趋势不会有大的改变。不过，天然气生产和供应正处于强劲的增长势头。未来15～20年，天然气在一次能源构成中的比重有可能超过石油。天然气是人类宝贵的财富，与煤、石油共同构成世界能源和现代化学工业的三大支柱[2]。面对当前石油资源日益枯竭、煤炭资源污染严重的资源和技术形势，天然气作为清洁、高效、方便的优质能源在清洁能源和化工原料方面扮演着越来越重要的角色[3]。

3.2 石油化工中的天然气

世界原油质量日益劣质化，优质原油储量不断下降，为了缓解世界石油能源的紧张局势，能源多元化是一比较可行实用的方法。随着天然气资源的不断开发，天然气炼油技术不断更新，天然气合成油生产成本不断降低，天然气炼油的发展为炼油工业，尤其为一些大型石油公司扩展发展带来了契机，越来越多的国家和跨国石油公司已经或准备加入到发展GTL（气转液）的行列中[4]。

3.3 天然气制合成油

3.3.1 天然气制合成油的发展历史与现状

将合成气（CO和H_2的混合气体）经过催化剂作用转化为液态烃的方法称为天然气制

合成油（gas to liquid，GTL），这是1923年由德国科学家Frans Fwscher和Hans Tropsch发明的，简称费托（F-T）合成。1936年首先在德国实现工业化，到1945年为止，在德国、法国、日本、中国、美国等国共建了16套以煤基合成气为原料的合成油装置，总的生产能力为136万吨/年，主要使用钴-钍-硅藻土催化剂，这些装置在第二次世界大战后先后停产[5]。

第二次世界大战后，GTL的发展主要分为20世纪50年代、70年代和90年代3个阶段，特别是20世纪90年代，无论是催化剂还是工艺，都取得了突破性的进展，极有可能实现大规模工业化。在20世纪50年代，南非联邦由于受国际制裁的限制，迫使该国利用丰富的煤炭资源发展F-T技术，自1955年以来采用新的GTL工艺，陆续建立了三座大型煤基合成油工厂，即SasolⅠ、SasolⅡ、SasolⅢ，产品包括发动机燃料、聚烯烃等多种产品[6]。SasolⅠ的Arge低温固定床反应器采用沉淀铁催化剂，目标产品是石蜡烃；SasolⅡ、SasolⅢ的Aynthol高温循环流化床反应器，采用熔铁催化剂，目标产品是汽油和烯烃。

20世纪70年代初两次石油危机的冲击，重新引起了人们对GTL技术的兴趣。美孚公司开发出一系列具有独特择形作用的新型高硅沸石催化剂，为由合成气出发选择性合成分子量范围的特定类型烃类产品开辟了新途径[7]。但自1986年油价大幅度下跌以后，推迟了GTL大规模工业化进程。进入20世纪90年代以来，石油资源日趋短缺和劣质化，而天然气探明的可采储量持续增加[8]。通过GTL开发利用边远地区和分散的天然气资源，显得更为迫切。

早期F-T法合成的产品是沸点范围较宽的混合烃，合成器生产费用昂贵，缺乏竞争力。为了满足对液体燃料的化工原料的需求，世界各大石油公司均投入巨大的人力和物力开发GTL新型催化剂核心工艺，尤其把重点放在制取需求迅速增长的柴油、航空煤油与高附加值的优质石蜡上，如Shell公司的SMDS工业装置，南非Sasol公司的SSPD浆态床工艺，Syntroleum公司开发出GTL工艺，Exxon公司的AGC-221工艺，Energe Internatinal公司的Gas Cat F-T新工艺，都标志着GTL技术进入了一个崭新的时代[9]。

从目前GTL的发展看，不论是GTL装置的投建数量，还是GTL装置的规模都有所突破。根据2004年的统计资料，在未来5～7年内全世界将有几十套GTL装置投入运行，GTL合成燃料生成能力将会达5000×10^4t/a（100×10^4桶/d）以上，到2020年，天然气炼油工业会达到相当规模，总能力将达到1×10^8t。这不仅得益于不断开发的越来越先进的GTL技术，丰富的天然气资源和不断严格的环保法规也是其主要推动力。储存巨大的偏远地区天然气为合成油发展提供了良好的发展契机，仅在卡塔尔就有好几家跨国大型石化公司计划或准备筹建GTL装置。目前，我国也在积极推动这方面的工作。

3.3.2 天然气制合成油的基本原理

GTL生产技术可分为两大类：直接转化和间接转化。直接转化工艺不需要采用合成气生产装置，但由于生产中甲烷分子非常稳定，因此技术上存在较大难度，现已开发的几种直接转化工艺均因经济上无吸引力，目前还没有实现商业化。间接转化主要是通过生产合成气，再经费-托法合成生产合成油，与前者相比，间接工艺的生产运行成本较低，已成为公认的合成工艺路线[10]。其主要工艺流程由合成气生产、F-T合成、合成油处理、反应水处理四部分组成[11]。

3.3.3 主要工艺

目前比较可行且工业化的GTL技术都是间接转化法，整个流程分为三个步骤，如图3-1所示。

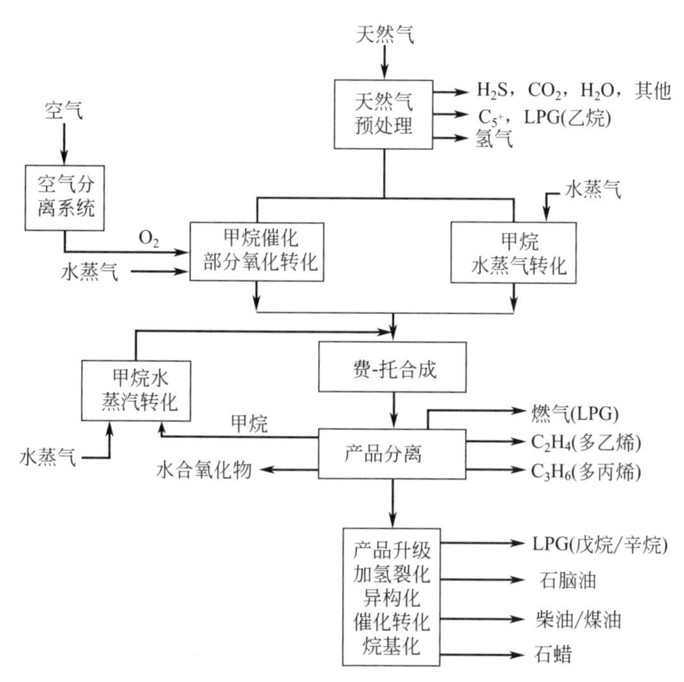

图 3-1 间接法 GTL 工业过程示意图

① 合成气制备 天然气转化制合成气，约占总投资的 60%。

② F-T 合成 在费-托反应器中，用合成气合成液体烃，约占总投资的 25%～30%。

③ 产品精制 将得到的液体烃经过精制、改质等具体操作工艺，变成特定的液体燃料、石化产品或一些石油化工所需的中间体，约占总投资的 10%～15%。

天然气合成油（GTL）生产的产品的最大优势是可按不同产品模式改变。采用低温和（或）无加氢裂化模式，主要生产石蜡、润滑油和柴油产品；而采用较高温度和（或）缓和氢裂化模式，使润滑油和石蜡转化，可增产柴油、直链石蜡基石脑油和 LPG。石蜡和润滑油生产范围 0～30%，柴油 50%～80%，轻质产品可高达 25%[12]。

3.3.4 F-T 合成油工艺技术

F-T 合成工艺可分为高温 F-T（HTFT）和低温 F-T 合成（LTFT）两种[13]。前者一般使用铁基催化剂，合成产品加工可以得到环境友好的汽油、柴油、溶剂油和烯烃等，这些油品质量接近普通炼油厂生产的同类油品，无硫但含芳烃。后者使用钴基催化剂，合成的主产品石蜡原料可以加工成特种蜡或经加氢裂化/异构化生产优质柴油、润滑油基础油、石脑油馏分（理想的裂解原料），产品无硫和芳烃。由于世界汽车柴油化、环保法规日益苛刻等原因，未来 GTL 工艺将主要集中在 LTFT 技术上。

当今世界上拥有 F-T 合成技术的公司主要有 Shell 公司、Sasol 公司、Exxon Mobile 公司、Syntroleum 公司、ConocoPhillips 公司、Rentech 公司等[14]。F-T 反应器目前主要有 4 种形式：固定床反应器、循环流化床反应器、固定流化床反应器和浆态床反应器。这些 F-T 工艺都采用低温 F-T 合成技术，这种技术的主要优点是能更好地控制反应温度、使用较高活性的催化剂、提高装置的生产能力、降低装置的投资成本，这在一定程度上代表了 F-T 合成技术的发展方向。

下面介绍一下 Shell 公司的工艺。

自 20 世纪 70 年代初，Shell 公司已在实验室中开展合成燃料油的研究，历经 17 年，到

1990年，研究终获成功，形成中间馏分油合成（SMDS）工艺，并于1993年5月装置正式投产成功。该工业化装置位于马来西亚的Bintulu，设计能力1.25万桶/d（约合570kt/a），日耗天然气$270\times10^4m^3$，主要生产优质柴油燃料，现已改造为具有生产柴油、石脑油、优质石蜡等多种产品的能力。

SMDS工艺主要包括造气、F-T合成、中间产物转换和产品分离四个部分，其工艺流程如图3-2所示。

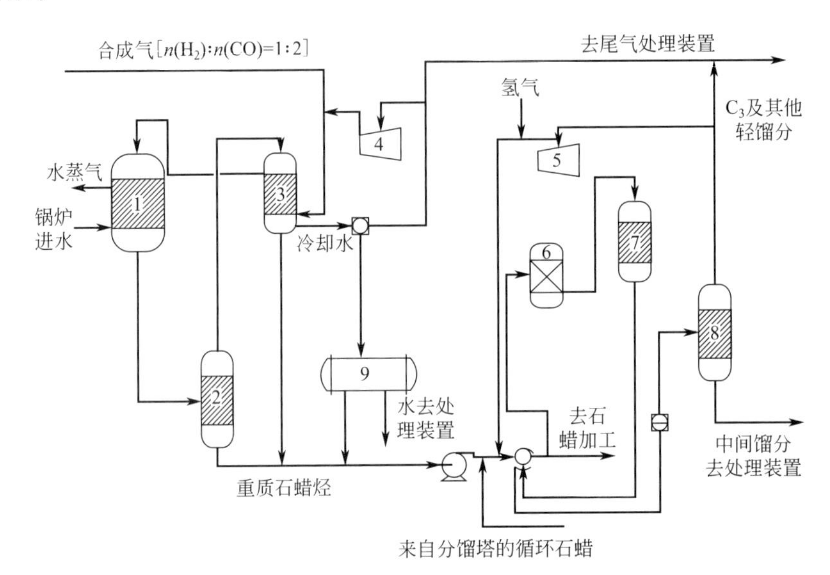

图3-2 SMDS工艺流程

1—合成反应器；2—石蜡分离塔；3—换热器；4—压缩机；5—循环氢气压缩机；6—加热炉；7—加氢裂化反应器；8—氢气分离器；9—澄清池

在造气部分，采用天然气非催化部分氧化技术，由天然气和纯氧气生产出H_2与CO摩尔比约为2.0的，特别适宜于生产高品质（异构）链状中间馏分油。在第二步中，采用了多管固定床反应器，将合成气经F-T反应合成为链状烃。由于Shell专利催化剂对迅速导出热量的要求很高，所以反应器的管径小于5cm；单个反应器的产能为3000桶/d。

另外几个公司的工艺可参看冯艳辉的《天然气制合成油技术经济分析及展望》，在此不再详述。

这几个公司工艺的优缺点主要是4种反应器床工艺的优缺点。

(1) 列管式固定床工艺

优点：操作简单；无论F-T产物是气态、液态和混合态，在宽温度范围下都可使用；不存在催化剂与液态产品的分离问题；液态产物易从出口气流中分离，适宜蜡等重质烃的生产；催化剂床层上部可吸附大部分硫，从而保护其下部床层，使催化剂活性损失不严重，因而受原料气净化装置波动影响较小。

缺点：反应器中存在着轴向和径向温度梯度；反应器压降高。压缩费用高；催化剂更换困难，必须停工；装置产能低。

(2) 循环流化床工艺

优点：反应器产能高，在线装卸催化剂容易，装置运转时间长，热效率高，催化剂可及时再生。

缺点：装置投资高，操作复杂，进一步放大困难，旋风分离易被催化剂堵塞，催化剂损失大，此外高温操作可导致积碳和催化剂破裂，增加催化剂损耗。

(3) 固定流化床工艺

优点：去热效果好，CO 转化率高，装置产能大，建造和操作费用低，装置运转周期长，床层压降低，预计用固定流化床代替循环流化床，工厂总投资可降低 15%。

缺点：高温操作易导致催化剂积碳和破裂，催化剂耗量增加。

(4) 浆态床工艺

优点：结构简单，除热容易，易于放大，最大可放大到 1.4 万桶/d，而管式固定床仅能放大到 1500 桶/d；传热性能好，反应混合好，可等温操作，从而可用较高的操作温度获得更高的反应速率；操作弹性大，产品灵活性大；可在线装卸催化剂，更换催化剂无需停工，这对固定床反应器是不可能的；反应器压降低，不到 0.1MPa，而固定床反应器可达 0.3～0.7MPa，并且管式固定床反应器循环量大，因而新型浆态床反应器可节省压缩费用；CO 单程转化率高，C_5 以上烃选择性高。

缺点：浆液中 CO 的传递率比 H_2 慢，存在着明显的浓度梯度，不利于碳链增长形成链烃；需要解决产品与浆液的分离问题。

目前，国内在 F-T 合成油技术方面已具有一定的基础，尤其是催化剂的开发，但尚缺乏装置化的经验。在中国石油天然气股份有限公司的资助下，中国科学院山西煤炭化学研究所、大连化学物理研究所、成都有机化学研究所以及中国石油大学等单位均在进行以天然气为原料制合成油的相关研究开发工作。山西煤炭化学研究所正着手进行浆态床反应器的实验。中国石油大学催化重点实验室也进行了固定床 1000h 的稳定性试验。

3.3.5 技术经济分析

决定 GTL 项目可行性的因素包括天然气、原油价格、装置投资（区内和界区外）规模、操作费用、产品方向等。如果没有基础设施，其界区外基建投资可能达到总投资的 30%。一般而言，投资成本可粗略地划分为：合成气生产占 60%，F-T 合成占 25%～30%，产品分离与改质占 10%～15%。

2000 年委内瑞拉国有石油公司 PDVSA 以天然气进料 $4.247\times10^6m^3/d$ 和 $14.16\times10^6m^3/d$ 规模为基准，对 Sasol、Shell、Exxon、Syntroleum、Rentech、Intevep 公司的技术进行评估。

各家公司单位基建总投资（界区内和界区外）介于 20000～38000 美元之间，在原油价格为 20 美元/桶时，GTL 装置的资产回报率均高于 11%。对原油价格、天然气价格、操作费用以及单位基建投资的敏感性分析表明：单位基建投资的影响最大，当单位投资从 20000 美元/桶增加到 25000 美元/桶，内部回报率从 23%下降至 16%；其次为原油价格，当油价从 15 美元/桶上升到 25 美元/桶时，内部回报率从 14%上升到 23%；再次为天然气价，当干气价格从 0.01788 美元（折合人民币 0.15 元/m^3）上升到 0.0322 美元（折合人民币 0.27 元/m^3）时，内部回报率从 19%下降至 16%。

从技术上来说，GTL 技术已经开始进入大规模工业化阶段，世界各大石油公司纷纷计划建设 GTL 工厂，以有效利用天然气资源。从上面的分析可以看出，GTL 技术在经济上也是有利可图的，但由于其经济分析均基于国际市场，针对中国具体情况，需要作一些修正。1750kt/aGTL 装置的总投资合计为 1515.229 百万美元，单位基建总投资为每天 33715 美元/桶，并将其换算成国内投资，得国内总投资为 $1515.229\times0.461\times8.23=5748.82$ 百万元（美元汇率按 8.23 计算）。由此可见，生产 GTL 合成油，每吨获利 $2997.2-1887.08=1110.12$ 元，计算内部回报率为 IRR=33.79%，是有大利可图的。GTL 装置产品中汽油产品研究法辛烷值 90.6，马达法辛烷值 85.2，雷特蒸汽压 38.6kPa，苯含量 0.4%，芳烃 33.5%。柴油产品十六烷值 75，凝点−35℃。质量均优于现有常规炼厂产品，销售价格可高于市场常规产品。如果考虑生产润滑油的话，其效益将更好。

3.3.6 市场及发展前景

自2010年起，少数能源公司开始大力投资天然气制油技术（GTL），认为GTL技术可用来开发闲置天然气田，人们对GTL产业寄予厚望，希望日产量能达到100万桶。GTL项目的投资之所以兴起，不仅因为该项目具有“绿色”认证，而且还因为人们预测原油价格将持续走高。然而，事实上只有少部分公司全力推进GTL项目并从中获益。

壳牌拥有最多的GTL装置，2006年7月，壳牌与卡塔尔联合的PearlGTL正式启动，项目包括海上平台、管道、原料气处理装置、空分规模达到28000t/d的有史以来最大的制氧单元、公用工程（电、蒸汽和燃料）、一个完整的炼油厂，全厂心脏就是费托合成反应器。该项目在规模上几乎是壳牌公司于1993在马来西亚Bintulu建设的GTL工厂的10倍，是整个GTL行业最复杂的工程项目。工厂每日处理0.45亿立方米天然气，生产能力约14万桶/d，其中燃料占产品的比重最大，基础油生产能力约3万桶/d，每年足以供2.25万辆汽车使用，是世界最大的润滑油基础油来源之一。

沙索公司屈居第二，在卡塔尔、尼日利亚、南非建立了合资装置并签订了部分许可协议，总日产量达到11.2万桶。沙索公司长期专注于生产合成燃料，它是GTL技术的先行者，最先在莫塞尔贝港口（现由南非国家石油公司经营）建设GTL装置，然后与卡塔尔国家石油公司、雪佛龙-尼日利亚国家石油公司建立合资装置。这些装置生产轻油、煤油和柴油，但是不涉足昂贵产品。沙索公司近期表示，在短时间内不会有新增的GTL项目，同时放弃了在美国的150亿的GTL项目。

自2014年起GTL投资渐渐减少，如今仅剩一个项目还在进行——位于加利福尼亚的Juniper工厂。Velocys的位于俄克拉荷马城的工厂在2017年中开始进行商业化生产，但是在一年后却因为工艺泄漏和商业战略的变化而关闭。

中国已成为世界第二大石油进口国，石油的进口量去年已超过1亿吨。然而，由于中国的石油资源不足，天然气资源也不丰富，GTL在中国本地的产业化显得似乎并不可行，但是中国的煤炭储量丰富，煤炭气化技术将使GTL在中国应用成为可能：煤炭转化成气体，从而为GTL的应用提供原料。中石化在2007年与Syntroleum（合成油）签约合作开发天然气合成油（GTL）和煤制油（CTL）技术。双方计划合力建设GTL装置和CTL中型装置，这两套装置由中石化投资，合成油公司提供技术支持。另外，杭州福斯达易艾杰威科技有限公司在2011年4月启动年产5万吨天然气合成油项目，计划利用伊朗丰富的天然气资源，生产高清柴油、汽油及高附加值石化产品。但从目前公开信息来看，未查到所采用的GTL技术及项目进展情况。

GTL工艺的发展前景之一是用废弃的天然气资源来生产有价值的液体燃料，此类天然气包括伴生气（含油天然气，现常用处理方法是放向火炬或再注入油层）和偏远的天然气（这些气田的天然气因数量不大而未采用常规方法开采）。然而，现在的GTL技术仅对设计加工能力至少为$0.08\times10^8m^3/d$的天然气大规模装置才认为是经济可行的。因此，GTL技术的未来需进一步提高技术的经济性，以应用于偏远和小型天然气田。

2014年以前，由于石油价格持续走高，天然气价格低迷。这些气田远离用户市场，而且周围没有管道网络。人们对GTL产业寄予厚望，希望日产量能达到100万桶。GTL项目的投资之所以兴起，不仅因为该项目具有“绿色”认证，而且还因为人们预测原油价格将持续走高。然而，事实上只有少部分坚定的公司全力推进GTL项目并从中获益；大部分公司却由于投资风险、与预期相反的价格情况以及某些操作难题而止步。燃料（尤其是柴油）的数量和价格影响着GTL的兴衰。生产高品质基础油的目标往往变成了次要考虑因素。GTL

技术可以将天然气转化为高品质液态燃料——通常是超低硫柴油或煤油和石蜡产品，它们可用于生产 APIⅢ类基础油等产品。壳牌拥有最多的 GTL 装置，其位于卡塔尔的合资炼油装置和位于马来西亚的独资装置的总日产量为 15.5 万桶；萨索尔屈居其二，它在卡塔尔、尼日利亚、南非建立了合资装置和签订了部分许可协议，总日产量达到 11.2 万桶。

GTL 技术从 1996 年到 2011 年进行了长期发展，在 2010 年前后，几个欧洲国家出售的产品都含有一定比例的 GTL。但 GTL 柴油（占 GTL 产品总量的 50%）并未获得期望的价值。同时 GTL 项目还面临其他问题，其中最明显的是其需要投入大量资金。成本的上涨导致壳牌在 2013 年取消了位于美国路易斯安那州索伦托镇的工厂（其产能为 14 万桶/d）的建设。然而许多小规模的 GTL 工厂却因此获益，小厂的建立时间更短、需要的资金较少，并且可以建设在小型气田附近。自 2014 年起投资渐渐减少，如今仅剩一个项目还在进行——位于加利福尼亚的 Juniper 工厂。Velocys 的位于俄克拉荷马城的工厂在 2017 年中开始进行商业化生产，但是在一年后却因为工艺泄漏和商业战略的变化而关闭。

GTL 的总产能达到 26.7 万桶/d。正在建设的项目将带来 38.5 万桶/d 的产能，而那些被放弃的项目本可以将产能提高到接近 60 万桶/d——不过还远不足 100 万桶/d。萨索尔长期专注于生产合成燃料，它是 GTL 技术的先行者，最先在莫塞尔贝港口（现由南非国家石油公司经营）建设 GTL 装置，然后与卡塔尔国家石油公司、雪佛龙-尼日利亚国家石油公司建立合资装置。这些装置生产轻油、煤油和柴油，但是不会涉足昂贵产品。

萨索尔表示，在短时间内不会有新增的 GTL 项目；而壳牌早期在马来西亚的民都鲁建立了试点工厂，这件事却体现了低产量、高售价的非燃料产品的重要性。GTL 技术从 1996 年到 2011 年进行了长期发展，在这期间高纯无味且不含芳烃的石蜡（品牌：Sarawax）在本地的销量决定了公司的存亡。在 2010 年前后，几个欧洲国家出售的产品都含有一定比例的 GTL，此时市场存在对 GTL 技术的需求，因此壳牌 V-Power 柴油的零售价十分可观，从而延续了民都鲁工厂的生命。通过位于卡塔尔的 Pearl 装置，壳牌发现在初始阶段几乎无法将无芳烃、近零硫的柴油作为独立燃料出售，因为它的密度不符合全球汽车柴油标准。

因此，GTL 柴油（占 GTL 产品总量的 50%）非但无法获得期望的价值，甚至还比标准柴油更便宜。GTL 项目还面临其他问题，其中最明显是它需要投入大量资金。Pearl 装置的成本上涨到接近 200 亿美元。埃克森美孚在拉斯拉凡港口拥有同等规模的工厂，不过该工厂已经遭到弃用。

成本的上涨导致壳牌在 2013 年取消了位于美国路易斯安那州索伦托镇的工厂（其产能为 14 万桶/d）的建设。然而许多小规模的 GTL 工厂却因此获益，小厂的建立时间更短、需要的资金较少，并且可以建设在小型气田附近。

尽管之前启动过几项设计研究，但是自 2014 年起投资渐渐减少，如今仅剩一个项目还在进行——位于加利福尼亚的 Juniper 工厂。Velocys 的位于俄克拉荷马城的工厂在 2017 年中开始进行商业化生产，但是在一年后却因为工艺泄漏和商业战略的变化而关闭。

虽然 GTL 工厂无法实现以燃料为主的初衷，但是非燃料产品却带来了可观的收入。在本地出售的石蜡产品给民都鲁工厂带来了希望，该工厂同时还生产其他高价产品，比如小众但不可或缺的钻井液原料。这些产品每吨的市价几乎是传统超低硫柴油的 100 倍，而且它们几乎不含芳香烃，因此具有生物可降解性和低毒性，比传统油基产品更具优势。

不过对于壳牌来说，Pearl 装置生产的 GTL 基础油带来了一些长期的利益。其 GTL 产品的品质与Ⅲ类矿物基础油相当，甚至更胜一筹。其他 GTL 装置不生产基础油；作为全球润滑油的领头者，壳牌能完全内部消化其生产的所有 GTL 基础油。壳牌 GTL 基础油的年产量为 100 万吨，这相当于全球Ⅲ类基础油产能的一个极大的份额。

另一方面，与精炼中间馏分油的全球消耗量（3500 万桶/d）相比，所有厂家的 GTL 中间馏分油（柴油和煤油）总产量（12.2万桶/d）简直是九牛一毛。令人意外的是，GTL柴油无法以同样的方式加大质量优势。GTL项目的投资者看好的是原油与天然气之间长期保持着明显的差价。2012～2015年间，原油与汽油的差价让GTL柴油的利润飞涨。

不过随后差价变得不明显，导致许多大型投资受阻。中短期内的经济情况不容乐观，投资任何大型项目都具有风险。建设小规模、战术型GTL装置依然可行，尤其是在那些政府有意开采沼气等资源以及提供原料补贴的地区。

3.4 天然气制芳烃

3.4.1 概述

天然气除了是一种优质清洁的燃料，也是现代化学工业中合成多种大宗化学品的重要原材料。随着石油资源储量的减少和价格的提高，以储量相对丰富且价格较为低廉的天然气替代石油为原料生产液体燃料和基础化学品在当今的化学工业中具有重要地位。由于甲烷分子中的C-H键的键能高达434kJ/mol，且分子的极性和对电子的亲和性非常小，这些性质决定了甲烷分子具有极高的稳定性，其分子的有效活化是一个难点[15]。因此，迄今为止，天然气化工的大规模工业化应用均以间接转化法为主，主要包含两步或多步转化过程。其工艺特点是首先将天然气在高温条件下经过水蒸气或二氧化碳重整，或者经过部分氧化制备得到合成气，然后再将合成气经过不同工艺过程转化为甲醇、二甲醚、低碳烯烃等基础化工产品和液体燃料。由于以上甲烷的间接转化过程工艺路线存在步骤多、设备投资大、能耗高、原子利用率低等问题，不含中间转化步骤的甲烷直接转化法在近年来受到了学术界和产业界高度重视。

芳烃是一种非常重要的基础有机化工原料，目前主要以煤和石油为原料制备得到。以甲烷为替代原料一步直接合成以苯为主的高附加值的芳烃产品具有非常重要的工业应用价值[16,17]。根据是否有氧参与反应体系，甲烷的芳构化可分为有氧芳构化和无氧芳构化。由于甲烷的有氧芳构化在热力学上更有利，早期关于甲烷芳构化的研究主要集中在有氧条件下进行。然而在有氧条件下，不仅产物很容易被深度氧化从而导致芳烃的选择性迅速下降，而且含氧的气体混合物有爆炸的风险，催化剂也容易局部过热导致其结构被破坏[16]。在600℃条件下，Han等[18]发现有氧条件下芳烃的选择性仅为3%。因此，之后研究者主要将目光投向甲烷在无氧条件下的芳构化。1993年，Wang等[19]首次在这一领域做出了开创性的工作，首次报道了在固定床反应器中以Mo/H-ZSM-5为催化剂在无氧条件下一步将甲烷成功转化为高附加值的芳烃产品。自此甲烷的无氧芳构化作为甲烷直接转化中的一个研究热点受到了世界范围内的持续关注。

3.4.2 甲烷无氧芳构化催化剂

3.4.2.1 催化剂的主要类型

研究者在高性能甲烷无氧芳构化催化剂的筛选方面进行了大量的探索，详细研究了金属活性物种（Mo、Zn、Cu、Pt、Ni、Fe、V、Cr等）和载体（ZSM-5、MCM-22、MCM-49、ITQ-2、ITQ-13、HZRP-1、ZSM-8、ZSM-11、MCM-41等）对催化性能的影响。表3-1和表3-2分别列举了部分H-ZSM-5沸石分子筛负载不同金属组分的催化剂和不同沸石分子筛负载的Mo基催化剂在甲烷芳构化中的反应性能。从表中可以看出，Mo物种是甲烷无氧芳构化中较好的金属活性组分，而H-ZSM-5和H-MCM-22等沸石分子筛为甲烷芳构化催化剂中性能较好的催化剂载体。对于金属/沸石分子筛这一类型的催化剂来说，到目前为止，由于

Mo/H-ZSM-5 和 Mo/H-MCM-22 这两种催化剂在甲烷芳构化反应中兼具相对较好的反应活性和选择性，因此被广泛用于甲烷无氧芳构化反应的研究。

表 3-1 H-ZSM-5 沸石上负载不同金属组分催化剂在甲烷无氧芳构化中的反应活性

金属组分	反应条件		甲烷转化率/%	芳烃选择性		文献
	温度/K	空速/[mL/(g_{cat}·h)]		苯/%	萘/%	
Mo	1003	1500	16.7	60.4	8.1	20
Zn	973	1500	1.0	69.9	—	21
Co-Ga	973	1500	12.8	66.5	7.2	22
W	1073	1500	13.3	52.0	—	23
Fe	1023	800	4.1	73.4	16.1	24
Re	1023	1440	9.3	52.0	0	25
V	1023	800	3.2	32.6	6.3	24
Cr	1023	800	1.1	72.0	3.7	24

表 3-2 不同沸石分子筛负载的 Mo 基催化剂在甲烷无氧芳构化的反应性能

分子筛	孔径/Å①	孔内环数	甲烷转化率/%	苯选择性/%	文献
H-ZSM-5	5.4×5.6,5.1×5.5	10	6.9	90.8	26
H-ZSM-11	5.1×5.5	10	8.0	90.9	21
H-SAPO-5	8	12	0	0	27
H-SAPO-34	4.3	8	0.6	72.9	27
H-X	7.4	12	0.7	0	27
H-β	5.5×6.5,6.6×8.1	12	3.1	80.4	27
H-MCM-22	4.1×5.5,7.1×7.1	10,12	9.9	72.8	26
H-MCM-36	—	—	11.5	47.4	28
H-MCM-56	—	—	6.5	52	29
NU-87	4.8×5.7	10,12	11.0	22.9	30
TNU-9	5.4×5.5,7.2×7.2	10,12	11.3	81.2	31

① 1Å=0.1nm。

近年来，以 Fe@SiO_2 和 GaN 为代表的新型催化剂受到了广泛的关注。Bao 等[15]将 Fe 原子通过两个碳原子和一个硅原子镶嵌在氧化硅或碳化硅晶格中，从而形成高温稳定的 Fe@SiO_2 催化剂，如图 3-3 所示。研究结果表明 Fe@SiO_2 在甲烷无氧芳构化反应中具有优

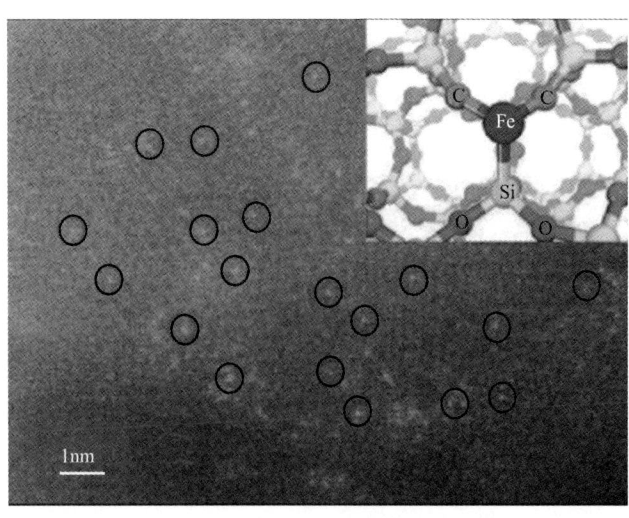

图 3-3 Fe@SiO_2 催化剂的 TEM 图片

异的稳定性、甲烷转化率和芳烃选择性。在反应温度为1293K和1363K时，甲烷的转化率可分别达到32%和48.1%，且未发现有催化剂积碳或失活现象。反应产物中乙烯、苯和萘的总的选择性达到99%以上，碳原子利用率大大高于传统的Mo/H-ZSM-5和Mo/H-MCM-22催化剂。Li等[32]首先报道了GaN纳米线在紫外光下可将甲烷转化直接为苯，如图3-4所示。在278K的低温下反应可顺利进行，且对苯的选择性可达96.5%。另一方面，GaN在热化学催化转化体系中也具有较好的反应活性、稳定性和选择性[33]。在反应温度为723K时的4小时内，甲烷的最高转化率高达0.56%，苯的选择性为89.8%。在对催化剂进行10次循环反应过程中未发现催化剂有明显的失活现象。将反应温度从723K提高到823K后，甲烷的转化率由之前的0.56%提高到0.9%，而苯的选择性由89.9%小幅下降为80%，作者认为这主要是由于苯在高温下脱氢聚合为多环芳烃和焦炭的趋势会增加所导致。

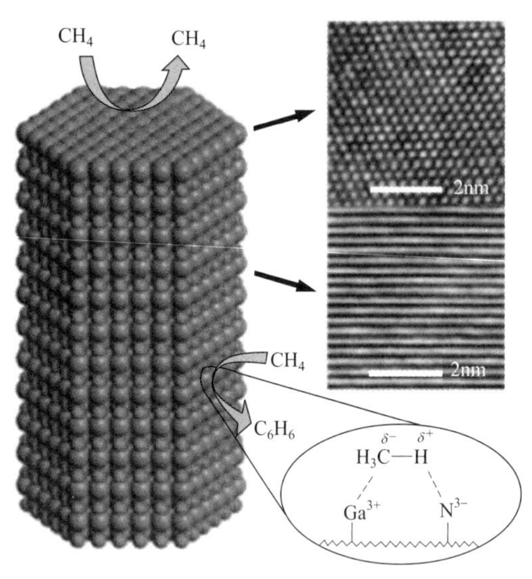

图3-4　GaN纳米线催化剂

3.4.2.2　催化剂的失活

在甲烷无氧芳构化反应中，目前普遍认为催化剂的失活是由于高温反应中的积碳所导致。因此，正确认识催化剂的积炭机理对于设计高稳定性的催化剂具有重要意义。

Bao等[34]采用TPR、TPSR和TPH等技术对Mo/H-MCM-22催化剂上的积炭进行了研究。结果表明催化剂中的碳物种至少有三种类型：碳化钼中的碳，与钼物种相关的积碳以及酸性位上的芳香碳。TPSR表征结果表明大部分的芳香碳以及部分与Mo物种相关的积炭可以转化为甲烷和乙烯，且催化剂的活性在经过氢气处理后可以得到完全恢复。因此他们认为Brønsted酸性位上沉积的芳香碳是造成催化剂失活的主要原因。

Liu等[35]采用TPR、TPSR、TPH、TG等技术对Mo/H-MCM-22催化剂在甲烷无氧芳构化反应中的积碳进行了研究，同样得到了类似的结果。TPSR研究表明，当甲烷在催化剂上反应一段时间后会在催化剂上产生两种类型的积炭：一种主要位于Brønsted酸性位附近，而另一种主要与Mo物种相关。两种类型的积炭均可在高温条件下采用H_2或CO_2处理后除去。

Song等[36]采用TGA、XPS和TPO技术对反应过程中催化剂的积炭路径进行了研究。他们认为催化剂的失活可分为三个阶段：前10min，10～100min，以及之后100～160min。在第二个阶段，苯的选择性很高且基本保持不变，然后在第三阶段迅速降低。第三阶段中的积炭要远远高于第二阶段，这主要由于这一阶段会形成较多的乙烯中间体并进一步裂化所造成。随后，Song等[37]在固定床中填装了三层Mo/H-ZSM-5催化剂用于研究甲烷无氧芳构化反应中的积碳路径。反应温度为1073K，且反应进料中加入H_2以抑制积炭的形成。TPO、XPS和Raman结果确认了反应过程中形成了两种类型的积炭：芳香炭和石墨炭。作者认为反应过程中形成的中间产物C_2H_4是积碳的主要来源，而形成的芳香化合物的进一步裂化和聚合并非是造成积碳的主要碳源，可能的催化剂积碳路径如图3-5所示。

3.4.2.3　催化剂的性能调控

甲烷无氧芳构化催化剂的反应性能与其自身组成和结构密切相关。为了进一步在反应中获得更高的转化率、选择性和稳定性，通过调控催化剂的组成和结构，如添加助剂、改变分子筛的孔道结构等手段，从而可以实现甲烷芳构化催化剂的反应性能的有效提升。

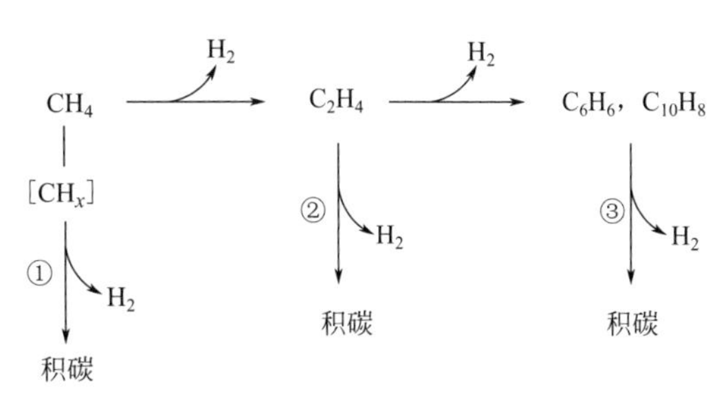

图 3-5　甲烷无氧芳构化反应中催化剂的积炭路径

由于催化剂的积炭与分子筛载体的酸性密切相关，因此众多的金属助剂如 Co、W、Zr、Ru 等被引入催化剂来调控催化剂的酸性，以达到提高催化剂稳定性的目的。Shu 等[38]制备了 Ru-Mo/H-ZSM-5 用于甲烷的芳构化，发现经过 Ru 修饰的 Mo/H-ZSM-5 催化剂的稳定性得到了提高，其原因主要归结于降低了催化剂中 Brønsted 强酸的酸性位数量，增加了弱酸和中等强度酸的酸性位数量。同样，在加入 Pt、Zn、La 等助剂修饰后的 Mo/H-ZSM-5 催化剂都观察到了其稳定性有不同程度改善[39]。

另一方面，通过改进催化剂载体的结构等来改进载体的传质特性和容炭能力也可以提高催化剂自身的稳定性。Chu 等[40]报道了 MCM-22 空心球负载的 Mo 基催化剂，其催化剂的稳定性显著优于传统的 Mo/MCM-22 催化剂，这主要是因为 MCM-22 空心球结构促进了反应物和产物在催化剂中的扩散。中空胶囊结构和层状结构的 ZSM-5 分子筛等也被开发用于甲烷的无氧芳构化反应催化剂载体[41,42]，进一步的研究表明催化剂的稳定性和芳烃的收率都得到了不同程度的改善。Yin 等[43]报道纳米 MCM-22 负载的 Mo 基催化剂，由于反应物和产物在分子筛中的扩散路径大大缩短，因此催化剂的稳定性也得到了有效提升。

3.4.3　催化剂的作用机理

关于甲烷的无氧芳构化反应，目前绝大部分的研究仍然主要集中在 Mo/沸石分子筛催化剂上。普遍接受的反应机理认为 Mo/沸石分子筛是一种双功能催化剂，Mo 物种以及载体的酸性和孔道结构在芳构化反应中同时起到重要作用。催化剂中的 Mo 物种主要对甲烷分子起活化作用，进而生成 C_2H_x 中间产物，之后 C_2H_x 再在沸石分子筛中的 Brønsted 酸位上进行聚合环化并最终形成芳烃。单独使用 Mo 物种[44]、H-ZSM-5[45]或不具有 Brønsted 酸位的其他沸石分子筛[31]在反应中的活性极低，无法得到或得到芳烃产率极低。另一方面，大量的实验结果表明，甲烷无氧芳构化反应过程中存在一个明显的诱导期。在此期间，Mo（Ⅵ）与甲烷发生反应并最终形成 Mo_2C 或 MoO_xC_y 物种，上述 Mo 物种被认为是甲烷在催化剂上被活化的真正的活性位点[46]。

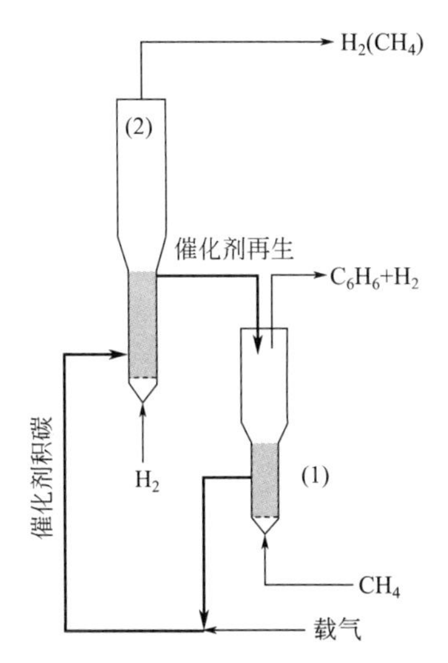

图 3-6　流化床反应器用于甲烷无氧芳构化

3.4.4　反应器的设计与应用

由于甲烷芳构化反应在热力学上极为不利，因此反应通常需要较高的温度（>700℃）以维持一定的转化率和芳烃产率。另一方面，较高的反应温度使得催化剂积碳比较严重，从而导致了催化剂较快失活。为提高反应的稳定性和甲烷的转化率，研究者从反应器入手进行了一系列的研究。

为解决催化剂在反应过程中面临的快速失活问题，Xu 等[47]将流化床反应器应用于甲烷无氧芳构化反应，如图 3-6

所示。反应中失活的 Mo/H-ZSM-5 催化剂易于得到再生并可重新循环用于反应，实现了催化剂的持续再生和芳烃的持续转化，大大延长了反应周期。另外，为了有效降低反应温度，Park 等[48]提出了介质阻挡放电等离子体反应器应用于甲烷无氧芳构化反应。通过等离子体对甲烷分子的有效活化，从而打破低温下热力学平衡对反应转化率的限制。在 773K 的反应温度下甲烷的转化率为 4.9%，苯的选择性为 8.7。Li 等[49]提出了一种两级等离子体反应器用于上述转化过程。在反应器的第一级，甲烷在等离子体的作用下首先转化为乙炔，随后在 Ni/H-ZSM-5 催化剂的作用下，生成的乙炔在反应器的第二级中发生聚合生成芳烃。当反应温度为 673K 且采用 50%CH_4+50%H_2 进料时，甲烷的转化率和芳烃的选择性分别为 70%和 40%，且反应显示了较好的稳定性。

膜反应器可以打破热力学平衡的限制，从而可以有效提高甲烷无氧芳构反应的转化率和芳烃的产率。Morejudo 等[50]首次构建了一种电流控制的共离子型膜反应器，如图 3-7 所示。这种新型的膜反应器可以传输阳离子和质子，在甲烷的无氧芳构化反应中显示了很好的芳烃收率和优异的稳定性。这主要是因为膜反应器及时移走了反应生成的氢气且同时向反应器中注入了氧离子。与常规的固定床反应器相比，这一新型的共离子型膜反应器中催化剂的积炭大大较少，且碳原子的利用效率高达 80%。Xue 等[51]开发了一种致密的透氢陶瓷膜反应器用于这一转化过程，如图 3-8 所示。与固定床相比，膜反应器中的 40%～60%的氢气被移出反应体系，而在反应的初始阶段芳烃的收率可增加 50%～70%。然而，移走反应生成氢气的同时也进一步加剧了积碳反应，导致催化剂更快失活。Rival 等[52]构建了 Pd 膜反应器来移走反应中生成的氢气以提高甲烷的转化率，结果显示相同反应条件

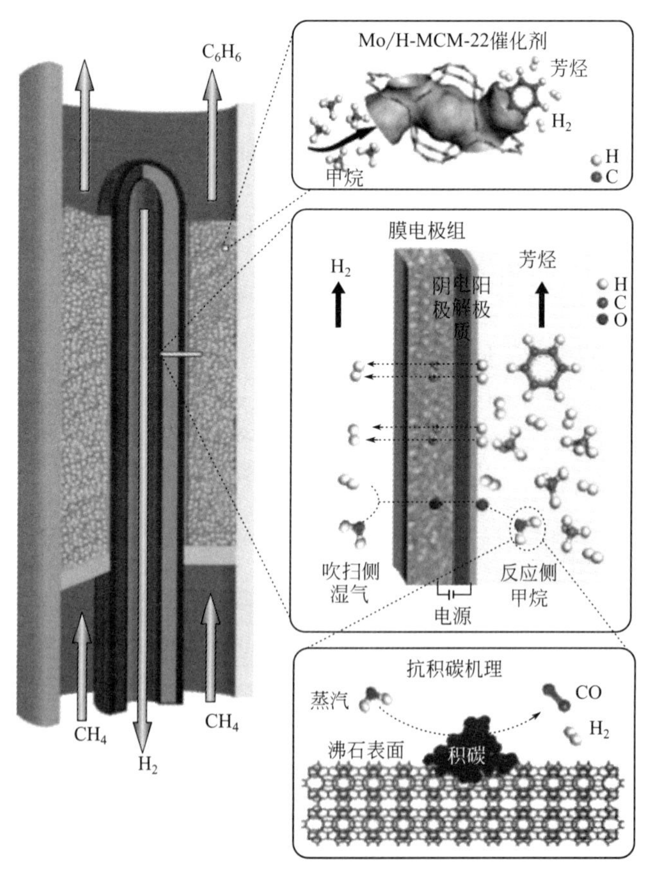

图 3-7 电流控制的共离子型膜反应器用于甲烷无氧芳构化

下甲烷在膜反应器中的转化率是固定床反应器中的两倍。但另一方面，移走反应过程中生成的氢气也导致了更严重的催化剂积碳，从而最终使得催化剂失活更快。因此，如何有效解决转化率和积碳这两者之间的矛盾是今后透氢膜反应器在甲烷无氧芳构化应用中面临的一个重要问题。

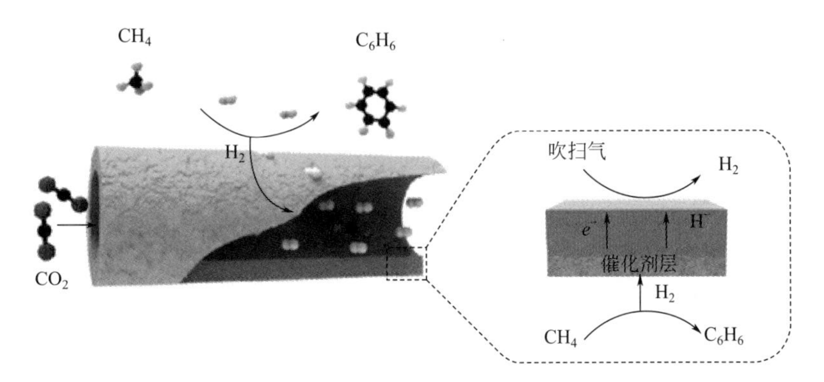

图 3-8 致密的透氢陶瓷膜反应器用于甲烷无氧芳构化

参 考 文 献

[1] 王才良．世界石油天然气工业的现状与展望．中国石化，2007，9：51-53.

[2] 魏顺安．天然气化工工艺学．北京：化学工业出版社，2009.

[3] 王鹏．天然气田大气污染预警系统软件的设计与实现．成都：西南交通大学，2010.

[4] 朱庆云．天然气合成油发展分析．润滑油，2006，21（4）：60-64.

[5] 代小平，余长春，沈师孔．费-托合成制液态烃研究进展．化学进展，2000，12（3）：268-280.

[6] 周敬来，张志新，张碧江．煤基合成液体燃料的 MFT 工艺技术．燃料化学学报，1999，(27)：58-64.

[7] 陈宜俍，张广瑞，凡俊琳等．新型层状黏土结构 F-T 合成催化剂的研制．工业催化，2008，16（7）：12-15.

[8] 徐谦，左承基．利用费托合成制取液体燃料的研究进展．能源技术，2008，29（4）：212-215.

[9] 蔡琴．钌助化 SBA-15 负载的钴基费-托合成催化剂结构及催化性能研究．北京：中央民族大学，2008.

[10] 姚小莉，刘瑾，李自强．天然气制合成油工艺现状及发展前景．化工时刊，2008，22（12）.

[11] 杨波．天然气制合成油的技术经济分析．石油化工技术经济，2004，19（1）：8-14.

[12] 钱伯章，朱建芳．天然气合成油发展现状和趋势．天然气与石油，2007，25（4）：23-28.

[13] 吴宝山，田磊，白亮等．沉淀铁催化剂在 F-T 合成中的研究与应用进展．化学进展，2004，16（2）：256-264.

[14] 张俊岭，陈建刚，任杰．钴基 F-T 合成重质烃催化剂载体效应的研究．催化学报，2002，23（6）.

[15] Guo X，Fang G，Li G，et al. Direct nonoxidative conversion of methane to ethylene，aromatics and hydrogen. Science，2014，344（6184）：616-619.

[16] Ismagilov Z R，Matus E V，Tsikoza L T. Direct conversion of methane on Mo/ZSM-5 catalyst to produce benzene and hydrogen：achievements and perspectives. Energy & Environmental Science，2008，(1)：526-541.

[17] Spivey J L，Hutchings G. Catalytic aromatization of methane. Chemical Society Reviews，2014，43：792-803.

[18] Han S，Martenak D J，Palermo R E，et al. The direct partial oxidation of methane to liquid hydrocarbon over H-ZSM-5 zeolite catalyst. Journal of Catalyst，1992，136（2）：578-583.

[19] Wang L，Tao L，Xie M，et al. Dehydrogenation and aromatization of methane under non-oxidizing conditions. Catalysis Letters，1993，21（1-2）：35-41.

[20] Su L，L Liu，Zhuang J，et al. Creating mesopores in ZSM-5 zeolite by alkali treatment：a new way to enhance the catalytic performance of methane dehydroaromatization on Mo/H-ZSM-5 catalysts. Catalysis Letters，2003，91（3-4）：155-167.

[21] Zeng J L，Xiong Z T，Zhang H B，et al. Nonoxidative dehydrogenation and aromatization of methane over W/H-ZSM-5-based catalysts. Catalysis Letters，1998，53（1-2）：119-124.

[22] Liu J F，Jin L，Liu Y，et al. Methane aromatization over cobalt and gallium-impregnated H-ZSM-5 catalysts. Catalysis Letters，2008，125（3-4）：352-358.

[23] 黄利强，曾金龙，林国栋，等．甲烷无氧脱氢芳构化双促进 W/MCM-22 基催化剂研究．化学学报，2004，62（18）：1706-1712.

[24] Weckhuysen B M，Wang D J，Rosynek M P，et al. Conversion of Methane to Benzene over Transition Metal Ion ZSM-5 Zeolites：I. Catalytic Characterization. Journal of Catalysis，1998，175（2）：338-346.

[25] Wang L，Ohnishi R，Ichikawa M. Novel rhenium-based catalysts for dehydrocondensation of methane with CO/CO_2 towards ethylene and benzene. Catalysis Letters，1999，62（1）：29-33.

[26] Ma D，Shu Y，Han X，et al. Mo/HMCM-22 catalysts for methane dehydroaromatization：A multinuclear MAS NMR study. The Journal of Physical Chemistry B，2001，105（9）：1786-1793.

[27] Maijhi S，Mohanty P，Wang H，et al. Direct conversion of natural gas to higher hydrocarbons：a review. Journal of Energy Chemistry，2013，22（4）：543-554.

[28] Wu P，Kan Q，Wang D，et al. The synthesis of Mo/H-MCM-36 catalyst and its catalytic behavior in methane non-oxidative aromatization. Catalysis Communications，2005，6（7）：449-454.

[29] Xing H，Zhang Y，Jia M，et al. Detemplation with H_2O_2 and characterization of MCM-56. Catalysis Communications，2008，9（2）：234-238.

[30] 陈会英，柳林，徐龙伢，等．含有 10 元环和 12 元环的 NU-87 分子筛对甲烷脱氢芳构化的催化性能．催化学报，2004，25（11）：845-846。

[31] Liu H，Yang S，Wu S，et al. Synthesis of Mo/TNU-9（TNU-9 Taejon National University No. 9）catalyst and its catalytic performance in methane non-oxidative aromatization. Energy，2011，36（3）：1582-1589.

[32] Li L，Fan S，Mu X，et al. Photoinduced conversion of methane into benzene over GaN nanowires. Journal of the American Chemical Society，2014，136（22）：7793-7796.

[33] Li L，Mu X，Liu W，et al. Thermal non-oxidative aromatization of light alkanes catalyzed by gallium nitride. Angewandte Chemie，2014，126（51），14330-14333.

[34] Ma D，Wang D，Su L，et al. Carbonaceous deposition on Mo/H-MCM-22 catalysts for methane aromatization：A TP technique investigation. Journal of Catalysis，2002，208（2）：260-269.

[35] Liu H，Su L，Wang H，et al. The chemical nature of carbonaceous deposits and their role in methane dehydro-aromatization on Mo/MCM-22 catalysts. Applied Catalysis A：General，2002，236（1-2）：263-280.

[36] Song Y，Xu Y，Suzuki Y，et al. A clue to exploration of the pathway of coke formation on Mo/H-ZSM-5 catalyst in the non-oxidative methane dehydroaromatization at 1073 K. Applied Catalysis A：General，2014，482：387-396.

[37] Song Y，Xu Y，Suzuki Y，et al. The distribution of coke formed over a multilayer Mo/H-ZSM-5 fixed bed in H_2 co-fed methane aromatization at 1073 K：Exploration of the coking pathway. Journal of Catalysis，2015，330：261-272.

[38] Shu Y，Xu Y，Wong S-T，et al. Promotional effect of Ru on the dehydrogenation and Aromatization of methane in the absence of oxygen over Mo/H-ZSM-5 catalysts. Journal of Catalysis，1997，170（1）：11-19.

[39] Zeng J-L，Xiong Z-T，Zhang H-B，et al. Nonoxidative dehydrogenation and aromatization of methane over W/H-ZSM-5-based catalysts. Catalysis Letters，1998，53（1-2）：119-124.

[40] Chu N，Wang Q，Zhang Y，et al. Nestlike hollow hierarchical MCM-22 microsphere：Synthesis and Exceptional catalytic properties. Chemistry of Materials，2010，22（9）：2757-2763.

[41] Zhu P，Yang G，Sun J，et al. A hollow Mo/HZSM-5 zeolite capsule catalyst：preparation and enhanced catalytic properties in methane dehydroaromatization. Journal of Materials Chemistry A：Materials for Energy and Sustainability，2017，5（18）：8599-8607.

[42] Jin Z，Liu S，Qin L，et al. Methane dehydroaromatization by Mo-supported MFI-type zeolite with core-shell structure. Applied Catalysis A：General，2013，453：295-301.

[43] Yin X，Chu N，Yang J，et al. Synthesis of the nanosized MCM-22 zeolite and its catalytic performance in methane dehydro-aromatization reaction. Catalysis Communications，2014，43：218-222.

[44] Wang D，Lunsford J H，Rosynek M P. Catalytic conversion of methane to benzene over Mo/ZSM-5. Topics in Catalysis，1996，3（3-4）：289-297.

[45] Xu Y，Liu W，Wong S-T，et al. Dehydrogenation and aromatization of methane in the absence of oxygen on Mo/H-ZSM-5 catalysts before and after NH_4OH extraction. Catalysis Letters，1996，40（3-4）：207-214.

[46] Ma S，Guo X，Zhao L，et al. Recent progress in methane dehydrogenation：from laboratory curiosities to promising technology. Journal of Energy Chemistry，2013，22（1）：1-20.

[47] Xu Y，Song Y，Zhang Z-G. A binder-free fluidizable Mo/H-ZSM-5 catalyst for non-oxidative methane dehydroaromatization in a dual circulating fluidized bed reactor system. Catalysis Today，2017，279（Part 1）：115-123.

[48] Park S, Lee M, Bae J, et al. Plasma-assisted non-oxidative conversion of methane over Mo/H-ZSM-5 catalyst in DBD reactor. Topics in Catalysis, 2017, 60 (9-11): 735-742.

[49] Li X-S; Shi C, Xu Y, et al. A process for a high yield of aromatics from the oxygen-free conversion of methane: combining plasma with Ni/H-ZSM-5 catalysts, Green Chemistry, 2007, 9 (6): 647-653.

[50] Morejudo S H, Zanon R, Escolastico S, et al. Direct conversion of methane to aromatics in a catalytic co-ionic membrane reactor. Science, 2016, 353 (6299): 563-566.

[51] Xue J, Chen Y, Wei Y, et al. Gas to liquid: Natural gas conversion to aromatic fuels and chemicals in a hydrogen-permeable ceramic hollow fiber membrane reactor. ACS Catalysis, 2016, 6: 2448-2451.

[52] Rival O, Grandjean B P A, Guy C, et al. Oxygen-free methane aromatization in a catalytic membrane reactor. Industrial & Engineering Chemistry Research, 2001, 40: 2212-2219.

4

天然气与煤化工

4.1 天然气与煤

煤和天然气占能源消费总量的一半左右。其高效利用成为研究的热点。煤完全气化追求高碳转化率使气化炉体积庞大，投资高昂，严重限制了煤气化技术的大规模应用。部分气化提供了一个解决方案，在部分气化过程中，化学活性高的富氢成分可以迅速地转化为合成气，而化学活性较低的富碳成分转化成半焦。煤部分气化主要用于发电，并以空气为气化剂，其难点是高温合成气净化困难。很少有文献研究用煤部分气化合成气制备化工产品的利用方法。天然气是另外一种广泛用于发电和生产化工产品的化石燃料。在联合循环中天然气直接燃烧，燃烧过程不可逆损失巨大，占系统总不可逆损失的 50%左右。天然气基化工流程中，天然气必须通过重整反应转化成合成气，为了提高天然气的转化率，重整反应温度较高，一般高于 900℃，需要燃烧大约 30%的天然气提供反应热。

4.2 煤化工中的天然气

煤化工分为传统煤化工和现代煤化工，传统煤化工产品主要包括合成氨、甲醇、焦炭和电石等。我国传统煤化工已有很长的发展历史，主要产品、产量位居世界第一。2009 年我国部分传统煤化工产品开工率不高，主要原因为产能过剩、综合竞争力不强、受大量低价进口产品冲击。在国家强制措施和市场规律的共同作用下，传统煤化工产品淘汰落后产能的步伐正在加快。2009～2010 年全国淘汰落后焦炭产能 4500 万吨，新增投产焦炉产能 4800 万吨，实现了以自动化、大型化、清洁环保化的大中型焦炉产能对落后产能的置换。

目前，我国现代煤化工仍处于示范建设阶段。由于现代煤化工具有装置规模大、技术集成度高、资源利用优于传统煤化工的特点，各地规划拟建的项目很多。为了使现代煤化工这一新兴产业从一开始就步入科学、有序、健康的发展轨道，国家出台了《化石产业调整和振兴规划》和《关于规范煤制天然气产业发展有关事项的通知》，明确了把煤制油、煤制烯烃、煤制二甲醚、煤制天然气、煤制乙二醇作为现代煤化工的代表。

目前，国内有 4 个示范性煤制天然气项目：①大唐国际内蒙古克旗年产 40 亿立方米煤（褐煤）制天然气项目，一系列工程于 2013 年 12 月 18 日投产运行成功；②辽宁大唐国际阜新煤制天然气项目于 2010 年 3 月 5 日获国家发改委正式核准，是我国第三个经国家发改委核准的煤制天然气项目。项目占地 354.35 公顷，建设规模为年产 40 亿标准立方米煤制天然气（日产 1200 万标准立方米），分三个系列滚动建设，每系列规模为年产 13 亿立方米，采用煤、电、化一体式建设模式，可副产焦油、石脑油、粗酚、硫黄、硫铵等化工原料。2019年8月16日，辽宁大唐国际阜新煤制天然气公司2#锅炉点火成功；③内蒙古汇能煤电集团公司煤制天然气项目是内蒙古首个国家发改委批复的煤制天然气项目，计划投资120亿元，二期新增煤制天然气生产规模16亿立方米并全部液化，预计2021年投产。下游产品为年产50万吨烯烃、18万吨汽油、4.8万吨液化石油气，2480万吨硫黄，可实现煤、油、化多模式；④庆华集团新疆55亿立方米煤制天然气项目位于伊犁伊宁县，采用碎煤加压、固定床气化、煤气水分离、低温甲烷洗等国内外先进成熟工艺技术，总投资为278亿元[1]，2013年8月试产。

另外，华能电力的伊敏煤电公司40亿立方米/年煤制天然气项目于2010年9月进行前期筹备工作；北京控股有限公司与呼和浩特市共同投资的40亿立方米煤制天然气也于2011年开工建设，这些项目均采用将煤转化为清洁的天然气工艺[1]。

4.3　天然气制合成气

4.3.1　概述

从世界能源发展趋势看，天然气在能源结构中的比例正在逐年增加。据预测，到2020年，石油在世界能源结构中的比例将从目前的41%下降为20%，而天然气将从目前的25%增长到40%左右，成为21世纪初最主要的能源[2]。

甲烷可以通过间接转化法制取合成氨、甲醇、液体燃料和一系列精细化工产品。目前，氨和甲醇的生产能力分别超过了1亿吨/年和2200万吨/年。Mobill公司以中孔ZSM-5分子筛催化剂开发了由天然气经合成气制取汽油的MTG过程，Shell公司紧随其后开发了由天然气经合成气制取柴油的SMDS过程。最近，Amoco公司和Haldor Topsøe公司合作开发了以天然气为原料生产二甲醚的新技术，二甲醚由于其低烟和低NO_x排放量被誉为是21世纪的新燃料。UOP公司也开发了甲醇制烯烃的新技术，打通了由天然气制取烯烃的工艺路线。中国科学院大连化学物理所也完成了由合成气经二甲醚制烯烃的单管实验，还于1994年完成了1t/d甲醇处理量的中试。上述新过程的开发都为有效利用天然气提供了技术支撑，指引了开发和研究的方向。在上述天然气间接转化利用途径中，甲烷转化为合成气是整个天然气化工的基础和龙头。现有的或正在研究开发的甲烷转化方法包括水蒸气转化法、部分氧化法和二氧化碳转化法等[2]。

4.3.2　天然气蒸汽转化制合成气

水蒸气转化法已经有几十年的工业生产史了，其生产技术已趋于成熟。图4-1是Lurgi

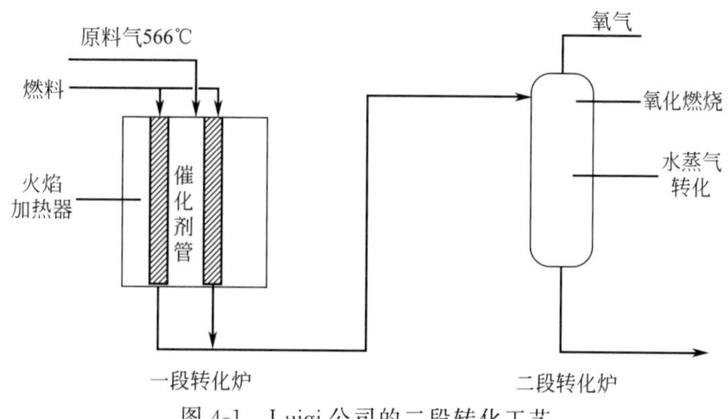

图4-1　Luigi公司的二段转化工艺

公司在20世纪80年代后期率先开发成功的用于合成氨生产的两段水蒸气转化制合成气工艺。该工艺分为一段转化炉和二段转化炉。在二段转化炉中，一段转化气与氧气混合燃烧，以提高催化床的反应温度和降低出口气中甲烷含量。该法的主要特点是生产的合成气中H_2的含量高。水蒸气转化法产物的$V(H_2)/V(CO)$（简称氢碳比）约为3∶1，由于合成氨对$V(H_2)/V(CO)$没有要求，因此该工艺已被广泛用于氨的工业生产[3]。该工艺甲烷的转化率可以达到很高，合成气中甲烷含量可降低到0.5%（体积分数）以下，但由于氢碳比偏高而难以满足合成甲醇、液体燃料和二甲醚产品的要求，且该工艺的能耗较大，设备投资大（合成气制备装置投资占总投资的50%以上），天然气耗费也大[7]。

为了能更合理地利用能量并降低投资费用，出现了取消一段水蒸气转化用火管而以二段自热转化提供所需的能量的新工艺，代表性的有ICI的GHR，其主要特点是取消了常规水蒸气转化所必需的火管加热，而是以二段自热转化所产出的热量作为一段水蒸气转化的热源，这样既较好地利用了能量，又节省了投资。另外，Kellog公司开发的KRES工艺与GHR原理基本相同，其差别在于其将原料气分为2股，一股进入GHR，另一股进入自热转化器。此外，还有俄罗斯的Tandem串级转化技术等。

4.3.3 天然气部分氧化制合成气

(1) 非催化部分氧化法

非催化部分氧化法工艺见图4-2，其是以甲烷、氧气的混合气为原料，在1000～1500℃下反应，制得的合成气中$V(H_2)/V(CO)$在1.6～1.8之间。原料$V(O_2)/V(CH_4)$为0.75∶1，耗氧量高于反应化学计量的50%，伴有强放热的燃烧反应，反应出口温度高达1400℃以上。该工艺对反应器材质的要求十分苛刻。反应原料气中不加入水蒸气，有烟尘生成，因而需要复杂的热回收装置来回收反应热和除尘[4,5]。非催化部分氧化法的典型代表有Texaco公司的TGSP及Shell公司的SGP工艺。宁夏石化分公司和兰州石化总厂是目前中国仅有的2家将渣油非催化空气氧化法制合成气改成天然气非催化空气氧化法的厂家。过程中甲烷和氧气一起通过德士古烧嘴进入气化炉，由于温度高达1400℃，所以缩短了烧嘴的使用寿命，导致经常替换烧嘴，增加了成本。反应温度高和积炭是非催化部分氧化法的主要问题，反应温度高对设备材质要求高，积炭造成后续过程复杂。

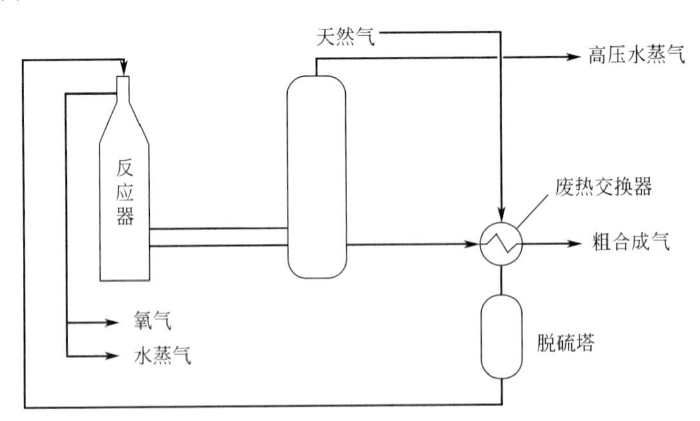

图4-2 非催化部分氧化法工艺简图

(2) 催化部分氧化法

甲烷催化部分氧化法制合成气是一个温和的放热反应，反应温度为400～600℃。该法制得的合成气的$V(H_2)/V(CO)$接近于2∶1，基本满足甲醇、二甲醚和液态烃类燃料等含氧化合物生产的要求。催化部分氧化法可在较高空速下进行，降低了投资，减少了生产成本。就甲烷间接制甲醇而言，与采用水蒸气转化法相比，甲烷催化部分氧化法制合成气的反应器体积小、效率高、能耗低，可显著降低设备投资和生产成本，受到了国内外的广泛重视，对它的研究工作十分活跃。

甲烷催化部分氧化法制合成气关键在于催化剂的开发，国内外很多研究工作者为此已做了大量工作，催化剂主要分为以下系列。①贵金属系列。Bhat-Tacharya等制备了一系列担载型Pd催化剂，载体为ⅢA，ⅣA，La系金属氧化物及γ-Al_2O_3和SiO_2；Marti等以无定形1Pd3Zr合金为前体制备了Pd/ZrO_4催化剂[3]。②镍系列。Shimizu等报道了$Ca_{1-x}Sr_xTi_{1-y}Ni_yO$系列催化剂，Hayakawa等制备了$Ca_{0.8}Sr_{0.2}Ti_{0.8}Ni_{0.2}O$混合氧化物催化剂等[6]；尚丽霞等报道了添加碱土金属助剂可减小Ni的晶粒，既使催化剂吸附CO_2的能力有所降低，又对催化剂上积炭起到了一定的抑制作用[7]；严前古等对热稳定性好、导热性好的惰性材料进行了研究，如$MgAl_2O_4$等[8]；季亚英等考察了不同反应条件对Mg调变的Ni基催化剂反应性能的影响[9]；张玉红等用溶胶、凝胶法制备了NiO/Al_2O_3催化剂[10]。

对于催化部分氧化法，虽然开展了近20年的实验室研究工作，但在提高催化剂的活性和抗积炭能力、解决催化剂在高温度梯度下烧结方面还存在着很多困难，距离工业化还有很大的差距，有待于进一步研究。除了催化剂方面的研究，反应器的开发也是重要的一环。中国科学院大连化学物理所采用固定床反应器，以Ni-Al_2O_3为催化剂，取得了较好效果。在这种反应器中，反应释放的热量很容易积累形成高温热点，反应很难控制。石油大学采用两段法，以钙钛矿贫氧为催化剂，其中氧气被分成2部分加入反应器中，这样避免了由于氧气浓度过高而导致爆炸的情况。Exxon公司开发完成了部分氧化制合成气的流化床新工艺，新工艺采用甲烷、水蒸气的混合气和氧气分开进料的方式，用水蒸气消除了积炭的生成，产物气必须以400℃/s的降温速度来冷却，否则合成气在降温过程中将发生CO的歧化和甲烷化反应[11,12]。

影响甲烷催化部分氧化法生产成本的最大因素是从空气中分离制备纯氧，所以开发与反应过程要结合空气膜分离器，形成反应与膜分离的耦合是将来研究的方向。研究人员用$Ba_{0.5}/Sr_{0.5}/Co_{0.8}/Fe_{0.2}O_3$复合物制成膜反应器，将氧从空气中分离、甲烷部分氧化一次完成。中国大庆石油化工研究院等也正在开发陶瓷膜反应器用于甲烷部分氧化，但这些过程还都处于试验阶段，未实现工业化。

参 考 文 献

[1] 马奉奇．国内煤化工的现状及发展．河北化工，2001，34（1）：5-7.
[2] 李文钊．天然气催化转化新进展．石油与天然气化工，1998，27（1）：1-3.
[3] 严前古，于作龙，远松月．甲烷部分氧化制合成气研究进展．石油与天然气化工，1997，26（3）：145-151.
[4] Abbot T J，Crewdson B. Gas heated reforming improves fischer-tropsh process. Oil & Journal，2002，100（16）：64-66.
[5] 黄海燕，沈志虹．天然气转化制合成气的研究．石油与天然气化工，2000，29（6）：277-278.
[6] 路勇，沈师孔．甲烷催化部分氧化制合成气研究的新进展．石油与天然气化工，1997，26（1）：6-14.
[7] 尚丽霞，谢卫国．碱土金属对甲烷与空气制合成气Ni/CaOAl_2O_3催化剂性能的影响．燃料化学学报，2001，29（5）：422-425.
[8] 严前古，李基涛．载体对甲烷催化部分氧化制合成气的影响．天然气化工，1999，24（3）：4-8.
[9] 季亚英，陈燕馨，于春英．Mg调变Ni基催化剂上甲烷部分氧化制合成气．天然气化工，1999，24（2）：12-15.
[10] 张玉红，许苓．溶胶、凝胶法制备甲烷部分氧化制合成气用催化剂．催化学报，1998，19（6）：550-553.
[11] Duane A G，Geoffery R S. Exxon Research and Engineering Company. U S：4877550，1989-10-31.
[12] 邢春发，冯俊，徐显明等．天然气转化制备合成气工艺进展．江西化工，2002，(1)：27-29.

5

天然气制氢新技术

氢气是一种重要的化工原料，在国防、石化、轻工、冶金、食品等行业有广泛的应用。在石化工业，氢气主要用于油品的催化重整、加氢催化裂化、加氢精制等。由于严格的燃料规范对硫、烯烃和芳烃等的要求，为改变油品性质，以及加工更多的低质原油，加氢处理需使用更多的氢气。预计世界炼油厂对氢气需求的年增长率为5%～7%[1]。

食用油包括人造黄油和烘烤用的油脂，这些都需要大量的氢气用于加氢反应。在加氢反应过程中，氢气被加入到不饱和脂肪酸的双键中，使其在室温下保持固体状态，并且减少变质的可能性[2]。

在电子行业，氢气主要是用作还原剂、载气或者是清洁燃料，来生产电路板、光纤和融凝石英等。氢气的用量一般都比较小，可以用瓶装气体或者是液态供应。在这些应用中，即使是很微量的杂质都会影响最终产品的质量，所以在这些工业中所使用的必须是高纯氢，杂质含量小于1×10^{-6}。

氢气在金属的一次、二次加工中也有广泛的应用。一次加工包括钨、钨碳化合物、钼粉、钢铁等的生产。在这些应用中，氢气主要用来产生一个还原性气氛，改善热导率或防止氧化等。二次加工包括热处理、烧结以及焊接等。这些工业主要购买液化氢气，或者是用小型氢气生产装置现场生产[2]。

氢气的其他应用还包括合成氨、浮法玻璃的生产、发电厂发电机组的冷却、核反应堆主要管道系统的防腐、火箭燃料等。

除了作为化工原料，氢气也是一种优良的能源载体。作为一种清洁、高效、安全、可持续的能源，氢气被视为21世纪最具发展潜力的清洁能源，也被视为解决温室效应问题，提高能量利用率的替代二次能源[3]。

5.1 天然气制氢技术原理

目前，世界上90%的氢气是由矿物燃料生产的。在矿物燃料中，煤的资源较丰富，但需要处理固体物料，氢气生产成本较高，所以煤气化制氢发展呈减慢趋势。天然气资源丰富，主要成分是甲烷，加工成本较低，因此成为制氢的主要原料[4]。

以天然气为原料制备氢气有两种方法。一种是通过首先制备含氢合成气，然后再提纯净化得到氢气。制备合成气的方法包括蒸汽重整、部分氧化和自热催化重整。另一种则是通过甲烷的直接分解来得到氢气。

5.1.1 天然气蒸汽重整制氢

天然气水蒸气重整（steam methane reforming，SMR）制取的氢气含量高，是目前最常用的一种制氢方式。这种方法将燃料与水蒸气混合后进入重整器，在高温和催化剂的作用下发生重整反应产生氢气。重整反应是一个强吸热反应，常用的催化剂为镍基催化剂，典型的反应温度为800～900℃，压力2.5～3.5MPa。该技术非常成熟，在高温下甲烷转化率高，几乎能达到平衡转换率[5]。

天然气蒸汽重整的基本反应方程式为（天然气考虑为甲烷）[6]：

重整反应：

$$CH_4+H_2O \rightleftharpoons CO+3H_2 \quad \Delta H_{298}^{\ominus}=206kJ/mol \tag{5-1}$$

$$CH_4+2H_2O \rightleftharpoons CO_2+4H_2 \quad \Delta H_{298}^{\ominus}=165kJ/mol \tag{5-2}$$

水气变换反应：

$$CO+H_2O \rightleftharpoons CO_2+H_2 \quad \Delta H_{298}^{\ominus}=-41kJ/mol \tag{5-3}$$

前两个反应为强吸热反应，随着反应的进行，摩尔流速显著增加。在高温低压下，甲烷的转化率很高，几乎能达到平衡转化率。与前两个反应不同的是，水气变换反应为放热反应，反应前后物质的摩尔流量不变，随着温度的降低转化率提高，且反应转化率与压力无关。

为了防止催化剂积碳，工业应用中一般水蒸气过量，水碳比为3～5，生成的H_2与CO之比约为3。制得的合成气再进入水气变换反应器，经过高低温变换反应将CO转化为二氧化碳和额外的氢气，提高氢气产率。工业上最常用的反应器是固定床列管式反应器，通过外部加热或部分氧化来提供反应所需的热量[7]。

5.1.2　天然气部分氧化制氢

甲烷部分氧化法（partial oxidation of methane，POM）主要是利用甲烷在氧气不足的情况下发生氧化还原反应，生成一氧化碳和氢气。常压下，反应温度区间在650～1050℃范围内。

部分氧化反应是一个轻放热反应，且反应速率较重整反应快1～2个数量级，生成的CO、H_2摩尔比为1∶2，是费托过程制甲醇和高级醇的理想CO/H_2配比。目前甲烷部分氧化制合成气的方法受到了各国产业界和学术界的重视[8]。

部分氧化反应的反应方程式为[9]：

$$CH_4+0.5O_2 \rightleftharpoons CO+2H_2 \quad \Delta H_{298}^{\ominus}=-36kJ/mol \tag{5-4}$$

$$CH_4+1.5O_2 \rightleftharpoons CO+2H_2O \quad \Delta H_{298}^{\ominus}=-607kJ/mol \tag{5-5}$$

$$CH_4+2O_2 \rightleftharpoons CO_2+2H_2O \quad \Delta H_{298}^{\ominus}=-802kJ/mol \tag{5-6}$$

反应通过控制加入氧气的量来控制反应温度，所需燃料很少，成本也得到控制。但由于反应复杂，反应过程难于控制，空气的加入会大大降低合成气中氢气的浓度，对后续提纯工段增加压力；如果采用纯氧，价格较高，因此必须考虑廉价氧的来源。催化剂床层的温度分布均匀性也不易控制，床层容易局部高温过热造成催化剂失活[10,11]。

伴随着上述主反应的发生，反应器内还可能发生一些副反应[12～15]，如甲烷裂解等：

$$CH_4+CO_2 \rightleftharpoons 2CO+2H_2 \quad \Delta H_{298}^{\ominus}=247kJ/mol \tag{5-7}$$

$$CH_4 \rightleftharpoons C+2H_2 \quad \Delta H_{298}^{\ominus}=75kJ/mol \tag{5-8}$$

$$C+H_2O \rightleftharpoons CO+H_2 \quad \Delta H_{298}^{\ominus}=131kJ/mol \tag{5-9}$$

$$C+0.5O_2 \rightleftharpoons CO \quad \Delta H_{298}^{\ominus}=-111kJ/mol \tag{5-10}$$

$$C+CO_2 \rightleftharpoons 2CO \quad \Delta H_{298}^{\ominus}=172kJ/mol \tag{5-11}$$

当氧化反应采用空气，而不是纯氧做氧化剂时，空气中的氮气也会参与反应，可能发生的副反应包括[16]：

$$N_2+3H_2 \rightleftharpoons 2NH_3 \quad \Delta H_{298}^{\ominus}=-98kJ/mol \tag{5-12}$$

$$N_2+2H_2 \rightleftharpoons N_2H_4 \quad \Delta H_{298}^{\ominus}=-95kJ/mol \tag{5-13}$$

$$N_2+2O_2 \rightleftharpoons 2NO_2 \quad \Delta H_{298}^{\ominus}=68kJ/mol \tag{5-14}$$

$$N_2+O_2 \rightleftharpoons 2NO \quad \Delta H_{298}^{\ominus}=181kJ/mol \tag{5-15}$$

$$N_2+2O_2 \rightleftharpoons N_2O_4 \quad \Delta H_{298}^{\ominus}=10kJ/mol \tag{5-16}$$

$$2N_2+O_2 \rightleftharpoons 2N_2O \quad \Delta H_{298}^{\ominus}=163kJ/mol \tag{5-17}$$

5.1.3 天然气自热催化重整制氢

自热重整反应（autothermal reforming，ATR）是将吸热的水蒸气重整和放热的部分氧化反应耦合到一起，并在一定条件下实现热量的自平衡[17]。ATR 反应结合了水蒸气重整及部分氧化反应的优点。在自热重整反应中，天然气同时与水蒸气及空气反应，生产富氢合成气。其化学反应过程主要为重整反应和部分氧化反应。当天然气、空气及水蒸气配比适当时，部分氧化反应正好提供水蒸气重整反应所需的热量，所以反应不需要外部加热，这样既限制了反应器内的高温，同时又降低了体系的能耗，提高了整体效率。自热重整的反应温度一般在 600～800℃，要求调节好氧气、水蒸气和燃料之间的比例，以便最大限度地提高反应效率，同时抑制积碳。但是同单纯地蒸汽重整制氢相比，ATR 工艺控速步骤依然是反应过程中的慢速蒸汽重整反应。这样就使 ATR 反应过程具有装置投资较高，生产能力较低的缺点，但具有生产成本较低的优点[17]。其总的反应式为：

$$CH_4+xO_2+(2-2x)H_2O \rightleftharpoons CO_2+(4-2x)H_2 \tag{5-18}$$

式中，x 为 O_2 与 CH_4 的摩尔比值。

5.1.4 天然气裂解制氢

甲烷裂解的反应方程式如前述式(5-8) 所示。根据反应条件不同，天然气裂解制氢又分为热裂解法和催化裂解法两种。采用天然气裂解方式生成碳和氢气，产物气中不含或含少量碳氧化合物，不需要进一步的变换反应，其分离设备也比天然气蒸汽重整简单，对于缩短流程、简化操作单元和减少投资的现场制氢来说非常有吸引力[18]。

该工艺具有流程短和操作单元简单的优点，可明显降低小规模现场制氢装置投资和制氢成本。尽管甲烷绝热转化制氢在国内外均开展了大量研究工作，但该过程欲获得大规模工业化应用，其关键问题是所产生的碳能够具有特定的重要用途和广阔的市场前景。否则，若大量氢所副产的碳不能得到很好应用，必将限制其规模的扩大，增加该工艺的操作成本。

5.2 氢气提纯技术

在制氢过程中，氢气分离的能量消耗及初始投资占氢气生产很大的一部分。常用的氢气提纯技术有变压吸附、高分子膜分离、钯膜分离等[19]。在与燃料电池集成的相关应用中，由于常用的质子交换膜燃料电池对 CO 敏感，所以常采用化学法（CO 甲烷化及选择性氧化）脱除合成气中的 CO。

5.2.1 变压吸附

变压吸附（pressure swing adsorption，PSA）主要是利用混合气体中各组分在吸附剂上的平衡吸附量或扩散速率的不同，通过改变压力实现对气体的分离。在含氢合成气中，氢是吸附能力最弱的组分，吸附压力下原料气中的其他强吸收组分被吸附在固体相吸附剂中，从而在吸附塔出口端获得氢气。变压吸附由吸附、解吸、吹气、增压等几个循环过程组成。

工业化 PSA 制氢的工艺流程为：原料气→增压→汽液分离→变压吸附→切换→缓冲→氢产品。为实现连续生产氢气，一般用 8 个吸附塔交替循环操作，采用 8-3-2 方式生产，即 8 个吸附塔中，2 个同时进料，经 3 次均压流程。具体如下[20]。

原料气先经增压后于 1.40MPa、40℃状态下进入汽液分离装置，经汽液分离器将液体组分分离后进入由 8 个吸附塔组成的 PSA 系统。原料气自下而上进入 2 个处于吸附状态的吸附塔，强吸附的组分被吸附剂留在床层内，塔上端得到氢气（1.25MPa）并进入缓冲罐，其余 6 个塔进行其他过程操作。整个过程在环境温度下进行，吸附在吸附剂上的组分通过逆放和冲洗方式解吸出来，逆放初期压力高的部分解吸气先进入解吸气缓冲罐缓冲后进入解吸气混合罐，逆放后期压力较低的部分解吸气和冲洗再生气直接进入解吸气混合罐，然后作为燃料外送。

5.2.2 高分子膜分离

高分子膜分离技术是一种操作简便、节能、高效的氢气提纯方法。其气体分离机理一般可分为下面四种：Knudsen 扩散，分子筛效应，表面扩散，溶解扩散[21,22]。高分子膜气体分离是利用气体各组分在通过膜时的渗透速率的不同来进行气体分离的。通常直径较小或极性较强的分子，如 H_2、H_2O 等透过膜的渗透速率较快，被称为快气；而直径相对较大或极性较弱的分子，如 N_2、CH_4、CO 等透过膜的渗透速率较慢，被称为慢气。在压差推动力的作用下也就是气体各组分在膜两侧的分压差的作用下，快气在低压的膜的渗透侧得到富集，慢气则没有减压，在膜的非渗透侧得到富集。膜法气体分离过程中无相变，装置内没有转动部件。

5.2.3 钯膜分离

钯是一种稀有金属，这种金属及其合金在被加热到 400～600℃时，可以允许氢气穿透。利用这种金属的这个特点，可以提取高纯度氢气。氢气在钯膜中的传递服从所谓的“溶解-扩散”（solution-diffusion）机理，如图 5-1 所示，它包含以下几个过程[23]：氢气从边界层中扩散到钯膜表面；氢气在膜表面分解成氢原子；氢原子被钯膜溶解；氢原子在钯膜中从高压侧扩散到低压侧；氢原子在钯膜低压侧重新合成为氢分子；氢气扩散离开膜表面。根据上述理论，氢气在钯膜中的穿透率与膜的温度、厚度、合金成分以及氢气在膜两侧的分压有关，一般可用 Sieverts' law[24,25]来表达：

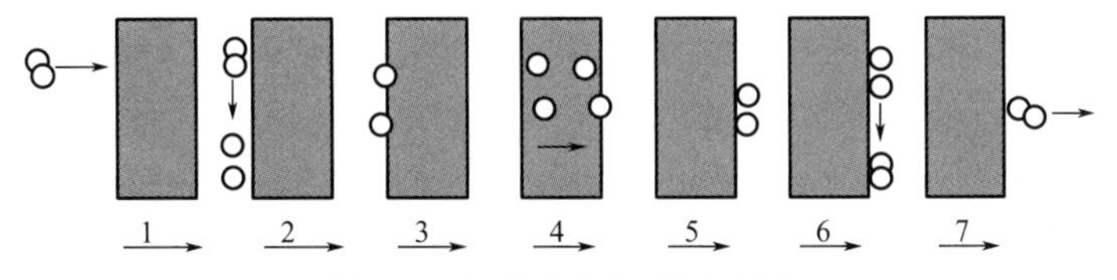

图 5-1 钯膜渗氢机理示意图

$$M=k\frac{A}{L}e^{-\frac{\Delta E}{RT}}(P_h^n-P_l^n) \tag{5-19}$$

在工业应用中，k 通常被认为是个常数。深入的研究发现，k 是受膜的应力，疲劳以及氢分子在钯膜中的浓度的影响，存在所谓的“Uphill Diffusion”现象[26]。同时，氢气的透过率也受合成气中 CO、CO_2、CH_4 等杂质气体的影响[27~29]。上式中的“n”值也会随温度变化而在 0.5～1 之间变化[30]。

钯合金膜由于其独特的纯化性能，是其他物理或化学分离方法无可比拟的。目前已经研制出的高性能钯合金膜有：钯银合金，钯金银合金，钯钇合金。但钯膜分离还存在着一些亟待解决的问题：膜结构不够完善，稳定性不好，成本高，与支撑体密封难等。所以目前成熟的工业应用还不多见。

5.2.4 化学法脱除 CO

通过化学方法深度脱除 CO 可以有效地减小装置的体积，而且还可以将 CO 脱除至 10×10^{-6}以下，所以近年来有关 CO 化学法深度脱除的研究很多。常用的 CO 化学法深度脱除方法包括选择性甲烷化法和优先氧化法。

(1) 选择性甲烷化法

选择性甲烷化法是指通过特定催化剂使得微量的 CO 与氢气反应生成甲烷，同时伴随有 CO_2 的甲烷化反应，主要发生的反应如下[31,32]：

$$CO+3H_2 \rightleftharpoons CH_4+H_2O(g) \qquad \Delta H_{298}^{\ominus}=-210kJ/mol \tag{5-20}$$

$$CO_2+4H_2 \rightleftharpoons CH_4+2H_2O\ (g) \qquad \Delta H_{298}^{\ominus}=-163.1kJ/mol \tag{5-21}$$

CO 选择性甲烷化文献中报道较多，方法趋于成熟。但是，由上述化学反应式可以看出，利用甲烷化反应脱除 CO，每摩尔需要消耗 3mol H_2，同时，重整气中大约有 20%的 CO_2 可能参与了甲烷化反应，这样就消耗了太多 H_2，使得整个系统的效率明显降低。而且，在甲烷化的催化体系中，由于大量 CO_2 的存在容易发生水气变换的逆反应，还会反应生成一部分 CO。基于上述原因，选择性甲烷化法脱除 CO 的应用受到了限制。

(2) CO 优先氧化法

CO 优先氧化法是指在重整气中通入 O_2，相对于氢气优先氧化 CO，这样既脱除了 CO，也降低了氢气的消耗。CO 优先氧化过程通过优化的反应器设计和高选择性的催化剂可将 CO 的浓度降至 10×10^{-6}以下，同时，氧化 CO 的同时，没有氧化 H_2，保证整个燃料电池系统的效率。在反应过程中主要发生的反应为水汽变换反应及[33,34]：

$$CO+0.5O_2 \longrightarrow CO_2 \qquad \Delta H_{298}^{\ominus}=-283kJ/mol \tag{5-22}$$

$$H_2+0.5O_2 \longrightarrow H_2O \qquad \Delta H_{298}^{\ominus}=-242kJ/mol \tag{5-23}$$

目前，关于 CO 优先氧化的研究主要集中于三方面，包括催化剂研究、反应机理和动力学研究和反应器的优化设计。

5.3 传统制氢反应器的缺陷及新技术

传统天然气制氢采用固定床列管式反应器生产含氢合成气，通过外部加热或部分氧化来提供反应所需的热量。反应器内的转化管内装填有催化剂，反应介质一边吸热，一边进行复杂的重整反应。受重整反应的反应条件限制，反应器的操作温度很高，原料气入口温度一般是 450～550℃，转化气出炉温度高达 760～880℃，炉膛通过顶部或侧面布置的燃烧器燃烧维持高温。反应生成的合成气经过高温变换、低温变换，进一步将其中的 CO 转换成 CO_2 和氢气，最后经过变压吸附生产纯度比较高的氢气。

尽管在工业上有着重要的地位，以上天然气蒸汽制氢技术也有着很多显著的缺陷[35~38]：

① 热力学平衡约束。蒸汽重整反应的可逆性使得甲烷的转化率及氢气的产率受热力学平衡的限制。

② 内扩散阻力。为了减小反应器床层的压降，固定床中催化剂颗粒比较大，这就导致反应器气体与固体催化剂的接触效果比较差，催化剂的催化效率很低，一般为 10^{-3}～10^{-2}。

③ 积炭和催化剂中毒。固定床反应器内部温度均匀性比较差，容易产生局部的高温及积炭。积炭会导致催化剂中毒，使催化剂效率降低。此外，积炭还有可能造成反应器堵塞，

增加床层压降。

④ 传热、温度梯度和管材。为了达到反应所需的高温（通常高于850℃），必须加热反应管，使热量经由管壁传至管内。在实际生产中，只有50%的燃烧热直接作用于蒸汽重整反应。为了回收废热，必须进行蒸汽输出和原料预热。固定床反应器床层与反应器壁的换热比较差，反应器壁与床层的温度梯度比较高，反应管管材必须选用耐高温的贵金属合金，成本高。

⑤ 环境污染。燃料在炉中高温燃烧，会产生NO_x。不仅如此，在燃烧炉和反应过程中都会产生CO_2，这一点大大制约了氢气作为一种清洁能源的清洁性。

为了克服传统天然气蒸汽重整反应的弊端，近十年来出现了很多新技术，包括：

① 应用选择性透过膜从重整反应合成气中将氢气分离出来。氢气的分离使得反应式(5-1)、式(5-2)和式(5-3)的平衡向正方向移动，消除热力学平衡转化率的障碍，增加氢气的产量，减少CO的产生。平衡的正向移动使得反应可以在较低的温度下达到普通重整反应在高温下才能达到的转化率，减少系统热量损失，使得反应器可以采用诸如316SS的相对廉价的不锈钢管。同时通过这种选择性透过膜可以直接生产高纯度（如无CO）的氢气，免去了后续的氢气提纯工艺。氢气的及时分离也使得高压对反应带来的不利影响被大幅度中和，当膜的透过能力达到一定程度时，高压甚至会有利于天然气重整反应的转化率。

② 进行氧化反应时，应用透氧膜进行氧气的引入。采用空气或氧气进行自热反应可减少外部加热，大幅减少CO_2和NO_x的产生，同时可减少催化剂积炭。采用透氧膜引入氧气时，原料气可以直接采用空气，空气中的氧气通过透氧膜进入反应器，剩余的氮气排出反应器，避免降低合成气中氧气的浓度。氧气透过钙钛矿膜的流量可表示为[39]：

$$Q_{O_2}=\frac{P_{m,Pv_0}}{t_{m,Pv}}\exp\left(-\frac{E_{act,Pv}}{RT}\right)T\ln\frac{p_{O_2,f}}{p_{O_2,p}} \tag{5-24}$$

③ 采用流化床反应器。与固定床相比，流化床反应器大幅改善了床层与反应器壁的传热能力，且能大幅减少床层压降。流化床中的催化剂颗粒比固定床中的颗粒小很多，这使得催化效率大幅提高（从约0.01到将近1[39,40]）。

④ 微通道反应器的应用。从微通道换热器演变而来的微尺度反应器具有极强的换热能力。当微尺度技术被应用于重整反应器中，可以有效地向反应中传热，提高反应的选择性和转化率，减少催化剂用量，避免催化剂过热，降低反应器压降。

⑤ CO_2捕捉技术。一个使得反应式(5-1)～式(5-3)的平衡正向移动的替代或补充方法是将CO_2吸收剂（如煅烧石灰石）注入反应器，使反应器中发生如下反应：

$$CaO+CO_2 \rightleftharpoons CaCO_3 \qquad \Delta H_{298}^{\ominus}=-178kJ/mol \tag{5-25}$$

这种方法还能为反应器供热，并为捕捉CO_2这一温室气体提供可能性。

5.4 新型天然气制氢反应器

近年来，在很多新型天然气制氢反应器中都运用了前节介绍的一种或几种新技术。

5.4.1 固定床膜反应器

(1) Itoh等研制的固定床膜反应器

日本国家材料和化学研究所的Itoh等搭建了一个固定床膜反应器，并研究了氢气在其中的径向扩散[41]。他们所研发的膜反应器的剖面见图5-2，其中的膜管一端封口，膜管钯含量为77%、银含量为23%，长150mm，壁厚20mm，外径10.4mm。膜管中插入了一根不锈钢管，以导出从膜管中渗出的氢气。在膜管周围装填了直径3.3mm、高3.6mm的圆柱形催化剂，催化剂层的两端装填了平均直径为 1.75mm 的石英砂。反应器还设有三个取样口，用以测量轴向氢气分压。

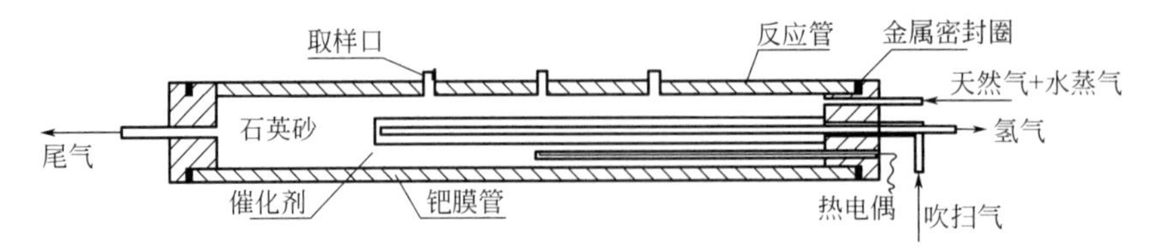

图 5-2 Itoh 等研制的固定床膜反应器[41]

采用理想气体流动和径向扩散模型，研究人员测量并分析了反应器中氢气径向分压（浓度）的分布。通过分析，他们发现氢气在床层内有一个压力差。在靠近膜管壁的地方，氢气的分压较低，这会导致氢气透过膜管的渗透量减小。

（2）Yoshinori 等研制的固定床膜反应器

早在 1992 年，日本东京燃气公司就开始研发用于氢气生产的膜反应器。1997 年，他们发布了一种与燃烧器集成的固定床膜反应器[42]，并申请了美国专利。如图 5-3 所示，这种工业规模的氢气生产设备将制氢和氢气分离过程结合起来，制氢过程采用蒸汽重整，氢气分离过程通过透氢膜进行。反应器由大、中、小三个嵌套着的圆筒组成，并在内圆筒内配置一个燃烧炉。催化剂装填在中筒和内筒之间的环形区域内，其中安装了透氢膜管。天然气和水蒸气通入催化剂层，在由燃烧炉提供的高温下转化成含氢合成气。其中的氢气透过透氢膜，与吹扫气一起从设备的排气管口排出。

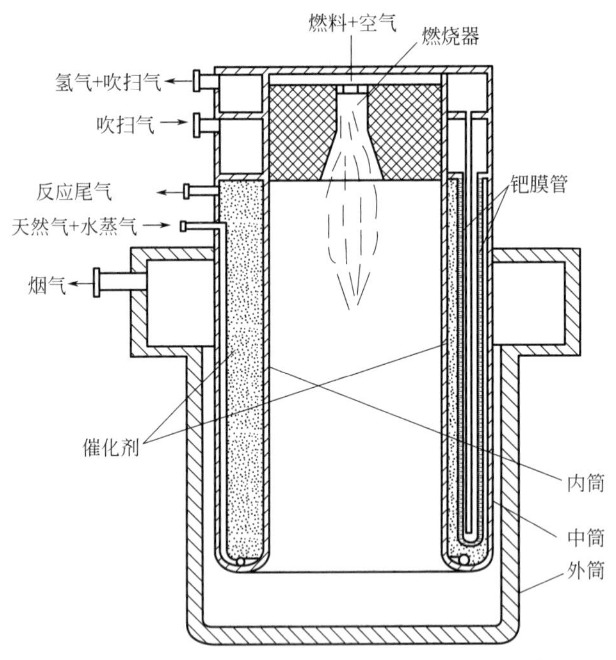

图 5-3 Yoshinori 等研制的固定床膜反应器[42]

（3）Shirasaki 等研制的固定床膜反应器[43]

最近，东京燃气和三菱重工共同研发了一种能够高效地进行天然气蒸汽重整制氢的固定床膜反应系统[43]。该设备采用多管矩形结构，由 112 个反应器组合而成，制氢能力可达 $40m^3/h$。在设备底部有一个含有两个燃烧器的燃烧炉，用以产生高温烟气来将反应管加热至所需温度。如图 5-4 所示，每个反应器都有两个平板钯膜组件。反应器中装填三氧化铝为载体的镍基催化剂；催化剂采用两种形式，在离膜组件较远的底部采用直径 2～3mm 的颗粒，在膜组件附近采用特殊设计的块状整体式催化剂以防止催化剂与膜表面之间摩擦而引起的膜表面损伤。天然气与水蒸气混合物通过导管由反应管顶部通入反应管底部的颗粒催化剂进行重整反应，然后从底部上升到钯膜组件区，一部分氢气透过钯膜组件，其余气体进一步在该区的块状整体式催化剂的作用下发生重整反应。分离后的氢气和尾气通过反应管顶部汇集后出反应器。

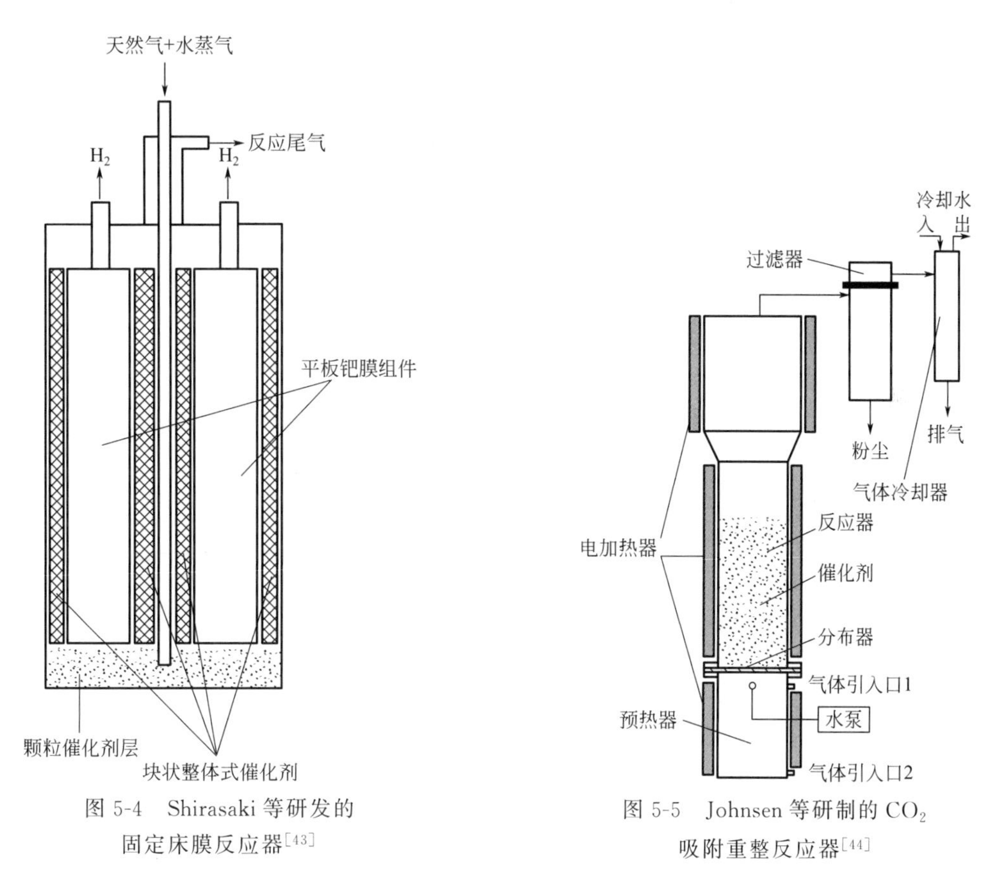

图 5-4　Shirasaki 等研发的固定床膜反应器[43]

图 5-5　Johnsen 等研制的 CO_2 吸附重整反应器[44]

5.4.2　CO_2 吸附鼓泡床反应器

加拿大的 Johnsen 等设计了一个直径为 100mm 的 CO_2 吸附鼓泡床反应器，并研究了常压下的反应性能[44]。该反应器采用氧化钙吸收反应中的二氧化碳，以促进反应平衡向生产氢气方向进行。反应器为间歇操作。反应中，重整反应过程和高温煅烧过程交替进行，高温煅烧是为了将 CO_2 吸附剂再生。反应器结构见图 5-5。反应器包括原料气预热段、反应段（高 0.66m，内径 0.1m）、过滤器以及气体冷却器等部件。天然气被输送到预热器上端，与水蒸气混合。在预热器与反应器之间有一个六边形气体分布板，板上钻有 34 个直径 1.2mm 的圆孔，经过预热的反应气体通过分布板进入装有商用镍基催化剂和白云石的混合器。反应器的三个部分分别由三个电加热器进行加热，可单独控温。

在 600℃和 0.1MPa 时，反应气体表观流速可达 0.032～0.096m/s，蒸汽重整反应达到平衡，在重整反应、白云石再生的 4 个循环之后，氢气的浓度依旧可达 98%～99%（体积分数）。随着反应循环次数的增加，白云石吸附 CO_2 能力的下降，总的反应时间会随着反应循环的增加而减少。但是，现有的研究并没有发现反应循环数对反应速率的影响。鼓泡床在床层温度分布方面具有很大的优势，反应器中的轴向温度只有 3～4℃。在现有的研究中，鼓泡床中的反应速率非常快，接近平衡，这使得鼓泡床成为重整反应的一个非常具有吸引力的选择。

5.4.3 鼓泡床膜反应器

(1) Adris 等设计的流化床膜反应器

Adris 等提出将透氢膜集成到流化床反应器中[45]（见图 5-6）。这种反应器综合了流化床反应器和膜反应器的优势。流化床反应器在催化反应中可以保证催化剂床层温度均匀，加强传热，以及增强催化剂的催化效率。选择性透过膜技术可改变可逆反应的化学平衡、一步生产高纯氢气产物。他们所研发的流化床膜反应器的产氢能力为 6m³/h，设计温度 1023℃，设计压力 1.5MPa。反应器内径 97mm，高 1143mm，催化剂自由沉降区域内径 191mm，高 305mm。反应器采用外部电加热。反应器内安放了 12 根薄的钯膜管，每根直径为 4.7mm。每四根膜管与一个尾气处理系统相连。尾气处理系统的入口处装有开关和流量计，出口处装有压力表和调压阀。

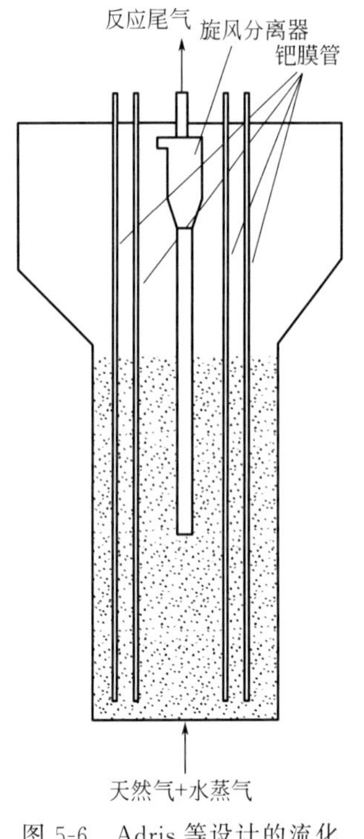

图 5-6 Adris 等设计的流化床膜反应器[45]

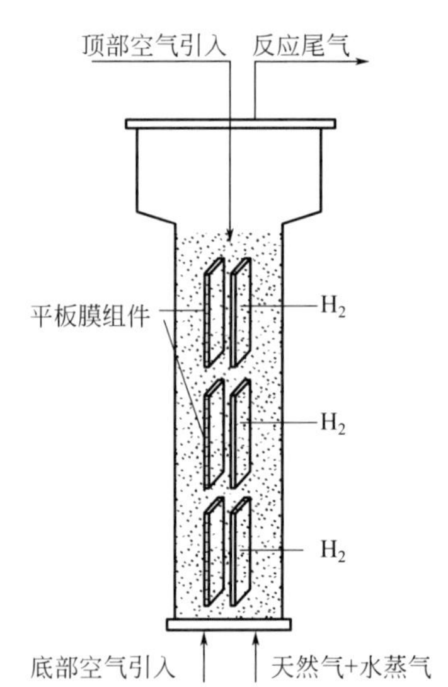

图 5-7 Chen 等[36]和 Mahecha-Botero 等[37]改进的流化床膜反应器

后期 Chen 等[36]和 Mahecha-Botero 等[37]对反应器进行了改进，采用了平板钯膜组件。反应器如图 5-7 所示。Chen 等[36]在反应器内安置了一组平板钯膜组件，膜厚度为 25m，总面积为 0.07m²，主要研究了天然气水蒸气重整以及自热重整反应催化剂在该反应器中的性能。反应器通常运行温度为 500～600℃，压力在 1.5～2.6MPa，膜侧压力 50～100kPa，进料水碳比为 2～3.5，氧碳比为 0～3.0，天然气进料量 0.8～1.2kg/h；在天然气水蒸气重整反应中，氢气产量为 4.8～12m³/(m²·h)；自热重整时在 9～18m³/(m²·h)。

Mahecha-Botero 等[37]的流化床膜反应器高 2m，内径 0.484m，反应器内有 6 组平板钯膜组件，总膜面积 300cm³，膜厚度为 25μm。在只有三组膜组件工作以及天然气水蒸气重整的工作条件下，透过氢气的纯度能达到 99.995%，氢气产量与天然气进料量的摩尔比率为2.07；在自热重整以及6组膜组件同时工作下，氢气产量为1.1m^3/h，氢气纯度为99.994%，氢气产量与天然气进料量的摩尔比为3.03。

(2) Patil等研发的流化床膜反应器

如图5-8所示，Patil等提出在流化床钯膜反应器中再加入透氧膜，透氧膜安置于反应器的底部，透氢膜安置于反应器的上部[46,47]。天然气在反应器底部发生部分反应产生高温，不仅可以促进氧气透过透氧膜，同时还可以预热天然气和水蒸气。发生部分氧化反应后的合成气与一部分天然气水蒸气混合进入反应器上部重整反应器区。由于透氢膜的存在，天然气基本上能全部转化为二氧化碳和氢气。该反应采用一端开口的钯膜管，管出口连接有抽真空系统，可以减小管内的氢气压力。该装置可以通过控制天然气水蒸气进入部分氧化段的量来控制整个系统的温度从而达到自热重整的目的。反应器可在不同表观速度（u/u_{mf}=1.5～6）、反应温度（550～650℃）、压力（0.2～0.4MPa）下运行。

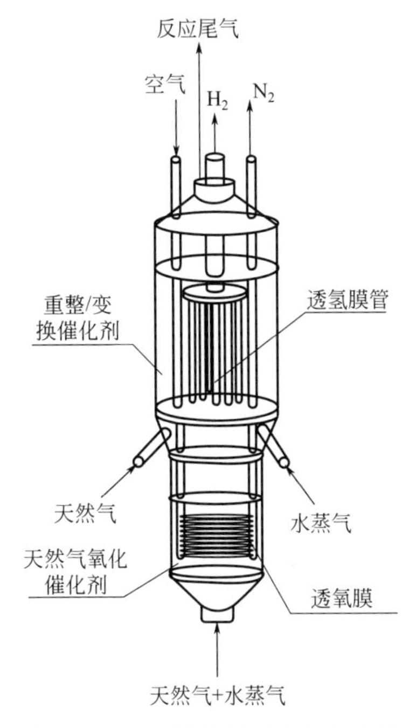

图5-8　Patil等[46,47]设计的反应器

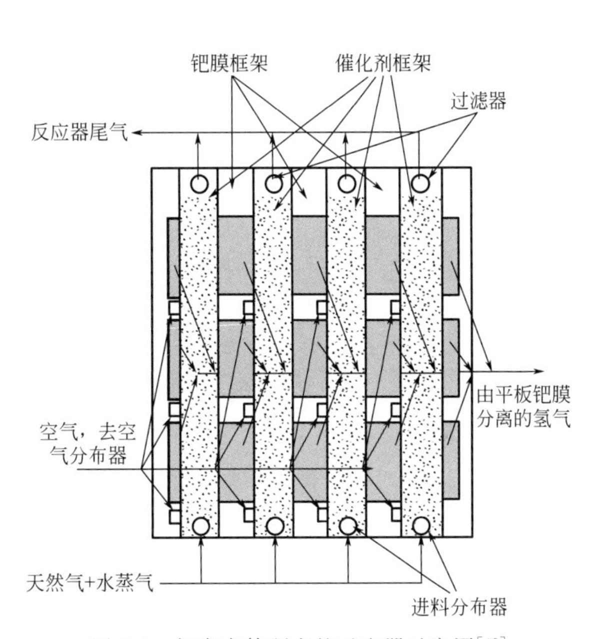

图5-9　解东来等研发的反应器示意图[48]

(3) 解东来等研发的模块化流化床膜反应器

如图5-9所示，解东来等设计和制造了一种非常紧凑的模块化流化床膜反应器。反应器由催化剂框及钯膜框架组成。钯膜框管的一面安装有三个平板膜组件和三个空气引入口，另一面只有三个平板钯膜组件。催化剂框架厚25.4mm，框架顶部和底部各装有一个烧结的多孔不锈钢管，顶部的管是尾气过滤器，底部的是进料分布器。反应器使用模块化设计，在需要对反应器进行放大时，顺序增加钯膜框架和催化剂框架即可。反应器进行了中试测试，检验了空气引入模式对流化床温度分布的影响，以及膜组件和催化剂的性能。

(4) 解东来等研发的流化床膜反应器

在国家高新技术研究发展计划（2006AA05Z125）的资助下，华南理工大学解东来等提出了一种钯膜组件呈环形放射状排列的新型流化床膜反应器的概念设计[49,50]。如图5-10所示，反应空间为内外两个管形成的环形区域，设计内管的目的是减小反应器单位体积内的横截面积，使反应气体在反应器内的流速超过催化剂颗粒的最小流化速度，且有一定的富余量；同时使单位体积的反应器容积内可以安装足够的膜表面积。呈放射状排列的钯膜组件安装于内管和外管之间的环形空间，形成反应器的重整及膜分离区域。该种排列方式的设计意图是使组件对流化床的流态化效果以及流化床与壁的传热的影响降至最低。空气分布器安装于钯膜组件上方，形成反应器的氧化区。催化剂装填在内管和外管之间的环形空间区域，覆盖空气分布器。各钯膜组件通过汇流管相连，实际反应时氢气将渗透到钯膜组件内部的纯氢气通道，通过汇流管引出。研发人员设计了冷态模型，对这种反应器的传热学特性[49]及流体力学特性[50]进行了研究，并设计加工了1台 $20m^3/h$ 的天然气制氢系统进行了测试运行，该制氢系统如图5-11所示。

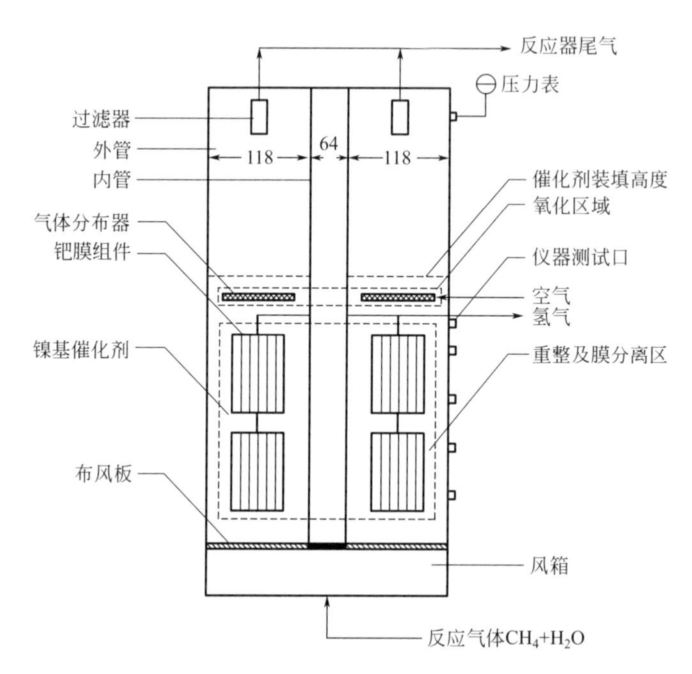

图5-10 解东来提出的环形流化床膜反应器概念设计[49,50]

图5-11 解东来等研发的 $20m^3/h$ 天然气制氢系统

5.4.4 循环流化床膜反应器

(1) Grace等研发的内循环流化床膜反应器

Grace等研发了一种内循环流化床膜反应器，该反应器的主要特点为空气从反应器顶部加入，通过控制底部进料方式使催化剂在反应器内的氢化区和重整区之间循环，催化剂在气流的带动下进入顶部氧化区，吸收空气中的氧气与反应器中的气体反应放出的热量，然后沿反应器四周下降回到中间的重整区，为重整反应提供热量，而空气中的氮气不进入重整反应区，避免了氮气对合成气中氢气的稀释作用[51]。如图 5-12 所示，催化剂在气流的带动下进入钯膜组件的重整反应区，进行重整反应与分离氢气过程；在气流的继续推动下，催化剂进入氧化区。在氧化区内，合成气中未反应的天然气以及未透过的氢气与一氧化碳等在此与空气中的氧气发生氧化反应，催化剂吸收反应中放出的大量热量在重力的作用下沿着反应的外围进入反应器底部；在反应器底部，气流带动被加热的催化剂进入重整反应区从而为重整反应提供能量。解东来等曾经对该反应器的流体力学特性进行了冷态模型研究[52]，并研制了 1 台 $15m^3/h$ 的工业示范装置[53]，该装置 2004 年在加拿大国家研究中心位于温哥华的燃料电池研究中心进行了示范运行，反应器的工作温度 650℃，压力 1.5MPa，进料水碳比 3.1。

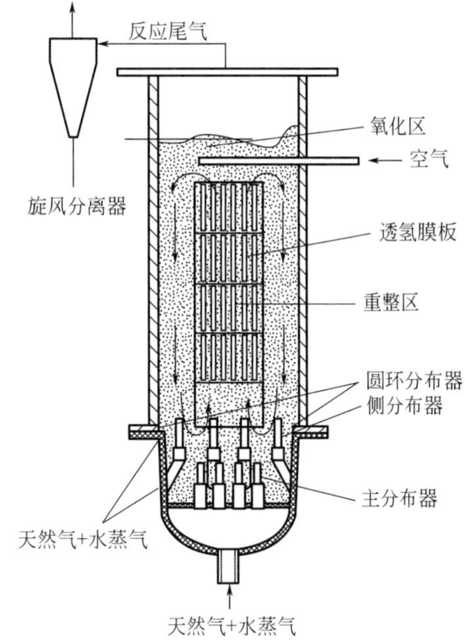

图 5-12 Grace 等提出的内循环流化床膜反应器[51]

（2）Elnashaie 团队提出的循环流化床膜反应器

美国奥本大学的 Elnashaie 团队近年来一直在从事循环流化床膜反应器的相关研究。如图 5-13 所示，他们所提出的反应器概念设计[54~56]耦合了钙钛矿膜和钯膜分别进行透氧和透氢，空气通过透氧膜能够为反应器提供所需的氧化剂，反应的合成气中的氢气通过透氢膜得到纯氢气，催化剂中的 CaO 颗粒吸附反应所产生的 CO 和 CO_2，反应尾气夹带催化剂以及吸收了二氧化碳后的碳酸钙颗粒通过 CaO 再生装置释放的 CO_2，得到的氧化钙以及催化剂与气体分离后，从外部循环进入反应器底部。整个系统中，透氧膜能够给反应提供纯氧从而避免了氮气对合成气的稀释；透氢膜的透氢以及氧化钙的吸收二氧化钙大大促进了平衡朝产氢方向进行。同时，为了给蒸汽重整反应供热，对部分甲烷进行了氧化。氧化中所需要的氧气通过透氧膜进入反应器。

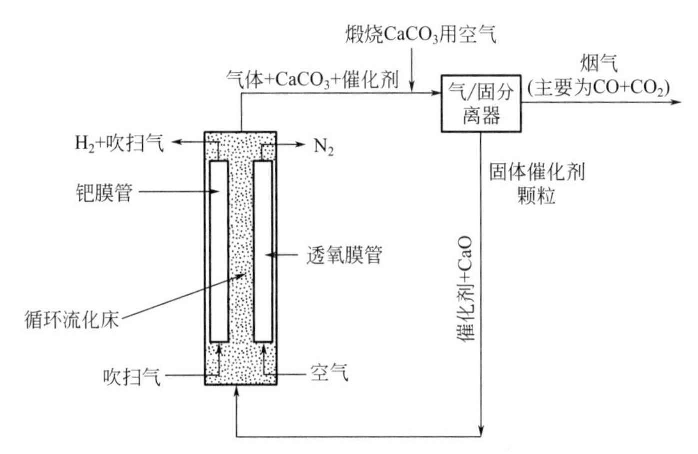

图 5-13 Elnashaie 团队提出的循环流化床膜反应器概念设计[54~56]

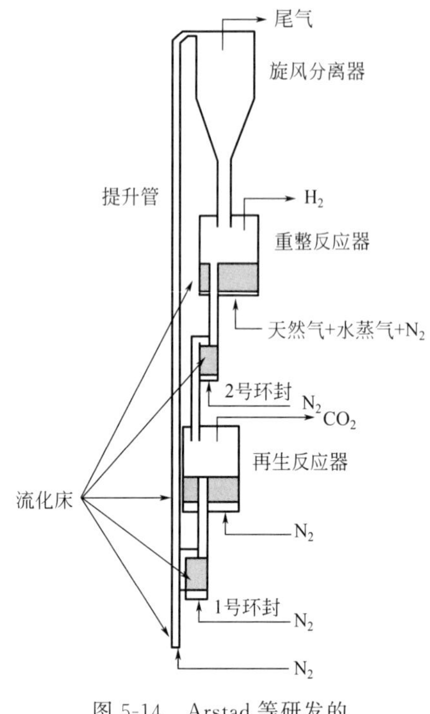

图 5-14 Arstad 等研发的循环流化床反应器[57]

(3) Arstad 等研发的循环流化床反应器

Arstad 等设计并测试了一个实验室规模的强 CO_2 吸收循环流化床蒸汽重整反应设备[57]。如图 4-14所示，此反应器由两个反应器（重整反应器、再生反应器）、两个环封、一个旋风除尘器和一个提升管组成。反应器的上部设有溢流管。反应器、环封和提升管的下端进气口使参与反应的颗粒保持流态化状态。在重整反应器和再生反应器中，气体出口设在上方。在重整反应器中，CO_2 与吸收剂 CaO 反应生成 $CaCO_3$，重整反应生成的其余气体从反应器的排气管排出，反应后的吸收剂和催化剂颗粒经由立管落至 2 号环封。颗粒经由 2 号环封再落入再生反应器，被约 900℃的高温加热后碳酸盐溶解，溶解时产生的 CO_2 随后离开此反应器。当 2 号反应器中的颗粒过量时，多余的颗粒就会落入 1 号环封，进而通过 1 号环封进入提升管，经由旋风分离器回到重整反应器。自此，颗粒在反应系统中完成一个循环。在循环中，反应器之间的环封确保了两反应器之间的气体不会互相混合。

这种反应设备以煅烧白云石作为吸收剂，可使 CO_2 的分离率达 65%。然而，为了应对颗粒磨损和结块，必须定时加入新的吸收剂和催化剂。

5.4.5 微通道反应器

目前，很多公司都在研发和设计用于大规模工业生产的微通道制氢反应器。应用微通道技术的天然气蒸汽重整反应需要很大的催化剂表面积，此表面积甚至超过了传热所需要的面积。为了平衡设备投资，Hetric 公司使用了一种多绝热床层技术（multiple adiabatic bed，MAB），在反应通路上设置了许多绝热床层，在绝热层之间设换热器。基于这一技术设计了制氢原型系统，如图 5-15 所示，有 9 个重整微反应器被燃料电池的阳极尾气的催化燃烧间接加热[58]。

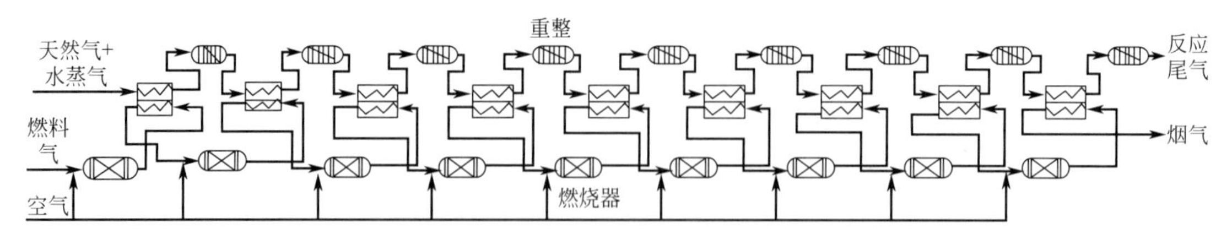

图 5-15 Johnston & Haynes 的微通道反应器的概念设计[58]

5.5 天然气制氢反应器的模拟

对反应器模拟可以了解关键参数对反应的影响，优化和放大反应器。通过模拟，研究人员可以对那些因为成本和安全因素而不能进行实验研究的参数进行研究。在反应过程中，同时发生物理过程和化学过程。因此，所建模型应当同时包含分别描述这两种过程的子模型，即流体力学模型和化学反应模型。

由于新研发的大部分的制氢反应器都为流化床反应器，且学术上对固定床反应器的模拟已经比较成熟，下面将介绍流化床反应器的模拟。流化床反应器模型大多运用 Kunii 和 Levenspiel[59]，Kato 和 Wen[60]，以及 Grace[61]模型描述流化床反应器中的流体过程。Kunii 和 Levenspiel 的三相模型[59]以以下假设为基础：流化床稀相区中可能含有微量的或不含固体颗粒，固体颗粒在密相区中以平推流状态均匀分布。在计算气泡相与乳相之间的物质交换时，气泡的平均直径不变。在 Kato 和 Wen 的装配模型[60]中，气泡相和密相各自在轴向被分为一系列理想的连续搅拌反应器（CSTR），其尺寸与气泡直径有关。Grace 的两相模型[61]是 Kunii 和 Levenspiel 三相模型[59]及 Fryer 和 Potter 逆流返混模型[62]的简化版，气泡中含有微量的固体颗粒和所有的气体，稀相以平推流状态轴向分布，密相静止。

研究人员主要通过动力学方法和热力学方法对天然气蒸汽重整反应进行模拟。在通常操作条件下，有催化剂参与的蒸汽重整反应、水气变换反应以及氧化反应的氢气产量都接近平衡状态下的产量。因此，可以应用化学热力学平衡分析的方法。当反应达到热力学平衡时，产品气的吉布斯自由能最小，可以很容易地采用 Aspen Plus™或 Hysys™进行模拟。

动力学模型可用来研究系统的反应过程的细节。重整反应中可能会出现的反应的动力学参数见表 5-1[39,63]。近期发表的各种模型及其基本假设和反应见表 5-2。

表 5-1　制氢反应中的反应动力学速率模型

反　应	动力学反应速率
$CH_4+H_2O \rightleftharpoons CO+3H_2$	$r_1=k_1\left(\dfrac{p_{CH_4}p_{H_2O}}{p_{H_2}^{2.5}}-\dfrac{p_{CO}p_{H_2}^{0.5}}{K_2}\right)/DEN^2$
$CO+H_2O \rightleftharpoons CO_2+H_2$	$r_2=k_2\left(\dfrac{p_{CO}p_{H_2O}}{p_{H_2}}-\dfrac{p_{CO_2}}{K_3}\right)/DEN^2$
$CH_4+2H_2O \rightleftharpoons CO_2+4H_2$	$r_3=k_3\left(\dfrac{p_{CH_4}p_{H_2O}^2}{p_{H_2}^{3.5}}-\dfrac{p_{CO_2}p_{H_2}^{0.5}}{K_2K_3}\right)/DEN^2$
$2CH_4+O_2 \longrightarrow 2CO+4H_2$	$r_4=k_4p_{CH_4}p_{O_2}$
$CH_4+CO_2 \rightleftharpoons 2CO+2H_2$	$r_5=k_5p_{CH_4}p_{CO_2}\left(1-\dfrac{p_{CO_2}p_{H_2}^2}{K_5p_{CH_4}p_{CO_2}}\right)$
$CH_4 \rightleftharpoons C+2H_2$	$r_6=\dfrac{k_6K_{CH_4}\left(p_{CH_4}-\dfrac{p_{H_2}^2}{K_{6a}}\right)}{\left(1+\dfrac{p_{H_2}^{1.5}}{K_{6a}}+K_{CH_4}p_{CH_4}\right)^2}$
$2CO \longrightarrow C+CO_2$	$r_7=\dfrac{k_7p_{CO}}{\left(1+K_{7a}p_{CO}+K_{7a}\dfrac{p_{CO_2}}{p_{CO}}\right)^2}$
$C+H_2O \longrightarrow CO+H_2$	$r_8=k_8p_{H_2O}^{0.5}$
$C+0.5O_2 \longrightarrow CO$	$r_9=k_9p_{O_2}^{0.5}$
$C+CO_2 \longrightarrow 2CO$	$r_{10}=k_{10}p_{CO_2}^{0.5}$
$CaO+CO_2 \rightleftharpoons CaCO_3$	$r_{11}=k_{11}(1-X_{CaO})^{0.67}(C_{CO_2}-C_{eqCO_2})$

$DEN=1+K_{CO}p_{CO}+K_{H_2}p_{H_2}+K_{CH_4}p_{CH_4}+K_{H_2O}p_{H_2O}/p_{H_2}$

表 5-2 天然气蒸汽重整或部分氧化进行氢气生产的反应模型

作者	床层流型	流体力学特性	参与的化学反应	氢气分离	CO_2吸附	加氧否	求解
Avcm 等[64]	固定床	平推流	式(5-1),式(5-2),式(5-3),式(5-5),式(5-8)	无	无	有	简化 Nelder-Mead 方法
Roy[65]	鼓泡床	连续搅拌	最小自由能	无	无	氧气	Lagrange-Newtonian 方法
Grace 等[66]	鼓泡床	连续搅拌	最小自由能	分离量作为输入	无	氧气	RAND 方法
叶根银等[67]	鼓泡床	单相气体平推流	局部最小自由能	耦合反应	无	无	Aspen 及 Fortran 子程序
解东来等[16]	鼓泡床	单相,连续搅拌	最小自由能	耦合反应	无	无	Excel,Matlab
Patil 等[60]	鼓泡床	Kato 及 Wen 模型[60],考虑轴向气体返混	式(5-1)～式(5-3)	耦合反应	无	重整反应上游加氧	不祥
Prasad & Elnashaie[54]	快速床	单相平推流	式(5-1)～式(5-5)	耦合反应	CaO	透氧膜加氧	IVPAG 子程序
Sarvar-Amini 等[68]	鼓泡床＋自由沉降区	Cui 等的两相模型[69]	式(5-1)～式(5-3)	耦合反应	无	无	Aspen
Adris 等[70]	鼓泡床＋自由沉降区	气相＋密相,气相平推流	式(5-1)～式(5-3)	耦合反应	无	无	Runge-Kutta 方法
Dogan. 等[71]	鼓泡床		式(5-1)～式(5-5)	耦合反应	无	反应器入口加氧	不祥
Abashar 等[72]	鼓泡床＋自由沉降区	乳相＋气泡相,气相平推流	式(5-1)～式(5-3)	耦合反应	无	无	Runge-Kutta 方法.
Abashar[73]	鼓泡床		式(5-1)～式(5-3),式(5-7)	耦合反应	无	无	Runge-Kutta 方法
Abba 等[74]	鼓泡床、湍流床、快速床及自由沉降区	分为低密度区和高密度区。自由沉降区为单相,平推流	式(5-1)～式(5-5)	耦合反应	无	反应器入口加氧	gPROMS 软件
Mahecha-Botero 等[63]	鼓泡床	连续搅拌	最小自由能	分离量作为输入	无	氧气	Microsoft Excel
	快速床	单相气体平推流	式(5-1)～式(5-3),式(5-5),式(5-7)～式(5-11)	H_2 分段分离	无	氧气	DGEAR FORTRAN 程序
Mahecha-Botero 等[35]	鼓泡床、湍流床,快速床	高密度相及低密度相	式(5-1)～式(5-3),式(5-5),式(5-7)	H_2 分段分离	无	氧气	Matlab 中的 ODE15s 程序
Dehkordi & Memari[75]	鼓泡床＋自由沉降区	气泡相及乳相	式(5-1)～式(5-3),式(5-5)	H_2 分段分离	无	氧气	不祥
Jakobsen & Halm[76]	快速床＋鼓泡床	快速床:气体及固体皆平推流;鼓泡床:气体平推流	式(5-1)～式(5-3),式(5-23)	无	有	无	不祥

5.6 新反应器研发中的冷态模型实验及放大

5.6.1 简介

目前，流化床制氢反应器吸引了人们越来越多的研发。流化床反应器的设计是一个复杂的工作，它要求设计人员拥有丰富的工程经验以及对反应中会遇到的各种现象的理解。在某种反应器的概念设计被正式应用之前几乎都要经过实验室冷态模型和小规模实验。因此，了解冷态模型和真正的高温高压反应器之间的区别，以及影响反应器放大的因素至关重要。

一个反应器放大的途径是在设备放大时保证尺寸比例和动力学因素的相似。在缩小设备（如为大型设备建立小型模拟器）的时候，这种方式也同样适用。在忽略粒子间作用力的情况下，设备放大或缩小时应保持匹配的参数如下：

阿基米德数 $Ar=\frac{\rho\Delta\rho g d_p^3}{\mu^2}$；

雷诺数 $Re=\frac{\rho d_p u}{\mu}$；

弗劳德数 $Fr=\frac{u^2}{g d_p}$；

相对密度$\frac{\rho_p}{\rho_g}$；

长度比$\frac{H}{d_p}$，$\frac{D}{d_p}$；

颗粒形状因子，如圆球度（Φ）；

粒度分布参数（PSD），如标准差。

在可忽略黏性力和惯性力的情况下 Glicksman 等[77]推荐一个简化的参数表：

$\frac{u^2}{gD}$，$\frac{\rho_p}{\rho}$，$\frac{u}{u_{mf}}$，$\frac{D}{L}$，$\frac{G_s}{\rho_p u}$，Φ，　　PSD

5.6.2 举例：Grace 等的内循环流化床膜反应器冷态模型研究

5.4 节介绍了 Grace 等的内循环流化床膜反应器的概念设计[51]。为了实现这样的设计目的，研究人员必须了解反应器的流体力学特性，尤其要了解固体颗粒和气体在反应器内的循环模式。研发中亟待解决的问题如下[52]。

① 重整反应区域氮气的浓度。因为氮气会降低合成气中氢气的分压，从而降低氢气的产量，所以必须准确知道在氧化区引入的空气中的氮气有多少会回流到重整反应区。

② 氧化区和重整区间的催化剂循环率。因为固体颗粒可携带重整反应所必需的热量，所以颗粒的循环率必须保证氧化区和重整区之间的温差在一定范围之内。

为了研究这种循环流化床膜反应器的流体力学性能，研究人员制作了一个实验室规模的冷态模型。为了设计这一冷态模型，研究人员选取了下面列出的前三个无量纲参数用于匹配实际反应器。第四个变量用来确定重整操作条件下的固体环流通量 $G_{p,\mathrm{core}}$[78]。

$$\frac{u_{\mathrm{core}}^2}{g d_p},\ \frac{\rho_p}{\rho_f},\ \frac{u_{\mathrm{core}}}{u_{mf}},\ \frac{G_{p,\mathrm{core}}}{\rho_p u_{\mathrm{core}}}$$

冷态模型和真正的反应器中所使用的颗粒形状是差不多匹配的。冷态模型和真正反应器中的流体力学参数，以及假设重整区气体表观速度为 0.1m/s 的情况下前三个匹配参数见表 5-3。冷态模型和重整反应器之间的这三组缩放参数很接近，但并不完全相同。

表 5-3 冷态模型和重整反应器的流体力学性能[78]

项 目	变 量	单位	实际反应器	冷态模型
颗粒	床层颗粒	—	镍基催化剂	FCC
	颗粒密度(ρ_p)	kg/m^3	2090	1600
	松散固定床颗粒孔隙率	—	0.5	0.45
	颗粒平均直径(d_p)	m	87E-6	62E-6
流体参数	温度	℃	600	20
	压力(绝对)	MPa	1.2	0.1
	流化气体	—	重整气	空气
	气体分子量	kg/kmol	15	29
	气体密度(ρ_f)	kg/m^3	2.48	1.20
	黏度(μ)	Pa·s	2.90E-5	1.74E-5
颗粒参数	阿基米德数	—	40	15
	A-B 颗粒分界处阿基米德数	—	192	107
	Geldart 颗粒分类	—	A	A
	标准条件下 u_{mf}	m/s	0.0030	0.0026
	反应条件下 u_{mf}	m/s	0.0018	—
放大参数	Froude 数(u_{core}^2/gd_p)	—	12	16
	颗粒气体密度比(ρ_p/ρ_f)	—	842	1330
	表观速度为 u_{mf} 的倍数(u_{core}/u_{mf})	—	56	33

经过一系列的计算，研究人员设计加工了冷态模型。该冷态模型由进气口、旋风除尘器以及装有模拟膜组件的 2.4m 高的圆柱反应器等几部分组成。模型由一台空气压缩机提供空气。圆柱形反应器由内径 230mm 的塑料管制作而成。模拟膜组件的材料为玻璃树脂，其中包含 4 个高 330m、横截面积 142mm^2 的模块，在模块之间均匀插入 6 个 9.5mm 厚的树脂玻璃。这 4 个模块有规律的排列，且首尾相连[52]。

空气经由 4 个可分别控制气量的分布器进入反应器：①底部法兰中心的主分布器，其作用是将空气引至膜组件的底部；②通往反应器外部环形区域的侧分布器；③顶部环分布器；④底部环分布器。后两个分布器由 3.2mm 的铜管焊接而成，安装在侧分布器周围。

为了研究气体循环和混合的途径，研究人员在冷态模型顶部氧化区注入了示踪气体氦气。利用热导检测器（TCD）检测反应器环形空间和重整区域中的氢气浓度。这种热传导式探测器由取样探针、一个 TCD 检测单元、两个转子流量计、一个混合罐和真空泵组成，其作用是通过电压信号来确定氦气含量。

研究人员透过冷态模型的透明反应器壁，可以测定固体颗粒流过环形区域的速度，乘以环形区域的截面积，假设颗粒以平推流形式流过环形区域，即可得到固体颗粒的循环速度。

对冷态模型的测试使得研究人员证实这种新型的内循环流化床膜反应器可以用催化剂颗粒的循环向重整反应器供热。可以用空气进行氧化反应，而又避免了空气中的氮气降低膜分离区域的氢气分压。在冷态模型测试后，研发人员又进行了实际反应器在高温高压下的测试[53,79]。

符号表

C_{ep}　　膜分离强度（有效膜面积/膜厚度），km

D　　反应器直径，m

d_p	颗粒平均直径，m
$E_{act,Pv}$	钙钛矿膜活化能，J/mol
E_p	透氢膜活化能，J/mol
F_{CH_4}	CH_4 流量，kmol/h
g	重力加速度，m/s^2
$G_{p,core}$	反应器中心区域颗粒循环速率，$kg/(m^2 \cdot s)$
H	反应器高度，m
K	系数，$mol/(km \cdot h \cdot Pa^{0.5})$
p	反应器压力，Pa
$P_{m,Pv0}$	钙钛矿膜氧气透过率，$mol/(cm \cdot s \cdot K)$
p_{MH_2}	膜侧氢气分压，Pa
$p_{O_2,f}$	进气侧氧气分压，Pa
$p_{O_2,p}$	膜侧氧气分压，Pa
p_{RH_2}	反应器侧氢气分压，Pa
Q_{H_2}	氢气透过量，mol/h
Q_{O_2}	O_2 透过率，$mol/(cm^2 \cdot s)$
R	气体常数，$J/(mol \cdot K)$
T	温度，K
$t_{m,Pv}$	钙钛矿膜厚度，m
u	气体表观速度，m/s
u_{core}	反应器中心区域气体表观速度，m/s
u_{mf}	最小流化速度，m/s
希腊字母	
$\Delta H_{298}^{\ominus}$	焓，kJ/mol
Φ	颗粒球形度
μ	气体黏度，$Pa \cdot s$
ρ_f	气体密度，kg/m^3
ρ_p	颗粒密度，kg/m^3

参 考 文 献

[1] 彭奕，李淑芳．工业制氢方案的分析和探讨．化工设计，2003，13（4）：7-12.

[2] 解东来．城市燃气在氢能及燃料电池的应用．煤气与热力，2007，27（4）：38-40.

[3] 解东来，费广平，王卫星，李自卫．分布式中小规模天然气制氢的工业研发进展．天然气化工 2008，33（2）：63-70.

[4] 刘少文，吴广义．制氢技术现状及展望．贵州化工，2003，28（5）：4-9.

[5] Grace J，Elnashaie S，Lim C J. Hydrogen production in fluidized beds with in-situ membranes. Int. J. Chem. React. Eng. 2005，3.

[6] Xu J，Froment G F. Methane Steam Reforming，Methanation and Water-Gas Shift：I. Intrinsic Kinetics. AIChE J. 1989，35：88-96.

[7] Chen Z，Prasad P，Yan Y，et al. Simulation for steam reforming of natural gas with oxygen input in a novel membrane reformer. Fuel processing technology. 2003，83（1-3）：235-252.

[8] 丁福臣，易玉峰编著．制氢储氢技术．北京：化学工业出版社，2006：474.

[9] Jin W，Gu X，Li S，et al. Experimental and Simulation Study on a Catalyst Packed Tubular Dense Membrane Reactor for Partial Oxidation of Methane to Syngas. Chem. Eng. Sci，2000，55：2617.

[10] De Smet C，De Croon M，Berger R J，et al. Design of adiabatic fixed-bed reactors for the partial oxidation of methane to synthesis gas. Application to production of methanol and hydrogen-for-fuel-cells. Chemical Engineering Science. 2001，56（16）：4849-4861.

[11] Zhu J，Zhang D，King K D. Reforming of CH_4 by partial oxidation：thermodynamic and kinetic analyses [J]. Fuel. 2001，80（7）：899-905.

[12] Jin W, Gu X, Li S, et al. Experimental and simulation study on a catalyst packed tubular dense membrane reactor for partial oxidation of methane to syngas. Chemical Engineering Science, 2000, 55 (14): 2617-2625.
[13] Snoeck J W, Froment G F, Fowles M. Kinetic study of the carbon filament formation by methane cracking on a nickel catalyst. Journal of Catalysis. 1997, 169 (1): 250-262.
[14] Tottrup P B. Kinetics of decomposition of carbon monoxide on a supported nickel catalyst [J]. Journal of Catalysis. 1976, 42 (1): 29-36.
[15] Mahecha-Botero A, Chen Z, Grace J R, et al. Comparison of fluidized bed flow regimes for steam methane reforming in membrane reactors: A simulation study. Chemical Engineering Science, 2009, 64 (16): 3598-3613.
[16] 解东来，乔伟艳，王芳等 . Reaction/separation coupled equilibrium modeling of steam methane reforming in fluidized bed bembrane reactors. International Journal of Hydrogen Energy, 2010, 35: 11798-11809.
[17] 李文兵，齐智平 . 甲烷制氢技术研究进展 . 天然气工业，2005，25 (2): 165-168.
[18] 杨旸，崔一尘，蔡宁生 . 天然气裂解制氢的研究进展 . 太阳能学报，2006，27 (10): 967-972.
[19] 解东来，于金凤，王子良等 . Hydrogen permeability of Pd-Ag membrane modules with porous stainless steel substrates, International Journal of Hydrogen Energy, 2011, 36: 1014-1026.
[20] 王晓明，张立红，刘彬 . 制氢工艺研究及进展 . 中国集体经济 . 2007，4: 142-143.
[21] Kikuchi E. Membrane reactor application to hydrogen production. Catalysis Today, 2000, 56 (1-3): 97-101.
[22] Shao L, Low B T, Chung T S, et al. Polymeric membranes for the hydrogen economy: contemporary approaches and prospects for the future. Journal of Membrane Science. 2009, 327 (1-2): 18-31.
[23] Ward T L, Dao T. Model of hydrogen permeation behavior in palladium membrane. Journal of Membrane Science, 1999, 153: 211-231.
[24] Sieverts A, Zapf G. Solubility of H and D in soild Pd (I). Z Phys Chem 1935, A174: 359-364.
[25] Holleck G C. Diffusion and solubility of hydrogen in palladium and palladium-sliver alloys. Journal of Physical Chemistry, 1970, 74: 503-511.
[26] Tong X Q, Sakamato Y, Lewis F A, Bucur R V, Kandasamy K. "Uphill' ' hydrogen diffusion effects and hydrogen diffusion coefficients in palladium. International Journal of Hydrogen Energy, 1997, 22: 141-156.
[27] Unemoto A, Kaimai A, Sato K, et al. Surface reaction of hydrogen on a palladium alloy membrane under co-existence of H_2O, CO, CO_2 or CH_4. International Journal of Hydrogen Energy, 2007, 32: 4023-4029.
[28] Gallucci F, Chiaravalloti F, Tostib S, et al. The effect of mixture gas on hydrogen permeation through a palladium membrane: Experimental study and theoretical approach. International Journal of Hydrogen Energy, 2007, 32: 1837-1845.
[29] Markelj S, Pelicon P, Simcic J, et al. Studying permeation of hydrogen (H and D) through Palladium membrane dynamically with ERDA method. Nuclear Instruments and Methods in Physics Research, 2007, 261: 498-503.
[30] Ma Y H, Guazzone F, Engwall E E, Effects of surface activity, defects and mass transfer on hydrogen permeance and n-value in composite palladium porous stainless steel membranes. Catalysis Today, 2006, 118: 24-31.
[31] Choudhury M B I, Ahmed S, Shalabi M A, et al. Preferential methanation of CO in a syngas involving CO_2 at lower temperature range. Applied Catalysis A: General. 2006, 314 (1): 47-53.
[32] Dagle R A, Wang Y, Xia G G, et al. Selective CO methanation catalysts for fuel processing applications. Applied Catalysis A: General, 2007, 326 (2): 213-218.
[33] Korotkikh O, Farrauto R. Selective catalytic oxidation of CO in H_2: fuel cell applications. Catalysis Today, 2000, 62 (2-3): 249-254.
[34] Oh S H, Sinkevitch R M. Carbon monoxide removal from hydrogen-rich fuel cell feedstreams by selective catalytic oxidation. Journal of Catalysis, 1993, 142 (1): 254-262.
[35] Mahecha-Botero A, Chen Z, Grace J R, et al. Comparison of fluidized bed flow regimes for steam methane reforming in membrane reactors: A simulation study. Chemical Engineering Science, 2009, 4.
[36] Chen Z, Grace J R, Lim C J, Li A. Experimental studies of pure hydrogen production in a commercialized fluidized bed membrane reactor with SMR and ATR catalysts, International Journal of Hydrogen Energy, 2007, 32: 2359-2366.
[37] Mahecha-Botero A, Boyd T, Gulamhusein A, et al. Pure hydrogen generation in a fluidized-bed membrane reactor: Experimental findings, Chemical Engineering Science, 2008, 63: 2752-2762.
[38] Tsai C Y, Dixon A G, Moser W R, Ma Y H. Dense perovskite membrane reactors for partial oxidation of methane to syngas. AIChE J, 1997, 43: 2741.
[39] Chen Z, Po F, Grace J R, et al. Sorbent-enhanced/membrane-assisted steam-methane reforming, Chemical Engi-

neering Science，2008，63：170-182.

[40] Grace J R，Elnashaie S S E H，Lim C J. Hydrogen production in fluidized beds with in-situ membranes，International Journal of Chemical Reactor Engineering，Vol（3），A41，avaliable at http：//www. bepress. com/ijcre/vol3/A41，2005.

[41] Itoh N，Xu W，Haraya K. Radial mixing diffusion of hydrogen in a packed-bed type of palladium membrane reactor，Ind. Eng. Chem. Res，1994，33：197-202.

[42] Shirasaki Y，Gondaira M，et al. Hydrogen producing apparatus. US Patent 5639431，1997.

[43] Shirasaki Y，Tsuneki T，Ota Y，et al. Development of membrane reformer system for highly efficient hydrogen production from natural gas. International Journal of Hydrogen Energy，2009，34（10）：4482-4487.

[44] Johnsen K，Ryu H J，Grace J R，et al. Sorption-enhanced steam reforming of methane in a fluidized bed reactor with dolomite as CO_2-acceptor. Chemical engineering science. 2006，61（4）：1195-1202.

[45] Adris A M，Lim C J，Grace J R. The fluidized bed membrane reactor system：a pilot scale experimental study. Chemical engineering science. 1994，49（24）：5833-5843.

[46] Patil C S，van Sint Annaland M，Kuipers J A M. Design of a novel autothermal membrane-assisted fluidized-bed reactor for the production of ultrapure hydrogen from methane. Industrial & engineering chemistry research，2005，44（25）：9502-9512.

[47] Patil C S，van Sint Annaland M，Kuipers J. Fluidised bed membrane reactor for ultrapure hydrogen production via methane steam reforming：Experimental demonstration and model validation. Chemical engineering science，2007，62（11）：2989-3007.

[48] 解东来，Adris A M，Lim C J，Grace J R. Test on a two-dimensional fluidized bed membrane reactor for autothermal steam methane reforming. 太阳能学报，2009，30（5）：704-707.

[49] 费广平，彭昂，解东来等．一种环形放射状流化床膜制氢反应器传热特性研究．现代化工，2009，29（9）：64-67.

[50] 解东来，汪祺，费广平．一种新型制氢反应器气体流动特性的实验研究．化学反应工程与工艺，出版中．

[51] Grace J R，Lim C J，Adris A，解东来，Boyd D，Brereton C，Wolfs W. Internally circulating fluidized bed membrane reactor system. US Patent 7141231，2006.

[52] 解东来，Jim Lim C，Grace John R，Alaa-Eldin M. Adris，Gas and Particle Circulation in an Internally Circulating Fluidized Bed Membrane Reactor Cold Model. Chemical Engineering Science，2009，64（11）：2599-2606.

[53] 解东来，Grace J R，Lim C J. Development of internally circulating fluidized bed membrane reactor for hydrogen production from natural gas. 武汉理工大学学报，2006，11：252-257.

[54] Prasad P，Elnashaie S S E H. Coupled steam and oxidative reforming for hydrogen production in a novel membrane circulating fluidized-bed reformer. Ind Eng Chem Res，2003，42，4715-4722.

[55] Prasad P，Elnashaie S S E H. Novel circulating fluidized-bed membrane reformer using carbon dioxide sequestration. Ind Eng Chem Res.，2004，43：494-501.

[56] Chen Z，Yan Y，Elnashaie S S E H. Novel circulating fast fluidized-bed membrane reformer for efficient production of hydrogen from steam reforming of methane，Chemical Engineering Science，2003，58：4335-4349.

[57] Arstad B，Blom R，Bakken E，et al. Sorption-enhanced methane steam reforming in a circulating fluidized bed reactor system. Energy Procedia，2009，1：715-720.

[58] Johnston T，Haynes B. Heatric Steam Reforming Technology，2nd Topical Conference on Natural Gas Utilisation，AIChE 2002 Spring National Meeting，New Orleans，2002.

[59] Kunii D，Levenspiel O. Fluidization Engineering. Wiley：New York，1991.

[60] Kato K，Wen C. Bubble assemblage model for fluidized bed catalytic reactors. Chemical Engineering Science，1969，24：1351-1369.

[61] Grace J R. Generalized models for isothermal fluidized bed reactors，in Recent Advances in the Engineering Analysis of Chemically Reacting System，ed. L. K. Doraiswamy，237-255. Wiley Eastern，New Delhi，India，1984.

[62] Fryer C，Potter O E. Countercurrent backmixing model for fluidized bed catalytic reactors：applicability of simplified solutions. Ind Eng Chem Res，1972，11：338-344.

[63] Mahecha-Botero A，Grace J R，Lim C J，Elnashaie S S E H，Boyd T. Gulamhusein A. Pure hydrogen generation in a fluidized bed membrane reactor：Application of the generalized comprehensive reactormodel，Chemical Engineering Science，Chemical Engineering Science，2008，63：2752-2762.

[64] Avcm A K，Trimm D L，Iolsen Onsan Z. Heterogeneous reactor modeling for simulation of catalytic oxidation and steam reforming of methane，Chemical Engineering Science，2001，56：641-649.

[65] Roy S，Pruden B B，Adris A M，Grace J R，Lim C J. Fluidized-bed steam methane reforming with oxygen input，

Chemical Engineering Science，1999，54：2095-2102.

[66] Grace J R，Li X T，Lim C J. Equilibrium modelling of catalytic steam reforming of methane in membrane reactors with oxygen addition，Catalysis Today，2001，64：141-149.

[67] Ye G，Xie D，Qiao W，Grace J R，Lim C J. Modeling of fluidized bed membrane reactors for hydrogen production from steam methane reforming with Aspen Plus，International journal of hydrogen energy，2009，34：4755-4762.

[68] Sarvar-Amini A，Sotudeh-Gharehagh R，Bashiri H，Mostoufi N，Haghtalab A. Sequential simulation of a fluidized bed membrane reactor for the steam methane reforming using ASPEN PLUS. Energy and Fuels，2007，21：3593-3598.

[69] Cui H P，Mostoufi N，Chaouki J. Characterization of dynamic gas-solid distribution in the fluidized beds. Chem. Eng. J.，2000，79：135-143.

[70] Adris A M，Lim C J，Grace J R. The fluidized-bed membrane reactor for steam methane reforming：model verification and parametric study，Chemical Engineering Science，1997，52：1609-1622.

[71] Dogan M，Posarac D，Grace J，et al. Modeling of autothermal steam methane reforming in a fluidized bed membrane reactor. International Journal of Chemical Reactor Engineering，2002，1 (1)：2.

[72] Abashar M，Alhumaizi K I，Adris A M. Investigation of methane-steam reforming in fluidized bed membrane reactors. Chemical Engineering Research and Design，2003，81 (2)：251-258.

[73] Abashar M. Coupling of steam and dry reforming of methane in catalytic fluidized bed membrane reactors. International journal of hydrogen energy，2004，29 (8)：799-808.

[74] Abba I A，Grace J R，Bi H T. Application of the generic fluidized-bed reactor model to the fluidized-bed membrane reactor process for steam methane reforming with oxygen input. Industrial & engineering chemistry research，2003，42 (12)：2736-2745.

[75] Dehkordi A M，Memari M. Compartment model for steam reforming of methane in a membrane-assisted bubbling fluidized-bed reactor. International Journal of Hydrogen Energy，2009，34 (3)：1275-1291.

[76] Jakobsen J P，Halm Y E. Reactor modeling of sorption enhanced steam methane reforming. Energy Procedia. 2009，1 (1)：725-732.

[77] Glicksman L R，Hyre M R，Farrell P A. Dynamic similarity in fluidization. International journal of multiphase flow，1994，20：331-386.

[78] Boyd T，Grace J R，Lim C J，et al. Cold modelling of an internally circulating fluidized bed membrane reactor. International Journal of Chemical Reactor Engineering，2007，5 (5)：26.

[79] Boyd T，Grace J，Lim C J，et al. Hydrogen from an internally circulating fluidized bed membrane reactor. International Journal of Chemical Reactor Engineering，2005，3 (3)：58.

能源篇

6

天然气发电

6.1 世界天然气发电现状

6.1.1 世界不同地区天然气发电现状

目前，世界能源结构中天然气发电超过20%。随着未来全球电力消费增长，发电消费天然气的绝对量仍然保持一定的增速。非经合组织的非洲地区天然气发电增长最快，经合组织虽然天然气发电增速放缓，但未来十年左右仍然占有世界天然气发电的最大比重。

从经合组织天然气发电的经验看，全球未来天然气发电的趋势可能取决于各国应对全球气候变化的政策调整，以及可再生能源发电的不稳定性所要求的天然气发电灵活性的补充，但天然气价格是抑制其更大规模应用于发电的负面因素。

根据EIA《2011世界能源展望》统计数据，目前全球发电行业仍然以煤炭为基础燃料[1]。图6-1是1990～2035年全球各种能源可提供的能量。可以看出直到2035年，液态燃料、煤和天然气仍然是全球能源的三大支柱。其中，液态燃料包括原油、伴生气凝析油、天然气厂液体、冶炼油、含油砂、超重油、生物燃料、煤转液、气转液和页岩油等。

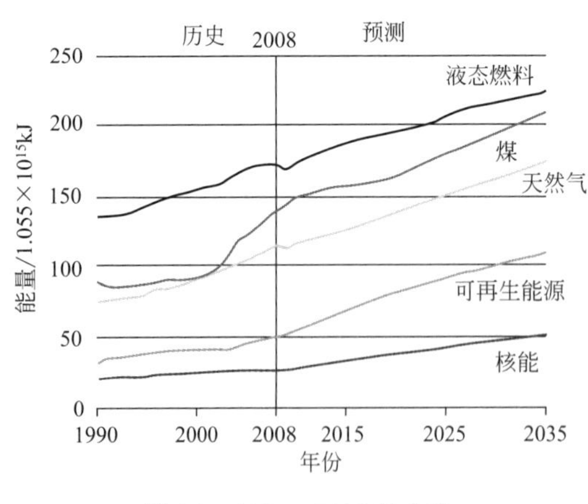

图6-1 1990～2035年全球各种能源能量[1]

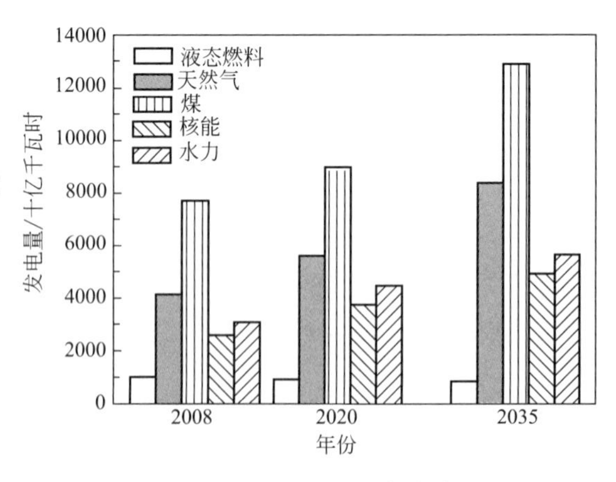

图6-2 2008～2035年全球五种主要能源发电量[2]

图6-2是2008～2035年全球净发电量的能源结构。可以看出，五种主要的能源中，除了液态燃料，煤、天然气、核能以及水力发电总量都有增加，煤和天然气的发电量位居前两

位。煤电从 2008 年的 7.7 兆千瓦时增加到 2035 年的 12.9 兆千瓦时，天然气发电量从 2008 年的 4.2 兆千瓦时，到 2035 年总量会翻一番，达到 8.4 兆千瓦时，年平均增速为 2.6%。

2008～2035 年全球发电能源结构所有调整，如图 6-3 所示。煤电的比例由 41.39%下降到 39.51%，而天然气的发电量比例，从 22.38%增加到 25.71%。主要原因有两个：①化石燃料价格屡创新高，以及全球范围内对由于温室气体排放所导致环境问题的重视，使全球发电能源结构有所改变；②天然气联合循环发电具有效率高、操作灵活及污染小等特点，非常规天然气的勘探有了重大进展，尤其是页岩气的开发，这样使国内天然气资源较少的国家可以以 LNG 的形式从全球市场得到相对低廉的天然气，从而转向天然气发电。

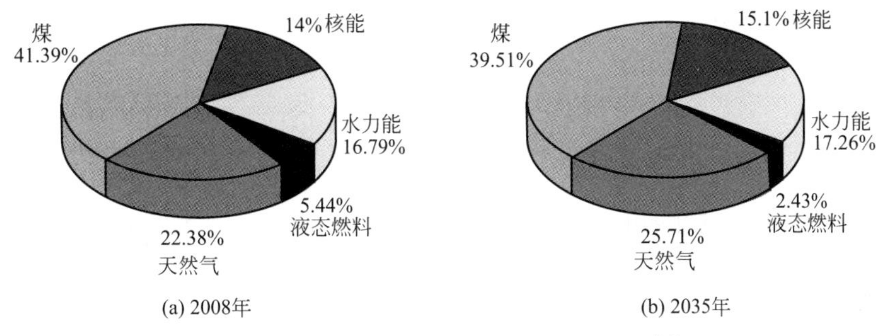

图 6-3　2008～2035 年全球发电能源结构[1]

图 6-4 是 2008～2035 年全世界天然气消耗量的现状以及预测。可以看出，全世界天然气的消耗量最大的是经合组织美洲国家，最少的是非洲，到 2035 年，两者的天然气消耗量分别是 37.2 兆立方英尺和 10.7 兆立方英尺。根据 EIA 的预测[1]，这 27 年全球天然气消耗

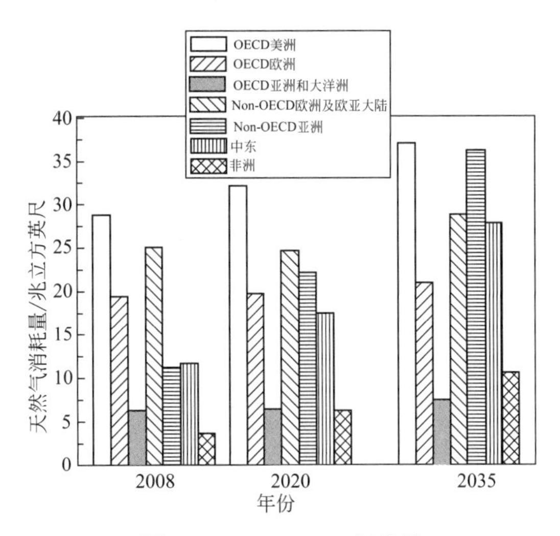

图 6-4　2008～2035 年世界各地区天然气消耗量及预测[1]

注：经济合作与发展组织（Organization for Economic Co-operation and Development，OECD）（简称经合组织）国家分为三类，OECD 美洲（美国，加拿大，墨西哥），OECD 欧洲，OECD 亚洲和大洋洲（日本，韩国，澳大利亚，新西兰）。非经合组织（Non-OECD）国家分为五类，Non-OECD 欧洲和欧亚大陆（包括俄罗斯），Non-OECD 亚洲（中国和印度是代表性国家），Non-OECD 非洲，Non-OECD 中东，Non-OECD 中北美（巴西）。

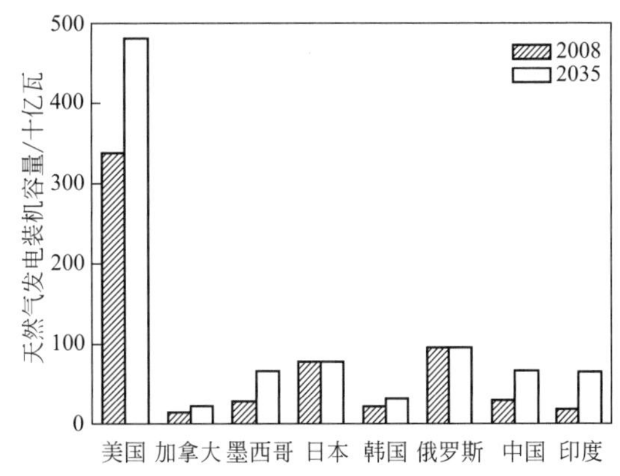

图 6-5　2008～2035 年全球主要国家天然气发电装机容量及预测[1]

量的增长年平均速度为 1.8%，而以中国和印度为代表的非经合组织亚洲国家的增长速度远远大于全球速度，达到 4.4%。

图 6-5 是世界主要国家天然气发电装机容量及预测。可以看出，天然气发电装机容量最大的是美国，预计到 2035 年可以达到 4820 亿瓦。图 6-6 是全球主要国家或地区天然气发电机组容量增加速度比较，可以看出，增幅最大的是非洲，年平均增速为 3.3%，而全球增幅是 1.6%。

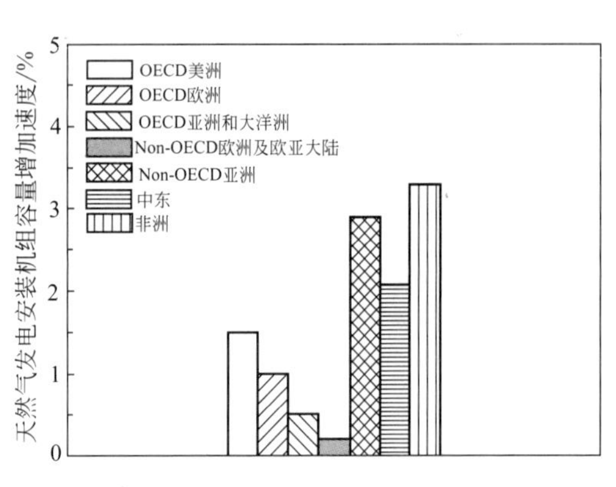

图 6-6　2008～2035 年全球主要国家天然气发电安装机组容量增加速度及预测[1]

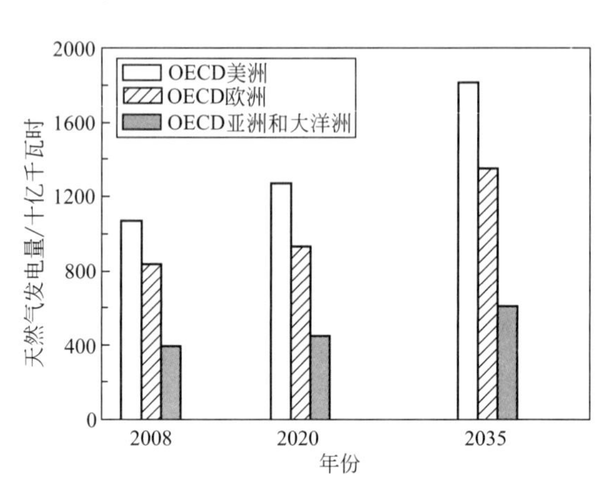

图 6-7　2008～2035 年全球经合组织（OECD）主要国家天然气发电量及预测[1]

图 6-7 和图 6-8 是全球主要国家/地区 2008 年天然气净发电量以及 2008～2035 年这段时期预测数据。可以看出，2008 年，全球天然气净发电量最多的国家是美国，总容量是 8820 亿千瓦时，其次是俄罗斯 4720 亿千瓦时和日本 2730 亿千瓦时。到 2035 年，全球天然气净发电总量前三位的国家是美国、俄罗斯和日本，分别是 12880 亿千瓦时、5040 亿千瓦时和 3200 亿千瓦时。从图 6-9 可以看出，2008～2035 年这段时期，全球天然气发电量年平均增速前三位国家是中国、巴西和印度，分别是 9.0%、8.7%和 6.2%，远远高于全球天然气净发电量平均增长速度 2.6%。

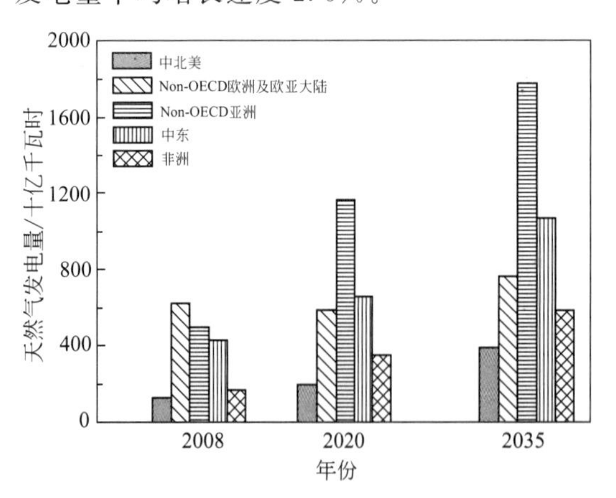

图 6-8　2008～2035 年全球非经合组织（Non-OECD）主要国家天然气发电量及预测[1]

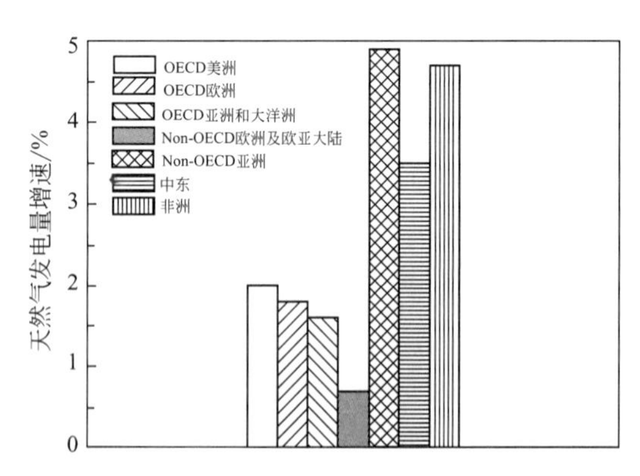

图 6-9　2008～2035 年全球主要国家天然气发电量增长速度及预测[1]

6.1.2　中国天然气发电情况[2,3]

按照中国“十五”电力规划，未来主要大力发展水电、清洁能源（目前主要指天然气）发电，并适当发展核电。中国天然气发电近年来发展迅速。2000 年发电用天然气消费量约为 20 亿立方米，其他燃气轮机以轻油等为燃料且主要用于调峰。2002 年，天然气用于发电的比例为 14%，仅占全国发电量的 0.38%，预计 2020 年 6.7%，2030 年 7.3%，相应地，天然气发电量将从 2000 年的 28 亿千瓦时增至 2020 年的 2850 亿千瓦时，增幅超过 100 倍。中国的能源结构调整、增加清洁能源比例的战略，以及关闭小型燃煤电厂的措施，将会给天然气应用带来较大机遇。图 6-10 是对我国天然气电站装机容量的预测，图 6-11 是天然气发电总量的预测，可以看出，到 2020 年，我国气电的总量与 2010 年相比，会翻一番，达到 285TW·h。

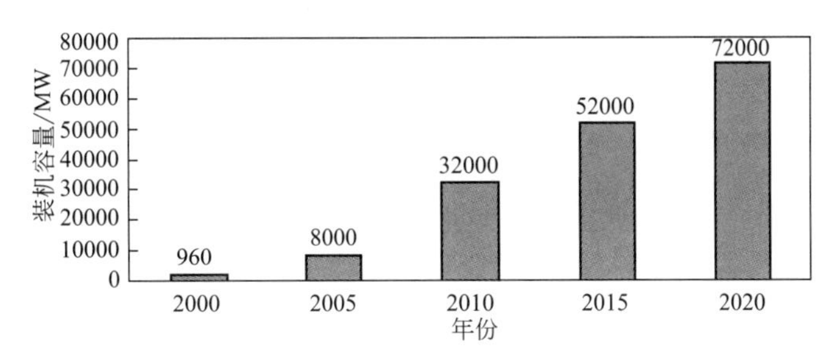

图 6-10 天然气电站装机容量预测

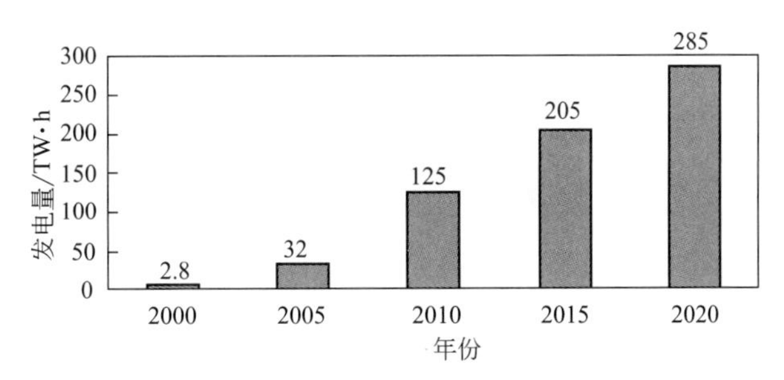

图 6-11 天然气电站发电总量预测

6.1.3 国外利用天然气发电情况[4～8]

20 世纪 80 年代起，发电用天然气消费量及燃气发电所占比例持续增长，世界天然气消费量从 1980 年的 15180 亿立方米增至 1999 年的 23484 亿立方米，年均增长率达 2.3%。其中用于发电的天然气消费量从 1980 年的 3100 亿立方米增至 1999 年的 7692 亿立方米，年均递增 5.5%，是同期世界新增天然气消费量的 57%以上。电力部门用气量占世界天然气消费总量的比例已从 1980 年的 20%上升至 2000 年的 35%。在世界电力生产总量中，天然气发电量所占比例从 1980 年的 12%增至目前的 17.4%。在 2001 年世界主要国家的天然气市场中，美国电力生产总量 37195 亿千瓦时，其中天然气发电量为 6130 亿千瓦时，占 16.5%；天然气总消费量为 6407.12 亿立方米，其中发电用天然气占 23.23%。据预测，美国在 2020 年天然气消费量为 10150 亿立方米。电力工业是俄罗斯最大的天然气用户，其天然气消费量约占全国总消费量的 40%；发电燃料结构中，天然气的比例占 60%以上。在其他天然气发电国家中，天然气发电量占电力生产总量的比例差异相当大，这与其国内资源和能源政策有关。例如土库曼斯坦、卡塔尔和马来西亚等国，天然气产量相当高，而煤炭和水力资源很少，天然气发电占电力生产总量的 70%以上；阿根廷和荷兰等国，尽管天然气产量高，但国内还有其他发电能源，天然气发电量的比例在 40%～60%；天然气发电量为电力生产总量 20%～40%的典型国家有英国、日本和意大利等；韩国和匈牙利等国上述比例为 10%～20%。随着世界天然气探明储量和开采量的增加、燃气轮机发电技术的进步以及减排二氧化碳的要求，发电用天然气消费将持续增加。

6.2 天然气发电技术原理与特点

燃料在燃气轮机或锅炉等设备中完成化学能到热能的转变，使燃气或蒸汽温度升高；高温燃气或蒸汽随后到透平中带动转子转动，其内能转化为转子的机械能；转子通过电磁感应，把机械能转化为电能。

能量转化的过程：燃料的化学能——燃烧产生的内能——工质的机械能——发电机转子的机械能——电能。

6.2.1 天然气发电流程

天然气发电一般可以分两个子流程（图6-12）。天然气燃烧产生高温烟气，烟气带动燃气轮机发电；随后，因为燃气轮机排气温度可高达430℃，通过废热锅炉产生的蒸汽既进一步用来发电，也可用来供热。

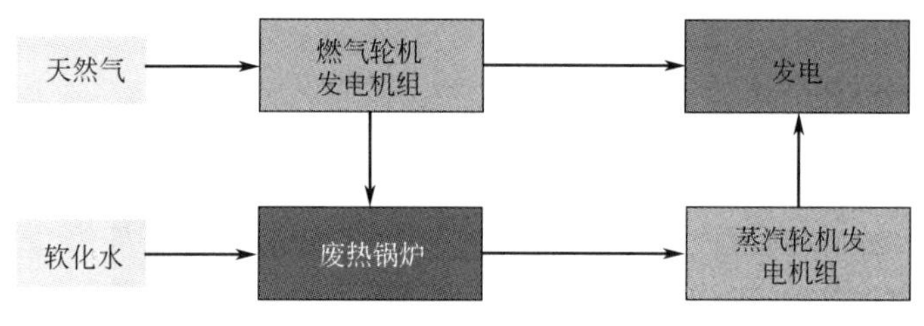

图6-12 天然气发电流程

6.2.2 天然气发电的特点[9~12]

(1) 联合循环电厂污染物排放少，环境保护性能好

表6-1为容量均为500MW的燃煤电厂与天然气的燃机电厂的污染物排放量的比较。可以看出，天然气成分中主要是CH_4，作为一种优质清洁能源用于发电，烟气中CO_2的排放量也会大大减少，其二氧化碳排放量约为燃煤电厂的42%。由于天然气中不含硫，因此SO_2排放几乎为0。这对燃煤机组来说，即使加装了造价昂贵的烟气脱硫装置，仍是望尘莫及。对污染物NO_x的排放方面，由于新型燃气轮机采用干式低NO_x燃烧技术，氮氧化物排放量则不到燃煤电厂的20%，可明显减轻日益严重的环保压力。

表6-1 500MW燃煤电厂与天然气燃机电厂污染物排放量比较

排放物/(t/a)	SO_2	NO_x	CO_2	微粒
常规燃煤电厂	8043	5060	294×10^4	428
天然气燃机电厂	7	971	124×10^4	21
比例	约0%	19%	42%	5%

(2) 有利于优化和调整电源结构，逐步实现发电能源多元化

目前我国发电一次能源主要依赖于煤炭、水力资源，燃煤机组约占70%，水电约占24%，核电1.5%，燃气轮机只占1.98%（2003年数据，国际水平18%~19%）。燃机比重很低，尚处于起步阶段，而风能、太阳能等新能源的应用尚无大规模实现的条件。在我国，特别是东南沿海地区适时适量引进天然气发电，有利于优化和调整电源结构，逐步实现发电能源多元化。

(3) 利用天然气发电有利于电网安全经济运行

天然气电厂，机组启停快，负荷适应性强，运行灵活。燃机联合循环电厂既可带基本负荷，也可以两班制运行，作为电网调峰机组，有助于改善电网的安全性。从表6-2所列几种电厂启动性能比较，明显看出燃机电厂的突出优点。

表6-2　几种电厂启动性能比较

启动方式	燃气轮机电厂	联合循环电厂	蒸汽电厂
正常/min	14～16	冷态:120 温态:90 热态:60	冷态:300 温态:180 热态:90
紧急/min	9～10		

随着国家产业结构的调整及城乡居民生活用电比重的上升，许多电网的用电结构发生明显的变化，平均日负荷率不断下降，燃气电站以其运行灵活，可用率高，机组启动快，25min可带满负荷，且宜于在负荷中心附近建厂等特点，成为提高电网运行质量的有力手段之一。

(4) 有利于缓解厂址资源日趋匮乏的矛盾（特别是负荷中心地区）

东南沿海地区尤其是华东地区的上海、江苏南部地区燃煤电厂选址工作愈发困难；北方地区受环保和水资源等的制约，电站选址工作也越来越困难。燃气电站对厂址外部条件的要求相对较宽松，占地面积仅为一般电厂的一半，用水量仅为1/3不到，环保贡献量等方面均比燃煤电站小得多，这就为这些地区尤其是负荷中心地区增加厂址资源和改善电力布局提供了有利的条件。

(5) 电站规模与布局灵活

可作为电网中的主力发电机组也可作为调峰机组。特别是可作为分布式电源的主要能源与间隙供应的新能源发电组成的联合系统，确保电力稳定不间断供电。

(6) 燃气轮机联合循环机组的效率远高于燃煤机组

燃气蒸汽联合循环技术比较成熟，是目前较理想的发电装置，并在世界范围内得到了较为普遍的应用。天然气发电机组发电效率高，世界主要制造厂商的技术比较成熟且已大规模商业运行的先进机组联合循环发电效率都超过55%，最新研制的新型机组发电效率已接近60%。而燃煤超临界大机组其热效率最高也不过50%。

(7) 造价低，工期短

燃机联合循环电厂占地少，用水少，初期投资少。燃机联合循环电厂采用天然气作为燃料，建厂时不必考虑庞大的灰场与煤场的建设用地。也不需要配置输煤、制粉、除灰设备。因此燃机联合循环电厂建设用地，一般仅为同等容量燃煤电厂的一半左右。这为在靠近负荷中心的城市周边地区建厂提供了更多的机会，也节省了初期投资费用。

另外，燃机联合循环电厂的用水量一般仅为同等容量燃煤电厂的33%左右，大大降低了水资源的消耗，尤其在我国，大部分地区普遍缺水，这一优点意义十分重要。另外也减少了相应的水工设施，减少了投资。

工程造价一般为燃煤电厂的1/3，工期仅需15～20个月。天然气是被世界公认的清洁能源。利用天然气发电对于环境保护具有突出的贡献，其主要表现在以下几个方面：占地面积小，一般可为燃煤电厂的10%～30%；耗水量小，一般仅为燃煤电厂的1/3；不需要为环保而追加新的投资。按照国际标准，大型联合循环电厂的工程总包交钥匙的单位千瓦造价为300～500美元，结合国内北京、江苏、广西等燃气电站投资估算情况，天然气电站的单位动态投资4300元/kW左右。

(8) 燃气发电其电价较高

由于我国天然气价格较高，导致燃气-蒸汽联合循环电厂的上网电价也较高。在气价为1.10元/m³时，天然气电厂竞争力较差；在气价为1.00元/m³时，在不同的运行位置下，天然气电站上网电价仅比进口66万脱硫机组和进口35万机组的电价低；在气价为0.90元/m³时，在利用小时小于4000的运行位置，天然气电站上网电价仅比国产60万不脱硫机组高，与其他机组相比电价具有明显优势。对于华北地区天然气价格取1.0元/m³、0.9元/m³、0.8元/m³，燃煤价格为260元/t时，在气价为1.00元/m³时竞争力很差，气价为0.8元/m³时，可与国产脱硫机组和进口机组竞争，但大基荷运行位置（5000h）仍无法与不脱硫机组和国产60万脱硫机组相抗衡。基于上述原因，我国应积极发展天然气发电，以调整电源结构，但由于我国天然气资源与供应不足，不可能大规模地发展天然气发电，因此只能因地制宜地适度发展，也即在西气东输管道沿线，沿海能源短缺，受环境制约，大城市和具有进口液化天然气的港口附近发展天然气发电。初步规划到2020年达6000万千瓦左右，占2020年总装机的6%左右，用气在400亿立方米以上。另外还需要分布式电源用气100亿立方米左右，相应可建分布式电源1000万～2000万千瓦，这样使发电用气约占全国总用气量的25%左右。

6.2.3 天然气发电原理及形式[9,13]

天然气发电主要有两种方式。一是利用天然气在常规锅炉中燃烧，产生高温高压蒸汽推动蒸汽轮机，从而带动发电机发电。此种发电方式由于热效率较低，一般只有40%左右，目前已很少应用。二是燃气轮机联合循环发电，利用天然气在燃气轮机中直接燃烧做功，使燃气轮机带动发电机发电，此时为单循环发电；如果再利用燃气轮机产生的高温尾气，通过余热锅炉，产生高温高压蒸汽后推动蒸汽轮机，带动发电机发电，此时为双循环即联合循环发电（GTCC）。

图6-13是典型的燃气-蒸汽联合循环发电流程示意图。燃气-蒸汽联合循环就是利用燃气轮机做功后的高温排气在余热锅炉中产生蒸汽，再送到汽轮机中做功，把燃气循环（布雷登循环）和蒸汽循环（朗肯循环）联合在一起的循环。

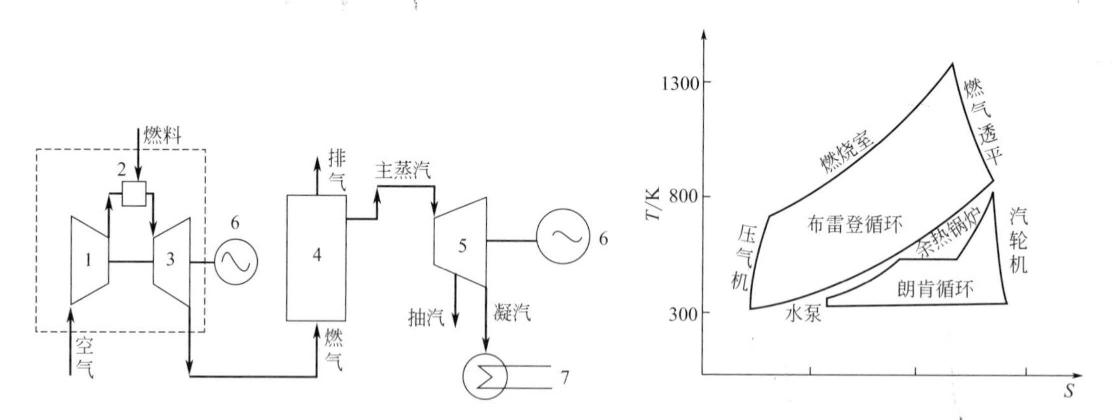

图6-13 燃气-蒸汽联合循环发电流程示意图
1—压缩机；2—燃烧室；3—燃气透平；4—余热锅炉；5—蒸汽透平；6—发电机；7—冷凝器

图6-14 燃气-蒸汽联合循环的 T-S 图

图6-14是燃气-蒸汽联合循环 T-S 图。根据热力学原理，理想热力循环（卡诺循环）的效率为 $\eta=1-T_2/T_1$，式中 T_1 为热源平均吸热温度，T_2 为冷源平均放热温度。公式表明，热源平均吸热温度越高，冷源平均放热温度越低，则循环效率越高。

燃气-蒸汽联合循环中的高温热源温度（透平初温）高达1100～1300℃，其热源平均吸热温度远远高于蒸汽循环常采用的主蒸汽温度540～603℃的热源平均吸热温度，而联合循环中的冷源平均放热温度（凝汽器温度）29～32℃远远低于一般燃气循环的排气温度450～640℃。也就是燃气-蒸汽联合循环从非常高的高温热源吸热，向尽可能低温的冷源放热，因此联合循环的热效率比组成它的任何一个循环的热效率都要高得多。

目前蒸汽循环凝汽器的真空随外部循环冷却水的水温、冷却方式和真空系统的不同而略有变化，一般为0.04～0.05bar❶，其相应的温度为29～32℃，已难以降到更低。而燃气循环的透平初温，近年来随着叶片材料和冷却技术的提高还在不断提高。因此提高联合循环效率的首要途径就是选择透平初温较高的燃气轮机。理论研究证实，提高燃气轮机的初温，可以使联合循环的效率大大提高。

联合循环的形式是多种多样的，最常见的有余热锅炉型联合循环、排气补燃型联合循环、增压燃烧锅炉型联合循环和加热锅炉给水型联合循环。它们已经比较广泛地应用于有天然气或液体燃料的电站中，或者用来改造现有的燃煤电站，既能携带基本负荷和中间负荷，也能承担调峰任务。

(1) 余热利用型联合循环

图6-15是余热利用型联合循环。基本的流程是：空气被压缩机增压至0.9～2MPa（9～20kgf/cm²），进入燃烧室与燃气混合燃烧，产生高温高压烟气进入燃气轮机膨胀做功，对外输出机械能发电。排气膨胀到一个大气压，烟气的温度约为400～500℃，再进入余热锅炉（一般做成双压或三压的，这样排烟温度可以降110℃左右）。烟气加热给水产生蒸汽，推动汽轮机转动。该循环中汽轮机的输出功率大概为燃气轮机的30%～50%；也就是说，这类联合循环的效果，要比其中的燃气轮机原来的效率高出30%～50%。

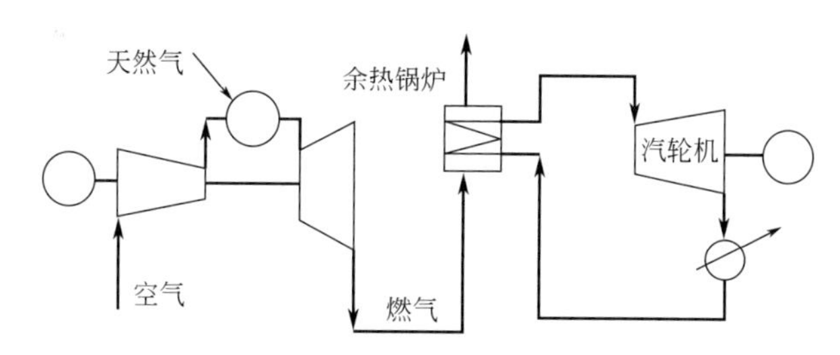

图6-15 余热利用型联合循环

这个方案中蒸汽完全是由燃气轮机的尾气发生，也称为纯余热利用型，是目前最为流行的标准联合循环形式。用燃气轮机及相应的余热锅炉代替原燃煤锅炉，与经适当改造的原有汽轮机组成联合循环。此方案对原设备改造工作量不太大，而热效率最高；因需增加整套燃气轮机发电机组及余热锅炉设备，故投资较多。采用无补燃余热利用型联合循环，改造后电站容量约为原来的3倍，使热效率提高到50%以上。

无补燃的余热锅炉型天然气联合循环的主要优点是：①热功转换效率高；②基本投资费用低，结构简单，锅炉和厂房都很小；③运行可靠性高，现已能做到90%～98%的运行可用率；④启动快，大约在18～20min内便能使联合循环发出2/3的功率，80min内发出全部功率。

(2) 排气补燃型联合循环

图6-16是排气补燃型联合循环流程图。它包括在余热锅炉前加一补燃室——烟道补燃器，以及在锅炉中加入燃料这两种。后一种方案实际上是把燃气轮机的排气作为锅炉中燃烧用的空气，又称为排气助燃。由于补燃，锅炉的蒸发量增大，汽轮机的效率明显

❶ 1bar=10^5Pa，下同。

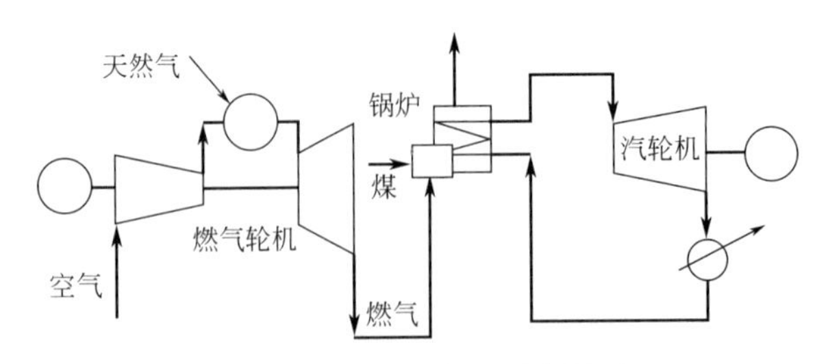

图 6-16 排气补燃型联合循环

增加。但由于受到烟道等材料耐温的限制，补燃后延期的温度不能太高，这时候，蒸汽轮机的功率大概与燃气轮机的功率相当。

排气补燃型联合循环是一种老厂改造中采用比较多的方案，主要适用于原电厂的锅炉、汽轮机、发电机等主要设备均有较高使用价值的情况。改造的目的是提高电站技术经济性。改造仅需增设一套燃气轮机发电设备，将燃气轮机排气用于给水加热与掺混锅炉送风或直接作为锅炉送风进入炉膛，以利用燃气轮机排气余热。通常燃气轮机容量为汽轮机的 20%～50%，电站增容较小，而热效率相对可提高 3%～10%。由于改造工程仅需增设较小容量的燃气轮机，投资较少；同时锅炉仍可保持使用原设计燃料（可以是煤），改造消耗油气燃料较少。

烟气补燃型联合循环的主要优点是：①装置的尺寸小、占地少、投资低；②运行机动性好；③部分负荷工况下装置热效率比较高；④在余热锅炉中可以烧煤或其他劣质燃料；⑤蒸汽参数不受燃气轮机排气温度的限制，可以采用效率较高的蒸汽轮机底循环与之匹配，机组的总功率较大。

(3) 增压燃烧锅炉型联合循环

图 6-17 给出了增压锅炉型的天然气联合循环方案的热力系统图。它的特点是：燃气轮机的燃烧室与产生蒸汽的增压锅炉是合二为一的。由于在增压条件下，锅炉内的传热系数提高得很多，因而增压锅炉的体积要比常压炉小很多，而且可以采用效率很高的蒸汽轮机底循环与之匹配。这是增压锅炉的优点。其缺点是：增压锅炉本身就是一个很大的耐压容器，造价很昂贵。增压锅炉的排气是直接供到燃气透平中去做功的。燃气透平的排气则可以用来加热锅炉给水。由于增压锅炉的排气需要通过燃气透平，因而增压锅炉中只能燃烧液体燃料或天然气，而不能直接烧煤。

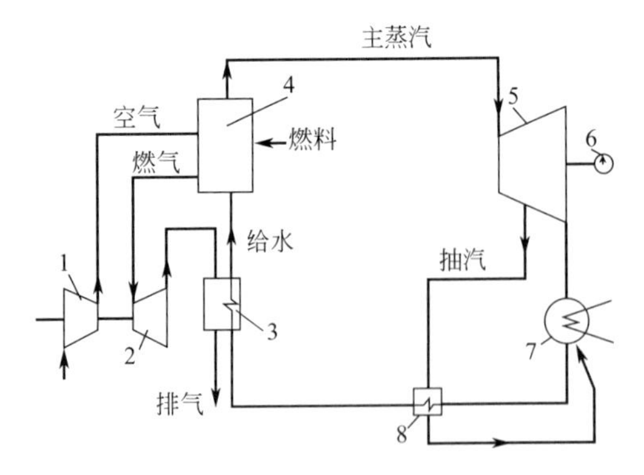

图 6-17 增压燃烧锅炉型联合循环[13]

1—压缩机；2—燃气轮机；3—给水预热器 2；4—锅炉；5—蒸汽轮机；6—发电机；7—冷凝器；8—给水预热器 1

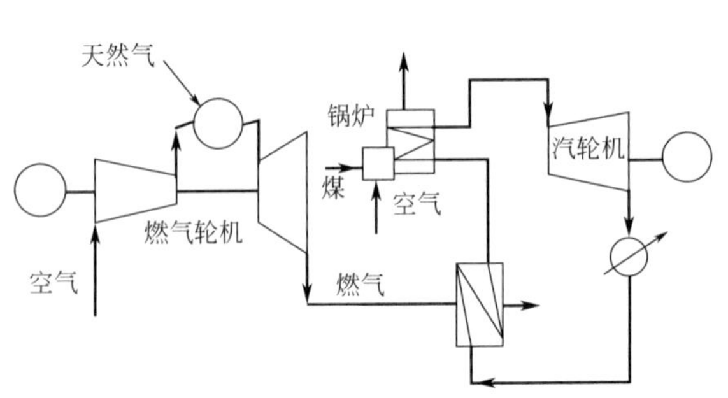

图 6-18 加热锅炉给水型联合循环

(4) 加热锅炉给水型联合循环

图 6-18 是用增设的燃气轮机排气给原火电机组给水进行加热的一种简单联合循环方式，在这个循环中，燃气轮机的排烟仅仅用来加热蒸汽轮机锅炉的给水，蒸汽轮机的蒸汽发生部分所需的热量则专门有额外的锅炉提供。由于加热给水的热量需求有限，燃气轮机的容量将比蒸汽轮机的要小得多，蒸汽轮机将作为主要功率的输出设备。由于烟气仅是用来预热给水，烟气高品位的热量得不到有效利用，这从总能利用的角度来说是不合理的，而且会使联合循环的效率得不到有效的提高。因此，这种循环一般不会用在新建的电站，一般用来对旧的设施进行改造。这种联合循环发电形式的优点是仅增设一台小容量燃气轮机，原系统改造工作量很小，改造停工期也很短，适用于紧急电源的改造。

表 6-3 是三种联合循环改造方案比较。可以看出，余热利用型联合循环的效率最高，施工期也最长；而给水加热型联合循环改造施工周期最短，效率最低。

表 6-3　几种联合循环改造方案的特点比较

改造方案	余热利用型	排气再燃型	给水加热型
主要增设改造项目	(1)增设燃气轮机 (2)增设余热锅炉 (3)增设烟囱 (4)增设锅炉脱硝装置 (5)ST/GT 出力比约为 0.5	(1)增设燃气轮机 (2)锅炉风箱改造 (3)增设燃气轮机与锅炉排热回收装置 (4)增设或改造脱硝装置 (5)ST/GT 出力比约为 2～5	(1)增设燃气轮机 (2)增设燃气给水加热器 (3)增设烟囱 (4)增设脱硝装置
效率	高	中	低
改造范围	大	中	小
施工期/月	12～24	约 6	约 3

6.3　天然气发电经济性分析[14～16]

6.3.1　天然气价格的影响

我国的电力生产仍以煤为主要燃料，相对低廉的动力煤价对电力价格起主导作用。天然气发电的经济性很大程度上将受到煤与天然气比价的影响。在国际市场上，一般来说按热值计算的天然气价比煤价约高出 1 倍。我国煤和天然气的价格由于受资源丰度的影响，与国际市场相比，气煤差价较大，气价偏高。有资料表明，1998 年全国动力煤平均市场价为 245 元/t，七城市天然气平均价为 1.7 元/m^3，按热值计算气价为煤价的 4.1 倍。发电用天然气价如果按可接受的 1.3 元/m^3 计算，则是动力煤价的 2.8 倍。天然气价格偏高对发展以其为燃料的燃气轮机联合循环发电将产生负面影响。

就发电而言，发电成本一般是由总投资的折旧成本、运行和维护成本、燃料成本三部分组成。当项目一旦建成后，前两部分成本基本确定，变化因素较少，称之为固定成本。发电成本加上一定的资金回报和负债回报构成上网电价。燃气轮机联合循环建设比投资低，自动化程度高，劳动定员少，与常规燃煤电站相比，发电成本中固定成本部分所占比例减小，一般占 25%～45%；燃料成本比例上升，一般占 55%～75%，由于燃料成本所占份额较高，电站的运行经济性将很大程度上取决于天然气价格。因而设法降低天然气价格对减少燃气轮机联合循环发电成本至关重要，否则这种方式将受到制约。图 6-19 为天然气低热值按 39.24MJ/m^3 计，年运行小时按 5000h 计，一个天然气燃气轮机联合循环发电与常规燃煤发电技术方案上网电价相对于燃料价格的敏感性分析。燃气轮机联合循环机组按 F 级技术 380MW（ISO）容量，常规燃煤火电机组按 350MW 容量参考计算，并全部为新建电厂。以天然气为燃料的燃气轮机联合循环上网电价与常规燃煤电价相比，对燃料价格比较敏感。天然气价上升时，上网电价上升幅度较大。当天然气价下降到0.85元/m^3以下时，上网电价才与常规燃煤电厂相当。其原因主要是燃气轮机联合循环电厂较之于常规燃煤电厂上网电价中固定成本所占比例小，燃料成本所占比例大，当天然气价波动时，上网电价受影响较明显。

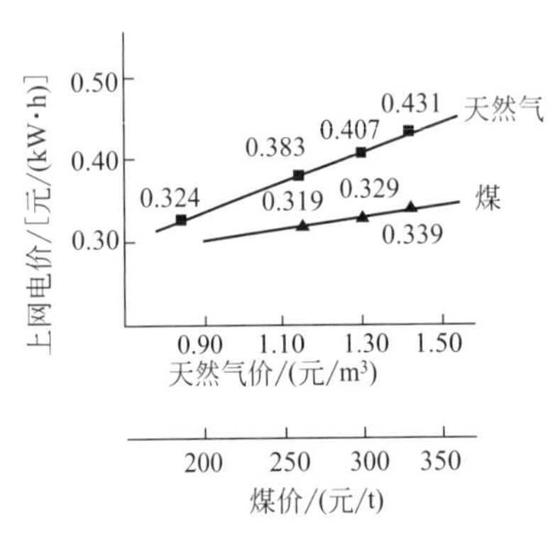

图6-19 燃气轮机联合循环上网电价对燃料价格敏感性分析

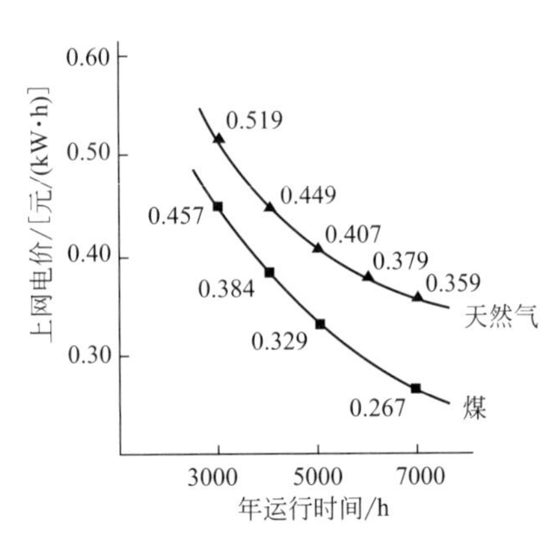

图6-20 燃气轮机联合循环上网电价对年运行时间敏感性分析

6.3.2 年运行时间的影响

燃气轮机联合循环如果不带基本负荷，只是作为调峰机组或备用电源，则对年运行时间并无太多自主选择。但由于以价格偏高的天然气为燃料，年运行时间对燃气轮机联合循环经济性的影响就不能不注意。

如图6-20所示，年运行小时增多，上网电价呈下降趋势。其原因是以每千瓦时计算的固定成本和回报是分摊到年运行小时数中去的，当年运行小时数增多时，分摊后的发电成本就减少，尽管燃料价格不变，但上网电价下降了。从图6-20中还可以看出，天然气发电与燃煤发电相比对年运行时数敏感度较小，这也是因为比投资和燃料价格的差异，上网电价中固定成本和燃料成本所占比例不同造成的。为了降低发电成本，燃气轮机联合循环电站应尽量提高年运行小时数。

6.3.3 年平均热效率的影响

燃气轮机联合循环的年平均热效率与电厂运行方式和联合循环热效率密切有关，提高年平均热效率是减少发电成本，提高运行经济性的关键之一。对于发电方式，从提高热效率的角度，总希望能长期满负荷发电。但燃机电站发电方式受诸多因素影响，常常不能按理想方式运行。但联合循环热效率在建厂时是可以通过机组选型有所选择的。在建设规模一定的条件下，应尽可能选用先进技术的大容量、高参数的燃气轮机，以提高联合循环热效率。

目前燃气轮机联合循环发电机组的典型容量为50MW级、150MW级、300MW级，静态投资约为3384～4106元/kW，单系列容量越大，单位投资就越低。典型容量的GTCC发电机组天然气消耗量为0.197～0.248m^3/(kW·h)（天然气发热量33224kJ/m^3），机组规模越大，其单位供电耗气量越低。典型容量的GTCC发电机组的投资构成见表6-4。

以目前通常采用的2×390MW规模燃气-蒸汽联合循环发电项目进行分析，项目投资约27.54亿元（3502元/kW），设备年利用小时数按4500h计算，年用气量6.83亿立方米。分析表明，在年平均总成本中，天然气成本约占60%。

表 6-4　典型容量的 GTCC 发电机组的投资构成

名　　称	50 兆瓦级	150 兆瓦级	300 兆瓦级
ISO 工况出力①/MW	60	170	355
其中：燃气轮发电机组出力	1×42	1×120	1×255
蒸汽轮发电机组出力	1×18	1×50	1×100
参考造价/(元/kW)	4106	3712	3384
各类费用占静态总投资的百分比/%			
建筑工程费	9.38	8.45	7.50
设备购置费	64.44	69.04	74.18
安装工程费	10.79	8.36	7.80
其他费用	15.39	14.15	10.52
合计	100	100	100
天然气消耗估算②/$10^9 m^3$			
年运行 5000h	0.70	1.90	3.44
年运行 8000h	1.12	3.04	5.51
每度电耗气/Nm^3	0.248	0.230	0.197

① ISO 工况指大气压 101.3kPa，温度 15℃，相对湿度 60%。

② 天然气发热量取“西气东输”天然气发热量 33224kJ/Nm^3（7974kcal/Nm^3）。

天然气电站和传统的燃煤电站一样，直接的发电成本由以下几个部分构成：①总投资的折旧成本；②运行和维护成本；③燃料成本。对于正常运行的天然气电站而言，总投资的折旧成本、运行和维护成本基本固定，变化因素较少，可以看作固定成本。

发电成本加上一定的资金回报和负债回报构成上网电价。或者说，当发电成本一定时，为了满足内部收益率、投资回收率、贷款偿还率等经济评价指标的要求，必然对应有一个最低的上网电价。天然气电站投资比较低，自动化程度高，劳动定员少，因此与常规燃煤电站相比，固定成本占发电成本中的比例燃煤电站小，一般占 25%～45%；流动成本（燃料费用）所占的比例上升到 55%～75%[24]。

江天生[2]模型根据天然气电站联合循环机组和燃煤机组的一般工程造价，计算出项目单位工程造价。燃煤机组的数据将作为天然气电站的参照对比分析，从而使得天然气电站的经济性分析更有说服力和对比性（见表 6-5）。将单位工程造价按 20 年工程生命周期折旧，并与每年的财务费用和日常运行费用累加，获得固定成本数据。由电站项目的固定成本费用和投资者的回报要求，以及流动成本数据，就可以估算出电站的上网电价。这种定价模型在电力定价中有着广泛的运用。在电力改革前，国家计委对各个电站的电价核算就是使用该方法。

表 6-5　天然气发电与常规燃煤发电技术经济对比模型

比较项目		天然气联合循环机组(ISO)	燃煤机组				
			国产无脱硫	国产有脱硫	进口无脱硫	进口有脱硫	进口有脱硫脱硝
造价/(元/kW)	人民币	3746	4916	5500	5571	6142	9213
	美元	452.42	593.72	664.25	672.83	741.79	1112.68
项目经营期/a		20	20	20	20	20	20
固定成本/[元/(kW·a)]	折旧	187.3	245.8	275	278.55	307.1	460.65
	财务费用	299.68	393.28	440	445.68	491.36	737.04
	运行费用	106	133	150	129	143	214.5
资本金回报/[元/(kW·a)]		168.57	221.22	247.5	250.695	276.39	414.585
负债回报/[元/(kW·a)]		131.11	172.06	192.5	194.985	214.97	322.455
固定成本和投资回报小计/[元/(kW·a)]		892.66	1165.36	1305	1298.91	1432.82	2149.23
燃料费/[元/(kW·h)]		0.225	0.126	0.126	0.1155	0.1155	0.1155

续表

比较项目	天然气联合循环机组(ISO)	燃煤机组				
		国产无脱硫	国产有脱硫	进口无脱硫	进口有脱硫	进口有脱硫脱硝
上网电价(3000h/a无税)/[元/(kW·h)]	0.522	0.514	0.561	0.548	0.593	0.832
上网电价(4000h/a无税)/[元/(kW·h)]	0.448	0.417	0.452	0.440	0.474	0.653
上网电价(5000h/a无税)/[元/(kW·h)]	0.403	0.359	0.387	0.375	0.402	0.545
上网电价(6000h/a无税)/[元/(kW·h)]	0.374	0.320	0.344	0.332	0.654	0.474

以天然气电站和国产带脱硫设备燃煤电站对比分析上网电价相对于燃料价格的敏感性。

天然气电站经济性对燃料价格的敏感程度：

$$\eta_{gas}=\left(\frac{\Delta C_{net}}{C_{net}}\right)\Big/\left(\frac{\Delta C_{gas}}{C_{gas}}\right) \tag{6-1}$$

式中，η_{gas}为天然气电站的敏感系数；C_{net}为天然气电站上网电价，元/(kW·h)；C_{gas}为天然气价格，元/m^3。

燃煤电站经济性对燃料价格的敏感程度：

$$\eta_{coal}=\left(\frac{\Delta C_{net}}{C_{net}}\right)\Big/\left(\frac{\Delta C_{coal}}{C_{coal}}\right) \tag{6-2}$$

式中，η_{coal}为燃煤电站的敏感系数；C_{net}为燃煤电站的上网电价，元/(kW·h)；C_{coal}为电煤价格，元/t。

可以由η_{gas}和η_{coal}比较知道，天然气电站经济性对燃料价格的敏感程度更大，天然气电站项目投资回报受到天然气价格波动的影响更大，无疑这也加大了天然气电站项目的投资风险。这也在另一个方面，给国家能源战略的制定和实施部门一个有用的信息：鼓励清洁能源的发展，就天然气电站而言，如何确保天然气价格的稳定和竞争力是关键。投资者的信心多大和对投资回报的期望多高，也与此息息相关。

下面以天然气电站和国产带脱硫设备燃煤电站对比分析上网电价相对于运行小时数的敏感性。

参数设置如下：

① 国产带脱硫设备燃煤机组煤耗 360g/(kW·h)；

② 标准煤价格为 350 元/t；

③ 每千瓦年固定成本、投资回报、债务回报为 1228 元/(kW·a)；

④ 天然气电站联合循环效率为 55.4%；

⑤ 西气东输天然气发热量为 8600kcal/m^3；

⑥ 天然气按到厂价 1.25 元/m^3；

⑦ 每千瓦年固定成本、投资回报、债务回报为 840.216 元/(kW·a)。

计算公式：

燃煤机组上网电价［元/(kW·h)］根据公式(6-3)计算：

$$\begin{aligned}C_{net,coal}&=\frac{\left(年固定成本+\dfrac{年投资}{债务回报}\right)}{年利用小时}+燃料费\\&=\frac{\left(年固定成本+\dfrac{年投资}{债务回报}\right)}{年利用小时}+每千瓦时煤耗\times煤价\\&=\frac{1228}{T_{coal}}+\frac{\frac{360}{1000}}{1000}\times350=0.144+\frac{1074.5}{T_{coal}}\end{aligned} \tag{6-3}$$

天然气电站机组上网电价［元/(kW·h)］根据公式(6-4) 计算

$$C_{net,gas}P_{net,gas}=\frac{\left(年固定成本+\frac{年投资}{债务回报}\right)}{年利用小时}+燃料费$$

$$=\frac{\left(年固定成本+\frac{年投资}{债务回报}\right)}{年利用小时}+\frac{\frac{\frac{1\times3600}{4.1868}}{天然气发热量}}{联合循环效率}\times天然气价格$$

$$=\frac{840.216}{T_{gas}}+\frac{\frac{\frac{1\times3600}{4.1868}}{8600}}{55.4\%}\times1.25=0.226+\frac{840.216}{T_{gas}} \tag{6-4}$$

式(6-3) 和式(6-4) 中，T_{coal}为燃煤电站年利用时间，h；T_{gas}为天然气电站年利用时间，h；其他参数意义同前。

因此，由 η_{gas}和 η_{coal}比较知道，天然气电站经济性对运行时间的敏感程度更小，天然气电站项目投资回报受到天然气电站运行小时波动的影响相对而言不大，一定程度上减轻了天然气电站项目的投资在电站运行时间上的风险。但是就天然气电站本身而言，上网电价随着电站运行时间的增加而呈现下降趋势，因此适当提高天然气电站的年利用小时会进一步降低天然气电站的上网电价，提高其上网竞争能力，加快天然气电站项目投资回报的速度。因此，就国家能源战略的制定和实施部门而言，鼓励清洁能源的发展，就天然气电站而言，允许天然气电站提高年运行小时数量，能够激发投资者的信心和提高投资回报的期望水平。

6.4　国外天然气发电经验及对中国的启示[17]

6.4.1　欧美国家天然气发电经验

欧美国家的天然气工业和天然气发电的发展是成功的，天然气工业基本遵循从起步阶段的垄断经营到市场化的过程，目前都已形成了竞争型的天然气市场。由于在欧美天然气工业的起步阶段，燃气发电技术尚未开发，欧美天然气发展是遵循以民用和商用为主、在原有基础上渐进式发展的模式。

美国在天然气工业起步阶段为鼓励投资和基础设施建设，从生产到消费包括发电的各个环节都从税收等方面采取了优惠和激励政策。欧洲 1970 年以来完成了煤气和天然气的快速置换，主要特点是长期照付不议合同、沿天然气价值链的全面合作和配气系统 35～50 年的特许经营权。

欧美国家的共同特点是，在天然气发电进入市场之前，天然气工业就已经有较长的发展历史，管网系统发达，运行成熟，市场机制较为完善。20 世纪 90 年代天然气发电的迅速增加是由于燃气蒸汽联合循环机组相对其他发电方式最有竞争力，所以天然气发电是由需求拉动的。

在欧美国家，天然气发电竞争力较强的主要原因是：

① 天然气价格较低，例如英国，本国天然气资源丰富，1998 年与欧洲联网之前其天然气价格独立于其他欧洲国家，而煤炭价格相对较高；

② 二氧化硫和二氧化碳等污染物排放税负较重；

③ 公众对核电的顾虑等。

欧美国家天然气发电发展过程中既有政策干预也有市场因素。天然气发电都经历了从限制到放开的过程。基于第一次石油危机的冲击和对寻找替代石油燃料的迫切，美国政府

1978 年颁布了“发电厂和工业燃料使用法案”，禁止公用电力公司使用天然气发电。由于天然气探明储量增加，以及天然气发电的环保优势，使得政府放松了对天然气发电的限制。1990 年以后，独立发电商建设了大量燃气电厂。欧盟委员会 1975 年发布指令限制天然气用于发电，该项指令于 1991 年被取消，此后天然气发电迅速增加，燃气电厂大多签订了长期购售电合约。

然而，由于新增电厂都采用天然气为燃料，严重影响了本国煤炭行业的发展，英国政府于 1998 年 10 月发表了“对发电能源的考察结论”白皮书，指出英国电力市场的运行规则使市场扭曲，电力批发价格持续偏高鼓励了新增燃气电厂而抑制了现有燃煤电厂，所以决定暂停天然气发电项目以使燃煤发电维持在一定的水平，从而保护煤炭工业。这项规定于 2000 年 11 月被取消。目前天然气发电主要受市场因素影响。美国电力市场中的独立发电商大多拥有燃气蒸汽联合循环电厂，大部分没有签订长期购售电合约，由于近期天然气价格的大幅度上涨，很多这样的独立发电商难以维持；西欧国家天然气资源有限，主要依赖进口，为保障供应安全，以长期照付不议合同为主，但是天然气供应和天然气发电也不可避免地受到天然气价格上涨的影响。

由于电力市场和天然气市场的开放和越来越多的天然气用于发电，新的天然气市场参与者大多是电力公司，他们自己建设 LNG 接受站并直接进口 LNG，直接与天然气供应商签合同，要求较为灵活的合同气量，使用新的定价方式，这种方式降低了电厂的风险。在输电和输气方面，很多国家的输电和输气系统是一体化公司经营，如英国的国家电网和天然气网公司（NGT）拥有、运行和建设英国的主要输电系统和输气系统。

6.4.2 日本和韩国天然气发电的经验

由于本国天然气资源匮乏，日本和韩国的天然气市场发展主要依靠进口 LNG，而大型的 LNG 项目走的是以开发大型工业用户为主的发展道路，即以发电为主的模式。在引进天然气初期，管网系统不发达，民用和商业用户需求有限，需要天然气发电这样的大用户来支撑大型的天然气引进项目，所以天然气发电是由 LNG 供应来推动的。韩国在引进天然气的最初几年，LNG 长期照付不议合同靠天然气发电支撑，独立发电商与电力供应商及大用户之间签署长期购售电合约。发电用气在全国天然气消费中的比例最初较高，但这一比例随着城市天然气基础设施的建成，城市用气的比例逐渐上升而逐渐下降。事实证明，这种模式在日本和韩国是成功的。日本和韩国天然气供应方面成功的经验还有，供应商多元化，供应合同趋于更加灵活等。另外日本的发电容量构成是多样化的，尽管 70％的天然气用于发电，但这部分电量只占总发电量的 23％，而且 40％的燃气电厂是燃气和燃油双燃料的。

韩国的发电能源结构也很均衡，53％的燃气电厂是双燃料的。双燃料供应保障了燃气电厂运行的安全性。

6.4.3 南美地区天然气发电的经验

南美地区天然气资源丰富，2002 年天然气消费为 890 亿立方米，其中 230 亿立方米用于发电，天然气消费集中在阿根廷、巴西、智利、哥伦比亚和委内瑞拉五国。南美天然气市场受国家政策和地缘政治影响较大且各国情况差异较大。阿根廷拥有丰富的天然气资源，过去十年来燃气电厂持续增加，但是 2002 年财政和债务危机使得在天然气生产、运输和燃气发电设施的私人投资停顿，造成国家能源危机。在巴西，投资者在等待政府出台明确的电力市场和天然气市场规则和监管体系，对于天然气发电的必要性，天然气工业界和发电商认为燃气电厂对天然气工业的发展起着至关重要的作用，而政府则认为水电更为经济，应该优先发展水电。智利从阿根廷进口天然气，建设了燃气电厂，2002 年阿根廷经济危机时政府冻结了天然气价格，天然气开发商停工导致天然气短缺，使得智利无法得到合同规定的天然气量，燃气电厂无法运行。哥伦比亚有着较完备的天然气工业政策，过去十年来天然气工业迅速发展，在水电为主的电力系统中引入了燃气发电，但是近年来经济不景气使电力需求减少，直接影响到燃气电厂的经济性，现有的很多燃气电厂面临财务困难。

南美天然气发电面临的主要问题如下。

① 除了阿根廷以外，南美各国的天然气市场都不发达，因为供热需求很小，所以民用和商业用气市场很小，只有发电这一市场能够保证天然气产业链的巨大投资得以回收，而照付不议供气合同对电厂供气的灵活性较差，如果电力需求减少，首先是减少燃气电厂发电，由于电厂签有长期照付不议供气合同，又不能将天然气转卖，这给电厂带来很大困难。

② 由于燃气电厂无法与水电竞争，供电公司和大用户不愿与燃气电厂签订长期购售电合约，没有长期购售电合约，电厂项目的风险太大。

③ 天然气供应安全性。

④ 电力需求增长的不确定性。

⑤ 对于天然气市场和电力市场发展缺乏有关的政策和监管体系。

从南美天然气发电中可以借鉴其供气合同的灵活性，例如，在阿根廷早期天然气市场，在签订照付不议合同之前，供气商同意在一年内按照买方的需求供气；在哥伦比亚，为了在以水电为主的电力系统中推进天然气发电，哥伦比亚国有石油天然气公司 Ecopetrol 与发电商之间的供气合同规定了很低的照付不议量（25%），并且规定随着需求的增加可以修改该条款。在天然气市场的起步阶段，买卖双方签署了长期照付不议供气合同和照运不议运输合同，随着市场的发展，现货市场和二级市场已经出现在阿根廷、智利和哥伦比亚。市场主体就市场中的特殊问题达成特定的协议，如阿根廷的对发电商的可中断供气和可中断运输合同。

6.4.4 中国天然气发电的经验和教训

① 各国天然气工业发展过程中，政策因素和市场因素相互作用。一方面必须考虑价格等市场因素和国际商务模式；另一方面，天然气作为能源供应的重要组成部分，其决策涉及能源结构、能源安全以及环境保护，直接影响国计民生，不能完全放给市场。中国应该避免南美由于政策不明确而使天然气项目受阻的教训，尽快明确天然气发电在国家能源战略中的地位和发展方向，及时制定合理的政策，为正在进行的大型燃气项目解决目前所遇到的实际问题，并为未来天然气项目的开发提供政策指导。

② 天然气工业的发展方式与当地资源和基础设施情况有关，在资源匮乏、管网不健全的地区，大型的国际性的天然气项目一般都要求有发电项目的支撑，而资源有保障的国内小型项目则可以逐渐发展管网和市场，不一定要求有发电项目的支撑。中国天然气工业处于发展初期，在天然气市场和基础设施建设都不成熟的地区，大型 LNG 项目及进口管道气项目必须有燃气发电的支撑。

③ 燃气发电的优点与其他发电能源相比是明显的，尽管各种不确定因素使天然气发电在经济性方面的风险增加，但是，作为清洁能源，天然气发电必然在未来的世界能源结构中占据重要的位置，起到重要的作用。国际天然气发电的实践表明，由于大型天然气项目（尤其是 LNG 项目）投资大，风险大，天然气市场建设和规避风险的能力在各国各地区发展不平衡，所以必须有长期合同来避免风险。和长期照付不议供气合同相对应，电厂必须与购电商签订长期购售电合约。即使在美国这样高度发达的市场，没有长期购售电合约的商业燃气电厂也因为气价的上涨而停运或倒闭，新的燃气电厂投资方都要求有长期购售电合约。对于中国来说，在天然气工业发展初期，燃气电厂与购电方签署长期购售电合约是较为合理的

选择。

④ 燃气电厂与电网的长期购售电合同需要满足电网和用户的需求。印度的第一个LNG项目就是因为燃气电厂的上网电价没有被用户接受而失败的。电网接受这一长期合约的方式因国而易。在泰国，电网通过直接承担电厂购气的“照付不议”义务来支持燃气发电。菲律宾的燃气电厂也与电网签署了长期购售电合约。新加坡采用的是政府保证的长期购售电合约：在起初7～8年里，燃气电厂的容量电价的50%以电网内效益最高电厂的长期边际成本确定，而电量电价则由系统的边际成本来定。

⑤ 在国外，面对天然气发电的不确定性和风险，投资商通过多种手段来减少不确定性和规避风险，例如在购气和供电合同谈判中力争较为灵活的合同条款和条件（如长期、短期、现货合同的组合）、多样化的定价机制、建设适应性强的发电机组类型组合，以便在电力市场竞价中具有较大的灵活性等。随着中国电力市场改革逐步推进，新的交易品种和交易方式如辅助服务、期货市场等的引入会为发电商提供提高竞争力和规避风险的手段，所以，一方面政府应该针对特定的时期制定合理的政策；另一方面，随着市场的发展和成熟，投资商应该承担风险并以各种方式规避风险。

⑥ 在较早进行天然气市场和电力市场改革的国家，出现了天然气公司和电力公司融合的现象，这表现在技术上（天然气用来发电），贸易上（天然气发电商可以在天然气和电力市场之间套利交易）以及一体化市场运营上，这样可以提高天然气发电的运行灵活性，降低风险，提高竞争力。

⑦ 中国的能源资源条件，能源工业和电力工业结构有着自身的特点，天然气发电面临的问题不完全与其他国家相同。中国的情况在某种意义上与巴西类似，例如都是电力需求持续增长，天然气发电的竞争力不足，巴西目前对这些问题也没有以市场为基础的解决方法，而巴西90%以上是水电，南美地区有丰富的天然气资源，巴西也发现了储量丰富的天然气资源，中国与之有许多不可比之处。欧美国家天然气发电的情况也与中国不同，欧美国家天然气市场和电力市场的市场化机制已经建立起来，管网完善，民用、商业和工业天然气市场成熟，天然气发电的地位由市场决定，二氧化碳排放限制、对核电的态度、煤炭资源的限制等特点决定了天然气是欧美国家一项主要的发电能源选择，即使在这种情况下，天然气价格上涨也使天然气电厂竞争力下降，难以生存。而中国天然气资源稀缺，天然气价格昂贵，煤炭资源丰富，煤电为主的格局难以改变，电力市场改革刚刚起步，天然气工业也处于起步阶段。从近期看，天然气发电可以对大型天然气项目起支撑作用；从长远看，可以为城市燃气安全供应起到气源、气量调节作用，特定条件下可以起到电网调峰作用。所以，必须结合中国的实际制定出合理的可操作的政策措施。

6.5 天然气与分布式能源

6.5.1 分布式能源系统概述

进入21世纪，人类的生存发展日益受到能源短缺、环境恶化等问题的困扰和制约，如何提高能源利用率、减少环境污染已成为全世界共同关注的问题。分布式冷热电三联供能源系统是充分有效利用现有能源的重要途径，这种系统可以使能源高效利用、减少环境污染、切实改善人们生活水平和生存环境，目前该技术受到了国内外的普遍关注[18]。

分布式能源是指分布在用户侧的能源梯级利用和可再生能源及资源综合利用设施，通过在现场对能源实现温度对口梯级利用，尽量减少中间输送环节的损耗，实现对资源利用的最大化和系统与投资的最优化的能源系统[19,20]。分布式能源的服务区域相对较小，各种终端能源输送基础设施的投资和运营费用都很低，加上能充分发挥多联产的优势。因而可以实现最高的能源最终利用效率[21]。分布式能源系统与集中发电、远距离输电和大电网供电的传统电力系统相比，克服了传统系统的一些弱点，突出了节省投资、降低损耗、提高系统可靠性、能源种类多样化、减少污染等优点，成为传统电力系统不可缺少的有益补充[22,23]。

6.5.2 分布式能源系统特点

传统建筑能源的主要供能方式有如下两种[24~27]。

(1) 燃煤供暖

目前，供暖锅炉多采用链条炉，其中部分锅炉的炉排速度是人为控制的，它受操作者的影响很大。大部分的燃煤锅炉供暖系统中，鼓、引风量是通过调节鼓 、引风机的风门来实现的。循环水量是通过调节水泵的阀门来实现的，这种调节方式在风量、水流量减小时电机的负载基本不变，仍然要消耗大量的电能，浪费能源严重。并且，锅炉普遍采用间断运行方式，这种运行方式下会造成锅炉设备氧腐蚀，使其寿命降低、维修费用增大，造成严重的大气污染。

(2) 天然气或电直接供热（冷）

采用这种方法供能成本过高，能源利用率低；大型集中冷热电并供受到距离限制，损耗大，成本高；电直接供热（冷）会使电力峰谷差加大（季节、时段），而且发电设备年运行时间减少，导致大量固定资产闲置。

(3) 集中热电并供

这种方法存在以下弊端。

① 热电厂大都远离城区，需要建设长距离的热力管道，管网的建设投资大，输送电耗也较大，维护、管理费用高。

② 由于要与原有供热系统连接，不可避免地存在一些散热损失和水力失调热损失，若是衔接不好或是无计量装置和调节手段，将导致30%～40%的无效热量浪费。如果在合理解决水力失调的同时，增加先进的调节手段并采用科学的热计量，基本可以节约30%以上的热能。

③ 热电厂的发电量在一段时间内是要求稳定的，也即在特定的时间内热电厂供热的循环流量和温度是固定的。而采暖热负荷是随室外温度的不断变化也在不断变化的。所以，热电厂的供热负荷必须适应电厂稳定运行的安全要求。这就需要设计上充分考虑与热电厂的联合运行，由热电厂满足供热的基本热负荷，在高峰时，启动调峰锅炉房补充最大供热负荷的不足部分。如果设计不当，热电联产的优势也就无法体现出来。

综上所述，传统建筑能源的主要供能方式未能达到能源梯级利用，直接将高品位能用于低品位能的需求，又试图将太阳能等低密度能源艰难地转换为高品位能，造成能源、环境和经济上的被动[28]。

采用分布式供能系统（DES）可以很好地解决上述传统建筑物供能系统问题。与集中式发电-远程送电比较，DES可以大大提高能源利用效率[29]。大型发电厂的发电效率一般为5%～55%；扣除厂用电和线损率，终端的利用效率只能达到30%～47%。而DES的能源利用率可达5%，没有输电损耗和输热（冷）损失；在降低碳和污染空气的排放物方面具有很大的潜力。发达国家早已采用“污染物排放量购买法”来控制有害气体的排放，中国也是势在必行。

分布式能源系统相比于普通建筑供能方式具有如下特点。

① 能源综合梯级利用，节能率10%～40%。分布式能源系统将燃料燃烧后的高温热能先变为电能，而温度低的低品位热能用于供热或制冷。这种能源利用方式实现了能源的梯级

利用，与燃料燃烧后直接供热或制冷相比，为节约能源创造了有利条件，如图 6-21 所示，100 份的天然气通过热点联供，可以满足用户 30 份的电需求（热点联供的发电效率为 30%）和 55 份的热需求。如果采用常规供能方式，即天然气锅炉供热（锅炉效率为 85%）和天然气的燃气-蒸汽联合循环发电（考虑到发电效率和输配电效率，取电厂供电效率为 50%），则分别需要 60 份和 65 份天然气。相对于常规供能系统，该天然气热电联供系统可以节约用能 25%。因此，相对于常规供能系统而言，分布式能源系统在供热工况下一般还是有节能优势的[30]。

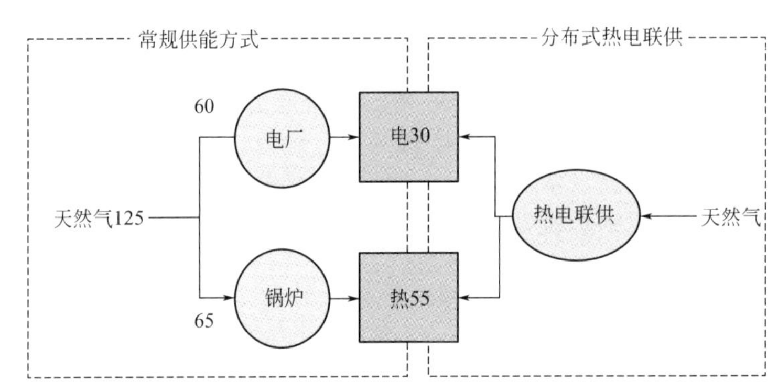

图 6-21 分布式热电联供系统与常规供能方式的能耗比较

② 环保性能好，NO_x 排放低（可小于 10mg/kg）。分布式能源系统在环保上的优势主要体现在天然气清洁燃料的使用和分布式能源系统大气污染物排放量的减少这两方面[31]。

由于我国电力主要来源于燃煤发电，因而天然气热电冷联供系统发电对煤电的取代，大幅度降低了 SO_2、CO_2、烟尘和 NO_x 等排放。另一方面，分布式能源联供系统由于自身能耗在合适场合下低于常规能源系统，也就直接导致环境污染物排放的降低，并且一些诸如三元催化技术、预混合稀薄燃烧技术等低污染物排放技术在动力设备的推广应用，大幅降低了天然气主要污染物 NO_x 等的排放。

③ 弥补大电网的安全稳定性。现代化大电厂、大电网系统经过百年发展技术日益成熟。发电效率已经远大于小机组的发电效率，但是系统愈大，输变电的投资也愈大。平均损耗加上电力生产和消费双方的变动性，保证电网负荷、电压、频率、无功功率等的稳定性、均衡性所付出的费用也很高。最近几年各国频发的大停电事故，对大电网安全性也提出了质疑。以上大电网系统投资、运营、平衡时效率损失，如空调、热水器占终端用能量的一半以上，使得与区域内直供的分布式能源相比优势尽失，能源最终利用效率反而不如后者了。更不要说分布式能源在终端能源供应安全上为大系统还可以提供补充和保障[32]。

近年来，随着我国经济的快速发展和人民生活水平的提高，用电危机日趋严重，特别是到了夏季，电的短缺成为北京、上海等大城市以及很多省份所面临的一个很严重的问题，到了不得不拉闸限电的程度。其中很大一部分电能是用于建筑物（包括民居和公共建筑）的空调上。如果能够开发出一种分布式电力供应系统以满足独立建筑或小区的电力供应，那么就可以在很大程度上缓解用电高峰问题。分布式能源站可以参与电网调峰，必要时可输出无功功率，保护电网安全运行。在类似北美的大停电中作为独立发电机保证供电；正常情况下使用可降低多路供电的要求。因此无论从投资、资源利用终端总效率还是安全的角度。分布式能源都有巨大的优越性。

④ 满足特殊场合如医院、银行、军用电源、度假村等的需求。分布式能源系统能够独立于集中能源（如电网、热电厂等），它可以单独为一独立大型建筑供应能源，而不受集中能源系统的影响，具有很大的灵活性和独立性[33]。另外，随着岛屿的现代化发展提速，岛

屿用电量的增大，这个时候，就出现了难题。首先，若在岛屿上建设小型火电站的话，不仅仅很不具备经济性，而且影响了岛屿的生态环境，居民的居住环境；若建设输变电设施，从陆地输送电能过去，线路长的话，则面临着技术难题，前期的投资也相当巨大，并且线损严重。所以，若建造一个分布式能源系统，是十分合适的。通过船载 LNG 的方式，运输 LNG 到岛屿上，通过建立这个系统，对岛屿实现冷热电三联供。这样做不仅经济性好，节省了前期投资，节约了能源，并且也保持了岛屿的生态环境的健康。

⑤ 平衡城市能源负荷峰谷差，移“电峰”同时填“气谷”。在电力方面，随着人们生活水平的提高，空调的普及，夏季电力负荷迅速增加，在许多城市中已经超过冬季，成为季节性的高峰负荷。夏季电力负荷的大幅增长，给城市电网带来城中负担。由于城市电网承载力的制约，往往出现拉闸限电的情况，对城市经济发展和市民正常生活造成严重影响。而城市燃气，特别是北方城市的燃气，由于采暖用气的比重较大，往往夏季是燃气负荷的低谷期，冬季是燃气负荷的高峰期。分布式能源系统对城市电力峰值负荷的削减体现在两方面[34]：一方面是热点机组发电；另一方面是排烟余热制冷代替常规的满足空调负荷的电动制冷用电。这种分散在城市负荷中心的分布式能源系统，可以有效地缓解电力高峰对城市电力输配系统的冲击。

⑥ 经济性能。评价一个系统的经济性主要看两方面，即初投资和运行费。如图 6-22 所示，满足同样的热、电和冷负荷，从投资上看，与常规系统相比热电冷联供系统主要增加了发电设备，即热电联供动力装置，因而其系统初投资要高于常规系统[35]。从运行费上看，一方面分布式能源系统由于能源利用效率的优势，特别是在供热工况下，存在燃料成本低的可能性；另一方面与常规电网供电相比，分布式能源系统供电省去了区域电网长途输送和城市电网的输配成本，因而代替了价格昂贵的电网送电，其经济性表现在发电电价上。因此，热电冷联供系统虽然初投资较高，但是在适宜的场合，由于其运行费的降低，相对于常规热电冷分产的系统而言，依然具有经济上的优势。

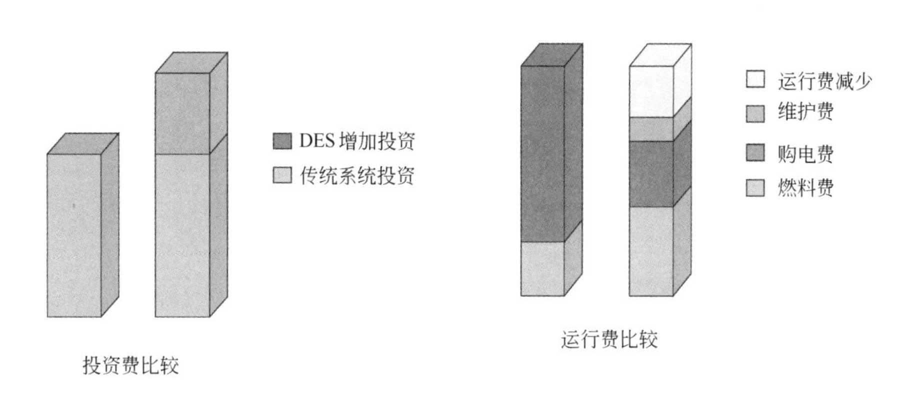

图 6-22　分布式热电联供系统与常规供能方式的经济性能比较

⑦ 因地制宜，能源利用多样性。由于分布式能源可利用多种能源，如洁净能源（天然气）、新能源（氢）和可再生能源（生物质能、风能和太阳能等），并同时为用户提供电热冷等多种能源应用方式，因此是节约能源，增加能源供应、应对能源危机和能源安全问题的一种良好途径。

6.5.3　分布式能源系统设计原则

分布式供能系统的发展得益于天然气的广泛应用。用天然气为能源、以燃气轮机为原动力的冷热电联供系统，具有机构紧凑、效率高、技术成熟、运行可靠、自动化程度高的优点，适合布置在用户端，将对中国的能源结构、大气环境和经济发展产生重大影响。

从长远看，分布式供能系统有巨大的经济优势，但是，能源利用率高这一优势还未必能转化为经济优势[36]。对于中国而言，天然气发电的价格远高于煤电的价格；如处理不当，多余的电无法上网，其结果将是能量利用率上升了，而财务却亏空了。在目前的市场价格环境下，分布式供能获取利润的关键在于正确的选点和正确的设计。在对冷热负荷要求高的楼宇或小区，宜采取以热定电、发电就地消化、并网不上网的设计和运行控制模式，不足的电从网上获取。这样，比之电制冷和天然气直燃制冷，多联供系统将获得更高的能源利用率和实质性的经济效益[37]。

综上所述，分布式能源系统设计遵循以下原则[38]。

(1) 指导观念

燃气三联供系统的产品是冷热电。一般的，在系统的运行和设计中，有两种方案：以热定电和以电定热。其中，以热定电可以获得较高的能源利用率，从效率的角度是最好的。但在多余的电力自己消耗不了时，就需要上网外送，目前还不具备条件，因此会受到限制。以电定热可以在较高的电价条件下，获得尽可能多的运行收益，但在余热不能充分利用时，能源的利用效率会下降。两种方案各有长短，都属于粗放的指导观念。

(2) 负荷分析

可适用燃气三联供的有各种各样的项目，不同的项目有不同的需求。从冷热电的角度看呈明显的个性化。主要表现为各种能量总量、比例结构及变化规律。为达到最好的经济效益，需要量体裁衣，即作能源需求的全面分析。现在，一般的方法都是参照设计规范和说明，采用单位面积的能源标准，以最大、最小、平均值为指标，往往不能够准确地把握项目的特点，造成系统配置的偏差，影响效果。应该根据项目的具体情况做全年的逐日逐时的负荷预测和分析。为设计、运行和评估提供基础。目前，此项技术在国外已成熟。但在国外缺少相应的工具和方法，还需要研究开发。

(3) 能源平衡

燃气三联供的理论基础是能源梯级利用，技术基础是能源的转换和回收，冷热电的产生和使用往往需要在同时完成，因此如何实现能源的平衡就十分重要。在实践中，经过负荷的预测和分析，有些项目可能的经济空间很小，节约效益不足以采用燃气三联供，发展面临问题。为此，需要在技术和需求方面拓展适用的空间，产生了能源公社的观念，即共同生产，共同消费，各展所长，各得所需，效益显著。

技术方面，因地制宜地发展燃气三联供与其他的分布式能源的结合，例如采用风能、太阳能，或其他的高效节能和节约技术，例如水源、地源热泵和蓄能等，力求取长补短，相辅相成。

需求方面，突破一个系统只对一个单位供能的限制，寻求项目的整体能源平衡。在多个用户范围，分析与预测需求的互补性，匹配系统的能力。

(4) 方案优化

一般的分布式能源，是以能源的高效利用而实现供能的经济性。根据对项目能源需求的预测和分析，燃气三联供经常会与其他技术相结合来组成系统，力求获得最大的收益。在具体的方案中，采用何种工艺，配置多大的能力，如何人控制运行，都是十分关键的，对项目的成败有决定性的影响。

(5) 自动控制

一般的，与分布式的能源系统相比较，燃气三联供系统具有工艺流程复杂，设备类多量大，工况条件变化的特点，在运行过程中需要先进的自动控制。

传统的自动控制，主要目标是实现参数、状态和程序（连锁）的控制，这些功能在燃气三联供中都是必要的，但却是远远不够的。因为燃气三联供（往往结合有其他的能源技术）是以提高能源的利用效率，节约能源进而节约费用为目标的。在实际运行中，面对能源供应的变化（价格），能源需求的变化（种类、数量和结构），要求自动控制系统、能够统筹系统的能力，在允许的范围内平衡供需，选择工艺、调节设备、确定工况，状态的形成优化方案并实施控制，同时，能够统计和分析能源的利用效率和费用节约，这些功能是普通的自动控制系统所不具备的，但却是燃气三联供系统所需要的。

(6) 市场因素

发展三联供系统，利国利民。但能否为社会广泛的认可和使用，还有一个重要的因素，即人们所说的市场和供需。在现阶段分布式能源系统的设计必须考虑系统集成、设备供应、运行管理、投资收益等市场问题。

6.6 天然气冷热电三联供技术及研究

中国要发展低碳经济，最近20年里，最关键的能源就是天然气。天然气资源的开发利用已经到了非常关键的时刻。未来低碳能源的发展过程，石油肯定是逐渐向下的过程，可再生能源是个稳定渐进上升的过程，除此之外，煤的二氧化碳捕获（CCS）和天然气，将是未来低碳发展重要的博弈双方。据国际能源组织（IEA）估计，到2030年，煤的CCS成本可以降到每吨二氧化碳35欧元，这一块从经济效益上讲，投入产出跟天然气没法比，因此发展天然气是低碳经济发展的趋势。

而发展天然气产业，就必须要提天然气利用率，光靠发电，利用效率仅为30%左右，远远不能与煤电、核电相比。因此，要发展天然气，必须以三联供为依托，一次提高天然气的综合利用效率。冷热电三联供遵循“温度对口，梯级利用”原理，以提高能源综合效率。冷热电三联供供能系统的最大的优势在于大大提高了能源综合利用效率，减少了污染物排放，促进了能源可持续发展及低碳经济发展。

目前发展天然气三联供产业从技术上看较为成熟，无论是国内还是国外都有诸多先例，但三联供作为一个低碳、环保的项目从短期上看，其经济性值得推敲，从长远的社会效益看，仍需政府支持。另外，对于三联供系统，如日本东京晴海 Triton 广场区域供冷供热系统和日本新宿新都心燃气冷热电三联供系统、中国珠江新城集中供冷项目包括很多大楼建筑集中供冷项目都有一个共同特点，集中供冷面积小，供冷管道短，均在4km范围内，大大减少了输送过程能量损失。从这些方面看，三联供系统需要充分考虑系统供应区域，面积不宜过大，管道不宜过长，避免高能量损失。

6.6.1 冷热电三联供技术原理及特点

6.6.1.1 冷热电三联供技术原理介绍

冷热电三联供系统是一种建立在能量梯级利用概念基础上，将制冷、采暖和供热水、发电过程一体化的多联产总能系统。燃料的高品位能量在动力系统中发电；动力系统品位较低的排热，用于提供冷、热等低品位产品，从而形成冷热电三联供。由于实现了能量梯级利用，能源利用效率大大提高。它的核心是科学用能，所谓科学用能，主要包含三个层面，即：科学使用能源，科学配置能源和科学管理能源。冷热电三联供技术就是遵循科学用能原理，采用各种先进技术，通过“分配得当、各得所需、温度对口、梯级利用”的方式优化配置资源，提高能源综合利用效率。根据这一原则，在设计一个能源系统方案时，必须将各种能源设备按温度对口的原则配置，由高温到低温，使每一设备都达到高效运行，并将全部可用能源最大限度地转化为所需要的能源形式，图 6-23 是“温度对口、梯级利用”原则的简要示意图。

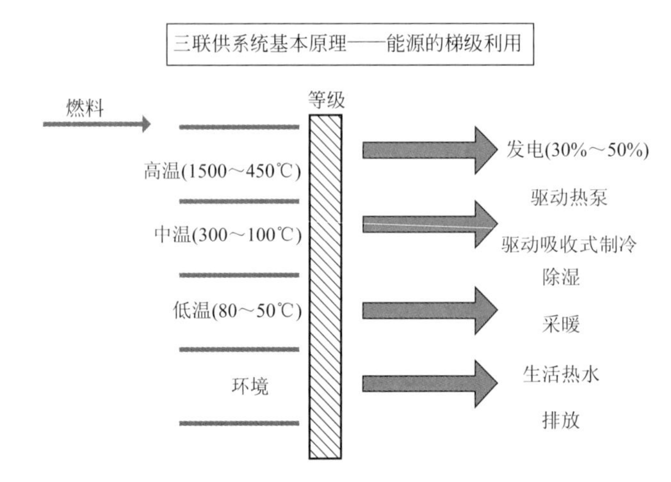

图 6-23 冷热电三联供系统基本原理图

冷热电三联供的基本原理是能量梯级利用，工作流程如图 6-24 所示，燃料和压缩空气同时被送入燃烧室混合燃烧，燃烧形成的高温烟气在压力作用下进入燃气轮机驱动转子旋转，燃气轮机转子与发电机转子同轴连接，发电机输出电能。

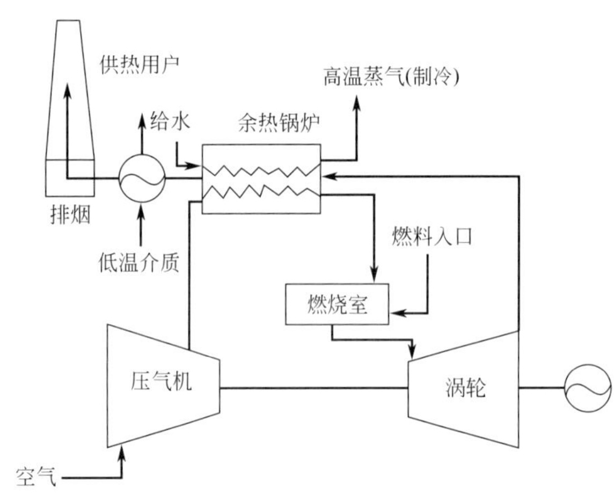

图 6-24 冷热电三联供系统工作流程图

高温烟气在燃气轮机内做功后温度和压力降低，其排气温度约为 400℃，在压力的作用下进入余热锅炉；余热锅炉产生的高温蒸汽进入吸收式制冷机组制冷；从余热锅炉出来的蒸汽温度降到 200℃左右，然后进入热网水换热器中加热采暖用水；最后，低温烟气经后续处理、达到排放标准后排入大气。

在不同负荷类型情况下，冷热电三联供系统三大部件可以根据具体情况重新组合优化，以实现效率和效益最大化。三联供供能技术就是根据这一原则，并针对一些特定用能场合提出的科学供能方式。在用户对冷、热、电都有较稳定需求时，三联供供能技术是最高效节能的供能方式。例如酒店、医院、综合性商住小区、大型企业等。若用户没有对冷、热、电的稳定需求时，需要电时不需要热或冷；需要热或冷时对电的需求不大，则三联供供能系统无法发挥其优势，因而不是最佳的供能方式。

6.6.1.2 冷热电三联供技术特点

天然气冷热电三联供是以天然气燃烧产生的热量驱动燃气发动机或燃气轮机，带动发电机发电并回收排放热，排放热用于工厂的供热、民用建筑的集中供暖和制冷系统。在冷热电三联产系统中，吸收式或吸附式制冷机是以热能为动力的，并且利用低位热能，使能源得到更有效的利用。吸收式或吸附式制冷机的另一优点是节电，缓解了用电紧张的局面。吸收式或吸附式制冷机还具有环保、无公害等特点，便于集中供冷、供热。

近年来，通过引进国外技术与自行开发研究相结合，我国吸收式制冷机的生产有了飞速发展，国内生产的吸收式制冷机组已有了相当好的可靠性和性能水平，这就为实现冷热电三联供提供了必要的设备条件。近几年，城市小区的建设使居民分布日趋集中，而我国的商业、娱乐及工业区原来就比较集中，这就有利于实现集中供冷、供热。因此，在我国发展冷热电三联供是可行的，也是必要的[39,40]。

对普通的火力发电系统，输入热量按100%计算，扣除送电损失2%、未利用的排热60%，其综合效率为38%。而对天然气冷热电三联供系统，同样输入热量按100%计算，发电占25%～40%，排热利用占40%～50%，如果把用电和用热分配好，综合效率可以达到70%～80%，而没利用的排放热仅为20%～30%。因此，天然气冷热电三联供系统由于增加了排放热的利用，其综合效率比普通的火力发电系统高约30%～40%。

6.6.2　冷热电三联供系统的主要组成

冷热电三联供系统主要由动力系统、余热回收系统和供冷系统三个子系统组成，下面分别介绍这三大子系统。

6.6.2.1　动力系统

动力系统是三联供供能系统的核心设备，主要有燃气轮机、活塞式内燃机、燃料电池与斯特林发动机等。其中，燃料电池与斯特林发动机在工程应用上严格说都还不够成熟，未达到商业广泛实用程度，目前实际广泛应用的是燃气轮机和内燃机。20世纪70年代，用燃气轮机或内燃机发电实现热电联产在国外发展起来，经多年的商业运行，技术已相当成熟。目前以天然气为燃料，洁净高效、小型分散为主的冷、热、电联产已成为世界上第二代能源技术。

汽轮机是使用最多最久的动力装置之一，作为一种成熟的技术，在合理的操作和维护下，使用寿命比较长。内燃机的发电效率高，部分负荷性能较好，初投资费用低，但是它的缸套水温度和排气温度较低，因此，内燃机适用于较小容量并且用户对热量要求不是很高的系统中。燃气轮机比汽轮机安装简单，初投资费用低，维护费用和发电效率比内燃机小，它的排气温度较高，流量较大，缺点是所使用的燃料费用高，燃气轮机适用于较大容量，用户对热量要求较高的系统中。微型燃气轮机运动部件较少，重量轻，噪声小，对环境友好，主要缺点是初投资费用高，发电效率低。燃料电池由于技术和价格的原因，在热电冷联供（CCHP）系统中尚处于起步阶段，但是随着技术的不断成熟和发展，在未来的CCHP系统中有着广阔的前景。

在三联供供能系统功率范围内，内燃机可以获得相对燃气轮机更高的发电效率，但是燃气轮机排气温度较高，一般在400～600℃甚至更高，其余热具有很好的可用性。内燃机的余热主要包括两部分，一部分为保证内燃机的正常工作温度，通过内燃机的冷却系统将内燃机受热零件，如气缸盖、气缸、气门等的热量带走，这部分热量一般称为缸套水余热，温度较低，一般在80～120℃；另一部分是燃料进入气缸燃烧做功，做功后的废气通过排气阀排出气缸，废气带走的热量称为烟气余热，温度在400～600℃。由于内燃机缸套水余热温度较低，回收难度大，同时烟气携带的余热比例较低，也影响了余热回收的经济性。因此，燃气轮机一般用于电热比较低的用户，而内燃机则适用于电负荷相对较大同时热量需求较少的场合。

小型燃气轮机和内燃机均具有启停灵活、变工况性能良好的特点，能够较好适应系统的变工况特性。国际上通常将100MW以上的燃气轮机称为大型燃机，20～100MW为中型，20MW以下为小型燃机，小于300kW的为微型燃机。

6.6.2.2　余热回收系统

余热回收设备主要包括余热锅炉、板式换热器和气气换热器等；通常是将燃气燃烧过程产生的废热加以利用，对用户供热，实现能源的综合利用。

余热回收系统提供的热量主要来自动力系统的高温排气，通常使用余热锅炉或热交换器回收动力系统排气中的热量；也可以使用吸收式机组中的热交换设备回收热量。常规的冷热电三联供技术是将回收的热量直接提供给用户，这种供热方式的系统比较简单，设备投资小。如果附近有合适的低温热源，比如河流、湖泊等，可以考虑让动力系统高温排气或者来自余热锅炉的蒸汽充当高温热源驱动吸收式热泵，从环境中获得一部分热量供给用户。采取热泵的方式可以大大提高能源利用率，但这种方式对低温热源的要求较高，而且系统相对也比较复杂。必要时压缩式热泵也可以作为供热系统的一部分，直接供热给用户或作为吸收式热泵的低温热源。

以下介绍了几种常见的供热系统。

(1) 热泵制热系统

热泵热水装置是利用环境中蕴含的免费热能来制取热水，其原理示意如图 6-25 所示，能流如图 6-26 所示。

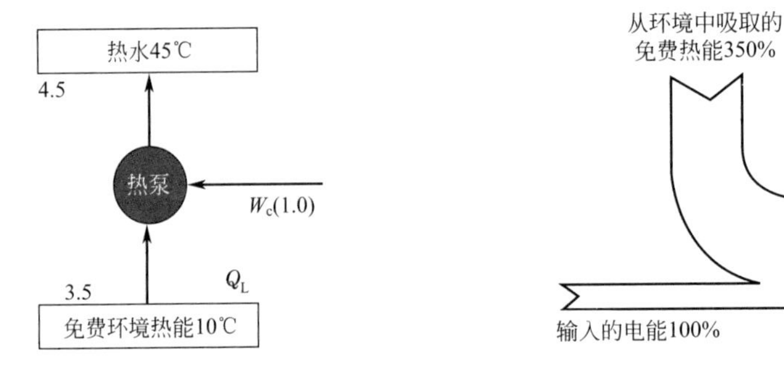

图 6-25 热泵原理示意

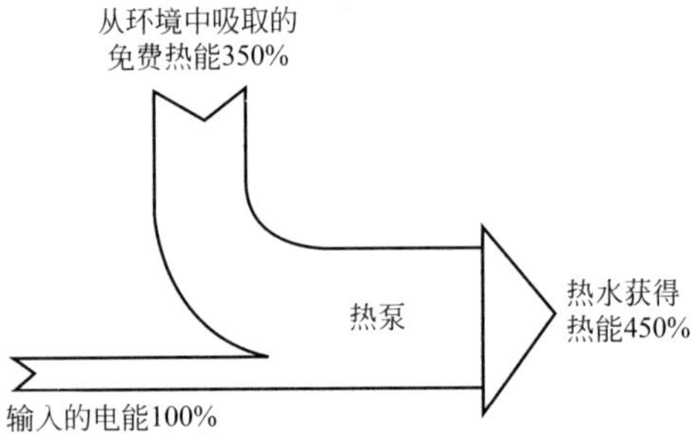

图 6-26 热泵热水装置能流示意

由图 6-26 可见，热泵热水装置消耗少量电能，从环境等低温热源中吸收大量免费热能，并将其温度升高后用于加热热水。以某电动压缩机式热泵热水装置的运行参数为例，当环境空气温度为 10℃、所制取的热水温度为 45℃，热泵热水装置只需消耗 1 份电能，即可从环境中吸收 3.5 份的低温热能，生成 4.5 份 45℃的热能来制取热水。

(2) 太阳能制热系统

太阳能热利用主要是利用太阳能集热器搜集太阳热能。太阳能集热器可用于提供空间加热和为居民提供热水。在大规模的太阳能热利用中，太阳辐射可以由抛物面集中起来，可以作为直接的热利用，也可用于发电。

太阳能热水系统是利用太阳能加热水的装置，这是目前乃至今后一段时间内太阳能热利用中最基本、最有效也是最成功的一种，已经达到实用化并已得到广泛推广应用的装置。1992 年以来，太阳能热水系统的生产与安装在我国已经成为一个新兴的工业产业，中国逐渐成为生产与使用大国。2010 年年产量 4900 万平方米，占世界年产量 80%左右。2010 年保有量为 16800 万平方米，占世界总量 60%，太阳能热水系统的迅速推广是与其一次投资多年受益和清洁安全等优点分不开的，也是当前和今后商品性能源供应紧缺的一种直接结果。

(3) 燃气热泵供热系统[41,42]

燃气热泵有较高的一次能源利用率，组合发电机还可以供电，实现冷热电三联供。燃气机热泵是以燃气机作为动力来驱动的压缩式热泵，其工作原理是：把燃气送入内燃机，由内燃机把燃气燃烧后释放的热能转换为动力来驱动热泵系统的压缩机，从而实现热泵的逆向热力学循环，达到把低温位热能输送到高温位供给使用的目的。由于有效地回收了发动机冷却水和排烟的热量，燃气机热泵具有较高的一次能源利用率，所以其年单位面积供热能耗也比较低。

图 6-27 为采用燃气机热泵的冷热电三联供系统，这是燃气机-发电机和燃气机-热泵的组合系统。燃气机 1 和燃气机 2 通过联轴器驱动热泵系统的压缩机进行供热和供冷，并通过联轴器驱动同步发电机进行发电。在有电网廉价电力或燃气供应故障或内燃机发生故障时，可以将发电机转变为电动机驱动热泵。当只需供热与供冷时，亦可以解耦发电机，让发电机空转其飞轮作用，使热泵运行更加稳定。

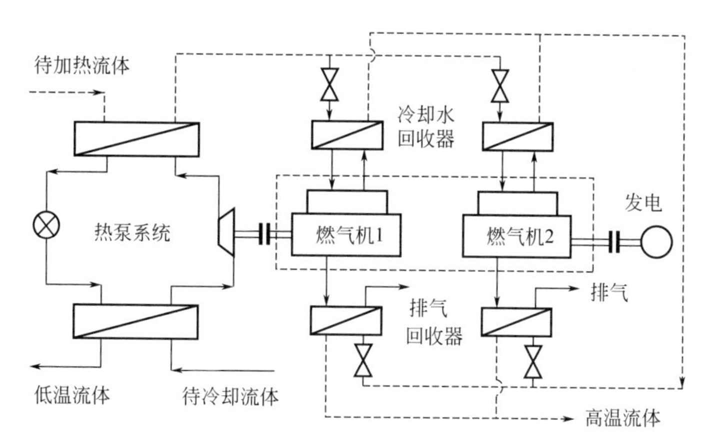

图 6-27 燃气机热泵的冷热电三联供系统

这个系统在一些同时需要供热、供冷和供电的分散用户、商业区和居民区，或远离城市或无电源的边远区域、或医院建筑等应急领域非常适用。

6.6.2.3 供冷系统

“制冷”就是使自然界的某物体或某空间达到低于周围环境温度，并使之维持这个温度。理想的制冷循环是逆卡诺循环，完成逆卡诺循环的结果是消耗了一定数量的机械功，将从冷源取得的热量排给热源。

人工制冷的办法很多，按物理过程的不同有：液体汽化法、气体膨胀法、热电法、固体绝热去磁法等。在冷热电三联供中主要采用液体汽化制冷法，蒸汽压缩式制冷和吸收式制冷都属于液体汽化制冷法。

冷热电三联供系统中的制冷系统有三种形式：压缩式、吸收式和吸附式。压缩式制冷机有两种，一种是电驱动制冷；另一种是由动力系统直接提供动力，经轴传递给压缩机制冷。常见的吸收式制冷机有溴化锂制冷和氨制冷，溴化锂制冷机制冷温度受制冷剂的限制，不能用于 0℃以下的制冷场所。氨吸收式制冷可在同一系统内给用户提供不同温度的冷量。吸附式制冷是一个新颖的，对环境友好的技术，它可以利用 85℃以下的低品位热能来制冷。

供冷系统是三联供供能系统在实现发电、制热的同时，将一部分余热或蒸汽抽出利用制冷设备制冷，实现对用户供冷。

随着社会生产力的发展和人民生活水平的提高，空调已成为各类建筑不可缺少的重要组成部分，夏季用于空调制冷的能耗相当巨大。如今，制冷的冷量主要用于夏季空调。

常见的集中供冷系统有以下几种。

(1) 电制冷与冰蓄冷结合供冷系统

电制冷是使用二次能源电驱动压缩机制冷，电制冷方式在电力供应充足，特别是水力发电丰富的地区，应考虑采用，但电力消耗量大，并且其用电高峰恰与城市供电网用电高峰一致，会加重电网峰谷矛盾。为削峰填谷，可采用蓄冷空调系统，利用峰谷电价差可一定程度地降低运行成本。

冰蓄冷就是将水制成冰，利用冰的相变潜热进行冷量的储存。冰蓄冷除可以利用一定温差的水显热外，主要利用的是335kJ/kg的相变潜热。因此，与水蓄冷相比，储存同样多的冷量，冰蓄冷所需的体积将比水蓄冷所需的体积小得多。

冰蓄冷空调通常采用蓄、融冰性能较好的冰晶式动态蓄冰空调系统，如图6-28所示，此外还有冰片滑落动态蓄冰、冰球蓄冰及盘管蓄冰静态蓄冰系统等，虽然蓄冰方式不同，但工作原理都相似，可分为蓄冷和放冷两个过程。蓄冷过程：夜间用电低谷时制冷机组和乙二醇溶液泵开启，乙二醇溶液被溶液泵从蓄冰槽底部抽送至制冷蒸发器，放出热量后在管壁上凝结细小的冰晶，搅拌机将冰晶刮下，与乙二醇溶液组成液固混合物，在泵的作用下送到蓄冰槽，冰晶悬浮于蓄冰槽上部，与溶液分离。放冷过程：白天空调供冷高峰时（也是电网用电高峰期），供冷循环中的泵开启，将乙二醇溶液送至蓄冰槽的上部，融冰降温后再送至空调系统末端装置，吸收热量后回到蓄冰槽。冰晶式动态蓄冰系统的蓄冰率可达50%～60%，可连续制冰，放冷运行时融冰速度较快。

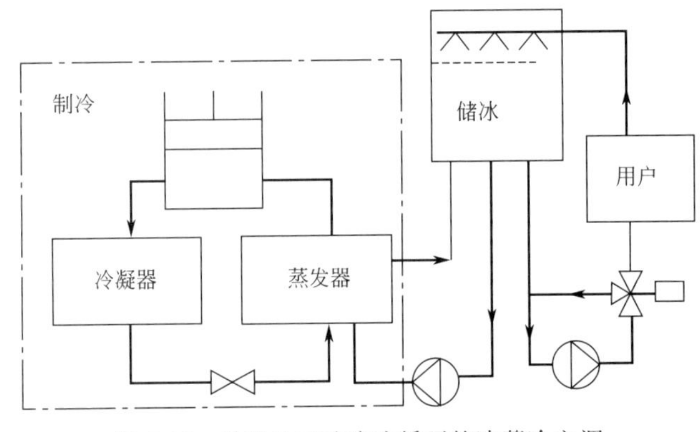

图6-28 采用乙二醇溶液循环的冰蓄冷空调

采用电制冷的同时，结合冰蓄冷技术，用电低谷时期，电价相对较便宜，此时可以将冷量以冰的形式储存起来，用电高峰期，将储存在冰中的冷量释放出来，供用电高峰期使用，不但缓解了电力峰谷负荷，还节省了电费。

区域供冷为蓄冷技术的发展提供了良好的条件。蓄冷技术在电网低谷段采用电制冷，利用蓄冷介质储存冷量，白天电力高峰段释放冷量，满足建筑物空调或生产工艺的需要。因此，采用蓄冷技术可减轻电力高峰段的空调用电负荷。空调用电负荷占电网高峰负荷比例越大，蓄冷空调移峰填谷、平衡电网的能力越强。与区域供冷系统结合的蓄冷空调不受机房场地的限制，使用对象扩大至住宅等用户，使得蓄冷容量大幅增加，调峰能力提高。

(2) 太阳能空调系统

所谓太阳能制冷，就是利用太阳集热器为吸收式制冷机提供其发生器所需要的热媒水。热媒水的温度越高，则制冷机的性能系数（亦称COP）越高，这样空调系统的制冷效率也越高。

常规的吸收式空调系统主要包括吸收式制冷机、空调箱（或风机盘管）、锅炉等几部分，而太阳能吸收式空调系统是在此基础上再增加太阳集热器、储水箱和自动控制系统。

在夏季，被集热器加热的热水首先进入储水箱，当热水温度达到一定值时，由储水箱向制冷机提供热媒水；从制冷机流出并已降温的热水流回储水箱，再由集热器加热成高温热水；制冷机产生的冷媒水通向空调箱，以达到制冷空调的目的。当太阳能不足以提供高温热媒水时，可由辅助锅炉补充热量。

在冬季，同样先将集热器加热的热水进入储水箱，当热水温度达到一定值时，由储水箱直接向空调箱提供热水，以达到供热采暖的目的。当太阳能不能够满足要求时，也可由辅助锅炉补充热量。

太阳能空调推广存在一些问题，目前已经实现商品化的产品大都是大型的溴化锂制冷机，只适用于单位的中央空调。对此，空调制冷界正在积极研究开发各种小型的溴化锂或氨-水吸收式制冷机，以便与太阳集热器配套逐步进入家庭。

虽然太阳能空调可以无偿利用太阳能资源，但由于自然条件下的太阳辐照度不高，使集热器采光面积与空调建筑面积的配比受到限制，目前只适用于层数不多的建筑。对此，科学工作者们正在加紧研制可产生水蒸气的真空管集热器，以便与蒸汽型吸收式制冷机结合，进一步提高集热器与空调建筑面积的配比。

利用太阳能作为能源的空调系统，它的诱人之处在于越是太阳能辐射强烈的时候，环境气温越高，人们的生活越需要空调，此时，太阳能空调的制冷能力就越强。这是人和自然和谐的理想境界。使用太阳能空调的结果，既创造了室内宜人的温度，又能降低大气的环境温度，还减弱了城市中的热岛效应。更为可取的是，既节约了能源，还不使用破坏大气层的氟里昂等有害物质，是名副其实的绿色空调。

(3) 热水泵空调系统

自 20 世纪 80 年代起，热泵在空调上的应用有了起步。风冷热泵和水冷热泵在我国实际工程应用上有了很大发展。风冷热泵适用于中、小型工程，水冷热泵适用于大中型集中空调之用。热泵空调系统有以下几种特点。

① 节能。热泵的能量利用效率较高，并且能有效地利用冷房中排出的热量和其他多种排热，因此是节能型空调系统。

② 安全性较高。热泵与其他空调系统相比，不需要燃料的燃烧，没有发生火灾和爆炸的危险。

③ 洁净。热泵只是用洁净的能源电，不需要燃烧装置，不会产生大气污染。

④ 运行管理、维修方便。由于热泵全部是电气化空调系统，故与具有燃烧装置的系统相比，运行管理、维修方便。

⑤ 用一台热泵既可制冷又可供热，所以可减少设备设计的空间。

⑥ 由于热泵全部是电气化空调系统，故可实现全自动运转和远距离监控。

6.6.3　典型的冷热电三联供系统介绍

冷热电三联供技术是对能源进行梯级利用的同时，提高能源综合利用效率的有效措施。对天然气冷热电三联供系统而言，如果按照能源梯级利用原则，其设备形式可分为两部分：发电机组及热回收设备。其中，发电机组部分根据所采用的原动机种类不同，又可分为：燃气轮机发电机组、内燃机发电机组、斯特林发电机组、燃料电池发电机组等。

当前在天然气冷热电三联供系统中，将燃料的化学能转换为电能的装置主要有两种形式：一种是首先通过热力发动机将燃料燃烧而得到的热能转变为机械功，然后再通过同步交流发电机将机械功转变为电能；另一种是通过燃料电池直接将燃料化学能转变为电能。

热力发动机是将燃料燃烧而得到的热能转变为机械功的装置，在任何热力发电机中都发生两个主要过程：①燃料燃烧时放出热；②把这种热转变为机械功。燃料在发动机外部燃烧的热力发动机称为外燃机，如蒸汽机、汽轮机、斯特林发动机等；燃料直接在发动机内部燃烧的热力发动机称为内燃机，如活塞式内燃机和燃气轮机等。天然气冷热电三联供系统中常用的热力发动机主要有：活塞式内燃机、燃气轮机、斯特林发动机等。

图 6-29 简单地表示了冷热电三联供系统的流程，冷热电联供系统设置蓄能装置和制冷系统。蓄能装置可以在空调季蓄冷，采暖季蓄热；制冷可通过两种方式，即吸收式制冷机和压缩

式制冷机，其中吸收式制冷机的热源可以有两种，即动力装置发电后排放的余热或锅炉余热。

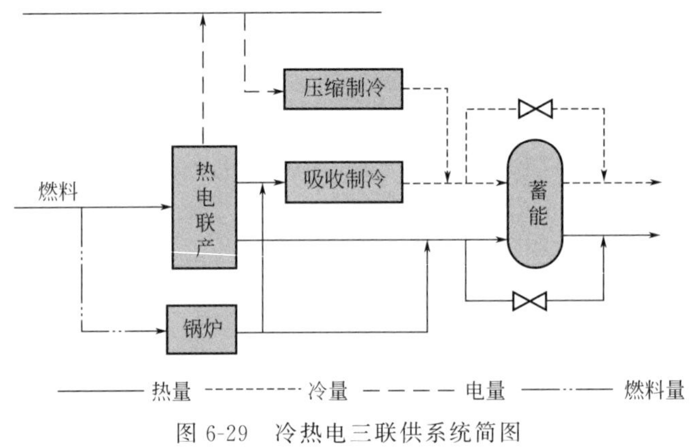

图 6-29 冷热电三联供系统简图

下面对不同规模原动机组成的冷热电三联供系统典型形式作简单介绍。

6.6.3.1 内燃机冷热电三联供系统[43,44]

由于内燃机具有热效率高、结构简单、比质量轻、移动方便等优点，被广泛地用于交通运输、农业机械、过程机械和发电装置。

内燃机主要由进气门、排气门、汽缸盖、汽缸、活塞、连杆、曲轴等组成。燃料与空气直接进入发动机汽缸中，并在汽缸中燃烧，形成的气体压力升高，活塞受到气体压力的作用在汽缸内移动，利用连杆把活塞的直线运动传给曲轴，并转变为曲轴的旋转运动。内燃机的实际热力循环是燃料热能转变为机械能的过程，由进气、压缩、膨胀和排气等多个过程组成。

内燃机不同余热温度不同，冷热电三联供系统针对不同品味余热合理有效地利用，以实现能量的梯级利用。常用内燃机冷热电三联供系统的基本组成如图 6-30。内燃机冷却水在冬季可以直接或间接换热后用于采暖和提供生活热水，夏季可用于驱动单效热水型吸收式制冷机制冷或驱动溶液新风处理机用于处理新风。内燃机产生的高温排气有两种方式，一种是直接进入烟气型双效吸收式冷温水机，产生冷/热水供冷或供热；另一种是通过换热器产生热水，然后再与缸套冷却水一起用于制冷或供热。一般对较大型的系统，可采用烟气型双效吸收式冷温水机和单效热水型吸收式制冷机的形式提供冷量，温度高的烟气驱动双效吸收式制冷机，温度低的热水驱动单效吸收式制冷机，以充分利用烟气的高位能；而对于较小的系

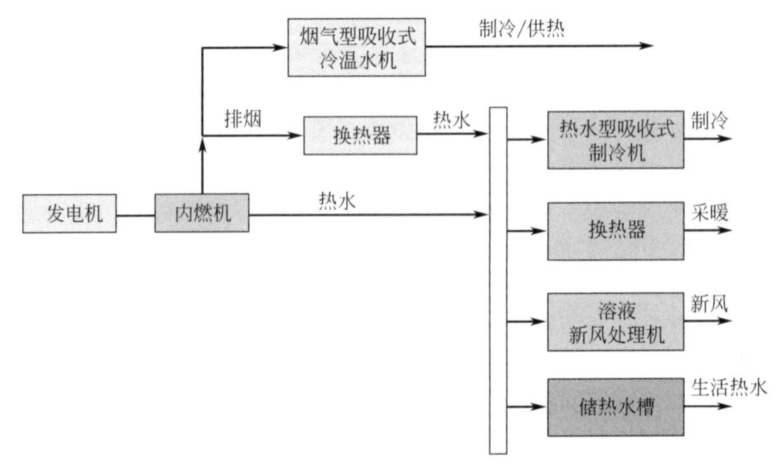

图 6-30 内燃机冷热电三联供系统的基本组成

统，为了简化系统流程，再与缸套冷却水一起用于驱动单效吸收式制冷机。另外，也可以将烟气型双效吸收式制冷机和热水型单效吸收式制冷机合并为单双效复合式吸收式制冷机，烟气作为高压发生器热源，热水与高压发生器产生的蒸汽作为低压发生器的热源，实现单双效联合循环。

图 6-31 为一实际用的燃气内燃机冷热电三联供系统流程图。内燃机冷却水通过换热器产生热水，用于提供采暖和生活热水，多余热量通过散热器排放到环境中，以保证内燃机部件充分冷却；内燃机排烟进入吸收式冷热水机生产冷/热水，用于夏季空调、冬季采暖和生活热水。

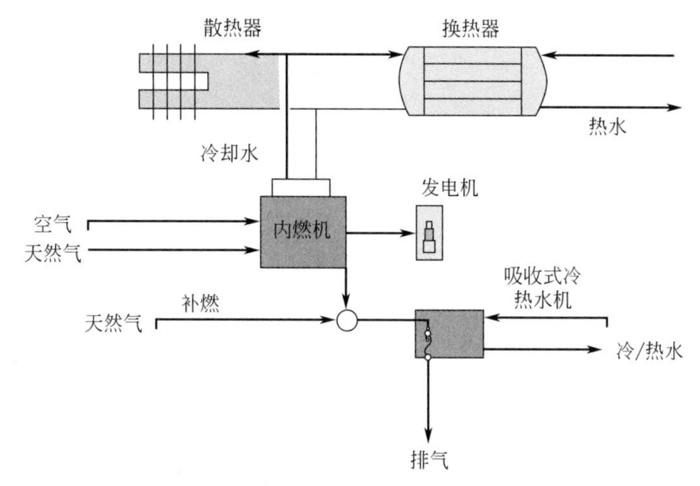

图 6-31　燃气内燃机冷热电三联供系统流程图

三联供系统的燃气内燃机冷热电机组在技术上非常成熟，具有非常好的经济效益和社会效益，国外应用很广，但在我国应用较少。

6.6.3.2　燃气轮机冷热电三联供系统

燃气轮机具有功率大、体积小、投资省、运行成本低和寿命周期较长等优点，主要用于发电、运输和工业动力。

燃气轮机用于发电主要形式如下。

① 简单循环发电　由燃气轮机和发电机独立组成的循环系统，也称开式循环。其优点是装机快，启停方便，多用于电网调峰和交通、工业动力系统。目前最高效率的开式循环系统是 GE 公司 LM6000PC 轻型燃气轮机，效率为 43%。

② 前置循环热电联产或发电　由燃气轮机及发电机与余热锅炉共同组成的循环系统，它将燃气轮机排除的高温烟气通过余热锅炉回收，转换为蒸汽或加热水以利用。主要用于热电联产，也可将余热锅炉的蒸汽回注入燃气轮机提高燃气轮机出力和效率。前置循环热电联产时的总效率一般均超过 80%，为提高供热的灵活性，大多前置循环热电联产机组采用余热锅炉补燃技术，补燃后总效率超过 90%。

③ 联合循环发电或热电联产　燃气轮机及发电机与余热锅炉、蒸汽轮机或供热式蒸汽轮机共同组成的循环系统，它将燃气轮机排除的高温烟气通过余热锅炉回收转换为蒸汽，再将蒸汽注入蒸汽轮机发电，或将部分发电做功后的乏汽用于供热。

燃气轮机以机器内部燃料燃烧释放出的热量直接加热空气，形成高温、高压燃气进入涡轮膨胀机做功，从而将热能转换为机械功的一种热力机械。燃气轮机发电后的余热只有排烟一种形式，排烟温度在 250～550℃之间，氧的体积分数为 14%～18%。因而其余热利用系统较内燃机简单，可通过余热锅炉生产热水、蒸汽，也可直接通过吸收式冷温水生产冷水或热水，燃气轮机排烟余热通常有三种利用方式，分别为蒸汽系统、热水系统和延期型吸收式冷温水机系统。图 6-32 为燃气轮机冷热电三联供系统流程图。

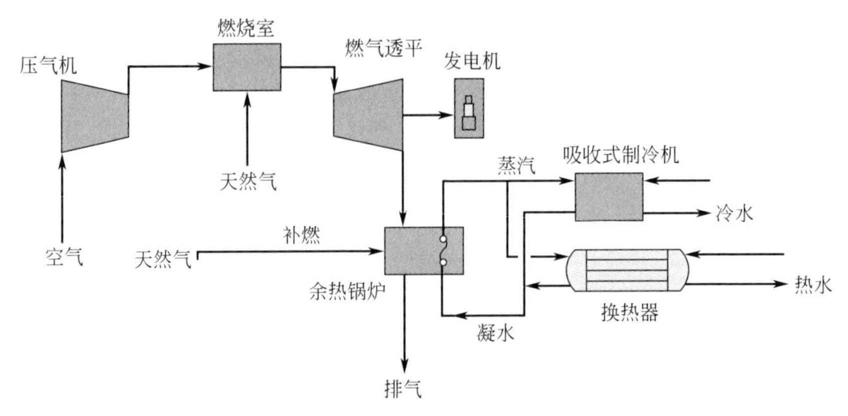

图 6-32　燃气轮机冷热电三联供系统流程图

燃气轮机输出的余热是较高品质（高温）热能，它能应用于大部分冷热电三联供项目。燃料可选用天然气、合成燃料气体、沼气和燃料油等。

6.6.3.3　微燃机冷热电三联供系统[45,46]

近年来，微型燃气轮机兴起，微型燃气轮机适用于分散的小型三联供供能系统。它安装连接方便，能够模块化，很容易与其他系统平行组合提供更大的电负荷，同时又能保证低排放。微燃机体积小，占地面积小，但价格较贵，目前市场上微型燃气轮机的占有率还不高，输出电功率范围为 30～350kW。到目前为止，已有一些国内企业引进了小型或微型燃气轮机组成了 MW 级或 100kW 级或更小一点的能源岛系统，对于较小的规模或者冷热负荷变化较明显的区域可以采用多台微燃机，根据用户需求开启微燃机数量。北京次渠城市天然气接收站热电联供工程就是用微燃机作为主机。图 6-33 为微燃机三联供系统流程图。

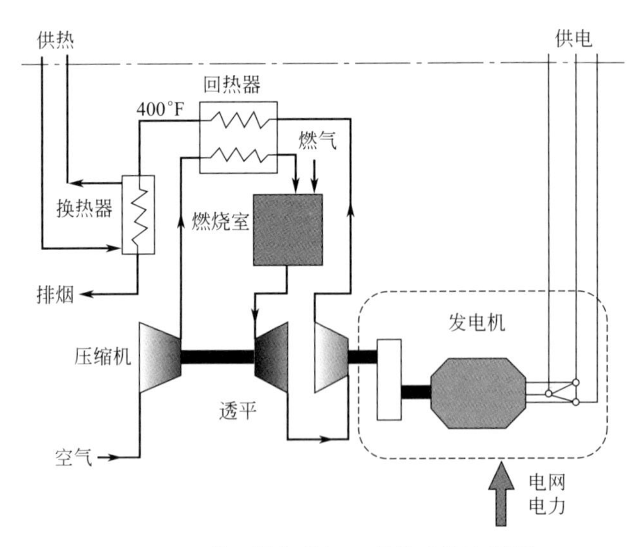

图 6-33　微型燃气轮机三联供系统流程图

6.6.3.4　燃料电池冷热电三联供系统

燃料电池是一种在等温过程中直接将富氢燃料和氧化剂中的化学能通过电化学反应的方式转化为电能的发电装置，图 6-34 为燃料电池原理图。

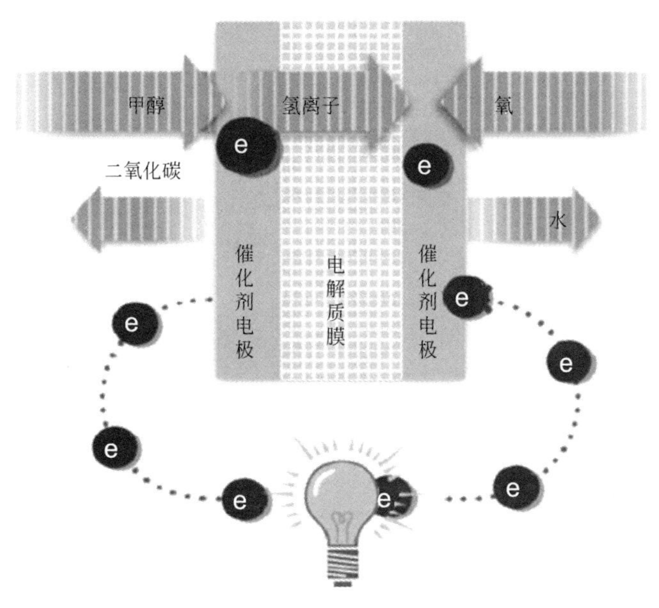

图 6-34 燃料电池原理示意

目前燃料电池的发电效率约为 40%～60%，有近一半的化学能转换成为热能，这些热能的回收利用可以提高燃料利用效率，另外为了保证电池工作的温度稳定，也必须将这些废热及时排除。燃料电池所生产的余热非常清洁，而且高温燃料电池的余热温度很高，因此可利用价值非常高。一般而言，中低温燃料电池大都在回热系统中将废热直接回收生产热水或蒸汽，而高温燃料电池则可以与其他发电装置如蒸汽涡轮机发电系统组成复合发电循环，以提高发电效率和燃料利用效率。回收的余热可用于采暖、制冷、除湿和生活生产热水。以燃料电池为热源的冷热电三联供系统的基本组成及流程图如图 6-35 所示。

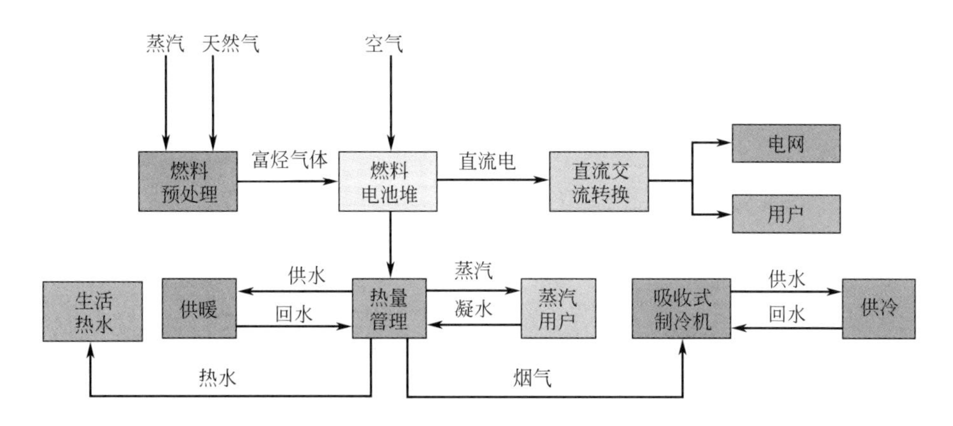

图 6-35 燃料电池冷热电三联供系统基本构成及流程图

图 6-36 为某燃料电池冷热电联产系统。系统继承了吸收式制冷机、锅炉和热交换器，天然气经过滤后与空气分别进入燃料电池中，燃料电池在发电的同时，高温排气进入吸收式制冷机设备中，将 25℃的水制冷到 7℃用作空调系统的冷冻水，从吸收式制冷机出来的高温排气进入热交换器中预热水后排出系统，预热后的水进入燃气锅炉中转换为蒸汽，提供给天然气的重整过程使用，系统的综合效率可达 86%。

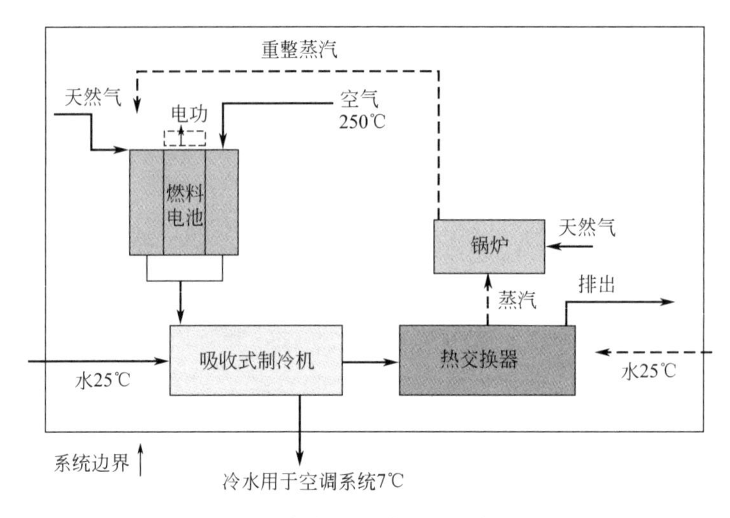

图 6-36 燃料电池冷热电联产系统

6.6.3.5 斯特林发动机冷热电三联供系统

斯特林发动机可用于回收的余热包括两部分：斯特林发动机冷端热量和烟气热量。由于工作原理的限制，热电联供斯特林发电机组的冷却水出水温度不能太高，一般不超过 65℃，由于余热的品位较低，因而这一余热一般只能用于制取生活热水、采暖用热水等。斯特林发动机排烟温度较低，且在总输出能量中所占比例较小，也不利于制冷，最好的利用方式也是用于供热。

图 6-37 为清华大学北区学生浴室的斯特林发动机热电联供系统流程，用于发电和供应生活热水。斯特林发动机所需燃气由中压管线经调压箱进入斯特林发动机直接燃烧，排气经烟气换热器冷却后通过尾部烟道排除。自来水首先进入烟气换热器中被预热，然后再在斯特林发动机的冷端换热器中被加热，加热后的热水进入水箱，直接供热用户使用。

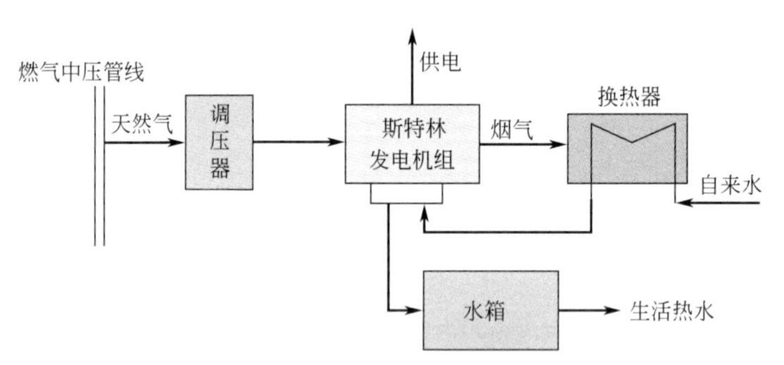

图 6-37 斯特林发动机热电联供系统流程

6.6.4 冷热电三联供系统优缺点分析

6.6.4.1 冷热电系统优点分析

以天然气为一次能源的冷热电三联供系统，通常借燃气轮机或内燃机先做功发电，高温烟气再通过余热锅炉、蒸汽轮机进一步发电；低温烟气和低温抽气等低品位热则可用于采暖、制冷等用途。在联产的热电比例不适合终端用户需求的比例时，则可采用各种热泵技术，达到最经济、高效的“冷热电联供”目标，使能源综合效率可达 90%以上。

冷热电三联供中的“联供”系统同传统的“热电联产”的重要区别：一是通过各种

技术的优化集成，真正实现能源的梯级、循环、高效利用。"联产"只着眼于一次能源的转换，是线性的能源经济，而"联供"则是循环型的能源经济。二是"就地直供"，电的就地直供可以大幅度节省电网的建设投资、输变电损耗和运营费用，消减电网的峰荷，从而提高运行效率并节省调峰电厂的建设投资，冷和热的就地直供可以避免多次转换损失和"高能低用"。

用于调峰的天然气联合循环电站规模较大、效率较高，一般为500～1000MW，热效率为55%～60%，运行4000h/a，单位投资4000元/kW；但加上电网的投资500元/kW、运营费用和10%以上的输变电损失，终端供电效率就只有50%多一点，能源成本和折旧成本则远远高于煤电，在目前天然气/煤的等热值比价大于2.5的情况下，没有同煤电的竞争力。而规模在10～50MW的DES/CCHP单位投资为4000～4500元/kW，略高于联合循环电站，但电网投资很少，运行时间长可达5000～6000h/a，而且建在负荷中心，冷、热、电均可就地直供，在优化的集成匹配下总的终端能源利用效率可以高达90%以上。根据美国商务部数据：三联供能源系统的平均节能效率可以达到46%。

除此之外，冷热电三联供还有巨大的社会效益：改善城市大气环境和平衡电网的峰谷差，这两个效益的经济性也不容忽视。改善环境的效益可以通过参与发达城市国家的"碳税交易"而直接获得客观的投资补偿，电网调峰的经济效益则可以根据各地具体的数据计算出来。

(1) 冷热电三联供经济效益

配备由冷热电三联供系统组成的发电设备的单位，可以减少对电网电力使用量。虽然天然气费用随着天然气用于发电的需求量的增加而增加，但由于排放热的利用使其他热源设备减少，整体来说冷热电三联供系统虽然比原来系统设备费用增加了，但可减少受变电设备，并可兼用自备应急用发电设备，也减少了自备应急用电设备的费用。

在冷热电三联产系统中，吸收式或吸附式制冷机是以热能为动力的，所以，它可以利用热电厂的排气或抽气来制冷，一方面节约了低位热能，另一方面增加了冷热电三联供系统中的夏季热负荷，使机组的效率提高，增加发电量的同时，也降低了发电煤耗。对于抽气式热化机组来说，在增加了制冷负荷后，无论是维持发电量不变，还是保持进气量不变，都会减小机组的凝汽量，减低发电煤耗，增加燃料的节省量。所以冷热电三联产可以增加热化机组的热负荷，弥补热化机组由于冬夏热负荷的不均匀对热电厂经济性产生的影响，提高了节能效果。

(2) 冷热电三联供技术节能效益

天然气燃烧可得到1500℃以上的高温热源，首先利用这部分能源驱动发电机发电，然后逐级利用排放热供应热水、蒸汽进行多阶段利用，这是提高能源利用率的有效方法之一。为了使宝贵能源更有效利用，不仅要提高耗能设备效率，尽量减少排放热损失，而且要使能源产生的能量由高温到低温实行多阶段利用，也就是按能量品位的高低，安排好功、热和物料热力学能的各种能量之间合理配合，实现不同形式、不同品位能量的梯级利用，以获得整个系统能量综合利用最佳效果，能量梯级利用途径见表6-6。

表6-6　能量梯级利用途径

1500℃	发电机	电力
1100℃	燃气轮机	电力
700℃	蒸汽轮机	电力、动力
300℃	蒸汽	热利用(工厂)
100℃	高温水	热利用(建筑)
80℃	低温水	热利用(供热水)
50℃	冷温水	采暖

天然气冷热电三联供系统是由一种一次能源连续产生两种以上的二次能源的系统，品位高的热能用来发电，稍低的继续用来发电或做动力，更低的用于供热。

对于直燃型吸收式或吸附式制冷机组或热泵系统，由于其热力系数较低，因此一次能源利用系数较低，在冷热电三联供系统中，能源利用系数则大大提高。

冷热电三联供突出的好处就是节电。在冷热电三联供系统中，吸收式或吸附式制冷机是以热能为动力，故可以大大缓解用电紧张的局面。在冷热电三联供系统中，常采用的溴化锂吸收式机组，与压缩式制冷机相比，每2300kW制冷量可节电600kW左右。因而装1台溴化锂吸收式制冷机组，相当于建造1个小型发电站。但发电站的投资大，以每千瓦设备投资7000元计，600kW电站投资需420万元，而且电站的建设周期比制冷机安装时间要长得多，若将所节约的电能应用于生产，则所创造出的价值就更可观了。另外，吸收式制冷机以热电厂的供气为热源，可增加电能的生产，这是因为热电厂的发电量与供热量有关。一般来说，供热量大则发电量就大。夏季由于热负荷减少，热电厂常因供热量少而发电量降低，溴化锂吸收式制冷机在夏季使用需消耗蒸汽，相当于增加了热电厂的热负荷，故发电量增加。

(3) 冷热电三联供技术环境效益

电力工业是排放污染物较多的行业之一，燃煤发电使二氧化硫、氮氧化物、烟尘和二氧化碳排放量逐年增长，酸雨危害日趋严重，大气环境不断恶化，成为21世纪人类面临的极为严峻的问题。与煤炭相比，天然气是一种清洁优质能源，特别在环境方面，不会产生造成酸雨的SO_x和灰尘等，和其他化石燃料相比，产生CO_2和NO_x的量也少。因此，发达国家的能源结构正在改变，如日本天然气占城市燃气的80%，占一次能源的10%以上，成为全国基本能源之一。

在产生相同的电和热的前提下，冷热电三联供系统和一般商业用电力与燃气锅炉组成的分供系统比较，CO_2排放量可减少33%。此外，随着技术的进步，天然气燃烧时产生的NO_x浓度可以低于国家和地方制定的排放标准。根据目前的技术发展状况，利用三元催化剂和选择还原脱硝等技术，可以降低NO_x的排放，另外可以开发控制NO_x排放的低成本技术，如预混合稀释燃烧方式等。

建筑空调制冷系统消耗的能量在建筑能耗中占了相当大的比例。据统计，我国历年建筑能耗在总能耗中的比例为19%～20%左右，平均值为19.8%；其中用于暖通空调的能耗约占建筑能耗的85%。美国建筑空调占全国总耗电量的12%，其中中央空调系统占83%。大量使用的电力空调是以氟里昂（CFC）作为制冷剂，会引起臭氧层破坏并产生温室效应，氟里昂已被国际蒙特利尔协定书限制使用；现采用的氢氯氟烃（HCFC）虽然对臭氧层破坏能力较低，但温室效应很强，对环境也不利。冷热电三联供用吸收式制冷机代替电制冷机，减少了CFC的使用，有利于减轻温室效应和保护臭氧层。

电力空调用电量大，且季节性强，会随着气候时间而波动，加大了电网尖峰负荷，对电网冲击较大。冷热电三联供系统可以有效减少电力负荷，起到削峰的作用，可以少建电厂。另一方面可以增加热电厂的热负荷，可以使热电厂的发电量增加，提高热电厂的发电效率。在中国，用来发电的一次能源中，煤炭仍然占了最大比例，电在中国不能算是清洁能源。因此，少建电厂不仅可以节省巨额投资，还可以减少污染，减轻温室效应。美国能源部在一个研究报告中指出，如果按照其制定的计划实施冷热电三联供的技术，到2020年可以使CO_2的排放量减少19%～30%。

根据美国的调查数据，采用冷热电三联供技术，写字楼类建筑可减少温室气体排放22.7%，商场类建筑可减少温室气体排放34.4%，医院类建筑可减少温室气体排放61.4%，体育场馆类建筑可减少温室气体排放22.7%，酒店类建筑可减少温室气体排放34.3%。美国不同类型建筑采用冷热电三联供系统温室气体减排图见图 6-38，可见三联供系统可以大大减少碳的排放，减轻环境污染。

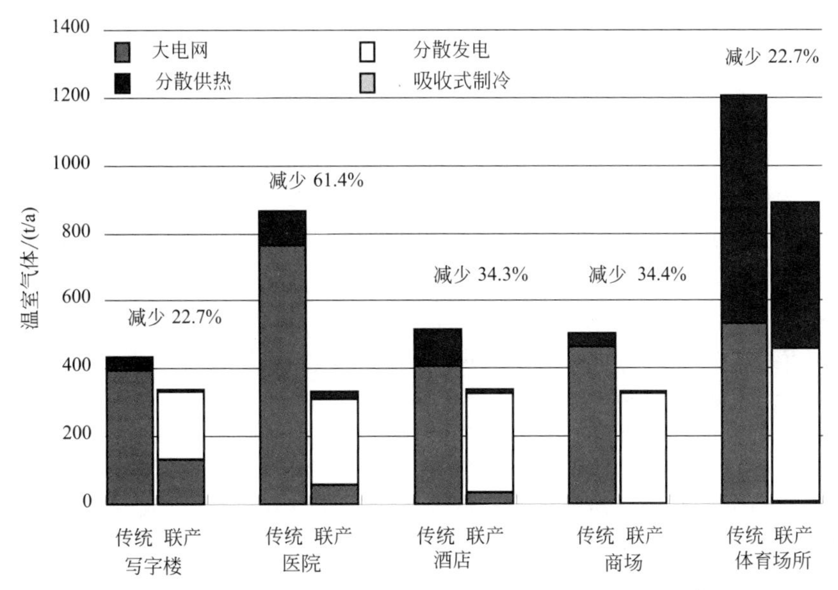

图 6-38　美国不同类型建筑采用冷热电三联供供能系统温室气体减排图

(4) 提高电网安全性

三联供供能系统普遍容量小，操作简单，具有智能化，机组的启停快速、灵活，可以作为重要用户的第二备用电源；同时对大电网的削峰填谷和安全稳定也有积极意义。

三联供能源站可以参与电网调峰，必要时可输出无功功率，保护电网安全运行。在类似北美的大停电中作为独立发电机保证供电；正常情况下使用可降低多路供电的要求。

(5) 节省投资

三联供供能系统靠近用户，可广泛用于城区商业中心、工业园区、新开发的城区和房地产小区等，不需要建设远距离高电压或超高电压输电的大电网，可大大减少网损，节省电网建设投资和运行费用，同时节省了城市热力管网，减少市政投资以及长距离热力管网带来的热量损失。

近年来，我国火力发电装机容量快速增长，但仍不能满足经济持续高速发展的用电需求，用电高峰时部分省市只能拉闸限电，不少省市也因此盲目建设新的火电厂，对环境造成了严重的污染。能源产业正面临着急待解决的能源利用效率提高、能源结构合理调整、环境污染问题有效解决、能源供应安全可靠、能源供应质量提高等五大问题，而三联供供能技术是解决这一系列问题的有效措施。在欧美许多国家和地区该技术已经是一种广泛应用的成熟的能源综合利用技术。近年来，在我国虽有所发展，但尚处于起步阶段，在技术和管理上还存在不少欠缺，需借鉴国外经验深入研究和探讨，使三联供技术的优势在我国得到充分发挥。

6.6.4.2　冷热电三联供影响因素分析

虽然冷热电三联供技术的综合效率高达 80%，与常规系统相比具有较高的节能效率，在改善城市大气环境和平衡电网的峰谷差等方面有诸多优势，但三联供供能技术在我国的发展仍然处于起步阶段，就其原因，供能技术本身也存在一些局限。

目前我国发展三联供存在的难题和国外相比主要表现在下述方面。①主机设备（主要是燃气轮机和微燃机）国内生产能力不足，优质的小功率燃气轮机比较少。②冷热电供能设备性能不稳定，系统的集成技术和经验不足。③CCHP 系统与大电网并网技术有待研究和开发。④缺乏电价、热价、气价等相关的优惠政策导向和支持。其主要影响因素为以下两种。

(1) 天然气价格居高不下

一个系统是否会得到应用，不仅要考虑其环境效益及节能效益，还要取决于系统的经济性。仅仅从发电成本上看，使用天然气的成本远远高于燃煤发电。另外，由于我国的能源结构是煤多气少，天然气赶上大涨价时代，气价基本与国际接轨，而煤炭价格远远低于国际价格，国外大多数国家均对煤炭征收资源税，而我国几乎没有对煤炭收取任何资源税，况且，国际上的“碳交易”进行得如火如荼时，我国对燃煤发电的“碳减排”及“碳交易”却基本没有实施，导致使用天然气与燃煤的经济性差距甚远。

另外，由于气价一直处于动态波动状态，对于一个已经设计好的固定三联供系统，气价的波动对回收年限、经济成本等都有较大的影响，使得三联供系统处于不稳定的状态。

(2) 三联供系统负荷波动的影响

三联供系统规模的选择依据主要是系统的热电比、冷热负荷等参数，根据热电比、冷热负荷等数据可以选择内燃机、微型燃机及燃气轮机等系统，但在实际使用过程中，热电比及冷热负荷并不是固定不变的，而是随时间波动，也存在峰谷负荷问题。如燃气轮机在满负荷运转时效率较高，但部分负荷运转时效率则大大减小，使得能源的综合效率降低，因此冷热负荷的波动对三联供系统的效率影响较大。例如广州大学城三联供系统，在 7、8、1、2 月份寒暑假期间，由于学生放假，系统负荷大大减少，为了保持系统运行的稳定性，只能将所发的电力上网，但依照我国电力法的规定，为了保护电力公司利益，电力是不允许上网，这就阻碍了三联供系统的正常运行。

因此，在实际设计中，需要考虑三联供系统的负荷波动，给系统预留一定的弹性，避免因负荷波动带来的系统效率低下。

6.6.5 国内外冷热电三联供发展状况

6.6.5.1 国外冷热电三联供发展状况

1938 年美国在哈西杜市某大楼内建立了第一个冷热电三联供系统，该系统采用 6 台吸收式制冷机，制冷量为 600RT。但是美国 CCHP 真正开始发展是在 1978 年，从 1980～1995 年，美国 CCHP 系统的装机容量从 12GW 上升到 45GW，这段时间内，装机容量平均每年增加 2.2GW。1998 年，美国热电联产的发电量就已经达到 3060 亿千瓦，热电联产发电量约占全美发电量的 9%。三联供供能系统产电量的 54%为自用电，其余采用经营方式出售给公共电网。美国现有 6000 多座三联供供能能源站[47]，仅大学校园就有 200 多座。到 2020 年，计划有一半以上的新建办公或商用建筑供能采用冷热电三联产，同时将有 15%的现有建筑供能改为冷热电三联产。

欧洲从 1974 年开始大力发展热电联产，英国只有 5000 多万人口，但是分布式能源站有 1000 多座。比如英国女王的白金汉宫、首相的唐宁街 10 号官邸，都采用了燃气轮机分布式能源站。英国实行冷热电三联产后，每年可减少 CO_2 排放 50000t、SO_2 排放 1000t，经济效益和环保效益都十分显著。丹麦政府从 1999 年开始电力改革，在热供应法案中明确提出尽可能提高热电联产在集中供热中的应用比例，目前，丹麦 90%的区域供热由热电联产提供。2002 年，德国通过了新热电法，鼓励和支持发展热电联产，热电联产的发展在德国将有广阔的前景。意大利 1999 年能源工业热电联产发电量达 49.6TW·h，占全国发电量的 18.7%，但微型与小型热电机组发展欠缺，装机容量仅在 238MW 以内。目前，意大利加强了对中小型热电联产的鼓励和支持。

日本由于资源缺乏，所以对冷热电联产系统十分重视，节能系统的研究程度很高，燃料以天然气为主的冷热电三联产项目发展最快，应用领域广泛。在20世纪80年代后半期，日本对区域供热和制冷（DHC）的需求增长了一倍，每年2500×10^4GJ。日本东京煤气公司于1991年初投运了一座高效率、高性能的供热制冷中心，其制冷总容量达到182.8MW。在1993年其制冷总容量扩充到207.4MW，成为世界最大的区域供热和制冷中心。截止到2000年底，日本全国热电项目共1413个，总装机容量为2212MW；工业燃气热电项目共1002个，总装机容量为1734MW，其中采用小型燃气轮机、燃气内燃机和微型燃气轮机为楼宇冷热电三联产项目逐年增长较快。

目前越来越多的国家认识到CCHP系统的意义，同时从政策和税收等方面大力鼓励CCHP项目的实施，例如美国实施了“能源效率调节税”，鼓励提高能源的生产与使用效率，给予热电联产10%～20%的税收优惠。丹麦在供热小区中给予热电工程信贷优惠（利率2%，偿还期20年），天然气站给予30%的无息贷款。荷兰实行了能源税机制，标准为6.02欧分/(kW·h)，绿色能源电力可返还2欧分。意大利、泰国用减免20%～40%燃料费的办法鼓励建筑物使用CCHP系统。日本通产省于1986年5月发布了《并网技术要求指导方针》，使拥有三联供能源装置的业主，可以将多余的电能卖给供电公司，并要求供电公司为三联供能源业主提供备用电力保障。此外，三联供能源业主不仅能够得到融资、政府补贴等优惠政策，还能享受减免税收等鼓励。

6.6.5.2 国内冷热电三联供发展状况

国内冷热电三联产应用起步较晚，但在近十几年发展比较迅速。国内于20世纪80年代末、90年代初开始发展热电冷联供，经过十几年的努力，冷热电三联供已初具规模。具有代表性的是国家节能投资公司在山东淄博兴建的热电冷联供示范工程，该工程利用张店热电厂的蒸汽实现溴化锂制冷，实现冷热电三联供。另外，一批热电厂均对其周围实现热电冷联供；一些工矿企业由于自身生产的迫切需要，也利用自备热电站进行热电冷联供的生产实践，取得了较好的经济效益及社会效益，这些都促进了热电冷联供技术的迅速推广运用。如以小型燃气轮机为主机的上海浦东国际机场热电联供工程，采用了1台3500kW Solar燃气轮机和1台9.7t/h（0.9MPa）余热锅炉及数台离心式制冷机组和溴化锂冷热机组。燃气轮机发电效率为28.5%，系统综合效率达到77%。再如以微燃机为主机的北京次渠城市天然气接收站热电联供工程，配备1台型号为Bowman TG80的微燃机和1台型号为BZ20的余热直燃机。其发电功率为80kW，发电效率为26%，系统能源综合利用效率达到70%～85%。该项目2003年调试运行，总投资360万元，投资回收期约7年。据不完全统计，目前我国三联供能源装机总容量已近5000MW。

虽然在相当长的时间内，三联供供电系统还难以成为我国主要供电、供热形式，但可以预见，随着我国经济快速发展，城镇化的迅速推进和城市群的形成，以及人民生活水平的提高，建设资源节约型和环境友好型社会的思想深入人心和全面落实，三联供供电系统将会迅速发展，且会在上海、北京等沿海及内地的大城市群中首先兴起。

国内在政策方面也大力支持三联供供能技术的发展，2004年温家宝总理对国家发展改革委“关于分布式供能系统有关问题的报告”和中国工程热物理学会负责人“关于发展分布式供能系统的建议”做出了批示；国家《能源中长期发展规划纲要》中将分布式供能系统列入“能源规划与节能规划”的优先发展内容。北京、上海等地区率先开展了冷热电联产系统的示范性项目建设，并出台一系列鼓励政策。如2004年9月沪府办52号文公布“上海市人民政府办公厅转发发展改革委等五部门关于鼓励发展燃气空调和分布式供能系统意见的通知”，文中明确指出市、区县有关部门在项目核准、建设管理中，引导使用燃气空调和三联供供能系统、补贴和税收支持、支持分布式供能系统电力上网、支持国内外企业投资建设专业化的能源服务供应公司（ESP）、组织相关设备制造企业和科研设计机构开展对新设备和新技术的攻关和产业化等。2007年8月30日国家发改委能源［2007］2155号文公布：冷热电分布式供能项目天然气的使用等级为优先级，必须优先供给。上海市2004～2007年内，对纳入本市燃气空调和分布式供能系统推进计划的燃气空调和单机规模10MW及以下的分布式供能系统项目，由市政府给予一定的设备投资补贴。标准为：燃气空调100元/kW制冷量补贴，分布式供能系统按700元/kW装机容量补贴，北京也出台了一系列相关优惠政策。

6.6.6 成功案例

6.6.6.1 国外冷热电三联供系统案例

(1) 东京新宿区的区域供热和制冷

东京新宿区三联供项目1971年开始建成运行，1991年扩建，制冷能力5.9万冷吨(RT)[1]，供热能力17.3万千瓦，管道长度8km，供应区域占地面积33.2万平方米，建筑面积220万平方米，共有22个客户（其中15幢摩天大厦）。天然气年耗量为3500万立方米，电力消耗4000万千瓦时（其中40%为自发电），耗水80万吨，其地理位置及周边建筑分布如图6-39，主要设备如表6-7。

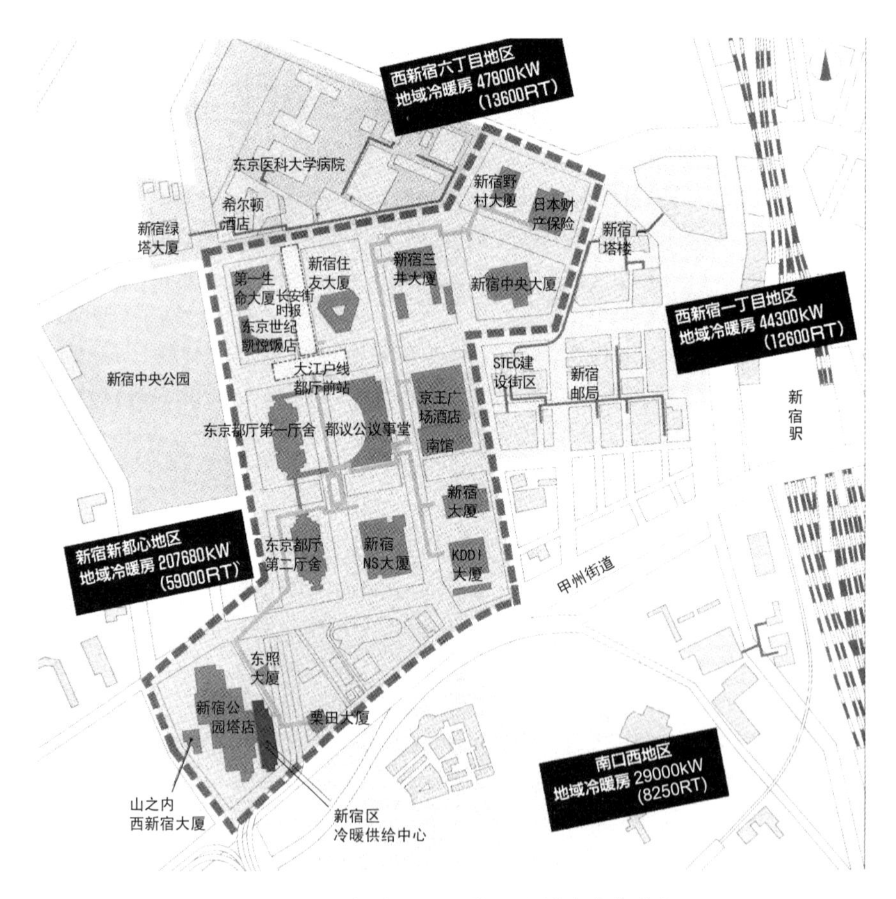

图6-39 新宿区地理位置及周边建筑分布

---

[1] 1冷吨（RT）=3.517kW，下同。

表 6-7 新宿区三联供系统主要设备

设备	类　型	容　量	合　计
锅炉	水　管	30t/h×1 60t/h×3	210t/h
制冷机	背压蒸汽轮机驱动离心制冷机 双效吸收制冷机 背压蒸汽轮机驱动离心制冷机 双效吸收制冷机 冷凝式蒸汽轮机驱动制冷机	2000 冷吨×1 1000 冷吨×2 2870 冷吨×1 2065 冷吨×2 4000 冷吨×1 7000 冷吨×2 10000 冷吨×3	5900 冷吨
	背压蒸汽轮机驱动离心制冷机 双效吸收制冷机 冷凝式蒸汽轮机驱动制冷机	2000 冷吨×1 2065 冷吨×2 4000 冷吨×1 7000 冷吨×2 10000 冷吨×3	
热电联产系统	燃气轮机发电机 废热锅炉 燃气轮机发电机 废热锅炉	4000kW×1 7.2t/h(4MPa) 4500kW×1 10.6t/h(1MPa)	8500kW 17.8t/h

其工艺流程如图 6-40 所示，该厂原用城市煤气（46000kJ/m³）作为一次能源，通过 4 台水管锅炉（1×30t/h，3×60t/h，共 210t/h）产生 4MPa 和 400℃的蒸汽，推动一台抽气

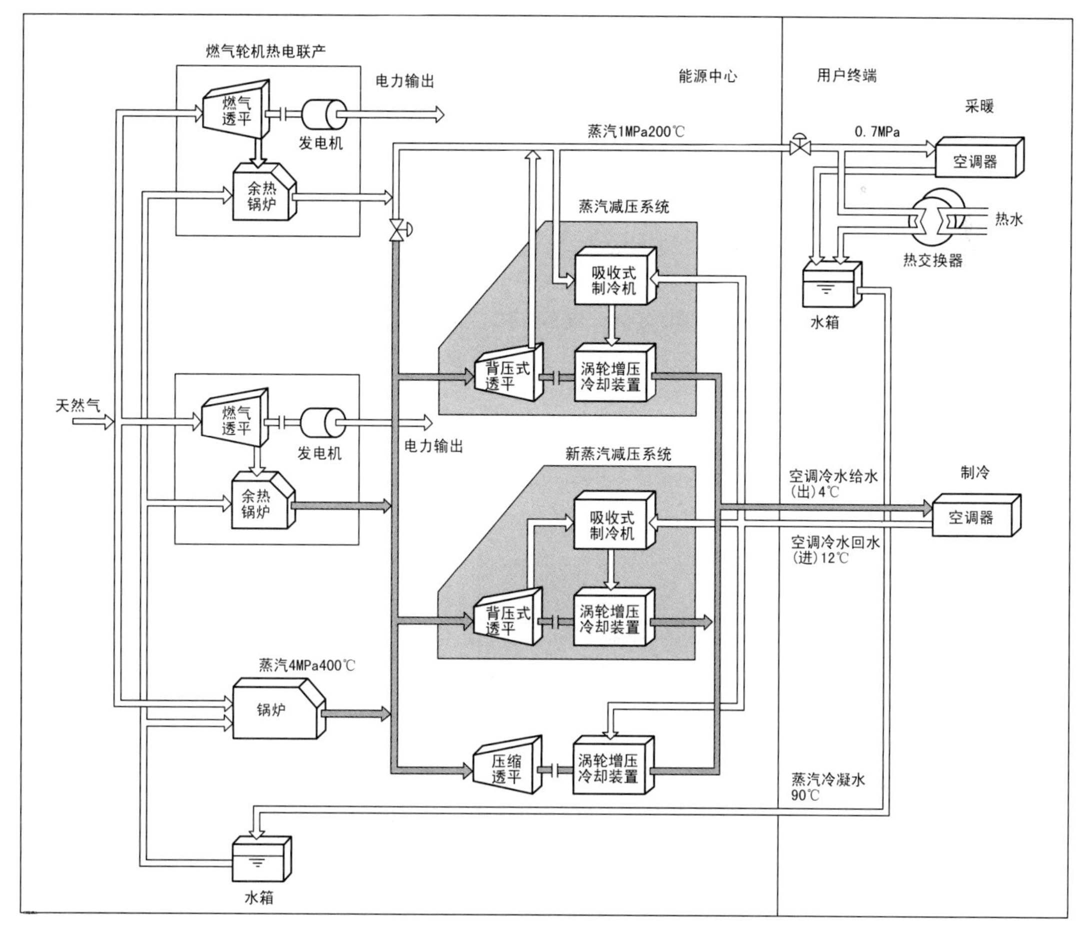

图 6-40　东京新宿区域供热和制冷厂设备工艺流程

蒸汽式汽轮机（抽气参数为1MPa，200℃，作区域供热用）。该汽轮机驱动六台离心式冷冻机（1×14.1MW供基本及中间负荷2×24.6MW，3×35.2MW，供尖峰负荷）。

在系统中，增加了改进的潜质系统和向厂内辅机（冷冻机、泵、冷却塔等）供电的热电联产系统。前者（前置循环）为常年基本负荷系统，由一套背压汽轮机（初参数：4MPa，400℃；排气参数：1MPa，200℃）驱动的700MW双极离心冷冻机与以中压蒸汽为热源的2台3.5WM双极溴化锂制冷机所组成。与背压汽轮机并联的是蒸汽减压系统。冷媒水则经由吸收式制冷机进入离心机冷冻机组成串流系统，前置系统的主要参数见表6-8。

表 6-8 前置系统主要参数

参　　数	双极离心式	双极吸收式
制冷容量/MW	7(2000RT)	2×3.5(1000RT)
冷媒水进口温度/℃	7	8
冷媒水出口温度/℃	4	5
动力源/kW	1600	4.6t/h蒸汽
冷冻机、吸收剂	R-22	溴化锂溶液
主蒸汽压力/kPa	4.018	1.070
排气压力/kPa	1.070	
主蒸汽温度/℃	400	200
容量可调范围	10%～100%	10%～100%
毛重/t	65	50

后者（热电联产系统）是由石川岛播磨厂成套并由其提供一台7t/h的余热锅炉。根据对电、热负荷情况进行计算方法仿真研究，选用了美国Allison公司的501-KB5燃气轮机发电机组（4MW，50Hz）。一旦电网故障停止供电，它即刻投入以保证全厂正常运行。此时，蒸汽减压装置也自动投入。

该项目主要特点如下[48]。

① 燃气轮机热电联产机组与TOPPING制冷系统组成的基础负荷部分可以节约10%的年度能源消耗量。

② 热电联产机组排气末端安装了降低NO_x排放的催化装置，控制NO_x排放小于50mg/kg（0%氧气基准）；采用了低NO_x排放的燃气锅炉（烟气再循环技术）。

③ 采用了当今最大单机容量的冷凝式蒸汽轮机驱动的制冷机（1万冷吨），节省了空间、能源和成本；采用双层冷却塔，减少安装面积。

④ 中心内布置了整个系统的模型，图片和部分设备实物，犹如一个能源利用设备的展览中心。

(2) 日本芝浦三联供项目

芝浦冷热电三联供是日本20世纪80年代建立的（图6-41），工艺流程见图6-42。该三联供范围包括东京瓦斯大楼、东芝大楼、靠海大楼，属于区域性冷热电三联供系统。其动力设备是4台1100kW的小型燃气轮机，发电效率为25.6%，热回收设备配备了4台3t/h0.88MPa余热锅炉，分别是2台7.2t/h0.88MPa，2台153W/h 0.88MPa；制冷设备采用蒸

图 6-41 日本芝浦冷热电三联供项目

汽溴化锂机组，1台500RT、4台1100RT、3台1200RT机组。该项目综合效率为74.4%，其设计要求满足了全部冷热需求和部分电力需要，取得了较好的经济效益，到目前为止，仍然作为日本示范性项目[49]。

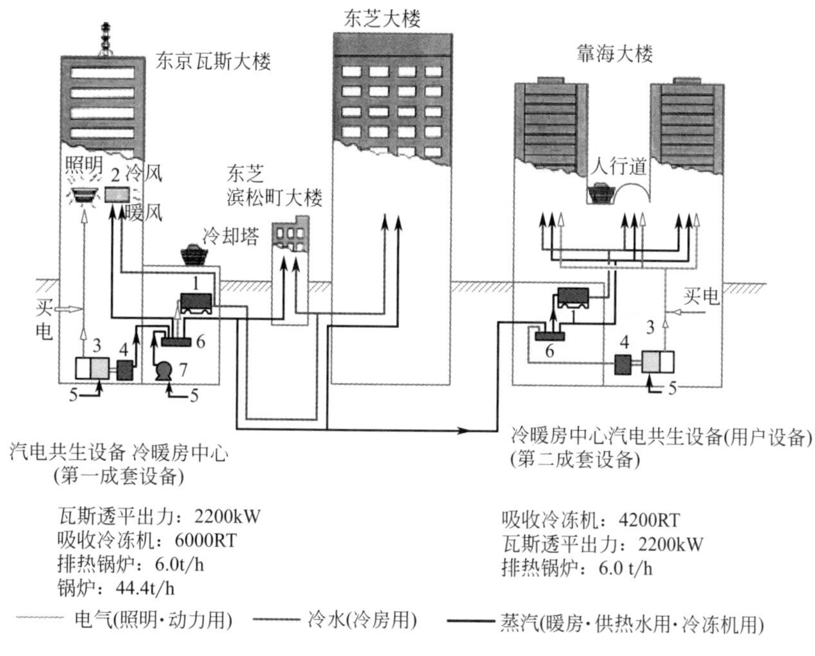

图6-42 日本芝浦冷热电工艺流程

1—吸收冷冻机；2—空调机；3—瓦斯透平；4—排热锅炉；
5—城市天然气；6—蒸汽汽头；7—锅炉

(3) 伦敦市的三联产工程

伦敦市的三联产工程是1990年开始的，1994年初首次实现商用大厦和主要建筑集中供冷。该工程共为90MW，首期32MW（1994年完成），二期32MW（1996年完成），三期视经济能力而定。燃料以天然气为主，油为备用。主机是采用芬兰2×18缸 Wartsila Vasa 46GD多燃料发动机，其热效率高达45%（电机效率在97%以上）。在夏季，100%的燃料中，45%发电，45%供冷及热，10%为损失。而在冬季，同样为10%的损失，45%的电荷，45%的热。由于采用了先进的SCR技术，NO_x 排放物减少90%。

(4) 曼彻斯特机场三联供系统

英国曼彻斯特机场是世界最大的20个机场之一。1989年决定建设电功率6.4MW的三联供装置，向原有的两个候机楼和1993年4月投入的新候机楼（耗资5亿英镑）供电和热水。冬天取暖，夏天则把多余的热用于吸收式制冷。

机场用电量为7MW，新候机楼投运后共需要电约15～18MW，原来两个候机楼的热需求为2MW（夏季）和6MW（冬季）。由于热、电负荷之比值约为1.2，故在众多方案中选用两台往复式发动机，燃料也是重油或天然气。整个三联供工程合同额为690万英镑，设备还包括容量为5.9MW的两台余热锅炉。设备使用寿命超过20年。两台往复机还可向外界提供2.6MW的低品位热量，该三联供装置一年约发电72000MW·h（259.2J），而供应的热量则相当于购置178.5TJ的天然气，年产值约180万英镑。实行三联产后，每年可减少CO_2排放物5万吨，SO_2排放物1000t。所以，经济效益和环保效益十分显著。

(5) 美国普林斯顿大学热电冷联产项目

普林斯顿大学热电站建于1990年，为热电冷联产机组（图6-43）。供应全校电力、热能和冷量。属自备热电站，电力不足仍需电网供应。燃机为航空轻型改型 LM1600（图 6-44），额定功率 15000kW，GE 公司生产，燃机效率为 32%，排烟温度 450℃，热力设备为 1 台补燃余热锅炉，产生 188℃饱和蒸汽。设有二台备用天然气锅炉，以备当燃机检修或停用时启用。该热电站总投资为 6500 万美元，联产能源利用率达 75%～80%。

图 6-43 美国普林斯顿大学热电冷项目

图 6-44 LM1600 轻型燃气轮机

(6) 美国新泽西大学 Busch 热电站

该校供热站原有 3 台集中供热锅炉（图 6-45），其供热量为每台 5000BTU/h 供热水，供水温度 87℃，回水温度 27℃，供应 25000 学生生活用热与空调制冷。1995 年改造燃机热电联产，安装了 3 台 4500kW 的索拉 Centaur 型燃机。每台由二级透平，十四级压缩机，发电机和补燃型余热锅炉组成。余热锅炉供热水 25000BTU/h，温度 96℃，当燃机处于低负荷时，排气温度在 232℃左右，应投入补燃器，使其温度提高至 702℃，才能使余热锅炉达到额定供热量。

图 6-45 美国新泽西大学热电冷三联供项目

制冷站为溴化锂热水制冷型，采用分散制冷。空调用户就地设置制冷机，提高了制冷的灵活性。设计要求：满足 100%冷热需求和 80%电力供应，综合效率达 80%。

该热电站自动化水平甚高，3 台机组控制室只 2 人值班，计算机控制，可供应全校 80%的电力和建筑采暖与生活热水供应，尚需由电网补充 20%的电力，自从集中锅炉供热，改成燃机热电冷联产后，每天可盈利一万美元，且环境效益很好。

6.6.6.2 国内冷热电三联供系统案例

(1) 上海黄浦区中心医院

上海黄浦区中心医院冷热电三联供系统是全国首例公共建筑实施三联供供能技术的示范项目。该项目于 1995 年立项，总投资 1500 万元，采取自主投资建造、自主使用的模式。该系统由一台美国 Solar Turbine 公司生产的 Saturn T1501 型燃气轮机发电机组、一台单锅筒蛇行管强制循环烟道余热锅炉、二台 2t/h 燃油锅炉和二台溴化锂吸收式制冷机组（一台制冷量 100 万千卡/时，一台 150 万千卡/时）以及其他辅助系统所组成，为医院提供冷热电负荷。在正常条件下，系统发电功率可达到 1130kW，供汽量为 3.3t/h（0.8MPa 饱和蒸汽），能源利用效率为 71%。与传统分散供能相比，该联供系统可节约一次能源 20%左右。如机组每年运行 5840h，全年可节约燃料费用 120 万元。按机组额定功率运行并考虑折旧等因素，系统投资回收期约 4～5 年。但是，实际运行的情况与原先设计工况存在较大的差异。黄浦区中心医院目前最高用电负荷为 600kW，仅为额定发电量的 53%，从而导致能源生产能力和实际消费严重失衡，使用费用居高不下，以致用户不堪承受，现已处于停用整改状态[50,51]。

(2) 上海浦东国际机场

上海浦东国际机场冷热电联供系统项目于1999年立项，2000年正式投入使用，投资3600万元。该系统由一台4000kW燃气轮机发电机组、一台11t/h余热锅炉、四台OM型4000RT/h制冷设备、二台YK型1200RT/h制冷设备、四台余热蒸汽型溴化锂吸收式制冷机组1500RT/h和三台30t/h的燃气锅炉组成。经过设计计算，该系统发电负荷大于2500kW时才有较好的经济性。

该燃气轮机热电联产系统于1999年底完成安装调试并投入试运行，2000年通过最终验收交付使用。在运行初期，由于用户电负荷较低（2000kW左右），燃气轮机运行的经济性较差，系统始终未能投入正常的商业运行。在2002年6月底机场35kV航飞站的电负荷调整、改造完成，使得电负荷由2001年下半年的1730kW增加到2002年下半年的3091kW，确保了燃气轮机自7月起能以70%～80%的额定功率运行。生产成本大幅度降低，电价由0.91元/(kW·h) 降到0.53元/(kW·h)，充分说明了电负荷的增加有效地提高了系统运行的经济性。

浦东国际机场能源中心是机场规划设计时“大集中，小分散”供冷供热方案中最关键的“集中”部分——供冷供热主站。它的功能是为航站楼、机场办公楼、海关边防联检楼、餐饮娱乐中心、机场配餐、机场货运、机场宾馆、医疗急救中心、金融中心等用户供冷供热。能源中心的燃气轮机热电联供系统采用了“汽电共生，冷、热、电三联供”这一新的制冷供热方式，并为这一先进技术在国内的应用迈出了坚实的一步。它在供冷供热的同时，产生的多余电量通过机场变电站的IOKV母线与市电并网，为并网处的机场其他用户供电，在技术上还可以向市网送电。

“汽电共生，冷、热、电三联供”技术在国内尚处于尝试阶段，但在一些发达国家和地区如美国、日本、北欧已经处于广泛应用阶段。针对机场应用的项目也不在少数，如日本关西机场、马来西亚KLIA机场、英国曼彻斯特机场等。浦东国际机场采纳华东建筑设计研究院提出的设计思想正是出于为国内引进先进技术等多方面的综合考虑，而这一项目在设计规划和实施中也得到了上海市各单位的大力支持和协助，解决了发电并网和天然气供气的问题。目前能源中心的燃气轮机是国内三联供应用中规模最大的一台机组，也是国内唯一实现投入生产实际应用的机组。

能源中心实现三联供的主要设备为燃气轮机热电联供系统中额定功率4000kW的10.5kV燃气轮机发电机组，包括涡轮发动机和发电机。其中涡轮发动机由美国Solar公司提供，其型号为CENTAUR50，发电机由美国TATO公司提供。额定负荷11t/h利用燃气轮机排出的高温烟气产生0.9MPa的饱和蒸汽的余热锅炉由美国DELTAK公司提供。另外还设置了蒸汽供应量不足时使用的辅助燃气燃油锅炉，以及使用蒸汽供冷的溴化锂吸收式制冷机组和使用电力制冷的离心式制冷机组。通过这些设备组合得以发挥冷、热、电三联供这一技术的优势。此外还有软化水处理装置、除氧器、水泵、空气压缩机、冷冻水泵、冷却水泵、冷却塔、凝结水回收装置、水箱、分汽缸、分水器、集水器、电气柜等辅助设备[52]。

燃气轮机发电机组正常运行时产生10.5kV电压的4000kW电能，一路送到机场35kV航飞变电站，在其10.5kVⅠ段与市电并网，可向10.5kVⅠ段、Ⅱ段母线所带的电用户供电，另一路向能源中心10.5kVⅢ段母线所带设备供电，包括离心式制冷机组和溴化锂吸收式制冷机组的冷却水泵，还可以通过能源中心10.5kV主交向400VⅣ段的设备供电，包括：冷却塔、离心式制冷机组和溴化锂吸收式制冷机组的冷冻水泵等。

余热锅炉产生的0.9MPa压力、11t/h饱和蒸汽通过能源中心锅炉房的分汽缸与燃气燃油锅炉产生的相同品质的蒸汽，向蒸汽用户输送用以供热或作为除氧器生产用汽，还可以输送至溴化锂吸收式制冷机组作为动力供冷。不足的蒸汽量由燃气燃油锅炉产生的相同品质的蒸汽补充。由燃气轮机发电机组供电的离心式制冷机组和由余热锅炉、燃气燃油锅炉供汽的溴化锂吸收式制冷机组产生冷量通过分水器向用户供冷。

另外，还由北京佩尔优科技有限公司承担了目前国内最大的冰蓄冷项目，为满足世界一流的浦东国际机场全天候的空调要求，浦东国际机场对 T2 空调系统的设计进行了反复论证（具体见表 6-9）。数据比较说明：水蓄冷空调较常规空调初投资节省 1000 多万元，每年可节省空调电费约 900 万元，水蓄冷空调较冰蓄冷空调初投资节省 5510 万元，每年多节省空调电费 300 多万元。该燃气轮机热电联供装置，为机场提供约 1/4 的电力和 1/10 的冷暖空调、生活用汽的热源，这是目前国内正在成功运营的最大的并网三联供能源项目，图 6-46、图 6-47 为浦东机场能源中心。

表 6-9 水蓄冷冰蓄冷参数

内容		冰蓄冷	水蓄冷	常规电制冷	备注
制冷机组容量/RT		18320	18300	24400	功率因素：0.85 配电设施费：800 元/(kV·A) 基本电费：30 元/(kW·月) 年运行天数：180 天
机房设备用电供冷/kW		18032	16757	22250	
机房设备配电容量/kV·A		21214	19714	26176	
一次投资/万元	机房设备概算	14248.3	8858.3	8973.9	
	机房配电设施费	1697	1577	2086	
	系统管道与末端板换热器			比蓄冷增加约 650 万元	
	合计	15945.3	10435.3	11709.9	
年使用费/万元	基本电费	649	603	801	
	机房运行费	2016	1755	2433	
	机房维护费	约 100	约 80	约 80	
	合计	2765	2438	3314	

图 6-46 上海浦东国际机场 T2 航站楼能源中心

图 6-47 上海浦东国际机场三联供能源中心

(3) 上海舒雅良子休闲中心

上海舒雅良子休闲中心的冷热电联供三联供供能系统运行经济性较好，该项目的投资主体是民营企业，休闲中心主要经营洗浴、足道、美容、健身、娱乐等。联供系统选用二台 VOLVO 公司 HIW-2101168kW 柴油发电机，发电机产生的 470℃高温排气用于余热锅炉产生 65℃热水，发电机缸套水冷却水通过换热器置换出热水，两路热水均通过蓄热水箱供热。系统发电功率 150kW，供热水（65℃）3100kg/h，年运行小时约为 4380h，热电总效率为 80.1%。该供能系统由专业能源公司负责投资和经营管理。系统供电价格为 0.85 元/(kW·h)，热水价格 17.20 元/t，自 2002 年 11 月初运行以来，无论投资方还是能源用户都取得了良好的经济效益，其流程如图 6-48。

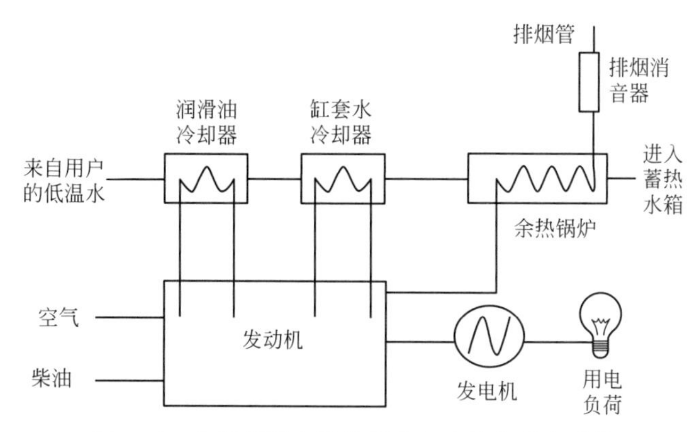

图 6-48　上海舒雅良子休闲中心冷热电联产系统

(4) 上海闵行中心医院

该系统计划配置二台英国坚泰动力公司 G50/400kW 燃气发电机组。机组在满负荷发电时，由缸套冷却水通过热交换器可获得 5t70℃生活热水；从发电机排气中，经余热锅炉产生 350kg/h 蒸汽作消毒、蒸饭等用热。满负荷时能源综合利用率大于 70%。经预算，系统每天满负荷运转 12h，全年可节约能源支出费用近 70 万元。

(5) 北京燃气集团控制中心大楼

北京市燃气集团监控中心采用以天然气为燃料的燃气内燃机三联产系统以满足建筑面积为 31800m^2 大楼的用电、采暖和空调的需要，这是北京市第一个利用天然气冷热电三联产的示范工程[53]。

燃气集团大楼电负荷在 100～1000kW 之间，平均负荷为 400～800kW；冷负荷为 500～3000kW；采暖热负荷为 550～2700kW。根据我国“以电定冷”的原则，选取的燃气轮机为 1000kW 级的 Solar TurbiDes 生产的 Satum 20 机组。制冷机采用的则是远大余热型双效吸收式冷温水机组 BHRS250Ⅶ，其制冷量可达 2500kW，供热量可达 2000kW 左右。采取此方案该系统比起“购电+直燃”的传统模式，每年可节约 322.464 万元的支出，回收年限约为 3 年。

2002 年 11 月，北京燃气集团对两套以内燃机发电机组驱动的冷热电联供系统测试成功。第一套系统为卡特比勒 G3508 内燃机发电机组配套远大 BZ100ⅥⅡF416T88/98 型三能源直燃机：发电量为 498kW，制冷量为 1163kW，制热量为 901kW，系统能源利用效率为 86.1%：第二套系统为卡特比勒 G3512 内燃机发电机组配套 BZ200ⅧF468T88/98 型三能源直燃机：发电量为 725kW，制冷量为 2326kW，制热量为 1799kW，系统能源利用效率为 80.6%。

北京燃气控制指挥中心燃气冷热电能源站如图 6-49，为北京第一个燃气三联供能源项目，也是国内第一个采用燃气内燃机与余热直燃机直接对接技术的项目。

该项目已成功运行了近 7 年，为所在的燃气办公大楼提供全部的冷热供应和大部分电力，成为我国节能减排的典型案例。

图 6-49　北京燃气控制指挥中心冷热电能源站

北京燃气集团不仅投资建设了此项目，同时还对项目的实际运行工况进行了大量的系统研究和测试，为我国三联供技术的发展积累了宝贵的经验。

(6) 北京市热力公司集中供冷项目

北京市第一热电厂每年向热力公司提供的蒸汽量，夏季为450t/h，冬季为700t/h，华能热电厂有800t/h蒸汽进京，两家热电厂都有供热潜力。为了更好地推广热制冷技术，热力公司在公司大院的办公楼群实施了三联供。三联供方案为：制冷采用蒸汽＋吸收式制冷：采暖采用热电厂热水＋板式换热器；室内采用风机盘管机组冷热电三联供面积为5600m^2。两年的实际运行表明：吸收式制冷的耗电量为压缩式的1/4，运行费比压缩式节约1/5，一次性投资比压缩式节约1/10。从能源利用方面看，吸收式利用了热电厂的低压蒸汽，增加了夏季负荷，降低了电厂发电煤耗，同时一定程度上缓解了北京夏季电力供应紧张。

(7) 清华大学宿舍楼

清华大学宿舍楼热电联供系统于2003年初在北京建成，它的发动机为一台20kW外燃机，系统为清华大学每日提供480kW·h电力，并提供24t洗澡热水，解决约500名学生的洗澡需求。系统发电效率高于30%，热电总效率超过80%。系统设备排放低，氮氧化物为8mg/kg，为普通燃气锅炉的1/5，一氧化碳为1mg/kg，为普通燃气锅炉的1/200，设备运行噪声低于68dB（1m）。

(8) 常州市中心区文化宫三联供项目[54]

文化宫地段是常州市金融、贸易、文化等的中心，负荷比较集中。已建、在建的建筑面积28.423万平方米规划总面积43.972万平方米，冬季热负荷1159.2万千瓦，夏季冷负荷1566.6万千瓦。三联供方案：采用热电厂蒸汽＋吸收式制冷机组制冷，热电厂蒸汽＋板式换热器供热，以常州市灯芯厂热电机组蒸汽为热源，该厂有20t/h的双横锅筒链条炉三台，B3-24/5QF3-2汽轮发电机组一台，可对外提供蒸汽25～30t/h，由于该地段的多数用户的建筑面积大于20000m^2，从便于管理考虑，每个用户自建冷暖站，项目正式运行后，热电厂供电3MW，外供蒸汽25t/h，若电力上网率为70%，供汽负荷率为50%，则热电厂每年可增加产值1050万元，创利润115万元。

(9) 山东淄博冷热电三联供项目

在国家能源和供热产业政策的指导下，1992年山东淄博开始利用热电厂的蒸汽实施冷热电三联供项目。该项目供冷面积7.5万平方米、供热面积108万平方米、供汽量15.5t/h，敷设蒸汽管网12km，投资600万元；敷设二级管网20km，投资800万元，建造冷暖站6座，主要用户是宾馆、商厦、办公楼和居民小区。据该热电厂计算，实现冷热电三联供后，夏季用气量达15t/h，可为热电厂多创造经济效益170多万元，并且提高了热电厂的热效率，降低了发电煤耗，年节省标准煤达1800t。因此建设部、电力部十分重视，并大力推广促进了城市三联供技术的发展。1993年，淄博制冷企业联合公司供冷7.5万平方米，供汽15.5t/h，敷设蒸汽管网12km，投资600万元；敷设二级管网20km，投资800万元；建冷暖站6座；主要用户是宾馆、商厦、办公楼和住宅。

(10) 大连市热电集团中心区热力公司冷热电三联供项目

为建设大连香海热电厂工程，解决大连市中心区用户用汽时间早且容量偏小，而电厂建设周期长的矛盾，1997年大连市政府在火车站后方建成一座4×20t/h的集中供热锅炉房，承担胜利广场、迈凯乐大连等商厦、宾馆的冬季供暖、夏季制冷任务，目前运行情况良好。其中胜利广场装有3台大连三洋SCC-71 930 USRT的双效蒸汽制冷机，供全场12万平方米的空调使用。

(11) 以燃气为能源的城市集中三联供项目

上海中央商务区是规划中的金融、贸易中心，该地区的性质决定了其能源供应和环境保护的要求比其他地区更高。目前上海地区煤气气源富裕，夏季富裕量更多，但电力供应紧张。同济大学范际礼教授等认为该地区建筑密度高，用能负荷集中，采用城市集中三联供技术可以充分提高能源有效利用率，因此提出并推荐采用以燃气为能源的三联供系统。以建筑面积7.5万平方米为例，部分建筑空调面积为70%，则总供冷负荷为8.75×10^{10}kW，总热负荷为5.54×10^{6}kW，生活热水负荷为8.75×10^{4}kW，采用燃气直燃式（冷热水机组）和蒸汽吸收式（夏季：蒸汽锅炉＋吸收式制冷机，冬季：蒸汽锅炉＋汽水交换器）两种供热供冷方案[55]。

(12) 以海水为能源的热泵三联供项目

青岛东部开发区和高科技工业园坐落在黄海之滨，这里将建设百万平方米的大型宾馆、写字楼、高级住宅，大部分建筑要求三联供。经青岛建工大学于立强教授分析研究，提出并推荐采用大型海水热泵站实现城市集中三联供[56]。该系统由大型热泵、变压器、海水泵、抽吸海水铸铁管、排除海水暗渠、供回水管及用户等组成，第一期工程向香格里拉大酒店和金都大酒店供热供冷，冬季热负荷（包括生活热水）10.15MW，夏季冷负荷10.5MW，选用瑞典ABB公司生产的11MW热泵机组一台，全年供热量23.329×10^{6}kW·h，全年供冷量15.87×10^{6}kW·h，一次投资2979.49万元，全年运行成本费521.48万元。采用这个方案是根据青岛气象条件和黄海的水温决定的。青岛冬季室外平均温度2.2℃，冬季浅海水温为6℃，夏季室外平均温度27.5℃，浅海水温25℃，这就为利用海水能源创造了条件，也是实施该方案的先决条件。

(13) 杭州七堡燃气抢修大楼三联供

2009年2月，杭州燃气集团与中科院、浙江工业大学、设备集成商等单位相关工作人员成立了三联供项目研究小组，致力于项目的具体研究并取得了市财政拨付的200万元科研经费支持[57]。

2009年4月，杭州燃气集团公司成立了三联供项目专项工作小组，在借鉴了上海等地推广三联供项目经验的基础上，杭州燃气集团将七堡燃气抢修大楼作为样板，打造全省首例燃气冷热电三联供应用项目。

2009年12月22日，杭州燃气集团与杭州市科技局正式签订了“分布式天然气冷热电联产系统应用研究”的杭州市科技发展计划项目合同，标志着杭州燃气集团冷热三联供示范项目的应用研究取得了市科技局的批准和资金支持，有力地推动了公司天然气应用领域的稳步拓展。

杭州七堡燃气抢修大楼运用的冷热电三联供项目属于微燃机-烟气余热利用型，由4台美国Capstone公司C65微型燃气轮机发电机组，1台远大一体化烟气直燃机、1台燃气-水换热器以及一套电器控制装置等设备系统组成。当4台微燃机同时运作时，其能源综合利用率可达到78%以上（常规发电系统利用率仅为40%左右），而运营成本直接减少了12%，废气排放量也减少了近20%。仅以NO_x排放为例，由于将清洁的天然气作为燃料，再通过稀薄燃烧技术，该项目NO_x排放为18mg/m³（远低于国家规定的500mg/m³），减排效果明显，社会效益显著。

(14) 广州大学城冷热电三联供项目

图6-50是广州大学城区域能源站一期，是以2×78MW燃气-蒸汽联合循环机组为基础的天然气冷热电三联供系统。燃气能的38%先经燃气轮机转换为电能，500℃左右的烟气在余热锅炉产生4.0MPa蒸汽，然后进抽凝式汽轮机进一步做功发电；可以抽出部分0.5MPa蒸汽供给第一制冷站的溴化锂吸收制冷机。余热锅炉排出的约50～100℃烟气用于加热生活用水，不足热量用蒸汽透平冷凝潜热补充；集中生活热水系统60℃，供应24万人。燃气能源利用效率达到80%以上。其中，分布式能源系统为2×78MW燃气轮机-余热锅炉-汽轮机分布式能源站DES，包括电力接入系统和热水部分的建设总投资为12亿元，等价可满足大学城17万千瓦的高峰电力负荷。按照测算的大学城电网峰荷为18万千瓦，以传统的电力建设模式（电厂＋主干电网的投资1万元/kW、输送损失7%）计，须增加初投资为19亿元；

采用 DES /CCHP 可节约投资约 7 亿元，同时可节约一次能源 7.7×10^4 tec/a，节能 25%。

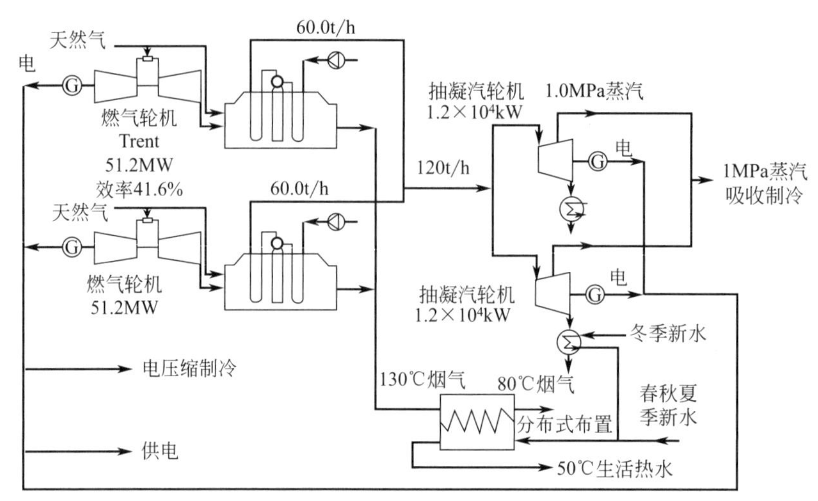

图 6-50 广州大学城冷热电三联供系统流程[58]

目前能源供应和环保问题已经成为制约中国经济发展的主要瓶颈，天然气作为一种清洁、高效的能源，是中国政府推动能源优质化的重点领域。西气东输工程的竣工和沿海多个液化天然气项目的开展标志着中国天然气时代的开始，为天然气分布式能源系统提供了资源基础，现在天然气分布式能源系统已经成为一种技术成熟的能源供应方式，成为天然气应用的最佳技术路线[59,60]。

6.7 液化天然气（LNG）联合循环发电系统

液化天然气（LNG）是以甲烷为主要组分的天然气在低温下的液态混合物，常压下，其温度约为－160℃，体积仅为气态时的 1/625，具有运输方便、储存效率高、生产使用安全、环保等特点[61]。LNG 的冷能不仅可以直接用于空气分离、CO_2 液化等方面减少制冷所需的能耗，而且可以直接转换成电能。

图 6-51 为以 LNG 为燃料的联合循环电站流程图。图 6-51(a) 为采用典型的以 LNG 为燃料的联合循环发电系统。其工作原理是，常温空气被压气机压缩后，进入燃烧室与喷入的天然气混合燃烧，产生高温高压的燃气，燃气在燃气轮机中做功后，高温排气送入余热锅炉用以产生水蒸气，然后水蒸气引入蒸汽轮机中做功，蒸汽轮机排汽在凝汽器中放热而被冷凝。燃料供应系统由 LNG 储存罐、LNG 升压泵和开架式汽化器组成，用海水作为开架式汽化器的热源来气化 LNG[62]。这种形式的联合循环采用海水为热源气化 LNG，此过程因为输送海水要消耗大量的泵功，且浪费了 LNG 中蕴藏的大量高品位冷能。

图 6-51(b) 为有带有低品位余热回收利用的 LNG 燃料联合循环发电流程图，与图 6-51(a) 不同的是采用系统余热汽化 LNG，从而省去了开架式海水汽化器。LNG 的汽化包括两个主要过程：①在冷凝器吸收蒸汽轮机乏汽的低品位热量部分汽化，未汽化的 LNG 返回 LNG 接收终端；②利用余热锅炉热产生的高温热水分为两部分，一部分汽化进入换热器 1，把从冷凝器中汽化的天然气加热至常温，另外一部分进入换热器 2 中，把天然气从常温加热至 120℃左右作为燃气轮机的燃料。

两者比较，采用热回收的联合循环有以下优势：①省去了开架式 LNG 汽化器，节省了海水水泵；②采用冷凝换热器，回收了燃气轮机排气的显热和潜热；③蒸汽轮机的乏汽采用 LNG 冷能，节省了大量的冷却水。

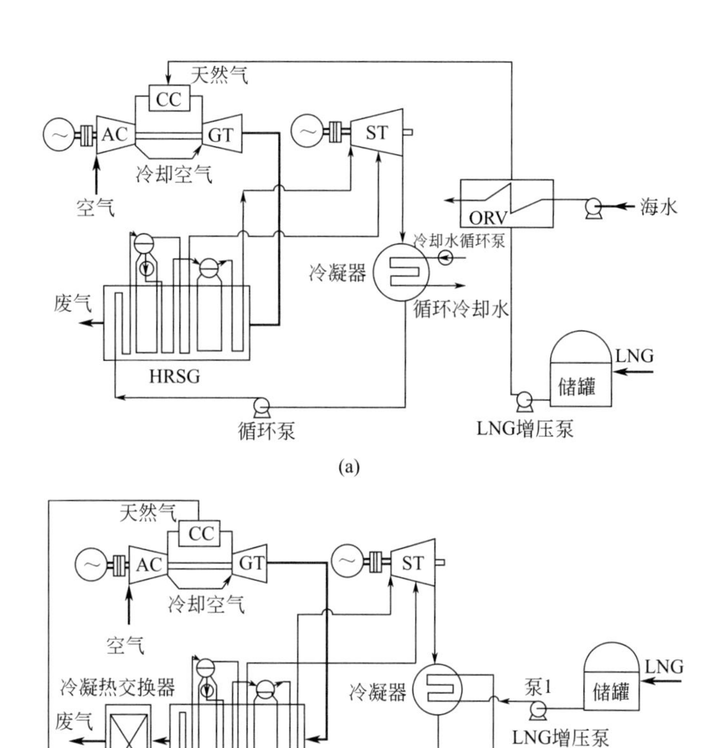

图 6-51　以 LNG 为燃料联合循环电站流程图[63]

AC—空气压缩机；CC—燃烧室；GT—燃气轮机；ST—蒸汽轮机；

HRSG—余热锅炉；ORV—开架式 LNG 汽化器

参 考 文 献

[1] U. S. EIA，“International Energy Outlook 2011”，Washington，DC (2011). http：//www. eia. doe. gov/oiaf/ieo/>.

[2] 江天生．天然气发电项目的经济性分析．清华大学，2004.

[3] 王小强，郝明君．对中国石油开拓天然气发电市场的几点建议．国际石油经济，2002，6.

[4] 胡奥林，周昌英．世界天然气发电现状与趋势．国际石油经济，2000，4.

[5] 薄启亮，马文杰．世界天然气市场发展动态及启示．天然气工业，2003，6.

[6] 刘毅军，曹小东，宋建新．从我国电力市场看天然气发电．石油大学学报（社会科学版），2003，5.

[7] 姚俊杰．天然气发电前景展望．农村电气化，1999，6.

[8] 胡立业．天然气发电．华东电力，2000，12.

[9] 王铭忠．天然气能源与天然气联合循环发电．热力发电，2001，(4)：9-13.

[10] 张珩生．充分认识燃气发电在“十二五”将承担的重要角色．电力，2010，6：1-5.

[11] 周小谦，王振铭．合理利用天然气发电及发展热电联产．热电技术，2005，3：1-7.

[12] 张国栋．燃气轮机联合循环发电技术特点．电气技术，2006，10：11-16.

[13] 方国元．天然气联合循环发电成本分析及发展对策研究．华北电力大学，2003.

[14] 崔剑仇，范邦棪，沈邱农，沈鸣浩．天然气发电的技术经济分析．上海电力，2002，6：3-7.

[15] 程一步，何祚云．天然气联合循环发电供热特点和经济性．当代石油化工，2006，14（11）：26-30.

[16] 焦树建，燃气-蒸汽联合循环．北京：机械工业出版社，2000.

[17] 天然气发电面面观．中国天然气工业网．http：//www.cngascn.com/html/news_ztbd/show_news_w1_1_4145.html.
[18] 李旭新．发展分布式能源倡导节能建筑［J］．城市住宅，2009（1）：51.
[19] 刘青荣等．分布式能源系统及其运行特性分析［J］．上海电力学院学报，2009（5）：427-432.
[20] 王洪旭，刘泽勤．分布式能源系统：一种缓解能源资源短缺的途径［J］．建筑科学，2008（6）：7-11.
[21] 龚婕，华贲．分布式能源系统：联产和联供［J］．沈阳工程学院学报（自然科学版），2007（1）：1-5.
[22] 王振铭．分布式能源热电联产的新发展［J］．沈阳工程学院学报（自然科学版），2008（2）：97-101.
[23] 周冯琦．分布式能源，应对上海能源安全的一种重要选择［J］．上海企业，2008（4）：21-23.
[24] 韩吉田，康兴娜，于泽庭．分布式冷热电联供总能系统的发展［J］．山东电力技术，2008（6）：65-68.
[25] 张娟，裴玮，谭红杨．分布式可再生能源发电公共信息模型扩展研究［J］．现代电力，2009（6）：6-11.
[26] 谭明华．分布式供能与循环经济的能源结构优化［J］．城市问题，2007（11）：20-24.
[27] 常晓茜．分布式供能系统对天津市能源产业的影响［J］．资源·产业，2004（3）：30-33.
[28] 陈曦等．分布式供能技术在南方电网地区应用的前景分析［J］．广东电力，2008（12）：1-4.
[29] 钱科军，袁越．分布式发电效益的量化分析［J］．中国科技论文在线，2009（11）：775-782.
[30] 余昆等．分布式发电技术及其并网运行研究综述［J］．河海大学学报（自然科学版），2009（6）：741-748.
[31] 雷金勇，谢俊，甘德强．分布式发电供能系统能量优化及节能减排效益分析．电力系统自动化，2009（23）：29-36.
[32] 李晓明，刘淑琼．分布式发电对配电网的影响及对策［J］．高科技与产业化，2009（11）：80-83
[33] 华贲，龚婕．发展以分布式冷热电联供为核心的第二代城市能源供应系统［J］．建筑科学，2007（4）：5-8.
[34] 张宝怀，陈亚平，施明恒．天然气热电冷三联产系统及应用［J］．热力发电，2005（4）：59-60.
[35] 江天生．天然气发电项目的经济性分析［D］．清华大学，2004.
[36] 颜永民等．冷热电三联产在我国的发展前景［J］．制冷与空调，2003（6）：11-15.
[37] 王建波，刘丽娜．分布式供电和冷热电联产的前景［J］．黑龙江科技信息，2011（12）：1.
[38] 阳熹，闫琪．浅谈分布式能源的系统可靠性［J］．科技信息，2009（25）：710-711.
[39] 刘青荣等．分布式能源系统及其运行特性分析［J］．上海电力学院学报，2009，25（5）：427-432.
[40] 王洪旭，刘泽勤．分布式能源系统：一种缓解能源资源短缺的途径［J］．建筑科学，2008，（6）：7-11.
[41] 方筝，杨昭，陈铁光．冷热电三联供燃气机热泵系统的火用损功率分析［J］．热能动力工程，2009，24（1）：53-59.
[42] 方筝，杨昭，陈铁光．燃气机热泵冷热电三联供系统热经济学分析［J］．热能动力工程，2009，24（5）：597-603.
[43] 刘月琴，代炎，叶水泉．基于燃气内燃机的热电冷三联供系统［J］．制冷空调与电力机械，2008，29：1-5.
[44] 冯继蓓，梁永建，杨杰．燃气内燃机的余热利用形式分析［J］．中国建设信息供热制冷，2006，（3）：41-44.
[45] 胡忠文，王忠平，张雪梅．微燃机冷热电联供系统（CCHP）的建模及仿真研究［J］．能源研究与管理，2010，（4）：30-32.
[46] 秦朝葵，李伟奇，谢卫华，等．微燃机天然气冷热电三联供系统热力学分析［J］．天然气工业，2008，28（1）：129-131.
[47] 晏洪浩．燃气冷热电联产系统的研究与探讨．平顶山工学院学报，2006，15（5）：45-47
[48] 康英姿，华贲，区域供冷与分布式冷热电联供系统［J］．沈阳工程学院学报（自然科学版），2006（4）：289-293.
[49] 吴红梅，浙江省发展分布式能源的若干问题探讨［J］．能源工程，2007（4）：1-4.
[50] 莫颖涛，影响我国分布式发电发展的关键因素［J］．电网技术，2008（S1）：176-178.
[51] 王振铭，我国热电联产的新发展［J］．电力技术经济，2007（2）：47-49.
[52] 世界最大分布式能源项目落户广州大学城［N］．广西城镇建设，2006（8）：89.
[53] 推广分布式供能系统和燃气空调［N］．上海电力，2008（6）：509.
[54] 黄学政．商业楼宇天然气冷热电联产分布式电源应用价值分析［J］．节能技术，2005（4）：354-357.
[55] 陈庚良．天然气综合利用［M］．北京：石油工业出版社，2004，136-138
[56] 邝生鲁，等．应大力发展天然气利用技术［J］．现代化工，2000，20（1）：11-12
[57] 郝小礼，张国强．建筑冷热电联产系统综述［J］．煤气与热力，2005，25（5）：67-73.
[58] 华贲．广州大学城区域能源规划［R］．广州：华南理工大学，2003.
[59] 王丽，魏敦崧．天然气分布式能源系统的应用［J］．煤气与热力，2006，26（1）：46-48.
[60] 王松岭，论立勇，谢英柏，等．天然气在分布式能源系统中的应用［J］．天然气工业，2006，26（1）：146-148.
[61] 徐正斌，李伟，颜映霄等．中小型液化天然气市场发展趋势研究．天然气技术，2010，4（1）：72-76.
[62] 史晓军，车得福．液化天然气（LNG）联合循环电站热力学分析．华东电力，2008，36（10）：103-107.
[63] Shi X J，Che D F. Thermodynamic analysis of an LNG fuelled combined cycle power plant with waste heat recovery and utilization system. Int. J. Energy Res，2007，31：975-998.

交通篇

7 天然气在交通运输业中的应用

天然气作为一种含能体，理论上可以作为任何动力设备的燃料，考虑各种运输设备对动力燃料要求的差异，其应用在各种运输设备上的应用自然不同。天然气用作汽车燃料叫天然气汽车，用作轮船燃料叫天然气轮船，用作飞机燃料叫天然气飞机（当然天然气飞机目前事实上并不存在）。汽车所使用的天然气燃料有很多种，如利用木材、木炭、煤等煤气发生炉产生的煤气都可以称为天然气汽车的燃料。但这些气体燃料汽车不是行程短，就是使用不方便，其各项技术参数远不如现在通行的天然气汽车技术。现在的天然气在发动机中燃烧充分，废气排放污染低，价格便宜，因而使天然气汽车近几十年来在世界各国发展迅速，其保有量一直在增加[1]。天然气在轮船和飞机上的应用也有较大发展，特别是 LNG 运输轮船，近年各国对 LNG 的需求增长幅度大。天然气飞机还只停留在概念设计中。

气体燃料的能量密度相对小，即单位体积的燃料所含的热值较小，这是气体燃料汽车行程短的原因（用作轮船和飞机燃料，其能量密度低更是一种制约，但是使用 LNG 能够很好克服这种困难）。为了提高气体燃料的能量密度，在使用时，或是把天然气加压，或是把天然气液化，提高天然气能量密度以便携带更多[2]。天然气压缩或者液化后装在高压气瓶或其他容器中放在交通运输设备上，相当于普通汽车、轮船和飞机的油箱，为设备提供燃料。将天然气压缩至 21～25MPa（约 3000psi），而存放于承压容器，叫做压缩天然气（compress nature gas，CNG），这是最容易想到的，因为天然气相对容易压缩。如果将天然气常压下于－162℃液化，装入保温容器中，就是液化天然气（liquid nature gas，LNG），由于 LNG 的沸点低，在一般的小型设备上使用，有困难[3,4]。第一，难于保温；第二难于均匀汽化使用。在油田轻烃回收装置中处理天然气及石油炼制过程中，都有一种以丙烷为主的副产品，它们也是天然气的一种，比较容易液化，而在常压下也是气态，和家庭平常使用的液化气非常相似，这就是液化石油气（liquefied petroleum gas，LPG）[5]。当然其主要成分为丙烷。而利用多孔材料的吸附性能，将大量的天然气吸附在其体内，从而使得一定体积的吸附材料吸附与 CNG 大致相近的气体量，这就是吸附天然气（absorbed natural gas，ANG），目前丰田汽车正朝这个方向做相关研究，主要制约因素是吸附材料的吸附量。将以甲烷为主的天然气和水在低温高压下，生成笼形晶体化合物就是天然气水合物（nature gas hydrate，NGH），纯的水合物每立方米体积能够存储 160～180m^3（标准）的气体[6]。天然气水合物同样也是可以作为燃料使用的，当然如果使用在交通运输设备上，一般还是需将水合物中的气体先释放，后燃烧，而不是直接燃烧水合物。天然气水合物应用于汽车等运输设备，还存在一系列的问题，所以未见有实际的工业应用。为方便起见，一般所谓的天然气汽车主要包括 CNG、LPG、LNG、ANG、NGH 五种。但是 ANG 由于其吸附量的制约，使得其目前没有能够在汽车上得到应用；NGH 则由于目前并没有工业化生产，而实验室制备的量非常有限，所以没有在汽车上得到应用，将来技术发展，能够大批量地生产 NGH，其在汽车上应用是非常自然的事情。所以目前的天然气在交通运输中的应用主要是 CNG、LPG、LNG 三种，国内目前 LPG 最为常见，而 LNG 发展最具潜力和空间。

鉴于目前天然气作为运输设备的动力燃料，主要还是应用于汽车上和 LNG 运输轮船上，天然气飞机只是停留在概念设计方面，所以本章将从天然气的物理化学性质开始，阐述各种天然气燃料的特点，天然气汽车的动力装置，天然气汽车的改装，LNG 轮船，及天然气作为交通运输设备燃料的经济和环境效益，以及国内外的一些经验推广和补贴政策等。

7.1 天然气燃料

天然气作为运输设备燃料，其物理化学性质决定了其作为燃料的好坏及其使用的特性，特别是相比汽油、柴油等，更应具有优势，否则难于推广应用[7]。

7.1.1 天然气理化性质

天然气燃料的成分，决定了其热值等方面的性质。作为一种燃料参与化学反应过程（燃烧），其物理化学性质决定了燃烧过程的特性及其作为燃料的好坏，同时对于燃烧后的尾气等都有重要的决定作用，所以理化性质是一种燃料好坏的关键。

天然气作为燃料，主要利用其燃烧所发出的热值在发动机内转换为有用功。液体燃料如汽油、柴油等是在炼油厂中按照各国燃料产品标准的物理化学性质规定，由原油炼制而成，无论化学性质，还是物理性质都有严格规定，因而比较稳定。天然气燃料由于来自不同的油田气田，或来自各个不同炼油厂，期间无论气体成分还是性质都有较大的差别，如表 7-1 显示了目前国内使用的天然气的主要成分，而且天然气产品标准对于其天然气成分限制并不十分严格，而重点是限制二氧化碳气体等杂质成分的含量。

表 7-1 国内使用天然气主要产地及其成分 单位：%

成分	文莱	马来西亚	阿拉斯加	澳大利亚	中原油田	西南油田	胜利油田
甲烷	89.8	91.6	99.7	88.7	95.37	94.61	91.29
乙烷	5.0	4.0	0.1	7.5	1.58	3.51	3.56
丙烷	3.4	2.8	0	2.6	0.45	0.72	1.73
其他	1.8	1.6	0.2	1.2	2.6	1.16	3.42

从表 7-1 可见天然气主要成分是烷烃中的轻组分，甲烷（82%～99%）和不多的乙烷（最多 7.5%），丙烷（最多 3.5%），其成分在各国天然气产品标准中都有较为严格的规定。一般油气的天然气，其中的甲烷差别最大，我国四川气田天然气的甲烷含量在 95%左右，而有些油田的伴生天然气的甲烷含量 70%～80%，有的甲烷含量更低，并且含有较重的烃类，如丁烷、戊烷和己烷等。可见，天然气的绝大部分的化学成分是甲烷，兼而含有一定量的其他轻烷烃，当然 CNG、LNG、ANG 的成分有较大的差异，这主要是由于其热力学性质和 CNG、LNG、ANG 等作为燃料的形成工艺差异而导致的，因为甲烷的物理性质在不同的温度、压力下是不一样的，见表 7-2，这对于天然气燃料的制备及其最终的使用也是重要的。

表 7-2 甲烷的热力学性质

饱和压力/MPa	0	0.2	0.4	0.6	0.8	1.0	1.2	1.4	1.6
饱和温度/℃	−162	−146	−138	−132	−126	−122	−118	−115	−112
密度/(kg/m³)	424	400	386	374	365	356	348	340	333
汽化潜热/(kJ/kg)	511	481	461	444	427	410	394	381	364

汽油等燃料，其成分主要是C_5～C_{12}的烃类，而柴油的分子量比汽油还大一些，当然它们都不是单一成分，其成分差异更大，更多的和产地、油田及油的炼制过程有关。不过从化学上还是比较容易看出天然气和汽油柴油等燃料的差异的，具体分析如下。

① 从分子结构上看，天然气中氢原子和氧原子之间的比例比汽油等燃料高得多，所以天然气燃烧产生的CO、CO_2、HC少，而产生的H_2O多。

② 从密度和沸点上看，在常温下天然气为气体，汽油、柴油等为液体，天然气更有利于混合气的形成和均匀化；在使用中，天然气用储气罐，汽油用油箱储存，天然气的存储体积汽油柴油大。

③ 从凝固点看，都能在低温环境下正常使用，但在极低温环境下，需要对汽油柴油做特殊处理。

④ 从热值看，天然气比汽油低约10%（天然气为39.0MJ/kg，汽油为44.0MJ/kg）做同样的功，用天然气消耗量要比普通汽油多。

⑤ 从着火温度看，天然气约为650℃，汽油为350～468℃，可见通常情况下天然气要比汽油更难以点燃，火花塞需要更多的点火能量，这也增加了发动机的启动难度。

⑥ 从理论空燃比看，两者相差不多（天然气17.8，汽油14.8）。

⑦ 从理论混合气热值看，天然气比汽油小，说明在同样的发动机状况下，用天然气时的最大输出功率和扭矩比用汽油要小。

⑧ 从抗爆性看，天然气比现在所有标号的汽油都高（天然气辛烷值为130，汽油＜100），抗爆性强，可采用高压缩比，提高发动机功率，降低耗气量，可抵消因热值低耗气量大的缺点。

天然气和汽油、柴油等燃料的理化性质对比综合情况见表7-3。

表7-3 天然气和汽油、柴油等燃料的理化性质

项目	柴油	汽油	甲醇	乙醇	LPG	LNG	DME
化学组成	C_{18}～C_{28}	C_4～C_{12}	CH_4O	C_2H_6O	C_3和C_4	CH_4	C_2H_6O
C/%(质量分数)	86.0	84.9	37.5	52.2	80.0	75.0	52.2
H/%(质量分数)	13.9	15.1	12.5	13	20.0	25.0	13
O/%(质量分数)	0	0	50.0	34.8	0	0	34.8
低热值/(MJ/kg)	40.1	42.5	19.9	26.8	45.6	49.7	31.5
蒸发热/(kJ/MJ)	6.0	8.0	56.4	33.8	8.6		14.4
空燃比/(kg/kg)	14.6	14.8	6.4	9.6	15.2	17.8	9.6
研究法辛烷值		95	＞110	＞100	约100	约130	
十六烷值	45～55	2	3	8		约10	≥55
CO_2排放/(g/MJ)	74.2	73.3	70.0	71.5	63.8	57.7	67.5
价格排序(最高)/(元/km)	3	2	6	1	4	7	5

作为交通运输业用天然气燃料，液化天然气（LNG）最合适，因为LNG是天然气在低温深冷条件下液化而成的，几乎是纯甲烷，单位质量和单位体积热值高，是车用燃料最受欢迎的燃料，但其存储条件限制了其在小汽车中的应用。CNG中主要成分是甲烷和极少量的乙烷。如果用石油伴生气作为车用燃料应将所含高碳烯烃脱除。LPG的主要成分为丙烷和丁烷，但由于气来源不同又有所区别。如果是从油、气田轻烃回收装置中得到的LPG，则以丙烷、丁烷为主，很少有烯烃存在，适于作车用燃料，而从炼油厂中得到的副产品LPG，

除了丙烷和丁烷以外，还含有丙烯、丁烯和丁二烯等烯烃成分。烯烃密度略小，热值较低，燃烧性能差，由于不是饱和烃，容易氧化生成胶质，使燃料系统的蒸发器、混合器的膜片胶结，腐蚀而影响发动机的工作。此外，燃烧不完全，容易发生积炭，加速零部件的磨损。因而炼油厂副产品的LPG，不适合作车用燃料，除非单独加以处理，将烯烃含量限制在规定数值内，从而避免以上问题的发生。ANG由于多孔吸附材料以目前的吸附能量，还不足以吸附其他种类天然气的能量密度，还未见在天然气汽车中使用。NGH的能量密度已经足够将其应用作汽车燃料，NGH主要由天然气和水组成，但是由于其制备过程的复杂性和长时间性，以及在发动机内燃烧，要求其为气态限制了NGH在汽车行业中的应用，也还没有可能大规模应用做汽车燃料。

此外，在CNG和LPG中还含有一些杂质，其含量应符合国家相关的标准要求，目前车用CNG的行业标准正在制定中，LPG已有油气田液化石油气和产品燃料中的液化石油气两个国家标准，都有规定烯烃的含量，因此还应制定车用LPG的标准，以便使用，而LNG的使用最具发展空间。

7.1.2 天然气燃烧特性和辛烷值

燃料的热值是指单位燃料在量热计（比如氧弹燃烧）中燃烧后测得的热量数值。由于燃料燃烧产物中的水在冷凝的过程中会出现潜热，包括在量热计所测试的数值中，所以测试的数值称为高热值。这部分潜热在发动机中是无法利用的，因此，要将这部分热量从高热值中减去。燃料在汽缸中燃烧后发出的有效热量称为低热值。在计算天然气燃料的发热量时要按照低热值计算。按单位质量气态烃所测得的热值相差不太多，甲烷的热值稍高些，因为其中所含氢元素相对多一些，而随着碳数的增减热值略有减少。但是一般按照体积算，因为其他按照体积计算较为方便，便于计量，而碳数少的烃密度小，所以按单位体积计量的热值就比较少了，通常来看，甲烷热值最大39MJ/m^3（STP），而最少也能达到35MJ/m^3（STP）。而乙烷，最大70MJ/m^3（STP），最小64MJ/m^3（STP），丙烷的情况是，最大为101MJ/m^3（STP），最少为93MJ/m^3（STP）。而不同成分的天然气可以按照其分体积计算得到，也可以通过实验测试得到。

汽油作为发动机燃料有一个很重要的指标，就是它的抗爆性，现在汽油的牌号就是抗爆性能指标，辛烷值的数值，天然气在汽车发动机中，特别是在汽油机改装的天然气发动机中，类似于汽油，即在汽缸外部燃料与空气形成可燃混合气，送到汽缸后，在用外源（电火花）点着，因此也会遇到与汽油类似的抗爆性能高低的问题。所谓抗爆性是指燃料抗爆震燃烧的能力[8]。在汽油机中电火花点火后，在汽缸中火焰开始在均匀的混合气中传播，火焰前沿的未燃混合气因受到已经燃烧的混合气的压缩和辐射传热使得温度、压力升高，加速了化学变化，即所谓的焰前反应。离火焰中心越远，未燃混合气的焰前反应越深。如果火焰面及时传到，把它燃着，就是正常燃烧，如果在正常火焰尚未到达前，未燃混合气的化学准备过程已经完成，就是发生自燃，形成新火焰中心，并以1500～2000m/s的速度进行火焰传播。这种带有爆炸性质的燃烧进行得非常迅速，来不及膨胀地推进，产生撞击并发出尖锐的金属敲击声。与此同时，排气冒黑烟，发动机功率明显下降，这种现象称为爆震燃烧，简称爆震或者爆燃。

影响爆震的因素很多，如结构上的压缩比，燃烧室的形状，运行时的转速，负荷等。但发动机已经制造好，则使用的燃料本身的性质，如自燃点的高低，氧化反应的速度等对爆震的产生有着决定性的作用，这就是燃料的抗爆性。由于异辛烷的抗爆性好，所以将它的抗爆性定为100，也就是辛烷值为100，气体的燃料与异辛烷比较，比如93号汽油的抗爆性是异辛烷的93%，这种汽油的辛烷值就是93。对于抗爆性能超过异辛烷的甲烷和乙烷就较难直接测定。现在发表的甲烷、乙烷等气体的燃料的抗爆性，即辛烷值都是近似值。奥地利的李斯特内燃机及其测试设备公司在20世纪60年代，用类似气体燃料抗爆性能的指标，叫做甲烷值。即以甲烷的抗爆性为100来衡量气体的抗爆性。以便将各种气体燃料按不同使用条件用于发动机工作。美国库伯公司也提出一个正丁烷值作为衡量气体抗爆性能的参数，目前世界上还是没有一个统一的衡量气体燃料抗爆性能的指标和方法。

从参考的辛烷值中可以看到，天然气燃料的抗爆性能非常好，因而相应的极度限压缩比比较高，这就是天然气发动机压缩比可以比汽油高的原因，而压缩比高，则发动机的热效率高，也就省燃料，其他具体燃烧过程参数见表7-4[9]。

表7-4 天然气和汽油燃烧过程参数对比

燃烧相关参数	闪点/℃	汽化热/(kcal/kg)	低热值	着火温度/℃	火焰传播速度/(cm/s)	着火界限/%	理论空燃比/(kg/kg)	理论混合气热值/(MJ/kg)	辛烷值
天然气	−188	—	39MJ/m³	650	390	0.58～1.8	16.7	2.75	130
汽油	−45～−38	0.31～0.34	44MJ/kg	350～468	3340.7	0.4～1.4	14.8	2.99	66～95

7.2 天然气燃料分类

理论上天然气可以作为任何动力设备的燃料，但是实际上，目前使用较多的还是压缩天然气（CNG）和液化石油气（LPG）和液化天然气（LNG）。而液化天然气的使用则主要是在大型的运输设备上，如重型卡车、LNG货运轮船等。这是因为液化天然气需要较大容器来存储，不适合小型设备，从表7-5的能量密度对比可以看出。当然作为交通工具的燃料，更多的还是通过具体情况综合进行考虑的，大型设备更多考虑其能量的巨大需求，而对于小汽车，更多考虑其轻便性。当然汽油始终还是使用最多的。而LPG，由于其液化相对容易，技术也成熟，但是在环境保护方面，通过分析，认为其排放并不一定比汽油好，不过目前国内有大量使用。

表7-5 汽车燃料储存能量密度

燃料	汽油	LNG	CNG(复合材料瓶子)	CNG(钢制材料瓶)
容器容积/L	36	70	90	47.3
容器质量/kg	7.75	55	60	62
燃料质量/kg	27	35	13	6.8
燃料低热值/(MJ/kg)	44.2	49.8	49.8	49.8
容器存储总热值/(MJ/kg)	1220.4	1743	647.4	338.6
存储能量密度/(MJ/kg)	35.12	19.37	8.87	5.0

7.2.1 CNG

压缩天然气（compressed natural gas，CNG）是天然气加压并以气态储存在容器中。压缩天然气除了可以用油田及天然气田里的天然气外，还可以用人工制造生物沼气（主要成分是甲烷）。压缩天然气是一种最理想的车用替代能源，其应用技术经数十年发展已日趋成熟。它具有成本低、效益高、无污染、使用安全便捷等特点，正日益显示出强大的发展潜力。压缩天然气还应用作城市燃气，特别是居民生活用燃料。随着人民生活水平的提高及环保意识的增强，大部分城市对天然气的需求明显增加。天然气（管道天然气）作为民用燃料的经济效益也大于工业燃料。天然气每立方米燃烧热值39MJ左右，CNG的密度为2.5kg/m³，每立方米天然气燃烧热值为85MJ。CNG汽车是指主要由甲烷构成的天然气在25MPa左右的压力下储存在车内类似于油箱的气瓶内，用作汽车燃料。主要工艺过程在CNG汽车站将

0.3～0.8MPa 低压天然气，经过天然气压缩机升压到 25MPa，由顺序控制盘控制，按高、中、低压顺序储存到储气钢瓶组，再由 CNG 加气机向汽车钢瓶加注。而汽车钢瓶高压气再经过减压装置减压后经燃气混合气向发动机供气。节约燃料费用，降低运输成本。CNG 汽车优点如下。

① 理论上 $1m^3$ CNG 相当于 1.1～1.3L 汽油。

② 比燃油安全性高，CNG 自燃温度为 732℃，汽油自燃温度为 232～482℃。同时天然气相对空气的密度仅为 0.6～0.7。一旦泄漏，可在空气中迅速扩散，不易在户外聚集达到爆炸极限。同时 CNG 是非致癌、无毒、无腐蚀性的。未发生过重大燃烧和爆炸事故。从国内使用十多年 CNG 的经验来看，天然气汽车比燃油汽车更安全。

③ CNG 燃料抗爆性能好，CNG 抗爆性相当于汽油的辛烷值在 130 左右，而目前使用的汽油辛烷值最高仅在 93 左右，所以 CNG 作为汽车燃料不需添加剂。如像铅等抗爆剂，所以其尾气排放污染小。

④ CNG 汽车具有很好的环保效果，使用 CNG 替代汽油作为汽车燃料，可使 CO 排放量减少 97%，CH 化合物减少 72%，NO 化合物减少 39%，CO_2 减少 24%，SO_2 减少 90%，噪声减少 40%。而且 CNG 不含铅、苯等制癌的有毒物质。所以 CNG 是汽车运输行业解决环保问题的首选燃料。

⑤ 燃用 CNG 可延长汽车发动机的维修周期，汽车发动机以 CNG 为燃料，发动机运行平稳，噪声低。无重烃，无积碳，可延长汽车大修理时间 20%以上，润滑油更换周期延长到 1.5×10^4km。

7.2.2 LNG

LNG（liquefied natural gas，LNG），即液化天然气的英文缩写。LNG 作为一种清洁、高效、方便、安全的能源，以其热值高、污染少、储运方便等特点成为了现代社会人们可选择的优质能源之一。天然气是一种气体，经过深度冷冻后变成液体，这种气体是最干净的，因为在液化过程中杂质变成固体被排除了，最后剩下可燃气体。近年来，随着燃气蒸汽联合循环技术逐步发展成熟，以天然气为燃料的燃气-蒸汽联合循环发电以其高效率、高性能的特性（包括其冷能利用）已经成为世界各国开发建设电源项目的首选。由于天然气的主要成分是甲烷，用天然气发电，与用煤发电相比可大幅度消减二氧化碳、二氧化硫、烟尘和煤渣等污染物的排放量，有利于环境质量改善。天然气作为清洁能源越来越受到青睐，很多国家都将 LNG 列为首选燃料，天然气在能源供应中的比例迅速增加。液化天然气正以每年约 12%的高速增长，成为全球增长最迅猛的能源行业。近年来全球 LNG 的生产和贸易日趋活跃，LNG 已成为稀缺清洁资源，正在成为世界油气工业新的热点。为保证能源供应多元化和改善能源消费结构，一些能源消费大国越来越重视 LNG 的引进，日本、韩国、美国、欧洲都在大规模兴建 LNG 接收站。由于进口 LNG 有助于能源消费国实现能源供应多元化、保障能源安全，而出口 LNG 有助于天然气生产国有效开发天然气资源、增加外汇收入、促进国民经济发展，因而 LNG 贸易正成为全球能源市场的新热点。天然气是在气田中自然开采出来的可燃气体，主要成分由甲烷组成。LNG 是通过在常压下气态的天然气冷却至－162℃，使之凝结成液体。天然气液化后可以大大节约储运空间和成本，而且具有热值大、性能高等特点。国际大石油公司也纷纷将其新的利润增长点转向 LNG 业务，LNG 将成为石油之后下一个全球争夺的热门能源商品。LNG 主要具有如下的特点。

① 纯净的 LNG 是无色、无味、无毒和透明的液体，LNG 比水轻，不溶于水。LNG 蒸气在温度高于－110℃时，比空气轻，货物泄漏时蒸气往上升，易于扩散，因此发生爆炸的

危险性相对 LPG 较轻（爆炸极限为 5%～15%）。

② LNG 化学性质稳定，不活泼。与空气、水及其他液化气货品在化学上相容，不会起危险反应（与氯可能发生危险反应）。

③ 结构材料方面，由于 LNG 是非腐蚀性货品，所以只要求能耐低温的金属材料。如不锈钢、铝、铜、含 9%或 36%全镍的合金钢等均可。

④ LNG 无毒，LNG 液体会使眼睛和皮肤严重冻伤，高浓度的蒸气会使人晕眩困倦但没有持久的影响。另外高浓度的蒸气也可能会造成空间缺氧而使人窒息。

⑤ 由于 LNG 的临界温度远低于环境温度，所以只能采用全冷冻的方式运输或储存，即在常压沸点温度下运输。

⑥ 由于 LNG 属于混合物，货品的成分不同会影响它的理化性质，运输时需向货主索取有关数据和建议。

中国对 LNG 产业的发展越来越重视，中国正在规划和实施的沿海 LNG 项目的地区有：广东、福建、浙江、上海、江苏、山东、辽宁、宁夏、河北唐山等。这些项目将最终构成一个沿海 LNG 接收站与输送管网。按照中国的 LNG 使用计划，及 2011 年海关总署的统计数据显示，2012 年进口 LNG 1200 亿标准立方米气体。而在进口天然气方面，国家发展和改革委员会预计，到 2020 年，中国要进口 350 亿标准立方米气体，相当于 2500 万吨 LNG 每年。表 7-6 为我国未来 LNG 进口的来源地。

表 7-6 我国未来 LNG 进口来源

LNG 接收地	LNG 来源	一期能力	最终能力	供给时间
福建省	印度尼西亚东固天然气田	250 万吨	2009 年 450 万吨	2007 年起 25 年内
江苏	印度尼西亚			
广东深圳	澳大利亚	300 万吨	2008 年 500 万吨	2005 年起 25 年内
山东	澳大利亚			
沈阳、北京、大连	俄罗斯科维克金气田	天然气总量 6000 亿立方米	2006 年起 30 年内	
东部地区	哈萨克斯坦			

天然气资源比石油资源丰富。目前，天然气在全球能源中的比例已经超过 20%，我国天然气消耗量 2002 年只有 $250\times10^8m^3$，在一次能源中的消费比例占 2.7%。但近几年在以每年 20%的速度增长，但是我国的能源消费增长也大概为 20%，所以其能源消费结构并无改善。国家已经制定了相应的天然气产业中长期发展规划，到 2010 年天然气占一次能源比例达到 6%，而实际上从《BP 能源统计 2010》可以看到，目前我国天然气占一次能源比例为 2.8%左右[10]，远低于亚洲国家的平均 10%，更是低于世界平均的 24%。我国已经在针对天然气勘探、开发、引进和利用方面做工作，预计至 2020 年，我国天然气消费量将达到 $2200\times10^8m^3/a$，大约占我国一次能源的 28%左右，大约为 2.2×10^8t 油当量。其中国内生产 $1200\times10^8m^3/a$，从国外买 $1000\times10^8m^3/a$（包括管道和 LNG）。深圳大鹏 LNG 接收终端已经正式投产，福建、浙江、海南等地的接收终端项目也陆续开工。这些进口项目一般签订的是长期合同，这可以使国内天然气货源供应和价格稳定有一定的保障。此外，我国国内的天然气资源，许多是适宜于通过就地液化、罐箱运输的方式开发和销售的。从新疆到上海的“西气东输”管线已建成投运，新疆广汇公司用汽车罐箱运输的 LNG 仍然供不应求。世界最大的 LNG 陆上运输市场已经在中国形成并正在快速发展，这为 LNG 的发展提供了稳定而充足可靠的燃料供应保障。鉴于 LNG 替代价格昂贵的柴油，具有最强的价格承受能力，而且需求总量远小于民用和发电，因此它必定是 LNG 市场优先保障的用户。近一年多来，随着国际石油价格波动，LNG 贸易受到很大冲击。长期供货价格涨幅较大。但是，这并不影响我国发展天然气清洁能源的战略决策。按照目前已经发现的储量，世界的石油还可

以用42年，而天然气则还可以用71年。长远来看，天然气会比石油有更快的增长。由于开发、储存、运输和贸易方式的不同，国际LNG市场与石油市场有不同的特性。一个LNG长期合同项目，从签订合同到供货，需要7～8年的时间，几百亿元的投资。近几年来，国际LNG贸易以7%的速度增长。我国进口LNG项目，虽然不会像2003年时设想的那样一拥而上，但是稳步发展是可以预计的。LNG作为车用燃料替代汽油、柴油。专家预计，LNG的长期价格将相当于重质燃料油的价格，比等热值的石油价格要低。我国进口的LNG原来大部分规划为发电，而我国的一次能源和发电燃料都以煤为主，尽管天然气发电效率可达50%～60%，有明显的经济效率和环保优势，但在价格上仍无法与煤电和水电竞争。天然气的主要用户还将是各种分布式能源系统。在当前石油资源日益枯竭，国际石油交易市场极其不稳定的情况下，用LNG替代柴油作为车用燃料，具有很强的竞争力和增长空间。

7.2.3 LPG

液化石油气（liquefied petroleum gas，LPG）是丙烷和丁烷的混合物，通常伴有少量的丙烯和丁烯。一种强烈的气味剂乙硫醇被加入液化石油气，这样石油气的泄漏会很容易被发觉。液化石油气是在提炼原油时生产出来的，或从石油或天然气开采过程挥发出的气体。液化石油气（LPG）常被人们误认为是丙烷。实际上LPG是石油和天然气在适当的压力下形成的混合物并以常温液态的方式存在。在美国和加拿大，对这两种物质的混合通常被认为主要是由丙烷组成，而在许多欧洲国家其LPG中的丙烷含量都只有50%或更低。

LPG经常容易与LNG混淆，其实它们有明显区别。LPG的主要组分是丙烷（超过95%），还有少量的丁烷。LPG在适当的压力下以液态储存在储罐容器中，常被用作炊事燃料。在国外，LPG被用作轻型车辆燃料已有许多年。在中国香港，已经有LPG出租车。

LPG的单位重量比汽油所能提供的能量要高8%。理论上来说配有LPG的车辆要比汽油驱动的车辆产生更高的效率。这种车可以获得更低的油耗同时提高运行里程。然而，这只是针对专门为LPG设计和改造的发动机而言。如果将一台汽油机改成LPG驱动型，就不会获得这种增加效率。因为LPG比汽油的密度低得多，相对对氧的需求高，而这种更低密度的燃料将进入的空气取代，所以进入到缸体内的空气就会变少，这就使单位体积的效率降低。比起原汽油发动机所产生的动力来说，动力会降低。

LPG所排放的有害气体同其他内燃发动机所排放的气体一样，主要由以下成分组成：一氧化碳、碳氢化合物、氮氧化合物，同柴油机不同，实际上从LPG发动机中不会有颗粒物排出。一氧化碳（CO）的产生和排放是由于燃油未充分燃烧造成的。CO是一种无色无味的气体。LPG含有相当量的CO。当发动机在封闭环境下工作时，如仓库，正在施工的建筑或隧道，一氧化碳就会迅速增加。其浓度会威胁到人的健康，使人感到头痛头晕，窒息或死亡。一般来说，在室内使用LPG发动机，CO便成为人们关注的中心问题。碳氢化合物（HC）也同样是由于燃油未充分燃烧造成的。由于燃料成分使得LPG排放中包含了一定量的碳氢化合物。虽然不像汽油机排放的HC具有有毒成分，对环境的危害相对小。但碳氢化合物还是会产生一定的味道使在室内操作LPG的人员产生恶心。氮氧化合物（NO_x）是氧和氮在发动机缸体内高压和高温的作用下产生的。NO_x大部分是由NO和NO_2组成，NO_2是一种反应气体，对人的健康产生巨大的危害。NO_x的聚集还会对储存的货物产生不良影响，如：微量的NO_x就可以使白纸变黄。由于其臭氧还原反应和烟雾，都会对环境产生很大影响。

所有的LPG发动机都是由汽油机改装而成。工程设计上并没有占LPG潜在低排放的优势。这些发动机和燃料控制系统并没有针对这种新燃料进行优化处理，还具有表现力差、燃油消耗高、有害气体排放大的属性。这种表现力和排放属性通常因发动机和转换组合的不同而各异。目前电子 LPG 转换装置能提供最低的废气排放和最有效的燃烧性能。但到目前为止，还没有足够的数据可以证实这一说法。单凭机械转换制造的发动机还远没能达到 LPG 应有的理想的低排放属性。不幸的是，通过转换的 LPG 新车其 CO 排放水平在 2%～4%，具有较大的危害性，应作出限制。作为原则性标准，可接受的 LPG 发动机在稳定的状态下，CO 的排放浓度应低于 1%。

LPG 的排放性能主要是靠发动机的运行状态，LPG 的排放物对空气和油混合比的感应性可以看出，当混合比处于燃油大于空气时，一氧化碳的含量直线上升。要高度重视发动机为低排放所做的正确运行状态的调整和维护，但绝不能唯一依赖这种调整和维护。

7.2.4 ANG

近几年来吸附储存天然气（absorbed nature gas，ANG）的研究越来越多。目前利用超级活性炭进行储气研究的国家有美国、加拿大、日本等。由于超级活性炭的比表面积高达 3000m^2/g，因此它具有很强的吸附储气能力。日本丰田公司不仅在汽车尾气净化方面使用了超级活性炭，而且对其用在压缩天然气汽车的储气容器中，也在做积极的尝试。如果吸附储存天然气的应用研究获得成功，它将带来燃气储存的革命，并带来显著的经济和社会效益。结合实际需要，在天然气的储存工艺的装置等方面开展应用研究具有特别重要的意义。此项工作一方面可以改进天然气储存技术；另一方面可以扩大天然气的应用领域，尤其是天然气汽车的应用。

吸附储气是近年来国外大力开发的新技术。其原理是在储气容器中以特殊方法装填超级活性炭作为吸附剂。由于吸附剂表面分子与气体之间的作用力大大高于气体分子之间的作用力，使得吸附剂表面附近的气体分子浓度大大高于气相主体浓度。孔径越小这种分子之间的作用力越强，因此微孔中全部被气体分子所充满，这就是体积填充机理。由于吸附剂微孔中的气体密度大大高于同压力下气相主体密度，使得存储同样气量时的压力可以减少近 10 倍。

活性炭含有大孔、中孔和微孔，只有在孔径为 2nm 左右的微孔中，体积填充机制才起作用，从而大大增加储气量，储气吸附剂采用比表面积为 3000m^2/g 的微孔活性炭，在常温下，压力为 1.6MPa 时，对甲烷的吸附能力是 12～13g/100g。为了增加单位容积的储气量，不但要求单位重量的活性炭上吸附甲烷量多，更希望单位体积吸附剂中吸附的甲烷量多。超级活性炭的密度为 0.2～0.3g/mL，为了增加体积吸附量一般要对吸附剂进行成型加工，以增加该活性炭的密度。目前能够提供的超级活性炭密度为 0.5～0.7g/mL，因此储气的工艺和装置的研究，可以基于这种活性炭进行。

国内已掌握了吸附储气的关键技术——吸附剂（超级活性炭）的制备，此超级活性炭比表面积为 3000m^2/g，是普通活性炭的 2～3 倍。其储气能力为 120～170（体积比），即在 3.5MPa 压力下，1m^3 装有吸附剂的气瓶可容 120～170m^3（标准）天然气。这就是说可以用较低的压力，在同样的体积下存储更多的甲烷气体。吸附储气的目的是在用气低峰时能方便地使气体吸附储存起来，在用气高峰时气体能自动迅速地解吸释放出来，实现调峰之功能。解吸可用两种方法来实现，一是升温解吸；二是降压解吸。显然升温解析在工艺上难以做到，降低压力是较为可行的方法。但如何根据这个原理设计吸附储存调峰的工艺流程，保证吸附储气能起到正常调峰之作用，必然有许多问题要进行研究。例如，要让储气在用气高峰时获得足够的压力差作为推动力以保证解吸速率和解吸量等。

伴随吸附和解吸过程有一定量的热交换，因此吸附和解吸的速度与温度有关，热量交换的速率和方式又对吸附储气有着重要影响。可以考虑用固-液相变的原理来选择载热体，进而解决热量的有效传递。当吸附时气体放出热量使载热体由固相吸热变为液相，当解吸时气体吸收热量使载热体由液相放热变为固相。此方法既可以保证热量的有效传递，又不会引起温度大的波动。要解决的问题是这种载热体的选择与制备和换热器的结构与设计。另外，热量的移出与引入还可以考虑热管技术和其他更有效的换热方式。

储罐内所装活性炭的价值远远高于储罐本身的价值，因此，如何延长活性炭的使用寿命就显得特别重要。活性炭连续使用其吸附能力必然下降，所以活性炭的再生技术也是吸附储气的关键技术。要研究的内容有：活性炭活化的工艺，活化介质的选用及操作参数的确定等。既要保证活性炭有足够的比表面，又要使其有较大的密度，进而确保有限的容积存储更多的天然气。一方面要满足活性炭装卸方便；另一方面要保证热量传递迅速。因此，在活性炭的形状、装卸工艺以及存储设备等方面都需要进行研究。吸附储气既实践了吸附理论又应用了新材料，它是新领域里的新技术。建议加大吸附储气的研究力度。使其早日成为成熟的技术，以达到吸附储气在更广泛的领域得到应用。尤其是天然气的吸附储存。

7.2.5 NGH

天然气水合物（natural gas hydrate，NGH）因其外观像冰一样而且遇火即可燃烧，所以又被称作“可燃冰”或者“固体瓦斯”和“气冰”。它是在一定条件（合适的温度、压力、气体饱和度、水的盐度、pH 值等）下由水和天然气在中高压和低温条件下混合时组成的类冰的、非化学计量的、笼形晶体化合物。它可用 $CH_4 \cdot nH_2O$ 来表示，n 为水合指数（也就是水分子数）。组成天然气的成分如 CH_4、C_2H_6、C_3H_8、C_4H_{10} 等同系物以及 CO_2、N_2、H_2S 等可形成单种或多种天然气水合物。形成天然气水合物的主要气体为甲烷，对甲烷分子含量超过 99%的天然气水合物通常称为甲烷水合物（methane hydrate）。

可燃冰的学名为“天然气水合物”，是天然气在 0℃和 3MPa（30atm）的作用下结晶而成的“冰块”。“冰块”里甲烷占 80%～99.9%，可直接点燃，燃烧后几乎不产生任何残渣，污染比煤、石油、天然气都要小得多。$1m^3$ 可燃冰可转化为 $164m^3$ 的天然气和 $0.8m^3$ 的水。目前，全世界拥有的常规石油天然气资源，将在 40 年或 50 年后逐渐枯竭。而科学家估计，海底可燃冰分布的范围约 4000 万平方公里，占海洋总面积的 10%，海底可燃冰的储量够人类使用 1000 年，因而被科学家誉为“未来能源”“21 世纪能源”。据悉，迄今为止，全球至少有 30 多个国家和地区在进行可燃冰的研究与调查勘探。

天然气水合物燃烧值高，清洁无污染。全球天然气水合物的储量是现有天然气、石油储量的两倍，具有广阔的开发前景，美国、日本等国均已经在各自海域发现并开采出天然气水合物，据测算，我国南海天然气水合物的资源量为 700 亿吨油当量，约相当我国目前陆上石油、天然气资源量总数的二分之一。天然气水合物在自然界广泛分布于大陆、岛屿的斜坡地带、活动和被动大陆边缘的隆起处、极地大陆架以及海洋和一些内陆湖的深水环境。在标准状况下，一单位体积的气体水合物分解可产生 164 单位体积的甲烷气体，因而是一种重要的潜在未来资源。但是其应用在运输设备上，还存在一系列问题。

① 天然气水合物的大规模工业化生产还在研究中。

② 以目前的技术，天然气水合物的使用分解过程，存在大量的水，不适合运动的设备作为使用。

③ 天然气水合物的使用需要将天然气水合物分解，分解需要热源，所以水合物分解的热源是其使用的一个障碍。

④ 天然气水合物的能量密度相对还较低。

我国在南海北部成功钻获天然气水合物实物样品“可燃冰”，从而成为继美国、日本、印度之后第4个通过国家级研发计划采到水合物实物样品的国家。2007年5月1日凌晨，我国在南海北部的首次采样成功，证实了我国南海北部蕴藏丰富的天然气水合物资源，标志着我国天然气水合物调查研究水平已步入世界先进行列。2017年5月，我国在南海海域天然气水合物试采成功，实现了我国天然气水合物开发的历史性突破。

7.3 天然气汽车

天然气作为一种新型能源在国际和国内都受到广泛的关注，天然气资源的开发和车用技术的研究作为新的前沿研究课题正在迅速发展。天然气专用发动机通过良好的控制，可以比同等的汽油机和柴油机具有更低的排放，有利于解决日益严重的大气污染问题。同时天然气是一种廉价的燃料，而且分布广泛具有良好的资源配置，以天然气作为代用燃料将减少国家对进口石油的依赖程度。因此天然气作为汽车动力能源是传统燃料的理想替代品。天然气作为汽车燃料始用于20世纪30年代，但是受到天然气存储技术的限制未能得到广泛应用。直到70年代，随着材料科学技术和制造工艺的进步，使天然气在车辆上的使用成为可能。另一方面，在严格排放法规的要求和激烈的商业竞争下，以电子控制技术为核心的车用发动机技术也已日益成熟，促进了天然气汽车的技术进步和发展。各种天然气发动机的燃料存储和供给系统、专用电子控制系统、排放控制和废气净化系统不断地涌现。对各种不同的发动机总体结构方案和控制策略的研究，使天然气发动机的动力性、经济性、排放性等各项性能不断提高，与车辆的匹配也更加良好，天然气作为优质燃料的潜力也充分发挥出来。汽车燃用天然气日益受到各国重视。世界各国天然气汽车1995年就已超过120万辆[11]。截至目前仅就美国已经拥有天然气车辆数百万辆。据统计，1998年天然气汽车已经在世界大多数国家中得到了应用。在天然气车辆技术方面，美国、日本较为领先。

天然气汽车的开发中采用的主要是压缩天然气（因为LNG汽车技术还在研发中，而且相比没有CNG汽车技术那么成熟），将天然气在常温下压缩并存储在20MPa以上的高压罐内。CNG汽车在实际应用中遇到了许多较难解决的问题，例如车辆行驶里程短、经济性不太理想、安全性较差等，从而其发展受到一定的限制。与CNG相比，LNG汽车具有更多的优点，甚至能够克服CNG的许多缺点，它是以液态存储的方式代替压缩存储。储存能量密度大，行驶里程长。LNG的储存能量密度是复合材料容器储存CNG的2.2倍，是钢制容器CNG的3.9倍，所以一般使用在大型、重型卡车上[12]。

7.3.1 天然气汽车动力装置发展状况

一般天然气发动机是通过对柴油机进行相应的改造得到的，采用压燃式的工作方式，依靠柴油机引燃。它继承了柴油机高效率的特点，而且具有较好的动力性。但发动机需要两套燃料供给系统，增加了系统的复杂性。这种形式的天然气发动机通常用于大功率运输车辆上，通过改变柴油与天然气的比例可作为双燃料发动机使用[13]。另一类天然气发动机则采用与汽油机相似的结构，采用火花塞点燃。根据其供气方式和控制技术又可以大致分为三种。第一种系统：包含一个与化油器类似的部件，用于形成混合气，例如美国底特律柴油机公司50G天然气汽车的预混合供气系统。这种类型的优点是结构简单，价格较低，便于对现有的化油器式汽油机进行改造。但是由于无法进行闭环控制，难于精确地控制空燃比，因而难于达到较高的排放控制水平，不能充分发挥天然气改善排放性能的潜力。第二种系统采用电控单点喷射，并结合氧传感器进行闭环控制以较精确地控制空燃比，从而使发动机具有较好的经济性和排放性。但是由于单点喷射器与废气氧传感器之间有较长的距离，因而系统对空燃比的变化相应较迟钝，难于依靠氧传感器的信号在设定的空燃比附近实现快速振荡控制；尤其是在加速和减速时不能迅速响应空燃比的变化，从而使混合气在较长的时间过稀或过浓，使这些工况下的排放性能较差，影响了整体排放指标。第三种是电控多点喷射系统。目前已经有电控多点进气口喷射系统产品。这种系统可以实现对空燃比按周期和按缸进行控制，具有良好的响应性；能实现精确地爆震控制，从而可以采用较高的压缩比，因而排放性、动力性和经济性都有很大提高。例如本田公司研制的天然气发动机采用了在电控燃油喷射系统（PGM-FI）的基础上发展的电控多点气体喷射系统（PGM-GI），天然气由气体喷射器供到发动机进气门处，发动机的排放值明显降低，CO和HC分别比燃用汽油时下降了78%和80%。美国福特公司1998年推出的天然气发动机也采用多点喷射系统[13]。

新一代缸内喷射系统也正在接近实用化，例如美国西南研究院（SWRI）开发的天然气电控缸内直喷（NGDI）系统，采用专用喷气装置通过电子控制实现天然气的缸内直接喷射，稀薄燃烧，结合催化技术实现发动机超低排放，由于与汽油和柴油相比天然气的能量密度较低，同时天然气大多是以气态形式供应会占用有效充气体积，因而天然气发动机开发遇到的一个问题是改用天然气后发动机功率的下降，对此研究者提出各种解决方案。由于天然气具有很高的辛烷值，因而可以通过提高压缩比的办法弥补功率的损失。例如日本研制的Nissan AD Van小型超低污染天然气汽车，采用天然气单一燃料，将压缩比由原型汽油机的9.5提高到12.8，使发动机功率和扭矩均有较大提高，低速时扭矩与原机相同，排放结果NO_x为0.48g/km，THC为0.07g/km，大大低于其限定值。而日本另一种以4BEI型直喷式柴油机为基础改装的天然气发动机，将燃烧室容积增大，压缩比由17.5降至12.5，并采用特殊形状的燃烧室产生强涡流，同时控制涡流形状以实现良好的燃烧，从而得到高于原柴油机的功率；同时通过采用空燃比控制和三元催化作为降低排放的措施，达到了采用同样措施的汽油机的排放水平。废气涡轮增压技术作为提高发动机动力性的有效措施也被广泛采用。目前天然气发动机的排放控制策略主要有两种：一种是美国和欧洲的一些公司采用的稀燃技术加氧化催化方案降低排放。例如美国康明斯（Cummins Engine）公司的B5.9G电子控制发动机采用稀薄燃烧、闭环空燃比控制，它是第一个达到1999年美国国家环保局（EPA）清洁燃料车队（CFFV）低排放车辆（LEV）标准认证的天然气发动机，同时也是第一个接受EPA和加州空气质量委员会（CARB）认证的6L重型发动机，其指标远远低于1998年EPA高速公路重型卡车和公共汽车排放标准（包括NO_x排放标准）。稀薄燃烧技术同样使该机的热效率远远高于改装的CNG/汽油双燃料发动机。华盛顿大学则成功地将GMC3/4tontruck改为天然气汽车，发动机采用稀燃、双涡轮增压、双中冷器，使排放性、经济性、动力性都得到提高。另一种则是最低排量策略，如意大利IVECO公司选用最低排量策略，即以传感器为基础进行闭环控制，将NO_x排放维持在1g/(kW·h)，然后利用三元催化剂处理。1992年IVECO公司研制出电控化油器式天然气汽车发动机，并在100辆汽车上进行使用，已累计运行了500×10^4km。部分汽车在运行了16×10^4km后，排放量仍低于EUR03的标准排放量。最近FIAT研究中心将多点喷射（MPI）运用于2.8L和9.5L发动机上。这种新一代的IVECO天然气汽车将主要用于城市公共汽车和公用运输车辆。天然气发动机的废气再循环（EGR）技术应用也得到了广泛的重视。例如West Virginia大学进行了天然气稀燃和EGR研究。美国得克萨斯州奥斯丁大学（Texas at Austin）针对天然气系统进行采用EGR降低峰值温度、利用排气氧传感器进行闭环控制、采用三元催化装置的研究。随着天然气发动机技术的不断完善，天然气发动机的排放在不断地降低。西南研究院研制的John Deere 8.1L大功率天然气发动机排放已满足加州空气质量协会（CARB）的极低排放标准（ULEV）。日本本田公司最近推出了EIVIC系列天然气汽车，在保持原车性能的情况下，其CO、NO_x、THC排放量比1997年美国联邦政府制定的标准低60倍，比世界最严格的美国加州ULEV标准低10倍。而且在全电子数字控制基础上，对天然气发动机空燃比和进气量的控制愈来愈精确，控制功能愈来愈丰富和完善[13]。

LNG汽车开发和应用的难点之一在于天然气常温下很难液化，因此LNG的制取比CNG要复杂，所以燃料方面相比会麻烦一些。而且LNG在常压下只有保持在－162℃以下才能呈现为液态，因此LNG的气瓶和传输管线需要具有良好的绝热性能，其设计制造相当复杂，成本较高。所以LNG发动机的研究起步较晚，美国和日本在LNG的应用方面处于领先地位，实际投入使用的LNG汽车也逐渐增多。美国近10年来在LNG汽车的开发方面有显著的进展，美国的MVE公司已成为世界上最大的LNG设备设计生产商，这家公司有长期从事低温设备设计生产的经验，可以提供包括车用气瓶、加气站、大型储存罐、自动加气机和各种真空绝热管在内的全套LNG设备。世界上90%以上的车用LNG气瓶是MVE公司的产品，大部分的LNG加气站也是MVE制造的。目前，美国有104套大型设备生产存储供应LNG，日产量为2268×10^4L，潜在日生产能力为6428×10^4L，其中LNG车用日消费量为18.90×10^4L。美国的各大汽车公司如Caterpillar、Cummins、Detroit Diesel、Tohn Deere、BWM、Ford、Mack、Dodge Gasoline都生产LNG发动机，其排放都至少满足美国的低排放标准（LEV），Cummins的发动机甚至可以满足超低排放标准（ULEV）。另外，现在已有30多家美国汽车生产厂商制造LNG车辆。日本的Suzuki Motor，Nisshinbo Industriel等多家公司和研究机构已成功地研制出了LNG电控进气道多点喷射发动机应用于微型客车上[12]。

天然气在传统发动机中应用，都存在一定的限制或缺点，所以需要对发动机进行一定的改造或者改装。目前国内外汽车使用天然气时，都是将原来的汽油车或柴油车的发动机进行改装，以适应天然气燃料。按燃烧天然气的特点进行专门的设计，制造的发动机还比较少。根据汽油机和柴油机工作原理的不同，当其用天然气作为燃料时，都需要进行改装。

7.3.2 天然气汽车改装

世界各地的经验表明，LNG汽车的发动机采用普通柴油发动机改装的效果不好，必须选用专门的发动机。这种发动机的制造技术已经成熟，效率甚至可以比柴油发动机更高。目前我国潍柴动力等几个发动机制造厂正在谈判引进技术合同。问题是，建设新发动机的生产线要求一定的批量订货以降低成本，而示范项目的业主不可能把刚刚买的普通柴油发动机一下子淘汰，只能按照寿命周期逐年部分更新。这就需要有一个互利的、周密的更换计划。但是由于燃料价格等方面的比较优势，一些车主还是有动力将现行的动力系统做一定的改装，也就是不更换新的发动机，而是在原来的发动机基础上进行改装，使得发动机能够使用天然气作为燃料，或者成为天然气和汽油的混合动力发动机。

汽油机使用天然气为燃料工作原理与原来的汽油燃料相同，将高压气瓶中储存的天然气经过减压后送到混合器中，在此与空气混合，进入汽缸。仍然使用原汽油机的点火系统中的火花塞点火。原汽油机的压缩比不变。原来发动机的结构基本不变。只是另外加上天然气的储气瓶，减压阀及相应的开关。改装费用较低，而且用天然气或汽油两种燃料都可以工作，虽然天然气的抗爆性能良好，允许在较高的压缩比下工作，但因为改装时候为了使原来发动机仍然可以使用汽油工作，故原发动机的压缩比没有改变，发动机的功率要损失10%～20%。为了减少功率损失，可在改装时把原来的汽油机的压缩比提高（最简单的办法就是将汽缸盖刨去一部分），并改变点火前角，以适于天然气燃烧需要。这样虽然可以减少功率损失，但是再使用汽油时，将会有产生爆震的危险，甚至不能工作，难以回到原来的汽油机工作方式，所以目前汽油车改装，发动机的压缩比一般是保持不变的[13]。

柴油车可以有两种方法改装，第一类方法是原柴油机结构不变，按电点火方式改装，即按汽油机的工作原理（奥拓循环）工作。把原来柴油机的燃料系统全部去掉，将压缩比降低到天然气所能承担的数值［比汽油机高，一般为（8～10）∶1］，除了要装天然气燃料系统的储气瓶、减压阀、混合器外，还要再加上点火系统，成为只燃烧天然气的单燃料汽车，这种改装方法比较简单，技术成熟，但不能再使用柴油工作，而且发动机功率损失较大，只有原来柴油机的65%～70%左右。第二种方法是原来柴油机燃料系统不变，再加上和上面相同的天然气燃料系统，一般压缩比不用改变，发动机汽缸吸入空气和天然气混合气体后，由原来的柴油喷油器喷入少量的柴油作为引燃用。柴油压燃着火以后，点燃了天然气和空气的可混合气进行工作，这就是双燃料天然气发动机[13]。其基本工作原理为：启动时用全柴油，加负荷时空气与天然气混合器的负压传到膜片机构上，通过泵杆将柴油高压油泵齿条合上，此时，司机再踏上油门踏板时，就只增加天然气燃料的流量。

双燃料的工作方式不仅不会损失功率，而且天然气的燃烧性能好，还可以比原来的柴油机的功率略有增加。这是因为柴油的压缩比高，原来的过量空气系数较大的缘故。这种改装方式对原柴油车的变动最少，而且在天然气供应不足的时候还可以转为全柴油工作模式。但这种改装方式中，低负荷时，排放不太好，因此在不另外增加克服这些不足的手段时，不适应于城市公共汽车。最好是那些长时间处于中、高负荷的汽车和长途运输汽车使用这种方式进行改装。现代汽车及时先进的汽车燃料系统大多是使用电脑控制的电子燃料喷射系统。就是用电脑根据使用的工况，自动地改变电子喷射阀所喷出来的汽油或者柴油的时间、流量以及点火时间。如改用天然气作为燃料，需要将汽油或柴油的电子喷射阀更换或另外加装天然气电子喷射阀，再改动电脑的控制软件程序，就可以成为燃烧天然气的天然气发动机。当然，天然气燃烧系统中其他部件和储气瓶、减压阀等还是不可以少的。

7.3.3 天然气汽车安全性

天然气汽车的安全问题，主要是天然气的泄漏问题。LNG汽车技术采取了以下安全措施：LNG储罐设有防过量充装系统、防超压系统，汽化器的进口管线上设有限流阀，一旦汽化器大量泄漏或下游管线断裂，限流阀立即自动关闭。此外在主要的LNG管线上设有防超压的安全阀和防泄漏的限流阀如图7-1所示。

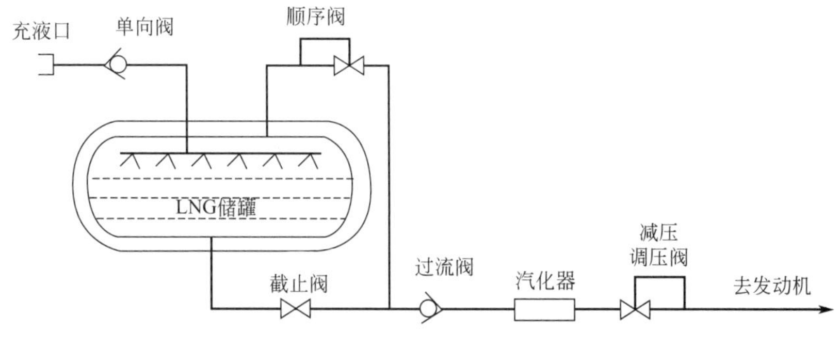

图7-1 LNG汽车燃料流向示意图

同时由于LNG汽车一般为大型运输车，汽车整体结构庞大，行驶平稳安全，而且由于LNG的使用时需要绝热良好，所以其结构设计和制造都非常重要。而且已经充分考虑到其安装性，做好了适当的考量，储罐外围有保险杠保护储罐见图 7-2。LNG 储罐的一般尺寸见表 7-7。

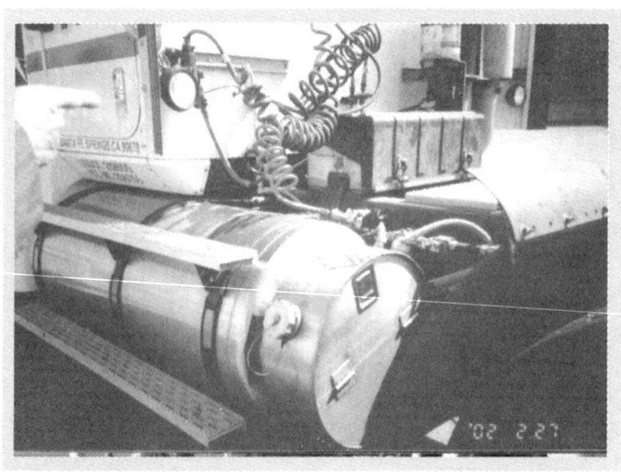

图 7-2 LNG 大型汽车储罐

表 7-7 LNG 储罐外形尺寸参数

净容积/L		55	70	114	177	215	245	299	410
尺寸/mm	直径	405	405	405	508	610	610	610	660
	长度	810	1065	—	1805	1270	1450	2159	1930
重量/kg	空重	45	55	—	110	125	145	200	230
	总重	70	90	—	185	215	250	340	400
天然气量(标准状况)/m^3		33	42	86	106	129	147	180	246

而对于 CNG 天然气汽车，推广过程中人们也担心 CNG 天然气汽车安全性。这是一种误解，当然天然气是易爆气体，但天然气的爆炸是有条件的，在采用了一系列的适当安全措施后，可以安全地将天然气用于汽车上。

首先，从燃料本身的特性来说，天然气的燃点一般在 650℃，而汽油为 427℃，天然气比汽油高出 200℃以上，这说明天然气不像汽油那样容易被点燃。其次天然气在空气中燃烧时的体积界限是 5%～15%，而汽油是 1%～7%，即大气中有 1%的汽油浓度就很容易发生着火爆炸。天然气要比汽油好得多，因为它要积累 5%才达到它的燃烧下限。更重要的是天然气比空气轻，密度大约为空气的 55%，稍有泄漏，很容易向大气中扩散，不至于达到低燃烧界限。使用时还要在天然气里放加臭剂，以提高对天然气泄漏的及早发现，从而采取预防措施。最重要的是，天然气在空气中的比例即使达到爆炸极限度，没有火源也不会发生爆炸。所以在存放天然气的地方必须严禁烟火。

其次，天气发动机的燃料系统所用元器件不多，主要是一些开关、管道和混合器等，这些部件的关键都是密封问题。选材、加工、安装等都是在严格的质量保证的条件下进行的，不应该有安全问题。在天然气汽车加气装置中，有自动定压、定温和截流阀。汽车上的汽油转换开关，能使汽车发动机在停车后自动关闭油、气供应，以确保其安全。

关于 CNG、LNG、LPG 在汽车上的储气安全问题，都会对整个燃料管路系统、储罐做检测，确保储罐安全，管路密闭，不存在超出设计范围以外的泄漏。例如对于 CNG，21MPa 的储气瓶，无论什么材料制造的，都要经过下列严格的安全检验。

① 静水压力爆破试验　在抽样的储气瓶中充水，在加压速度不超过 1.38MPa/s 的条件下升压至 56.5MPa 并保持 10s，最后加压破坏。

② 压力循环测试　在 2.5～25MPa 之间进行静水压力循环试验 13000 次，在 2.3～

35MPa 之间试验 5000 次，每次试验 1min，以不出现裂纹或变形为合格。

③ 耐火测试 在 CNG 气瓶内，充以 25MPa 的天然气，用火烧此瓶 20min，以不发生爆炸为合格。

④ 坠落试验 将 CNG 空瓶升至 3m 或更高空中，向水泥地上反复坠落摔打，然后进行 10%～100%的工作压力下水循环 13000 次，不出现裂纹为合格。

⑤ 枪击试验 将 CNG 样瓶冲入 25MPa 的天然气，在距离 46m 处用速度为 853m/s，口径为 0.3in 的空甲弹，对瓶体进行 45°的射击，气瓶不应出现裂纹。

GRI 有关人士说，天然气作为燃料其安全性高于其他燃料，天然气质轻任何泄漏容易散除，不像液态燃料易着火。曾有三辆用压缩天然气的轻型卡车的储罐受损，使人们对天然气汽车的安全产生疑义。三辆车中仅有一辆引起燃烧，其他两辆有外泄但无燃烧，而储罐裂碎使一些附件受损。有两起事故是美国通用汽车公司的压缩天然气卡车，他们解释说这两辆车是属约 2500 辆从汽油改装的压缩天然气汽车。据阿林顿西南研究院调查和 GRI 对储罐作的分析，结果发现是汽车储罐供电故障。GRI 提议压缩天然气储罐生产厂商改进护罩设计，以免储罐浸入凝液箱，储罐采用防酸涂层。GRI 天然气汽车执行技术经理 StephenK. Takagishi 说："当一些制造商在执行改进设计建议的时候，观察到现用储罐的设计有十多年未发生事故而正常运行。根据储罐的性能，明确说明合适的安装、加工、使用及其检测，能使破裂降低到最低程度。"阿林顿燃气协会对 8300 多辆行驶 2783 百万英里（mile）[1] 的天然气汽车进行的研究，更增添了 Takagishi 的信心。研究表明天然气汽车每行驶 1mile 其损耗率比汽油汽车低 37%，比全部登记在册的汽油汽车低 34%，他们还发现被调查的 8300 多辆天然气汽车发生的事故中无一人死亡。而用汽油的汽车每行驶 1 亿英里平均有 1.8 人死亡。而全美所有的汽车每行驶 1 亿英里平均有 2.2 人死亡。在被调查的 8300 多辆天然气汽车中每行驶 1 亿英里平均有 2.9 辆起火，但仅有一起是由压缩天然气系统故障引起。用汽油的汽车发生的起火资料不全。同时，华盛顿的天然气汽车生产协会正在对福特汽车公司生产的 F 系列天然气轻型卡车产生的事故和使用寿命作测试。它包括 1994 年第四季度在迪尔本福特汽车公司的试验。事故测试现场和机车由迪尔本 LLC 汽车赞助集团设计和提供，获得了使用单一或双重燃料的天然气汽车数据资料。从中可以看出储罐和燃料系统是否有效，以达到联邦政府规定的汽车安全标准。福特汽车公司 F 系列轻型卡车的测试结束之后，将对 1995 年推出的福特 E 系列货车、福特皇冠维多利亚轿车、福特康特汽车进行类似的试验，将于 10 月初得出测试结果。由于天然气汽车的安全性对其销售有极大的影响，因此一些支持者们一致认为，必须确保驾驶员和公众的安全，推广天然气汽车。

7.4 天然气汽车效益分析

天然气汽车的使用和引入，最为主要的就是其就汽车尾气比汽油和柴油汽车尾气清洁。同时目前的燃料价格体系下，天然气动力燃料比汽油、柴油确实也有一定的比较价格优势，这对于其使用和推广，都是重要的。

7.4.1 环境效益分析

从汽车总量看，多数汽车使用的燃料是汽油或柴油，它们燃烧时产生的一些物质会直接排放到空气中，对空气造成严重污染。尾气中的主要污染物有一氧化碳、氮氧化物、硫氧化

[1] 1mile=1.609km，下同。

物、未燃烧的碳氢化合物、含铅化合物和烟尘等，它们对人们身体健康有直接和间接的危害。世界上最早受到汽车尾气引发光化学污染危害的是美国城市洛杉矶，其港口的重型运输卡车正在逐步采用 LNG 发动机，该项目完成后，全市的尾气排放总量将减少 25%，大气环境质量也将随之大大改善。世界各地都在考虑，从交通运输设备上考虑，降低设备对环境的污染和危害。

对于中国的情况来看，天然气汽车的使用，还可以减少石油对外依存度（这和美国的目的其实是一样的）。交通运输行业是石油消费大户，有关部门预测我国交通业消耗的石油从 2000 年占全国石油消费总量的 1/3 增加到 2020 年的 55%。我国现今的重型卡车虽然只占机动车辆总数的 4%左右，但其耗油量却占我国整个交通燃料的 30%以上。如果到 2020 年我国有一半的重型卡车和公共汽车使用 LNG 燃料，将可减少我国 17%的石油进口需求，有利于加强能源战略安全。此外我国天然气汽车的发展，将带动重型发动机制造业、天然气燃料供给系统制造业、天然气加气站设备制造业、LNG 运输工具设备制造业等多行业的发展。鉴于我国目前的能源和环境形势对发展清洁汽车的压力，交通运输市场容量和发展条件，我国 LNG 汽车的发展极可能走在世界前面。中国将既是 LNG 世界最大市场，也将会成为 LNG 产业最大的制造基地和出口国。

国内气田生产供应的 LNG 作为燃料的汽车项目近年在我国北京、长沙、乌鲁木齐等市已有少量推广，但国内 LNG 受到生产技术、成本的限制，规模都较小。从燃料消耗规模和替代效果来看，一辆重型卡车相当于 9 辆公交车或 30 辆出租车。因而选择重型卡车队或公交车队为项目业主效果更好。配备 2 个装满 LNG 燃料箱的重型卡车可以行驶 800km。在 LNG 汽车还没有普遍推广时，以重卡为示范主体需要建的加气站显然是最少的；公交车次之，出租车最多。但是，不管是哪类汽车，其规模都是巨大的，对环境保护的意义都是巨大的。随着环境保护意识的增强，各国都在采取措施，保护环境。从税收政策，能源消费结构调整，汽车尾气排放等方面着手。而对于中国来说目前的环境污染尤为严重，据世界卫生组织的统计和监测，世界上污染最严重的 25 个城市，其中 23 个在中国，可见中国的环境污染有多严重，急需采取一切措施，保护环境。目前我国的汽车保有量，2010 年有统计已经突破 1 亿部，可见汽车尾气将来将长期成为一个重要的环境污染源。在目前的情况下，无论是参照德国、日本、美国哪个国家的汽车排放标准，我国的标准都是偏宽松的[17]。从油的标准再到汽车尾气的排放标准，我国标准都远低于美国、日本等发达国家。具体情况可以见表 7-8、表 7-9 所示。

表 7-8 美国汽车尾气排放指标要求

美国联邦轻型车辆排放标准								
车型及标准	A. 5 年或 5 万英里				B. 10 年或 10 万英里			
轻型(≤3750 lb)非柴油机车	THC_s	CO	NO_x					
标准零	0.41	3.4	1					
标准 1	NMHC	CO	NO_x	PAPT	NMHC	CO	NO_x	PART
轻型卡车(≤3750 lb)轻型车	0.25	3.4	0.4		0.31	4.2	0.6	
轻型卡车(3751～5750 lb)	0.32	4.4	0.7		0.4①	5.5①	0.97①	
柴油机车辆								
轻型卡车(≤3750 lb)轻型车	0.25	3.4	1	0.08	0.31	4.2	1.25	0.1
轻型卡车(3751～5750 lb)	0.32	4.4		0.08	0.4	5	0.97	0.1

续表

美国加州轻型车辆排放标准								
车型及标准	A. 5 万英里				B. 10 万英里			
轻型非柴油机车辆	NMHC/NMOG	CO	NO_x	HCHO	NMHC/NMOG	CO	NO_x	HCHO
轻型卡车(≤3750 lb)轻型车	0.25	3.4	0.4	15	0.31	4.2	0.6	
过滤低排放车辆(≤3750 lb)	0.121/0.125	3.4	0.4	15	0.151/0.156	4.2	0.6	18
低排放车辆(≤3750 lb)	0.073/0.075	3.4	0.2	15	0.087/0.09	4.2	0.3	18
超低排放车辆(≤3750 lb)	0.039/0.04	1.7	0.2	8	0.053/0.055	2.1	0.3	11
零排放车辆	0	0	0	0				
	NMHC	CO	NO_x	HCHO	NMHC	CO	NO_x	HCHO
轻型卡车(3751～5750 lb)	0.32	4.4	1	18	0.4	5.5	0.9	18
	A. 5 万英里				B. 12 万英里			
	NMOG	CO	NO_x	HCHO	NMOG	CO	NO_x	HCHO
过滤低排放车辆(3751～5750lb)	0.16	4.4	0.7	18	0.2	5.5	0.9	23
低排放车辆(3751～5750lb)	0.1	4.4	0.4	18	0.13	5.5	0.5	23
超低排放车辆(3751～5750lb)	0.05	2.2	0.4	9	0.07	2.8	0.5	13

THC_s:总碳氢化合物(g/mile)
NMHC:非甲烷碳氢化合物(g/mile)　　NO_x:氮氧化物(g/mile)
NMOG:非甲烷有机化合物(g/mile)　　PART:微粒(g/mile)
CO:一氧化碳(g/mile)　　HCHO:甲醛(mg/mile)

① 为 12 万英里数据；1mile=1690.344m；1lb=0.453592kg。

表 7-9 日本汽车排放指标要求

<table>
<tr><th colspan="3" rowspan="2">汽车类别</th><th rowspan="2">排放物</th><th colspan="2">现行法规</th><th colspan="7">目标</th></tr>
<tr><th>平均限值/(g/km)</th><th>实施时间(年)</th><th>目标限值/(g/km)</th><th colspan="6">实施时间</th></tr>
<tr><td rowspan="11">柴油机汽车</td><td rowspan="4">乘用车</td><td rowspan="2">EIW≤1.25t</td><td>NO_x</td><td>0.5</td><td>1990</td><td>0.4</td><td colspan="6" rowspan="2">新车:1997 年 10 月 1 日
现生产车:1999 年 7 月 1 日
进口车:2000 年 4 月 1 日</td></tr>
<tr><td>微粒</td><td>0.2</td><td>1994</td><td>0.08</td></tr>
<tr><td rowspan="2">EIW>1.25t</td><td>NO_x</td><td>0.6</td><td>1992</td><td>0.4</td><td colspan="6" rowspan="2">新车:1998 年 10 月 1 日
现生产车:1999 年 9 月 1 日
进口车:2000 年 4 月 1 日</td></tr>
<tr><td>微粒</td><td>0.2</td><td>1994</td><td>0.08</td></tr>
<tr><td colspan="2" rowspan="2">微型车(GVW<1.7t)</td><td>NO_x</td><td>0.6</td><td rowspan="2">1993</td><td>0.4</td><td colspan="6" rowspan="2">新车:1998 年 10 月 1 日
现生产车:1999 年 9 月 1 日
进口车:2000 年 4 月 1 日</td></tr>
<tr><td>微粒</td><td>0.2</td><td>0.08</td></tr>
<tr><td colspan="2" rowspan="2">中型车(1.7t<GVW<2.5t)</td><td>NO_x</td><td>1.3</td><td rowspan="2">1993</td><td>0.7</td><td colspan="3" rowspan="2">机械变速器
新车:1997 年 10 月 1 日
现生产车:1999 年 7 月 1 日
进口车:2000 年 4 月 1 日</td><td colspan="3" rowspan="2">自动变速器
新车:1998 年 10 月 1 日
现生产车:1999 年 9 月 1 日
进口车:2000 年 4 月 1 日</td></tr>
<tr><td>微粒</td><td>0.25</td><td>0.09</td></tr>
<tr><td rowspan="3">重型车(GVW≥2.5t)</td><td rowspan="3">NO_x</td><td>自喷式燃烧室</td><td>6.0g/(km·h)</td><td rowspan="3">1994</td><td rowspan="2">4.5g/(km·h)</td><td colspan="2" rowspan="3">GVW<3.5t
新车:1997 年 10 月 1 日
现生产车:1999 年 7 月 1 日
进口车:2000 年 1 月 1 日</td><td colspan="2" rowspan="3">3.5t≤GVW<12t
新车:1998 年 10 月 1 日
现生产车:1999 年 9 月 1 日
进口车:2000 年 4 月 1 日</td><td colspan="2" rowspan="3">GVW>12t
新车:1999 年 10 月 1 日
现生产车:2000 年 9 月 1 日
进口车:2001 年 4 月 1 日</td></tr>
<tr><td>有副燃烧</td><td>5.0g/(km·h)</td></tr>
<tr><td>微粒</td><td>0.7g/(km·h)</td><td>0.25g/(km·h)</td></tr>
</table>

续表

汽车类别			排放物	现行法规		目标		
				平均限值/(g/km)	实施时间(年)	目标限值/(g/km)	实施时间	
汽油机汽车	各种车型微型载货车(四冲程)		碳烟(3工况法)	40%[①]	对应上面车型微粒时间	25%[②]	分别对应上面各车型的实施时间 新车:1998年10月1日 现生产车:1999年9月1日 进口车:2000年4月1日	
			CO	13.0	1975	6.5		
			HC	2.1	1975	0.25		
			NO_x	0.5	1990	0.25		
	中型车(1.7t<GVW<2.5t)		CO	13.0	1975	6.5		
			HC	2.1	1975	0.25		
			NO_x	0.4	1994	—	—	
	重型车(GVW≥2.5t)		CO	120.0g/(km·h)	1992	61.0g/(km·h)	新车:1998年10月1日 现生产车:1999年9月1日 进口车:2000年4月1日	
			HC	6.2g/(km·h)	1992	1.8g/(km·h)		
			NO_x	4.5g/(km·h)	1995	—	—	
	摩托车及机动自行车	四冲程	CO			13.0	摩托车(125mL≤排量≤250mL)、第一种机动自行车(排量≤50mL) 新车:1998年10月1日 现生产车:1999年9月1日 进口车:2000年4月1日	摩托车(排量>250mL)、第二种机动自行车(50mL<排量<125mL) 新车:1999年10月1日 现生产车:2000年9月1日 进口车:2001年4月1日
			HC			2.0		
			NO_x			0.3		
		二冲程	CO			8.0		
			HC			3.0		
			NO_x			0.1		

① 在氧气差40%时，燃烧后的产物分析。

② 在氧气差25%时，燃烧后的产物分析。

注：EIW为等效惯性质量，相当于乘坐2人，即110kg时乘用车的总质量；GVW为车辆总质量。

近年来，中国汽车保有量的迅速增加，给国家能源和环境安全带来巨大压力，不只是燃料短缺，最重要的是环境污染严重。在交通运输领域，尤其是重型卡车上大力推广清洁能源，降低石油消耗，减少排放污染，显得尤为迫切。天然气作为石油的替代燃料应用于交通运输已经成为世界清洁汽车发展的趋势，也越来越受到重视。从技术上看，国外已经有成熟的经验可以借鉴，以加拿大西港创新公司开发的高压直喷（HPDI）技术、331kW（450hp）液化天然气（LNG）卡车为例分析LNG用于交通运输业重型卡车上的效益。天然气在液化时得到了较好的净化，LNG技术应用于重型卡车上，将显著降低车辆的颗粒物（PM）、氮氧化物（NO_x）和温室气体（GHG）等有害物质的排放。①一辆LNG卡车平均每年减少NO_x排放663kg，颗粒物质排放16kg。按照目前汽车尾气排放水平，每升LNG燃烧生成NO_x 5.3g，颗粒物0.0354g，而每升柴油燃烧生成NO_x 23g，颗粒物0.389g，则一辆LNG重型卡车平均每100km减少NO_x排放623g，减少颗粒物质14.659g。假设每辆重型卡车的平均柴油消耗为9.4×10^4L/a，那么其每年平均将减少NO_x排放1246kg，减少颗粒物质排放29.31kg。②2020年排放的氮氧化物将降低120万吨，颗粒物将降低2.3万吨。一旦重型天然气卡车在全国得到推广，降低的排放将对环境产生积极意义。图7-3和图7-4说明了在假设条件（柴油车满足欧Ⅱ型汽车尾气排放标准）下，全国污染物排放降低的情况。图7-5则说明了如果占我国目前4%的重型卡车使用LNG替代现行的柴油燃料，将减少柴油的使用量[14]。

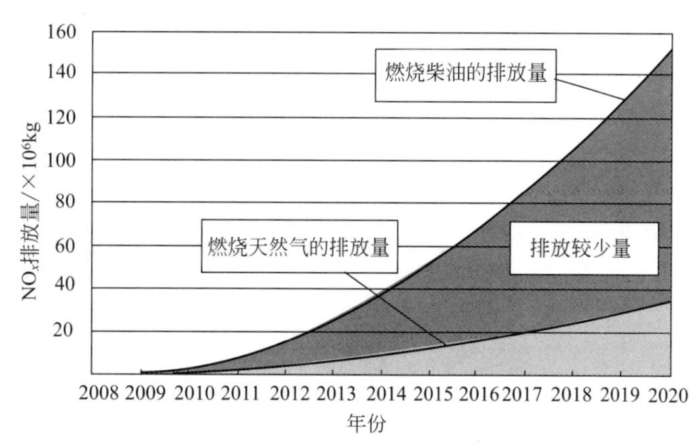

图 7-3　燃烧柴油和燃烧天然气 NO_x 排放量的比较

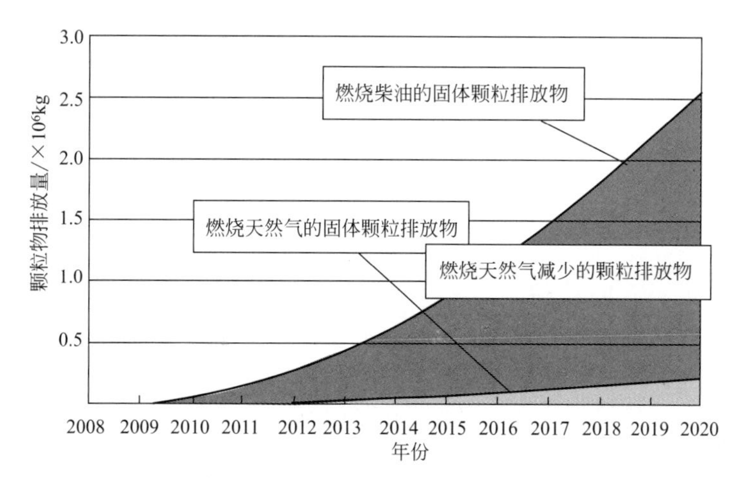

图 7-4　燃烧柴油和燃烧天然气颗粒物排放量比较

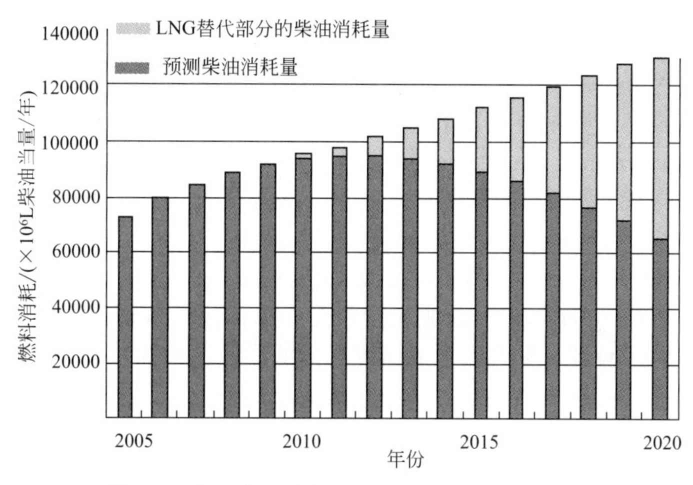

图 7-5　中国在天然气重型大卡车中的替代潜力

中国天然气汽车主要使用压缩天然气，车载天然气以 20MPa 的高压存储在高强度储罐中，所存储的压缩天然气质量只有储罐本身质量的 1/5～1/10，储气率不高，而且会给行车安全带来一定的隐患。液化天然气是一种低温液态燃料，在大气压下，液化天然气的温度为－162℃，体积缩小到原来的 1/625，相当于天然气被 60MPa 的压力压缩，从而增大了能量密度，提高了车载燃料系统的供气效率，所携带的有效燃料将比集束型压缩气罐式天然气加注车高出 2～3 倍。因为液化天然气不含氧，所以其易燃性低于柴油。在大气条件下，天然气一旦在系统中发生较小的泄漏，便能很快完全蒸发，并吹走正在泄漏的低温燃料，从而杜绝了燃烧及爆炸的可能，保证了乘客及车辆的安全，避免了以往石油燃料在其运输、存储过程中出现的严重污染及巨大经济损失。因此，发展液化天然气汽车具有极好的安全效益。近年来，世界各国积极展开了对液化天然气的研究，把它用作汽车的燃料。中国天然气储量丰富，供应相对充足，目前国内已建立了液化厂，天然气经液化后大大方便了运输，随着东部城市 LNG 接收终端的建成，国际进口也将十分便捷。加气站配套设施建设成本也在逐渐降低，这些都为 LNG 用于交通运输提供了客观条件。鉴于资源消耗和环境污染的压力，国家及地方政府十分重视天然气在交通运输领域的使用。随着油价不断攀升，空气质量下降，人们对“油改气”的呼声也越来越高。在交通运输业的重型卡车上使用 LNG，可以大大减少石油消耗，降低环境污染。

此项措施不仅能够推动清洁汽车产业的发展，还有利于中国向世界展示其在解决能源和环境问题上所取得的成就。中国也应全方位地展开对 LNG 的相关研究，并把发展 LNG 作为车用代用燃料的重中之重，在资金及政策上对 LNG 汽车生产企业、天然气液化企业及承建液化天然气基础设施的企业予以大力支持。以此为契机，吸引国内外拥有高科技的企业，把具有市场竞争力的 LNG 补给装置及新型 LNG 交通工具引进中国。同时，政府也需要推进相关 LNG 产业标准化的前期工作，为打造未来的交通经济性燃料奠定雄厚的基础。

7.4.2 天然气汽车经济性分析

在提供所有经济优惠的情况下，购买一辆专用的原装天然气汽车比购买用汽油作动力的汽车多支出 670 美元，但燃料的低成本可使天然气汽车额外费用在 2～3 年间得到补偿，具有良好的经济效益。天然气是美国代用燃料市场强有力的竞争者，它具有天然的优势：供应丰富。全美使用的天然气 95%以上产自北美。经测量天然气汽车排气管废气排放最低，天然气辛烷值较高达 130，汽油为 87～95，它能提高效率及汽车性能。GRI 总裁 Ban 先生在意大利米兰召开的世界燃气会议上表示，根据他们预测，私营运输市场的天然气汽车将不断增加，汽油和其他代用燃料之间的经济竞争将是天然气汽车进入管制市场和非管制市场的重要因素。天然气汽车的增长是以管制市场的代用燃料为基础，概括地讲，就是使天然气汽车开始在私人或无汽车的驾驶员中推广运用，并使他们以后逐渐熟悉燃料的性能。德瓦兹能源研究所的 Gilbert 对此表示异议，尽管天然气清洁、便宜，作为运输燃料使用很合理，但是他强调代用燃料汽车或代用燃料形成的市场，如果没有政府的法令，它将不复存在。他说：“工业界希望汽车法令和鼓励措施应有利于建设基础设施，使有足够的汽车进入市场，使个人能充分享受其优越性，但目前的鼓励主要集中在汽车，而我们的资料表明普通用户最近尚不会去买天然气汽车。”GRI 总裁 Ban 先生则认为，选择代替汽油的燃料关键在于开发方便的加气站，稳定的供气网络，更为先进的储罐，降低成本及增加行程。他在米兰还谈到竞争不会永恒不变，在系统地阐述汽油、丙烷和其他清洁燃料时应结合先进的通用发动机技术，积极开发、研究和推广天然气和其他燃料的应用，使天然气汽车市场的规模不断扩大。

使用 LNG 还可以实现天然气储备基础设施的紧凑化、经济化，并摆脱地理位置限制，建立大型地面天然气加气站等都是可能的。在改善环境的同时，能够获得相当的燃料费用节省。加拿大西港创新公司认为，假设柴油 4.68 元/L，LNG1.87 元/L（2007 年数据）（天然气 3 元/m^3，1L LNG 等于 0.625 标准方天然气），LNG 的柴油当量为 1.7，则 1L 柴油当量的 LNG 价格约为 3.18 元。可以明显看出，使用 LNG 燃料的价格要远低于柴油，这样就大大降低了汽车运营的燃料成本，具体分析如下。①1 辆 LNG 卡车平均 100km 节约燃料成本约66.61元，见表7-10。由表7-10可以看出LNG重型卡车改造前后的燃料消耗及成本的对比情况。在LNG重型卡车和柴油车效率一样的情况下，每100km可减少柴油消耗44.6L，节约燃料成本66.61元。②1辆LNG卡车平均每年节约燃料成本约13.32万元，见表7-11。由表7-11可以看出柴油车改装前后年燃料消耗对比情况。假设每辆柴油车每年消耗燃油9.4万升（大约行驶20万公里），按照柴油4.68元/L计算，1辆柴油车1年的燃料成本约为43.99万元。改装后每辆柴油车每年仍然需要4800L柴油和15.2万升的LNG。按照每升LNG价格1.87元计算，1辆LNG卡车1年的燃料成本约为30.67万元，每年比柴油车节约燃料成本约13.32万元，每年每辆LNG卡车可以替代柴油8.92万升。③按照前面的预测数据，预计到2020年可节省110亿元的燃料费用，减少14%的石油进口[14]。

表7-10　每100km燃料费用对比

燃料	改造前			改造后		
	体积/L	单价/(元/L)	金额/元	体积/L	单价/(元/L)	金额/元
柴油	47	4.68	219.96	2.4	4.68	11.23
LNG	0	0	0	76	1.87	142.12
合计/(元/100km)	219.96			153.35		
改造后节省/(元/100km)	66.61					

表7-11　每年燃料费用对比

燃料	燃料改造前			改造后		
	体积/L	单价/(元/L)	金额/元	体积/L	单价/(元/L)	金额/元
柴油	94000	4.68	439920	4800	4.68	22464
LNG	0	0	0	152000	1.87	284240
合计/(元/年)	439920			306704		
改造后节省/(元/年)	133216					

在中国，陕汽重卡年销量为2000辆，而普通重卡为10万辆，估计到2020年，如果有50%的重型卡车使用LNG，将共有130万辆高压直喷重型卡车投入使用。如果每辆LNG重型卡车平均每年柴油消耗仍为9.4万升，那么这些LNG重型卡车在2009～2020年期间有可能替代3000亿升柴油，这将会带来巨大的经济效益。从而实现LNG汽车能够从往返于2个较远加气站的流动加注车上获取燃料。同时减小了燃料系统的尺寸及质量，增大了车辆有效载荷及一次加气后的续驶里程。加气次数的减少，还节省了汽车往返加气站的时间，从而降低了汽车的运营成本，提高了车主的盈利率。

根据目前市场价格，以平均每代替1L柴油可以节约1.50元计算，到2020年，仅燃料成本这一项就可以为中国节约110亿元，同时也给车辆经营商和用户带来巨大的收益。LNG相对于电、轻油、重油、人工煤气等，单位热值所支付的购买价是最低的，如图7-6所示[14]。

天然气在交通运输中的应用已经是非常成熟的技术，其使用具有良好的社会经济效益，可以进行综合评估和分析，当前，使用和替代最有发展潜力的，从基数上看，还是家庭小汽车，截至2011年，全国的小汽车保有量，已经突破1亿部，从环境承受压力和经济性方面考虑，小汽车在天然气燃料使用方面都将扮演重要角色。而天然气小汽车，大多使用的是CNG和ANG，而目前的技术看，ANG还不够成熟，所以下面以CNG汽车为例，分析天然气小汽车的经济效益。

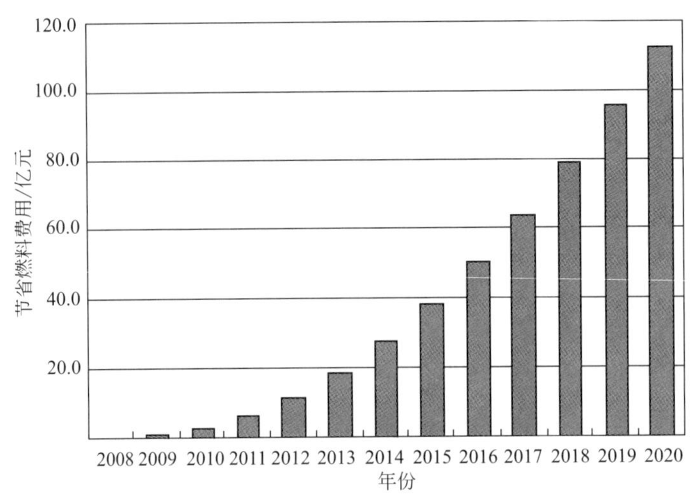

图 7-6 使用天然气卡车后节省的燃料费

CNG 气瓶是压缩天然气汽车的主要设备之一。气瓶的设计和生产都有严格的标准控制。CNG 车用气瓶可以分为四类：第一类气瓶是全金属气瓶，材料是钢或铝；第二类气瓶采用金属内衬，外面用纤维环状缠绕；第三类气瓶采用薄金属内衬，外面用纤维完全缠绕；第四类气瓶完全是由非金属材料制成，例如玻璃纤维和碳纤维。尽管一般认为由于天然气积碳少，机油更换的次数可以少一些，甚至例行的维护也可以少作一些，但汽车发动机和改装系统的定期维护可以保障天然气汽车与汽油车和柴油车相比具有更好的性能。当然需要更换的东西也是很多的，具体清单如表 7-12 所示。

表 7-12 汽车改装用品清单

名 称	要求	数量
减压器	普通	1
混合器	普通	1
开环防震器 1 套或燃气电脑一只	普通	1
转换开关总成	普通	1
动力调节阀或天然气过滤器	普通	1
高压钢管	ϕ6	1000mm
导气管	ϕ16	1000mm
排气管	ϕ16	1000mm
稳固件	普通	1 包
低压管	ϕ19mm	1000mm
低压管	ϕ16mm	300mm
卡箍	ϕ16～34	6 只
充气阀	普通	1 只
气瓶及气瓶支架一组	普通	1 组

汽油车改成汽油和天然气双燃料车后，燃烧天然气自然便宜，每立方天然气 3 元，燃烧的热量相当于 1.1L 汽油，就是说烧天然气的成本基本是汽油的一半。因为天然气是从发动机的进气管输送的，导致空气的进气量少了，发动机的空燃比减小，从而动力下降[21]。但是不会下降很多，一般为 10%～20%。现在的天然气大多使用 CNG 压缩天然气。现在的储气瓶的工作压力是 20MPa，天然气在 21MPa 的压力下每标准立方米的体积为 5L 左右，相同热量的汽油的体积为 1.15L 左右，也就是说燃烧出同等热量的天然气体积是汽油的 4.5 倍，

一般的汽车用的都是 65L 的气瓶，1.5 排量左右的车，一罐气大概能跑 150～180 公里。

CNG、LNG 和 LPG 汽车的气瓶或气罐等都很结实可靠。天然气本身比空气轻（LPG 除外），稍有泄漏，很快就会扩散到大气中。气体燃料系统的各个部件，特别是密封部分，都经过严格的检查。因此，天然气作为汽车燃料是比较安全的。天然气的辛烷值在 122～130 之间，有利于发动机的运转[15]。汽车以天然气作燃料时，发现燃烧室部件明显腐蚀，甚至曲轴也出现腐蚀，气门、活塞环和气缸磨损严重，与使用汽油时相比，汽车大修期通常要缩短 1/3～1/2。使用天然气汽车发动机润滑油代替目前使用的汽油机润滑油是防止天然气汽车发动机腐蚀的有效措施，所以要用天然气专用的润滑油。如表 7-13 所示。

表 7-13 天然气汽车改装经济性分析

项目		大车			出租车		
		单价/元	数量	金额/元	单价/元	数量	金额/元
类别	储罐	750 元/个	6	4500	750	2	1500
	车用系统更换	3400	1	3400	3400	1	3400
	改装费用			2000			200
	合计			9900			6900
改车	100kg 燃料用量						
	汽油	4.93	32L	157.76	5.28	9L	47.52
	CNG	2.97	34L	100.98	2.97	9.53	28.3
	年费						
	汽油		19200L	94656		5940L	31363.2
	CNG		204001m^3	60588			18680.71
燃料费用	年节约费用			34068			12682.5

从上面分析看，大车使用年限为 8 年，小车使用为 4 年，在使用期限内都具有良好的经济性，投资回收期在 3～6 个月（为 2008 年数据）。天然气加气站的经济性取决于政府扶持政策、加气站的建设造价、气源购销价差、实际销售量、运营成本及管理水平等因素。CNG 标准站若气源进站压力为 0.3MPa，电价为 0.65 元/（kW·h），加压至 25.0MPa，则标准站内电耗约 0.25kW·h/m^3，电费是主要运行成本为 0.16 元/m^3。其余的费用是人工费和设备维修、折旧等费用，约 0.12 元/m^3。一般加气站实际销售量达到 1 万立方米每天，气源购销价差大于 0.60 元/m^3，就具有一定的赢利能力。所以，从整体上来看，各环节都具有一定的经济性。从 2007 年罗东晓的分析来看，每 100 公里的费用，使用天然做燃料的，其燃料费用均不超过 50 元，远低于汽油车的 144 元。详细的比较见表 7-14。LNG 的价格是广大用户所关心的，同时也是这一清洁燃料能否得到规模化推广的关键因素。参照日本、韩国的进口 LNG 到岸价，我国进口 LNG 的到岸价为 1.3 元/m^3，终端外销价格为 1.5 元/m^3；而国内 LNG 工厂的生产成本根据生产工艺和规模的不同约为 0.4～0.7 元/m^3，原料气价格按 0.9 元/m^3 算时，出厂价为 1.3～1.6 元/m^3，价格与国外进口 LNG 基本持平。根据天然气燃烧特性和运行试验结果，1m^3 天然气的行驶里程等效于 1.2L 汽油。按目前未征燃油税时汽油价格 2.8 元/L 、LNG 最远运送距离 800km 的参考价格 2.1 元/m^3 计算，燃用 LNG 具有良好的经济性，表 7-14 为国内使用天然气汽车所能够承受的天然气的价格极限[16]。

表 7-14 天然气汽车能够承受的天然气价格

车辆种类			改装或购新车增加的费用折算成每100km行程增加的费用/元	每100km行程燃料消耗量	每100km行程燃料费用/元	每100km行程费用合计/元	能承受的天然气价格/(元/m^3)
公交车	汽油车		0.00	3200L	144.00	144.00	—
	使用管输天然气气源	汽油改装车	1.58	34.00m^3	113.62	115.20	3.34
		CNG单燃料车	5.25	33.00m^3	109.95	115.20	3.33
	使用LNG气源	汽油改装车	1.58	30.42m^3	113.62	115.20	3.74
		LNG单燃料车	5.25	29.53m^3	109.95	115.20	3.72
出租车	汽油车		0.00	9.00L	40.50	40.50	—
	使用管输天然气气源	汽油改装车	0.81	9.53m^3	31.59	32.40	3.31
		CNG单燃料车	1.32	9.00m^3	31.08	32.40	3.45
	使用LNG气源	汽油改装车	0.81	8.53m^3	31.59	32.40	3.70
		LNG单燃料车	1.32	8.05m^3	31.08	32.40	3.86

注：1. 公交车的使用年限为8a，行驶里程为12×10^4km/a。
2. 出租车的使用年限为4a，行驶里程为13.6×10^4km/a。
3. 管输天然气、LNG低热值分别按35.59MJ/m^3、39.78MJ/m^3计算。

LNG汽车改装件的价格也是LNG汽车能否得到规模化推广的关键因素。虽然LNG的储存压力为0～1.6MPa，并不算高，但由于其储存温度较低，改装件的材料价格昂贵、制作工艺复杂，LNG汽车改装件的价格较高，在美国一套LNG汽车改装件的价格根据其容积不同，大体在3000～5000美元之间，国内生产的LNG汽车改装件的价格根据其容积不同每套大体在1万～2万元。虽然国内LNG汽车改装件的生产成本较低，但降低LNG汽车改装件的价格将是LNG汽车实际应用中必须面对的问题。

在美国，目前的情况还主要是通过购车补助，而在税收和补贴政策方面，还不多见，通常情况下，购车（或者改装车）补贴也是不一样的，但是一次性购车的补贴相比车的购买价格，还是有巨额的差距，所以实质上，这种补贴方式，还是不能很好地促使或者引导汽车购买者的行为。所以相对来说，还应该加大对相关方面的补贴，不管是购车补贴，还是燃料费用补贴或者其他方式的措施，使得购买和使用天然气汽车有足够好的经济性。

7.5 天然气汽车的政策性

天然气作为运输燃料代用品正在逐步形成，它能抑制和缓解汽车所产生的空气污染和石油进口的强烈依赖。为提高空气质量，国家能源安全部要求代用燃料尽可能迅速地在广大地区取代汽油的使用。在美国，受联邦政府、州和地区政府对发动机燃料使用规定的牵制，没有一种代用燃料被认为能全面适应使用，同时代用品之间的竞争也开始进入白热化的程度，包括天然气、生物柴油等。空气污染，新的代用燃料汽车潜在的市场，代用燃料的转换及代用燃料汽车加气网络的开发，都将成为美国运输市场的问题。运输燃料代用品所占的市场份额将呈地区性变化。有关政府管理机构倡议每三名驾驶员中能有一名使用一种或多种代用燃料。受立法机构的管理和规定的限制，少量合法可接受的代用燃料的使用已成为争论的焦点。其论点主要集中在环境的保护，论述代用燃料的清洁度。

从技术方面看，我国可以努力发展天然气、生物柴油、生物乙醇等柴油、汽油代用燃料。一是由于我国石油的对外依存度高，二是我国的石油进口地区集中，而且都是在一些不安定地区，这对我国的石油供给安全、国家能源政策安全构成威胁。许多观察家们确认天然气能提供最好的环境效益，有效降低石油需求。同时丙烷充气系统较普遍，特别是国内公交系统，但是其产生的声音很响，因此对它持有异议，所以LPG的使用受到一定的争议。同时，还存在许多相当重要的问题。由于资料复杂，缺损或相互冲突，不能轻易对代用燃料和用代用燃料的汽车效益、成本和安全性作出决定[18]。

以美国的经验看，美国运输市场代用燃料的成功取决于：政府执行的政策如何，用于购买代用燃料汽车的政府基金的提供，代用燃料的性能，代用燃料汽车发动机所达到的排放技术，经济竞争，用户需求和客户偏好。虽然天然气作为代用燃料参与竞争有一定的优势，但是没有政府机构的命令与鼓励作用，可能会动摇美国未来的运输业燃料市场。

据芝加哥燃气研究院（GRI）统计，美国有许多公用基金计划资助代用燃料的使用。它还预测到每年约有1200万美元用于天然气汽车的研究与开发，包括来自工业伙伴的共用基金。GRI还将调控天然气汽车研究和开发预算所需的每年大约2000万～3000万美元经费。空气保洁机构修订了1990年建立的有关清洁汽车燃料的项目，它涉及美国的21个城市地区。约有7500万人口居住在要求清洁汽车燃料的地区。空气保洁机构还要求他们着手购买用清洁燃料的汽车，至1998年的比例达到30%，1999年达50%，此后达到70%。至1998年毛重为8501～26000 lb的汽车达到50%。美国各州可自行决定必须使用清洁燃料的轻型卡车和货运汽车的比例，使之作为计划履行空气保洁机构对臭氧的要求。如果不使用特殊的代用品取代汽油，不广泛使用代用燃料，就很难达到规定的2001年汽车废气排放低水平的要求。此外，空气保洁机构在芝加哥设立了一项汽车低排放的试验计划，由加利福尼亚空气资源研究所管理，并对运输车辆和私人汽车制订了更为严格的排放标准。试验项目将分四个阶段减低排放，达到1998年实行的汽车零排放要求。其他有严重臭氧问题的各州可自愿采用有关对汽车的标准。美国环境保护部有关人士说，各州可以采用原有的汽车低排放标准，在删除达到零排放命令的同时，保留一些较为严格的规定要求。参照空气保洁机构1992年确立的能源政策法律条款，要求在全美125个城市地区购买用代用燃料的汽车，作为抑制石油进口的一种措施。条款规定至2010年非石油衍生燃料将取代至少30%轻型汽车含石油的燃料。法律条款中燃料更新目录包括燃气、甲烷、乙醇、丙烷、电、氢、煤衍生液和生物材料等，至少将有一半数量的材料来自本国资源。条款规定还要求轻型汽车的驾驶员，在今后几年中，逐步购买代用燃料的汽车，它包括联邦政府机构的车队，代用燃料生产厂车队，运输车队，销售员，各州和地方政府机构车队以及私家车等。1993年4月美国总统克林顿颁布第12844号执行令，要求联邦政府机构车队1994年购买7500辆用代用燃料的汽车，1995年总共购买1万辆，1996年增加到25%，1997年到33%，1998年到50%，1999年或以后增至75%。它还规定联邦政府机构购买数要超过能源政策法律条款规定的数量，根据可供基金和寿命周期价格，1994年达到11250辆，1995年达到15000辆。代用燃料供应商和国家机构购买代用燃料的汽车于1996年起逐步实行，能源政策法律条款对代用燃料汽车的购买及零售站开发的经济鼓励于2004年结束。对购买轻型汽车减免2000美元联邦税，中型汽车减免5000美元，大型卡车和汽车减免50000美元税。此外，在1993年还设立了国产天然气与石油管理机构，目的是在于提出预防措施，清除天然气汽车市场发展的障碍，对30多个州提供折扣、减免税收或者其他鼓励措施，以促进代用燃料的运用。如果美国运输市场代用燃料之间的竞争完全由废气排放决定，天然气就具有很明显的优势。据加利福尼亚测试机构对所有代用燃料的氧化氮、一氧化碳及非甲烷烃类测试发现，天然气的废气排放是最低的。据一些汽车工程师推测，废气排放不仅能进一步下降，而且可以达到或超过测量设备的极限。如果达到了最低排放水平，天然气汽车就可以取代未来的电动汽车，而供私人使用。天然气汽车技术发展的同时，要求限制用于电动汽车的费用和生产率。在加利福尼亚，电动汽车销售的规定最早在1998年开始执行，要求达到零排放标准[7]。

由 GRI 赞助的美国贝尔维尤能源国际公司公布的研究表明：比较天然气与电动汽车的燃料循环、输送及运用，发现天然气汽车排放低于美国和加州环保规定。天然气汽车 NO_x 排放是全美国和加州地区最低的。同时对电动汽车也进行了两方面的调查，其燃料循环产生的气态有机物和一氧化碳的排放是继天然气汽车之后最低的。GRI 总裁 Stephen D. Ban 建议零排放标准应进行修改，应考虑到燃料循环，而不是仅仅取决于排气管的废气排放。天然气汽车生产经理 Louis A Lautman 补充道："零排放规定的扩展还应考虑到燃料循环废气排放，并给予代用燃料汽车生产商鼓励，使之积极开发并推销超低排放的汽车。"美国能源信息署根据有关资料推算出：1992 年全美公共和私人共拥有超过 250 万辆代用燃料汽车，包括用丙烷作动力的 220500 辆，压缩天然气汽车约 24000 辆，汽油/甲醇混合汽车 2768 辆和 1690 辆电动汽车。美国能源学会统计表明联邦政府机构仅有 2240 辆用代用燃料的汽车，各州和当地政府机构有 18934 辆。据丹佛德瓦兹能源研究所搜集的汽车资料表明，美国代用燃料汽车数仍在不断增加。至 1994 年中期全美 1128 万辆汽车中有 377750 多辆代用燃料汽车在运行。随着代用燃料汽车的增长，要求提供更多更好的转换技术、服务和加气站。德瓦兹资料还表明目前在美国最受欢迎的代用燃料是丙烷，约占在用的代用燃料汽车的 79%，占美国代用燃料汽车的 13%左右，占代用燃料加气站的 32%，至 2010 年代用燃料市场丙烷的占有率会由不断增加的天然气所取代。

近年来，随着经济快速、持续发展，我国汽车产业发展迅速[19]，小汽车保有量 2010 年达到 5669×10^4 辆，而所有汽车总量已经达 1 亿辆。然而，汽车保有量快速增长也导致了车用燃油消耗和尾气污染物排放量的大幅攀升，使我国能源和环境问题进一步突出。这对我国的经济发展、能源供应保障、战略安全和环境的逐步改善都带来了巨大的压力。寻找清洁的替代车用燃料的任务紧迫而艰巨。

目前，已经开发了多种清洁、环保型汽车，生物乙醇、甲醇、生物柴油、二甲醚、天然气等均可能成为汽车代用燃料，而且有资料表明，中国目前的状况下，农村面积广，农作物秸秆、动物粪便等产量巨大，生物柴油、沼气等均有巨大的发展空间。乙醇的优点是高辛烷值、改善燃烧，但因乙醇汽油含氧，热值较普通汽油低，大约为普通汽油的 2/3，蒸发压力与汽油不同，从而会影响动力性。掺加 10%乙醇的汽油，将会降低 30%的一氧化碳和 10%的二氧化碳排放。现阶段，我国燃料乙醇主要以玉米为原料，生产成本高于汽油，需要国家补贴。同时利用薯类、甘蔗、高粱、秸秆等有机原料来制备的燃料乙醇都是发展方向，他们可以为农村提供就业岗位。从长远来看，燃料乙醇的大量使用须转向非粮食原料，如蔗渣、木薯或纤维等，依靠高新技术的发展，降低生产成本。甲醇燃料与汽油相比，优点是：①辛烷值高，理论上可以提高汽油机的压缩比；②甲醇分子含有一个氧原子，故热值低，但同时也使甲醇完全燃烧时所需的空气量减少，易于完全燃烧；③引火温度和自燃温度比汽油高，比汽油更安全；④燃烧过程比汽油彻底，尾气中 HC、CO 及 NO_x 含量可显著降低。缺点是：①汽化潜热大，冷启动比汽油困难；②饱和蒸气压和沸点都较低，易形成气阻；③甲醇是极性有机溶剂，易使橡胶和塑料零部件发生溶胀，提前老化，对某些有色金属具有腐蚀作用；④对人体有较强毒害作用。要克服甲醇燃料的上述缺点，需对汽车发动机的点火装置和其他零部件作适当改造，同时对燃料供给系统进行严格密封处理，或与汽油混合使用。我国化石能源以煤为主，由煤经合成气制取甲醇是我国甲醇的主要生产路线。生物柴油是指以动物和植物油脂为原料通过化学方法或酶法生产的柴油组分。将生物柴油以一定比例与石化柴油混合使用是目前普遍采用的途径。其优点是其含硫量极低、含芳香烃量少、含氧量高、十六烷值高、闪点高、废气逸出少；在生物柴油燃烧后逸出的废气中，微粒、碳氢化合物和一氧化碳含量少；其缺点是黏度高、雾化性能差、低温启动性差。而生产成本高是抑制其发展的主要因素。

7.6 天然气轮船

从第一艘LNG轮船“甲烷先锋号”投入商业运营以来，见图7-7，世界各国都在大力发展自己的LNG船队。1999年底，世界上共有113艘LNG船；2000年底，总数增长到了127艘，总容积为$13560049m^3$。根据权威机构评估，截至2006年，LNG船总共有168艘在运营。而2010年6月份，全世界总共有337艘LNG船。

图7-7 第一艘LNG轮船“甲烷先锋号”

7.6.1 LNG贸易形势

LNG（液化天然气）贸易已有40余年，然而市场还不算太大，亚洲的日本、韩国和中国台湾地区使用较多，欧洲市场也日显重要[20]。现在，LNG贸易无论从数量增长和全球分布看，都进入了一个重要的新阶段。全球LNG供应能力从2007年1.96亿吨增长到2011年2.84亿吨，仅4年就增长近50%，而到2030年将增加到原来的4倍。因美国、欧洲和其他国家，包括中国国内生产与需求之间存在的缺口将增大，为此，LNG贸易量将增长，到2025年，美国天然气生产与需求之间的缺口将达150亿～200亿立方英尺每天。

世界各地LNG净进口集中在亚洲及欧美各国和地区。无论从亚洲还是从全球看，LNG净进口量最大的还是日本，月进口量达423.28万吨。亚洲地区，韩国125.76万吨、中国44.04万吨（不包括中国台湾71.6万吨）。欧洲地区，法国LNG进口量为92.9万吨、英国66.07万吨、比利时48.9万吨、葡萄牙24.67万吨、意大利17.51万吨、希腊4.81万吨。美洲地区，美国LNG进口72.10万吨、波多黎各5.15万吨。LNG的净出口国家主要集中在亚太、中东、北非地区。亚太地区，马来西亚、印度尼西亚、澳大利亚的LNG净出口量位居三甲，具体数据见表7-15。全球LNG贸易集中在亚太中东、欧洲及北美，形成了一个“铁三角”格局。亚太地区用户不但吸纳了本地区的LNG出口，且量大，马来西亚146.91万吨、印度尼西亚144.79万吨、澳大利亚为112.51万吨。中东/北非地区，卡塔尔LNG净出口145.71万吨、阿尔及利亚净出口91.12万吨、埃及净出口49.86万吨、阿曼净出口48.82万吨、阿联酋净出口36.52万吨、尼日利亚净出口32.20万吨、赤道几内亚净出口23.78万吨。美洲的特利尼达LNG净出口84.53万吨，欧洲的挪威LNG净出口20.2万吨，而且也是中东北非地区LNG的主要买家。中东地区的LNG不但供应亚太，还要供应欧洲用户。而北非的LNG除了供应欧洲用户，还要出口到美国。美洲的特立尼达的LNG则是专供美国。卡塔尔是仅次于俄罗斯和伊朗的世界第三大天然气储藏国。卡塔尔现在是世界上最大的 LNG 出口国，每年产 3100 万吨 LNG，北方气田是世界上最大的非伴生气田，探明储量超过 900 万亿立方英尺。

表 7-15 全球 LNG 贸易情况统计（1992～2001 年） 单位：10 亿立方米

出口国/地区	1992	1993	1994	1995	1996	1997	1998	1999	2000	2001
阿布扎比	—	—	—	1.43	1.39	0.08	0.34	0.65	0.64	0.31
阿尔及利亚	0.53	0.49	0.59	0.35	—	0.60	0.45	1.33	1.38	2.64
澳大利亚	—	0.34	0.58	0.67	0.27	0.30	0.38	0.30	0.45	0.21
文莱	—	—	0.30	0.08	—	—	—	—	—	—
印度尼西亚	0.23	0.24	0.38	0.53	0.60	0.28	—	0.38	1.18	1.91
利比亚	—	—	0.05	—	—	—	—	—	—	—
马来西亚	0.30	0.53	0.45	0.23	0.08	—	—	0.08	0.08	0.52
尼日利亚	—	—	—	—	—	—	—	—	0.37	1.22
阿曼	—	—	—	—	—	—	—	—	0.60	0.58
卡塔尔	—	—	—	—	—	0.39	0.95	1.60	1.98	2.62
特立尼达和多巴哥	—	—	—	—	—	—	—	0.39	0.92	1.40
进口国/地区	1992	1993	1994	1995	1996	1997	1998	1999	2000	2001
比利时	—	0.23	0.08	0.15	—	—	—	—	—	0.07
法国	—	—	—	0.87	0.23	—	—	0.08	0.08	0.43
意大利	0.53	0.26	0.20	—	—	—	0.12	0.54	0.48	0.38
日本	0.38	0.39	0.08	0.08	0.15	0.28	—	0.15	0.32	2.22
韩国	0.15	0.45	1.05	0.90	0.68	—	0.08	0.31	1.47	1.85
葡萄牙	—	—	—	—	—	—	—	—	0.08	—
西班牙	—	0.27	0.94	1.05	0.98	0.99	0.83	1.69	1.43	2.20
中国台湾	—	—	—	—	—	—	—	—	—	0.08
土耳其	—	—	—	0.23	0.08	—	0.58	0.30	—	—
美国	—	—	—	—	0.23	0.30	0.53	1.66	3.73	4.18
总计	1.05	1.59	2.34	3.27	2.33	1.64	2.12	4.72	7.58	11.41

注：资料来源于 PetroStrategies（1992～2000 年数据），DOE，GIIGNL（2002），IEA。

卡塔尔新的市场策略是从 2010 年开始，向亚洲、欧洲和北美各供应 1/3 天然气。卡塔尔 Qatargas 公司二期项目第四生产线将是世界上最大的 LNG 生产线，产能为 780 万吨/年。而该公司 2009 年底生产能力为 780 万吨，而第五期项目完工后，将使 Qatargas 公司液化天然气年产量达到 2500 万吨。公司总裁 Faisal M. Al Suwaidi 说："Qatargas 综合生产能力在 2011 年底达到年产 4200 万吨，而公司的最终的设计年产量将达 7700 万吨。"

随着亚洲快速增长的经济而带动购买澳大利亚丰富的以 LNG 形式出售的天然气，澳大利亚正在被提升为"天然气的中东"。澳大利亚已于 2009 年 8 月确定在西部建设大型高庚 LNG 项目。雪佛龙公司、壳牌公司和埃克森美孚公司在澳洲的合资企业已与中国和印度签订了价值超过 600 亿美元的 LNG 供应合同，在 2014 年项目投运前也可望有更多的用户签约。高庚是澳大利亚今后 10 年内规划建设 LNG 项目的聚集地之一，2009 年 8 月与中国石油集团公司签署的 410 亿美元的 LNG 供应合同是澳大利亚历史上最大的贸易合同，澳大利亚政府表示，LNG 已成为本国未来经济振兴的重要内容。

随着世界石油供应的减少，澳大利亚有潜力在未来几十年内成为"天然气的中东"。澳大利亚西部是 LNG 发展的中心地带，在西北沿海地区拥有三座大的天然气气田：

Carnarvon、Browse 和 Bonaparte 天然气盆地。东部沿海的昆士兰州也拥有大的煤层气储藏，可转产 LNG。壳牌公司已计划开发昆士兰州的煤层气，预计可生产高达 1600 万吨/年 LNG，其他一些大的能源公司，如英国 BG 集团、康菲公司和马来西亚石油公司 Petronas 也在该地区开发一些煤层气利用项目。LNG 出口增长量一半以上将来自于卡塔尔，卡塔尔的大型建设计划正在进行之中。在中东，也门于 2009 年成为世界上第 17 个 LNG 出口国。俄罗斯在远东投资 200 亿美元的高效益萨哈林项目将使俄罗斯成为 LNG 出口的基地。目前有 17 个 LNG 进口国，今后数量将会成倍增加。一些进口项目已在考虑之中，如阿根廷、巴西、加拿大、智利、迪拜、德国、爱尔兰、牙买加、科威特、墨西哥、荷兰、新西兰、巴基斯坦、菲律宾、波兰、新加坡、泰国和乌拉圭。

但是，LNG 进口的主要增长仍然是美国。美国当地的天然气生产量已达稳定状态，并将开始缓慢下降。美国因转向燃气发电，天然气需求将继续增长。LNG 将填补美国国内天然气供应与需求增长之间的空缺。到 2020 年，美国 LNG 进口将高达 1.37 亿吨，将占全球 LNG 需求的 28%。美国将成为世界上最大的天然气市场。

全球的 LNG 需求到 2030 年将会增长 2 倍。到 2030 年全球能源需求预计年增长 1.3%，天然气消费预计从现在占全球能源消费 20%增长到 25%。到 2030 年，地区分销将会发生很大变化。全球 LNG 业务现由亚洲为主要驱动力，支撑消费的主要有日本、韩国和中国台湾。亚洲需求现占全球 LNG 消费约 2/3。但是，美国和欧洲对天然气进口的依赖度在增长，这将使西方的需求到 2015 年会超过亚洲的消费量，在 30 年内第一次改变需求模式。许多国家现已计划建设 LNG 进口终端，以实现其供应多元化和减少对管输天然气的依赖，而新技术正在使更多的生产国以 LNG 方式出口天然气，并有更多的国家进口 LNG。全球 LNG 需求模式的改变将会影响 LNG 的供应路线。大量的中东供应来源将占领主要市场。一些亚洲的供应来源也可能到达美国西海岸，大西洋的供应来源将抵达欧洲和美国。

尽管全球经济正在经历近 70 年来最为低迷的时期，但全球 LNG 市场的远景依然光明。由于减少碳排放的重要性日益增长，天然气已成为优先选择的一种能源。亚洲是目前世界 LNG 的主要市场，对 LNG 的需求从 1999 年的 6850 万吨、2006 年的 9796 万吨增加到 2010 年的 13390 万吨。亚洲主要市场对 LNG 进口的需求预计将从 2006 年超过 9000 万吨提高到 2020 年的 1.49 亿吨。2010 年，已经超过 50 个以上的国家参与世界天然气贸易，发展速度有愈来愈快的趋势。不过，目前液化天然气贸易仍旧没有达到其应有的水平，成本较高是其中最重要的因素，除了技术方面亟待解决的问题，在发展新项目和为其融资的方面费用也不断升高，这是摆在液化天然气贸易前面的重要课题。只有较好地解决了这一难题，液化天然气船舶运输才能在与管道运输等方式的竞争中处于更加有利的位置。

国内，2008 年以来的液化气水运量变化的情况表明：长江内河液化气水运量已连续三年呈逐步下降的趋势，尤其是 2008 年下降迅猛，其原因：一是随着长江沿线公路网络的发展，沿江部分炼油厂改变了过去液化气销售策略，将大批量液化气通过船舶直接运销到沿江二、三级气库的经营方式，改为小批量用槽车直接配送到终端销售网点的经营方式，使短途汽槽运输替代了部分原有的船舶运输，导致长江内河液化气水运市场逐步萎缩，而且这种趋势在沿海公路网络发达的地区也呈发展态势；二是金融危机爆发后，受到国内液化气需求下降及境外直航船进口气增加的影响，长江沿线石化企业的液化气生产量减少，货源下降。

虽然 2008 年沿海液化气水运量有一定增长，但与 2008 年国内新增炼油能力超过 3500 万吨，新增液化气产量达 160 万吨的数据对比，新增海运量仅是新增产量的一成，未能与新增产能同步增长，这与水运市场对新增下海量的预期还有很大缺口。2009～2010 年内，国内现有液化气船舶中，将有 14 艘因使用年限超过 31 年，将陆续报废或退出液化气水运市场，报废总舱容约 22640m^3，1.18 万载重吨。其中：2009 年内报废 4 艘，舱容 7210m^3，约

0.38 万载重吨；2010 年内报废 10 艘，舱容 $15430m^3$，约 0.8 万载重吨。虽然两年内船舶的报废数量较多，但由于报废的几乎都是小型船舶，报废的总运力只相当于目前新造船 5～6 艘的总载重量。

由于现在已超过 25 年船龄的老旧船舶，大部分集中在 2009～2010 年内报废，今后每年只会有少量或零星的老旧船舶报废。因此，2010 年后将在很长时间内不会出现大量运力集中报废的情况。

中国目前的能源消费结构不合理，煤的消耗，一直多年稳定在 70%，很难降低，但是天然气的燃烧比煤清洁，国内不管是技术界，还是环保人士，甚至于普通民众，还是官方，都希望通过对天然气等清洁能源的进口，改善我国的能源消费结构，使得目前只有 2.7%左右的能源消费总量，提高到 6%，甚至是 10%左右，否则我们多年以来都没有得到改善。至于远期的规划和世界目前能源消费结构，天然气占 24%～27%左右，我国还是有非常大的差距，所以，LNG 的生产和进口，不管是现在，还是将来，应该都是国家鼓励，受民众欢迎的[20]。

7.6.2 LNG 船建造

世界 LNG 强劲的需求和增长，造就了 LNG 船舶制造业的迅速增长和船舶数量的增加，1996 年世界液化天然气船中，容载力为 18000～$50000m^3$ 的船舶是最小的一类，共有 14 艘，总运输能力约 $469376m^3$。中型的液化天然气船的容载力在 51000～$100000m^3$ 之间，此类船舶共有 14 艘，总的货运能力约 $1093862m^3$；而大于 $100000m^3$ 的大型船舶共有 69 艘，总运输能力合计 $8884411m^3$，包括建造于芬兰的 $137000m^3$ 的 MUBARAZ 号，$128350m^3$ 的 HYUNDAI GREENPIA 号，$130000m^3$ 的 PUTERIZAMRUD 号，$137000m^3$ 的 MRA WEH 号，$137500m^3$的 AL ZUBARAH 号。1996 年 12 月订单表明共建造有 21 艘液化天然气船，合计货运能力约 $2573350m^3$，其中有 2 艘 $18800m^3$ 的小船舶，有 9 艘 $137500m^3$ 的船舶在日本建造，6 艘 $138000m^3$ 的船舶在韩国建造。然而，随着 LNG 行业的飞速发展，LNG 船 2004 年的订单量最多，为 65 艘，统计截至 2010 年 6 月，全球的 LNG 运输船已经多达 337 艘，而且大多都是 $100000m^3$ 的大型船，最大的有运输能力达 $260000m^3$。而且近年的新造船只数量都在 50～70 艘/年，2011 年的订单量有所减少，也有 58 艘，据分析，随着经济不景气，LNG 船的产量也有较大的波动，但是总体上，还是呈现增加的趋势。而其中也包含有中国沪东中华造船使用的法国 GTT 专利技术制造的 $145000m^3$ 薄膜型 LNG 船。除了货运能力，其他尺寸也很重要，表 7-16 为韩国大宇提供的薄膜型 LNG 船技术参数，表 7-17 为芬兰 Kvaerner Masa 公司球罐型 LNG 运输船的参数。

表 7-16 韩国大宇薄膜型 LNG 船技术参数

总长/m	272.0
两柱间长/m	266.0
型宽/m	43.4
型深/m	26.0
吃水(设计/结构)/m	11.3/12.0
载重(设计/结构)/t	69020/75900
推进方式	主蒸汽涡轮机推动
服务航速/节	19.5
实际载货舱容/m^3	135230

表 7-17 芬兰 Kvaerner Masa 球罐型 LNG 运输船参数

总长/m	276.0
两柱间长/m	259.0
型宽/m	48.1
型深/m	27
吃水(设计/结构)/m	11.7/12.4
载重/t	71650
推进方式	主蒸汽轮机推动
服务航速/节	19.3
货舱容积/m^3	144600

7.6.3　LNG船的动力

近几十年来，液化天然气LNG船主推进装置一直采用蒸汽轮机，而2003年以后这种状况被打破，出现一种新型主推进装置——双燃料发动机。瓦锡兰公司推出用于液化天然气船的32DF和50DF两种四冲程双燃料发动机，采用液化天然气、重油或船用柴油为燃料。2004年德国曼（man）公司推出用于液化天然气船主推进装置的二冲程柴油机，2005年推出二冲程电控喷射双燃料发动机，燃料为液化天然气、重油，单机单螺旋桨或双机双螺旋桨直接传动。与传统的蒸汽轮机相比，双燃料发动机在运行经济性、废气排放、冗余度、可靠性等方面都有较大改善。而针对天然气在飞机中的应用，有报道说俄罗斯图波列夫公司为飞机设计出应用低温燃料的系统。但是目前这一系统虽然还只停留在图纸上，专家认为一旦付诸实施将是航空领域的一项重要成果并具有巨大的经济意义。俄罗斯图波列夫航空科技联合体的副总设计师马雷舍夫介绍说，作为飞机的低温燃料将选用液化天然气，进一步再选用液化氢。俄罗斯航空专家将为飞机制造出燃烧液化天然气的机械系统，待其技术完善后将在图波列夫公司制造，马雷舍夫还披露，图波列夫航空科技联合体与德国空中客车有限公司已开始共同开发应用于空客系列飞机上的液化氢系统。但很明显，现在的飞机动力系统并不能适应液体天然气燃料，需重新设计[22]。

用作轮船燃料的天然气主要是LNG，这主要是因为只有LNG的运输需要使用大型的轮船，而且轮船运输LNG，符合LNG运输过程中不能有大的振动，需要低温有密切的关系。所以一般天然气轮船都是LNG轮船。自LNG船舶诞生40多年来，LNG船舶一直采用蒸汽轮机推进装置，因为它可以利用在运输过程中，货舱产生的货物蒸发气作为双燃料锅炉的燃料，锅炉燃烧产生蒸汽，为推进主透平和发电透平提供动力。一般蒸汽轮机装置包括两个双燃料锅炉，可混合燃烧重油和LNG，也可单独燃烧重油或LNG。在船舶推进系统方面，分别配置一个高压和低压蒸汽透平，来自锅炉的蒸汽先在高压蒸汽透平中膨胀做功，高压蒸汽透平的排气再流入低压蒸汽透平内继续膨胀做功，最后进入冷凝器冷凝为水。高、低压蒸汽透平的动力输出经由减速齿轮箱驱动一个定距桨转动，推动船舶运动。在船舶电力系统方面，此系统配置两台蒸汽透平和一台或两台柴油机驱动发电机发电。蒸汽轮机由于利用货物蒸发气的便利性，安全可靠，维护保养量低，40多年来一直被LNG船舶采用。但近年来，由于蒸汽轮机推进装置热效率远低于柴油机推进装置，因此在海运界的其他部门正在被经济性更好的柴油机推进装置所取代。

双燃料电力推进装置，基本工作原理同双燃料电力推进和发电方案的核心都是多个双燃料发电机组[22]。这些机组的数量和功率大小主要取决于船舶吨位和速度，也与设想的船舶营运方案有关。该种推进方式采用双燃料发电机组产生电能，供给船舶推进电动机组，经减速装置减速后驱动螺旋桨转动。LNG蒸发气通过电子控制阀件从燃气总管进入到进气阀前与空气混合，在压缩冲程结束前，少量点火引燃用的柴油被喷入汽缸，以确保空气/燃气混合气体发火燃烧。柴油机是在“贫”燃模式下运转，即其在介于敲缸和不发火之间一个狭窄的区间内工作。精确的电子控制和可调整的特性是保证各缸正常发火工作的关键技术。燃气柴油机是在传统柴油机的基础上进行了特别设计，机器保留了原柴油机的相应配置。在燃用LNG蒸发气模式下，当监视燃烧的传感器探测到某缸燃烧不正常时，机器会自动转到燃用柴油模式。燃用LNG蒸发气与燃用柴油时可获得的输出功率相同，转换过程不会造成功率波动[23]。

2006年4月，6条世界上最大的LNG船舶签订了建造合同，这6条LNG船舶推进装置无一例外地全部采用再液化装置和低速柴油机。目前采用双低速柴油机联合再液化装置的LNG船舶是双尾鳍结构，两台主机分别布置在两个独立的机舱内，主机通过离合器驱动传动轴和定距桨。推力轴承位于离合器内，传动轴有专用的锁紧装置。当一台主机在海上或港口需要维修时，脱开离合器，用锁紧装置将传动轴锁紧。采用双低速柴油机联合再液化装置的 LNG 船舶，主机可以采用传统的二冲程低速柴油机和性能更为优越的智能柴油机。目前在造的 LNG 船舶大部分采用的是德国曼（man）公司的 ME 系列主机，而再液化装置采用的是总部位于英国的汉姆沃斯公司的 MOSS 型再液化装置。燃气轮机可以方便地利用 LNG 货物蒸发气，随着 LNG 船舶需求量大增，一些燃气轮机公司纷纷提出了 LNG 船舶燃气轮机推进方案。其中有代表性的是美国通用电气公司提出的采用 LM2500 型燃气轮机的 COGES 方案，即燃蒸联合电力推进装置。系统包括两台简单循环 LM2500 燃气轮机，以及 LNG 货物蒸发气或者重油为燃料，各驱动一台发电机，为驱动螺旋桨的两台电机和其他用电设备供应电力，电机通过减速齿轮箱驱动螺旋桨。燃气轮机的废气各进入一个废气锅炉产生蒸汽，所产生的蒸汽为一台蒸汽轮机提供动力，蒸汽轮机驱动发电机也为推进电机和其他用电设备供电，LNG 船舶推进装置变化，主要是由于技术的更新和进步，以及具体情况密切相关，与蒸汽轮机相比，上面介绍的各种 LNG 船舶推进动力装置都具有各自的优点。蒸汽轮机不再是常规或者大型 LNG 船舶推进装置的最合适选择，双燃料电力推进装置和双低速柴油机联合再液化装置具有更好的营运经济性。定性分析及各船所采用的动力系统统计见表 7-18。

表 7-18 LNG 船舶推进装置系统分析

系统	优点	缺点
蒸汽轮机	常规 LNG 船舶常用的推进系统，经过发展也可为大型 LNG 船舶使用，但由于使用高效率的减速装置的经验不多，所以实际使用时要注意 可以使用重油或蒸发损耗气体 低震动	燃料消耗大 机器沉重 需要容纳锅炉的大机舱 今后很难找到经验丰富的能够操纵高压蒸汽设备的轮机人员 废气排放多
带有再液化装置的双螺旋桨低速机	因为有再液化装置，所以允许将装载的货物全部卸载到接收站 燃油消耗低 推进系统冗余高 燃料价格低 可以运送的 LNG 最大	再液化装置虽然在岸上已经是常用设备，但对于 LNG 船舶是个新概念 维护费用高 废气排放多
中速双燃料柴油机	可以燃烧货物蒸发损耗气体 有两个推进系统，所以有冗余 可以使用船用轻柴油和蒸发损耗气体 废气排放少 可操作性增强 货物装载可以增加	LNG 船舶推进系统的新概念 实际操作经验少 维护费用高
燃气轮机和蒸汽轮机	可以使用船用轻柴油和蒸发损耗气体 废气排放少 可操纵性增强 低震动 货物装载量可增加	LNG 船舶推进系统的新概念 在居住舱旁存在高压气体，因此需考虑解决的方法

① 130000m^3 的 PUTERIZAMRUD 号，由 PETRONAS TANKERS 公司管理，也由 20 年期租合同出租给马来西亚 LNGII。

② LNG 的净化工艺要求远高于 CNG。在 LNG 的生产过程中，需要预先脱除深冷过程中可能固化的物质，如水、CO_2、H_2S 及丙烷以上的重烃类，因此，LNG 的组分更纯，作为车用燃料，其环保性能更优于 CNG。

③ 车用 LNG 储存压力一般在 0～1.1MPa，而 CNG 的储存压力一般为 20～25MPa，可以看出 LNG 的安全性能也高于 CNG。

④ LNG 比汽/柴油便宜 30%～40%，作为车用燃料具有良好的经济效益。国家在税收政策上的优惠，使 LNG 作为汽车燃料更具有竞争性。

⑤ LNG 的充装如同加油一样方便快捷，操作上与燃油无任何区别。

⑥ LNG 可直接汽化为 CNG，亦可实现对天然气汽车加气。

⑦ 回收 LNG 的冷能可用作汽车空调。

⑧ LNG 便于运输，建站不受天然气管网的限制，易于网络化布置，规模化发展。另外，LNG 用作汽车发动机燃料还可以改变目前对石油资源过分依赖的状况，调整国家的能源结构，保证能源安全。

世界将在石油时代之后迎来天然气的时代。世界能源组织的最新报告显示，在未来世界的能源构成中，天然气的地位将会越来越重要，作为世界主要能源之一的天然气以高效、清洁、价廉为人们所喜爱，两次石油危机为天然气迅猛进入能源市场提供了契机。另一方面，随着人类环保意识的增强，环境问题越来越让人们所关注，许多国家正在调整其产业结构，使得天然气在常规能源消费构成中比重不断上升。目前，天然气消费在发达国家已占 25%左右，加快天然气的开发和利用对改善能源结构，保护生态环境具有深远的战略意义。

7.7　天然气飞机

天然气作为一种动力燃料，理论上可以应用于任何动力设备上，只是需要考虑其具体的储存和在燃烧设备中的燃烧情况及燃烧后的排放情况。飞机为高能耗动力设备，而且为集中的大型设备，考虑到这点，LNG 的使用就是有可能的。有报道说俄罗斯图波列夫公司正在考虑设计天然气飞机。当然飞机的发动机不同于汽车发动机，飞机所使用的大多为涡轮发动机，而不同于汽车上的汽油机和重卡等上面的压燃式的柴油机。但是这些都并不阻碍天然气在飞机上的应用，而且由于飞机一般都具有较为宽裕的空间，体积够大，LNG 的使用应该有优势。但是具体到其燃烧过程，热值等技术性和细节性的问题方面，都不太可能阻碍天然气在飞机上的应用，所以相信在不远的将来，天然气在飞机上的应用是可能的，尽管不一定是完全的天然气动力，也有可能是混合动力，但是从技术上看，是完全可能的。

参　考　文　献

[1] 马小平，任少博．浅析天然气汽车的发展．农业装备与车辆工程．2011，(1)：1-3.

[2] 邵毅明．压缩天然气汽车改装与维修．人民交通出版社．2004.

[3] 华贲．LNG 利用论文集．北京：石油工业出版社．2007，11.

[4] 华贲，熊标．加速开发中国 LNG 汽车产业链．中外能源，2007，(12)：12-15.

[5] http：//baike. baidu. com/view/16406. htm.

[6] 樊栓狮．天然气水合物储存与运输技术．北京：化学工业出版社．2005.

[7] 朱兆文 译，美国天然气工业旨在运输业中发挥作用．上海煤气，1995，4：45-48.

[8] 戴咏川，戴竹青．采用理化指标计算汽油辛烷值．辽宁石油化工大学学报，2011，31 (2)：5-7.

[9] 姚良山．以汽油及天然气为燃料的 HCCI 燃烧过程三维数值模拟的研究．青岛：2007.

[10] 李瑞忠，郗凤云，杨宁，邹劲松．2010 年世界能源供需分析——BP 世界能源统计 2011 解读．当代石油石化，2011，(7)：30-37.

[11] 卢向前．2000～2009 年世界主要地区天然气汽车保有量统计．国际石油经济，2010，(6)：51.

[12] 游伏兵．LNG 老化及其对发动机性能影响研究．武汉：武汉理工大学，2004.

[13] 王珂，张幽彤．天然气发动机技术发展研究．车辆与动力技术，2000，(4)：54-57.
[14] 加拿大西港创新公司．液化天然气（LNG）用于交通运输业重型卡车上的效益．商用汽车杂志，2007，（1）：106-108.
[15] 辛晓芳，孙乃有．前景诱人的交通工具——天然气汽车．能源研究与利用，1997，3：46-48.
[16] 罗晓东，郑少芬．天然气汽车的经济性分析．煤气与热力，2006，27 (3)：21-24.
[17] 吴东风，白立坤．我国现行汽车尾气排放限制标准与欧洲相关标准的差异性解读．吉林交通科技，2009，(2)：55-56.
[18] 樊守彬．北京机动车尾气排放特征研究．环境科学与管理，2011，36 (4)：28-31.
[19] 张晓萌，李武．我国液化天然气汽车发展前景的探讨．汽车工业研究，2009，9：23-25.
[20] 刘斌．液化天然气船前景依旧光明．世界船舶，1998，(2)：5.
[21] 仇世侃，蹇小平，张春化．汽油/天然气汽车的燃料转换控制原理．上海汽车，2008，(5)：22-25.
[22] 崔向东．双燃料发动机-新型液化天然气船主推进装置．世界海运，2008，31 (2)，33-35.
[23] 朱哲仁．LNG 船推进系统的研究与展望．大连：大连海事大学，2005.

城市燃气篇

8

城市燃气

8.1 城市居民天然气

8.1.1 城市燃气现状

中国的城市燃气已发展了140多年，到目前已经形成了较大的规模，近年来，随着西气东输工程的实施，在因地制宜，合理利用能源方针的指导下，我国城市燃气得到了快速发展，无论是气化率还是燃气技术的发展水平，都取得了实质性的突破。

根据建设部统计年报，全国661个城市中，城市人口3.4亿人，其中使用各种燃气的2.95亿人，城市气化率为82.5%。根据国际经验，城镇化率由30%到70%，是城镇化快速发展的阶段。所以，中国城镇化正处在快速发展的时期。到2020年，全国人口城镇化水平将达到65%左右，这一阶段，城市可持续发展与人居环境的改善要求市政基础设施保持较高的水平，这也给城市燃气的发展带来机会。

8.1.1.1 城市燃气使用种类及比例

城市燃气是由几种气体组成的混合气体，其中含有可燃气体和不可燃气体。可燃气体有碳氢化合物、氢和一氧化碳，不可燃气体有二氧化碳、氮和氧等[1]。

城市燃气的种类很多，主要有天然气、人工燃气、液化石油气、代天然气以及沼气等。目前，中国城市民用燃气主要为人工燃气、液化石油气和天然气。据统计，2009年全国全年人工燃气共使用380亿立方米；液化石油气共使用1329.1万吨；天然气共使用900亿立方米，其中民用使用405亿立方米，发电和其他方面共使用495亿立方米。整个用气结构中，液化石油气占63.4%，人工燃气占16.4%，天然气占20.2%。近年内，液化石油气仍占有主要份额，这也是由中国的经济及资源条件所决定的。

随着能源结构的调整及经济的发展，在未来的二三十年，中国三种气源的发展趋势是液化石油气发展潜力巨大，天然气将快速发展，人工燃气由于成本高、污染环境及有害气体危及生命而逐步减少。2010年以后，中国东部甚至包括东北地区以及西气东输沿线一带主要城市的燃气需求都将有可能会以天然气为主导气源。

(1) 天然气

天然气一般可分为四种：从气井开采出来的气田气或称纯天然气；伴随石油一起开采出来的石油气，也称石油伴生气；含石油轻质馏分的凝析气田气；从井下煤层抽出的煤矿矿井气[1]。

纯天然气的组分以甲烷为主，还含有少量的二氧化碳、硫化氢、氮和微量的氦、氖、氩等气体。我国四川天然气中甲烷含量一般不少于90%，发热值为34800～36000kJ/m^3（标准）。我国大港地区的天然气为石油伴生气，甲烷含量约为80%，乙烷、丙烷、丁烷等含量约为15%，发热值约为41900kJ/m^3（标准）。凝析气田气除含有大量甲烷外，还含有2%～5%戊烷及戊烷以上的碳氢化合物。矿井气的主要可燃组分是甲烷，其含量随采气方式而变化[1]。

我国天然气事业有很好的发展前景，在资源方面，我国有丰富的天然气资源量。各地天然气资源拥有量如表8-1所示。

表8-1　我国天然气资源的盆地分布

盆地	资源量/10^8m^3	总量/%	盆地	资源量/10^8m^3	总量/%
松辽	9869	2.6	吐哈	3651.02	1.2
渤海	21181.26	5.5	长江近海口	6513.02	1.7
四川	73575.21	19.4	东海	24803.4	6.5
鄂尔多斯	41797.4	11.0	琼东南	16253.4	4.2
准噶尔	12289	3.2	莺歌海	22390	5.9
柴达木	9000	2.4	珠江口	12987	3.4
塔里木	83896.15	21.9	总量	338205.86	88.9

我国天然气资源按盆地划分，分布于13个盆地，占总资源量的88.9%。其中以塔里木、四川盆地资源最丰富，共占总资源量的41.3%。

“西气东输、海洋气上岸、液化天然气登陆”是“十五”重点建设工程。“十五”期间已建成西气东输管段、南海东方1-1气田、海南东方市海底管道及其配套的储气设施和相应的气田产能建设工程、珠江三角洲进口LNG码头、气化站、输气管道及其辅助设施等。

西气东输工程全长4000km，是中国距离最长的天然气管道运输项目。每年向长江三角洲和沿线地区输气120亿立方米，稳定供气30年是有把握的，而且每年可以代替近二千万吨煤，以后随着资源勘探的深入和下游用气市场的开拓，逐步增加供气量。天然气在能源消费结构中的比重将提高2%。西气东输沿线城市可用清洁燃料取代部分电厂、窑炉、化工企业和居民生活使用的燃油和煤炭，这将有效改善大气环境，提高人民生活质量。

目前中国661个城市中已有近200个城市建有天然气管网，2010年将增加到270个城市。21世纪中叶，全国65%的城市有可能利用天然气。

城市燃气化是提高城市人民生活质量和改善城市环境的重要措施之一。天然气在技术经济上优于人工煤气和液化石油气，市场潜力最大，价格承受能力也最强。而且城市燃气化需要投资建设城市基础设施，有利于促进内需，拉动国家经济增长。

（2）人工燃气

人工燃气又称人工煤气，是指从固体或液体资源加工所生产的可燃气体。由于制气原料、工艺过程和加工设备的不同，可以生产多种类型的人工燃气。

人工煤气一般可分为四类[1]。

① 固体燃料干馏煤气　利用焦炉、连续式直立炭化炉和立箱炉等对煤进行干馏所获得的煤气称为干馏煤气。这类煤气中甲烷和氢的含量较高，低发热值一般在16700kJ/m^3（标准）。

② 固体燃料气化煤气　压力气化煤气、水煤气、发生炉煤气等均属此类。压力气化煤气的主要组分为氢及含量较高的甲烷，发热值在15100kJ/m^3（标准）左右。水煤气和发生炉煤气的主要组分为一氧化碳和氢。水煤气的发热值为10500kJ/m^3（标准）左右，发生炉煤气的发热值为5400kJ/m^3（标准）左右。

③ 油制气　按制取方法不同，可分为重油蓄热热裂解气和重油蓄热催化裂解气两种。

重油蓄热热裂解气以甲烷、乙烷和丙烯为主要组分，发热值约为 41900kJ/m³（标准）。重油蓄热催化裂解气中氢的含量最多，也含有甲烷和一氧化碳，发热值在 17600～20900kJ/m³（标准）左右。

④ 高炉煤气　高炉煤气是冶金工厂炼铁时的副产气，主要组分是一氧化碳和氮气，发热值约为 3800～4200kJ/m³（标准）。

(3) 液化石油气

液化石油气是开采和炼制石油过程中，作为副产品而获得的一部分碳氢化合物。

液化石油气的主要成分是丙烷、丙烯、丁烷和丁烯，习惯上又称 C_3、C_4。这些碳氢化合物在常温、常压下呈气态，当压力升高或温度降低时，很容易转变为液态。从气态转变为液态，其体积约缩小 250 倍。气态液化石油气的发热值约为 92100～121400kJ/m³（标准）。液态液化石油气的发热值约 45200～46100kJ/kg[1]。

近 10 多年来，中国液化石油气的生产和消费都在快速增加，年均消费增长率超过 10%，但仍需要进口大量的液化石油气以满足城乡居民不断增加的需求。今后若干年内，随着经济发展的需要，中国仍将是液化石油气需求增加最快的国家之一。

(4) 代天然气

空混气，俗称"代天然气"，是以液化石油气为原材料，经气化与压缩空气在混合器内混合而成的煤气，其特性与天然气相似，其发热值约为 31400kJ/m³（标准），可提供特猛的火力，效率高，满足家庭及工商业各方面需要，是一种理想的气体燃料。

代天然气的成分是液化石油气掺混空气，是无色无味无毒的气体（成分以丙烷、丁烷等为主），安全性和可靠性极高，代天然气燃烧清洁，在生产过程中，绝不会排出任何废气，也不会对环境造成任何污染，而代天然气不含任何如一氧化碳等有毒物质，确保用户得到安全可靠的燃料供应。空混气与天然气的燃烧特性十分接近，在燃气用具上能够互换。

(5) 沼气

各种有机物质，如蛋白质、纤维素、脂肪、淀粉等，在隔绝空气的条件下发酵，并在微生物的作用下产生的可燃气体，叫做沼气。沼气的组分中甲烷的含量约为 60%，二氧化碳约为 35%，此外，还含有少量的氢、一氧化碳等气体。发热值约为 20900kJ/m³（标准）[1]。

8.1.1.2 各类燃气输配系统[1]

燃气输配系统分为长距离输送系统和城市燃气输配系统两部分。

(1) 长距离输送系统

长距离输送系统简称长输系统（见图 8-1），是指连接气田脱硫净化厂或 LNG 终端站与城市门站之间的管线系统，一般由矿场集输管网、净化处理厂、输气管线起点站、输气干

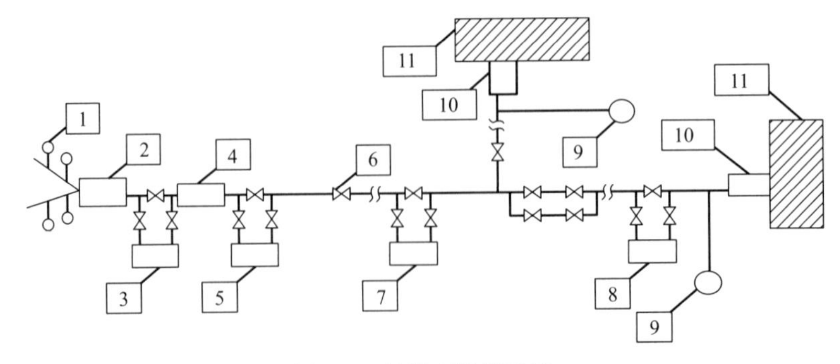

图 8-1　长距离输气系统

1—井场装置；2—集气站；3—矿场压气站；4—天然气处理厂；5—起点站；6—阀门；7—中间压气站；8—终点压气站；9—储气设施；10—燃气分配站；11—城镇或工业基地

线、输气支线、中间压气站、管理维修站、通信与遥控设施、阴极保护站、燃气分配站等组成。由于气源的种类、压力、气质及输送距离等不同，长输系统的站场设置也有差异。

① 矿场集输系统　矿场天然气输送系统主要有直线型系统、环状系统和放射状系统等三种形式。要根据井场上气井的布置及规模、产气层的数目和性能、天然气初次净化、计量和调节的方式、气井的产气特性和操作方式以及井场的气候条件和特性等选择合适的集输形式。

环状系统、放射状系统和直线型集气系统相比，具有下列优点：当集气环的某个管段发生事故时，关断相应的截流阀，仍可保证整个集气管网不间断地工作，在总压降相同和总用气量相等的情况下，与其他系统相比，环状集气系统的管道直径要小些，因此，总的金属耗量相应减少。

② 净化处理厂　当天然气中硫化氢、二氧化碳、凝析油的含量和含水量超过管道输气规定的标准时，需设置天然气净化处理厂进行处理。

③ 输气干线起点站　来自集气管线或天然气净化厂的天然气进入起点站，在这里进行除尘、调压、计量后进入长距离输气干线。输气干线起点站的主要任务是保持输气压力平稳，对燃气压力进行自动调节、计量以及除去燃气中的液滴和机械杂质。

分离器的作用：清除气体中的游离水及固体悬浮物。安全阀的作用：当进气压力超过操作压力时，安全阀自动泄压。

图 8-2 为输气干线起点站的流程。来自净化处理厂的天然气，由进气管 1 进入汇气管 2，在汇气管 2、6 之间有三组设备，其中一组备用。由汇气管 2 分别进入分离器 3，清除气体中的游离水及固体悬浮物，经调压器 4 和流量孔板 5 进入汇气管 6，沿输出管线 8 进入输气干线。

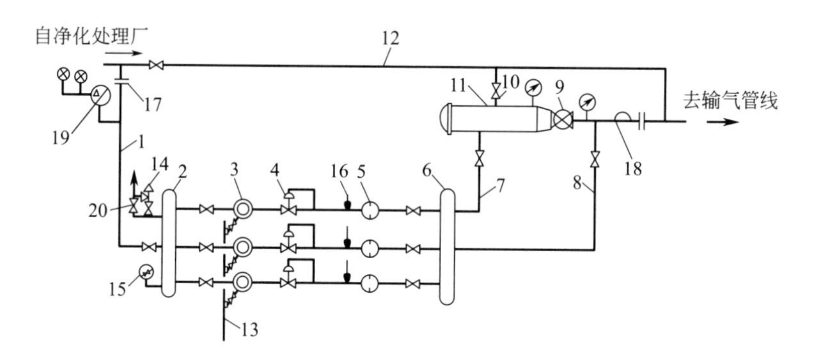

图 8-2　输气干线起点站的流程

1—进气管；2,6—汇气管；3—分离器；4—调压器；5—流量孔板；7—清管旁通管；8—燃气输出管；9—球阀；10—放空管；11—清管球发送装置；12—越站旁通管；13—分离器排污管；14—安全阀；15—压力表；16—温度计；17—绝缘法兰；18—清管球通过指示器；19—带声光信号的电接点式压力表；20—放空阀

④ 输气干线设施　在长输管线上，根据需要设中间压气站、清管球收发装置、阴极保护站、阀室等干线设施。

为了远距离输气，通常每隔一段距离设置中间压气站，使燃气压力满足城市门站的压力要求，若这一要求不能满足，还需要在门站建加压设施。管线的附属设备和阴极保护站、遥控中心站、中继站、清管球收发装置等，也可与压气站联合设置。

⑤ 燃气分配站　为向城市、居民点和工业区供应燃气，在输气干管及其支管的终端设燃气分配站，这种站亦称为城市门站。在燃气分配站将燃气压力降至城市或工业区燃气供应

系统所需的压力。通常在城市周围建立外层高压环或半环，从这个高压环通过若干个燃气分配站向城市管网供应燃气。

燃气分配站（流程见图 8-3）是长距离输气干线或支线的终点站，是城市、工业区分配管网的气源站，在该站内接收长输管线输送来的燃气经过除尘、调压、计量和加臭后送入城市或工业区的管网。储气罐站可单独设置，亦可与燃气分配站合并设置。

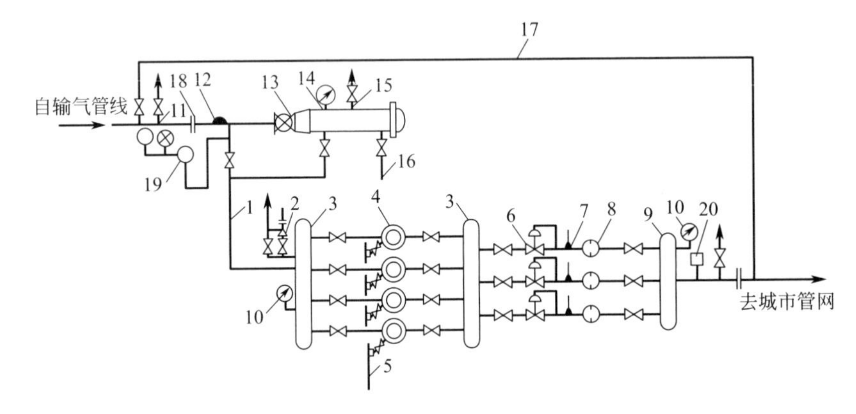

图 8-3　燃气分配站流程

1—进气管；2—安全阀；3,9—汇气管；4—除尘器；5—除尘器排污管；6—调压器；7—温度计；8—流量板孔；10—压力表；11—干线放空管；12—清管球通过指示灯；13—球阀；14—清管球接收装置；15—放空管；16—排污管；17—越站旁通管；18—绝缘法兰；19—电接点式压力表；20—加臭装置

⑥ 燃气的加臭　为了便于发现漏气，保证燃气输送和使用安全，常在无味的燃气中注入加臭剂。图 8-4 为吸收式加臭装置。

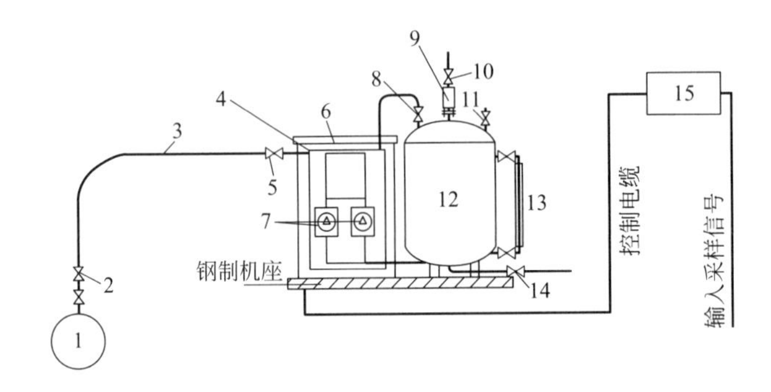

图 8-4　吸收式加臭装置

1—燃气管道；2—注射器阀；3—加臭剂管线；4—加臭剂输送管道阀门组；5—加臭阀；6—加臭机组；7—计量加臭泵；8—回流阀；9—呼吸组火阀；10—放空阀；11—进料阀；12—加臭剂储存筒；13—液位计；14—排污阀；15—控制器

对加臭剂的要求是：气味要强烈、独特、有刺激性，还应该持久且不易被其他气味所掩盖；加臭剂及其燃烧产物对人体无害；不腐蚀管线及设备；沸点不高且易于挥发，在运行条件下有足够的蒸气压；其蒸汽不溶于水和凝析液，不与燃气组分发生反应，不易被土壤吸收；价廉而不稀缺。

经常使用的加臭剂是四氢噻吩、乙硫醇及三丁基硫醇等。由于加臭剂通常含有硫化物，有一定的腐蚀性，添加量要适当。

加臭剂的添加可以在长输管线的起点，也可以在其末端。通常采用滴入式和吸收式装置进行。滴入式适用于燃气流量较小的情况；吸收式加臭装置适用于燃气流量较大的情况。

(2) 城市燃气输配系统[2~4,7]

城市燃气输配系统的目的是安全可靠地为城市供应燃气。现代化的城市燃气输配系统是复杂的能源综合设施，主要由不同压力的燃气管网、天然气门站、储配站、调压计量站、区域调压站或楼栋调压站等设施以及监控、调度、维护、管理等软硬件系统组成。

① 城市燃气管网的分类

a. 根据用途分类

(a) 长距离输气管线。其干管及支管的末端连接城市或大型工业企业，作为该供应区的起源点。

(b) 城市燃气管道

- 分配管道。在供气地区将燃气分配给工业企业用户、公共建筑用户和居民用户，分配管道包括街区和庭院的分配管道。
- 用户引入管。将燃气从分配管道引用到用户室内管道引入口处的总阀门。
- 室内燃气管道。通过用户管道引入口的总阀门将燃气引向室内，并分配到每个燃气用具。

(c) 工业企业燃气管道

- 工厂引入管和厂区燃气管道。将燃气从城市燃气管道引入工厂，分送到各用气车间。
- 车间燃气管道。从车间的管道引入口将燃气送到车间内各个用气设备，车间燃气管道包括干管和支管。
- 炉前燃气管道。从支管将燃气分送给炉上各个燃烧设备。

b. 根据敷设方式分类

(a) 地下燃气管道。一般在城市中常采用地下敷设。

(b) 架空燃气管道。在管道通过障碍时，或在工厂区为了管理维修方便，采用架空敷设。

c. 根据输气压力分类

根据安全、技术以及设备质量等级的不同要求，我国把城市燃气管道根据输气压力分为：

低压燃气管道　　压力为 $p<10\text{kPa}$ (即 $1000\text{mmH}_2\text{O}$)；
中压 B 燃气管道　　压力为 $10\text{kPa}<p\leqslant0.2\text{MPa}$；
中压 A 燃气管道　　压力为 $0.2\text{MPa}<p\leqslant0.4\text{MPa}$；
次高压 B 燃气管道　　压力为 $0.4\text{MPa}<p\leqslant0.8\text{MPa}$；
次高压 A 燃气管道　　压力为 $0.8\text{MPa}<p\leqslant1.6\text{MPa}$；
高压 B 燃气管道　　压力为 $1.6\text{MPa}<p\leqslant2.5\text{MPa}$；
高压 A 燃气管道　　压力为 $2.5\text{MPa}<p\leqslant4.0\text{MPa}$。

城市燃气管网中各级压力的干管，特别是中压以上压力较高的管道，应连成环状，初建时也可以是半环形或枝状管道，但应逐步构成环网。

② 城市燃气管网系统　城市燃气输配系统应保证不间断地、可靠地给用户供气，在运行管理方面应是安全的，在维修检测方面应是简便的。还应考虑在检修或发生故障时，可关断某些部分管段而不致影响全系统的工作。

在一个输配系统中，宜采用标准化和系列化的站室、构筑物和设备。采用的系统方案应具有最大的经济效益，并能分阶段地建造和投入运行。

现代化的城市燃气管网系统是复杂的综合设施，通常由下几部分构成[8]：

a. 低压、中压以及高压等不同压力等级的燃气管网；

b. 城市燃气分配站或压气站、各种类型的调压站或调压装置；

c. 储配站；

d. 监控与调度中心；

e. 维护管理中心。

在选择城市燃气管网系统时应考虑很多因素，其中最主要的因素有：

a. 气源情况，燃气的种类和性质、供气量和供气压力、起源的发展和更换气源的规划；

b. 城市的规划情况、街区和道路的现状、人口密度及分布情况；

c. 原有城市燃气供应设施情况；

d. 对不同类型用户的供气方针、气化率及不同类型用户对燃气压力的要求；

e. 用气的工业企业的数量和特点；

f. 储气设备的类型；

g. 城市地理地形条件；

h. 城市地下管线和地下建筑物、构筑物的现状和改建、扩建规划。

城市输配系统的主要部分是燃气管网，根据所采用的管网压力级制不同可分为如下几类。

一级系统：仅用低压管网来分配和供给燃气，一般只适用于小城镇的供气。如供气范围较大时，则输送单位体积燃气的管材用量将急剧增加。

两级系统：由低压和中压 B 或低压和中压 A 两级管道组成。

三级系统：包括低压、中压和高压的三级管网。

多级系统：由低压、中压 B、中压 A 和高压 B，甚至高压 A 的管网组成。

③ 采用不同压力级制的必要性

城市燃气输配系统中管网采用不同的压力级制，其原因如下。

a. 管网采用不同的压力级制是比较经济的。因为大部分燃气由较高压力的管道输送，管道的管径可以选得小一些，管道单位长度的压力损失可以选得大一些，以节省管材。如由城市的某一地区输送大量燃气到另一地区，则采用较高的输气压力比较经济合理，有时对城市里的大型工业企业用户，可敷设压力较高的专用输气管线。当然，管网内燃气的压力增高后，输送燃气所消耗的能量可能也随之增加。

b. 各类用户需要的燃气压力不同。如居民用户和小型公共建筑用户需要低压燃气，而大型工业企业则需要中压或高压燃气。

c. 消防安全要求。在城市未改建的老区，建筑物比较密集，街道和人行道都比较狭窄，不易敷设高压或中压 A 管道，而只能敷设中压 B 和低压管道。同时大城市的燃气输配系统的建造、扩建和改建过程要经过许多年，所以在城市的老区原先设计的燃气管道压力，大都比近期建造的管道压力低。

④ 城市燃气管网系统举例

a. 低压-中压 A 两级管网系统（见图 8-5） 天然气为气源，采用长输管线的末端储气。天然气长输管线从东西方向经燃气分配站送入该城市。中压 A 管道联成环网，通过区域调压站向低压管网供气，通过专用调压站向工业企业供气。低压管网根据地理条件分成三个不连通的区域管网。

居民用户和小型公共建筑用户由低压供气，管网布置有两种情况：一种低压管道沿大街小巷敷设，组成较密集的低压环网，这种情况适用于城市的老城区，因建筑物规划不整齐，又分成许多小区，这样直接从低压管道上连接用户引入管；第二种情况是低压管道敷设在街区内，而只将低压干管连接成环。这种情况适用于城市新建区，居民楼在街区内布置整齐，楼房之间保持必要间距，只将干管成环便可保证供气的可靠性和保持供气压力稳定。

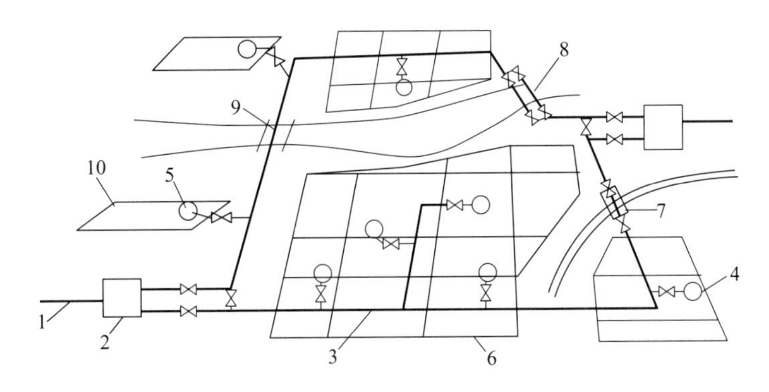

图 8-5 低压-中压 A 两级管网系统

1—长输管线；2—城市燃气分配站；3—中压 A 管网；4—区域调压站；5—工业企业专用调压站；6—低压管网；7—穿越铁路的套管敷设；8—穿越河底的过河管道；9—沿桥敷设的过河管道；10—工业企业

b. 低压-中压 B 两级管网系统（见图 8-6） 气源是人工燃气，用低压储气罐储气。从位于该城市郊区的燃气厂生产的低压燃气经加压后送入中压管网，再经区域调压站调压后送入低压管网，设置用气区的低压储气罐低峰时由中压管道供气，高峰时同时向中压和低压管网输送燃气。

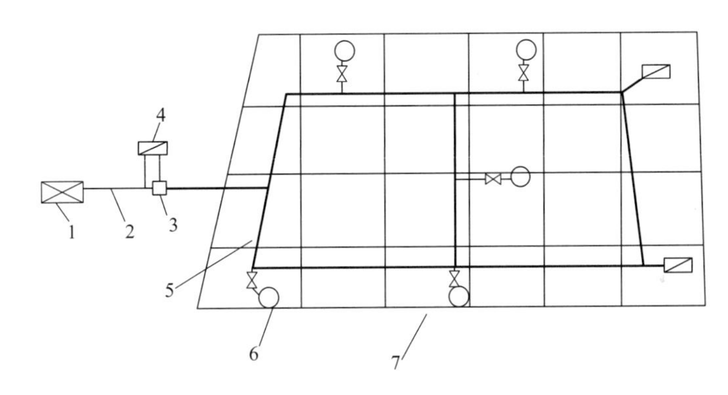

图 8-6 低压-中压 B 两级管网系统

1—气源厂；2—低压管道；3—压气站；4—低压储气站；5—中压 B 管网；6—区域调压站；7—低压管网

8.1.2 城市天然气应用及规划

我国城镇燃气正在向以天然气气源为主导方面转变，这就促使我国燃气系统的规模变大，并在相当长一段时间内保持增长趋势。天然气在全国范围内的应用更加普及，相应引起城市能源结构和燃气用户结构发生变化。在城市能源结构方面，天然气的供应会推动煤、电、气等能源供应的增加和互相替代。燃气会尽可能地替代煤，部分地替代油用于车辆燃料，也可能用于发电的同时，部分地又被电能所取代。在用户结构方面，城市燃气由原来以居民生活用气为主，变为以工业、采暖、空调、汽车用气以及发电动力用气为主。国民经济中第三产业比重增加，导致燃气用户结构发生变化。城市居民生活方式发生变化，生活水平提高，社会化程度增加，热水用量增加，外购成品食品比例加大和更多地出外餐饮、娱乐和旅游等都会影响到燃气需用情况的改变[4]。

我国城市燃气按照使用类型具体可分为以下几类：

① 居民生活用气，指居民用于炊事、生活用热水的用气；

② 商业用气，包括商业用户、宾馆、餐饮、医院、学校和机关单位等的用气；

③ 工业企业生产用气，工业企业生产设备和生产过程作为燃料的用气；

④ 采暖通风和空调用气，指上述三类用气中较大型采暖通风和空调设施的用气；

⑤ 燃气汽车用气，燃气汽车在近年得到了很大的发展，燃气汽车用量有望出现显著增长；

⑥ 发电用气，发电用气一般以天然气为燃料并由长输管线系统直供。

化工原料用气。当以煤或油品为原料生产用于化工的原料气体时，其生产设备即为化工生产系统的一部分，独立于城市燃气系统，因而不属于燃气系统范畴。以天然气为原料的化工原料用气一般需从天然气长输管线系统直供，用气属于燃气系统[4]。

中石油规划：在2020年，全国一年使用天然气要达到4000亿立方米，其中作为工业燃料使用1000亿立方米，占总使用比例的25%；发电使用900亿立方米，占总使用比例的22.55%；民用使用650亿立方米，占总比例16.25%；商用能源使用800亿立方米，占总使用比例的20%；交通能源150亿，占总使用比例的3.75%；工业原料500亿，占总使用比例的12.5%。

设计城市燃气管网系统时，应全面考虑上述诸因素进行综合，从而提出数个方案进行技术经济比较，选用经济合理的最佳方案。方案的比较必须在技术指标和工作可靠性相同的基础上进行。

8.1.2.1 城市燃气管道的布线原则[1]

① 管道中燃气的压力。

② 街道及其他地下管道的密集程度与布置情况。

③ 街道交通量和路面结构情况，以及运输管线的分布情况。

④ 所运输燃气的含湿量，必要的管道坡度、街道地形变化情况。

⑤ 与该管道相连接的用户数量及用气情况，该管道是主要管道还是次要管道。

⑥ 线路上所遇到的障碍物情况。

⑦ 土壤性质、腐蚀性能和冰冻线深度。

⑧ 该管线在施工、运行和万一发生故障时，对交通和人民生活的影响。

8.1.2.2 高、中压管网的平面布置原则[1]

① 高压管道宜布置在城市边缘或市内有足够埋管安全距离的地带，并应成环，以提高高压供气的可靠性。

② 中压管道应布置在城市用气区便于与低压环网连接的规划道路上，但应尽量避免沿车辆来往频繁或闹市区的交通线敷设，否则对管道施工和管理维修造成困难。

③ 中压管道应布置成环状，以提高其输气和配气的安全可靠性。

④ 高、中压管道的布置，应考虑调压站的布点位置和对大型用户直接供气的可能性，应使管道通过这些地区时尽量靠近各调压站和这类用户，以缩短连接支管的长度。

⑤ 从气源厂连接高压或中压管道的连接管段应采用双线敷设。

⑥ 由高、中压管道直接供气的大型用户，其用户支管末端必须考虑设置专用调压站的位置。

⑦ 高、中压管道应尽量避免穿越铁路等大型障碍物，以减少工程量和投资。

⑧ 高、中压管道是城市输配系统的输气和配气主要管线，必须综合考虑近期建设与长期规划的关系。

⑨ 当高、中压管网初期建设的实际条件只允许布置半环形、甚至枝状管网时，应根据发展规划使之与规划环网有机联系，防止以后出现不合理的管网布局。

8.1.2.3 低压管网的平面布置[1]

① 低压管网的每环边长一般宜控制在300～600m之间。

② 低压管道除以环状管网为主体布置外，也允许存在枝状管道。

③ 有条件时低压管道宜尽可能布置在街区内兼作庭院管道，以节省投资。

④ 低压管道可以沿街道一侧敷设，也可以双侧敷设。

⑤ 低压管道应按规划道路布线，并应与道路轴线或建筑物的前沿相平行，尽可能避免在高级路面下敷设。

8.1.2.4　场站布置原则

这里主要讲述门站和储配站的布置原则。

门站和储配站是用来接受气源来气并进行净化、加臭、储存、控制供气压力、气量分配、计量和气质检测。其设计布置应符合下列要求：

① 站址应符合城镇总体规划的要求；

② 站址应具有适宜的地形、工程地质、供电、给水排水和通信等条件；

③ 门站和储配站应少占农田、节约用地并应注意与城镇景观等协调；

④ 门站站址应结合长输管线位置确定；

⑤ 根据输配系统具体情况，储配站与门站可合建；

⑥ 储配站内的储气罐与站外的建、构筑物的防火间距应符合现行的国家标准 GB 50016《建筑设计防火规范》的有关规定。站内露天燃气工艺装置与站外建、构筑物的防火距离应符合甲类生产厂房与外建、构筑物的防火间距的要求（见表 8-2）。

表 8-2　储气罐与站内的建、构筑物的防火距离　　单位：m

储气罐总容积/m^3	≤1000	1000～10000	10000～50000	50000～200000	＞200000
明火、散发火花地点	20	25	30	35	40
调压室、压缩机室、计量室	10	12	15	20	25
控制室、变配电室、汽车库等辅助建筑	12	15	20	25	30
机修间、燃气锅炉房	15	20	25	30	35
办公、生活建筑	18	20	25	30	35
消防泵房、消防水池取水口	20				
站内道路(路边)	10				
围墙	15				18

门站和储配站总平面布置应符合以下要求[10,11]。

① 总平面应分区布置，即分为生产区（包括储罐区、调压计量区、加压区等）和辅助区。

② 站内的各建构筑物之间以及站外建筑物之间的防火间距应符合现行国家标准 GB 50016《建筑设计防火规范》的有关规定。站内建筑物的耐火等级不应低于现行国家标准 GB 50016《建筑设计防火规范》“二级”的规定。

③ 站内露天工艺装置区边缘距明火或散发火花地点不应小于 20m，距办公、生活建筑不应小于 18m，距围墙不应小于 10m。与站内生产建筑的间距按工艺要求确定。

④ 储配站生产区应设置环形消防车通道，消防车通道宽度不应小于 3.5m。

⑤ 当燃气无臭味或臭味不足时，门站或储配站内应设置加臭装置。

8.1.3　城市民用天然气的特点及经济性分析

天然气作为一种洁净高效的能源，是城市燃气的理想气源。在我国，民用天然气使用包括民居炊事和供暖（冷）用气等，是城市天然气消耗的主要部分。

8.1.3.1 影响居民用气量的指标因素[5]

影响居民用气量的指标因素有很多，如住宅内的用气设备，公共生活服务网（食堂、熟食店、饮食店、浴室、洗衣房等）的发展程度，居民的生活水平和生活习惯，居民每户平均人口数，地区的气象条件，燃气价格，住宅内有无集中供暖设备和热水供应设备等。

通常，住宅内用气设备齐全，地区的平均气温低，则居民生活用气量指标也高。但是，随着公共服务网的发展以及燃具的改进，居民的用气量又会下降。

上述各种因素对居民生活用气量指标的影响无法精确确定。通常是根据对各种典型用户用气进行调查和测定，并通过综合分析得到平均用气量，作为用气量指标。应根据当地的具体情况来确定。

由表 8-3 可知，无集中供暖设备的城市用户的用气量指标比有集中供暖设备（指非燃气供暖设备）的用户低。

表 8-3 几大城市的居民生活用气标准

序号	城市	无集中采暖设备		有集中采暖设备		燃气低热值/(kJ/m³)
		10^4kJ/(人·年)	m³/(人·年)	10^4kJ/(人·年)	m³/(人·年)	
1	北京	251～272	150～162	272～306	162～182	17000
2	上海	230～251	157～171	—	—	15000
3	南京	205～218	111～118	—	—	18000
4	大连	155～167	110～119	197～209	140～149	14000
5	沈阳	159～172	76～80	201～218	96～104	21000
6	哈尔滨	167～180	133～143	243～251	193～200	13000
7	成都	218～280	61～79	—	—	36000
8	重庆	230～272	63～78	—	—	36000

注：1. 表中的用气标准为每户安装一个燃气表，用途为烹饪和烧热水。
2. “采暖”设备是指非燃气设备。

居民生活年用气量跟用气人数有关，居民用气人数取决于城镇居民人口数及气化率。气化率是指城镇居民使用燃气的人口数占城镇总人口的百分数。

8.1.3.2 民用燃气需用工况[1]

城市各类用户的用气情况是不均匀的，是随月、日、时而变化的，这是城市燃气供应的一个特点。用气不均匀性可分三种，即月不均匀性（或季节不均匀性）、日不均匀性和时不均匀性。

各类用户的用气不均匀性取决于很多因素，如气候条件、居民生活水平及生活习惯等。

(1) 月用气工况

影响居民生活及公共建筑月用气不均匀性的主要因素是气候条件。气温降低，则用气量增大，因为在一些月份水温低，故用气量较多，又因为在冬季，人们习惯吃热食，制备食品需用的燃气量增多，需用的热水也较多。反之，在夏季用气量会降低。

(2) 日用气工况

一个月或一周内日用气的波动主要由以下因素决定：居民生活习惯、工业企业的工作和休息制度、室外气温变化等。根据实测的资料，我国一些城市，在一周中从星期一至星期五用气量变化较少，而星期六、星期日用气量有所增长。节日前和节假日用气量较大。供暖期间，供暖用气的日不均匀系数变化不大。

(3) 小时用气工况

城市中居民生活用户小时用气不均匀性很显著，对于供暖用户，若为连续供暖，则小时用气波动小，一般晚间稍高，若为间歇供暖，波动也大。

居民生活用户小时用气工况与居民生活习惯、气化住宅的数量以及居民职业类别等因素有关。每日有早、午、晚三个用气高峰，早高峰最低。由于生活习惯和工作休息制度不同的情况，有的城市晚高峰低于午高峰，另一些城市则晚高峰会高于午高峰。

8.1.3.3 城市燃气的储气调峰

城市燃气的需用工况是不均匀的，随月、日、时而变化，但一般燃气气源的供应量是均匀的，不可能完全随需用工况而变化。为了解决均匀供气与不均匀耗气之间的矛盾，保证燃气用户有足够的流量和正常压力的燃气。可采用天然气储存调峰的办法来满足燃气输配系统的供需平衡。

储气调峰的方式有：①水合物形式储气；②地下储气库储气；③储气罐储气；④高压管道储气；⑤液化天然气储气等。表 8-4 为天然气储气调峰方式的比较。

表 8-4 天然气储气调峰方式的比较

储气方法	天然气状态	主要调峰能力
水合物形式	液态	季节、月调峰
地下储气库	气态，常温高压	季节调峰
高压球罐	气态，常温低压或高压	日、小时调峰
高压管道	气态，常温中压或高压	小时调峰
液化天然气	液态，低温常压	季节调峰

天然气储存调峰是调节供气不均衡性的最有效手段，可减轻季节性用量波动和昼夜用气波动所带来的管理上和经济上的损害；保证系统供气的可靠性和连续性；保证输供系统的正常运行，提高输气效率，降低输气成本。为了能够安全、平稳、可靠地向用户供气，就需要进行天然气储备，即把用气低峰时输气系统中富余的天然气储存在消费者附近，在用气高峰时用以补充供气量的不足或在输气系统上发生故障时用以保证连续供气[1]。

民用气是天然气市场中稳定性最好的市场。民用天然气经销属于终端销售，发展一点，可以控制一片，短期风险不大，销售量稳定，受产品结构调整、经济萎缩或各种经济危机的影响较小。随着城市化进程不断推进，燃气与自来水、电一样，是群众长期、稳定的基本需求。由于天然气逐渐成为城市居民最基本的生活需求，这也为城市燃气的经营带来了更多的挑战。以下是对城市居民用气的经济性分析。

（1）为保民生，我国对天然气的价格控制相当严格，这极大抑制了天然气经销企业的利润和生存空间。

我国现行的天然气定价机制实行以国家定价为主，市场调整为辅的管理形式，即由中央政府和地方政府依据天然气供应的自然流程实行分段管制。我国天然气价格由出厂价、管输价、城市管网价三个部分组成。出厂价加管输价形成天然气的门站价格，门站价格加城市管网价形成天然气的最终用户消费价格。在定价模式上，无论是出厂价、管输价还是天然气终端价格，我国均采取成本加成的定价模式，即根据天然气的补偿成本加合理利润并兼顾用户承受能力来确定我国天然气价格。

我国现行天然气定价机制，将过去计划内天然气与油气田自销天然气价格进行了统一，理顺了价格“双轨制”所导致的出厂价格混乱的局面，并规范了市场供应主体的行为，适应于当时我国单一气源供应的格局。但伴随我国多气源（国产气、进口管道气、进口 LNG)、多管线相互调剂、联合供气格局的形成，这种价格管理模式落后于我国天然气工业及其市场发展趋势，突出表现在以下几个方面[6]。

① 国内天然气价格和国际市场天然气价格脱轨。以西气东输为例，二线工程到我国中部地区的价格是一线的两倍以上。这种天然气价格倒挂的局面将严重阻碍我国对海外能源的有效利用，并影响我国多管线供气的有效运行。

② 长周期性和刚性的天然气调价机制抑制了天然气工业的快速发展。刚性的价格调整

机制导致了我国天然气价格与替代能源的比价不合理，从需求上扭曲了我国能源消费结构，从供给上压缩了我国生产企业的利润空间，致使天然气生产企业在天然气的勘探、开发投入受到严重制约。

③ 天然气上下游之间存在的利益冲突。在我国天然气价格全链条严格管制的情况下，上下游厂商将对既定价格展开争夺，2009 年冬季我国南方多个城市出现“气荒”现象是其突出表现。

(2) 为保民生，民用天然气的供应必须稳定可靠。

根据相关要求，民用气停气不得超过 48h。并且非紧急情况，需在停气前 48h 通知用户。而且停气期间要尽可能采用临时供气方式保证供应。这就要求燃气经营企业承担起巨大的社会责任，在管网建设、人员架构、应急设备等诸多方面增强配置，加大投入[6]。

8.1.4 城市民用天然气输配系统

城市民用天然气输配系统的目的是通过各级压力管网把天然气分配到居民用户家中。出于经济性和安全性方面的综合考虑，民用天然气多采用中压输气的方式。

我国城镇燃气设计规范对居民用户室内燃气管道的最高压力做出了规定：中压进户室内燃气管道的最高压力不应大于 0.2MPa，低压进户室内燃气管道的最高压力不应大于 0.01MPa。城市民用天然气应采用低压燃气。民用低压天然气设备的额定压力为 2000Pa。

为满足居民用户的低压用气要求，需要对门站或 LNG、CNG 气站等接收来的天然气进行多级压力调节，由此衍生出多种民用天然气输配系统[9]。

8.1.4.1 高中压输配系统

根据气源方式的不同，目前国内常用的高中压输配系统有以下几种。

(1) 气源来自天然气长输管线

来自长输管线的高压天然气，经城市门站过滤计量调压到次高压后进入城市次高压管网，再经高中压调压站调至中压后进入城市中压管网。

长输管线沿线城市多采用此种方式。

(2) 气源来自 LNG 气化站

通过槽车运来的液化天然气经 LNG 气化站气化后调至中压，进入城市中压管网。

没有长输管线经过的城市多采用此种方式。此方式也可用来为主气源是长输管线的城市调峰。

(3) 气源来自 CNG 气站

通过槽车运来的压缩天然气经 CNG 气站调至中压后，进入城市中压管网。

没有长输管线经过并且用气量不大的城市多采用此种方式。此方式也可用于调峰。

8.1.4.2 中低压输配系统

目前我国城市民用天然气输配系统常用的方式如下。

(1) 区域调压

通过设置区域调压器，将片区内管网压力降低，低压进户。

(2) 楼栋调压

通过设置楼栋调压器，将楼栋内管网压力降低，低压进户。

(3) 分户调压，中压进户

燃气经中压支管、中压庭院管直接进入用户，在每个用户设置调压器进行调压，通过用户调压器将压力降低后供天然气设备使用。根据国家现行规范的要求，此方式要求中压系统管网压力不超过 0.2MPa，相应限制了中压管网的输气能力。这种供气方式优点在于：每个用户的调压装置各自独立，互不干扰，用户用气可靠性高，燃具前的压力稳定。另外节省了区域调压、柜式调压站等用地，设备投资、金属管道耗量以及安装费用等具有明显的经济优势。

(4) 区域调压与分户调压相结合

通过区域调压器将中压管网压力降低至0.2MPa以下，中压进户，再经用户调压器调至低压，供燃气具使用。此方式一方面可以满足中压进户压力不超过0.2MPa的规范要求，另一方面可以提高城市中压管网的压力，从而提高中压管网的输气能力，节约管网投资成本。

8.1.4.3　民用天然气系统的新应用

(1) 移动天然气撬[12]

随着川气东送、西气东输的陆续投产，管道天然气也日益普及。城市的发展，人民生活水平和质量的提高，要求我们必须确保用户安全、连续地用气。但在燃气供应过程中不可避免会出现因地下燃气管道维修而导致燃气用户无法用气的情况。由于天然气的特性，不可能采用像LPG钢瓶一样直接通过楼栋总管进行供气，为此，必须考虑相应的配套设备，以确保LNG瓶组能够方便、快捷地向单个楼栋或单个小区进行供气。

在这种情况下，深圳燃气刘建辉等人研发出移动式液化天然气加臭调压箱，其供气流程如图8-7。

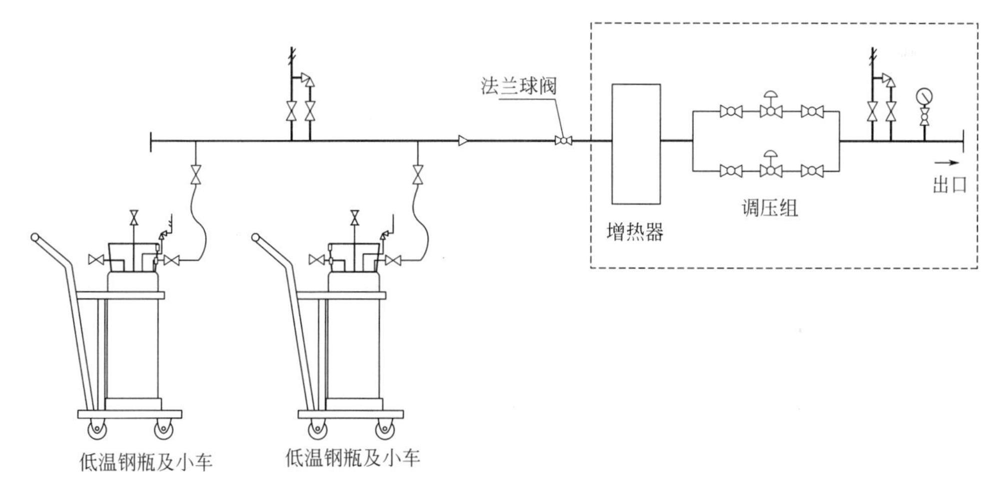

图8-7　移动式液化天然气加臭调压箱

该设备具有增热、调压、加臭等多项功能。将该设备入口与LNG钢瓶的自增压出口相接，该设备出口与供气点相接，即可通过楼栋总管进行临时供气。

该设备具有外形美观、自由组合、操作简单、机动灵活、实用性强等特点，填补了我国燃气行业的一块空白，获得了国家知识产权局的外观设计（专利号：ZL 2009 3.0189820.X）和实用新型（ZL 2009.2 0 162066.5）两项专利，并可作为定型产品批量生产，在城市天然气的供气保障体系中有着广泛的应用前景。

(2) 不锈钢管

目前在我国燃气行业中，室内燃气管道多采用镀锌钢管。但根据《城镇燃气室内施工及验收规范》CJJ 94—2003的规定，除镀锌钢管外，室内燃气管道还可以采用不锈钢管等其他管材。

① 不锈钢管的优点

在耐腐蚀性能方面：不锈钢具有优越的耐腐蚀性能，可耐空气、水、石油等介质的腐蚀；镀锌管镀锌层被破坏后，很容易发生腐蚀。其寿命不足不锈钢管的1/3。

在重量方面：以$DN15$管为例，不锈钢管为0.301kg/m；镀锌管为1.08kg/m。在相同长度的情况下，镀锌管重量约是不锈钢管重量的3.6倍。

② 不锈钢管的连接与密封　在燃气应用中，不锈钢管采用卡压式管件进行连接，一般有M型与V型两种。M型管件通常叫单卡压管件，V型管件通常也叫双卡压管件。

不锈钢管的管件连接，通常采用黄色耐油型的丁腈橡胶密封圈进行密封。丁腈橡胶是由丁二烯和丙烯腈经乳液聚合法制得的，是耐油（尤其是烷烃油）性极好、耐老化性能较好的合成橡胶。耐磨性较高，耐热性较好，粘接力强。其缺点是耐低温性差、耐臭氧性差，电性能低劣，弹性稍低。

③ 不锈钢管的综合成本

a. 材料成本：不锈钢管材价格约是镀锌管的2.2倍。

b. 安装成本：卡压式安装与镀锌管的套丝或焊接安装，可节约1/4的安装时间。

c. 防腐成本：不锈钢不用做防腐漆防腐，在安装时可以节约管道的防腐成本。

d. 维护成本：不锈钢管耐腐蚀性能好、刚性好，正常使用不需要做防腐的日常维护。

e. 使用寿命：不锈钢的使用寿命可达70年，丁腈橡胶的使用寿命可达50年。

f. 物品回收价值：当不锈钢管因拆迁或到达使用寿命时，不锈钢的回收价值是镀锌管的2倍。

出于美观和满足不同用户个性化需求等方面考虑，目前部分城市的燃气企业已开始推广不锈钢管。

(3) 带切断保护的分户调压器

目前民用燃气调压系统主要有集中调压和分户调压两种。集中调压多用于多层建筑低压进户，部分调压设备自带超压切断功能；分户调压多用于高层建筑中压进户，以保证用户用气压力稳定，此类调压设备多没有自动切断功能。

但根据《城镇燃气设计规范》(GB 50028—2006) 的要求，调压装置应设有自动切断保护装置；在调压器燃气入口（或出口）处，应设防止燃气出口压力过高的安全保护装置（但调压器本身带有安全保护装置时可不设）。并且后者为强制性条款，必须执行。这就对分户调压系统提出了新的挑战，要求分户调压设备必须增设超压自动切断功能。

在这种情况下，陕西万泰研发出了带自动切断保护功能的新型分户调压器。该调压器的特点如下。

① 具有出口超压切断功能，避免了因调压器调压功能失灵而产生的中压直接冲至燃具产生的安全隐患。

② 具有进口超低压切断功能，解决了突发停气后再供气时由于开关或燃具处于开启状态而产生的安全隐患。该功能的推广使用将大大提高户内燃气系统的安全系数。

③ 具有切断后人工复位的功能，该功能要求恢复供气时必须人工操作，以避免产生无人监控而直接通气造成的危害。

(4) 无线抄表系统

随着我国国民经济的高速发展，人民生活水平的日益提高，住宅成套率和商品化的不断扩大，居民对住宅周边环境、物业部门管理质量、公共事业服务水平等方面的要求越来越高。同时居民对隐私权越来越重视，传统的公用事业服务方式（人工入户抄表方式）与社会的发展不相适应显得日益明显。根据需求，三表远程抄表系统得到蓬勃发展。但目前三表远程抄表系统主要为有线通信型，该系统存在通信节点不独立，挂接在一条总线上，单节点故障往往会影响系统性能。同时，系统安装维护成本较高，需专业弱电施工人员、维护中故障点难排查等弊端，渐渐不能满足公用事业服务部门需求。随着短距离微功率无线通信技术的发展，使无线抄表系统成为一种发展趋势。

目前国内无线抄表系统中无线表具计量多采用脉冲累加计量的读数原理。由于脉冲计量存在误触发、抗干扰能力较差，往往造成二次计量误差。并且目前无线抄表系统主要采用点对点通信方式，此系统一般通过增加单表发射功率或密布无线数据集中器的方式来解决无线通信距离问题。

成都千嘉科技有限公司在综合分析点对点无线通信的优缺点的基础上，根据网络通信中的路由算法，结合短距离微功率无线通信技术与无线抄表应用的具体要求对路由算法进行改进，研制出具有双向多跳、无线中继功能的无线抄表系统。该系统采用中继方式实现数据汇总，从而解决微功率（短距离）无线表具的通信距离，实现远程大范围无线信号可靠传输。该系统具有以下特点。

① 抄表数据准确可靠　传统有线型三表集抄系统中，表具计量多采用脉冲累加计量。由于脉冲计量存在误触发、抗干扰能力较差，往往造成二次计量误差。千嘉公司的无线抄表系统采用了光电直读技术直接读取表盘数字，即“窗口值”工作原理。本方法就是设计一个光电编码器，读出字轮所在绝对角度，从而得到字轮当前显示窗口的数字，进而得到表具的读数。该读数方式能保证远传抄表数据与机械读数保持一致，零误差。

② 无线传输距离远　无线网络抄表系统中采用ISM频段，无需申请频点。符合信息产业部《微功率（短距离）无线电设备管理暂行规定》的要求，设备功率低（通常使用ISM频段的470MHz无线信道，最大输出功率50MW，接收灵敏度优于－100dbm）。系统采用路由算法，双向多跳的中继方式进行通信，整个系统组成环形网状网络。中继方式实现数据汇总，从而解决微功率（短距离）无线表具的通信距离，实现远程大范围无线信号可靠传输。

③ 系统安装维护方便、快捷、经济　无线网络抄表系统中的无线表具，不需要专业安装施工人员，由公用事业服务部门的普通安装人员经简单培训后均能完成。对于安装而言，只需把表具安上，该工作与普通表一样，后由操作人员通过手持机设定路由号即可完成整个表具安装。通信终端节点相对独立，单个节点的故障不会影响系统性能。无线表具互换性强，维护方便快捷。

④ 产品绿色环保　无线表具采用电池供电，表具采用低功耗设计。为降低功耗，无线通信装置采用间歇式工作模式，平时通信装置处于休眠状态，功耗极低，由时钟定时启动接收。同时改进电源管理及锂电池的放电方式，消除电池钝化现象。

无线通信方式由于采用路由技术，可减小发射功率，符合信息产业部《微功率（短距离）无线电设备管理暂行规定》，产品绿色环保。取得国家工业和信息化部无线电管理局颁布的《无线电发射设备型号核准证》，核准代码为：CMIIT ID：2009DP2282。

⑤ 产品安全可靠　由于公用事业中燃气安全性非常重要，系统设计时采用本质安全性电路设计，符合《GB 3836.1—2000 爆炸性气体环境用电器设备　第1部分：通用要求》《GB 3836.1—2000 爆炸性气体环境用电器设备 第4部分：本质安全型“1”》的要求。

⑥ 系统具有良好的可扩展性、兼容性　系统具有在小区早期安装用户比较少时可以点抄；中期整栋楼基本装全时可以集抄；后期整个小区全部安装结束后，集抄数据可以由移动通信网络汇总到行业管理部门。同时，系统符合国家行业标准JG/T 162—2009《住宅远传抄表系统》、CJ/T 188—2004《户用计量仪表数据传输技术条件》等标准，兼容性好。

(5) 抢维修过程中放散气回收

国内城市燃气管网抢险、维修作业普遍采用的方法是“燃气直接排放法”。这种方式尽管快捷、方便，但是存在明显缺陷：①浪费大量能源；②污染大气环境；③极易引发火灾、爆炸等安全事故；④扰民、排放过程中产生一些噪声和刺鼻气味，对居民心理和身心健康造成不利影响。

为此，研制出了便携式放散燃气回收装置，如图8-8所示，不仅能完全回收检修作业过程中原本须排入大气、被浪费掉的燃气，实现零排放，彻底消除安全隐患，而且能够提供用于管道吹扫或强度与气密性试验的压缩空气介质，还能供应用于置换的惰性气体。

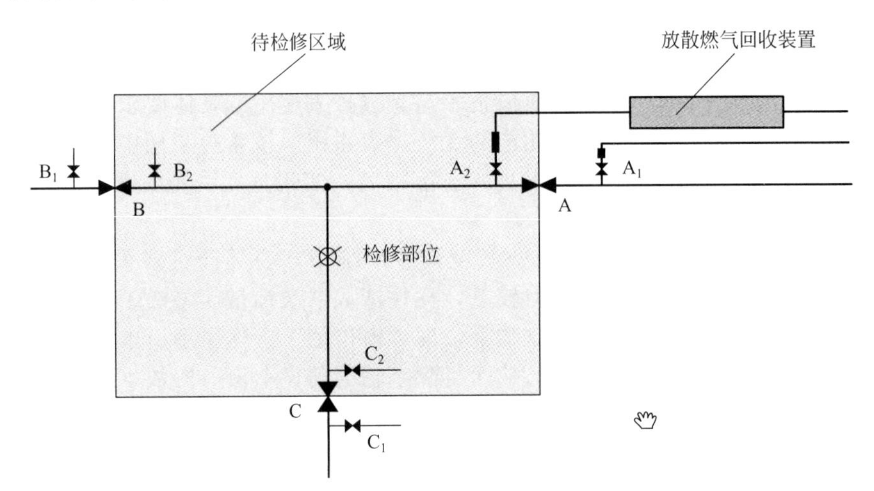

图 8-8 放散燃气回收装置的工作原理框

A,B,C—隔离阀门

整个装置采用防爆型设计，还配有燃气泄漏报警设备、氧气含量在线检测仪、甲烷含量快速检测仪、压力温度显示仪、燃气热值的快速分析仪等监测仪器，完成必要的分析与检测。

整个操作过程分为放散燃气回收、惰性气体置换、管道吹扫及强度与气密性试验三个步骤，以 DN400mm 管道为例，每次检修过程可大致节省天然气 620m^3，直接经济效益 2000 多元，重要的是能消除城市燃气管网抢险、抢修作业的安全隐患，杜绝了燃气直接排入大气的情况，社会效益显著。

8.2 新用途

天然气经过开采、收集、分离、净化、加压或液化后供给城镇作为燃气气源，目前天然气的利用已经进入各国经济的许多领域。天然气资源丰富，在环保上具有其他能源不可替代的优势，所以天然气的应用越来越受到人们的重视。作为能源目前凡是能用煤、油、液化气的地方都能用天然气替代。

天然气利用的技术与设备包括采暖、热水供应、炊事、空气调节、烘烤、楼宇及地区级热电联产等方面，天然气未来还会应用在燃料电池、天然气制氢-加氢站建设、家庭热电联产等方面。

8.2.1 地板采暖系统

地板采暖简称地暖，又称地热、地面低温辐射采暖等，其基本原理就是将热源敷设在地板之下，通过地板向上辐射热能达到室内采暖的目的。此项技术自 20 世纪 50 年代以来就已经在整个欧洲、北美（美国北部及加拿大）广泛使用至今，其历史最远可以追溯到罗马帝国时期，那时人们将地下温泉引入地下的管槽，在大理石地面下循环发热取暖，这就是今天低温热水地板辐射采暖的原型。在我国古代的皇宫中也曾有类似的应用，北京故宫太和殿就是采用地板采暖。地板采暖是目前国际上公认的最为舒适、健康并且日益普及的采暖方式。据悉，法国约有 20%、德国 40%、奥地利 25%、瑞士 48%、加拿大 65%的住宅建筑都装设了地板采暖系统。而亚洲的韩国和日本应用地板采暖的住宅面积占到了新建住宅面积的 80%

以上。国内的地板采暖发源于20世纪90年代初，经过十几年的发展，地暖采暖已经得到了相当一部分消费群体的认可，用户数量逐年剧增。地板采暖供应系统如图8-9所示。

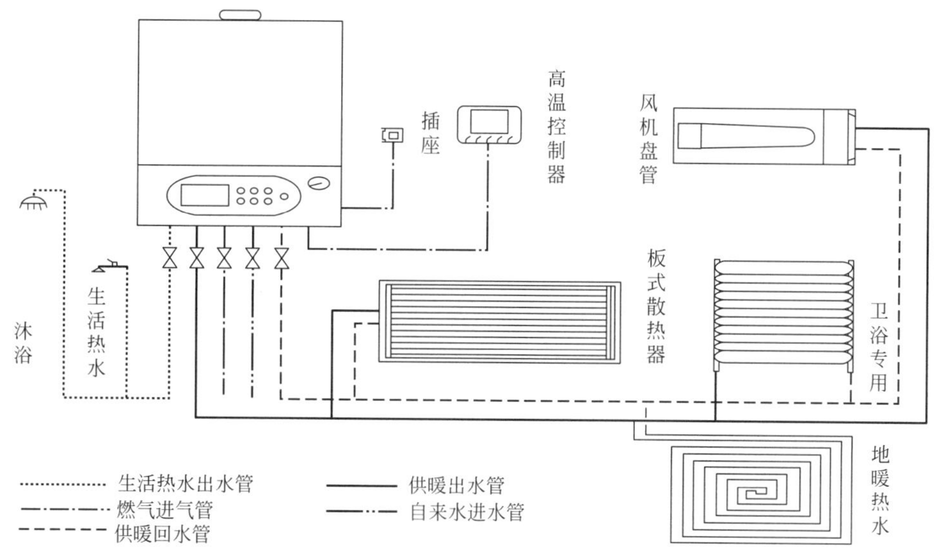

图8-9　地板采暖供应系统示意图

地板采暖系统主要技术参数及技术说明如下。

① 地板供暖结构厚度：公建≥90mm，住宅≥70mm（不含地面层及找平层厚度）；

② 热媒温度≤60℃；

③ 供回水温差5～12℃；

④ 交联聚乙烯（PE-X）管工作压力≤0.8MPa；铝塑复合（PE/AL/PE-X）管≤2.5MPa；

⑤ 地板供暖结构层承受负荷≤2000kgf/m²，若地板供暖结构层承受负荷≥2000kgf/m²应采取相关措施；

⑥ 在供水干管上应设过滤网，以防止异物进入地板供暖系统内；

⑦ 地板供暖热量与地面材质、供回水温度、管间距、室内设计温度等因素有关。

常见做法，管间距100～350mm、保温材料为15～30mm的复合聚苯板，平均水温35～55℃，室内温度为15～28℃。每平方米散热量：瓷砖类地面，60～240W/m²；木地板，45～170W/m²；塑料类地面，45～200W/m²；地毯类，35～140W/m²。

8.2.2 燃气干衣机

燃气干衣机是利用燃气燃烧加空气，排气风扇将加热的干燥热气体抽入干衣鼓内烘干衣物。特点为干衣速度快（省时），利用燃气的强力热能，比用电干衣机缩短一半时间，全自动式，简单操作，方便使用，而且燃气的热能令干衣效果特别轻柔，运行程序，配合多种衣料的需要，可选择不同的干衣程序，公斤干衣容量和轻巧机身即使地方狭窄也能轻易安装。

图8-10　干衣机

对于没有阳台的公寓房和天气潮湿的时候，干衣机有很大的市场需求。图8-10为干衣机外观，

图 8-11 为燃气干衣机的工作原理图。

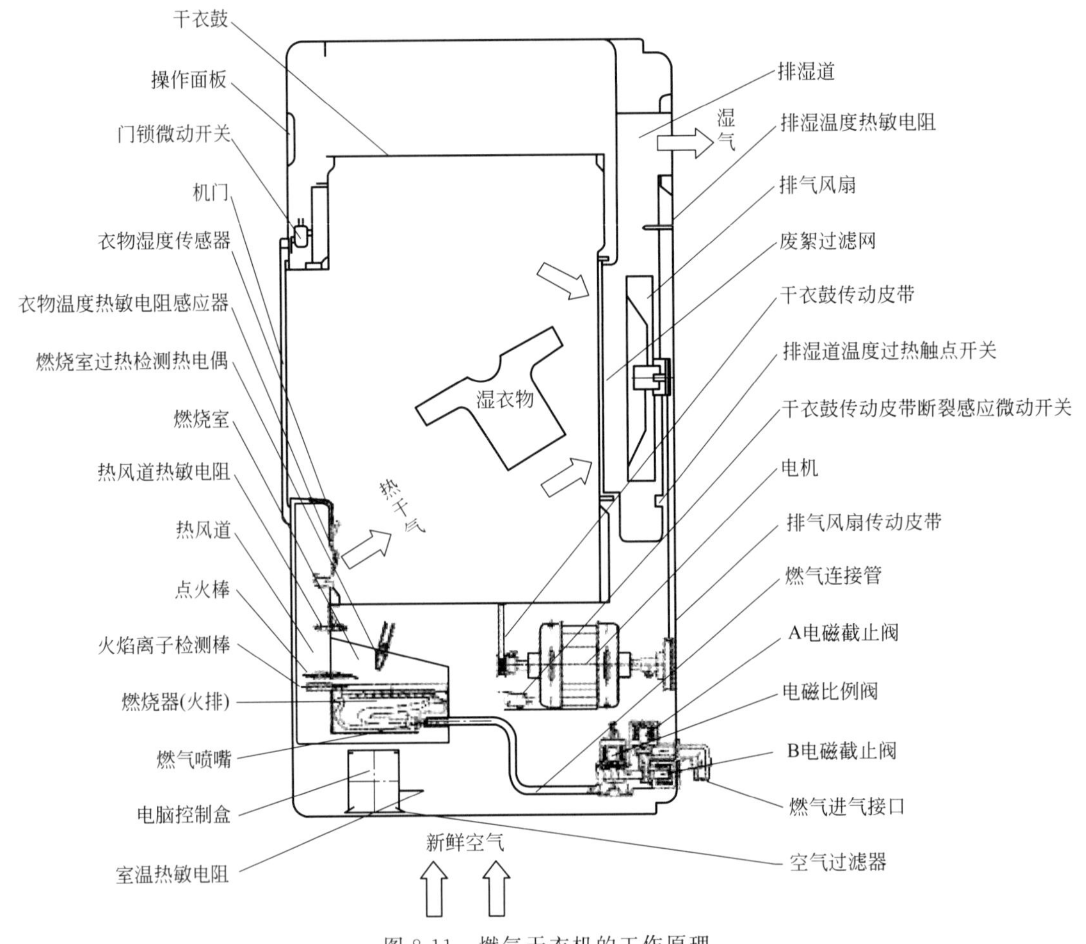

图 8-11 燃气干衣机的工作原理

8.2.3 燃气空调

以燃气为能源的空调设备简称燃气空调。广义上的燃气空调有燃气直燃型吸收式机组、燃气锅炉结合蒸汽/热水型吸收式机组、燃气发动机热泵、燃气冷热电联供系统等几种方式，其中燃气直燃机采用可燃气体直接燃烧同时提供制冷、采暖和生活热水。燃气直燃机能源转换途径少、技术成熟且行业发展迅速、应用普及，常规意义的燃气空调专指燃气直燃机。各种可燃气体中天然气储量最为丰富且清洁高效，因此燃气直燃机普遍燃用天然气。

采用燃气空调替换电空调，既可填补夏季天然气利用低谷，又可有效避免夏季用电高峰，从而起到环保、节能、优化能源结构的三重效果。为此发达国家尤其是电力紧缺国家普遍青睐燃气空调，我国上海、天津、重庆、深圳等城市都已开始积极推广燃气空调。

8.2.3.1 燃气空调的原理

此处所说的燃气空调是指吸收式燃气空调，其与我们平时所见的空调区别就在于后者是压缩式的。吸收式制冷机用吸收器、发生器和一些泵代替了压缩式制冷机组的压缩机。其使用的工质是两种沸点不同的物质组成的二元混合物，其中沸点低的物质是制冷剂，沸点高是吸收剂，通常称为“工质对”。目前应用较为广泛的吸收式燃气空调是以燃气作为能源，水作为制冷剂，溴化锂作为吸收剂。溴化锂具有很强的吸水性，其浓度随着水的含量不同而随时变化。吸收式制冷机组工作时，燃气燃烧为发生器提供热量，发生器中的溴化锂溶液中所含的水首先沸腾蒸发成水蒸气，这些水蒸气经过冷凝器和节流装置之后就可以进入蒸发器蒸发吸热。从蒸发器出来的水继续在机组内流动，进入到吸收器被浓度很高的溴化锂溶液吸收。发生器和吸收器里的溶液经过专门的泵互相交换，随时进行着吸收和发生过程，使得水可以在机组里面循环流动，达到制冷的目的，原理见图 8-12。

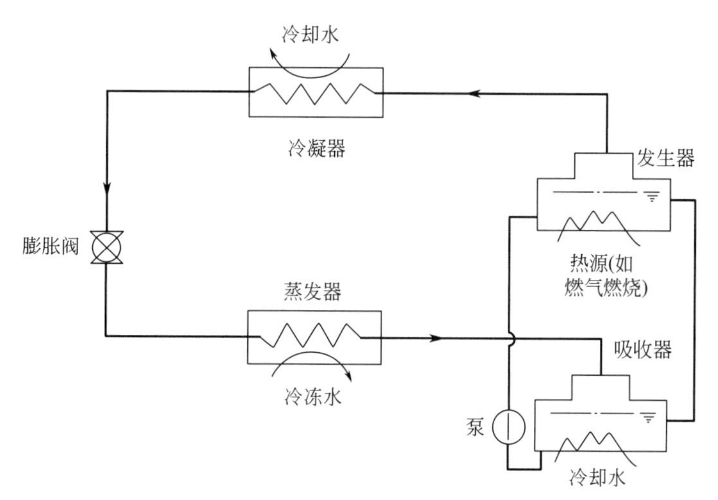

图 8-12　吸收式燃气制冷机组工作原理

8.2.3.2　吸收式燃气空调的优点

与传统的家用空调相比，吸收式燃气空调具有以下优点。

① 吸收式制冷机组的制冷剂是水，不是传统空调使用的 CFC（含氯而无氢的氟化碳）或 HCFC（含氢、氯的氟化碳），对环境毫无影响，而且易于获得、便宜。

② 为使制冷剂——水可以在较低温度下蒸发，吸收式制冷机组必须是在负压下工作。而压缩式制冷机组的工作压力约在 1000kPa 左右，属于高压工作类型。所以，两者相比，吸收式制冷机组更安全。

③ 两者所耗能源来源不同。吸收式制冷机组是直接使用天然气等燃料燃烧放出的热量作为能源，而压缩式制冷机组是要耗费电能来带动电机和压缩机进行工作的。这样，吸收式制冷机组就可以降低电力系统的负荷。随着技术的进步，燃料燃烧的效率和热量的吸收效率越来越高。直接使用燃料燃烧加热，还可减少燃料化学能转化成电能和电能在传输过程中的损失。另外，按天然气的组成成分来看，天然气不含硫，与使用燃煤产生电能比较，可以减少二氧化硫 100%，减少氧化氮 68%，减少二氧化碳 57%，减少其他微粒 97%。以 1000USRt（美国冷吨）的燃气制冷机代替同等的电制冷机（由燃煤电厂提供电力）每年将减少 81.72t 的二氧化硫，3.18t 氧化氮，681t 二氧化碳及 15.89t 微粒。这对环境保护是极为有利的。

④ 吸收式制冷机组中没有压缩机这一高速运动部件，因此，吸收式的比压缩式工作更安静平稳，寿命更长。

8.2.4　燃气热泵

燃气热泵（简称 GHP）是以液化石油气或管道天然气为燃料、利用燃气发动机驱动的蒸汽压缩式热泵空调。与现有的电驱动空调机组相比，GHP 主要以天然气为能源，由此大幅度降低了夏季空调产生的高峰用电负荷。从 2004 年起，本项目的合作单位中科院广州能源研究所在中科院“百人计划”引进国外杰出人才基金、国家“863”计划项目以及省科技计划项目的支持下，全面开展了 GHP 技术的研究开发。经过将近 4 年的科技攻关，实现了众多关键技术的突破，研制出我国第一台拥有自主知识产权的燃气热泵机组，打破了我国 GHP 技术全部依赖进口的现状。

燃气热泵是以液化石油气或管道天然气（以下简称燃气）为燃料、利用燃气发动机驱动的蒸汽压缩式热泵空调。与普通电驱动空调相比，GHP 使用燃气为动力，用电量大幅度减小，因此，GHP 是电力负荷削峰的重要技术。同时，GHP 由于可以回收发动机排气余热，其冬季制热能力远远高于普通电空调。燃气热泵机组工作原理如图 8-13 所示。

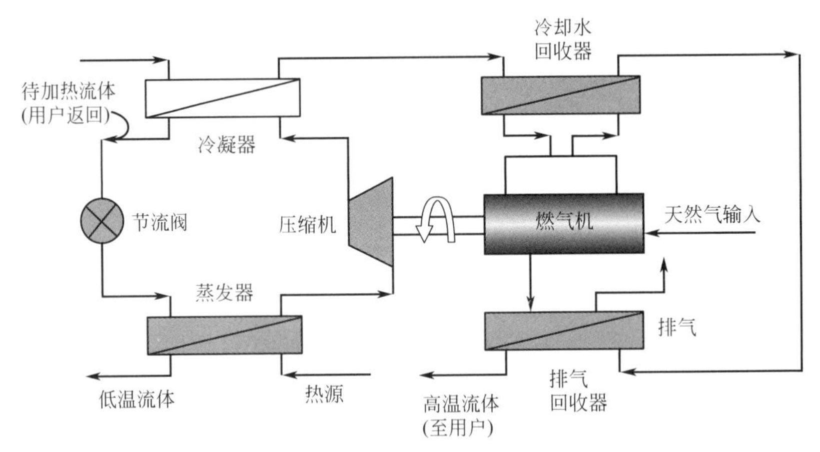

图 8-13 燃气热泵机组工作原理图

① 我国夏季城市用电的 30%～40%为空调设备，尤其珠三角地区，造成城市电网不堪重负，许多地方拉闸限电。GHP 用电只是相同能力电空调的 1/10，所以使用 GHP 能大大减少空调设备对电力的依赖，缓解电力紧张状况。

② 天然气是清洁能源，GHP 直接利用天然气作为一次能源实现制冷制热，避免采用高品质的电力电驱动压缩机进行制冷制热，降低了输配电损失，减少燃煤火力发电导致的巨大环境污染。

③ 广泛使用 GHP 具有电力和燃气双重调峰作用。夏季是全年用电高峰期，空调用电是主要原因；同时，夏季是全年燃气使用低谷。因此，使用 GHP 既减少了夏季电力需求、又增加了夏季燃气需求，同时缩小两种能源峰谷差，同时提高两种能源设备的利用率。

燃气热泵具有热效率高、综合能耗低、冬季制热能力强、无需除霜以及节能环保等突出优点，可广泛应用于中小型商场、宾馆、办公楼、娱乐场所、医院、住宅、学校等各种需要空调的场所。再加上我国能源结构的调整，天然气探明储量和开采量的增加，西气东输管线的建设成功，天然气用户将会不断扩大。由于天然气的储存成本远远大于输送成本，鼓励均衡用气政策势在必行。同时，为保证电网和输气管网的运行安全和运行效率，必然会实行峰谷电价和峰谷气价，而燃气热泵空调使用的时间正赶上峰值电价和谷值气价，对用户来说，可以大大节省运行费用。对于国家来说，可有效地调整能源结构，稳定用电、用气负荷，增加电网、气网运行效益，同时，也能对减少温室气体排放，减少酸雨的发生起到促进作用。

全国大部分省市都大力推广“分时电价”，鼓励用户侧调峰。由于空调是造成电力负荷峰谷差的主要因素之一，因此，鼓励发展燃气热泵空调是电力调峰的必然趋势。

除了运行费用的优势，燃气热泵还具有如下突出优势：燃气热泵在制热模式工作时可以回收内燃机尾气的余热，从而使其制热量远大于普通空调，这对北方寒冷地区有着特殊的优势。由于燃气热泵可以利用发动机余热除霜，由此使除霜运转时的能效大大提高，无需逆运转除霜，能效高于电空调。除此之外，燃气热泵采用多联机的形式，运行方便，无需专人看管。

8.2.5 燃气烘烤

燃气烘烤的应用主要指燃气烤箱、烤炉等，采用燃气作为燃烧加热源，将燃气、空气按最佳的比例混合，强制送入燃烧管，燃烧充分，火力分布均匀，使烘烤的食品颜色更亮丽、香气更浓郁、口感更佳美。烤箱的最高温度为 250℃，烤箱中心温度达到 200℃时间小于 20min。

图 8-14 和图 8-15 为燃气烤箱和烤箱灶结构示意图。

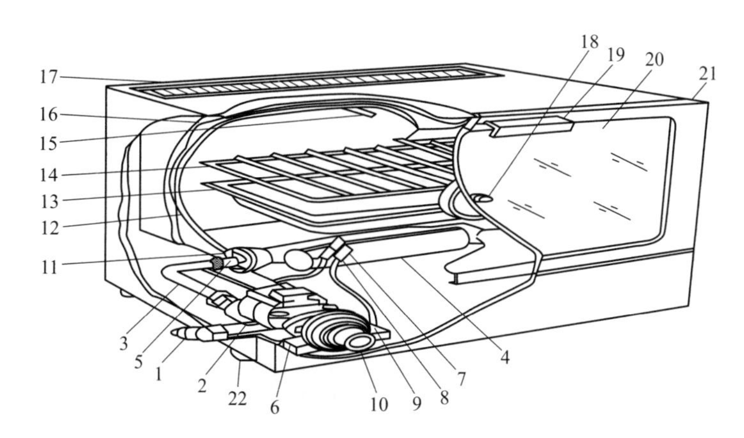

图 8-14　燃气烤箱的结构示意图

1—进气管；2—恒温器；3—燃气管；4—主燃烧器；5—喷嘴；6—燃气阀门；7—点火电极；8—点火辅助装置；9—压电陶瓷；10—燃具旋钮；11—空气调节器；12—烤箱内箱；13—托盘；14—托网；15—恒温器感温件；16—绝热材料；17—排烟口；18—温度指示器；19—拉手；20—玻璃；21—门；22—腿

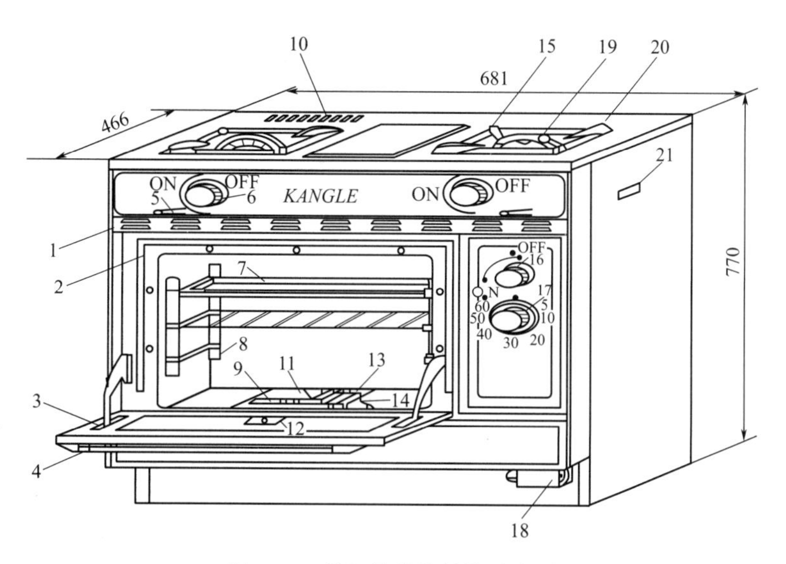

图 8-15　燃气烤箱灶结构示意图

1—进风板；2—密封条；3—烤箱门；4—烤箱拉手；5—调风手柄；6—主燃烧器旋钮；7—烤盘；8—烤盘支架；9—观火窗；10—排烟孔；11—辐射板；12—温度指示表；13—烤箱燃烧器；14—熄火保护装置；15—锅支架；16—燃烧器旋钮；17—定时报警器；18—电池盒；19—主火燃烧气；20—上面板；21—铭牌

图 8-16 为智能调节燃气烤箱，该烤箱为微电脑自动控制，多种烹饪模式选择，内胆自动清洁设计，不易污染预热功能，确保上乘的烹饪质量。

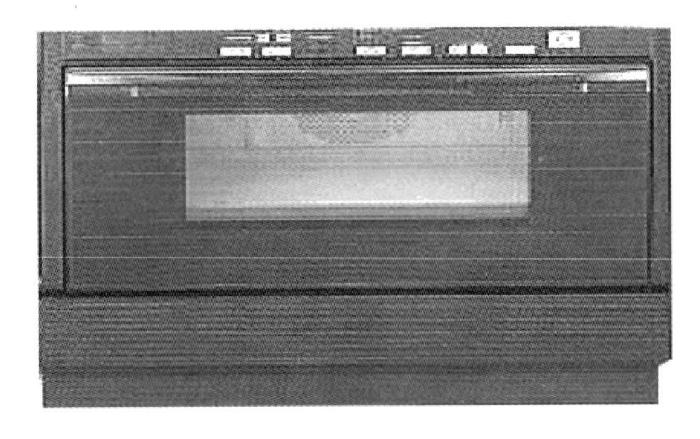

图 8-16 智能调节燃气烤箱

8.2.6 燃气煮饭煲

燃气煮饭煲也是作为天然气利用的一种新的设备，特点为：连续脉冲点火，内外圈火力可分别调节，高灵敏的安全熄火保护装置，内置自动饭煲，空气隔热保温结构。

燃气煮饭煲可以克服传统电饭煲煮饭受热不均匀、煮饭时间长、米饭含水量不足等缺点，煮出的米饭含水量足、口感自然香。图 8-17 为燃气煮饭煲。

图 8-17 燃气煮饭煲实物图（耗气量：0.84m^3/h）

8.2.7 燃料电池

燃料电池是一种将存在于燃料与氧化剂中的化学能直接转化为电能的发电装置。在 1989 年，Ludwing Mond 和 Charles Langer 两位化学家想用空气和工业煤气制造一个实用的能源提供电能的装置，“燃料电池”一词也就随着他们的发明而诞生了[13]。燃料电池的发电原理完全不同于常规火力发电（图 8-18），也不同于火力（风力）发电和核能发电。

图 8-19 为燃料电池发电原理。

8.2.7.1 燃料电池的基本类型

燃料电池按电池中使用的电解质可分为以下几类：碱性燃料电池（AFC）、磷酸型燃料电池（PAFC）、熔融碳酸盐型燃料电池（MCFC）、固体氧化物型燃料电池（SOFC）、聚合

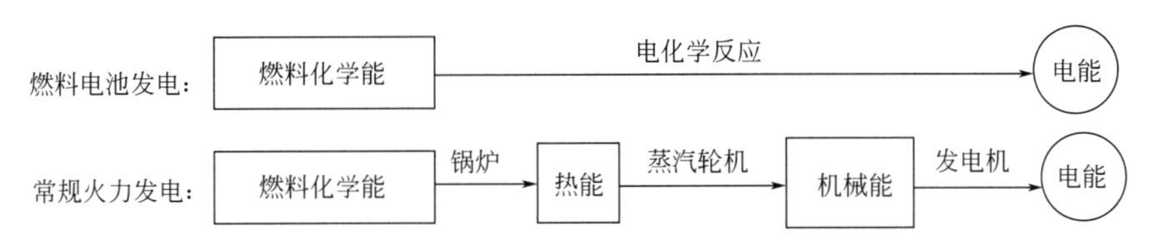

图 8-18 燃料电池发电原理

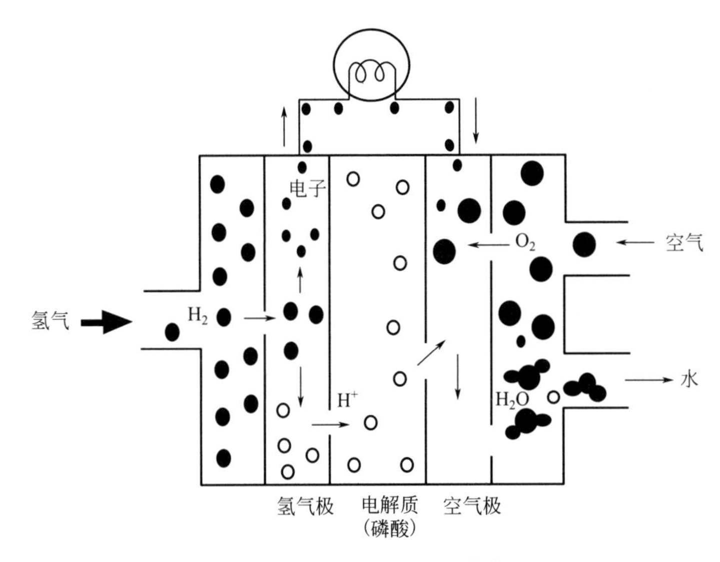

图 8-19 燃料电池原理[14]

物膜电解质型燃料电池（PEFC）和质子交换膜燃料电池（PEMFC）等。这几种燃料电池，除碱性燃料电池必须采用纯氢和纯氧作为燃料和氧化剂，其他类型燃料电池均可采用天然气重整气和空气作为燃料和氧化剂[15,16]。各种类型燃料电池见表 8-5。

表 8-5 燃料电池的基本类型[15]

项　目	类　型					
	碱液型（AFC）	磷酸型（PAFC）	熔融碳酸盐型（MCFC）	固体氧化物型（SOFC）	聚合物膜电解质型（PEFC）	质子交换膜电解质型（PEMFC）
电解质名称	KOH 水溶液	磷酸	Li_2CO_3/K_2CO_3	ZrO_2 基陶瓷	离子交换膜	全氟磺酸质子交换膜
工作温度/℃	50～200	150～220	600～700	900～1100	60～120	室温～100
催化剂	镍、银、铂	铂	镍、银	碱性氧化物	铂、铑、钯	铂
进电池燃料/（mL/m³）	纯 H_2（不应含 CO_2）	H_2（CO<100×10^{-6}）	H_2+CO（允许 CO_2）	H_2+CO	H_2+CO	（CO<100×10^{-6}）
进发电系统燃料	纯 H_2	天然气、液化石油气（LPG）、甲醇、石脑油等经外部转化制氢	天然气、LPG、甲醇、石脑油等经外部或内部转化制氢	天然气、LPG、甲醇、石脑油等经外部或内部转化制氢	天然气、LPG、甲醇、石脑油等经外部转化制氢	天然气、LPG、甲醇、石脑油等经外部转化制氢
发电效率/%	45～60	40～45	45～60	50～60	40～45（直接用 H_2 时为 60）	45～50
适用范围	航天、特殊地面应用	特殊需求，区域性供电	区域供电	区域供电，联合循环发电	交通运输、家庭用电源	电汽车、潜艇推动可移动电源
发展状况	局部应用，广泛现场实验	技术成熟，商业利用	现场验证阶段	实验室研究阶段	现场验证实验，车载行车实验	局部应用，高度发展

续表

项目	类型					
	碱液型(AFC)	磷酸型(PAFC)	熔融碳酸盐型(MCFC)	固体氧化物型(SOFC)	聚合物膜电解质型(PEFC)	质子交换膜电解质型(PEMFC)
优点	启动快，室温常压下工作	对 CO_2 不敏感	效率高，对CO不敏感	结构简单、寿命长	结构简单，体积小，功率比重高	构造简单、低温启动速度快、输出功率可随意调整
缺点	对 CO_2 十分敏感，需纯 O_2 作氧化剂，成本高	对CO敏感、设备投资与操作成本相对较高	工作温度过高，液态电解质存在腐蚀及泄漏问题	启动时间长，工作温度过高，制造工艺复杂	高分子膜成本较高，导电性与机械强度有待提高	对CO敏感，成本较高

天然气作为燃料电池的燃料有两种方式：直接用天然气作为燃料电池的燃料；用天然气通过水蒸气重整反应或者其他方式，将天然气转化为高纯度氢气后作为燃料电池的燃料。

与其他制氢技术相比，以天然气作为燃料电池的燃料来源更为经济合理[16,17]。首先，天然气中含氢量较高，天然气转化制氢技术成熟，成本相对较低，制氢产生的温室气体相对较少。工业上也有以甲醇为燃料的燃料电池，但目前生产甲醇最主要的原料也是天然气。其次，我国目前正大力发展城市天然气，将其作为燃料电池的燃料符合国家的能源政策。

8.2.7.2 天然气燃料电池[15]

天然气燃料电池主要是将天然气转化为氢气用作燃料电池的燃料。天然气生产氢气的主要方法如下。

(1) 天然气的水蒸气重整 (SRM)

自1926年天然气的水蒸气重整工艺第一次应用至今，经过数十年的改进，该工艺已经成为生产氢气应用最广泛的途径之一。天然气的水蒸气重整反应式为：

$$CH_4 + H_2O \longrightarrow CO + 3H_2 \tag{8-1}$$

一般而言，采用该工艺甲烷的转化率可达到98%。但由于反应为强吸热反应，要求在高温下进行，能耗大，对反应器设计要求高，故该法制氢能力低，设备规模大，且成本高，在经济方面已经不能满足大规模制氢的需要。

(2) 天然气的 CO_2 重整

CH_4 和 CO_2 均为温室气体，又同时存在于天然气中，两者价廉，故利用 CO_2 重整 CH_4，不仅有经济价值，而且具有环保意义。重整反应为：

$$CH_4 + CO_2 \longrightarrow 2CO + 2H_2 \tag{8-2}$$

在该反应中，结焦和金属结焦会对反应的催化剂活性产生影响，可采用以下方法防止催化剂结焦：使催化剂硫钝化；选择合适载体；加入促进剂；改变反应条件等。

(3) 天然气部分催化氧化 (POM)

天然气部分催化氧化法自20世纪90年代以来引起人们的广泛关注，但迄今为止，并未有该项技术工业化的报道。该法反应方程为：

$$2CH_4 + O_2 \longrightarrow 2CO + 4H_2 \tag{8-3}$$

与水蒸气重整法相比，该法属于轻放热反应，反应速率快，反应器体积小，设计简单，投资少，而且不用外加热系统，能耗低。但廉价氧的来源、催化剂材料的反应稳定性、体系可能存在爆炸危险等因素制约了天然气部分催化氧化法的发展。

(4) 天然气的催化裂化

最初，天然气的催化裂解制氢反应是为了研制合成气及制造纳米材料。其化学反应式如下：

$$CH_4 \longrightarrow C + 2H_2 \quad (8\text{-}4)$$

该方法的优点主要在于在制造高浓度氢气的同时，不向大气排放 CO_2，而且制得更有经济价值、易于储存且可用于未来碳资源的固体碳，减轻了环境的温室效应。该方法存在的最大问题在于氢气成本仍然不低，其费用很大程度上取决于副产品碳的价值。

(5) Hotspot 法和天然气自热重整

Hotspot 法是将吸热的蒸气重整反应与放热的部分氧化反应结合，以部分氧化反应冷启动，促进蒸气重整反应进行。

天然气的自热重整是用贵金属现场部分氧化甲烷为氢气，然后通过反应器底部变换反应以增加氢气的浓度，作为燃料电池的燃料。

8.2.7.3　天然气燃料电池的特点[16]

(1) 发电效率高

常规电厂一般通过三级能量转换才可得到电能，在能量的转换过程中每级都有损失，所以电能的转换效率低。燃料电池只有一级能量转换，损失低，其发电效率为 40%，另外还有 40%的热能回收利用，用于制冷、采暖及供热水系统，其综合效率可达 80%。

(2) 环境污染小

由于燃料电池本身是以电化学反应取代燃烧，所以几乎不产生 NO_x；同时，由于天然气不会产生二氧化硫和其他污染物质，其排出的 CO_2 量也是最低的，所以对环境的污染很小。

(3) 振动和噪声小

由于燃料电池是以电化学反应产生电能，没有机械运转，噪声和振动极小。

(4) 能连续供电

与常规电池比，常规电池是能量储存装置，放电后需充电，充电时间长，燃料电池是发电或能源转换装置，只要连续输入天然气，就能不断输出电能，此特点适用于汽车。

(5) 寿命长

常规电池电极由于充电放电，长期交替分化，电极寿命较短。而燃料电池基本上是燃料在变化，电极只起催化作用，电极变化很小，故寿命长。

(6) 适用范围极为广阔

不仅可以向广大民用用户提供独立热电联供系统，而且可以分散的形式向城市公用事业供电。同时当工业企业扩建要求电站增容时，采用燃料电池发电作为补充将十分方便。

(7) 成本偏高

目前天然气燃料电池投资费用比常规燃气发电厂高出一倍，随着生产技术的发展，最终目标可望降低到现有价格的 1/4～1/5。鉴于燃料电池设备具有较高的发电效率，人们会接受其略为偏高的价格。

8.2.7.4　天然气燃料电池的应用[15]

天然气燃料电池由于具有高效、环保等优点，能够广泛应用于能源发电、家用电源、汽车工业、航空航天、建筑及移动通信等领域。

(1) 大型发电装置

目前，普遍认为燃料电池发电系统是未来最有吸引力的发电方法之一。燃料电池发电是直接将燃料的化学能通过电化学反应转换成电能，与常规火力发电装置比较，燃料电池具有发电效率高、污染小、占地小等突出优点，表 8-6 为燃料电池发电与常规火力发电的效率、对环境的影响和使用规模的比较。

表 8-6 燃料电池发电与常规火力发电比较[15,18]

项目	燃料电池发电					火力发电		
	AFC	PAFC	MCFC	SOFC	PEFC	煤	天然气	重油
效率/%	45～60	40～45	45～60	50～60	40～45	36～38	37～41	38～40
SO_2 排放量/[kg/(MW·h)]	无	无	1.5	1.5	无	8.2	0.23	4.55
NO_2 排放量/[kg/(MW·h)]	无	无	0.04	0.04	无	3.2	1.8	3.2
CH 排放量/[kg/(MW·h)]	无	无	无	无	无	0.15	0.135～5	1.27
粉尘排放量/[kg/(MW·h)]	无	无	0.16	0.14	无	0.365～0.680	0.09	0.045～0.320
适用规模/MW	独立电源	中型电站	大、中型电站	大、中型电站	中、小型电站	>100	>100	>100

燃料电池发电主要应用包括移动式、备用及应急电源等。可靠的备用电源在一些工业区和居民区非常重要，医院、机场、计算机服务器等需要可靠的备用电源，以保证在没有电网电力供应的时候也能连续工作。如在美国加州地区，如果发生重大的电网电力供应中断，其备用电源可以维持空调的继续运行。

许多欧美公司在研发集成式燃料电池系统，用于民用发电。这些民用的天然气水蒸气重整反应器与燃料电池集成在一起，将使分布式发电成为可能，并且与大型集中发电抢占市场份额。夏季是城市燃气用气低谷，而用电是高峰期。在夏季用燃气通过燃料电池发电可以缓解城市燃气使用的季节不均匀性，同时缓解城市电力供应紧张局面。利用燃料电池冷热电联产技术可以实现热水、电力及冷量联供。日本的东京煤气公司、大阪煤气公司在这方面的研发都很深入[19]。

天然气公司的长输管线 SCADA 系统需要可靠的电源供应，而长输管线需要穿越人烟稀少电网覆盖不到的地方。利用长输管线自身输送的天然气，转换为氢气再用燃料电池发电，作为 SCADA 系统 RTU 单元的电源供应是一个非常明智的选择。

目前比较成熟的技术是将天然气（或其他城市燃气）通过水蒸气重整生产高纯度氢气，再利用低温质子交换膜燃料电池生产电力，生产过程的余热用于热力的生产[20,21]。传统的燃气轮机-余热锅炉-直燃机冷热电联产一般可应用于整栋楼宇或一个区域，而燃料电池可适用于单独的民居。尚在开发中的技术还有直接利用高温固态氧化物燃料电池将燃气转化为电力，尾气的热量用于热力的生产。

(2) 家用能源[22,23]

燃料电池在民用方面具有重要的经济效益和环境效益，有着广阔的应用前景。作为家庭使用的分散电源的同时，天然气燃料电池还可以提供家庭用热水和供暖，从而将天然气的能量利用率提高到 70%～90%。

(3) 汽车工业[24,25]

作为 21 世纪汽车动力源的最佳选择，车用燃料电池具有效率高、环保性好、启动速度快、无电解液流失、寿命长等优点。燃料电池用作车辆动力源时，动力性能可与汽油、柴油发动机相比，而且是环境友好的动力源。特别是以甲醇重整制氢为燃料时，每千米的能耗仅是柴油机的 1/2。

(4) 航天工业[26]

航天工业是燃料电池开发应用最早、最成功的领域。碱性燃料电池和质子交换膜电池都可以在常温下启动，且能量密度高，是理想的航天器工作电源。特别是采用氢作为原料时，工作时排出的水可供宇航员饮用，这样就不用携带饮用水。

(5) 建筑[28]

燃料电池在建筑方面的应用主要包括提供电能和提供冷热源，因此称建筑冷热电联产系统。即由位于建筑物现场或附近的燃料电池装置提供建筑所需要的电，回收利用发电装置产生的废热并转换成蒸汽、热水、冷水等，为建筑供热、供冷。

(6) 便携式应用

便携式电源系统对野外考察活动、战地通信等具有重要的意义。由于现有的便携式电源系统多采用一次性化学电池或充电电池，且这类电池不具备燃料电池的安全、可靠，输出功率高，无需充电等优点。

(7) 其他[24]

燃料电池在化工和共生工程上也具有广泛的应用。不同类型的燃料电池还可以用于从硫化氢气体中回收硫、过氧化氢生产、盐酸生产、乙醛生产、酮的合成、酚的合成等。在共生工程方面，发电厂利用燃料电池与污水处理装置相结合，进行能量与水处理共生。利用天然气和丙烷产生电能和热，以维持污水处理所需的温度，而污水处理装置放出的甲烷又可作为燃料电池的燃料。这样既回收了大量有效能，又减小了环境污染，实现了能质共生。

8.2.8 分布式冷热电联供系统

天然气分布式冷热电联供系统是以天然气为燃料，利用小型燃气轮机、燃气内燃机、微型燃气轮机等设备将天然气燃烧后获得的高温烟气首先带动发电机发电，然后利用余热在冬季为建筑物供暖；在夏季驱动溴化锂吸收式制冷机为建筑物提供冷量；同时还可提供生活热水的能量系统。

分布式冷热电联供系统分类如下。

区域系统（DCHP）：通过一个规模相对较大的能源中心，向周边一个区域供应冷、热和电。发电能力 1～10MW 之间。

楼宇系统（BCHP）：以小型或者微型热电联产机组，直接向建筑物或小规模建筑群供应冷、热和电。发电能力 10～100kW。

家庭系统：以燃料电池为能量转换装置，向家庭及小型商业用户供电，发电能力 1～10 kW 分布式冷热电联供系统，发电能力 1～10kW。

几种冷热电联供方案如图 8-20～图 8-22 所示。

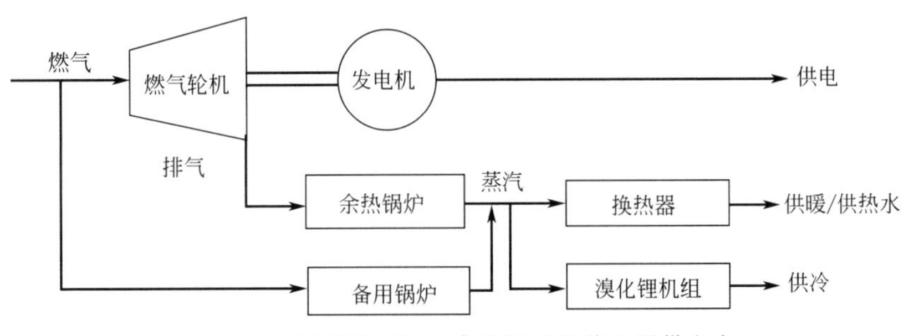

图 8-20 采用燃气轮机/余热锅炉的热电联供方案

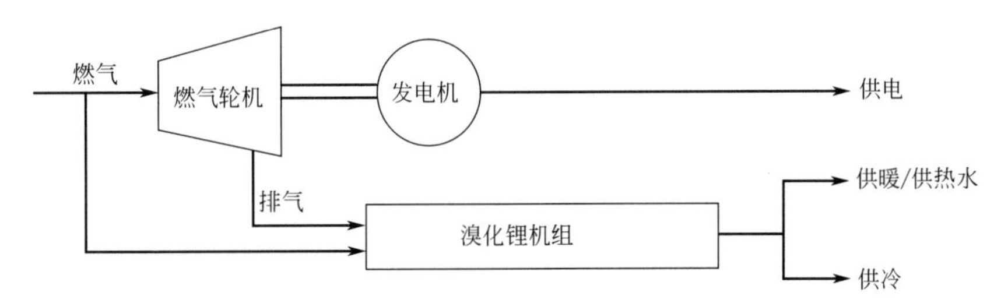

图 8-21 采用燃气轮机/溴化锂机组的热电联供方案

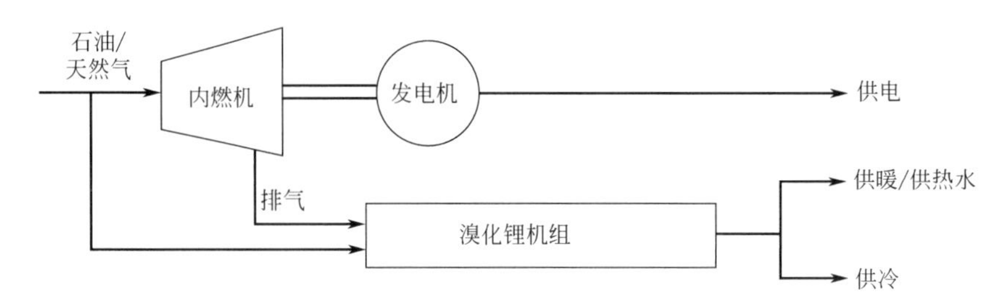

图 8-22 采用内燃机/溴化锂机组的热电联供方案

分布式冷热电联供系统适用条件与当地的气候，经济状况，对供冷、供热的需求以及天然气、电的供应条件和价格相关；有冷、热、电的需要，需求量可观且较为稳定。冷热需求不稳定、波动性比较大，峰谷差悬殊，不适合建立冷热电联供系统。医院、宾馆、办公楼、学校、游泳馆、有常年稳定冷热需求的工厂等适合建立分布式冷热电联供系统，对于天然气价格较低，电价相对较高的地方也适合发展冷热电联供系统[27]。

8.2.9 千瓦级热电联产系统

燃料电池功率较小，以燃料电池为发电机的三联供系统属于家庭系统，其以燃料电池为能量转换装置，向家庭及小型商业用户供电，发电能力为 1～10kW。以天然气为原料的千瓦级分布式燃料电池热电联供系统是一种建立在能量梯级利用概念基础上，将碳氢化合物制氢、供热水及燃料电池发电过程有机结合在一起的能源利用系统，它使用清洁环保的天然气、液化石油气等碳氢化合物，将制氢和发电过程的余热充分利用，大大提高了能源利用率，以网电为补充，可以广泛地应用于城市居民及小型商业用户，将其中的发电系统单独使用，可应用于军用移动电源、天然气长输管线监控系统电源等，具有很大的经济效益和社会效益以及广阔的发展空间。图 8-23 为千瓦级热电联产系统应用图[29]。

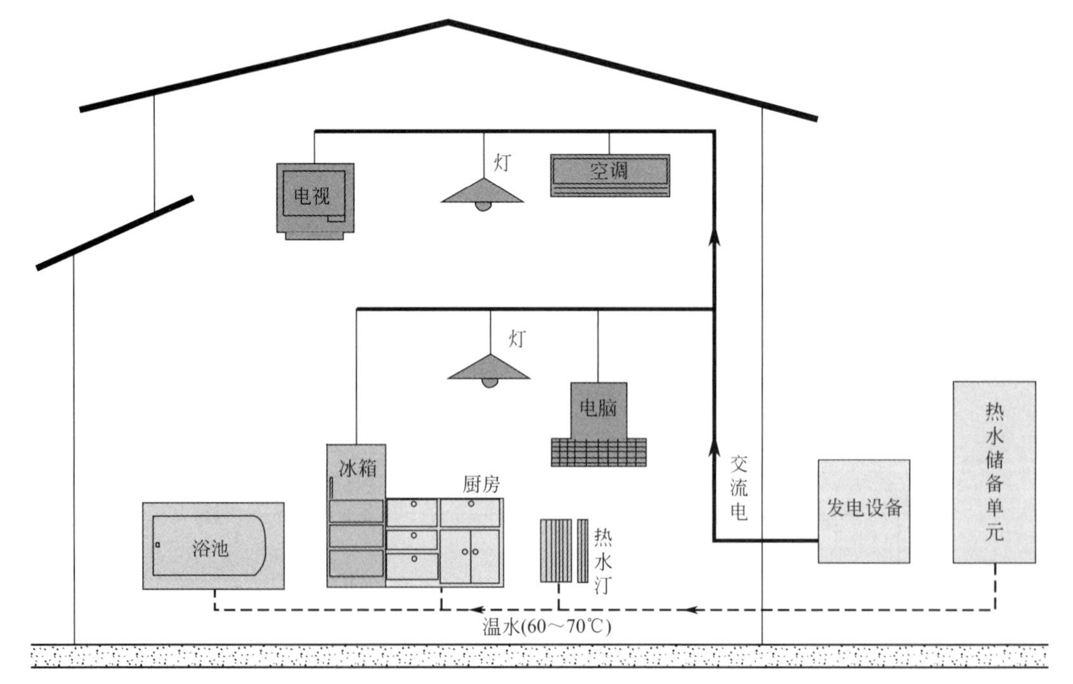

图 8-23 千瓦级热电联产系统应用图

家用天然气燃料电池优点为：①节能，提高能源的综合利用效率；②环保，NO_x、SO_x、CO_x、可吸入空气颗粒物零排放，噪声低于40dB，无震动；③体积小，10kW以下级别的家庭电站只有空调外机一样大小，可放在阳台，节省空间；④与热电比接近1，与家庭及服务业的热电需求结构相吻合；⑤最大与最小负荷率之比可达到3以上，发电效率几乎不随负荷率的降低而降低；⑥可随时启动、停止[21]。

参 考 文 献

[1] 段常贵主编．燃气输配．第3版．北京：中国建筑工业出版社，2001.

[2] 邓渊主编．城市煤气规划手册．北京：中国建筑工业出版社，1997.

[3] 城镇燃气热力工程规范．北京：中国建筑工业出版社，2002.

[4] 李公藩．燃气工程便携手册．北京：机械工业出版社，2005.

[5] 煤气设计手册编写组．煤气设计手册（上、下册）．北京：中国建筑工业出版社，1987.

[6] 江孝褆主编．城镇燃气与热能供应．北京：中国石化出版社，2006.

[7] 项友谦．燃气热力工程常用数据手册．北京：中国建筑工业出版社，2000.

[8] 席德萃，刘松林，王可仁．城市燃气管网设计与施工．上海：上海科学技术出版社，1999.

[9] 严铭卿，廉乐明等．天然气输配工程．中国建筑工业出版社，2006.

[10] 城镇燃气设计规范编写组．城镇燃气设计规范．（GB 50028—2006），中国建筑工业出版社．

[11] 城镇燃气技术规范编写组．城镇燃气技术规范．（GB 50494—2009），中国建筑工业出版社．

[12] 刘建辉，杨宏军，徐文东等．小型移动式天然气临时供应装置及应用示范．天然气工业，2008，31（8）：101-105.

[13] 李晓延．潜能无限的燃料电池．今日电子．2007，（1）：34.

[14] Dharhp. On solid polymer fuel cells. Journal of Power Sources，1996，（61）：129-133.

[15] 刘蔷，诸林，邓雪琴．天然气燃料电池的发展及应用．化工时刊，2007，21（10）：50-54.

[16] 张涛．天然气燃料电池的原理与应用．煤气与热力，2002，22（5）：417-419.

[17] 李艳，李帆，管延文．天然气制取燃料电池用氢技术的探讨．煤气与热力，2006，26（1）：29-33.

[18] 张胜涛，温彦．燃料电池发展及其应用．世界科技研究与发展，2003，25（3）：57-58.

[19] 解东来．城市燃气在氢能及燃料电池的应用．煤气与热力．2007，27（4）：38-40.

[20] 刘军民，廖世军．天然气直接固体氧化物燃料电池研究进展．天然气工业，2005，25（11）：107-110.

[21] 徐明仿，晏刚，杜维明等．天然气冷热电三联产系统的应用分析．天然气工业，2004，24（8）：92-95.

[22] 贾林，邵震宇．燃料电池的应用与发展．煤气与热力，2005，25（4）：74-76.

[23] 李帆，尹潇管，延文．家用天然气燃料电池在暖通空调中的应用．暖通空调，2007，37（4）：60-63.

[24] 庞志成，胡玉春．燃料电池技术原理和应用．节能与环保，2002，（12）：26-28.

[25] 邱彤，孙柏铭，洪学伦等．发展以天然气为原料的燃料电池汽车．天然气工业，2003，23（5）：1-4.

[26] 吴峰，叶芳，郭航等．燃料电池在航天中的应用．电池，2007，137（13）：238-240.

[27] 段常贵．积极发展分布式冷热电联供系统，节约能源［C］．中国土木工程学会城市燃气分会第九届理事会第一次会议论文集．2006：18-32.

[28] 陈彬剑，方肇洪．燃料电池技术的发展现状［J］．节能与环保，2004（8）：36-39.

[29] 彭昂．千瓦级燃料电池热电联产系统中天然气重整制氢体系的研究．广州：华南理工大学，2011.

储运篇

9

天然气的储运

9.1 概述

天然气输送、储存和调配是天然气工业的基础，是实施能源可持续发展战略的关键。天然气的工业应用和民用依赖于其储运及相关技术，例如天然气高效储运技术、天然气利用中的安全调峰技术、小规模用户的天然气经济利用技术等[1]，这些问题的研究和解决对经济和社会的可持续发展具有重要意义。

天然气正在变成最主要的能源商品，可用作城市燃气、发电燃料气，还可以作为化工产品的原材料。然而，天然气气田往往是在非城市区或非工业区发现，而且许多近海沿岸的气田没有管线，采出的天然气在当地面临困境，缺少现成的、充足的市场。考虑到大量用气的中心城市和工业企业距气源较远，就需要将商品天然气安全、稳定、源源不断地输送给用户[2]。

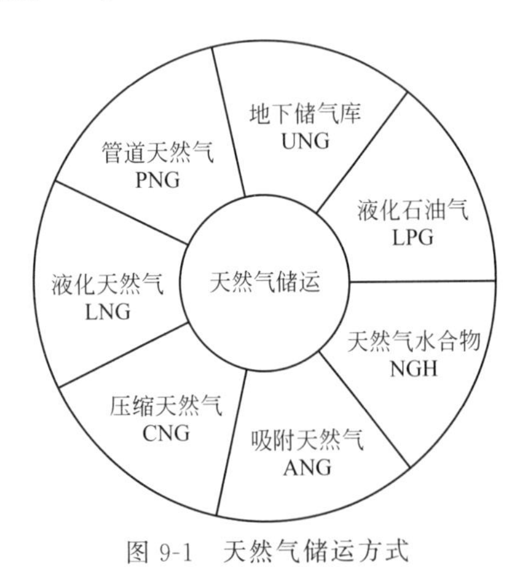

图 9-1　天然气储运方式

天然气难于储存，也难于运输，需要高压和低温来增大其聚集密度，因此，天然气的储运便成为天然气工业完整体系中不可缺少的重要环节。目前，天然气储运技术主要有管道天然气（PNG）技术、液化天然气（LNG）技术、压缩天然气（CNG）技术、吸附天然气（ANG）技术、天然气水合物（NGH）技术、液化石油气（LPG）技术和天然气地下储存（UNG）技术。PNG 技术主要针对大规模的陆上及近海天然气输送，LNG 技术主要针对长距离天然气输送；对小型天然气田的开采、小规模天然气的储运，PNG 和 LNG 极为不经济，而是采用 CNG、ANG、NGH 或 LPG 等技术；对于缺乏能源市场的国家和地区，天然气用量容易控制，储运方案也应符合当地需求，比如采用 UNG 技术或兴建电厂。天然气的储运方式可以用图 9-1 来表示。

9.2 天然气管道输送

管道运输是国民经济综合运输的重要组成部分之一，也是衡量一个国家的能源与运输业是否发达的特征之一[3]。目前，长距离、大管径的输油气管道均由独立的运营管理企业来负责经营和管理。管道运输多用来输送流体（货物），如原油、成品油、天然气及固体煤浆等，它与其他运输方式（铁路、公路、海运、河运）相比，主要区别在于驱动流体的运输工具是静止不动的泵机组、压缩机组和管道。泵机组和压缩机组给流体以压能，使其沿管道连续不断地向前流动，直至运输到指定地点。

目前，在由铁路、公路、水运、航空和管道五大运输方式构成完整的交通运输体系中，管道运输成为当今油气储运的首选方案。在世界运输体系中，发达国家利用管道输送油气的货物周转量已占全球货物周转量的22.4%。

由于天然气呈气体状态，相对密度小，易散失，采用管道输送安全性高，输送产品质量有保证、经济性好，对环境污染小，所以天然气的输送一般都采用管道运输（PNG技术）[4]。自1893年世界第一条石油输送管道建成以来，世界各地区及各个国家的油气管道建设得到迅速发展[5]。从1948年至1997年间，全世界共建油气管道191×10^{4}km，其中输气管道为103×10^{4}km，占54%，原油管道为76×10^{4}km，占40%，其他管道占6%。我国油气管道经过40余年的建设有了很大发展，至2009年年底，天然气运输管道总里程近3.5×10^{4}km，预计到2015年，输气管道总里程将超过10×10^{4}km。

天然气输送管道的分布与天然气资源的分布和消费市场密切相关。俄罗斯、西欧、北美及中亚地区是天然气资源最丰富和消费市场最大的地区，也是输气管道分布较密集、发展最快的地区。特别是俄罗斯、西欧及北美地区已形成庞大的跨地区、跨国界的国际输送管网。世界人均天然气消费情况见表9-1。

表9-1 1965～2005年世界人均天然气消费量 单位：m^3

国家或地区	1965年	1975年	1985年	1995年	2000年	2005年
世界	212.0	295.0	346.7	380.4	401.8	427.1
经合组织	654.1	889.4	889.3	1094.3	1196.3	1214.5
非经合组织	66.2	120.3	204.2	210.4	219.8	252.8
美国	2468.8	2565.6	2099.0	2396.0	2372.9	2136.6
日本	20.2	79.5	326.3	487.9	290.4	633.8
中国	1.3	10.6	12.1	14.4	18.8	36.0
印度	0.4	1.5	5.1	20.8	26.5	33.4

9.2.1 天然气长输管道的特点与气质指标

（1）长输管道的特点

长输管道是天然气远距离输送的重要工具。它将净化处理后符合管输气质标准的天然气输送至城镇及工业企业。

长距离输气管道与压缩机站组成一个复杂的动力系统，由于输送的气量大、距离长，通常采用高压力、大管径的输送系统，这是增加管道输送能力的有力措施[2]。长输管道与矿场输气管道和城镇输配管网有很大差别，其主要特点如下。

① 长输管道是天然气长距离连续输送系统，它不需用常规的输送设备和占用大量土地及建筑物，而是靠自身的压力或加压后将天然气运送到目的地，输气量大，经济性和安全性高。

② 天然气的产供销是由采气、净化、输气和销售等环节组成，是在一个全封闭的管道中完成的。因此，上下游紧密相连，互相制约，构成一个较复杂的系统，这使得它在设计和操作管理上比其他管道更复杂。

③ 由于长输管道担负着向城镇和工业企业提供大量能源和原料，涉及国计民生，一旦供气中断，将影响城镇和企业的生产与人们的生活，造成巨大经济损失。因此，必须确保供

气安全、连续、可靠。

④ 由于天然气生产的均衡性和用户用气的波动性，使得长输管道系统的压力处于不断的变化之中。这就要求管道有一定的储气能力或增加储气设施，以适应用气量的变化。

⑤ 由于长输天然气管道输送的连续性和重要性，要求与长输管道系统相配套的完善的附属设施，尤其是通信和自控系统，先进完善的调度操作系统，以保证长输管道平稳安全地输气。

(2) 管输天然气的气质指标

管输天然气的气质指标是指对进入管输系统的天然气有害成分进行限制，特别是 H_2S、CO_2、水对输气管道、站场设备及仪器仪表的损害最大，直接影响输气系统的工作状况和使用寿命。另外，从安全、卫生及环境保护要求出发，对用作城镇燃气的天然气中有害成分的含量也必须加以限制。管道输送中的有害物质主要有机械杂质（粉尘、硫化铁粉末）、游离水、液烃、H_2S、CO_2 等，在水分存在的情况下 H_2S 和 CO_2 对管道和设备产生强烈的腐蚀。此外，若天然气中含氧，也会造成氧腐蚀。液烃的主要危害是引起管道堵塞，降低管输效率。机械杂质含量的高低及颗粒大小对设备和仪表的使用寿命和正常工作影响极大，尤其是对压缩机和燃气发动机，它们对粉尘非常敏感，颗粒在 5μm 以上的粉尘会使燃气轮机的叶轮在很短时间内遭到破坏。

我国管输天然气的气质指标在 GB 50251—1994《输气管道工程设计规范》中作了明确规定，见表 9-2。我国商品天然气质量指标（GB 17820—1999）见表 9-3。

表 9-2 我国管输天然气气质指标

有害成分	规范要求	有害成分	规范要求
游离水	水露点应低于输送气体最低温度 5℃	硫化氢	不能超过 20mg/m^3
凝析烃	烃露点应低于或等于最低输气温度	机械杂质	应清除

表 9-3 我国商品天然气国家标准①

项目	一类	二类	三类
高热值/(MJ/m^3)		>31.4	
总硫(以硫计)/(mg/m^3)	≤100	≤200	≤460
H_2S/(mg/m^3)	≤6	≤20	≤460
$CO_2$②/%	≤3.0	≤3.0	—
水露点③/℃	在天然气交接点的压力和温度条件下，比最低环境温度低 5℃		

① 本标准中气体体积的标准参比条件是 101.325kPa，20℃。

② 体积分数。

③ 本标准实施之前建立的天然气输送管道，在天然气交接点的压力和温度条件下，天然气中应无游离水。无游离水是指天然气经机械分离设备分不出游离水。

由于世界各国工业技术水平、经济发展状况以及对环境保护限制的不同，对管输气的气质要求也有差别。表 9-4 给出了一些国家的管输天然气的主要质量指标，除表中几项主要指标外，有些国家还规定了一些不同的附加要求。例如，对某些组分如 H_2S 含量的瞬时值、连续值及平均值的要求；从燃烧性能出发，又将气体分组，以及对加臭剂的要求等。

表 9-4 国外管输天然气主要质量指标

国家	H_2S/(mg/m^3)	总硫/(mg/m^3)	CO_2/%	水露点(℃/MPa)	高热值/(MJ/m^3)
英国	5	50	2.0	夏 4.4/4.9 冬 −9.4/6.9	38.84～42.65
荷兰	5	120	1.5～2.0	−8/7.0	35.17
法国	7	150	—	−5/操作压力	37.67～46.04
德国	5	120	—	地温/操作压力	30.2～47.2

续表

国家	H_2S/(mg/m³)	总硫/(mg/m³)	CO_2/%	水露点(℃/MPa)	高热值/(MJ/m³)
意大利	2	100	1.5	−10/6.0	—
比利时	5	150	2.0	−8/6.9	40.19～44.38
奥地利	6	100	1.5	−7/4.0	—
加拿大	23	115	2.0	−10/操作压力	36
美国	5.7	22.9	3.0	110mg/m³	43.6～44.3
波兰	20	40	—	夏 5/3.37　冬−10/3.37	19.7～35.2
保加利亚	20	100	7.0①	−5/4.0	34.1～46.3
南斯拉夫	20	100	7.0①	夏 7/4.0　冬−11/4.0	35.17

① CO_2+N_2。

9.2.2　输气管道工艺及储气能力

9.2.2.1　输气管道工艺

(1) 输气管道系统的组成

长输管道系统的构成一般包括输气干管、首站、中间气体分输站、干线截断阀室、中间气体接收站、清管站、障碍（江河、铁路、水利工程等）的穿跨越、末站（或称城市门站）、城市储配站及压气站，总流程图见图 9-2。同时还包括与管道系统密不可分的通信系统和自控系统。

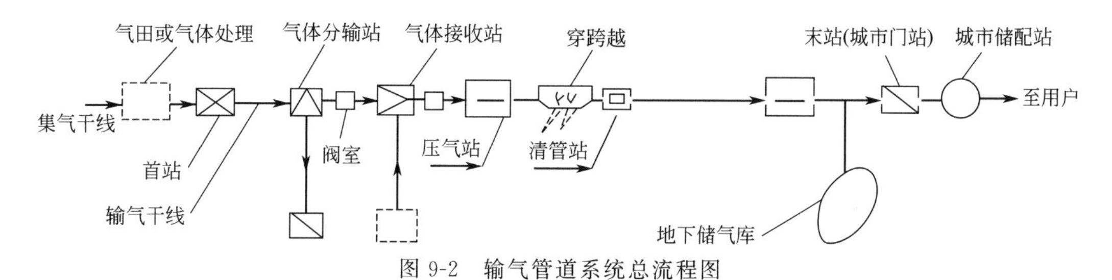

图 9-2　输气管道系统总流程图

输气干线的首站主要是对进入干线的气体质量进行检测和计量，同时具有分离、调压和清管器发送功能，见图 9-3。

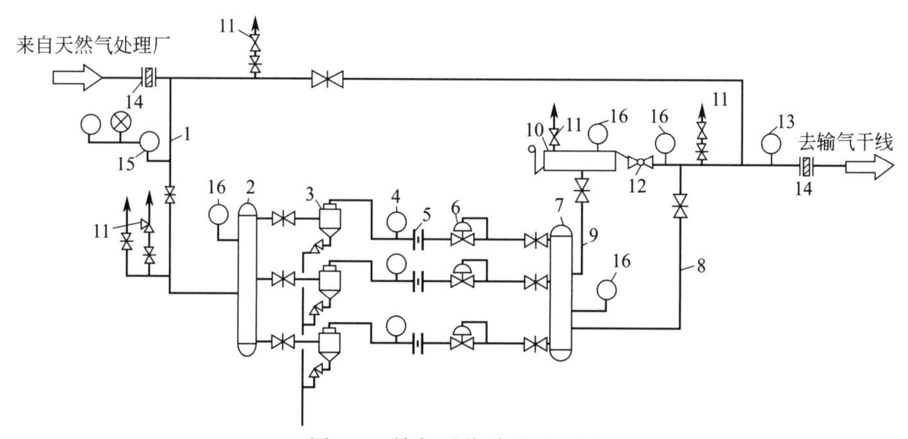

图 9-3　输气干线首站流程图

1—进气管；2,7—汇气管；3—多管除尘器；4—温度计；5—锐孔板计量装置；6—调压阀；8—正常外输气管线；9—清管用旁通管线；10—清管器发送装置；11—放空管；12—球阀；13—清管器通过指示器；14—绝缘法兰；15—电接点压力表（有声光讯号）；16—压力表中间分输（或进气）站的功能和首站差不多，主要是给沿线城镇供气（或接收其他支线与气源来气），见图 9-4。

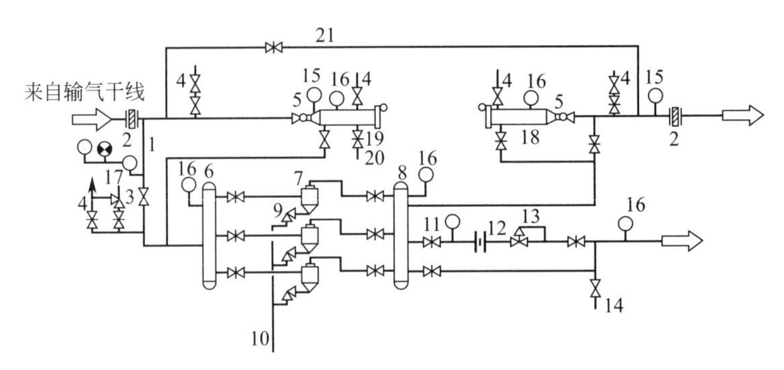

图 9-4 输气干线中间分输站流程图

1—进气管；2—绝缘法兰；3—安全阀；4—放空管；5—球阀；6，8—汇气管；7—多管除尘器；9—笼式节流阀；10—除尘器排污管；11—温度计；12—锐孔板计量装置；13—调压阀；14—用户支线放空管；15—清管器通过指示器；16—压力表；17—电接点压力表（有声光讯号）；18—清管器发送装置；19—清管器接收装置；20—排污管；21—越站旁通管

压气站是为提高输气压力而设的中间接力站，它由动力设备和辅助系统组成，它的设置比其他站场复杂。

清管站通常和其他站场合建，其功能是通过收发球定期清除管道中的杂物，如水、机械杂质和铁锈等，并设有专门的分离器及排污装置。

末站通常和城市门站合建，除具有一般站场的分离、调压和计量功能外，还要给各类用户配气，见图 9-5。

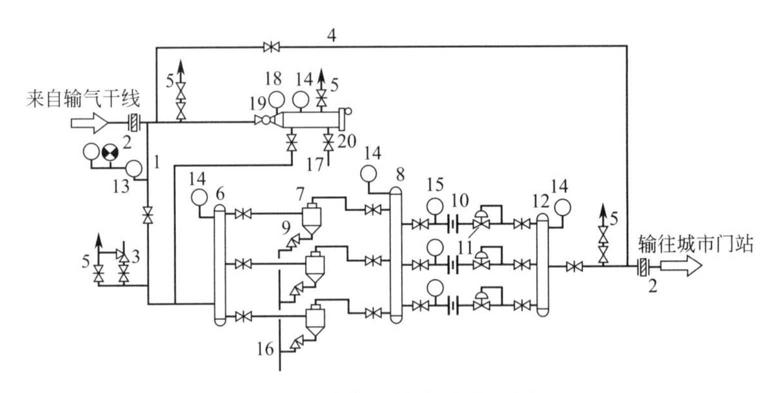

图 9-5 输气干线末站流程图

1—进气管；2—绝缘法兰；3—安全阀；4—越站旁通管；5—放空管；6，8，12—汇气管；7—多管除尘器；9—笼式节流阀；10—锐孔板计量装置；11—调压阀；13—电接点压力表（有声光讯号）；14—压力表；15—温度计；16—多管除尘排污管；17—排污管；18—清管器通过指示器；19—球阀；20—清管器接收装置

干线截断阀室是为及时进行事故抢修、检修而设置。根据线路所在地区类别，每隔一定距离设置一座阀室。输气管道的通信系统分有线（架空明线、电缆、光纤）和无线（微波、卫星）两大类，通常又作为自控的数据传输通道。它是输气管道系统进行日常管理、生产调度、事故抢修等必不可少的，是实现安全、平稳供气的保证措施。

（2）输气工艺设计

输气管道工艺设计是根据设计任务的要求和气源、气质条件及用户的特殊要求进行多方案比较的过程。首先要考虑是否需要增压，在增压输送的情况下，管径、压比、输气压力等之间存在某种函数关系，选取最佳参数进行计算和比较，最后确定工艺设计方案和参数（管径、最高输气压力、站压比等。）根据经验输气距离在500km内，气源压力在4.0MPa以上时，可不考虑增压。

① 工艺设计内容　确定输气干线总流程和各站分流程；合理选择各站的进出口参数；确定各站场的数量和站间距；确定输气管道的管径和壁厚、材质。

② 站场设置的原则　各类站场的工艺流程必须满足输气工艺要求，设有旁通、安全泄放、越站输送等功能；各类站场的位置应符合线路总走向，并与周围建筑物保持应有的安全距离；站址应选在地质稳定、无不良工程地质情况、水电供应、交通方便的地方；应尽量使不同功能的站场合并建设，以便管理，节省投资。

9.2.2.2 输气管道输送能力

长距离输气管道的末段（从最后一座压缩机站到终点配气站），在设计时要根据通常日用气量的波动情况赋予一定的储存能力，借以进行负荷调节，没有中间压缩机站的输气管道，全线都可以进行储存。当管道的终点压力在一定范围波动时，管内气体的平均压力也相应有一个最高和最低值，如果适当地选择储气管段具有需要的储存能力。

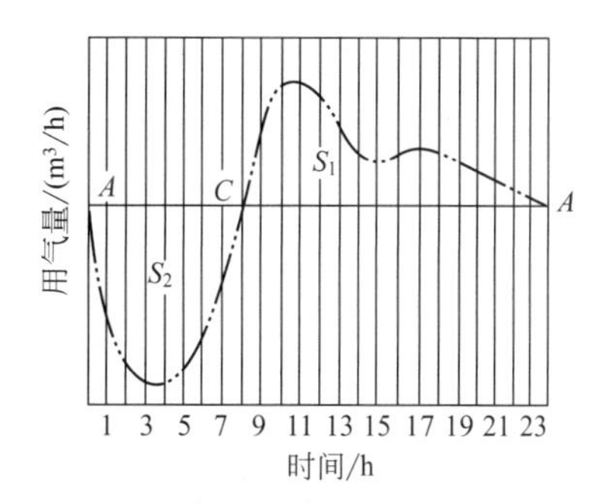

图 9-6　用气量日负荷波动情况示例

输入储气管段的气量是一个稳定值，但它的输出气量则受日负荷规律的支配（如图9-6）。储存和消耗过程均属不稳定流动，但一般仍按稳定流动近似计算，计算结果偏小10%～15%，但可以大大简化计算方式。

具有储存能力的末段管道应满足以下条件：

① 在储存和消耗过程中，管段一直能容纳稳定的输气量；

② 有足够的储存容积；

③ 管段的最高工作压力不高于输入压力；

④ 管段的机械强度应承受沿线压力和平均压力。

9.2.2.3 压气站

(1) 压气站的功能和组成

压气站是输气管道系统中一个重要组成部分，它和输气干线的所有参数互相关联，构成一个统一的整体，压气站的工况变化将会引起整条管线系统的工况变化。压气站的主要功能是给管道增压，提高管道的输送能力。压气站总是和清管站合建，除增压外，它还要完成清管作业，首站、末站或支线上的压气站还有调压计量的功能。按压气站在输气管道中的位置可分为首站、中间站和末站。有的干线压气站与储罐或地下储气库相连。

压气站由主气路系统和辅助系统组成，压缩机组、除尘设备、循环阀组、截断阀组、调压阀、流量计、空气冷却器等设备及连接这些设备的管道构成主气路系统。辅助系统又分为各自独立的密封油系统、润滑油系统、自动气系统以及保护压气站安全的控制系统和消防系统。

压气站各系统按工艺流程和各自功能分区块布置，采用快装机组和橇装区块安装。如压缩机房、净化除尘区块、冷却装置区块、调压计量区块、消防水池、储油罐和仪表控制间等。橇装化安装，可以减少现场安装工作量，检修方便，还可整体拉到工厂进行检修。

以上是采用燃气轮机-离心式压缩机组的增压站的组成情况，如采用电驱动，则没有燃料气和启动系统；若天然气出口温度不高，也就不用冷却装置，所以压气站的组成视所选用的设备而定。

(2) 选择压气站工艺流程的一般原则

① 除增压外，还必须考虑排空、安全泄放、越站输送、清管作业、调压计量（首站、末站和中间站）等功能，必须采用高效的除尘设备，如过滤分离器以防止机械杂质打坏压缩机的叶片。

② 必须适应管道全线的调度要求，根据调度指令能实时调节运行参数。

③ 要能及时进行事故处理，当站内发生事故时，能立即调整流程，实现紧急停车或启动备用机组。

④ 应考虑到今后改进和扩建工艺流程，需要留有一定余地。

(3) 压气站工艺流程

① 往复式压气站工艺流程　在输气管道中，采用往复式压缩机的压气站都采用并联流程，一级压缩，通常为单排布置，辅助设备和管道容易布置（大型机组一般为双层布置），辅助设备和管道在一起，主机操作面在二层，调节方便，机组启动、停止不干扰。图 9-7 是装有燃气发动机驱动的往复式压气站的工艺流程。

② 离心式压气站工艺流程　离心式压气站工艺流程分为三种基本流程：串联、并联和串并联混合型。图 9-8 是串联流程，设有越站旁通阀 9 和机组循环阀 4 及站内循环管线（通过减压阀 6 去站内循环）。图 9-9 是串并联运行的典型流程。全站共有 10 台机组，分成两大组，每组 5 台四用一备，这两组是完全独立的两个系统，每组先 2 台串联运行。

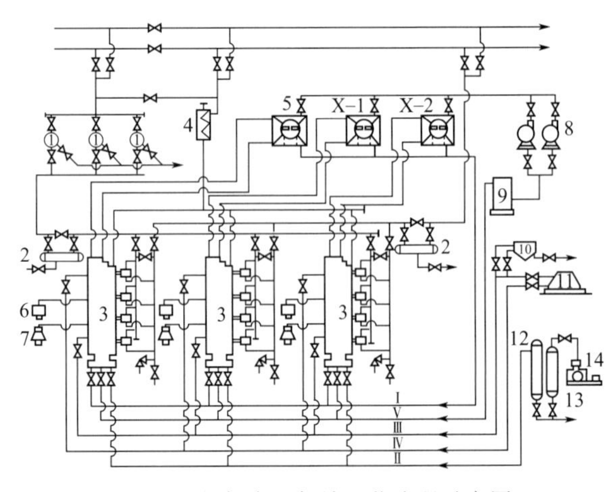

图 9-7　往复式压气站工艺流程示意图

1—除尘器；2—油补集器；3—往复式压缩机；4—燃料气调节器；5—风机；6—排气管消声器；7—空气滤清器；8—离心泵；9—“热循环”水散热器；10—油罐；11—润滑油净化机；12—启动空气瓶；13—分水器；14—空气压缩机；X-1—润滑油空气冷却器；X-2—“热循环”水空气冷却器；Ⅰ—天然气；Ⅱ—启动空气；Ⅲ—净油；Ⅳ—脏油；Ⅴ—“热循环”

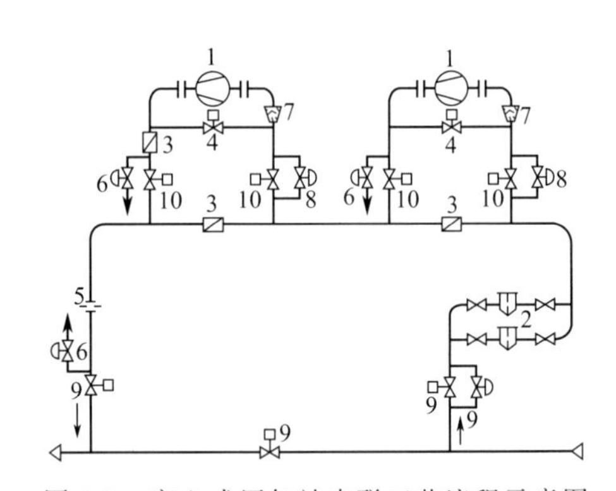

图 9-8　离心式压气站串联工艺流程示意图

1—压缩机；2—过滤器；3—单向阀；4—机组循环阀；5—测量流量；6—减压系统；7—污物过滤器；8—进气阀；9—阀站；10—压缩机阀

天然气增压过程：由上游干线来的天然气先经加气站总阀，再经净化除尘，通过机组进行一级增压，再进行二级增压，增压后的天然气经单向阀出站去下游管线。

9.2.2.4　压气站和输气管道系统

压缩机投入运行之后，输气管道的输送能力不止取决于输气管道本身，同时也取决于压气站的工作状况，输气管道和压气站组成一个统一的水力系统，要弄清这个系统的工作情

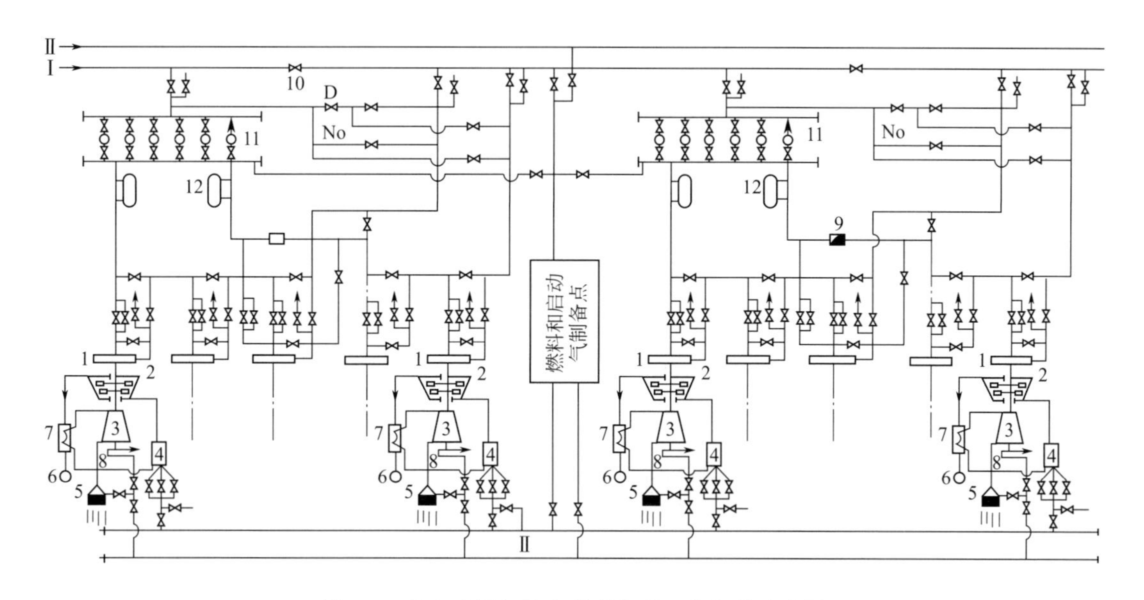

图 9-9　离心式压气站串并联典型工艺流程示意图

1—离心式压缩机；2—燃气涡轮；3—空气压缩机；4—燃烧室；5—空气滤清器；6—排气管；7—空气预热器；8—启动涡轮；9—止回阀；10—干线切断阀；11—除尘器；12—脱油器；Ⅰ—燃料气；Ⅱ—启动气

况，必须弄清输气管道的特性和压气站的特性，然后求其共同点，而压气站的特性又取决于压缩机特性和站内工艺流程。

(1) 输气管道与压气站的联合工作

当输气管道建成后，某一管段的管径、长度、水力摩阻系数也就确定了，其通过气体的能力就是管道起点和终点压力差的函数，如果以横坐标表示流量 Q，纵坐标表示起点、终点压力比值 p_H/p_K，则可绘出这一管段通过流量和压力之间的关系曲线，如图 9-10 所示。

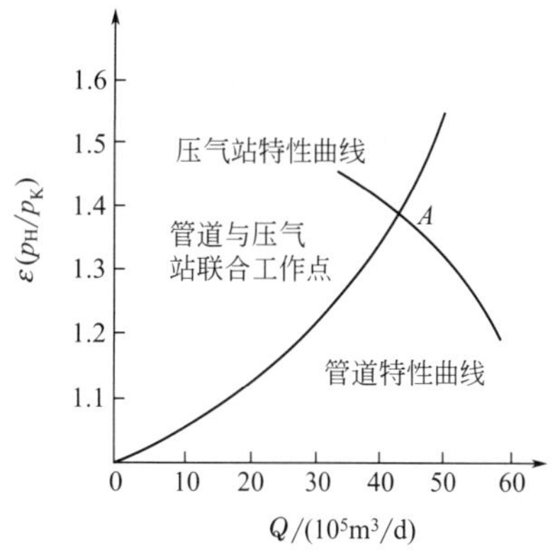

图 9-10　压气站与管道联合工作点

当压气站和输气管线联合工作时，压气站的出口压力就是与压气站相连的下游管段的起点压力 p_H，下一站的进口压力就是该管段的终点压力 p_K，设压气站的出口压力不变，那么压气站前一区间的管道压力损失就应由该站增压来补偿，因此压气站的压比 $\varepsilon=p_H/p_K$。如果把压气站的特性曲线与管道的特性曲线表示在同一坐标图上，就有一个交点，即为管道与压气站的联合工作点，如图 9-10 中的 A 点。实际上，压气站的特性曲线是一组曲线，由串联与并联机组组成的特性曲线有重叠的情况，因此对应管道的某一工作点，可能有几条曲线与之相交的情况，此时，应选择能使压缩机都处于高效区的运行流程。

(2) 压气站调节

压气站正常的工况是根据年输气任务而确定，而实际输气参数（流量、压力）随时间在不断变化，引起这些变化的原因是多方面的，归纳起来有两种：一种是有规律且可预见的，如用户用气量的波动，四季气温变化引起天然气输送温度的改变，气源的不同引起气体组分变化以及输气系统设备定期维修等；另一种是突发性的不可预见的，如输气管爆破、脱硫厂因事故停产等。无论是可预见的或不可预见的，都要求加气站立即作出反应，改变工况运行，以保证输气系统在新工况下稳定运转。改变工况运行必须通过对压缩机的调节来实现，调节方式则取决于压气站的流程和机组性能。

(3) 压气站的冷却装置

经压缩后的天然气温度升高，当温升不大时可通过降温使天然气温度降至进口温度，当温升超过管道防腐绝缘层允许温度时，就必须对出站气体进行冷却；冷却的另一个作用是能提高管道的输气量。

压缩站冷却天然气的方式有水冷和空冷。水冷却器分列管式和套管式两种。水冷装置要消耗较多工业水（多用循环冷却水），能耗较高，投资较大。采用空冷的天然气冷却系统主要由空冷器、风机和连接管道组成。由于空气传热系数较小，因此所需传热面积很大。空冷器特别适合于无水或缺水的地区使用，在输气管道上空冷器已得到普遍采用。

9.3 液化天然气储运

液化天然气（LNG）是在常压或略高于常压下深冷到－162℃的液态天然气，体积约为其气态时的1/600。由于LNG是被高度浓缩了的天然气（密度为426kg/m^3），适合于用轮船远洋运输和贸易，LNG运输成为天然气除用管道外另一种重要的运输方式。例如，将天然气从印度尼西亚、马来西亚送到日本，利用LNG方式输送进行远洋交易是唯一的选择。此外，LNG方式比管输天然气交易较为灵活，不但可以转换出售对象，还可以进行现货市场交易[6]。从天然气井到用户的LNG工业系统如图9-11所示。

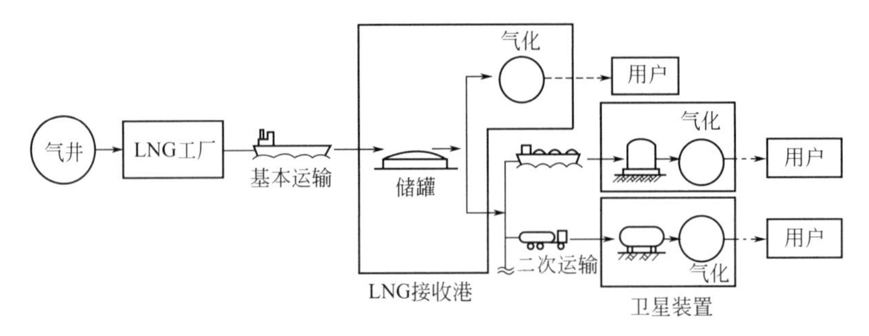

图9-11 LNG工业系统简图

一般商业LNG产品的组分为：甲烷90%～98%，乙烷1%～6%，丙烷1%～4%，其他烃类化合物低于1%，惰性组分低于3%。即其主要组分为甲烷，还有少量的乙烷、丙烷和丁烷及N_2。在LNG的液化过程中，天然气中的水、惰性气体、C_5等烃类基本被脱去，因而LNG的组分比管道天然气的组分更稳定。一般商业LNG的燃点为650℃，比汽油和柴油的燃点还高，爆炸极限为5%～15%，压缩系数为0.740～0.820，而且LNG的蒸气比空气轻，所以稍有泄漏即会挥发扩散，很难形成遇火爆炸的浓度（但较大含量的泄漏，会在LNG周围形成一个温度极低的小环境，易产生冻害），因而LNG是一种比较安全的燃料[7]。

9.3.1 LNG工厂和装置类型

在LNG生产、运输到用户的系统中一般有基荷型、调峰型、终端型、卫星型四种工厂或装置。

(1) 基荷型

基荷型工厂是LNG主要生产厂，用本地区资源丰富的天然气生产LNG供出口。基荷型 LNG 工厂的特点：

① 工厂设置在沿海岸，生产出 LNG 便于装船运输到进口国家或地区；

② 工厂的处理量较大，为了降低生产成本，近年更向大型化发展，建设投资费用很高；

③ 工厂生产能力要求严格配套，即与天然气的来源、运输船的装运能力等相匹配。中国 LNG 工厂分布见表 9-5。

表 9-5　中国 LNG 工厂统计（2020.2 统计）[8]

所属地区	项目数	所属地区	项目数
东北地区	36	西南地区	59
黑龙江省	12	重庆市	13
吉林省	17	四川省	21
辽宁省	7	贵州省	14
西北地区	161	云南省	11
新疆维吾尔自治区	20	西藏自治区	0
甘肃省	9	华东地区	16
宁夏回族自治区	11	江苏省	9
青海省	8	上海市	1
内蒙古自治区	78	浙江省	1
陕西省	35	安徽省	5
华北地区	116	华南地区	8
北京市	2	江西省	2
天津市	4	福建省	0
河北省	25	广东省	3
山东省	27	广西壮族自治区	2
山西省	58	海南省	1
华中地区	34	台港澳	0
河南省	21		
湖北省	9		
湖南省	4		
总计			430

（2）调峰型

调峰型工厂主要建设在远离天然气源的地区，广泛用于天然气输气管网中，对工业和民用用气的波动性，特别是对冬季用气急剧增加起调峰作用。这类工厂液化能力较小，而储存容量和 LNG 再气化能力较大。

（3）终端型

终端型工厂用于大量接收由海洋运输船从基荷型 LNG 工厂运来的 LNG，加以储存和气化后，天然气进入分配系统供应用户。这类工厂液化能力很小，是将 LNG 储罐中蒸发的天然气进行再液化，储罐容量和再气化能力都很大。

（4）卫星型

卫星型工厂主要用于调峰，由船或特殊槽车从接收港运来 LNG，加以储存，到用气高峰时气化补充使用，装置无液化能力，这种装置正在减少。

9.3.2 LNG生产工艺

基荷型LNG工厂的生产通常分成如下步骤：原料天然气预处理、液化、储存和装运[9~11]。典型的LNG生产工艺流程见图9-12。

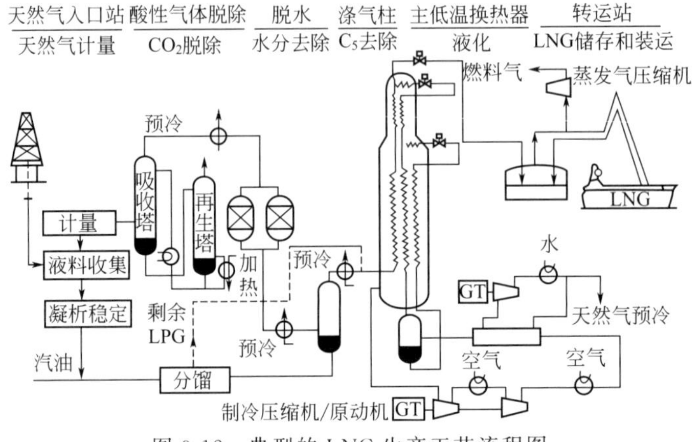

图9-12 典型的LNG生产工艺流程图

9.3.2.1 原料气预处理

天然气在液化之前要经过预处理：酸性气体（H_2S、CO_2）的脱除、水分的脱除、汞的脱除和重质烃组分的脱除等。

9.3.2.2 天然气液化

天然气液化是一个低温过程，原料气经预处理后，进入换热器进行低温冷冻循环，冷却至−162℃左右就会液化。世界上已成熟的天然气液化工艺有：节流制冷循环、膨胀机制冷循环、阶式制冷循环、混合冷剂制冷循环和带预冷的混合冷剂制冷循环等工艺。到目前为止，世界上基荷型LNG工厂主要采用后三种液化工艺，而调峰型LNG工厂较多采用膨胀机制冷液化工艺[12]。

(1) 基荷型LNG工厂液化工艺

① 阶式制冷循环　经典的阶式制冷循环由3个单独制冷循环（丙烷、乙烯、甲烷）串联而成3个温度水平（丙烷段−38℃，乙烯段−85℃，甲烷段−160℃）。为了使各段制冷温度尽可能与原料的冷却曲线接近，以减少熵增及提高功效，又出现了3种冷剂、9个温度水平的阶式制冷循环。

阶式制冷循环的优点是：能耗低，液化率高（90%），技术成熟，制冷循环与天然气液化系统各自独立，操作稳定；缺点是：机组多，流程复杂，冷剂用量大，需要专门生产和储存各种冷剂的设备，管道和控制系统复杂，维修不便。图9-13为标准阶式制冷循环天然气液化工艺流程图。在标准阶式制冷循环工艺基础上进行优化设计，开发了如图9-14所示的优化阶式制冷循环天然气液化工艺流程图。其特点是丙烷、乙烯、甲烷三段均采用流体再循环。

② 混合冷剂制冷循环　混合冷剂制冷循环（mixed refrigerant cycle，简称MRC）工艺采用N_2、C_1～C_5混合物作冷剂，利用混合物各组分沸点不同，部分冷凝的特点，达到所需的不同温度水平。图9-15是混合冷剂制冷循环天然气液化工艺流程图。其优点是：只需1台混合冷剂压缩机，工艺流程大为简化，投资减少15%～20%；缺点是：能耗增加20%左右，混合冷剂组分的合理配比困难。一般混合冷剂中各组分摩尔分数为：CH_4 20%～32%，C_2H_6 34%～44%，C_3H_8 12%～20%，C_4H_{10} 8%～15%，C_5H_{12} 3%～8%及N_2 0～3%。

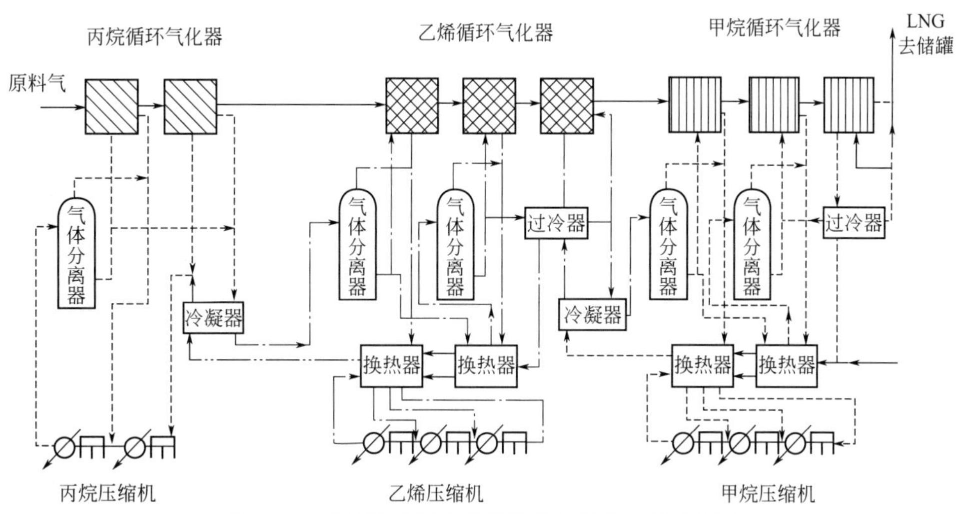

图 9-13 标准阶式制冷循环天然气液化工艺流程图

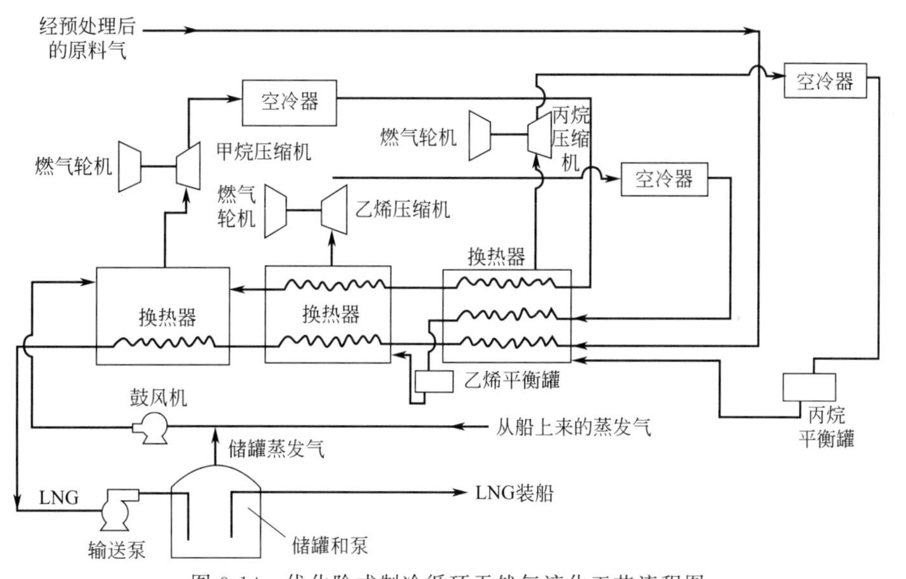

图 9-14 优化阶式制冷循环天然气液化工艺流程图

③ 带预冷的混合冷剂制冷循环 在MRC工艺基础上经过改进，开发出第三代新型液化工艺——带预冷的混合冷剂制冷循环，预冷方式有氨、丙烷、混合工质等。带丙烷预冷的MRC工艺是采用最多的，其原理分两段供给能量。此工艺具有流程简单、效率高、运行费用低、适应性强等优点，是目前最为合理的天然气液化工艺。典型的带丙烷预冷的MRC天然气液化工艺流程如图9-16所示。

带混合冷剂预冷的MRC工艺，又称双混合冷剂制冷循环工艺（double mixed refrigerant cycle，DMRC），预冷的混合冷剂为乙烷和丙烷，此工艺的效率比丙烷预冷的MRC高20%，投资和操作费用也相对较低。

(2) 调峰型LNG工厂液化工艺

调峰型LNG工厂液化能力不大，而储存容量和再气化能力较大。这类工厂一般用管线的压力（或增压），采用透平膨胀机制冷来液化平时相对富裕部分的管输天然气或LNG储罐的蒸发气，生产的LNG储存起来供平时或冬季高峰时使用。德国斯图加特TWS公司调

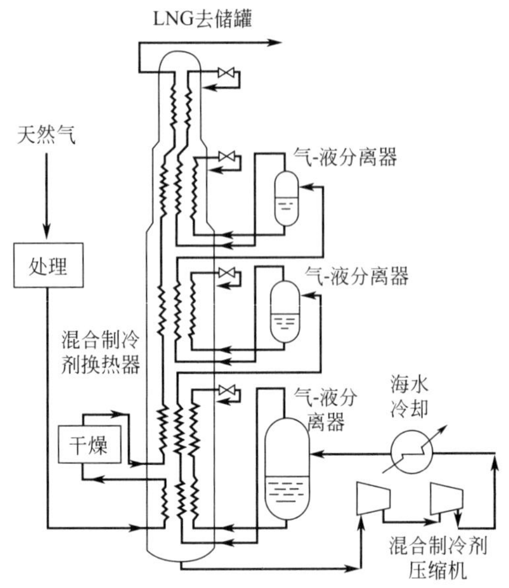

图 9-15 典型的 MRC 天然气液化工艺流程图

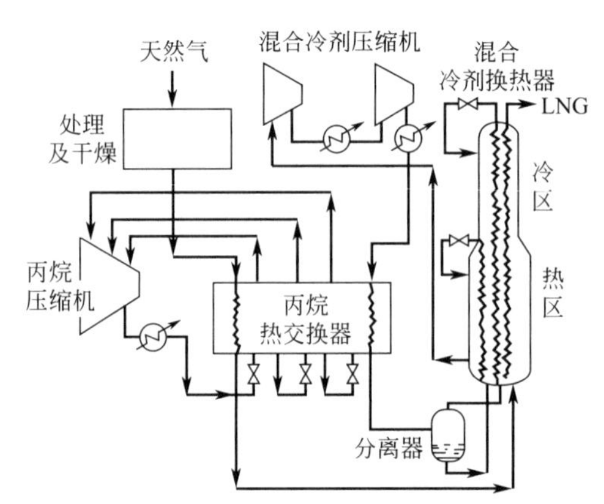

图 9-16 典型的带丙烷预冷的 MRC 天然气液化工艺流程图

峰型 LNG 工厂液化工艺流程如图 9-17 所示，其工艺分天然气净化、液化、储存、气化四个部分。进厂的原料气预处理与基荷型工厂相同，工艺采用 N_2（64%）和 CH_4（36%）混合冷剂三级压缩与－70℃膨胀制冷。

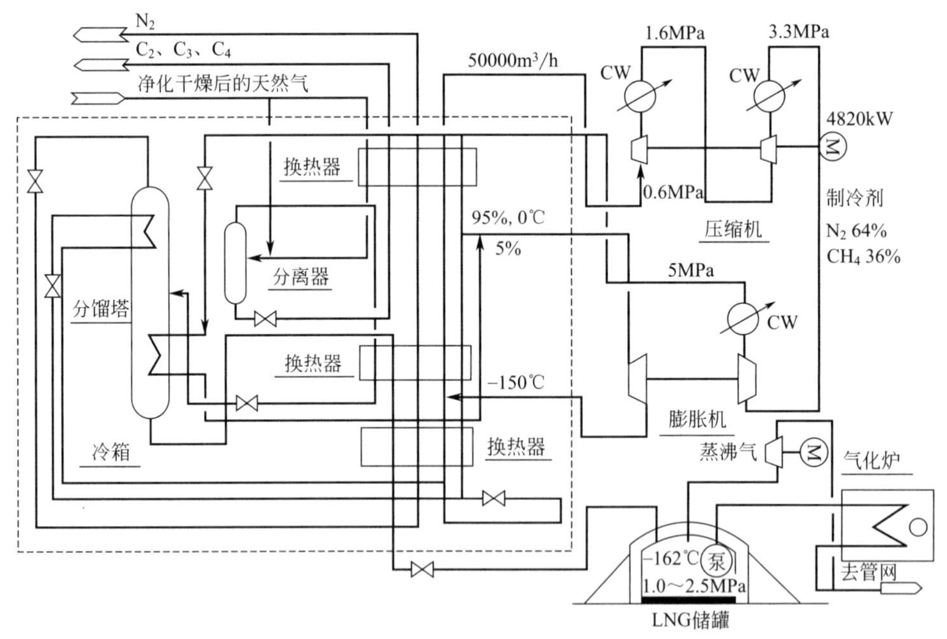

图 9-17 斯图加特 LNG 工厂液化工艺流程图

9.3.3 LNG 储存

各种类型天然气液化工厂和接收港的 LNG 一般都要存放在 LNG 储罐中。由于 LNG 具有可燃性和超低温性（－162℃），因而对 LNG 储罐有很高的要求。储罐在常压下储存 LNG，罐内压力 3.4～17.2kPa，储罐的蒸发量一般为 0.04%～0.2%，小型储罐蒸发量高达 1%。储罐有地面和地下之分[13]。

(1) 地面储罐

目前世界上应用最为广泛的，以金属材质地面圆柱状双层壁的储罐为主，见图 9-18。这种双层壁储罐是由内罐和外罐组成，两层壁间填以绝缘材料，与 LNG 接触的内罐材料大都是用 9%镍钢、珠光体不锈钢或铝合金，外罐材料一般为碳钢，绝热材料采用珠光砂、聚氨酯泡沫材料、聚苯乙烯泡沫塑料、玻璃纤维或软木等。为了防止灌顶因气体压力而浮起和地震时储罐倾倒，内罐用锚固钢带穿过底部隔热层固定在基础上，外罐用地脚螺栓固定在基础上。

未来的地面储罐发展，必须具有经济型和可靠性，能最大限度节约土地。20 世纪 90 年代初为适应 LNG 储罐的发展要求，日本大阪煤气公司设计和开发一种有预应力混凝土 (PC) 外罐的大容量双层壁 LNG 地面储罐，容量 14000m^3，其结构和剖面图分别见图 9-19 和图 9-20。这种储罐投资费用较低，工作可靠，能有效利用现场空间。

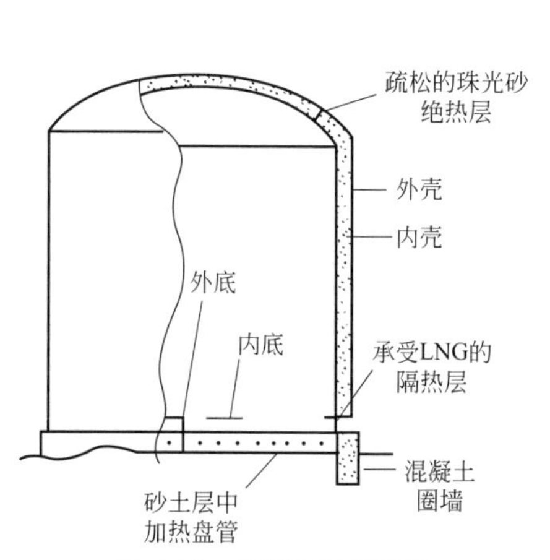

图 9-18 地面双层壁储罐

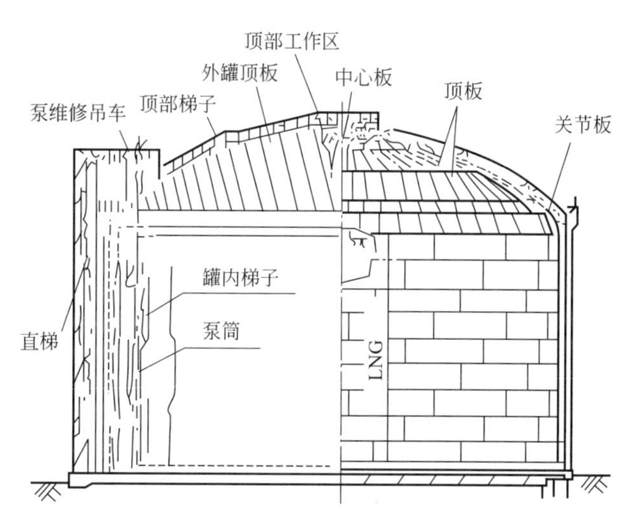

图 9-19 带预应力混凝土外罐的 LNG 地面储罐结构图

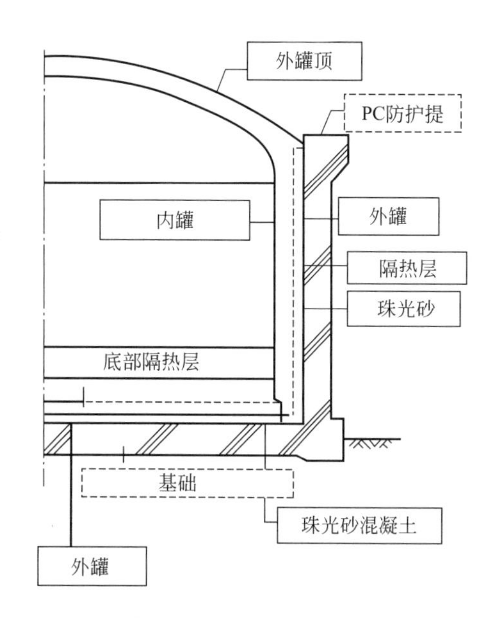

图 9-20 带预应力混凝土外罐的 LNG 地面储罐剖面图

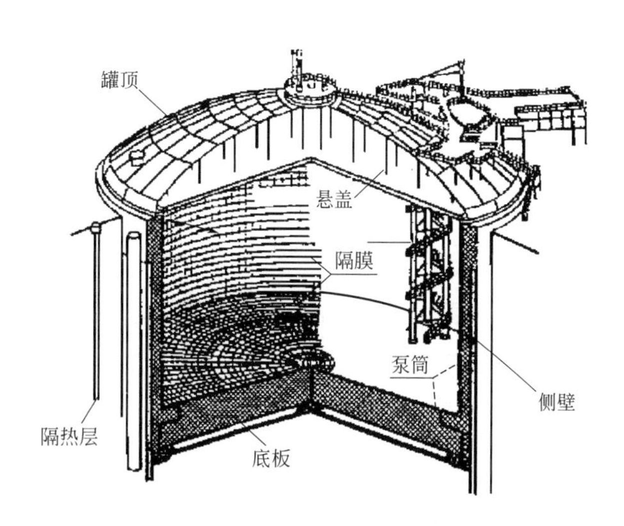

图 9-21 世界上最大的 LNG 地下储罐

(2) 地下储罐

除罐顶外大部分（最高液面）在地面以下，罐体坐落在不透水稳定的底层上，为防止周围土壤冻结，在罐底和罐壁设置加热器，有的储罐周围留有1m厚的冻结土，以提高土壤的强度和水密性。LNG地下储罐的钢筋混凝土外罐，能承受自重、液压、土压、地下水压、灌顶负荷、温度、地震等，内罐采用金属薄膜，紧贴在罐体内部，金属薄膜在－162℃具有液密性和气密性，能承受LNG进出时产生的液压、气压和温度的变动，同时还具有充分的疲劳轻度，通常制成波纹状。

日本川崎重工业公司为东京煤气公司建造了目前世界上最大的LNG地下储罐，见图9-21。此地下储罐容量140000m^3，储罐直径64m，高60m，液面高度44m，外壁3m厚的钢筋混凝土，内衬200mm厚的聚氨酯泡沫隔热材料，内壁紧贴耐－162℃的不锈钢薄膜，罐底为7.4m厚的钢筋混凝土。该罐可储存的LNG换算成气态天然气为$68\times10^6m^3$，可供20万户家庭1年用气需要。

9.3.4 LNG运输[14]

(1) 海上运输

LNG的远洋运输始于1959年，当时“甲烷先锋号”轮装载5000m^3LNG成功地从美国路易斯安那州查尔斯湖出发，横渡大西洋运抵英国泰晤士河口的坎维岛。40多年来，LNG运输船的数量和规模都有了很大发展。LNG单船容量也在不断增大，典型LNG船尺寸见表9-6。

表9-6 典型的LNG船尺寸

尺寸	容量/m^3(t)		
	125000(50000)	165000(66800)	200000(80000)
长/m	260	273	318
宽/m	47.2	50.9	51
高/m	26	28.3	30.2
吃水/m	11	11.9	12.2
货舱数	4	4	5

关于LNG船的结构，早期LNG船储罐置于舱面，后来法国GTT公司开发出隔舱式结构，挪威Moss-Rosenberg公司设计了球形储罐LNG船，剖面见图9-22，图9-23。到1998年GTT隔舱式LNG船已建造44艘，Moss球罐LNG船为58艘。

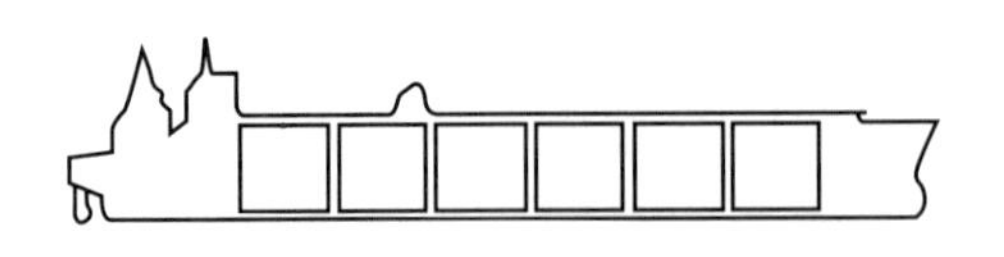

图9-22 隔舱式LNG船

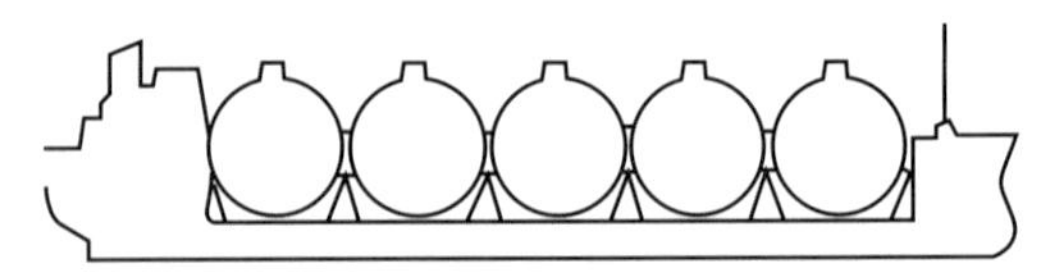

图9-23 球形储罐LNG船剖面图

Moss球罐LNG船有如下特点。

① 特制的球罐。由于罐内装有超低温液体会引起内部收缩，在结构上考虑避免收缩时的压力，设置储罐的支撑固定装置；还为防止储罐超压或负压，装设了安全阀；储罐开口暴露安置在甲板上。

② 绝热措施。其目的有两个：一是防止船体结构过冷；二是防止向储罐内传入热量，尽量减少 LNG 的蒸发。

③ 蒸发气体的处理。即使设置了绝热结构，完全防止 LNG 蒸发是不可能的，每天蒸发量为 0.2%～0.3%，把蒸发的天然气用作 LNG 船发动机燃料和其他加热设备的燃料。

④ 二次阻挡层。该层是指在球罐泄漏时，使船体构件不要降低到它的允许温度以下，把已泄漏的 LNG 保留一定期限所需要的结构设施。其目的是避免船体发生损坏或着火爆炸的重大事故。

⑤ LNG 船一般采用双重船壳的结构，船体也设置了各种计量、测量装置和报警设施。

(2) 陆上运输

早在 20 世纪 70 年代初，日本使用特殊的公路罐车把 LNG 从接收港转运到卫星基地，美国的卫星型调峰装置用 40 辆特殊罐车运输 LNG。最早的罐车为底盘式，载重 6t，1988 年开始采用载重为 8.6t 的拖车型罐车，两种罐车的技术条件见表 9-7。

表 9-7　美国两种罐车的技术条件

项　　目		单底盘型	托车型
储罐	型式	双重壁圆筒真空绝缘	双重壁圆筒真空绝缘
	容量/m^3	14.2	20.33
	最大充装量/t	6.0(相对密度 0.47)	8.6(相对密度 0.47)
	最高压力/MPa	0.7	0.7
	内管材料	JIS SUS 304	JIS SUS 304
罐车	长度/m	11.625	14.755
	宽度/m	2.490	2.495
	高度/m	3.05	3.15
	柴油机	200kW,2000r/min	250kW,2200r/min
装载时总重/kg		19385	26830

LNG 汽车罐车的外形见图 9-24。LNG 储罐每天的蒸发量与容积大小有关，容积越小，蒸发量越大。我国生产的用于运输液氮、液氧的储罐，也可用于运输 LNG（10～20m^3），真空粉末绝缘的 CF 型储罐每天蒸发量为 0.35%～0.6%。

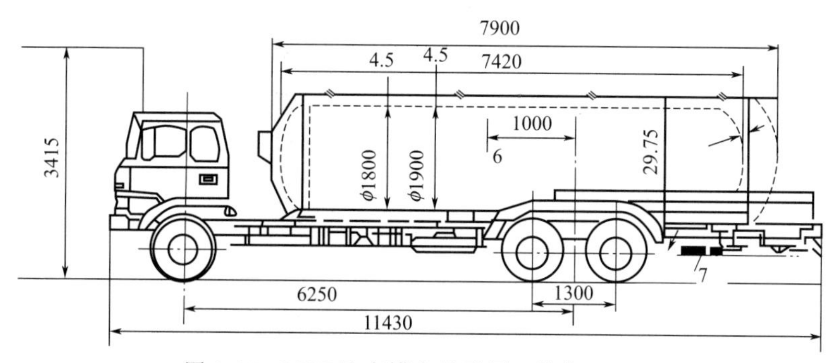

图 9-24　LNG 汽车罐车外形图（单位：mm）

迄今为止还没有采用低温管线长距离输送 LNG 的实例，目前在文莱有 4km 长的 LNG 输送管线。由于 LNG 的密度比天然气大 600 倍，与天然气输送管线相比，LNG 的输送管线直径要小得多，但需采用较贵的镍钢和性能良好的低温绝热材料，远距离输送时，还需建中间补冷站，建设投资费用是较高的。

关于铁路长距离运输 LNG 亦未见报道，与上述管线运输存在同样问题，储罐需良好绝热保温，还需中间补冷措施，投资较高，操作也是很不方便。

9.4 压缩天然气储运

9.4.1 压缩天然气（CNG）的特点和气质指标

（1）CNG 的特点

压缩天然气（CNG）技术是利用气体的可压缩性，将常规天然气以高压进行储存，其储存压力通常为 15～25MPa。在 25MPa 情况下，天然气可压缩至原来体积的 1/300，大大降低了储存容积。CNG 储运具有成本低、效益高、无污染、使用安全便捷的特点。尽管 CNG 储气密度比 LNG 低，然而作为汽车替代燃料或向难觅优质民用燃料的城镇供应燃气而言，由于 CNG 生产工艺、技术、设备较简单，运输装卸方便，又在环境保护方面有明显优势，因此它不失为值得选择的城镇燃气气源形式之一[15]。

（2）CNG 的气质指标

CNG 供应是泛指：以符合现行国家标准 GB 17820《天然气》之Ⅱ类（表 9-8）作为气源，在环境温度为－40～50℃时，经加压站净化、脱水、压缩至不大于 25MPa；出站的 CNG 符合现行国家标准 GB 18047《车用压缩天然气》（表 9-9）的各项规定[2]，并充装给气瓶转运车送至城镇的 CNG 汽车加气站或城镇燃气公司的 CNG 供应站，供作汽车发动机燃料或居民、商业、工业企业生活和生产用燃料的系统。

表 9-8 天然气①②（GB 17820）

项目	质量指标			试验方法
	一级	二级	三级	
高热值/（MJ/m^3）	＞31.4			GB/T 11062
总硫/（mg/m^3）	≤120	121～200	201～480	GB/T 11061
硫化氢/（mg/m^3）	≤6.0	6.1～20.0	—	GB/T 11060.1
二氧化碳/%	≤3.0		—	GB/T 13610
水	无游离水②			SY/T 7507

① 本标准中的气体体积计量标准参比条件是 101.325kPa，20℃。

② 无游离水是指在交接点天然气压力和温度条件下，其水含量不大于饱和水含量。

表 9-9 车用压缩天然气①②（GB 18047）

项目	质 量 指 标
高热值/（MJ/m^3）	＞31.4
总硫/（mg/m^3）	≤200
硫化氢/（mg/m^3）	≤15
二氧化碳/%	≤3
氧/%	0.5
水露点	在汽车驾驶点特定地理区域内，在最高操作压力下，水露点不应高于－13℃，当最低气温低于－8℃，水露点应比最低气温低 5℃

① 本标准中的气体体积计量标准参比条件是 101.325kPa，20℃。

② 为确保 CNG 的使用安全，CNG 应有特殊气味，必要时适量加入加臭剂，保证天然气的浓度在空气中达到爆炸下限的 20%前能被察觉。

9.4.2 城镇CNG供应系统构成

(1) CNG加压站（母站）

CNG加压站（母站）的作业流程框图如图9-25所示。天然气加气站的任务是使充装气瓶转运车或售给CNG汽车的压缩天然气达到汽车用CNG的技术指标，并且不得超压过量充装；保证气瓶转运车或CNG汽车的压力容器在该城镇地理区域极端环境温度下安全运行，即该压力容器工作压力始终在允许的最高工作压力（最高温度补偿后）以下[16]。一般规定该压力容器充满后的压力为20MPa，即相当于美国机械工程学会（ASME）的压力容器相关标准规定补偿后温度为21℃时20.7MPa的表压力。根据城镇规划的安排，可规定加压站以充气瓶转运车为主，以售气为辅；或只有充气瓶转运车而不向CNG汽车售气。

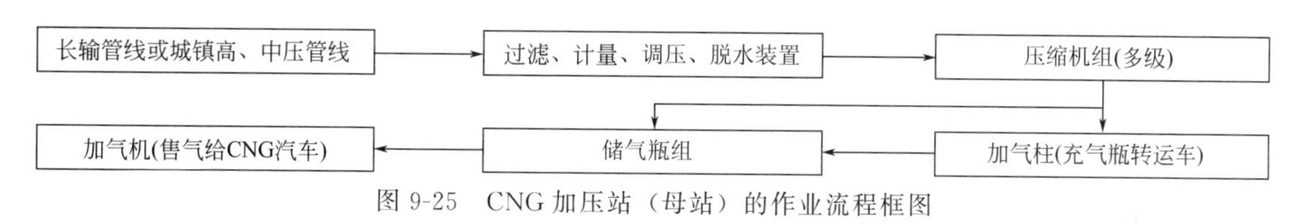

图9-25 CNG加压站（母站）的作业流程框图

(2) 城镇CNG供应站（子站）

城镇居民、商业和工业企业燃气用户是依靠中、低压管网系统供气的，以CNG作气源的燃气供应系统，必须在该管网系统的起点建立相当于城镇燃气储配站（或门站）的设施，对由母站来的气瓶转运车的CNG进行卸车、降压和储存，并按燃气用户的用气规律输气。可以把城镇中、低压管网系统起点处的CNG卸车、降压、储存工艺设施统称为城镇CNG供应站，它就是以加压站为母站的子站，其作业流程框图如图9-26所示。

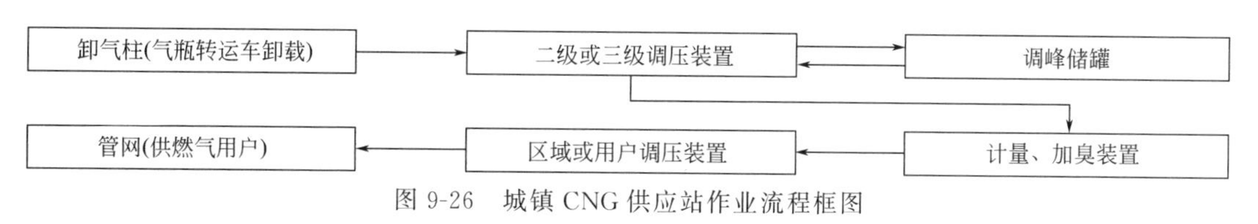

图9-26 城镇CNG供应站作业流程框图

为了节省投资，简易的城镇CNG供应站可以把CNG气瓶转运车卸载经一级减压至中压B级管网压力，站内不设调峰储罐，在站内经计量、加臭后直接输送给城镇燃气分配管网。但是为了不间断供气和调节平衡城镇燃气用户小时不均匀性，在卸气柱处必须有气瓶转运车随时在线供气。这样，CNG气瓶转运车投资比例大一些，并必须严格管理。

(3) CNG汽车加气站（子站）

发展城镇公共交通有利于减轻城区大气环境污染，以CNG替代公交车用汽油、柴油在这方面的贡献尤为突出[17]。CNG汽车加气（售气）站是CNG供应系统中的子站，可根据城镇管理和道路规划要求进行布点。在经营内容和形式上可以只供CNG，称为CNG加气站，或者在城镇原有的加油（汽、柴油）站的基础上扩建CNG加气系统，称为油气合建站，或者新建既能加油又能加气的油气合建站。在CNG汽车供应系统中，CNG汽车加气站的作业流程框图如图9-27所示。

根据加气作业所需的时间，加气站可按快充和慢充方式来作业。慢充作业一般是在晚上用气低谷时进行，慢充所需时间依配置的压缩机和储气容积大小而不同，可长达数小时，因

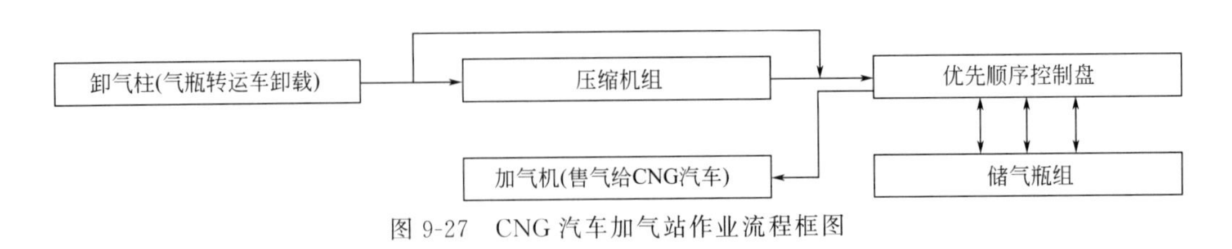

图 9-27 CNG 汽车加气站作业流程框图

此慢充加气站经营规模小，投资少。快充作业时间则按 CNG 汽车车载燃料瓶的大小可在 3～10min 内完成。

9.4.3 CNG 供应系统的经济配置

CNG 气瓶转运车在母站加气柱充装作业一般可在 40～60min 内完成；而在子站卸气柱卸载作业时间则要由子站供应规模、加气小时高峰等因素确定，并保证有一辆气瓶转运车随时在线。用气量已确定的城镇，需论证当地 CNG 用户的用气规律，以选择 CNG 加气站（母站）最经济合理的规模[18]。CNG 加气站下游的子站所维系的用户具有不均匀性的特点，因此必须解决子、母站内调峰储气量大小和峰值时压缩机充装作业能耗之间的优化平衡问题。显然，若设置的储气规模小，压缩机作业时间长，节省了一次投资却增加了生产成本。与此同时，也不能忽视采用逻辑控制手段提高储气装置的利用率以优化压缩机作业时间所起的作用。根据四川德阳规模为 15000m^3/d 的加压加气站技术经济分析表明：在 CNG 供应成本构成中，电力消耗占生产成本的比例很高，耗电可占生产成本的 88.9%。对于自动化程度较低的加压加气站，利用电力峰谷差价确定储气装置一天中的利用时数和次数，优化压缩机启动时间，能够降低生产成本。同时，也要选择设置经济的储气规模，该站设有 3790～4508m^3 的储气装置，即为日供应 CNG 标准状态体积值的 20%～30%。

CNG 供应成本主要包括：电费、设备折旧、配件损耗、辅助生产费、土地使用分摊费等。对于自动化程度很高的加气站，如北京排气量为 6000m^3/h 的某加压站，设置了 2400m^3 的储气装置，折合压缩 1m^3（标准状态）的天然气综合成本费为 0.25～0.35 元。

对于非汽车加气的 CNG 供气工程项目，CNG 的运输距离直接关系到供气的可靠性及工程投资，因此，优化 CNG 供应系统的配置具有现实的经济意义。根据北京近郊某城镇 CNG 供应站的分析研究成果表明：运输距离（有效半径）与加压站供气规模、城镇用气负荷特点、气瓶转运车卸载操作时间等有关。

经济条件分析综合考虑了 CNG 供应工程投资（与管道输气工程的可比性）、运营成本（含加压站 CNG 单价）以及城镇用户的可接受价格。基于上述分析的结论是：CNG 供应可作为管道高压长输的替代方案，从工程投资效益考虑，在不设调峰储罐的情况下，其规模不宜超过 25000m^3/d；对季节不均匀性显著的采暖用户供气站应慎重考虑；CNG 供应方式受地理环境的制约，其有效半径宜在 150km 以内。

9.4.4 CNG 加压供气工艺

9.4.4.1 CNG 加压站工艺

根据加压加气站的设备配置情况，目前有两种组合形式：一是选用个体散装设备，其自动化程度低，优化匹配欠缺，但投资较小；二是选用成套设备，集成橇装，其自动化程度高，操作控制很完善，但投资较大。图 9-28 为 CNG 加压加气站的工艺流程图，该站选用了干燥器、多级压缩机组、储气瓶组、加气机和加气柱等成套设备，操作功能完善，自动化程度很高。

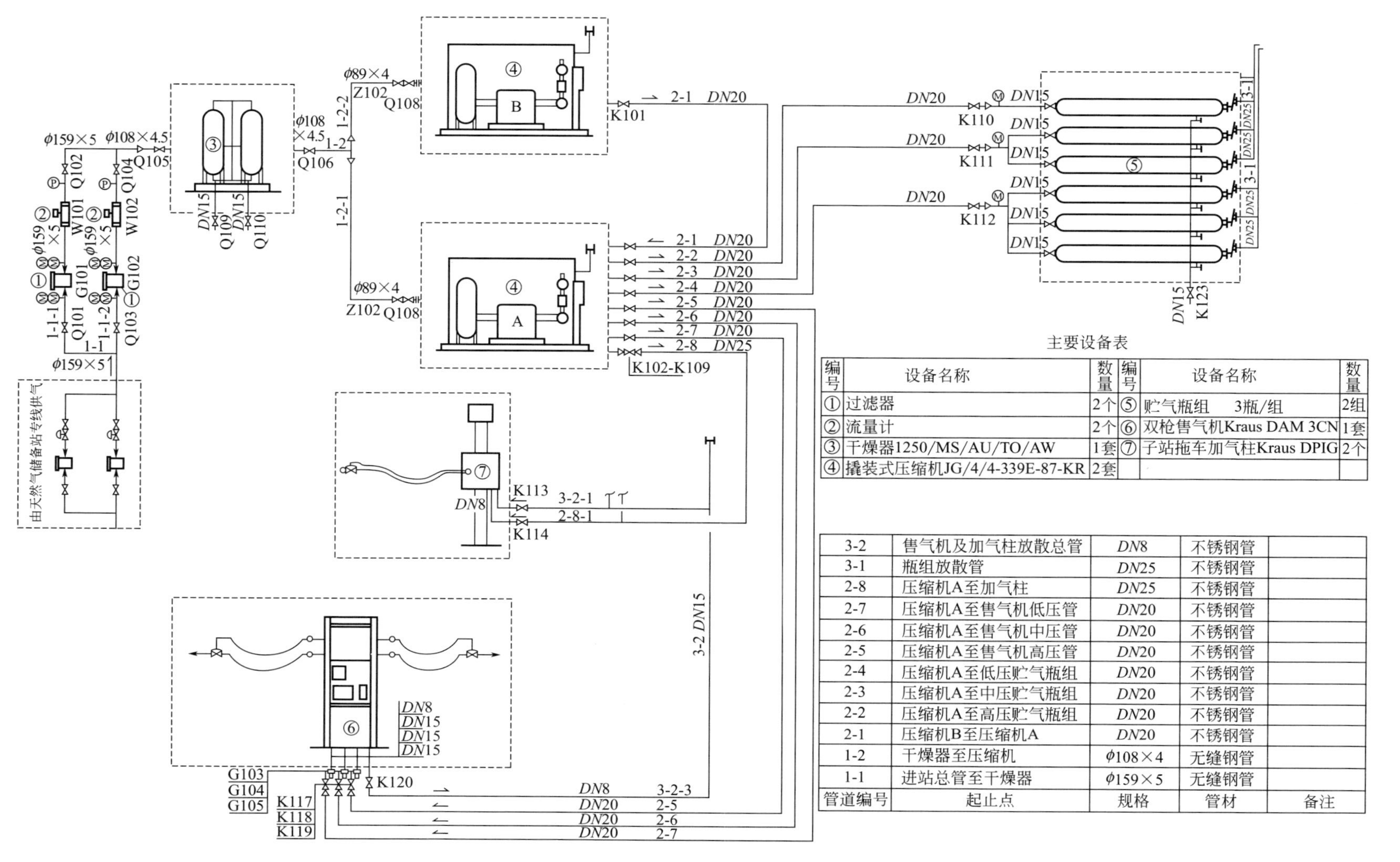

主要设备表

编号	设备名称	数量	编号	设备名称	数量
①	过滤器	2个	⑤	贮气瓶组　3瓶/组	2组
②	流量计	2个	⑥	双枪售气机Kraus DAM 3CN	1套
③	干燥器1250/MS/AU/TO/AW	1套	⑦	子站拖车加气柱Kraus DPIG	2个
④	撬装式压缩机JG/4/4-339E-87-KR	2套			

管道编号	起止点	规格	管材	备注
3-2	售气机及加气柱放散总管	DN8	不锈钢管	
3-1	瓶组放散管	DN25	不锈钢管	
2-8	压缩机A至加气柱	DN25	不锈钢管	
2-7	压缩机A至售气机低压管	DN20	不锈钢管	
2-6	压缩机A至售气机中压管	DN20	不锈钢管	
2-5	压缩机A至售气机高压管	DN20	不锈钢管	
2-4	压缩机A至低压贮气瓶组	DN20	不锈钢管	
2-3	压缩机A至中压贮气瓶组	DN20	不锈钢管	
2-2	压缩机A至高压贮气瓶组	DN20	不锈钢管	
2-1	压缩机B至压缩机A	DN20	不锈钢管	
1-2	干燥器至压缩机	ϕ108×4	无缝钢管	
1-1	进站总管至干燥器	ϕ159×5	无缝钢管	

图9-28　CNG加压加气站工艺流程图

一般多级压缩机对吸入气体有比较严格的要求，主要原因是吸入气体的水分、尘粒和含腐蚀性杂质的含量会对压缩机运行发生直接的影响，如活塞气缸磨损、管线易腐蚀和冰塞、操作脉冲较大易发生故障等，甚至把水分带入CNG汽车气瓶和发动机而不能正常工作。因此，CNG加压站多级压缩机前必须对吸入的天然气进行预处理，包括：过滤、计量、调压和深度脱水，并要求进站天然气的压力足以克服预处理设备的阻力，符合多级压缩机最低吸入压力要求。天然气进站压力以0.6～0.8MPa为宜，既可以由供气方按协议调压，也可以自选调压器或调压箱调压。

预处理工序中深度脱水的方法很多，低压脱水装置可设于天然气压缩增压之前；高压脱水装置则根据设备的压力级别安放在多级压缩机级间或末级出口。它的脱水原理也是采用固体干燥剂进行吸附，根据地区要求脱水后的天然气水露点应达到－60～－40℃，可使压缩机出口压力为25MPa的天然气饱和水含量降至只相当于0.3MPa的天然气饱和水含量的3%。

按预处理后天然气压力的不同，一般选用3～4级压缩机就可把天然气升压至25MPa；通常按工艺设计计算小时排气量（标准状态）的大小选用活塞往复式电机驱动压缩机最易订货配套。按该类型压缩机气缸的设置情况有L型、W型、V型和水平对置平衡式之分。当加压站规模大且压缩机计算总排量很大时，可采用多台并联。压缩机系统包括主机、驱动机、油箱及各级气缸润滑系统，风冷换热装置，油及冷凝液回收罐和各级末级出口过滤器等。这些设备均可安装在橇块底座防爆隔音密封的箱体内，简化了建站的设计、施工、安装，可减少工程建设周期和占地面积。压缩机气缸的润滑维护工作带来许多麻烦，因为润滑油难免在气缸活塞高温摩擦时挥发并混入天然气中，增加了天然气中分离废油处理工作量及费用。现代较大型的天然气压缩机设计成对称平衡式结构居多，机械振动小，其活塞环和填料环也采用无油自润滑方式，可克服上述种种缺陷。

为减少压缩机频繁启动操作，在压缩机下游应设置储气装置，因为绝大多数加压加气站为气瓶转运车和CNG汽车的加气速度或加气能力（流量）的需求要大于压缩机的排量（供气能力）。对于小型加气加压站可能储气装置小，虽可节省投资，但缓冲能力小，压缩机将储气装置充气到储存规定压力25MPa，再从此处取气加满车载气瓶规定压力达到20MPa时，其间仅利用了压力差5MPa，实际可利用储气容积只有20%左右。因此压缩机需经常启动而耗能多。对于加气负荷大而不均匀的大型站而言，需要设置容积较大的缓冲能力，把储气装置分成高、中、低压力区，一般按1∶2∶3体积比分配容积，采取压缩机向储气装置优先控制充气原则。

储气与充气的优先顺序流程是指压缩机向站内储气装置储气时，控制气流先冲高压级、后充中低压级直至都达到25MPa即可停机；而车载气瓶由储气装置取气时，则采取顺序取气原则，即控制气流先从低压区取气，后从中高压区取气；当储气装置无法快充加满车载气瓶时，也可从压缩机出口直接取气。这样的优先顺序均由程序控制气流分配系统，能提高储气装置容积利用率，一般可达32%～50%。

9.4.4.2 城镇CNG供应站工艺流程

CNG供应站按流程和设备功能分为：

① 卸车系统，即与气瓶转运车对接的卸车柱及其阀件、管道；

② 调压换热系统，由高压紧急切断阀、一级和二级换热器、调压器、一级和二级放散阀组成；

③ 流量计量系统；

④ 加臭系统；

⑤ 控制系统（含在线仪表、传感器相联系的中央控制台）；

⑥ 加热系统（燃气锅炉、热水泵等）；

⑦ 调峰储罐系统。

按三级调压的城镇 CNG 供应站工艺流程如图 9-29 所示。

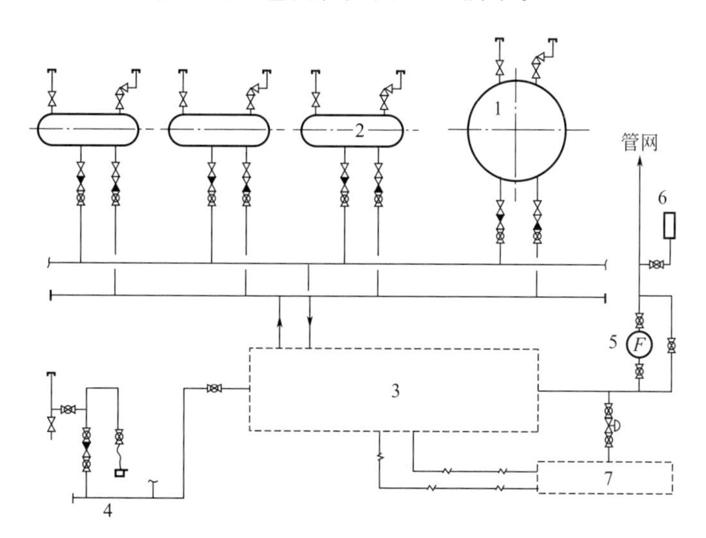

图 9-29 城镇 CNG 供应站工艺流程图

1—球罐；2—卧罐；3—调压装置；4—卸气台；5—涡轮流量计；6—加臭机；7—循环热水锅炉

上述系统之②～④及其在线仪表和储罐出口调压器都集成在 CNG 专用调压箱内，并预留了与站内输配系统的连接口。目前国内组装的 CNG 专用调压箱，根据调节 CNG 压力参数的差别，其工艺流程分为二级调压工艺流程和三级调压工艺流程，设备和仪表配置大同小异，仅在压力调节参数上有所不同。

CNG 专用调压箱三级调压工艺流程如图 9-30 所示，其要点如下。

首先用 CNG 供应站上卸车柱的高压胶管卡套快装接头与气瓶转运车装卸主控阀口连接好，20MPa 的 CNG 通过进口球阀和高压切断阀进入一级换热器。在一级换热器内以循环热水对气体进行加热后经一级调压器减压到 3.0～7.5MPa；再经二级换热器加热和二级调压器减压至 1.6～2.5MPa。此后分成两路：一路是天然气送至储气系统，在用气高峰时储气罐出口的天然气经调压输入站内中压输配管道；另一路是可直接通过三级调压器调压至 0.1～0.4MPa 将天然气输入站内中压输配管道。最后，在站内中压输配管道上对天然气进行计量和加臭后，便可输配到城镇中压管网。调峰储气罐有三种功能：一是高峰时补充三级调压器后专用调压箱供气能力不足的部分；二是低峰时专用调压箱可间歇停止供气，维持管网低负荷供气；三是卸车柱无气瓶转运车卸气时保持不间断供气。值得注意的是，选用储气罐出口调压器应与三级调压器的出口参数一致。

与专用调压箱配套的中央控制台可对以下参数进行远程显示及连锁控制：气体进口压力；一级和二级换热器前后气体温度；专用调压箱气体出口压力和温度；一级和二级换热器回水温度；一级、二级和三级调压器出口压力；入口高压切断阀启动；流量计参数；燃气浓度报警和加臭机剂量等。

各种设计规模的调压箱的结构形式一般采用一用一备流程。以热水作为热源供 CNG 在一级和二级调压中两级换热所需的补偿热量，通常进水温度取 65～85℃，回水温度取 60℃，CNG 出口温度控制在 10～20℃范围内。

9.4.4.3 CNG 汽车加气站工艺

加气站由 CNG 的接收、储存、加气等系统组成。在子站内可配置小型压缩机用于储气装置瓶组之间天然气的转输。

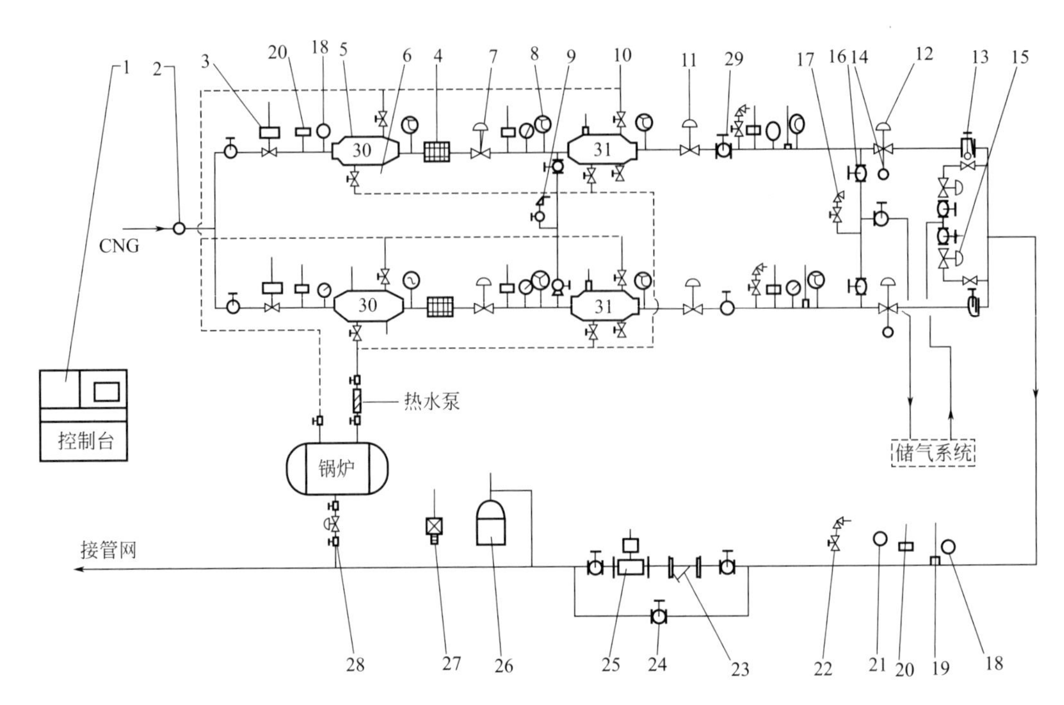

图 9-30　城镇 CNG 专用调压箱（三级）流程图

1—控制台；2，29—高压球阀；3—自动切断阀；4—过滤器；5，19—温度传感器；6—排污阀；7——级调压器；8，21—温度计；9——级放散阀；10—截止阀；11—二级调压器；12—三级调压器；13—蝶阀；14—三级自动切断阀；15—储气系统出口调压器；16—二级出口球阀；17—二级放散阀；18—压力表；20—压力变送器；22—三级放散阀；23—Y 型过滤器；24—旁通阀；25—计量表；26—加臭机；27—燃气报警器；28—热水锅炉前调压器；30——级换热器；31—二级换热器

加气子站与加压母站不同之处在于其气源压力很高（气瓶转运车额定压力为 20MPa），也不需要对天然气再进行预处理。对负荷不均匀的快充加气系统，除了可配置容量和级数较少的多级压缩机外，在加气作业快速、精确、安全和高效方面有很高的要求。图 9-31 为某 CNG 汽车加气站工艺流程图。

按上述流程，首先必须将站内卸气柱的卡套软管快速接头与气瓶转运车的卸气主控阀门接好。经优先顺序控制盘选择启动顺序控制阀，在压缩机、储气装置和加气机之间形成以下四种流程：

① 气瓶转运车→加气机（计量）→充车载气瓶；

② 气瓶转运车→压缩机→加气机（计量）→充车载气瓶；

③ 储气装置→加气机（计量）→充车载气瓶；

④ 气瓶转运车→压缩机→储气装置。

如同优先顺序控制原理一样，通过一系列气动阀或电动阀不断地切换，控制着储气装置瓶组的取气顺序和压缩机的自动启闭。随着 CNG 汽车车载气瓶一辆接一辆地取气，站上储气装置中被利用的某瓶组的压力就不断下降，直至两者压力平衡时则按高效充气顺序原则把车载气瓶切换到更高一级的瓶组来取气，依次逐级阶式起充转移储气装置中各瓶组的气体。当加气负荷很大时，可以启动压缩机直接向车载气瓶补气。这样以低、中、高压瓶组顺序取气优先级和压缩机补气为最后优先级的系统流程，可以提高气瓶利用率和最大限度地减少压缩机频繁启动。

储气装置的容量是不可能全部被利用的，其容积利用率与其利用方式有很大关系，主要

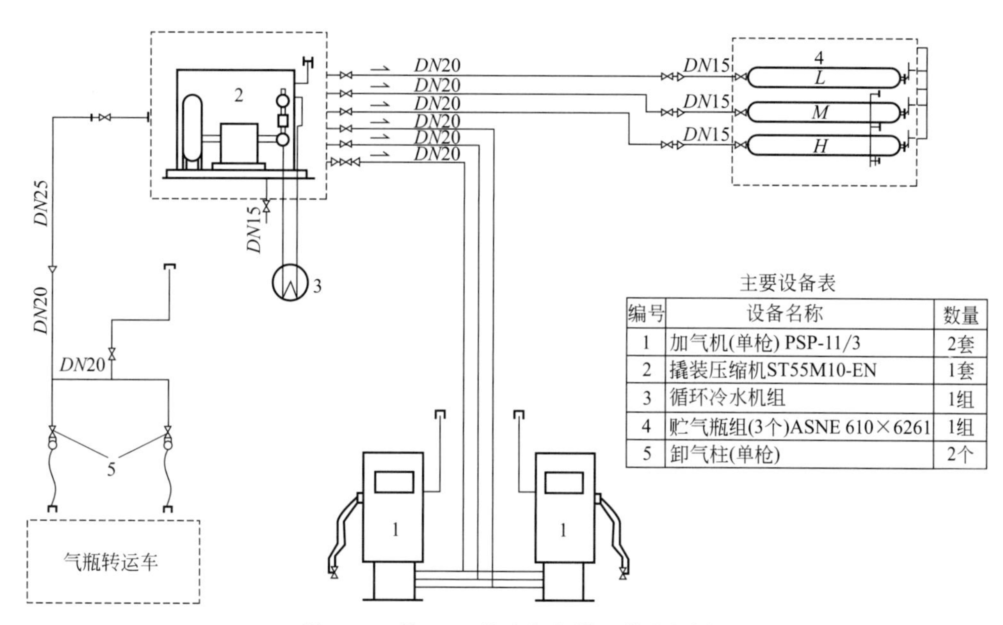

主要设备表

编号	设备名称	数量
1	加气机(单枪) PSP-11/3	2套
2	撬装压缩机ST55M10-EN	1套
3	循环冷水机组	1组
4	贮气瓶组(3个)ASNE 610×6261	1组
5	卸气柱(单枪)	2个

图 9-31　某 CNG 汽车加气站工艺流程图

影响因素是储气装置设定的起充压力的高低及其组分情况。应用气体状态方程进行对比态分析，可简单设计出储气装置的利用方案，以期得到较高目标容器的利用率。

表 9-10 所示为 CNG 加气站的储气装置瓶组（二区三线和三区四线）容积利用率测试结果[19]。所谓二区三线是指加气机设三条取气线，即来自低压瓶组、中压瓶组和压缩机三条线路。所谓三区四线是指加气机设四条取气线，即来自低压瓶组、中压瓶组、高压瓶组和压缩机四条线路。

表 9-10　某 CNG 加气站储气装置瓶组容积利用率

项目 \ 充气时间			快速 2min	中速 4min	慢速 6min
二区三线	低压瓶组	起充压力(MPa)/容积比(%)	17.5/70	15/70	10/70
	中压瓶组		20/30	17.5/30	15/30
	储气装置容积利用率/%		27	37	54
三区四线	低压瓶组	起充压力(MPa)/容积比(%)	15/50	10/50	7.5/50
	中压瓶组		17.5/30	15/30	12.5/30
	高压瓶组		20/20	17.5/20	15/20
	储气装置容积利用率		33%	48%	58%

注：1. 以压缩机出口压力 20MPa 冲入储气装置和车载气瓶时的标准总容积为 100%作基准。

2. 在二区三线流程中，储气装置的低、中压瓶组的几何容积分别占总容积的比例为 70%和 30%。

3. 在三区四线流程中，储气装置的低、中、高压瓶组的几何容积分别占总容积的比例为 50%、30%和 20%。

现行行业标准 CJJ 84《汽车用燃气加气站技术规范》还推荐各瓶组内天然气补气起充压力和储气瓶数量的比值，如表 9-11 所示。

表 9-11　各瓶组内天然气补气起充压力和储气装置数量的比值

项目	低压瓶组	中压瓶组	高压瓶组
瓶组内天然气补气起始充压力/MPa	12.0	18.0	22.0
瓶组之间储气瓶数量的比值	2.5～3.0	1.5～2.0	10

显然，站上储气装置的设置容积大小，取决于加气负荷、加气时间和目标容积利用率等因素，容积设置得稍大一些可以减少压缩机的启动时间，以节省能耗和降低CNG的成本。按工业标准选择多级压缩机必须遵循的基本原则如下：

① 典型的压缩比为4∶1；

② 在相同终压下，较低的吸入压力选择较多的级数；

③ 级数少和各级效率平衡的压缩机较廉价和节能；

④ 压缩比小，多级中间冷却的压缩机，一般m^3/kW指标较高；

⑤ 按照气体状态方程，为了最大限度升压，需逐级优化最小温升。

由此不难看出，根据加气负荷大小在CNG加气子站安装二级压缩机就已经足够了，一般吸入压力较高（0.2～3.6MPa），其工作效率就显著提高。

9.4.5 CNG储运装置

9.4.5.1 CNG储存装置

为平衡CNG供需在数量和时间上的不同步和不均匀性，有必要在站内设置储气装置，这对于加压站或加气站在工艺流程中都是重要的中间环节设备。储气装置的最高工作压力达到25MPa，属于甲类气体、Ⅲ类压力容器检查管理范畴，国家标准GB 50156《汽车加油加气站设计与施工规范》有关规定。储气装置在CNG加压站或加气站的工程投资中占有相当大的份额，并在工艺平面设计中须考虑其占地面积及相对位置。

目前已采用的CNG储气方式主要有四种。

① 小气瓶组储气方式　采用钢或复合材料支撑水容积为40～80 L的气瓶，可几十上百地把气瓶分为若干组设置。这种方式主要用于规模较小的CNG加压站或加气站，每站总瓶数不宜超过180只。由于气瓶数量多，管道连接及阀件也多，泄漏概率大，因此，维修工作量和费用高。

② 大气瓶组储气方式　钢制大气瓶形同管束，每只水容积为500 L以上，以3～9只组成瓶组，并用钢结构框架固定。相对于小气瓶组储气方式，其具有快充性能较好、容积利用率较高的特点，并由于气瓶数量显著减少，因而系统的可靠性较高，维护费较低。

③ 大容量高压容器储气方式　用水容积2000 L以上的钢制压力容器储气，由于容器的水容积较大，其壁厚相应较大，材质选用和制造工艺都会要求更高，因而工程费用要高于上述储气方式。

④ 地下管式竖井储气方式　采用无缝钢管作为容器，管材适用于未经处理的是有天然气采输工作条件，具有较高的强度和防腐性能。井管一般采用ϕ150的无缝钢管，每根长100m，水容积约2000L，投入运行后无需定期检查，使用年限为25年，然而却受站址地质条件的限制。

储气井管直埋地下，温度波动幅度小，有利于CNG计量的准确性。储气井底通常设置排污管，地面设有露天操作阀组和仪表，储气设施显得小巧。在安全性方面，试验表明井管万一爆破可通过底层吸收压力波而泄压，震感就会小，对周围环境影响小，因而所需安全防火间距可以缩小。

每座加压站储气设施的总容积应根据加气车辆的数量及加气时间等因素综合确定，在城镇建成区最大总容积不得超过16m^3水容积。加压站的储气瓶宜选用大容积管束式系列，且规格型号一致。储气瓶应固定在独立框架内，且宜卧式存放。对于小容积气瓶卧式布置限宽为一个气瓶的长度，限高为1.6m，限长为5.5m。气瓶之间的净距不应小于30mm，储气瓶组间距应不小于1.5m。

储气瓶组与站内车辆通道相邻一侧应设有坚固的安全防护栏或采取其他防撞措施，并必须安装防雷接地装置，接地点不少于 2 处。

目前国内已采用的一些气瓶规格如下。

① 小气瓶组储气　按美国运输部标准（DOT-3AAX）制造的 40～80L 水容积小气瓶，最大工作压力为 25MPa，把 20～60 只瓶为一组编排成若干瓶组框架，卧式布置，并安装有安全装置和手动切断器，小气瓶组布置简图（单组合）如图 9-32 所示。国内瓶组可采用水容积为 80L 的小气瓶，其规格参数如下：最大工作压力 25MPa，外径为 267mm，瓶长 1.8m，单重 91kg，耐压试验压力 30MPa，材质 30CrMo 钢，按 GB 5099《钢质无缝气瓶》及《气瓶安装监察规程》设计、制造、检验及验收。

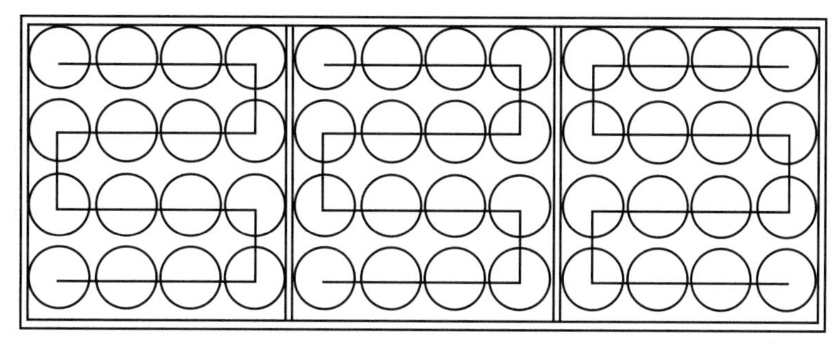

图 9-32　小气瓶组布置简图（单组）

② 大气瓶组储气　按美国机械工程学会（ASME）压力容器标准制造的免检产品：500L、1000L、1750L 水容积管输大气瓶，最大工作压力为 25MPa，平地安装，可按 $3\times n$ 组（单组或多组）框架卧式固定布置，并设有安全装置和手动切断阀，如图 9-33 所示。该储气瓶组为美国 CPI 公司产品，主要参数如下：$L_1=6261$mm，$L_2=6109$mm，外径 $D=610$mm，$H=2235$mm，$b=638$mm，壁厚 $\delta=29.3$mm，单瓶水容积 1.314m^3，单重 279kg。按 25MPa 压力计，单瓶储气能力约 300m^3，耐压试验压力 40.8MPa，设计压力 27.2MPa。

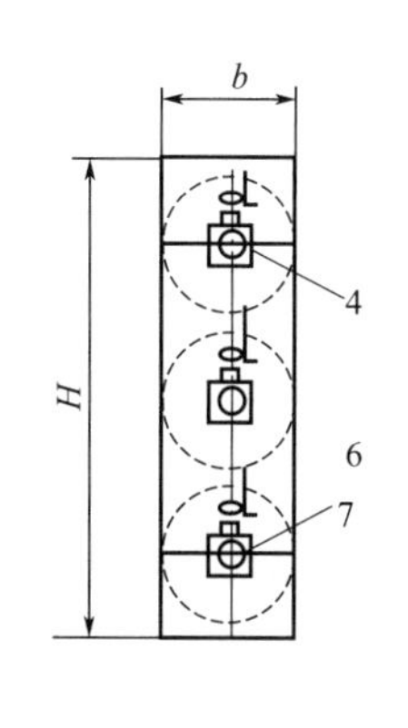

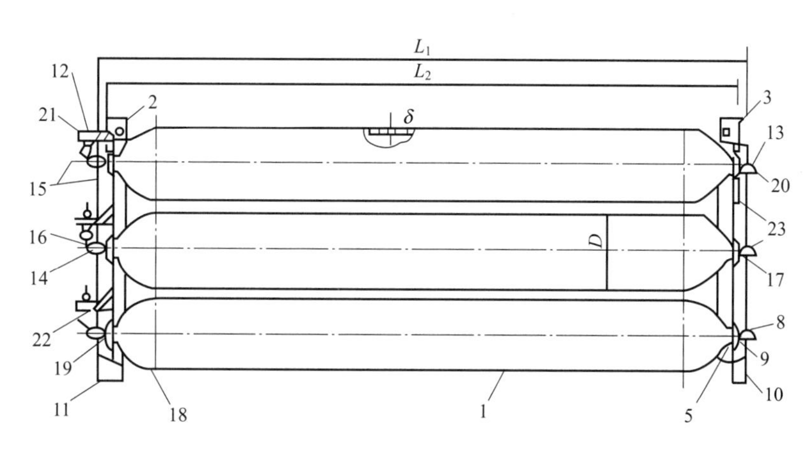

图 9-33　管束式大气瓶储气瓶组

1—无缝气瓶，旋压锻造收口钢制压力容器；2,3—固定板；4—锁箍；5—垫片；6—弹性六角止动螺母；7—加厚六角螺母；8—“O” 形环；9—支撑环；10,11—出口旋塞；12—安全阀；13—*DN*15（NPT）阀；14—*DN*20（NPT）阀；15—螺纹接头；16—弯管接头；17—*DN*15 六角螺纹接头；18—*DN*15 弯管接头；19—*DN*15 角阀；20—*DN*15 塑装旋塞；21—支撑架；22—*DN*25 塑装旋塞；23—铭牌根据使用经验认为，在储气设施规模相同的情况下，大气瓶组储气方式依次投资较高，快速充气能力和气体容积率较高；而小气瓶组储气方式投资虽少，但由于瓶多接头也多，运行管理成本高，气体容积率也偏低一些。

9.4.5.2 气瓶转运车

CNG 子站的气瓶转运车的气瓶组，与加压加气站内储气装置的气瓶组一样有两种形式，但管束式大气瓶组转运车用得较多，必须持有中华人民共和国道路运输经营许可证（危险货物运输 2 类）才能在我国境内行驶。

气瓶转运车由框架管束储气瓶组、运输半挂拖车底盘和牵引车三部分组成，实际上其本身就是 CNG 子站的气源。通常管束气瓶组有 7 管、8 管和 13 管等几种组合，如按美国运输部 DOT-3AAX 标准制造的管束式气瓶，使用高性能 4130X 钢材系列材质，运输过程不允许有天然气泄漏，设计安全系数为 3，露天高温下有足够的承压能力，并在各管束前端安全仓一侧安装了安全阀。美国 8 管束式气瓶转运车氮气瓶的规格：外径 $D=559$mm，长度 $L=10.95$m，壁厚 $\delta=16.4$mm，单瓶水容积 2.25m^3。车宽为 2.4m，车高 2.7m，车长 12.2m。管束式气瓶半挂车的构造如图 9-34。

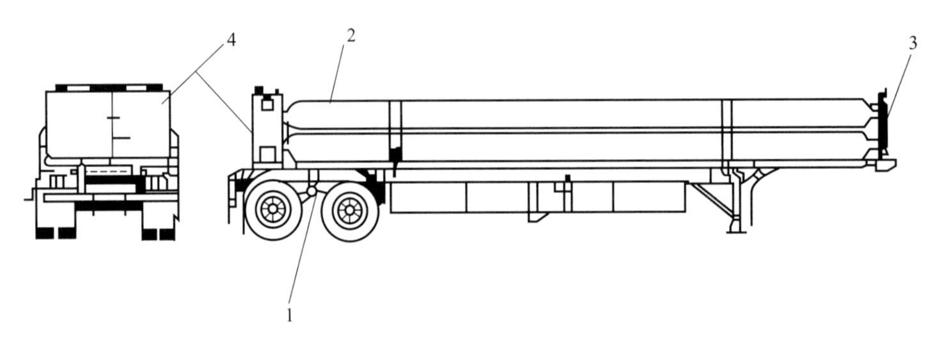

图 9-34 管束式气瓶半挂车构造简图

1—车底盘；2—框架管束式气瓶组；3—前端（安全仓）；4—后端（操作仓）

值得指出的是，作为子母站纽带的 CNG 气瓶转运车，在业务管理上分成行车和输送气体两部分，前者由交通监管部门监督，而后者归锅炉压力容器监察机构管理。

9.5 吸附储存天然气

吸附天然气（ANG）技术是在储罐中装入天然气专用吸附剂，充分利用其巨大的内表面积和丰富的微孔结构（<3nm），以达到在常温、3.0～6.0MPa 压力下使 ANG 具有与 CNG 接近的储气密度，实现高密度吸附储存的技术[20～22]。虽然吸附剂本身要占据部分储存空间，但是吸附相的天然气密度高，总体效果仍将显著提高天然气的吸附量。向储罐充气时，气体被吸附在吸附剂固体微孔的表面得以储存；当储罐对外供气时，气体从吸附剂固体表面脱附而向外供气。

9.5.1 ANG 技术的原理与特点

(1) ANG 技术的基本原理

吸附剂对天然气的吸附是个物理过程，即通过范德华力使天然气分子附着于吸附剂微孔内表面，以增加天然气的储存密度。吸附包括甲烷分子与吸附剂分子之间的作用以及甲烷分子之间的作用，当前一个作用占优势时，甲烷分子被吸附；当后一个作用占优势时，甲烷分子脱附。图 9-35 所示为吸附剂的吸附-脱附基本行为。甲烷是球形的非极性分子，无偶极矩，甲烷与吸附剂之间的范德华力只有色散力，因而吸附剂表面的极性对甲烷吸附过程影响很小，甲烷吸附量主要取决于吸附剂的微孔体积和比表面积。

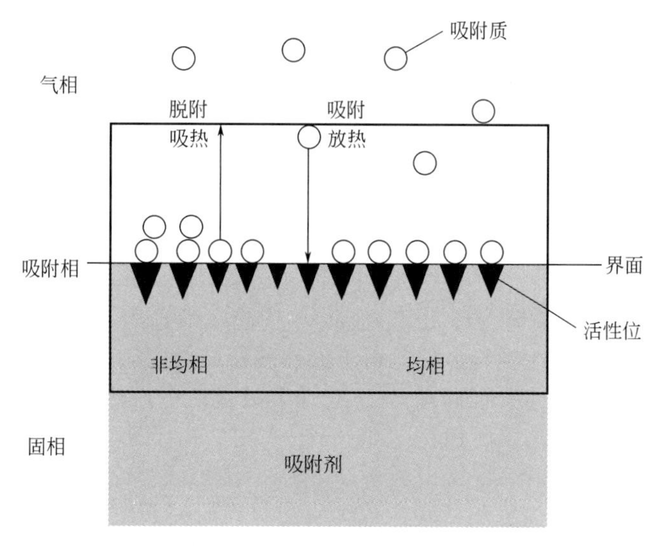

图 9-35　天然气吸附-脱附过程

根据这一原理，选择适宜的吸附剂可以实现天然气的吸附储存，达到在相对较低压力下得到较高天然气体积能量密度的目的。储罐压力低于外界压力时，气体被吸附在吸附剂固体微孔的表面，借以储存；外界压力低于储罐压力时，气体从吸附剂固体表面脱附释放以供应外界需要。

研究表明，天然气在吸附剂上的吸附相密度要比其气相密度高几个数量级，所以在储存容器中加入吸附剂，尽管由于吸附剂固体骨架的存在而损失部分储存空间，但总的效果仍是显著地提高了天然气储存密度。吸附储存增加天然气的能量密度就是利用了吸附剂表面分子与气体之间的作用力大大高于气体分子之间的作用力，使得吸附剂表面附近的气体分子浓度大大高于气相主体浓度。孔径越小这种分子之间的作用力越强，因此微孔能全部被气体分子所充满。由于吸附剂微孔中的气体密度大大高于相同压力下气相主体的密度，使得储存相同量的气体时，压力可以减小到压缩储存的十分之一，这是吸附储存的根本优势。

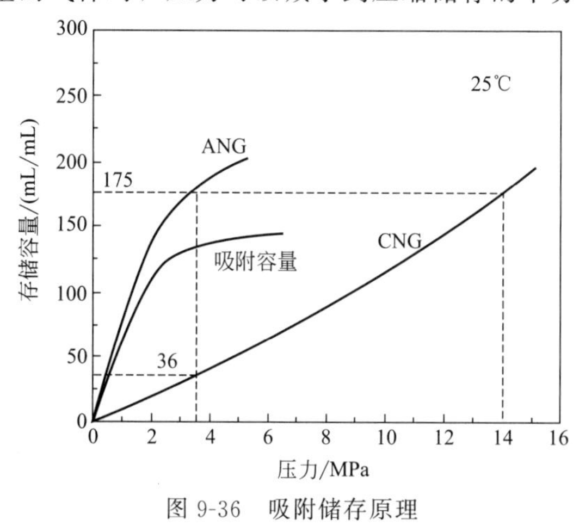

图 9-36　吸附储存原理

ANG 吸附剂的性能通常以一定条件下的吸附容量和释放容量表示，即 25℃、3.5MPa 条件下，单位体积的吸附剂所能储存或释放的标准状态下甲烷的体积。通常天然气所使用的标准状况指的是 15℃、0.1MPa。ANG 的优越性可以从图 9-36 得以佐证。由图 9-36 可以看到，压力较低时，天然气的吸附量随压力升高快速增加，远远大于压缩储存。当压力增至 3～4MPa 时，增速降低，表明吸附剂的储气能力随压力的变化比较缓慢。此后再增加压力，由于吸附剂已达到吸附饱和，吸附增量的变化趋势与 CNG 相一致，由此充分表明吸附储存的优势应集中在中低压。这就决定了当储存压力超过 6.0MPa 后，储存增量是由压力的提高贡献的，基本与吸附剂存在与否无关。

(2) ANG技术的特点

ANG技术的主要优点表现在：

① 在3.0～6.0MPa压力时可获得较高的储存密度，对储气和加压设备耐压性能要求不高，造价低，加气设备仅需中压压缩机或利用长输管线的输送压力即可，节约加气站的建站费用；

② 压力较低，安全性能好，日常维护方便，操作费用低；

③ 储存容器自重轻，形状选择余地大，可根据实际应用情况对储气设备进行合理设计。

9.5.2 吸附剂

吸附剂是ANG技术的关键。自20世纪50年代起，筛选出了如天然沸石、分子筛、活性氧化铝、硅胶、炭黑、活性炭等多种适用于天然气存储的吸附剂。目前多孔炭质吸附剂是最具工业化应用前景的天然气吸附材料[23]。在众多吸附剂中，活性炭具有最优的吸附性能。目前已商业化的普通活性炭比表面积在1200m^2/g左右。由于孔径分布的不合理，普通活性炭在3.4MPa下的吸附存储甲烷量仅相当于20MPa下压缩存储甲烷量的一半。比表面积高达3000～4000m^2/g的高比表面积活性炭成为吸附材料研究领域的新热点。

吸附剂应具备以下性能。

① 吸附剂具有较大的比表面积和适宜的微孔结构。一般吸附剂的比表面积应介于2000～3000m^2/g；孔径分布集中，孔大小介于1.0～2.0nm；微孔孔容应占总孔容的85%。

② 吸附剂对天然气的储气能力高。在3.5MPa下，吸附剂应有100以上（体积比，固定吸附储存）或150以上（体积比，移动式吸附储存）的天然气有效储存能力。

③ 吸附剂的制备工艺简单、成本低。

④ 吸附剂的使用寿命长，能够再生使用。

9.5.2.1 粉体活性炭的制备

目前粉体活性炭的制备方法主要有物理活化法和化学活化法[24]。物理活化法是将炭化后的含碳材料与活化气体进行反应以形成孔隙的工艺。常用的活化气体有水蒸气、二氧化碳气体及其混合气体，制得活性炭的比表面积较低，一般为700～1500m^2/g，吸附储存效果不太理想。物理活化法的工艺特点是活化温度高（一般在800～1200℃），反应周期长，但无污染。

化学活化法通常将活化剂与原料一起进行加热分解。不同活化剂对原料的作用各不相同，但其共同点是通过添加这些活化剂，使原料中的碳氢化合物所含的氧氢以水的形式分解脱离，显著降低了炭化温度，一般可在400～1000℃的温度下进行，应用较多、较成熟的化学活化剂有$ZnCl_2$、KOH、NaOH、H_3PO_4等。目前，天然气吸附剂储存研究中采用的吸附剂主要为实验室自行研制的高比表面积活性炭，多以煤、石油焦为原料，KOH为表面活化剂，产品比表面积可达2000～4000m^2/g，一般都在3000m^2/g左右。活性炭对甲烷具有较好的吸附效果。其常规制备工艺流程为：原料破碎、筛分至一定粒度后，与一定量KOH充分混合，再置于反应炉中，在氮气保护下进行低温脱水、高温活化，然后将活化物冷却至室温，再经酸洗、水洗至中性，干燥后即得粉状活性炭产品。

KOH活化是国内外制备微孔型天然气吸附剂最普遍采用的活化方法。其优点在于：反应速率快，生产周期短，吸附剂孔径分布窄，微孔含量大等，并可根据不同的原料和处理工艺，通过添加助活化剂或特殊后处理工艺等方式来提高吸附剂的性能。其制备过程在本质上可概括为4个步骤：原料的选择和预处理；与活化剂充分混合，在300～500℃温度下进行脱水预活化；500～1000℃下活化；冷却，充分水洗和干燥。前3个过程是决定吸附剂性能的关键技术。

该法虽可获得吸附性能良好的吸附剂，但还存在一些问题：KOH 用量大，通常与原料的质量比在 2∶1～5∶1，增加了吸附剂的生产成本；大量 KOH 的使用不仅造成设备腐蚀，还使后续处理工艺复杂化，活化后的酸洗废水污染环境，增大了环保投资额；活化过程中产生的钾蒸气遇水及空气会发生剧烈反应并着火，生产中存在着安全隐患；产品中残留的活化剂需进一步处理，应用受到限制。这些也正是高比表面积活性炭不能工业化生产的原因所在。现在高比表面积活性炭的制备多采用 KOH 复合活化法，即加 KOH 的同时加一些添加剂来减少不利影响。制备高比表面积吸附剂的影响因素较多，在原料一定的情况下，炭料的活化是重要的环节，主要影响因素为活化时间、活化温度与活化剂用量。

9.5.2.2 天然气吸附剂性能影响因素

天然气吸附储存中，具有高的天然气储存密度的吸附剂是实现 ANG 技术的关键因素。此外，吸附剂的微观结构与填装密度、吸-脱附过程中所伴随的热效应、天然气中的杂质组成以及温度压力会直接关系到天然气吸附剂的实际应用性能和 ANG 技术的推广应用。

(1) 吸附剂微孔结构、填装对吸附性能的影响

① 微孔结构　吸附剂的微观结构主要包括表面化学形态与孔隙形貌等，它们与微孔结构一样也是决定吸附剂性能的重要参数[25]。因天然气的主要成分甲烷是球形非极性分子，无偶极矩，与吸附剂之间的作用力主要是色散力，所以吸附剂的表面极性对吸附过程影响极小，这就决定了其吸附量的大小主要取决于吸附剂的孔结构和比表面积。应开发高比表面积和适宜孔径的吸附剂。

在一定范围内，吸附剂的储气量随比表面积的增加而增大。而孔径的尺度也影响着天然气的净储存量：孔径太小，吸附的天然气分子与孔壁结合力太强，在释放压力下难以脱附，从而减小吸附剂的有效储气量；孔径太大，则孔壁的吸附势小，难以有效吸附天然气分子，对增加天然气储存密度没有明显的作用。研究表明，影响吸附剂储存量的主导因素除了有比表面积和孔结构外，还有吸附剂的堆积密度。堆积密度越大，天然气的储量越高。但矛盾的是吸附剂的比表面积和堆积密度存在着相反的变化规律，这就决定了要得到较高的有效储存量，必须要实现吸附剂比表面积、孔结构和堆积密度三者的优化匹配。

炭质吸附剂属于非极性的疏水性吸附剂，对非极性物质具有良好的吸附能力。但是其表面上存在的一些有机官能团具有极性，在表面上形成局部亲水性区域，能选择性地吸附极性物质。孙玉恒等[26]研究了活性炭比表面积对天然气有效储量的影响，其研究结果如图9-37所示。由图可以看出：随着比表面积的增加，有效储量线性增加，比表面积为 873.6m^2/g 的活性炭在中压下（7.0MPa）的储量相当于比表面积为 1322m^2/g 的活性炭在低压下（3.4MPa）的储量。由此表明要实现活性炭对天然气较高的有效储存量，需要较高的比表面积。陶北平[27]考察了甲烷吸附量随活性炭比表面积的变化关系，所得结果如图 9-38 所示，并由此得出要获得较高的天然气吸附量，吸附剂比表面积应保证在 2500～3000m^2/g 之间。陈进富等[28]也考察了吸附剂比表面积对甲烷吸附性能的影响，得到了类似图 9-39 的关系，并发现比表面积大于 1600m^2/g 时，甲烷吸附量随比表面积的变化关系不大，甚至当比表面积过大时，甲烷的吸

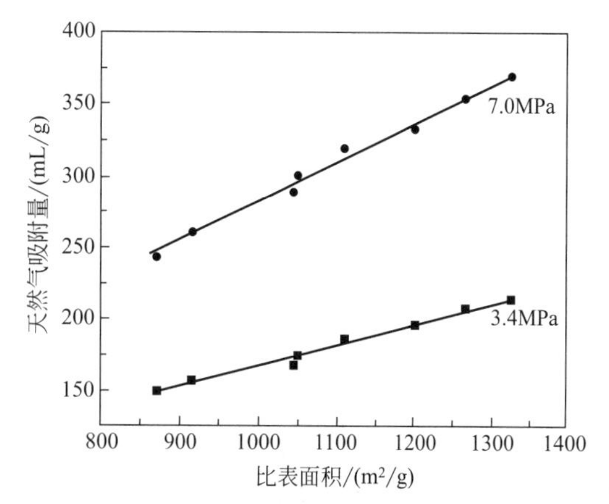

图 9-37　活性炭比表面积对天然气吸附量的影响

附量还稍有降低。这说明适用的吸附剂应该具有较大的比表面积，但并非比表面积越大越好。此外他们还得到了甲烷吸附量同比表面积与填充密度的乘积近似呈平缓的S形关系（如图 9-39 所示），二者乘积越大，其甲烷吸附量越大，至少当二者乘积较大时，吸附剂的甲烷储气量可取得较大的数值。

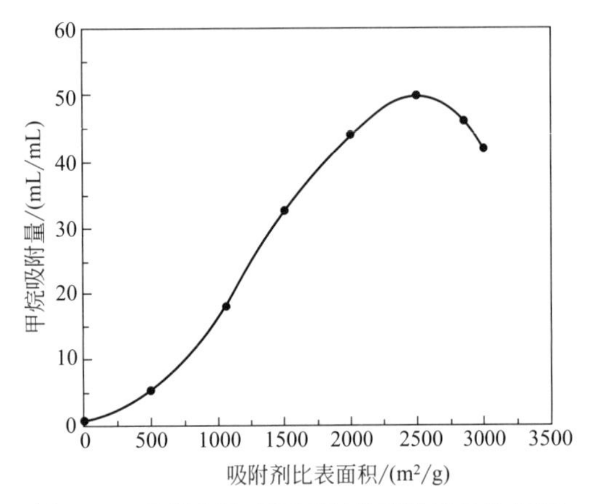

图 9-38 吸附剂比表面积对甲烷吸附量的影响

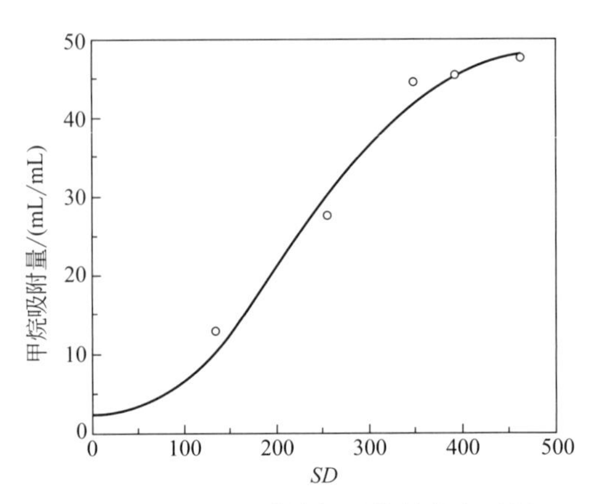

图 9-39 甲烷吸附量与吸附剂比表面积和堆积密度乘积（*SD*）的关系

② 填装密度 影响天然气吸附储存量的因素还有微孔体积，其占总孔体积的比例越大，对甲烷的吸附越有利，一般吸附剂的微孔体积应大于 $0.67cm^3/g$。传统的表示吸附剂吸附能力的方式均以质量为基础，即每克吸附剂所能吸附的气体量。对于储罐容积一定的天然气吸附储存技术，以单位容积吸附剂作为基准衡量吸附剂的吸附能力将更为合理，即用单位体积的吸附剂可以吸附多少体积的气体表示。吸附剂颗粒装填于储罐中，颗粒之间留有许多空隙，这些空隙中天然气的密度实际上就是储罐压力下（3～6MPa）的压缩天然气密度，它们对增加 ANG 的储存密度没有贡献。因此尽量减少吸附剂颗粒之间的空隙，增加吸附剂的装填密度就成为影响 ANG 储气能力的另一个重要因素。装填密度越大，天然气的储存量越高。

对于 ANG 吸附储存实际应用，吸附储存性能由单位体积吸附剂的吸附量来表示。图 9-40显示了国外生产的三种吸附剂装入储罐中的空间利用状况。储存容器的空间体积事实上可以分成四部分：即吸附剂颗粒之间的间隙孔体积、介孔或大孔体积、吸附剂骨架体积和微孔体积。如图 9-40 所示，BPL 系列吸附剂和 AX 系列吸附剂装填于储罐时，间隙孔与大孔的体积占储罐总体积的 60%～70%，而这部分体积对吸附储存基本没有贡献。可见改善吸附剂的孔隙结构，提高吸附剂的装填密度是非常必要的。为提高甲烷的储存密度，必须

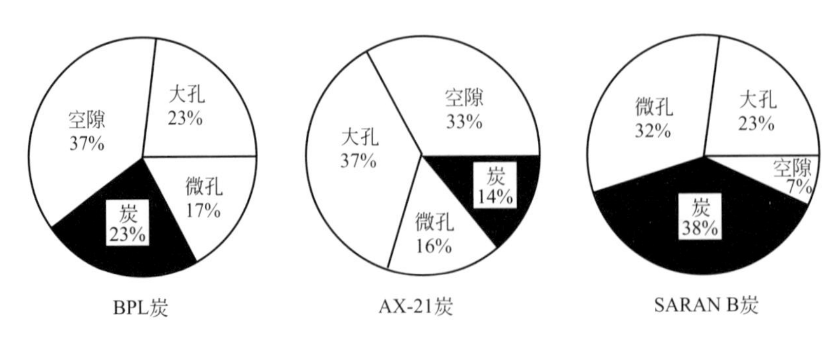

图 9-40 储存容器空间利用率

减少大孔体积与空体积。增加吸附剂微孔体积的方法有：

① 优化活化工艺，降低介于微孔与大孔之间的中孔数量；

② 研究成型工艺和方法，其中黏结剂的种类、用量以及成型压力决定了成型活性炭的微观结构，也影响成型快吸附剂对天然气的储存量。

(2) 吸附、脱附过程热效应的影响

吸附、脱附分别是放热、吸热过程，天然气在活性炭上的吸附热约为15～18kJ/mol，吸附过程放热引起系统温度升高，降低了吸附量；脱附过程吸热引起系统温度降低，增加了脱附残余量；两种效应在很大程度上会减少系统的动态吸附量（吸附气体的量与脱附残余量之差）。活性炭的热传导速率慢，吸附剂内部温度分布不均匀，脱附过程中储罐的中心部分温度最低，因而储罐中心部分的脱附残余量也最大。文献对天然气吸附热效应的影响进行了研究，结果表明：在吸附与脱附的起始阶段，吸附床温度剧烈变化，吸附时温度可以从25℃提高到75℃，脱附时温度最低达到－35℃，低温将造成气体脱附困难，导致气体滞留。热效应的影响在快速充气（对储罐加气）和放气（储罐对外供气）时更加明显，充气时最高温度随充气速度的增大而升高，在常温、3.0～3.5MPa下，床层温度升高达80℃，储存容量比等温储存量减少25%，快速放气时温度下降至－40℃。当充放气超过一定时间后，这种热效应带来的吸附床层的温度变化明显减缓。

在实际应用中，天然气的吸附、脱附过程所伴随的热效应严重影响着活性炭吸附剂的储气性能。目前，减少吸附、脱附热效应的方法主要有如下三种。

① 增加吸附剂对外传热面积，比如储存容器可采用蜂窝状，或通过合理设计储存容器，依靠吸附剂与储存容器之间的接触面强化传热减小吸附、脱附过程的热效应。

② 在吸附床内部加入热能储存元件，通过储能元件内部化学物质的相态变化所吸收，放出的热量来平衡吸附剂床层温度的波动，其缺点是储能元件占据了床层体积。

③ 循环热交换法，在充放气过程中利用外界的冷源或热源进行热交换，热源可使发动机尾气或加热器供热，冷源以空气为介质，从而使吸附剂在充放气过程中的床层温度保持一致，增加吸附剂对天然气的储存量，缺点是需要高效的换热器及大型风机等外部设备。

(3) 天然气组成的影响

天然气中除主要成分甲烷外，还含有乙烷、丙烷、氦、硫化氢、二氧化碳、水蒸气及其他重烃。吸附剂经多次循环使用后，天然气中的重烃及极性化合物等杂质会在吸附剂上积累，造成吸附剂中毒，降低有效储气能力，缩短吸附剂的使用寿命。硫化氢对吸附剂性能影响最大，它在吸附剂上产生不可逆吸附，因其具有较强的还原性，容易在吸附剂微孔中被氧化成单质硫而堵塞孔道。因而对于含硫量较高的天然气，进入储罐前必须进行预脱硫，方法可先采用传统精脱硫方式，在经过以强氧化物为介质的预吸附流化床反应再生装置组成的联合工艺来处理天然气，基本可以满足吸附要求。二氧化碳、乙烷、丙烷等在吸附剂上产生可逆优先吸附，可通过加热或在常温常压下用氦气吹扫等方式使吸附剂再生，恢复吸附剂的性能。对于天然气中的水，因在进入吸附储罐前一般经过预脱水，水含量低时，一般不考虑。氦气对活性炭的使用寿命没有影响。

实际应用中，为减少杂质气体对吸附剂吸附性能的影响，可在储罐前加一个小的内装较大孔径的活性炭的保护床，高碳分子先被吸附，而甲烷不易被吸附，起到捕集重烃的作用，吸附剂使用一段时间后，需要在250℃以上温度和0.4kPa压力下再生1h。

(4) 温度、压力对天然气吸附量的影响

随着储存压力的增高，天然气在吸附剂的吸附量不断增大，当压力增到4.0MPa时，吸附量区域饱和。吸附剂的微孔在吸附中起主要作用，吸附剂颗粒之间的孔隙与大孔在天然气吸附储存中仅起次要作用。最佳储存压力范围为3.0～4.0MPa，一般为3.5MPa，与根据微孔容积填充理论计算出的室温下天然气在活性炭上吸附储存的最佳压力一致[29]。

随着储存温度的升高，天然气吸附量下降。压力低于 3.0MPa 时，天然气吸附量随着压力的增大而迅速增加，吸附量的增加主要来自吸附态甲烷量的增加，因温度对吸附态甲烷的影响较弱，温度升高时天然气吸附量的下降较为缓慢。压力高于 3.0MPa 时，压缩态天然气的吸附量在天然气总吸附量中所占的比例增大，温度对压缩态天然气的影响显著，因而在高压下天然气吸附量随温度的升高而下降的幅度明显增大。尽管较低温对甲烷的吸附有利，但考虑到低温对设备及环境的要求较苛刻，储存温度常选择 283 K。

9.5.2.3 天然气吸附剂研发成果

在中国石油天然气集团公司的资助下，中国石油大学（北京）首先在国内开展了 ANG 技术的研究，成功开发了天然气吸附剂的生产技术。天津大学、中科院山西煤炭化学研究所、北京化工大学、华南理工大学、清华大学等单位也已开始了对 ANG 技术的开发和基础研究工作。ANG 在国内已成为一项热点研究课题，并已经取得了较大进展[30]。表 9-12 是国内报道的典型天然气吸附剂的结构与性能。

表 9-12 国内典型天然气吸附剂的特性

单位	原料	吸附剂结构性质					甲烷储存性能	
		比表面积/(m^2/g)	孔容/(mL/g)	孔径/nm	装填密度/(g/mL)	块密度/(g/mL)	吸附质量分数(25℃、3.5MPa)	吸附体积比(25℃、3.5MPa)
北京石油大学	石油焦	3222	1.78	1～2	0.28	0.51	17.7(粉状)	105(粉状)
北京化工大学	市售炭	2966		1～2				176(成型)
山西煤化所	石油焦	2953	1.28	1～2	0.25	0.45	28.9	170
华南理工大学	PVC	3139	1.75		0.17			

9.5.3 ANG 储罐

ANG 的储存压力比 CNG 低，其储罐的设计压力也较低，质量较轻。在国内 CNG 储罐有统一标准，已实现批量生产和大规模应用，但吸附储罐仍处于研究阶段。吸附储罐有其自身特点，即要充分考虑吸附热效应和吸附剂的再生。对于吸附热效应问题，应从以下两个方面考虑。

① 在车用燃料的储存方面[31,32]，可充分利用 ANG 储气压力低的特点，开发出既利于合理利用汽车有效空间也利于散热的薄壁异型储罐，但受到材料和加工水平的限制，目前国内尚无开发此类容器的能力。

② 在规模储运或燃气调峰方面，可在既有的 CNG 储罐设计基础上，在其内部安装适宜的调温盘管即可满足 ANG 的要求。总之，在 CNG 技术基础上国内自行开发 ANG 储罐，特别是调峰储罐，尚不存在技术问题。

相对于吸附过程的吸附热来说，脱附过程的热效应尤为重要。由于充气过程是在充气站进行的，因此可以方便地建立附属设备以消除吸附过程中的吸附热。而对于脱附过程来说，在汽车有限的空间内增加额外的附属设备来消除脱附过程的热效应不切实际。因此，众多研究人员将重心集中在消除脱附过程的热效应方面。

Chang 和 Talu 尝试在圆柱形吸附储罐中心加一根带有小孔的管，希望改变脱附过程当中气体的流向。实验研究表明，与不加带有小孔的管相比，动态损失能从 22%减少到 12%，装置示意图如图 9-41 所示。

杨晓东[33]针对天然气吸附储存的热管进行了研究，他设计的储罐模型如图 9-42 所示。储罐长 20cm，直径为 7.7cm。罐中间布置一根 U 形管，在脱附过程中利用温度为 70℃的发动机冷却水作为热源，起到了热交换器的作用。它增加了从容器外壁到中心的换热量，从一定程度上改变了热流的方向。采用有限元软件模拟的结果是：U形管内部没有通70℃水源时，储罐中心的温度为−42℃；在通了70℃水源的情况下，储罐中心的温度为8℃。U形换热管的设计，较好地改善了储罐内的温度剖面。

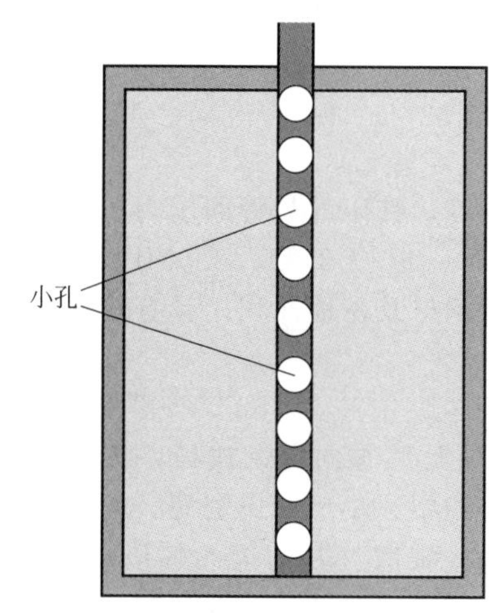

图9-41　圆柱形吸附储罐示意图

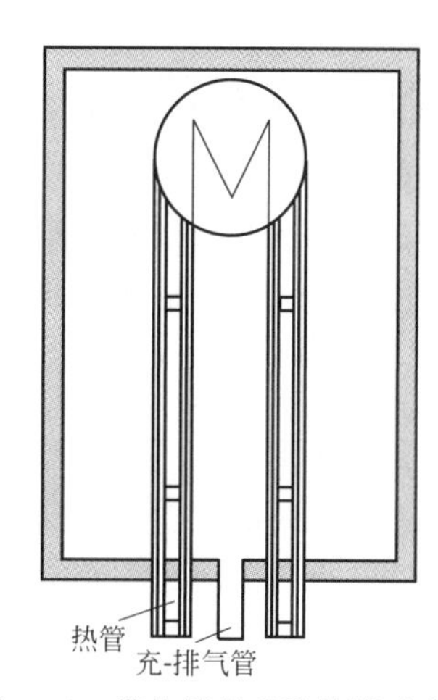

图9-42　带热管的吸附储罐示意图

美国IGT的研究人员开发了一种称为热能储存系统（TES）的热量管理单元，其示意图如图9-43所示。其原理是在吸附剂储存容器中，加入一种能在环境温度或其上发生相变的物质，通过相变物质在吸附、脱附过程中的相变来吸收或放出吸附产生或脱附需求的热量。IGT推荐的相变物质为$Na_2HPO_4 \cdot 12H_2O$和$LiNO_3 \cdot 3H_2O$。经过500次循环实验后，熔化和凝固两者温度一致，显示出良好的热稳定性。IGT曾经在容积1 L的钢瓶中对AX-21活性炭进行了实验，结果表明采用$Na_2HPO_4 \cdot 12H_2O$相变材料的储存、脱附容量提高了1.54倍，扣除TES本身占有的体积后，容量提高了1.27倍。运用TES储能元件的脱水或水合的反应热来减缓脱附床的温升或温降，这一方法的确可以增大储存容量，但TES元件本身又占据了床层体积，使得储存容量下降。

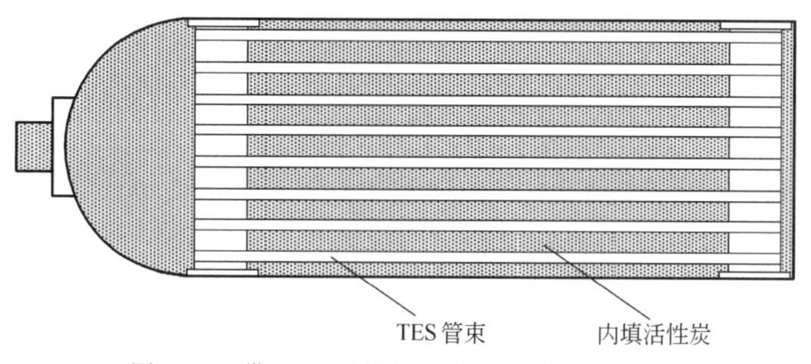

图9-43　带TES系统的ANG储存容器示意图

陈进富等[34]制备出一种相变储热材料（PCM），其质量百分比组成：$Na_2HPO_4 \cdot 12H_2O$（87%），$Na_2B_4O_7 \cdot 10H_2O$（8.7%），$CaCO_3$（4.3%）。利用该相变储热材料进行了甲烷吸附储存时吸附热效应的控制实验。利用该PCM控制吸附热效应的实验研究表明：在吸附储罐中加入体积分数为6.1%的相变储热材料后，甲烷吸附时能使储罐中心最高温度降低21.3℃，而脱附能使储罐中心最低温度提高22.3℃。加入PCM后甲烷的有效释放体积比提高了37%。

TES系统虽然能增大吸附系统的储存容量，但是TES储能元件本身却占据了吸附系统大量的空间，使吸附储罐的容积变得更大，这对吸附储罐大小要求比较严格的应用场合明显不适用。已有的实验研究结果已经对活性炭的天然气（甲烷）吸附/脱附性能有了一个清晰的描述，对吸脱附过程的热效应进行了大致的描述，但是对于不同的传热结构，所产生的温度影响仍缺少具体的表述，如何进一步优化换热结构，仍有必要进行进一步的研究。

9.5.4　ANG 技术应用

(1) 燃气调峰

我国目前主要应用地面大型储罐供城市天然气的调峰，其压力与管网压力相当。如果采用 ANG，则储罐固定成本只比现有的多了吸附剂成本，但按 25℃、3.5MPa 下储气 150（体积比）算储气能力却是现有的 4～5 倍，可节省大量钢材及占地面积，具有较强的经济优势和市场竞争力。

(2) 零散气井的储运开发

由于储运设施的短缺造成我国天然气产量中的 8%～10%被白白燃放掉；按传统的管线输送方式计算，目前我国内地还存在众多没有开采价值的中、小型气田资源，大大降低了我国天然气的总产量。如采用 ANG 储运技术，则可把这些零散气井的天然气以较低的成本、较小的风险、方便灵活的方式输送到主管网中。随着我国能源对外依存度的加大和天然气价格的上涨，ANG 技术在这方面的应用前景会越来越广阔。

此外，天然气吸附剂作为一种新型炭材料，具有发达的微孔和极大的比表面积，应用领域极为广阔。目前已处于技术开发状态的主要有：天然气汽车燃料的吸附储存材料、双电层电容器电极材料、变压吸附的超临界气体分离材料。有待开发的应用领域主要包括：城市天然气管网的调峰材料、无天然气管网地区的储运材料等。可以预计，天然气吸附剂的应用和发展可能会成为我国一项新型产业。

9.6　天然气水合物储运

天然气水合物（NGH）技术是近几年国内外研究发展的一项储运天然气的新技术，它是将天然气与水在一定温度和压力下转变成固体的结晶水合物[35]。1m^3 的天然气水合物可以在较低温度和压力下储存 150～180m^3（标准状态下）的天然气。NGH 技术不仅有储存空间小的优点，而且同 CNG 和 LNG 储运天然气相比更安全，投资成本更低。NGH 储运技术包含：NGH 的生产，NGH 的运输，NGH 的气化等过程[36～38]。

从技术角度分析，在生产环节中：NGH 可以在 2～6MPa、0～20℃条件下生成，技术难度较低；工厂的建设可以更大限度地利用当地的材料、设备以及人力资源。在储运环节中，NGH 本身的热导率较低，约为 0.575W/(m・K)，因而 NGH 储存容器本身不需要特别的绝热措施。此外 NGH 可以在常压、−10℃的温度以上稳定储存，对储罐材料要求不高，还可利用海底的压力和温度环境，将储油罐建在海底 50～500m 深处，省去制冷和压缩环节。海上运输 NGH 在一定绝热条件下，部分释放的气体（约占运输量的 0.94%）还可以作为轮船的燃料。在气化环节中，NGH 的气化需要加热，并压缩脱水，从而需要附加一些设备和设计流程。

目前，水合物储运天然气技术需要解决的关键技术问题是水合物的大规模快速生成、固化成型、集装和运输过程的安全问题。就当前国内外研究现状看，天然气水合物生产和储运工艺还远未成熟，处于研究发展阶段。由于我国西部和海洋的天然气储量非常丰富，开展对天然气水合物储藏工艺的基础及应用研究，对我国宏观能源战略决策有着重要而迫切的现实意义[39,40]。

9.6.1 NGH储运基本原理和技术路线

9.6.1.1 NGH储运基本原理

NGH储运的基本原理是利用天然气水合物的巨大的储气能力，将天然气利用一定工艺制成固态的水合物，然后再把水合物运送到储气站，在储气站经过气化成天然气供用户使用[41]。图9-44是NGH储运的基本原理图。

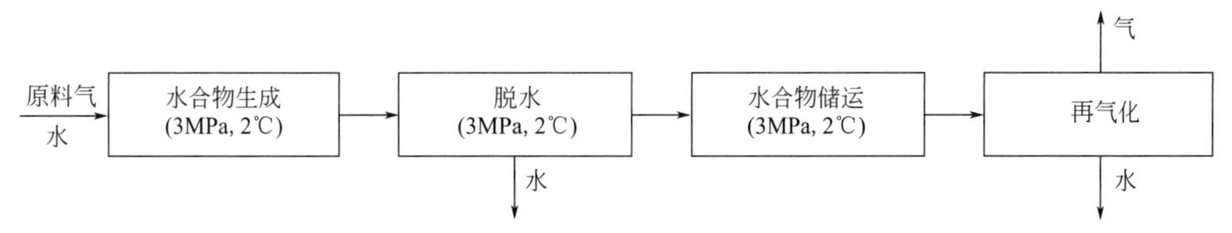

图9-44　NGH储运的基本原理

从气井采出的天然气通过一定的工艺制成固态的水合物，再根据需要制成雪球状或浆状水合物进行储存，雪球状或浆状水合物可以利用大型的专用水合物运输船进行运输，而在水合物生成过程中一般添加了化学试剂，水合物汽化后所得到的水溶液可通过运输船运回循环利用，如图9-45所示。

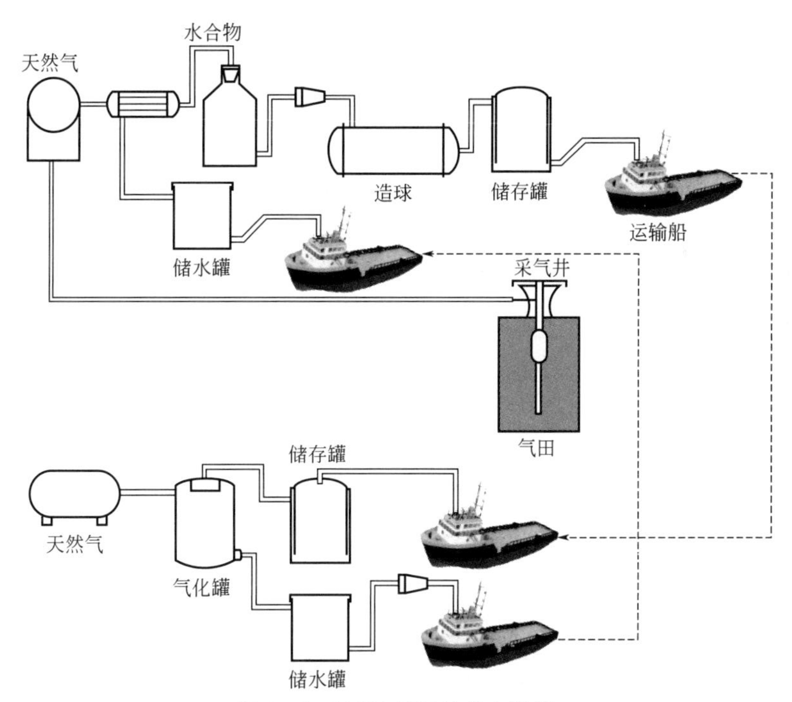

图9-45　NGH储运的基本路线

9.6.1.2 NGH储运方式

(1) 水合物钢瓶储运

苏联专家提出采用一种特殊的带肋的钢瓶来实现就地水合，它有气、水两个入口，并在入水口端有一个涂了防水材料的泡罩。

钢瓶放入温度为1～5℃的流水中（该温度是多年冻土区河水和深海水的典型温度），然后把井里出来的天然气充入钢瓶，并使钢瓶压力升至比水合物生成的平衡压力高1～2MPa，让水通过泡罩注入钢瓶。水合物将在钢瓶壁和底部形成，天然气要持续输入钢瓶，一直到水合物堆积起来为止。钢瓶提供了水合物形成所需的条件：①气-水接触面积大且稳定；②水合物能快速形成。

此外通过控制进水和进气量，可调节天然气水合物的形成速度。现在估算用一口流量为 $100000m^3$ 的气井来制备水合物所产生的热量。钢瓶的体积是 $1m^3$，在 1 天内可将天然气水合物充满钢瓶。天然气水合物是甲烷水合物，化学表达式为 $CH_4 \cdot 6H_2O$，水合物的生成热为 540kJ/kg。在调查区内有一条小溪，水温为 5℃，流量为 $1m^3/s$。

为把 $100000m^3$ 的游离天然气全部相变转化为水合物态，需要 610 个钢瓶。水合物生成期间放出的总能量为 300000MJ/d。小溪每天总流量为 $86400m^3$ 水，水的热容量为 4.2MJ/($m^3 \cdot$ ℃)，很容易算出水合物生成前后水温差为 0.8℃。这个数值实际上对水合物的生成条件没有影响。

海上钢瓶的充灌过程可在气塔下海水中通过泵把海底冷水打到钢瓶处来冷却。钢瓶全部充满后，可通过船、火车和汽车运到就近的天然气加工厂，通过有关设施用天然或人工热源使水合物分解，剩余的水留在钢瓶内运回气田。

所推荐的方法是简便的，它能到处装卸和运输，对环境影响很小。一些站使用了这种钢瓶，解决了小气田（天然气水合物）中天然气的回收问题。

（2）活性炭/水合物储运

活性炭/水合物储运是综合了 ANG 技术和 NGH 技术的优点，有效提高储能密度的储运方法[42]。

ANG 技术采用高比表面积活性炭作吸附剂，使天然气在常温、低压（小于 4MPa）下实现高密度的储存，其技术经济可行性已得到认证。但是由于存在以下技术问题，使该技术尚未商业化。

① 高储气能力吸附剂的制备需对原料炭进行化学活化。该工艺不仅活化剂消耗量大，耗能高（活化温度一般在 900～1100 K），而且活化后需经酸洗或水洗，对环境污染严重。活化剂一般选用 KOH，活化过程中会有少量金属钾产生，遇水及空气均会发生剧烈反应而着火容易造成危险。

② 对天然气预处理的要求较高。吸附剂经多次循环使用后，天然气中的重组分烃类及极性化合物等杂质组分会在吸附剂上积累，使其存储能力下降，从而使吸附剂的使用寿命缩短。研究表明经上百次的循环充放气后，活性炭的储气能力下降到初始容量的 50%～60%。

③ 有效释放量一般为储气量的 70%～80%。

而在活性炭中以水合物形式储藏天然气的技术则不存在以上问题。原料炭无需活化，可直接使用；对天然气也没有预处理要求，而且杂质（乙烷、丙烷）的存在会大大降低水合物的生成压力；储藏的气体可以几乎 100%释放。同时，与纯水合物储藏天然气相比，该技术还具有储气量高，生成速度快、无需搅拌设备等优点。

石油大学测定了甲烷/（纯水＋活性炭）体系中甲烷水合物储气量[43,44]，结果见表 9-13。表中 T_0、p_0 表示甲烷水合物初始分解时的温度和压力；T_1、p_1 表示分解反应终了时的温度和压力；V_{gas} 表示气相体积（包括高压管线和压力传感器内的体积）；V_b 表示活性炭加水的体系总体积。根据表中数据，甲烷水合物中的甲烷气体积（换算成标准状态）可由以下公式计算：

$$V_{CH_4}=\left(\frac{p_1}{Z_1T_1}-\frac{p_0}{Z_0T_0}\right)\times\frac{V_{gas}}{R}\times22400 \tag{9-1}$$

$$S_W=\frac{V_{CH_4}}{m_W P_W} \qquad S_b=\frac{V_{CH_4}}{V_b} \tag{9-2}$$

式(9-1) 中 $R=8.314cm^3 \cdot MPa/(mol \cdot K)$。假定实验中的水全部生成了水合物，则根

据式（9-2）计算的储气量 S_W[$m^3(CH_4)/m^3(H_2O)$] 和 S_b[$m^3(CH_4)/m^3$(体系)] 结果见表 9-13，表中 S_W 和 S_b 的单位简化为 V/V，结果表明由本实验装置和实验方法得到的储气量数据重复性较好。

表 9-13　甲烷/(纯水＋活性炭）体系中甲烷水合物分解实验的储气量测定结果（1）

序号	AC /g	H_2O /g	T_0 /K	p_0 /MPa	T_1 /K	p_1 /MPa	V_{gas} /cm^3	V_b /cm^3	S_{W1}/S_W /(m^3/m^3)	S_{b1}/S_b /(m^3/m^3)
10～80 目										
0	2.6	3.02	266.9	0.10	283.8	0.96	60	5.6	171.2/148.6	92.3/80.1
1	2.6	3.02	266.9	0.10	283.8	0.97	60	5.6	165.8/143.3	89.4/77.3
2	2.6	3.02	266.9	0.10	282.6	0.99	60	5.6	175.1/154.5	94.4/83.3
3	2.6	3.02	266.9	0.10	283.0	1.17	60	5.6	159.2/141.9	112.9/100.6
20～40 目										
4	2.0	1.77	265.1	0.10	282.2	0.64	61	4.4	183.2/143.8	73.7/57.8
5	2.0	2.54	265.2	0.10	281.0	0.89	61	4.4	188.1/160.6	108.6892.7
6	2.0	3.38	265.3	0.10	283.3	1.14	61	4.6	184.4/163.8	135.5/120.4
7	2.0	4.18	265.2	0.10	282.9	0.18	61	5.2	11.9/4.2	9.5/3.4
8	2.0	4.85	265.2	0.10	280.3	0.18	61	5.9	10.1/3.6	8.3/2.9
40～60 目										
9	1.63	1.79	265.4	0.10	284.2	0.60	61	4.4	166.3/127.3	67.7/51.8
10	1.63	2.42	265.4	0.10	281.9	0.86	61	4.4	189.2/160.4	104.0/88.2
11	1.63	3.02	265.4	0.10	282.0	1.02	61	4.6	183.2/160.2	120.3/105.2
12	1.63	3.73	265.4	0.10	282.9	1.14	61	4.8	166.8/148.3	129.6/115.2
13	1.63	4.70	264.2	0.10	284.1	1.36	61	6.0	157.6/143.0	127.7/112.0

表 9-14 给出了甲烷/（纯水＋活性炭）体系中甲烷水合物生成实验的储气量测定结果，温度范围 275.8～276.3K，压力范围 8.97～9.83MPa。

表 9-14　甲烷/(纯水＋活性炭）体系中甲烷水合物生成实验的储气量测定结果（2）

序号	AC /g	H_2O /g	t /min	T /K	p_0 /MPa	p_1 /MPa	V_{gas} /cm^3	V_b /cm^3	S_W /(m^3/m^3)	S_b /(m^3/m^3)
20～40 目										
5	2.0	1.77	40	276.1	9.36	9.10	71	4.4	142.7	57.4
6	2.0	2.54	40	276.1	9.37	9.03	71	4.4	138.8	80.1
7	2.0	3.38	68	275.8	9.36	8.82	71	4.6	162.2	119.2
8	2.0	4.18	25	275.8	9.16	9.14	71	5.2	3.9	3.2
9	2.0	4.85	22	276.3	9.16	9.15	70	5.9	1.6	1.3
40～60 目										
10	1.63	1.79	40	276.0	9.26	8.97	71	4.4	165.7	67.4
11	1.63	2.42	43	275.9	8.97	8.64	71	4.4	139.1	76.5
12	1.63	3.02	60	276.0	9.08	8.62	71	4.6	154.0	101.1
13	1.63	3.73	55	276.3	9.78	9.32	71	4.8	127.0	103.0
14	1.63	4.70	101	276.2	9.83	9.06	70	6.0	165.2	129.4
15	1.63	5.63	40	276.1	9.58	9.56	69	6.7	2.5	2.1

比较表 9-13 和表 9-14 中以单位体积水计算的甲烷水合物储气量 S_W 数据可知，通过使用在甲烷/纯水体系中加入活性炭的方法可以有效提高水的转化率，从而达到增加水合物储气能力的目的。即使考虑以单位体积体系计算的储气量 S_b，在某些实验中，其储气能力也比甲烷/纯水体系的储气量高 1～2 倍。储气能力提高的主要原因可能在于活性炭大的比表面积、高度发达的孔隙及适宜的孔隙结构为水和甲烷提供了良好的气液接触条件，使绝大部分

的水都转化成水合物。由图 9-46 可以看出，随着水炭比（质量比）的增加，单位体积体系中的储气量 S_b 存在着明显的增长趋势。这也从另一个方面说明了在甲烷/（纯水＋活性炭）体系中，影响储气量的主要因素是甲烷水合物的生成，而不是活性炭的吸附作用。因为随着水炭比的增加，活性炭的吸附面积将逐渐减小，实际上，由于每次实验中活性炭均处于不同程度的浸湿和润湿状态，因此可以排除活性炭吸附对实验体系储气量的影响。但在某些水炭比过高的实验中（实验 8、9、15），其储气量极低，观察结果显示，在上述实验中，活性炭已被水完全浸没，使得活性炭不能为水和甲烷提供充分的气液接触空间，当在水和甲烷的接触面上形成了一层甲烷水合物后，釜内压力即停止下降。根据上述现象可以认为，水炭比是影响活性炭中甲烷水合物储气量的关键因素之一，而特定压力下达到最高储气量时的水炭比就是该压力下的最佳水炭比。另外，尽管不同目数活性炭的水炭比和以单位体积体系计算的储气量 S_b 的对应关系在总体趋势上是一致的，但在大致相同的压力范围内，不同目数活性炭的最佳水炭比是不同的。这是由于目数较大的活性炭堆密度小，空隙率高，与相同质量目数较小的活性炭相比可以容纳更多的水，因此最佳水炭比将随着活性炭目数的增加而增加。但同时还要看到，不同目数活性炭在最佳水炭比时的甲烷储气量相差不大。

活性炭中生成甲烷水合物不仅储气量高，而且生成速度快，无需搅拌，减少了设备投资，简化了操作工艺，具有工业应用价值。目前该方法已申请中国专利。

(3) 水合物浆储运

水合物浆是利用专用设备将制成的水合物固体做成浆状而便于装卸和运输。浆状水合物处理与干水合物处理和其他非管道天然气输送技术相比具有以下优点：

① 处理过程简单，水合物形成之前只对输入的天然气作最低限度的处理；

② 处理中无需高温或高压；

③ 处理中不需要氧化剂和催化剂；

④ 装在浮式驳船上的设备可以在不同油田之间移动，重复利用。

水合物浆储运过程是先通过在水合物工厂中生产出水合物，然后通过打浆设备把固态水合物和未反应的气体做成浆状水合物，再通过气体/水合物浆分离器把气体和水合物浆分离，这种含水很大的水合物浆再通过螺压式脱水器脱水得到干的水合物浆后装船运输，整个过程如图 9-47 所示。

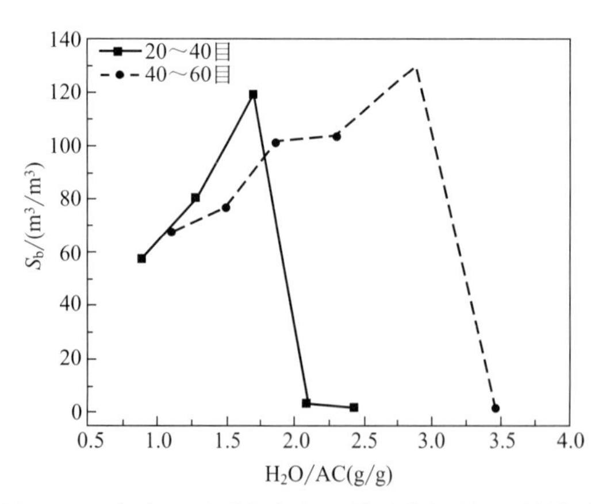

图 9-46 水炭比及活性炭的目数对储气量 Sb 的影响

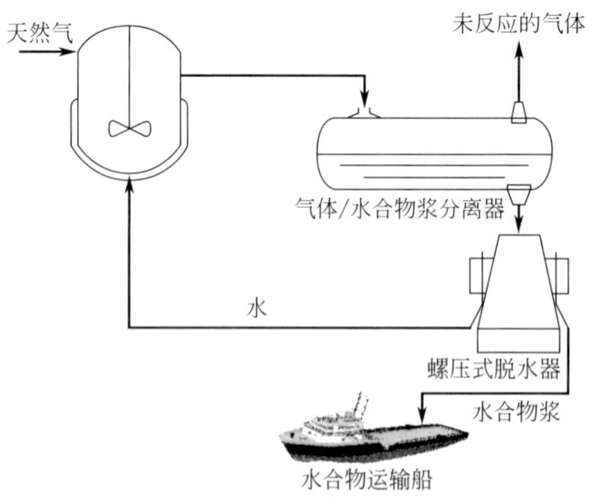

图 9-47 水合物浆储运过程

水合物浆运到指定地点后可用浓浆泵打入储存罐。水合物浆可直接进入水合物汽化炉气化得到天然气，天然气干燥后可直接送入燃气轮机进行发电。燃气轮机的尾气一般温度很高，可作为水合物气化炉的热源（图 9-48）。

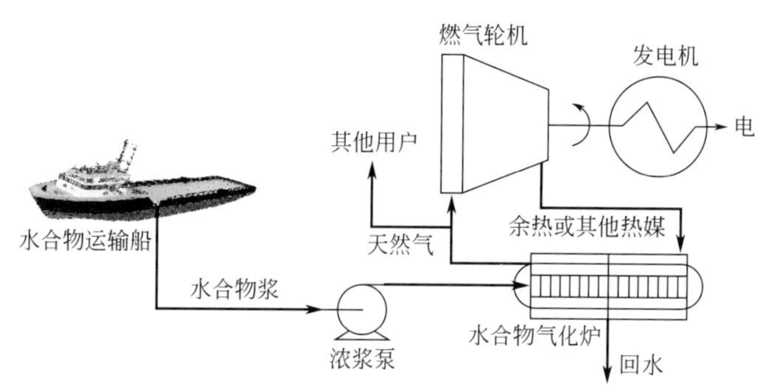

图 9-48 水合物浆应用过程

对于浆状水合物，成熟的方案是：首先在 8～10MPa、2～10℃下形成水合物，这个过程为“加水并搅拌”。另外这种泥浆状的水合物在 101325Pa、－15℃的情况下分解极为缓慢，因此利用这些现象可以将水合物用船运送到市场，而仅仅是采用成本比液化天然气低许多的隔热散装罐，比如保温瓶一类的容器，基本上就可以绝热。

到达天然气消耗地后，浆状水合物在电力系统或者其他设备的合适干燥后，通过严密的警告监控熔化分解为水合物。每吨水合物能够产生大约 160m^3 的天然气，当然还依赖于制造过程。制造水合物的设备能够被采用移动的方式在岸上或者是在近海的船只上，采用漂浮的生产、储藏乃至装卸的容器，容器上附带在生产天然气水合物之前的净化气体的设备，这一方案是相当具有商业应用前景的。如果当地缺水，在目的地分解的水能够被使用也能够返回水合物反应容器，因为它已经溶解了足够的气体，已经不能再溶入任何天然气了。持续不断的大规模水合物生产容器、储存系统以及可控的气体再生产设备的可行性已经得到证明。反应容器和过程参数也已经得到，全过程的设备设计进展已经初现雏形。目前已经有生产 1t 水合物的试验工厂最近得到论证。

浆状水合物的生产比较简单，在除水阶段只是进行粗略的分离，产生 50％的水合物浆。天然气通过一系列连续搅拌的反应器（6～9MPa、10～15℃），在此天然气与水发生反应转化成水合物。反应器的设计使水和天然气之间具有最大的接触面积，以提高水合物的生成速度。天然气、水合物、水三相混合物在气-浆分离器内闪蒸，产生 7％的水合物浆漂浮于气-水界面。未转化的天然气与分离出的水分开后，均再循环到反应器的入口。利用滤网和水力旋流器去除多余的水分，利用反应器将稀薄的水合物、水组成的浆状物浓缩成糊状物（部分脱水浓缩的但仍能泵送的水合物浆，每体积至少包含 75 体积天然气），然后这种水合物在 1MPa、2～3℃的条件下输送到运输船内，运输到用户的浓缩的水合物浆可放置在隔离、加压的容器内由经过改装加固的船体运输。

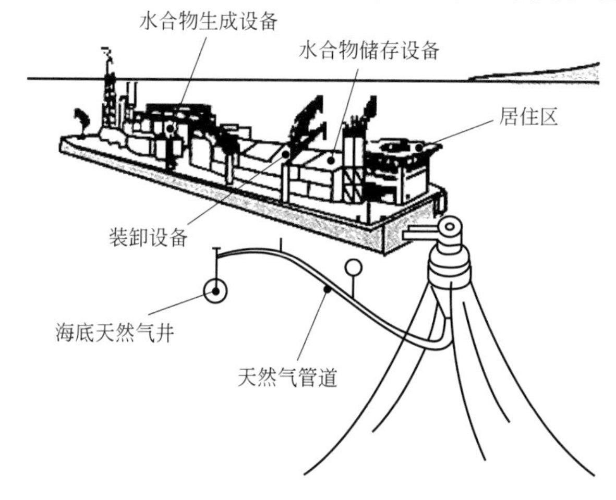

图 9-49 三菱重工天然气水合物海洋生产厂的示意图

目前，三菱重工业株式会社正进行天然气水合物生产技术和储运技术的开发，2002 年完成了日生产能力达 70～100t 的中型水合物生产厂的建设。三菱重工也在计划建设一个远洋水合物生产厂，图 9-49 是三菱重工天然气水合物海洋生产厂的示意图。

(4) 水合物雪球

水合物雪球主要是利用造球机把水合物造成雪球状，其优点是便于装卸和运输，而球状水合物固体比浆状不易分解，储存时间长，存储安全，如图 9-50、图 9-51 所示。

图 9-50 水合物雪球

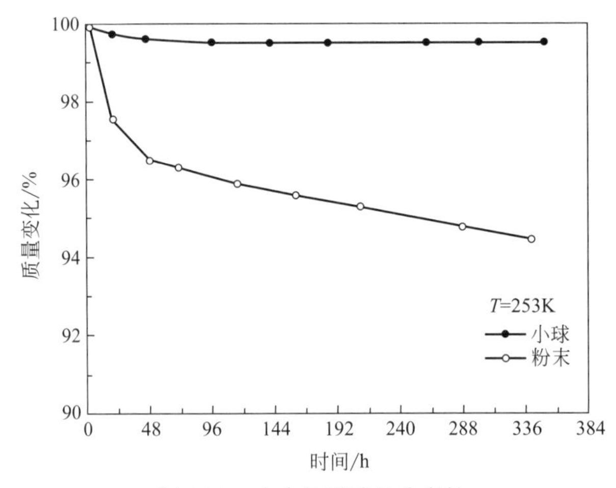

图 9-51 水合物雪球的稳定性

日本三井工程和造船公司和大阪大学、日本国家海运研究所已开发成功一种利用水合物雪球储藏天然气的方法，即将天然气在高于 0℃和 5～6MPa 压力下鼓泡通过水，在带三节搅拌器的反应器中形成水合物，水合物通过脱水装置脱去多余的水后送入储存罐，再通过造球机将固态的水合物做成直径为 5～100mm 的水合物雪球，制成的水合物雪球送入水合物雪球储存罐等待运输。整个过程如图 9-52 所示。

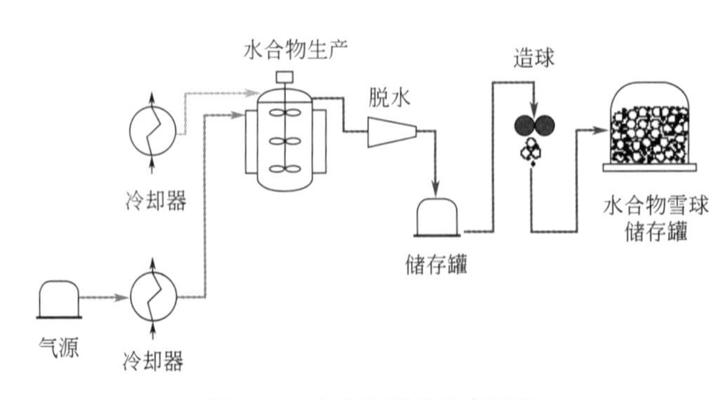

图 9-52 水合物雪球生产过程

水合物雪球可通过专用运输船运输到指定天然气水合物接收站，在接收站可通过加热等措施把水合物气化（图 9-53），气化后的水溶液可由运输船运回水合物生产厂循环利用。

NGH 很容易在－20～－10℃保存和储存，因为熔化和释出天然气比熔化同样多质量的水需要多 30%的热量。在 10～20℃、0.5～2MPa 压力下加热 NGH 可释出天然气。此热可由冷却热空气或水获得。三井公司从 2003 年 1 月开始建设一个日生产能力 600kg 的天然气水合物工厂化生产装置（图 9-54），估计基建投资费用比 LNG 低约 25%。这种储运方式减少了热绝缘、减少自动蒸发，造价低 30%～50%。

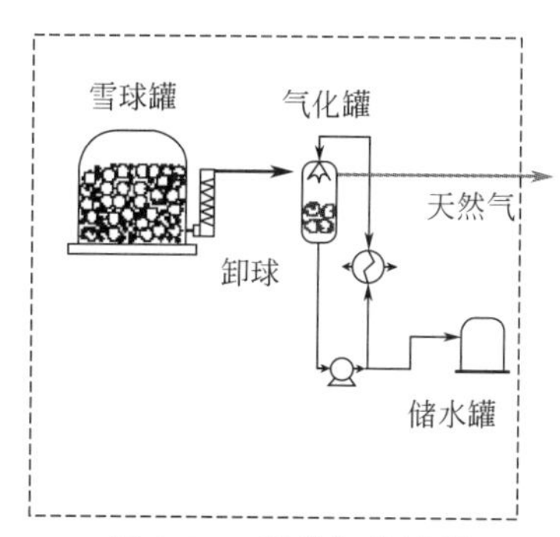

图 9-53　雪球气化过程

图 9-54　三井公司水合物生产测试台

(5) 其他技术路线

将天然气水合物和原油冷冻到－10℃时加以混合，可以得到一种悬浮液。这种悬浮液在接近常压下是稳定的，并可以通过管线或油轮运输。在接收站将悬浮液加热，水合物熔化，混合物就分离成气、油和水。

根据目前国外对天然气水合物的研究现状表明，天然气水合物技术对于处理海上油田或陆上边远油气田的天然气是一种有吸引力的方案。天然气水合物技术不但安全，而且对环境无污染，可以在任何规模下使用。

9.6.2 NGH 储存和分解实验室研究进展

NGH 储运天然气工业化的关键是天然气生成和分解过程中的速率、储气量以及储气材料的循环次数。为了保证工业化应用，要求储气时水合物的生成速率快、生成的水合物储气容量大、所使用的储气介质重复利用性能好，以及分解速率可控。多年来华南理工大学在该方面进行了一系列的研究，根据水合物储气的原理和过程分析，提出了一系列的措施来满足水合物工业储气的需要。

水合物生成速度慢而导致储气量低，最根本的原因是水合体系气-液接触少以及水合过程放出的热量没有及时导出。气-液接触不充分直接影响水合反应的传质过程，水合热的在水合体系内的积存引起体系温度过高，二者均不利于水合物快速生长。因此，强化气-液接触（传质过程）和促进水合热移除（传热过程）在水合物生成过程中就显得十分重要。对此，华南理工大学天然气新能源团队提出了如图 9-55 所示的水合物储气过程强化思路。

9.6.2.1 水合物储气过程的强化研究

水合物储气过程是个界面反应，气液接触面积的大小直接影响到水合物生成速率的

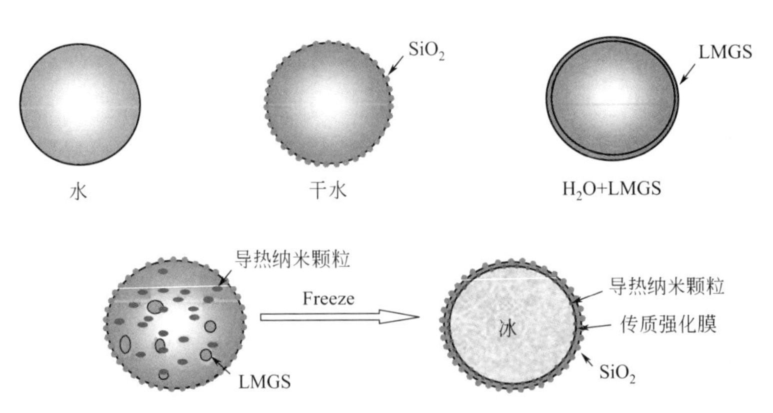

图 9-55 水合物储气传热传质强化研究思路[45]

快慢，常规的促进方法是利用搅拌、喷雾、鼓泡等动态手段促进气液接触。动态方法可以有效地提升气液接触面积，但需要大量的机械功才能实现。近些年，水合物储气的研究主要集中在静态强化上，通过加入表面活性剂、纳米颗粒、金属填料等方法促进水合物的传热传质。

(1) 干水促进水合物储气研究[46,47]

干水（dry water，DW，见图 9-56）是将一定配比的气相疏水性二氧化硅与水高度分散后形成的一种可流动性混合物，其实质是疏水性二氧化硅粉末均匀地包裹在微型水滴表面，达到将水分散的目的，被二氧化硅粉末包裹的水微滴看上去像固体粉末，而且可以流动，故俗称干水。由于二氧化硅的疏水性，水微滴之间各自独立、互不相连，而且每个水微滴都有很大的比表面积，可通过微滴间的孔隙与大气相通。堆积的微小水滴在宏观上呈面粉状但可自由流动的白色粉末，可作为一种非常有前景的强化气-水接触的水合储气材料。

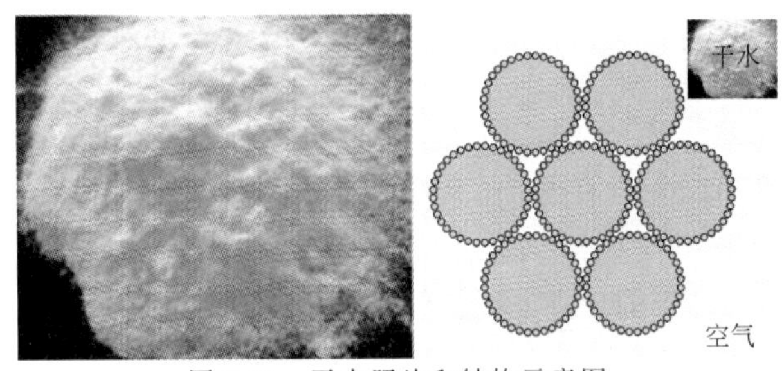

图 9-56 干水照片和结构示意图

由于干水超大的比表面，作为水合物的储气材料在储气速率和储气量上都显示出优良的性能。图 9-57 显示不同压力下，DW 中的储 CH_4 量维持在 $150\sim160m^3/m^3$ 左右。

(2) 表面活性剂溶液十泡沫铝体系促进水合物储气研究[46~48]

向水中加入表面活性剂是研究比较早的促进气体水合物形成而不影响其热力学生成条件的强化方法。添加表面活性剂促进气体水合物生成也是一种不借助额外机械设备的静态强化技术。SDS 被认为是一种促进气体水合物形成的最好添加剂，而且有研究者认为 SDS 溶液促进水合物形成是由于表面活性剂的存在增加了气体与液体的接触。然而，水合物的快速生成也会在短时间内放出大量的水合热，大约是 (438.54 ± 13.78)kJ/kg 水合物。如果水合热不能及时从水合体系中移除，热量的积存就会削弱表面活性剂的促进效果。因此，有人用简单结构的导热铜管或铜板放入水合体系，发现能够较快地将水合热从体系内导出，进而促进

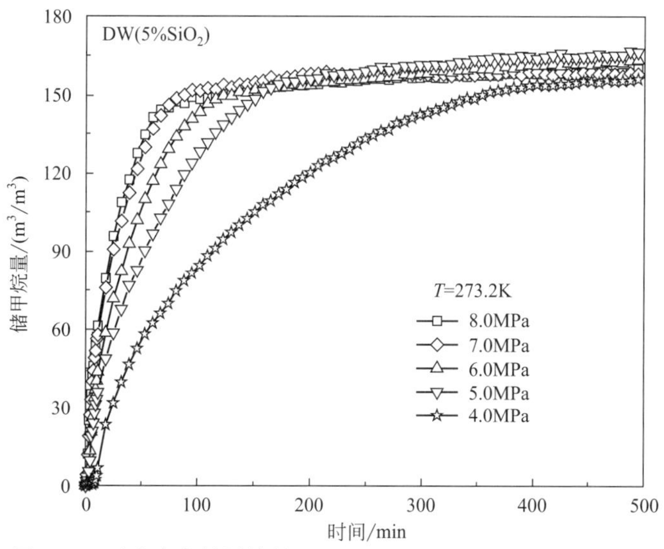

图 9-57　干水水合储甲烷量（p=4.0～8.0MPa，T=273.2K）

水合物快速生成。虽然铜管与铜板的导热性能很好，但由于其结构过于简单，与水合体系的接触面积十分有限，这就限制了水合热的快速移除。

多孔金属泡沫作为一种新型材料，它是金属骨架与气孔的复合材料，既具有金属的特性又有泡沫材料的多孔性，使之兼顾了功能材料与结构材料的特点。金属泡沫质轻、多孔，且金属表面导热性优良，在工业上是一种很好的强化流体传热的填充材料（图 9-58）。多孔金属泡沫内的每个孔穴都可以看成一个微型金属腔室，将需要换热的流体填充到金属腔室内，需要交换的热量就会通过金属腔壁快速与外界交换。含泡沫铝的空气或者水的有效热导率相比于纯空气或纯水分别提高 84～265 倍和 5～12 倍。将水合储气材料填充到泡沫铝中，那么泡沫铝的每个腔室都可以作为水合物生成的微型反应器，水合物生成过程放出的热量则可以借助微型反应器壁快速传递出去，降低水合体系中水合热的积存，从而加快水合物生长。

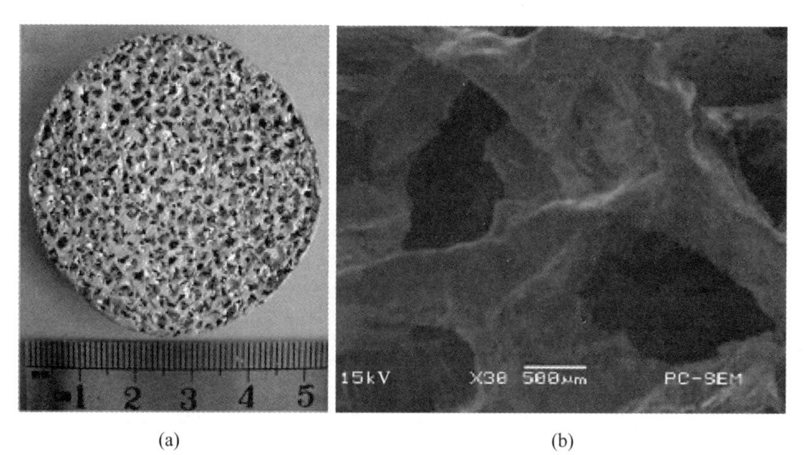

(a)　(b)

图 9-58　泡沫铝样品（a）及其孔穴的扫面电镜图（b）

表 9-15 给出了 4.2～8.3MPa、273.2K 条件下 SDS-AF 体系和 SDS 溶液体系储气量。从表中可以发现，在 5.0～8.3MPa 时，SDS-DS 体系的储气量为 130-168m^3/m^3，最高接近水合物的理论储甲烷量。

表 9-15 SDS-AT 体系、SDS 溶液体系的水合储气量

样 品	p/MPa	储气量 (m^3/m^3)
0.03%SDS+AF	8.3	168.91
0.03% SDS	8.3	163.07
0.03% SDS+AF	7.0	162.34
0.03% SDS	7.0	159.61
0.03% SDS+AF	6.0	159.76
0.03% SDS	6.0	154.70
0.03% SDS+AF	5.0	153.87
0.03% SDS	5.0	150.03
0.03% SDS+AF	4.2	131.88
0.03% SDS	4.2	2.41

(3) 干水/凝胶干水-泡沫铜体系中甲烷水合特性[49]

为了弥补泡沫铝金属层密集，有效体积较小的劣势。选择使用孔隙率更大、导热性更好的泡沫铜，可以使 DW 或 GDW 非常流畅地填充到金属骨架周围，以期实现强化水合热导出而加速水合物生成（图 9-59）。

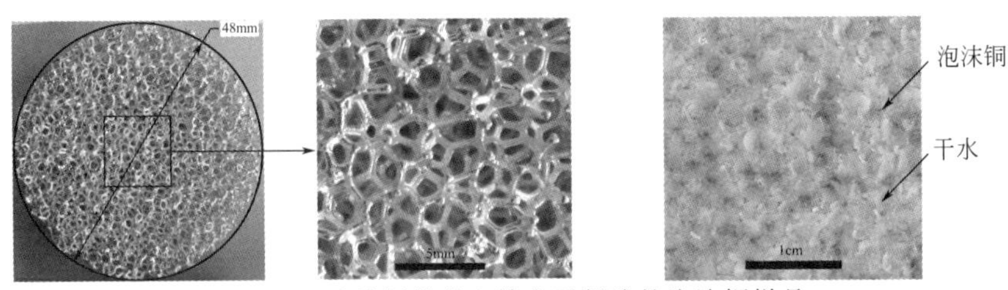

图 9-59 泡沫铜样品和填充干凝胶的泡沫铜样品

图 9-60 是 4.0～8.0MPa、273.2K 条件下泡沫铜对干水水合储气过程中储甲烷量的影响。

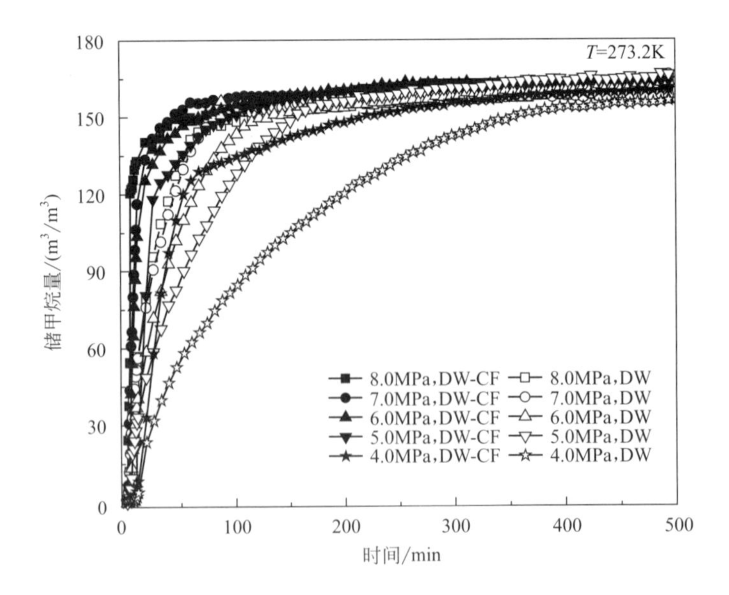

图 9-60 干水-泡沫铜和干水体系水合储甲烷量（p=4.0～8.0MPa，T=273.2K）

从图中可以看到，最大储气量可以达到 $170m^3/m^3$。特别值得注意的是，储气量达到90%的时间（t_{90}）最短的为31min。说明CF的存在使DW的储气效率大大提高，这对工业储气节能降耗有着重要的意义。

在凝胶干水-泡沫铜体系中，泡沫铜的存在并不能提高凝胶干水的储气量，仅仅对储气速率有提高作用。储气速率与储气密度都不如干水-泡沫铜体系高。

(4) 木质素磺酸钠溶液水合储甲烷研究[50]

木质素磺酸钠是天然高分子阴离子表面活性剂，且具有良好的水溶性。木质素磺酸钠无毒，相对分子量分布在1000～20000之间，具有一定的表面活性，如湿润、分散、渗透、发泡和降低表面张力等。目前有研究将木质素磺酸钠用于混凝土减水剂、油田牺牲剂、水煤浆添加剂和农药分散剂等。

从图9-61可以看出，2.0%、0.5%木质素磺酸钠的加入极大地促进了水合。在进气时釜内压力还未达到目标压力时（8.3MPa、6.0MPa）水合已经开始。水合物分解后再次生成的速率比初次生成要快，且二次水合储气量比初次水合储气量大。总体来看，0.5%木质素磺酸钠含量对水合的促进效果优于2.0%的含量，初始压力8.3MPa时其最终储气量高达204.1。

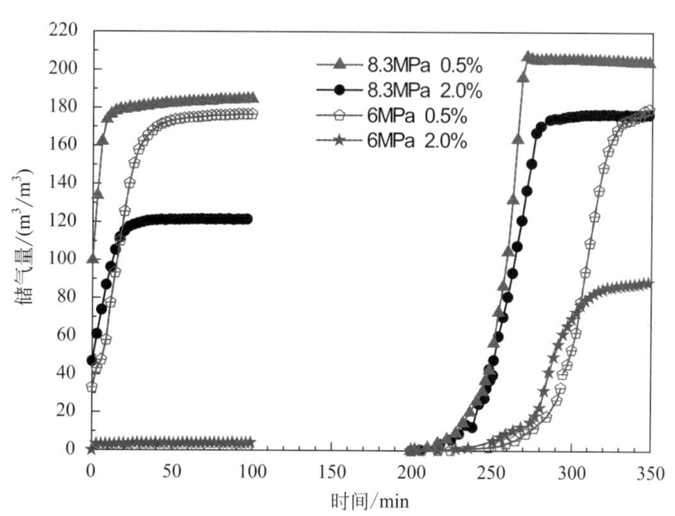

图9-61　不同浓度木质素磺酸钠溶液储气量对比（T=273.2K）

木质素磺酸钠是高分子阴离子表面活性剂，一端是非极性的疏水基，另一端则是极性的亲水基。木质素磺酸钠分子在溶液的表面能定向排列（如图9-62所示），具有一定的润湿、产生细微泡沫、降低表面张力、增大气体溶解度等表面活性，当其浓度达到临界胶束浓度（CMC）时形成胶束，将气体分子包裹其中，增大气液界面，在水合时能缩短诱导时间、增大储气量，是一类很好的水合促进剂。

9.6.2.2　水合物的循环储气研究

作为有工业应用价值的水合储气介质，必须要具备重复可逆性，即储气材料能够多次稳定地储/放气，而本身结构、性能等保持不变。

(1) 干水和凝胶干水循环储甲烷研究[46,47]

DW重复储 CH_4 实验是在压力5.0MPa、温度在273.2～298.0K条件下进行。图9-63是对DW-CH_4 体系4次降温、4次升温循环的储气量。每次降温水合-升温分解都被认为是一次循环实验。从图中可以看出，第1次最大 CH_4 消耗量为 $160m^3/m^3$，从第2次开始最大 CH_4 储气量就迅速衰减，随着循环次数的增加，储气量衰减率幅度增大，到第4次储气

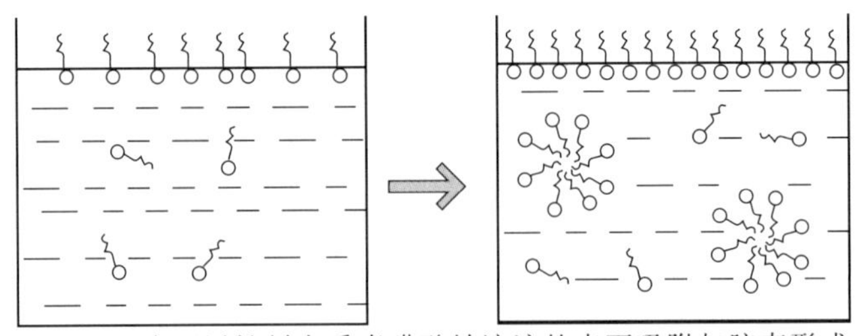

图 9-62 表面活性剂木质素磺酸钠溶液的表面吸附与胶束形成

之后，最大储气量相比第 1 次已经降低了 84.5%，已基本丧失了储气性能。干水循环储气的不稳定性应该与其储气后微滴结构被破坏有关。

甲烷水合物在干水中生成时，发现干水经低温水合储气-升温分解放气过程后，其“硅包水”的微型液滴结构被破坏，导致其再次储气性能变得很差，因此提出要改性干水结构，防止或削弱“水溢出”效应，提高材料的重复使用性。在干水中引入了结冷胶，制备出分散性同样很好的凝胶干水，在压力 5.0MPa、温度在 273.2～298.0K 条件下进行了 7 次循环储气实验。

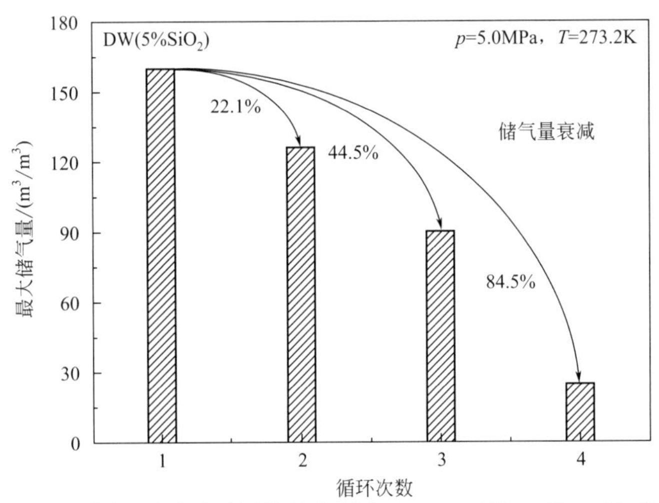

图 9-63 干水 4 次水合储甲烷量的衰减（p＝5.0MPa，T＝273.2K）

图 9-64 是凝胶干水-CH_4 体系 7 次降温、7 次升温过程的储气量。从图中可以看出，相比第 1 次储气量（122m^3/m^3），第 2～4 次的最大储气量分别降低 7.2%、23.1%、31.4%，降低幅度不大，说明 GDW 在一定程度上能够缓解材料储气性能的衰退；从第 5 次循环开始，材料储气量的衰减率已经超过 50%，第 7 次储气量基本完全衰减（96.4%）。

(2) 干水/凝胶干水-泡沫铜体系的循环储甲烷研究[46]

含泡沫铜的干水 4 次重复储气过程中 CH_4 消耗量随时间变化如图 9-65 所示，可以看出，第 1 次循环保持着较快的储气速率和较高储气量，第 2 次循环储气速率就已经下降很明显，而且出现二次水合现象，说明此时干水状态可能已经发生变化，使储气过程不再连续；最后两次循环 CH_4 储气量增加非常缓慢，说明此时储气性能已经很差，已不再具有应用价值。

相比于泡沫铜孔径，凝胶干水完全可以将泡沫铜骨架周围空间填充满，而且可以维持颗粒的完整，其填充效果如图 9-66 所示，泡沫铜完全“浸入”到凝胶干水中，金属相与颗粒相接触很充分。分散相与外界有热量交换时，泡沫铜可以起到很好的导热作用。

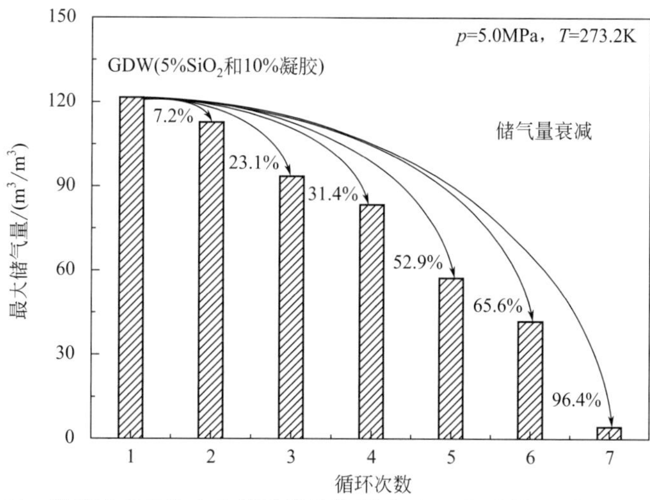

图 9-64　凝胶干水 7 次水合储甲烷量的衰减（$p=5.0\mathrm{MPa}$，$T=273.2\mathrm{K}$）

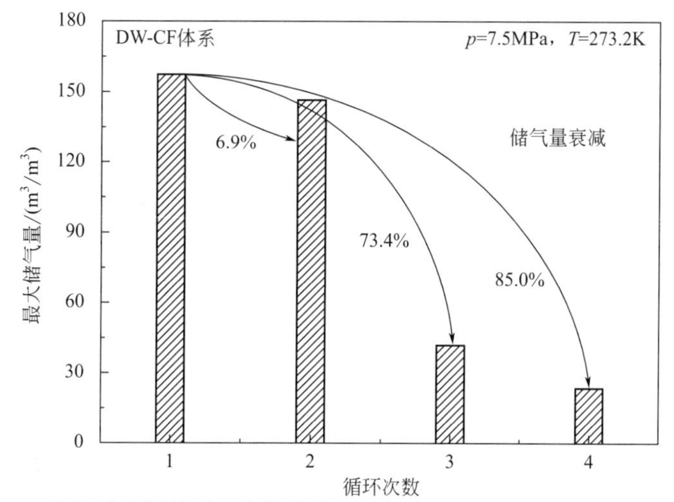

图 9-65　干水-泡沫铜体系 4 次储甲烷量的衰减（$p=7.5\mathrm{MPa}$，$T=273.2\mathrm{K}$）

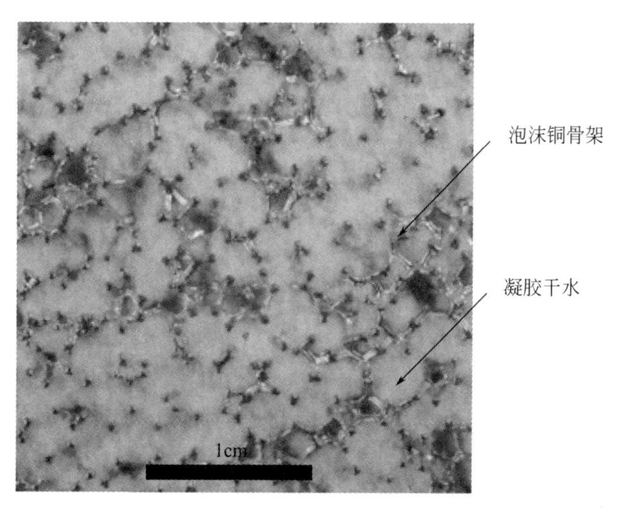

图 9-66　填充凝胶干水的泡沫铜

凝胶干水-泡沫铜的 5 次循环储气量如图 9-67 所示，可以发现，第 1 次水合过程的储气最快，储气量最高（约 $136m^3/m^3$），从第 2 次开始，储气量就迅速下降到 $78m^3/m^3$ 左右，到第 5 次，储气量不足 $30m^3/m^3$，说明 GDW 重复储气性依然不稳定，CF 对维持 GDW 颗粒分散性方面作用不大。

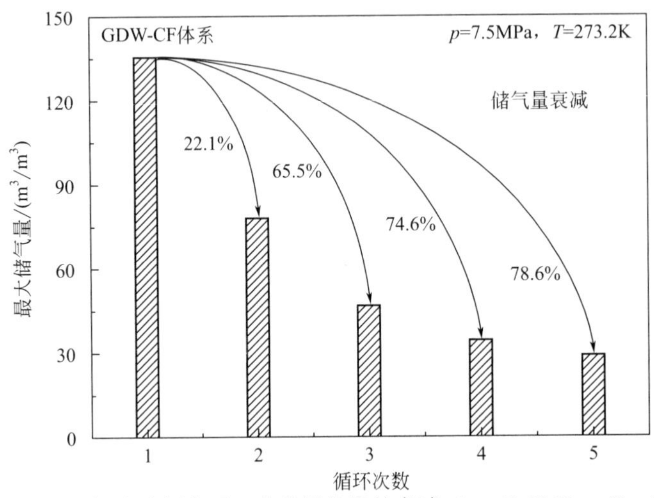

图 9-67 凝胶干水-泡沫铜体系 5 次储甲烷量的衰减（$p=7.5MPa$，$T=273.2K$）

(3) 聚甲基丙烯酸羟乙酯（*p*-HEMA）水凝胶循环储甲烷的研究[50,51]

pHEMA 含水量比结冷胶多，其孔结构也更大。对 pHEMA 进行了 11 次循环储气实验。11 次循环储气每次储气量均维持在 $110.0m^3/m^3$ 左右。图 9-68 为 pHEMA 体系水合储甲烷量。pHEMA 展现了良好的可逆储气性能。pHEMA 因其具有三维网络结构，足够大的互相交联的孔道促进了甲烷渗透，增大了水-气接触，提高了水合速率，能够水合储气；而在水合-分解-水合循环过程中其结构没有发生变化，孔道依然畅通，因而可以多次循环而储气量不衰减。

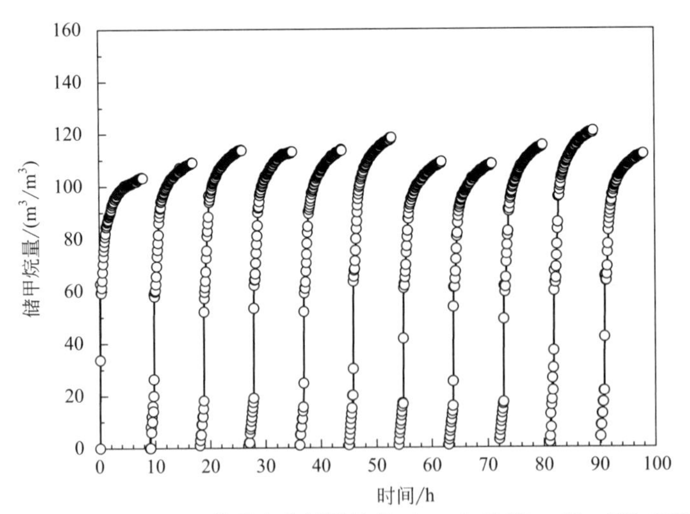

图 9-68 pHEMA-20 体系水合储甲烷量（$p=7.5MPa$，$T=273.2K$）

9.6.2.3 NGH 的分解[52,53]

在储存天然气的过程中，需要避免水合物发生分解，以减少气体损失并降低成本。但当需要对水合物中储存的天然气加以利用时，又需要经济有效的措施加速水合物的分解。天然气水合物（NGH）分解必须具备两个条件：NGH 处于非平衡状态（温度高于一定压力下的平衡温度或压力低于一定温度下的平衡压力），获得足够的分解热。

NGH 的分解在技术上不是太大的问题，目前主要是采用加热、降压、加入电解质或醇类抑制剂等方法进行 NGH 的分解。由于水合物的分解本质上是一个吸热反应，因此在分解过程中势必要消耗一定的能量。

Gudmundsson 等通过研究设计了一套水合物分解方案，该方案中将微温的水洒在水合物上，使其分解，释放的天然气经压缩供给用户使用，如图 9-69 所示。

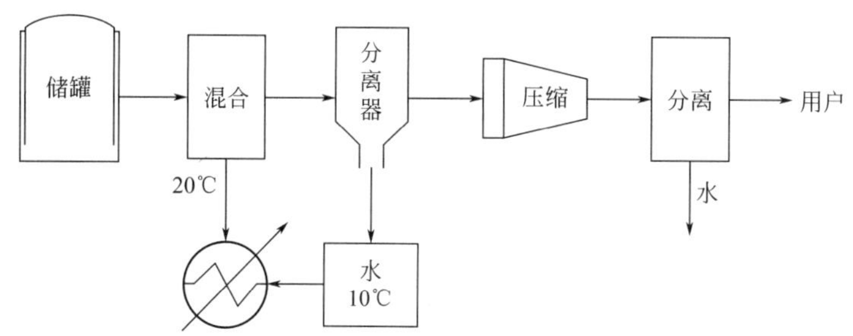

图 9-69 Gudmundsson 等的水合物分解流程图

类似地，科研技术人员也提出了采用工业废气/水余热、电热、地热、海水热能等各类热源与水合物进行直接接触，实现天然气水合物的分解。但由于这类热源与水合物的接触界面有限，热量不能得到很好的传递，因此其分解效率并不高。

为了进一步探索天然气水合物的快速分解方法，樊栓狮教授等提出将微波作为一种加热方法，能够有效强化天然气水合物的分解。微波加热分解水合物的特点在于：

① 微波对天然气水合物的加热效率很高，只需数十瓦功率，即可使水合物区域温度很快升高至相平衡温度以上；

② 微波是体加热，加热均匀，微波加热过程中的温度上升曲线随微波作用时间呈线性上升；

③ 不同含气率的水合物对微波吸收程度不同，含气越少，吸收越快，水合物分解速度也越快。

由此可见，微波加热是一种非常好的加热方式，但是对于分解水合物的工业应用来说还需解决很多问题：水合物电特性的测定及在不同压力、温度下的变化，包括介电常数和介电损耗因子等参数；微波吸收与水合物间的定量关系；微波气化天然气水合物的经济性分析等。采用微波技术进行天然气水合物分解强化的流程如图 9-70 所示。

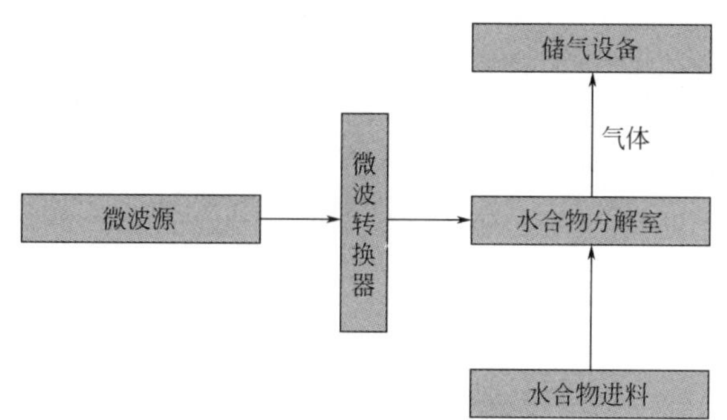

图 9-70 微波分解水合物流程示意图

除微波外，超声波也是一种颇具前景的天然气水合物分解强化辅助技术。超声波对水合物分解的影响主要来自超声空化。影响超声空化发生的主要影响因素包括：

① 超声频率，超声频率越高则空化越难发生；

② 外界压力，外界压力越大则空化越难以发生；

③ 温度，温度越高空化越容易发生；

④ 超声施加位置和频率等其他因素。

对于固液分散系统，超声空化现象导致的湍流效应可以使体系中的颗粒高速震荡碰撞，强化传质过程并加速界面上的化学反应。在超声波作用下，天然气水合物和水的接触面积显著增大。因此，当超声波与微波或其他加热手段联用时，水合物的分解速率能够得到有效提升。

9.6.3 NGH工业生产储运案例[54,55]

NGH的生产设备一般包括气液反应器、气体压缩机、制冷机组、循环泵等。由于天然气水合物储运还没有商业化，配套的设备还没有定型。日本NKK公司开发成功高效连续生产天然气水合物的技术。NKK开发的技术用天然气作原料，工业生产天然气水合物，可大幅扩大天然气利用范围。NKK公司今后还将从建设小型设备着手，进一步开展天然气成分甲烷气的实用化研究。天然气水合物是天然气和水低温高压接触生成的。NKK公司将水流经管道，使微细天然气气泡分散其中，大大增加与水的接触面积，进而分散有天然气的水经管式换热器冷却，得到天然气水合物。NKK公司已经用丙烷作模拟天然气进行基础实验，确认可大幅提高生产效率。图9-71是日本JFE工程公司（属于NKK公司）的水合物生产装置，其反应器是一个管式反应器，长为5m，宽为1.5m，高为1.8m，水在进出管道之前先进行雾化，水和气的两相流在管道中流动的过程中能够充分混合，反应速度快。在流出管道时，水合物为水合物浆，处理简便。另一方面，管式反应器换热效果好，造价也低。

图9-71 日本JFE工程公司的水合物生产装置

图9-72是日本三井公司生产天然气水合物的示范厂。该公司采用的技术路线是生成水合物后把水合物制成雪球进行储运，于2002年12月建成，日生产能力为600kg。

天然气水合物储气是一种以固体形式储存天然气的新方法，其储存有其自身的特点，下面介绍几种典型的储气设备。

图 9-72　三井公司天然气水合物生产制备示范厂一览

① 配有二次气化装置的高压岩床水合物贮藏设备

日本工程促进协会地球空间工程中心（ENNA GEC）在 2000 年提出了采用高压岩床进行水合物贮藏的技术，图 9-73 是整套设备的示意图，该方案为天然气水合物的高压常温贮藏。

② 配有二次气化装置的浅表面常压水合物贮藏设备

图 9-74 是配有二次气化装置的浅表面常压水合物贮藏设备示意图，该方案为天然气水合物的常压低温贮藏。

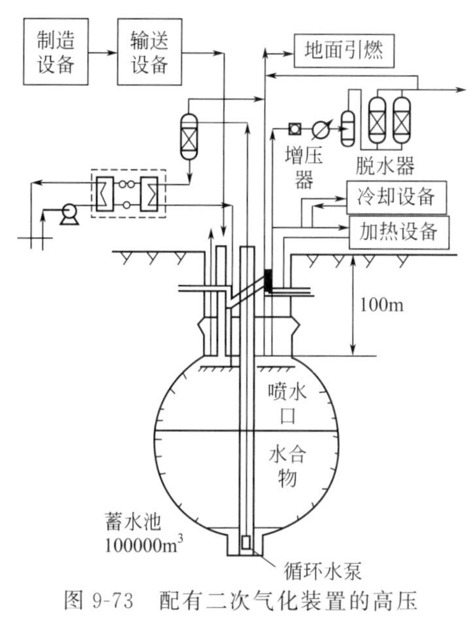

图 9-73　配有二次气化装置的高压岩床水合物贮藏设备

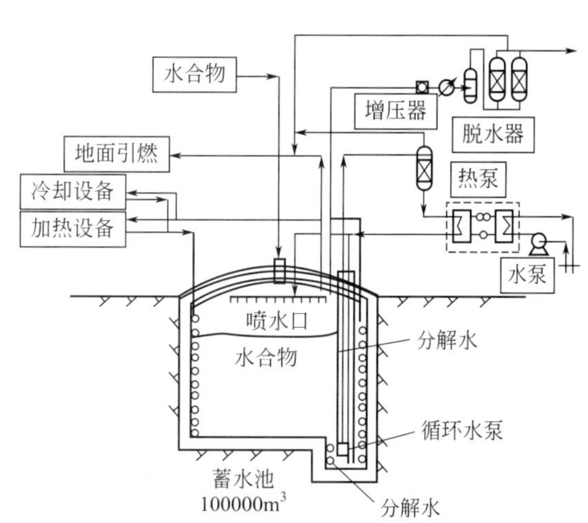

图 9-74　配有二次气化装置的浅表面常压水合物贮藏设备

③ 利用太阳能的水合物贮藏设备

在应用水合物的过程中需要先把水合物汽化，在汽化的过程中需要吸收一定的能量，所以在建造水合物贮藏设备时需要同时建造汽化装置，为了降低成本，适当利用新能源也是一种较好的方法。美孚石油公司设计了一个能够利用太阳能对水合物进行汽化的水合物贮藏设备，图 9-75 是该设备的示意图。

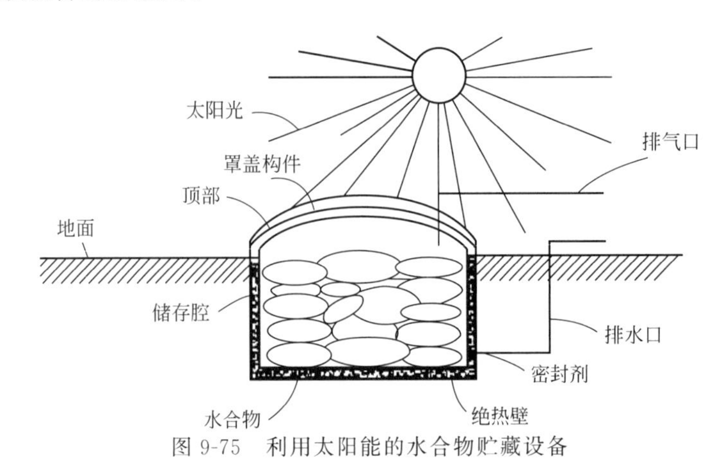

图 9-75 利用太阳能的水合物贮藏设备

9.6.4 经济分析与评价

(1) 天然气水合物储运流程中工程费用分析

利用气体水合物储运天然气技术主要包括生产、储运和应用等三个环节，其中生产过程是一个最主要的环节，在工程费用中投资最大，其费用比例如表 9-16 所示。

表 9-16 天然气水合物储运流程中工程费用比例

费用项目	所占比例/%	费用项目	所占比例/%
生产费用	57.3	其他费用	0.5
运输费用	33.7	合计	100
再气化费用	8.5		

(2) 天然气几种运输方式运距和成本的比较

挪威 Gudmundsson 等[53]对以天然气水合物形成和液化天然气形成来运输天然气进行了成本比较。在欧洲的条件下，假设处理天然气 $0.1132\times10^8\mathrm{m}^3$，4 条加工线运输距离 6475km。天然气水合物在陆上生产，配有适合的大型油轮装载设施，专门用来运输固体水合物。固体水合物的再气化部分设置于靠近市场的接收站。天然气水合物和液化天然气的成本比较见表 9-17 和表 9-18。从表 9-18 中可以看出，天然气水合物的成本比液化天然气的成本低 24%。

表 9-17 LNG 和 NGH 的生产设备投资费用表

LNG		NGH	
设　备	成本/百万美元①	设　备	成本/百万美元
酸气去除器	33	气-液分离器	0.735
液化器	180	气-燃气分离器	0.735
公共设施	130	气体分离器	0.882
辅助设施	80	水合物反应器 1	5.882
储罐	114	水合物反应器 2	5.882
装载设备	55	水合物反应器 3	5.882
站点设备	25	反应器间的泵	14.118
海上设备	50	水合物/液体分离器	47.059
LPG 回收	100	水合物冰冻	14.706

续表

LNG		NGH	
设 备	成本/百万美元①	设 备	成本/百万美元
总的直接投资	767	制冰用水泵	7.059
间接投资(35%)	268	辅助设备	58.824
		制冰设备	44.118
净建厂费用	1035	能源设备	29.412
意外费用(15%)	155	材料与建造(设备费用50%)	352.941
总的建厂费用(1985年)	1190	海上设备	51.471
		工程与管理(15%)	95.589
总的建厂费用②(1994年)	1489	净建厂费用	735.294
		意外费用(30%)	220.588
		总的建厂费用	955.882

① 原文货币单位为挪威克郎，在此按1美元=6.8挪威克郎换算成了美元。

② 1994年的费用按1985年的125%计算。

表 9-18 LNG 和 NGH 技术总的投资对比

项 目	LNG		NGH		费用差	
	成本/百万美元	占总额百分比/%	成本/百万美元	占总额百分比/%	成本/百万美元	占总额百分比/%
生产	1489	56	955	48	534	36
造船和船运	750	28	560	28	190	25
再气化	438	16	478	24	−40	−9
总额	2677	100	1995	100	684	26

注：设定天然气产率为每年 $40\times10^8 m^3$，运输距离5500km。

在图9-76中，纵坐标表示水合物和液化天然气装置（生产和再气化）的成本，横坐标表示运输距离。管线运输设定的条件为挪威海上 $\phi508$ 的管线，成本每公里为100万美元，运输天然气气量大于 $0.1132\times10^8 m^3$。从图中可以看出，运输距离大于约1000km时，管线运输的成本大于天然气水合物。当运输距离大于1800km时，液化天然气运输的成本低于管线运输。从图中还能清楚地看出，天然气水合物的成本无论运输距离多大都低于液化天然气。

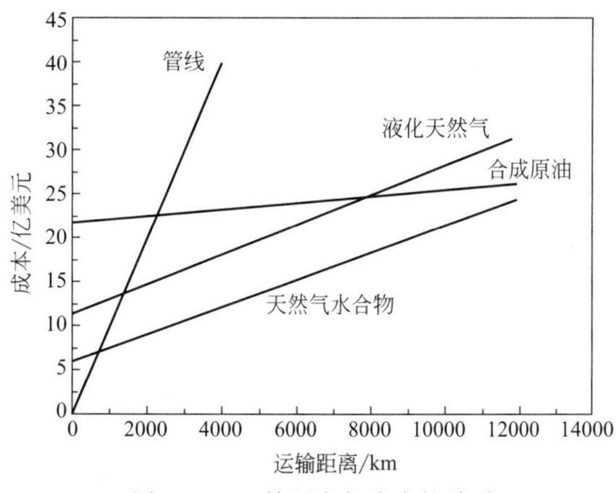

图 9-76 运输距离与成本的关系

图9-76中第4条线是合成原油。绘制这条线的基本假设是，合成原油生产厂的成本比液化天然气厂（生产和再气化）高30%，合成原油的运输成本是液化天然气运输成本的30%。当运输距离大于6000km时，合成原油的成本低于液化天然气。

综上所述，同管道天然气运输或者液化运输相比，水合物需要较低的资本和运行耗费在极端不利的条件下运输天然气。较低的成本差距显著、简单和灵活的处理过程使得水合物运输天然气值得推广发展。

9.7 液化石油气储运

液化石油气（LPG）是石油和天然气在适当的压力下形成的混合物并以常温液态的方式存在。LPG的主要来源是对天然气和石油的处理和提炼原材料，通常包括过量的丙烷和丁烷部分。天然气可以溶解在丙烷、丁烷或其混合容积中，而且溶解度随着压力的增加和温度的降低而提高。表9-19列出在－40℃时，不同压力下单位体积溶液溶解天然气的体积。

表9-19 不同压力下单位体积溶液溶解天然气的体积

压力/MPa	单位体积溶液的天然气溶解量/m^3	压力/MPa	单位体积溶液的天然气溶解量/m^3
1.5	43.5	3.0	85.8
2.0	52.6	3.5	99.2
2.5	71.9	4.0	110.0

天然气在LPG中储存所需的能量比天然气液化后储存所需的能量大大减少，储存能力比气态储存高4～6倍（就压力、温度而定）[2]。这种系统操作简单，安全而且经济。管内压力较低，天然气将自动地掺混一部分液化石油气供入管网。这样天然气管道可以长期均衡地供气，提高管道的利用系数。其装置流程如图9-77所示。从输气管线送来的天然气经调压器8和限流阀6，一部分送入城市管网，另一部分经换热器3冷却进入储罐（供气量大于需求量，储罐进行储气），限流阀6的作用是使输气管线的流量保持不变。液化石油气由循环泵2送入换热器3，和天然气换热，其温度略有上升，而后经换热器4冷却到运行温度进入储罐1。制冷装置5通常采用吸收式制冷装置。当供气量小于需求量时，将从储罐向外补充供气。直到罐内压力降到1.0MPa以下时，储罐内蒸气压减小，液化石油气将自动地掺混到天然气中送入管网。此时燃气的热值将会改变，为保证燃具正常工作，系统设有热值调节器7自动掺混空气以调整发热量。可见上述系统具有储存和混气两个功能。

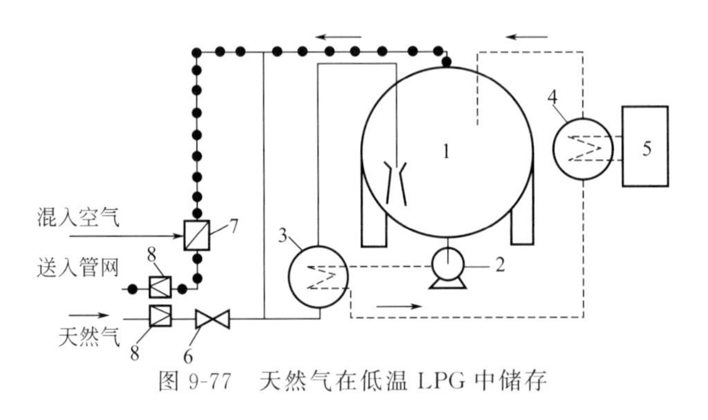

图9-77 天然气在低温LPG中储存

9.7.1 LPG特点和组成

(1) LPG特点

LPG的主要成分为丙烷、丁烷、丙烯和丁烯，其次还含有少量的C_2（乙烯、乙烷）和C_5以上组分。此外，还含有少量杂质如硫、H_2S、RSH、RSSH等。在常温常压下成气态，当压力升高或温度降低时很容易变成液态。临界温度为91～162℃，临界绝对压力为3.53～4.45MPa。

由于LPG在常温加压（1.0MPa）下易变成液态，液态体积是气态体积的1/250左右，故LPG较其他城市燃气易于运输和储存。当减压时即呈气态，用户使用很方便。LPG气态的热值为87.8～108.7MJ/m^3，液态热值为45.1～45.9MJ/kg，均高于其他燃气的热值，使用时考虑到燃烧的完全性，通常都以气态使用。LPG的相对密度为1.8～2.0，比空气重，泄漏后在低洼、沟槽处聚积，极易与周围空气混合形成爆炸性气体，遇到明火将发生爆炸（爆炸极限为1.7%～10%）。

（2）LPG组成

LPG从生产来源划分，可分为油气田LPG和炼油厂LPG。这两种LPG的组成基本相似，都是以C_3和C_4烃类为主，只是油气田LPG以饱和的烷烃即丙烷和丁烷为主，不含烯烃，而炼油厂加工得到的LPG主要是从催化裂化装置裂解气中回收得到的，除了含有丙烷和丁烷外还含有大量的丙烯和丁烯，其总烯烃含量达到50%～60%。

LPG中往往存在少量杂质，这些杂质其含量虽然只有百万分之几到几十万分之几，但应用时却不能忽视它们的影响。液化气中实际存在的杂质包括重质烃类（己烷等）、硫化物和元素硫，而且还有挥发油分和聚合残渣、水、卤素、氨以及微量的污染物等。

9.7.2 LPG储存

9.7.2.1 储存设备

目前，国内除了沿海几个专门接收进口液化石油气的大型储库采用低温常压方式存储外，绝大多数液化石油气是以常温高压方式储存的，储存设备分球形储罐和卧式储罐两大类[56]。

我国的燃气企业一般都按设计压力1.8MPa建造民用液化石油气球罐，建造标准执行GB 150及GB 12337等，与发达国家相比存在如下差距：安全系数为3.0，比法国和德国高，因此罐壁厚度大，单位容积的设备吨位重，造价较高；大多数在用球罐容积较小（≤1000m^3），设计结构落后（橘瓣式，焊缝多），材质及焊缝韧性储备较低，安全可靠性不够高，外观及防腐较差；几乎全按混合组分建罐（储存压力取1.8MPa），而国外相当部分按单一组分建罐，有利于降低造价。

近年来，我国球形储罐有如下发展趋势。

（1）向大型化发展

1990年以前，我国LPG球罐的容积较小，一般为400～1000m^3。近年来，由于储存规模的不断扩大以及材料、设计及制造安装等方面的进步，LPG球罐逐步向大型化发展，新建LPG球罐（设计压力1.8MPa）的容积已普遍为1000～2000m^3，最大的C_5球罐（设计压力1.0MPa）已达8000m^3。

（2）选用高强度、高韧性材料

球罐大型化对材料提出了更高的要求，需要材料具有高强度（以减薄壁厚、降低设备吨位）、优良的断裂韧性（可提高设备的安全可靠性）及优良的焊接性能。原普通16MnR强度级别低（$\sigma_b \geq 490$MPa），韧性较低（−20℃、$A_{KV} \geq 31$ J）。经过近年的努力，我国的高韧性16MnR及15MnNbR开发成功。高韧性16MnR的韧性指标（−20℃、$A_{KV} \geq 47$ J）远高于普通16MnR，使球罐具有较高的安全可靠性，故将逐步取代16MnR钢；15MnNbR钢的强度高（$\sigma_b \geq 530$MPa），具有良好的韧性（−20℃、$A_{KV} \geq 34$J）。2000m^{3}球罐选用15MnNbR钢，壁厚43mm，设备吨位约295t；选用16MnR钢，壁厚48mm，设备吨位325t。两者比较，15MnNbR钢可降低设备吨位约10%，节约投资5%左右。对于1000m^{3}以上球罐，15MnNbR钢是理想钢种。

（3）采用混合式大瓣片结构

可减少球罐焊缝总长度，可以缩短工期，降低成本，提高安全可靠性。与传统的橘瓣式相比，可减少球罐的瓣片数，从而使球罐焊缝长度大大减少。如1000m^{3}球罐，以前多采用五带十支柱橘瓣式，瓣片数 66 片，焊缝总长约 400m，现采用三带八支柱混合式，瓣片仅 30 片，焊缝总长 270m。

(4) 开发新设计方法

我国球罐标准 GB 12337—1998 安全系数取 3.0，若采用应力分析标准 JB 4732 设计，安全系数取 2.4，可大大减薄壁厚（约 15%～20%），降低设备吨位与造价。但目前国内除进口外，尚没有用应力分析方法设计的 LPG 球罐实例，有关单位正进行用应力分析法设计球罐的开发及标准的制定工作。我国将在 1～2 年内完成有关的研究开发工作并逐步推广，相信在 21 世纪将得到越来越广泛的应用，从而大大降低球罐的建造成本。我国的 LPG 低温常压储罐建设还处于起步阶段，气化装置、混气装置、自动切换装置等关键设备还依靠进口。但我国低温储罐材料已有进展，09MnNiDR 钢（0.5Ni 钢）作为－40～－70℃低温压力容器用钢已纳入国家标准，该钢的技术指标与国外用于－45℃低温常压 LPG 大型储罐的技术水平相当，为我国建造该类设备打下了基础。

9.7.2.2 运输设备

(1) 汽车槽车

LPG 从一、二级储配站到下一级灌装站的运输主要靠汽车槽车来完成。目前，我国汽车槽车与国外相比，存在着罐体容积小、自重系数大、运载效率低的问题。我国汽车槽车罐体材料多选用 16MnR，新一代槽车用钢 WH590 的研制成功为我国槽车大型化和提高容重比提供了有利的条件。WH590 的强度为 $\sigma_b \geq 590$MPa，远高于 16MnR 可使罐体壁厚减薄 20%左右。以 10t 车为例，采用 WH590 钢制造罐体，在底盘不变的情况下，可多运 2t LPG，10t 车相当于 12t 车，可提高运载效率 20%左右。目前，已研制出我国首台 WH590 LPG 槽车。

(2) 铁路槽车

目前，国内液化气体铁路槽车有 60m^3、70m^3、100m^3 三种定型产品，其中 60m^3 槽车正逐渐被 70m^3 槽车所替代。100m^3 槽车正逐步被用户接受。与国外槽车相比，我国槽车仍存在较大差距，主要表现在以下几个方面。

① 槽车容积小，载重量小。目前，60m^3 槽车仍是我国的主型槽车，其容积 61.9m^3，载重 25t。美国主型槽车容积 126.8m^3，载重 76.2t。

② 槽车自重系数大，运输效率低。我国 60m^3 槽车自重 33t，而日本同样规格的槽车自重仅 27.8t。美国 126.8m^3 槽车自重仅 43.1t，仅与我国 100m^3 槽车自重相当。

③ 钢材强度低。我国槽车的罐体材料主要是采用 $\sigma_S \leq 400$MPa 的 16MnR，而日本采用 $\sigma_S \geq 400$MPa 的低合金高强钢 CF-62 或 $\sigma_b \geq 590$MPa 的高强钢。

④ 车底架结构落后。国外大型槽车普遍采用无中梁底架结构，不仅可减轻自重，降低重心，而且还简化了罐体与底架的连接结构。而我国 100m^3 槽车大多为有中梁底架结构。

针对我国槽车存在问题，应从以下几个方面进行改进。

① 采用新型罐体结构。大型化槽车罐体采用鱼腹式结构，该结构可以同时实现车体长度变短和降低重心，罐体刚度和强度均较好。

② 采用新材料。槽车大型化必须采用高强钢，以降低自重，增加载重。WH590 和 CF-62 钢在 LPG 槽车上应用，罐体壁厚可降低 20%左右，大大降低车的自重。

(3) LPG 运输船

我国目前尚无适合长途运输的大型 LPG 低温常压运输船，进口 LPG 所需的低温常压运输船全部从国外租用。吨位在数百至 1500t 的常温高压船约有 60 多艘，多是从国外引进的船龄 20 年以上的旧船。1998 年，我国开始建造容积 1000m^3 的常温高压 LPG 运输船，储罐由两个 500m^3 的卧罐组成，罐体材料选用 07MnCrMoVR 钢（相当于日本的 CF-62）。

9.7.3　LPG利用

9.7.3.1　LPG供应方式

由于LPG是一种清洁、高效的城市燃料，在世界各国，各行各业都得到广泛应用，其消费量也逐年增长。目前，LPG作民用和商用燃料约占60%，化工利用占15%，其他利用约占25%。在这些用户中可分为居民用户、公共建筑用户和工业设备用户。用户不同，供应方式也不同。LPG对民用和工业用户的供应方式有三种：单瓶（或双瓶）供气、瓶组供气和管道供气[2]。

(1) 单瓶供应

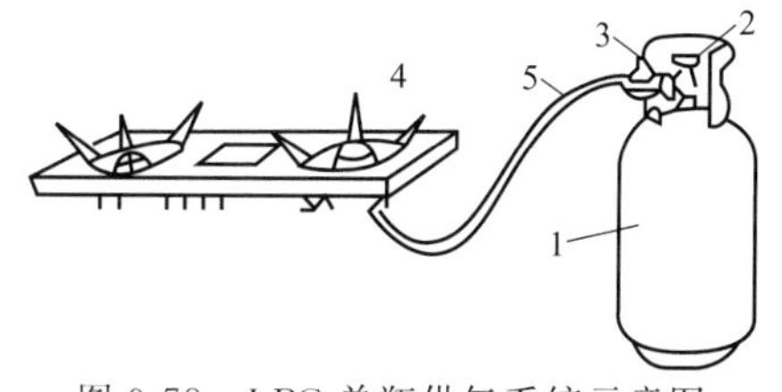

图9-78　LPG单瓶供气系统示意图

1—钢瓶；2—角阀；3—调压器；4—燃具；5—耐油胶管

LPG单瓶供气系统如图9-78所示。目前普通使用的钢瓶储罐有10kg和15kg两种，一般情况下容器的灌装量为容器体积的80%～85%，保持容器内气-液两相共存。钢瓶内的LPG蒸汽压力随着环境温度变化而变化，并在所处环境温度下自然气化。用户在使用时，LPG经调压器减至燃具要求的压力［(2.8±0.5)kPa］，供燃具使用。居民使用的燃具和钢瓶不允许安装在地下室、半地下室和卧室内。安装在厨房内的钢瓶同燃具之间的距离不小于1m。燃具的类型、构造和功能与天然气等其他燃气的燃具基本相同，只是燃烧器和供气管等部位的具体尺寸有所不同。

(2) 瓶组供应

LPG瓶组供气系统如图9-79所示。瓶组和调压器、压力表和控制阀等一般都安装在单独的房间内，这种供气方式能满足用气量较大的用户的用气需要。使用钢瓶的规格多为35kg和50kg，瓶组可以是2个或3个以上。

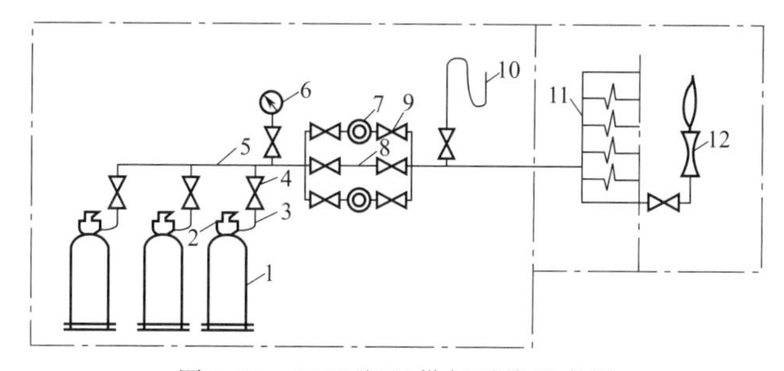

图9-79　LPG瓶组供气系统示意图

1—钢瓶；2—角阀；3—钢瓶接管；4,9—阀门；5—集气管；6—压力表；7—调压器；8—旁通阀；10—U形压力计；11—分配管道；12—燃烧设备

(3) 管道供应

管道供气系统如图9-80所示。气化站（或混气站）输送的LPG（或混有空气的LPG），通过输配管道，将LPG供给用户。一般经分户计量后送至燃具使用。供应给居民用户或公共建筑物用户作燃料时，供气压力在燃具前为(2.8±0.5)kPa；供应锅炉房和其他工业用户时，应根据用气设备的要求来确定，一般在10～100kPa。

单瓶（或双瓶）供气和瓶组供气方式，使用灵活，建设周期短，特别适用于距城市燃气管网较远的分散居民用户、用气量不太大的公共建筑和小型工业用户使用；而管道供气方式则适用于用气量较大的用户和距城市燃气管网较远的小区居民和乡镇居民区的集中供气，以及锅炉房和其他工业用户用气需要。

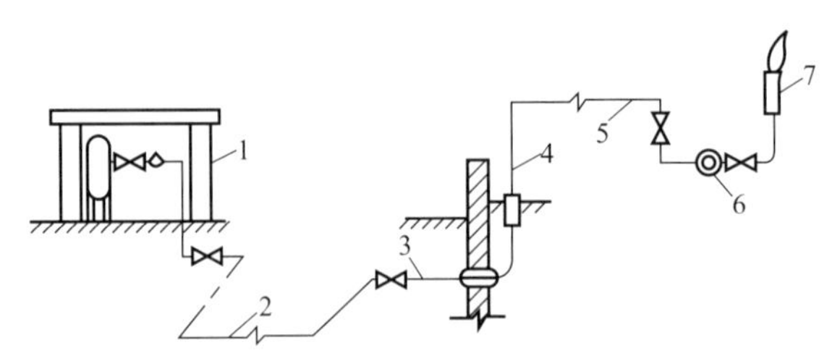

图 9-80　管道供气系统示意图

1—气化站（或混气站）；2—输配管道；3—引入管；4—阀门；
5—户内管道；6—计量表；7—燃烧设备

9.7.3.2　LPG 的气化

LPG 的气化是管道供应系统中一个十分重要的环节。根据不同需要，LPG 的气化可分为自然气化、强制气化和气化后掺混空气三种方式。

(1) 自然气化

LPG 灌装入瓶内分为气、液两相，容器上部为气相，下部为液相，在一定温度下瓶内气、液两相处于平衡状态。

自然气化是容器中的 LPG 依靠自身的显热和吸收外界环境的热量而气化的过程。其特点如下。

① 受液相温度和压力的影响。当 LPG 钢瓶内气相以一定速率导出时，液体温度将以近似直线形式下降。由于容器内液量不断减少以及由于蒸气压的不同引起气、液两相组分发生变化，不能提供恒定的燃气组成，这就是自然气化的特点及变化规律。

为了保持 LPG 的稳定供应，气化压力必须保持在调压器进口最低允许压力之上。但随着允许压力的升高，液体温度也升高，气化速率则变小，即总供气量受到限制。

② 受液量变化的影响。在自然气化过程中，容器内 LPG 液量是逐渐减少的，使得液化气与容器壁相接处的传热面积变小，气化能力也减小。因此，在自然气化容器设计时，应考虑取比表面积最大的形状。

③ 受液相组分的影响。LPG 为烃类组分的混合物，组分以丙烷、丁烷为主。在气化过程中，沸点低、蒸气压力高的组分，气化能力强，因此在液量减少的同时，LPG 的组成也是变化的。气相中丙烷含量增加，液相中丁烷含量越来越多，相应的气化能力也将变小（见图 9-81）。图 9-82 是一个灌装量为 11kg 的钢瓶中排出 LPG 的情况。

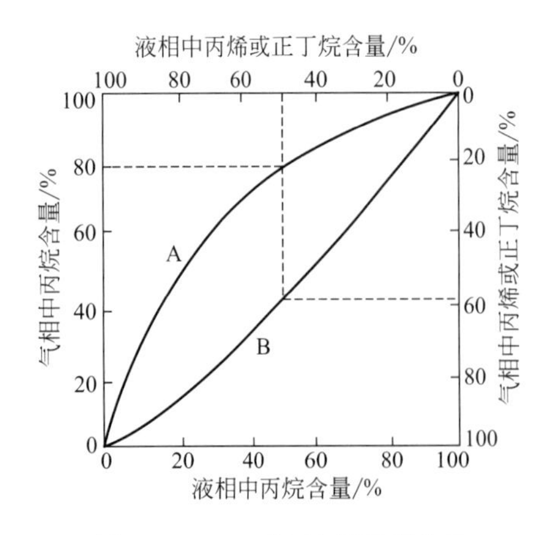

图 9-81　LPG 气-液相平衡曲线

A—丙烷-正丁烷平衡曲线；B—丙烷-丙烯平衡曲线

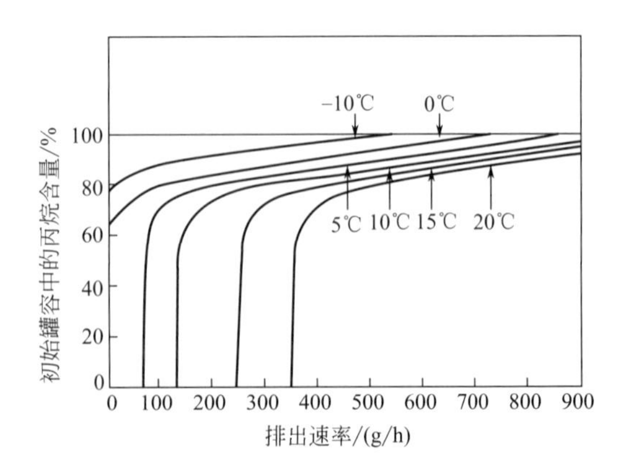

图 9-82　灌装量 11kg 的钢瓶排出 LPG 的情况

(2) 强制气化

当靠液化气自然气化的气量不能满足用户需求时应采用强制气化。强制气化就是用人为的方法加强 LPG 的气化。当采用管道供应 LPG 和 LPG 掺混空气时应采用强制气化方式。这种强制气化可分为气相导出和液相导出两种形式。

气相导出气化形式基本上和自然气化方式相同。即用热媒加热装有 LPG 的容器，并控制液体温度低于容器设计压力下的操作温度。这种方式在气化过程中热量损失大，气化能力低，不经济，故少用。液相导出气化形式，即将液态 LPG 从容器中导出送至专门的气化器中进行强制气化。由于采用专用设备，加热热媒可以灵活多样，如热水、蒸汽、电加热等。加热温度提高快，气化能力大，能为用户提供稳定的液化石油气组成。由于经济性好，供气量大，在工程设计中被广泛采用。

液相导出强制气化又可分为等压强制气化、加压强制气化和减压强制气化三种形式。

① 等压强制气化　等压气化方式是利用 LPG 储罐自身的压力，将液态 LPG 送入气化器，使其与储罐压力相等的条件下气化，如图 9-83 所示。

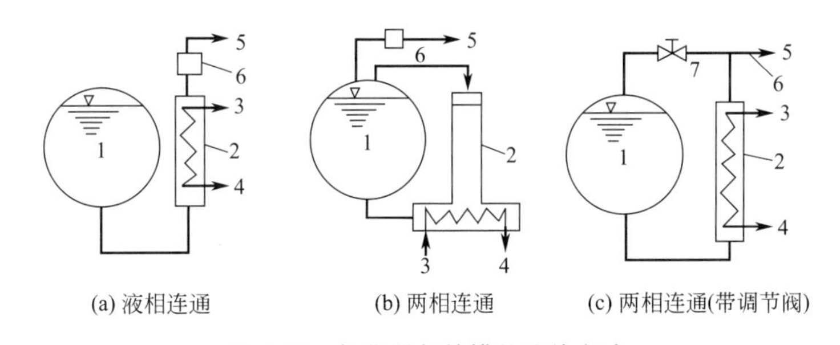

图 9-83　气化器与储罐的连接方式

1—储罐；2—气化器；3—热媒入口；4—热媒出口；5—气体输出管；6—调压器；7—调节阀

a. 液相连通方式。如图 9-83(a) 所示，气体直接从气化器顶部导出进入调压器 6，调节到管道要求的压力后送给用户使用。在气化器出口应设浮球阀等防溢装置，防止液态 LPG 进入调压器与输气管路。

b. 气、液两相连通方式。送入管道的气体是从罐顶导出，见图 9-83(b)。此方式用于纯丙烷或丙烷组分较多的 LPG。用气低峰负荷时，由储罐自然气化供气；当用气负荷增大时，储罐压力低于调压器 6 进口最低允许压力，此时启动气化器。

c. 带调节阀的气、液两相连通方式。如图 9-83(c) 所示，在储罐 1 与气化器 2 之间的连通管上设置一调节器 7。该连通方式适用气化器的主要换热部位低于储罐最低液位的情况，气体自气化器顶部导出，当储罐压力较低时，可以控制调节阀的开度，使气化器液位上升，气量增加，部分气体进入储罐，以提高气化压力。

② 加压强制气化　加压强制气化是将储罐内的 LPG 经泵加压到高于容器内的蒸气压后送入气化器，使其在压力下气化。气化-混合站一般采用加压气化方式，以便为混气装置提供较高且稳定的进口压力。气化后的气体经调压后送入混气装置或管道外送（见图 9-84）。一般民用混气装置所需引射器喷嘴前压力为 0.2～0.35MPa，出口压力为 50kPa。

③ 减压强制气化　减压强制气化是 LPG 利用自身的压力，从储罐经管道减压阀，再进入气化器，产生的蒸气通过调压器调压后送到管道供气系统。减压强制气化可分为常温减压气化和加热减压气化两种方式。图 9-85 为常温减压气化原理图。液态 LPG 经减压节流后，依靠自身显热和吸收外界环境热量而气化。由于经过减压节流后，液相压力下降，因此它比自然气化有更强的气化能力。

图 9-86 为加热减压气化原理图。减压后的 LPG 靠人工热源加热气化。气化器内液面高

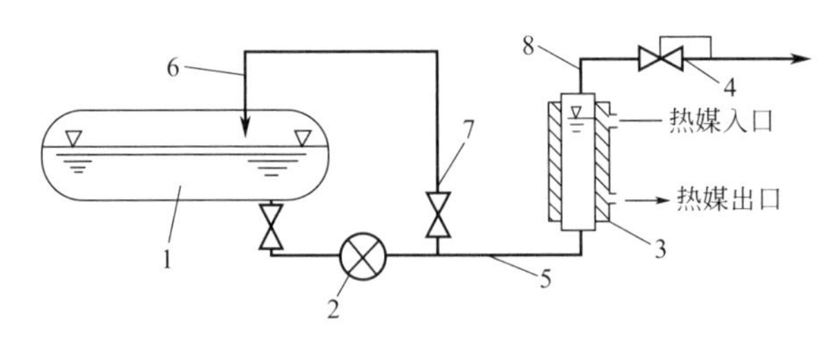

图 9-84 加压强制气化原理图

1—储罐；2—泵；3—气化器；4—调压器；5—液相管；6—回流管；7—回流阀；8—气相管

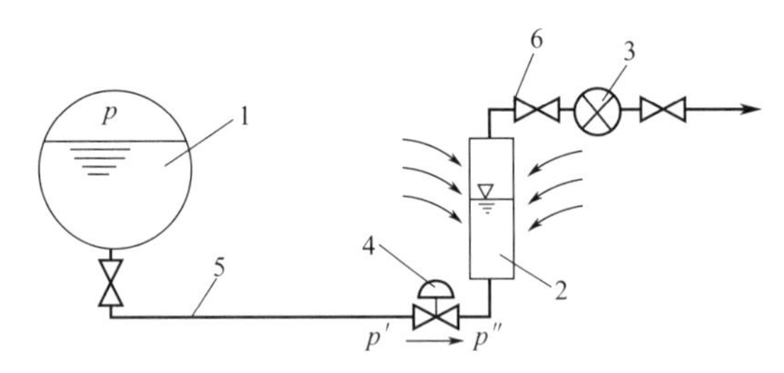

图 9-85 常温减压强制气化原理图

1—储罐；2—气化器；3—调压器；4—减压阀；5—液相管；6—气相管

度随用气量的增减而升降，气化能力可适应用气量的变化。值得注意的是从气化器导出的气体压力大致应与减压后的压力相等。因为气化器内可能会因用气量的变化（如突然用气停止，气化器内气化仍在进行），出现异常的超压危险，所以应在减压阀两端并联 1 个回流阀 5。当停止用气，气化器压力达到控制压力时，液体可经回流阀流回储罐。

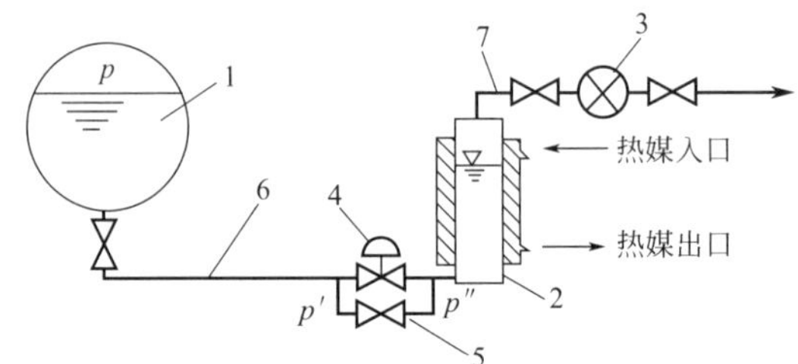

图 9-86 加热减压气化原理图

1—储罐；2—气化器；3—调压器；4—减压阀；5—回流阀；6—液相管；7—气相管

9.8 天然气储气库

地下储气库（UNG）是天然气储气的最佳方式，是天然气储运系统的一个重要组成部分。世界各主要产气和用气量大的国家都重视发展地下储气库[57]。近年来，随着我国天然气工业的发展，已开始对地下储气库进行规划研究和建设，为 21 世纪初我国天然气工业的发展提供技术支持[58]。

9.8.1 地下储气库的功能及类型

9.8.1.1 地下储气库的功能

输气管网系统通常是按照恒定输气量均衡输气设计的，其流量只能在小范围内变动，适应不了市场用气量的昼夜波动，尤其适应不了季节性的用气不平衡。为解决用气不均衡性与输气均衡性之间的矛盾，必须建设天然气的储存设施，即以地下储气库实现其储气功能。地下储气库的主要作用如下。

(1) 协调天然气的供求关系

地下储气库能有效地调节季节（冬、夏)、月、昼夜用气量的不均衡性，满足天然气利用市场的变化需求。夏季天然气市场需求量低于管网供气量时，可将多余的天然气注入地下储气库中储存起来；冬季，市场需求量大于管网供气量时，根据需要从库中抽出天然气，以补足所缺气量，调节季节性峰谷差。可以实现临时性用气量增加，在短时间内即可满足用户的最大需求量。

(2) 优化输配气管网的运行，提高经济效益

地下储气库可使天然气生产系统的操作和输气管网的运行不受市场消费高峰和消费淡季的影响，有助于实现均衡生产和输气，充分利用输气设施的能力，提高管网的利用系数和效率，降低成本。德国借助地下储气库，使输气荷载系数由 0.45 提高到 0.91。据资料介绍，管网与地下储气库配套建设，注采气井数的投资可减少 15%，管网和压气站的投资可减少 20%～30%。

(3) 提高供气的安全性和可靠性

对于只有单气源的供气方或用气方，供应天然气的安全可靠性都差。特别是国内输气干线和进口天然气的跨国干线，当突发事故，或突发自然灾害时，都有可能造成供气中断。此时，地下储气库兼作应急备用气源之用，保证向用户安全、连续地供气，以减少经济损失。

(4) 实现战略储备

地下储气库是实施天然气应急储备和战略储备的最佳方式。例如，只有单气源供气的大城市、用气大企业，当突发性重大灾害导致输气中断时，储气库可作为应急气源；另外，随着引进天然气的增加，供气的政治风险也在增加，可利用储气库保持一定量的战略储备，避免因国际风波导致供气中断而带来的一系列恶果。

(5) 影响气价，实现价格套利

供气方和用气方都可利用储气库从天然气季节性或月差价中实现价格套利，从中获取可观的利润。对供气方来说，当天然气价格低时储气不售或增加储气量，待用气高峰、价格上扬时售出；对用气方来说，当天然气价格低时购进天然气储存，待冬季或用气高峰，气价上涨时抽出气使用（避免高价购气）或出租储气库。

9.8.1.2　地下储气库的类型

地下储气库按其地质条件或地层特点可分为多孔介质地下储气库和洞穴类地下储气库；若按其用途分，可分为气源储气库和市场储气库两大类[2,59]。

(1) 多孔介质类储气库

① 枯竭油气藏储气库。这种储气库是利用储层中砂岩晶体及多孔碳酸盐之间的天然孔隙储存天然气，包括枯竭的气藏、油藏和凝析气藏改建的地下储气库。这种储气库气量大，是应用最广泛的一种储气库。目前全球此类储气库占到地下储气库的 75% 以上。1915 年在加拿大 WELLAND 气田首先进行了储气实验，1916 年美国人在纽约 BUFFALO 附近的枯竭气田建设了储气库，1954 年美国人在 CALG 的纽约城气田首次利用油田建成储气库。

我国地下储气库建设开始较晚，最早建设的也是枯竭油气藏型储气库，20 世纪 90 年代随着陕京输气管线的建设，为保障北京和天津的供气安全才开始研究建设地下储气库。首次在大港油田利用枯竭凝析气藏建设成了大张坨地下储气库，最大库容量达到 16 亿立方米，有效工作气量达 6 亿立方米，有效缓解了北京地区的用气紧张。国内现役十一个地下储气库群 25 个储气库 24 个都是利用枯竭油气藏改建的储气库。由于这种储气库中残留有少量油气，减少了垫层气量，原油气田部分设施可再利用，节省了投资，通常是比较经济的。然而枯竭油气藏资源十分有限，我国的油气藏大都分布在西部、北部，而主要的天然气消耗地区分布在东部，所以选址是制约枯竭油气藏型储气库发展的最大原因。此种类型的储气库一年只能工作一个循环，也有工作两个循环的，一般用作季节性调峰和战略储存。

② 含水层储气库。这种储气库是将天然气注入含水层，驱替岩石孔隙中的水，将水驱赶到气藏的边缘而形成人造气田，可储存几十亿立方米的天然气。含水层构造储气库是利用地下密闭的含水层构造通过注气驱水形成的人造储气库，是仅次于枯竭油气藏的另一种大型地下储气库。美国是世界上最早建成含水层构成型储气库的国家，于1958年在芝加哥建成第一座含水层储气库，苏联在1959年建成了苏联国内首座此种储气库并在1968年又建成了一座水平状含水层储气库。迄今全世界共有82座含水层地下储气库。含水层构造型储气库整体建设周期较枯竭油气藏要长，投入也较大，但含水层构造地质分布较枯竭油气藏要较广，相对容易在天然气消费中心找到适合地形建库。世界上大的天然气消费中心建设的地下储气库多为含水层构造型储气库。无论是注气驱水过程还是为保证气体供应能力，都注定含水层构造型储气库将会需要大量的垫气，甚至可以高达总储气量的80%。大量的垫气意味着更多的投入，很多研究人员都在尝试注入二氧化碳或氮气等惰性气体代替天然气作为垫层气以降低垫气投入。含水层储气库一般每年可以工作1～2个循环，用于季节性调峰和战略储存。

(2) 洞穴类储气库

① 盐穴储气库。盐穴储气库分为天然盐穴和人造盐穴，世界上天然盐穴很少，多为利用人造盐穴建设地下储气库。人造盐穴储气库是通过向盐层中注入新鲜水对盐层进行溶淋，将溶淋形成的溶解盐水排出而形成的洞穴用来储存天然气。

盐穴储气库储气容积较小，但排气速度快，能在相当短的时间内采出相当大量的天然气，适用于补偿高峰负荷时的用气需要。而且储气库利用率高，注采气周期短、安全，垫层气比例小且可回收。

② 矿坑储气库。矿坑储气库是利用废弃矿坑改建的地下储气库。1963年美国建成了世界上首个废弃矿洞改建的储气库，是由科罗拉多公共服务公司（PSCo）在废弃的Leyden矿洞基础上改建的。在开采期间，一共开采出6×10^6t煤矿，形成的地下空间约有4.25×10^6m^3，在1.7MPa的条件下大约可以储存73.6×10^6m^{3}的天然气。在每年的四月末到五月初之间能供应大约32.5×10^6m^{3}的天然气，内部压力从1.72MPa降至0.69MPa。由于负荷储存天然气的必要地质条件的矿坑数量很少，因此限制了这种储气库的发展。

(3) 新型储气库

① LRC储气库。LRC（lined rock caverns）带内衬岩洞储气库是一种新型的地下储气库形式。在地下挖掘一个或多个岩洞，储气原理类似其他几种地下储气库，不同的是在岩洞中布置了一层薄的钢内衬，内衬主要起到密封的作用，不像高压储罐那样承受压力，高压气体产生的载荷主要由围岩承受。

② 水合物地下储气库。利用天然气和水生成固态水合物并加以储存的储气库。水合物地下储气技术主要包括：天然气水合物合成、水合物运输与储存、水合物汽化。水合物地下储气包括以下几方面的优势：天然气水合物生成过程对环境无害；保存在水合物中的天然气通过简单的降压或热刺激可以完全恢复和利用；形成水合物和储存过程中温度和压力条件温和；单位体积储存密度较大；非爆炸性的极安全的储存方式；运输过程中较管道气或液化气成本较低。

(4) 储气库按利用市场分类

① 基荷型储气库。主要用来调节大型消费中心天然气供需的季节不均衡性。这种储气

库的储气容量比较大，按日最大抽气量计，其工作气量可抽气 50～100 天。

② 丰荷型储气库。主要用作昼夜、小时等周期短高峰耗气调峰或短期应急事故供气。其库容量较小，按昼夜最大抽气量计，其工作气量可供抽气 10～30 天。

③ 储存性储气库。主要用作战略储备，作特殊情况动用的后备气源。这种储气库对依赖进口天然气的国家，具有特别重要的作用。

总之，在具备建立地下储气库的有利地质条件的地区，根据储气库的位置、规模等条件，尽可能地综合利用上述几种类型的地下储气库，将会取得最大的技术经济效益。

9.8.2 地下储气库的地质要求

(1) 对于多孔介质储气库的要求

对于多孔介质枯竭气藏改建成的地下储气库和含水层地下储气库，必须具有如下特性。

① 构造密封条件好　构造密封条件好是指盖层封闭性好，这是建设多孔介质地下储气库必备的重要条件，以防止气体运移而发生漏失和压力损失。

② 储层物性好　储气层足够大，以便储存所需量的天然气；足够高的孔隙度，有效孔隙度大于 15%比较好；储层连通性好，易注易采，渗透率大于 $0.5\mu m^2$，以便接受和保存气体。

③ 储层深度适当　利用枯竭油气藏改建的地下储气库深度在 1500m 左右为宜，含水层储气库深度在 1000m 为宜，以利于安全。含水层储气库如若太浅，储气量有限，若太深又不经济。

④ 储气构造适宜　利用枯竭气藏改建的地下储气库需要相当大量的气垫气，若储气构造过大，经济上不合算。因此，应选择能满足要求，大小适宜的储气构造。

(2) 对洞穴类储气库的基本要求

① 盐穴储气库对盐层地质的要求是：①应有足够的厚度和良好的均质性，少含黏土、石膏、石灰岩等不溶成分，以利于注入淡水供盐层溶解后排出盐水而形成洞穴；②洞穴容积损失率小于 1%/年，前五年小于 5%，前 30 年小于 30%；③洞穴关键位置如顶部中央、中央侧壁、底部中央的应力状态应该在压缩膨胀边界内；④在间层和盐层之间的界面上没有明显的错位和滑移。⑤整个矿井需要有良好的完整性、耐久性、抗腐蚀性。建造一个盐穴型储气库首先需要对地质条件进行考察、实验探究以及数值模拟，在地理条件等评估合格后才可以施工建造。

② 对废旧煤矿坑地下储气库，要求地层厚度大、分布稳定；盖层完整，裂隙和断层不发育；矿井地下空间要大；矿井储气库尽量靠近输气管道或用气负荷区。然后进行初步的矿洞气密性试验，通过压缩机向矿洞内注入空气，达到一定的压力，观察矿洞内部压力是否能维持压力较稳定。能维持较长时间的压力稳定后说明能进行进一步的开发工作，接着开始对矿井原有的一些通风竖井、钻孔等可能造成气体泄漏的部位进行填充密封处理。密封性处理完成后，接着注入更高压力的气体进行矿洞密封性检查，发现有漏气现象后找出源头进行补救，直到密封性满足设计条件。

③ 对于 LRC 储气库和水合物储气库，由于均采用人工开挖地下洞穴作为储气空间，其选址要求相较于上述传统类型储气库更为宽松灵活，后期的扩建增容也较容易进行。

9.8.3 地下储气库的基本参数

9.8.3.1 储气库的容量

所谓地下储气库的容量，即为地下储气库的库容，或称为储气库总储气能力，它是设计地下储气库的重要参数，需要根据天然气利用市场各类用气负荷的特点，供气可靠性和应急程度，预先作出预测，以便选择大小合适的储气构造，建造地下储气库。储气库的容量包括季调峰气量、事故应急储备气量和垫层气量三部分。为满足用气市场季节调峰和突发事故应急储存的需要，管网系统必须与地下储气库相匹配，均衡地储存与供气。

(1) 季调峰气量

预测确定季调峰气量的方法有多种，天然气工业发达的国家，根据大量的气象数据，如大气温度、晴天、雪天等因素，以及正常实际耗量，通过预测软件，可预测出小时、昼夜和月、季节不均衡用气量，这是一种精确度较高的预测方法。

另一种方法是利用某个或几个用气中心多年积累的数据，经过统计分析得出平均耗气量下各种时间的不均衡系数，即某时间内实际耗气量与该时间内平均耗气量之比。一般小时不均衡系数取为1.6～2.2；昼夜不均衡系数为2.0；月不均衡系数最小为0.6～0.8，最大为1.3～1.5（根据消费中心取暖用气量多少来决定）。根据月不均衡系数，补偿一年内天然气供给与消费之间的季调峰气量。一般预测与实际之间总存在偏差，在预测值的基础上，季调峰气量增加10%～20%。

(2) 事故应急储气量

为了提高供气的可靠性，事故应急储备气量的大小与干线输气管道长度、备用储气井组的类型和数量、输气管道条数、备用气井和系统状态等许多因素有关。根据各用气国家的经验，其附加的有效应急储备气量约为补偿季节用不均衡性所需气量的5%～10%。

上述季调峰气量与事故应急储备气量之和称为地下储气库有效储气量，或称工作气量。

(3) 气垫气量

地下储气库气垫气也称垫底气、缓冲气，是指采气后剩余在储气库内的气体，它是储气库气体构成中必要的组成部分。当枯竭气藏改为储气库后，已有部分气垫气存在，该气称为原地气垫气。对于大多数储气库来说，大部分气垫气是由地上气源注入的。气垫气在采气时并不采出，而是永久地保留于库内。只有当储气库被废弃时，部分气垫气还可采出。

储气库内应保持一定量的气垫气，其作用是给储气层提供能量。在采气末期使储气库保持一定的压力，可保证调峰季节能从储气库中采出所需的气量。存在一定量的气垫气，将有利于减缓储气库内水的推进；存在一定量的气垫气，将保证储气库在用气淡季能在较短的时间内存够应储气量，以便在供气阶段有旺盛的生产能力，提高采气量，降低压气站功率。

9.8.3.2 气垫气与工作气之间的比例关系

气垫气和工作气之间的比例关系是储气库建设中一个重要的技术问题，因为它直接关系到储气库投资的大小和工作气量的多少。因此，合理选择气垫气量大小是经济建设储气库的重要环节之一。气垫气与工作气之间的比例关系主要取决于两个基本运行参数：储气层内存在的两个相（气和水）的相对渗透性，储气库预定的最低注气压力。一般气垫气与工作气的比例为1∶1，有的1.5∶1。可是，气垫气在储气库中占据了相当大的一部分气量，因此，根据需要应选择大小合适的枯竭气藏，否则储气藏选得过大，需要相当大的气垫气量，在经济上并不合算。

9.8.3.3 储气库最大允许压力

储气库的最大允许压力是建造储气库的重要参数。它对储气库的储气量和操作条件都有直接影响，储气压力越高，储气的气体就越多，气井的产量就越高，但同时会增加压缩机的功耗。因此，最终会影响到整个供气系统的技术经济指标。

储气库的最大允许压力的确定取决于许多因素，特别与储层深度、圈闭面积、盖层的密度、强度和可塑性、建库方法和注、抽气速度、压缩机的最大压力等有关。对于枯竭油气藏和含水层地下储气库的最大允许压力可为原始关井压力的 90%～95%。

9.8.3.4 压缩机的压比

地下储气库的地面设施中，用于压缩天然气的压缩机的功耗是最大的动力消耗。合理的压缩比对合理分配压缩级数和节能降耗都十分重要。由井口处的最大注气压力可以推算出注气压缩机的出口压力。在出口压力一定的情况下，通过优选入口压力来确定适宜的压比。

9.8.4 地下储气库设施

地下储气库的设施包括地下和地面设施两个部分，依靠这些设施构成地下储气库的完整系统。

9.8.4.1 传统储气库设施

为了向储气库注气和采气，必须有一定数量的气井，作为储气层和地面站的联接设施。气井按其用途可分为探井、生产井、观察井、周边观察井、水面监测井、排水井等，每种井都有自身的结构。各气井之间也可互用，如探井常用作观察井或生产井，观察井也常用作探井等。因此，储气库的气井应能满足综合功能要求。

传统的枯竭型油气藏储气库的注气井和采气井，一般选用原开发时的老生产井。在储气库建设的初期阶段，对原有老生产井应作仔细研究，并作相应的修井作业和井口设施的更换。对每口气井都要进行气密性试验，以免出现储气库运行过程中发生泄漏。图 9-87 为枯竭型油气田地下储气库气井的剖面图。

对含水层储气库和盐穴储气库等，需要新建气井，建井方法和设备与油气田油气井的建设基本相同。含水层地下储气库的剖面图见图 9-88。盐穴地下储气库气井结构示意图见图 9-89。盐穴储气库设施的剖面图见图 9-90。

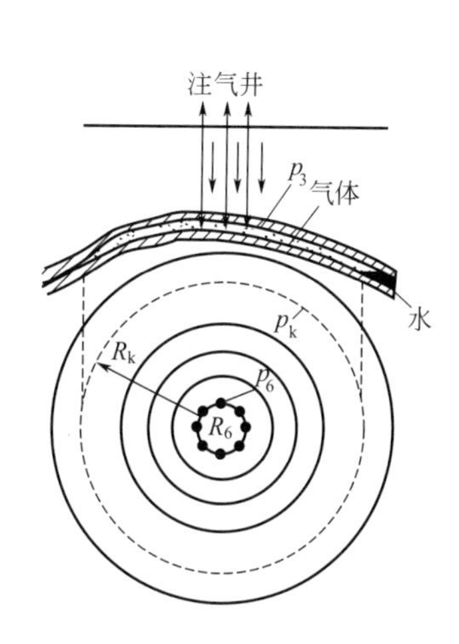

图 9-87 枯竭型油气田地下储气库气井剖面图

p_3，p_k，p_6—分别为地层压力、边缘压力和井口区压力；R_k，R_6—分别为边缘半径和井口区半径

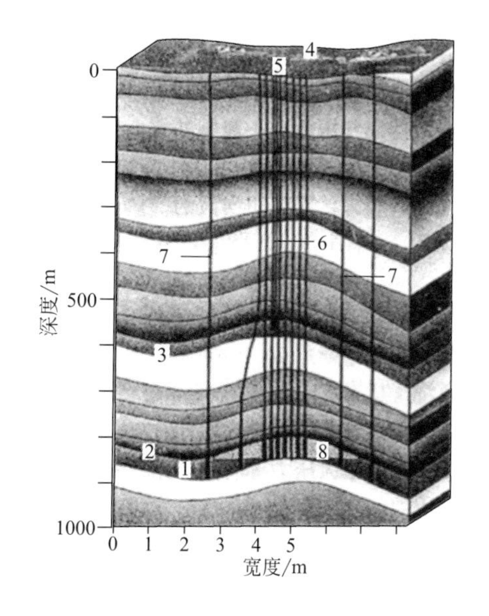

图 9-88 含水层地下储气库的剖面图

1—气藏；2—盖层；3—上水层；4—处理及压缩站；5—注汽井；6—上水层观察井；7—周边观察井；8—天然气

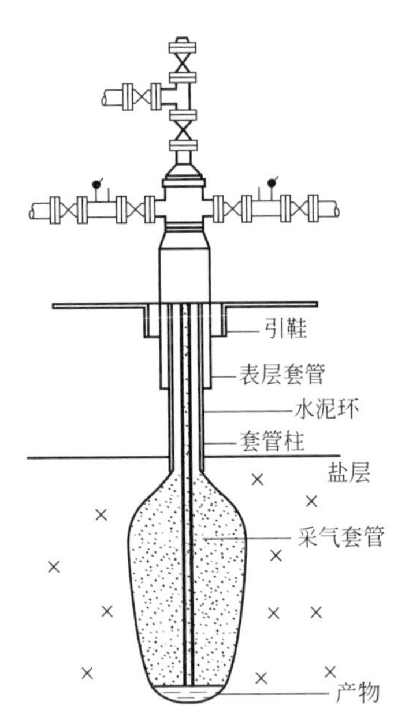

图 9-89 盐穴储气库气井结构图

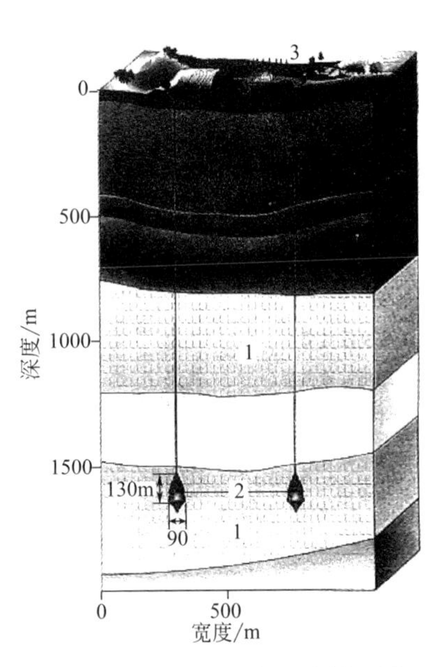

图 9-90 盐穴储气库设施剖面图
1—盐层；2—盐穴；3—溶盐及盐穴操作站

当向储气库注气时，所注的天然气是从长输管道供给的符合管输标准气，一般需要特别的处理，可以直接通过压缩站注入储气库。当从地下储气库中采出天然气时，随着储气库类型不同，储存气的组成、含水量、H_2S 含量的多少也有所不同。当采出气的气质达不到管输气标准时，就要进行净化处理，然后再进入供气管网。对枯竭型油气藏和凝析气藏储气库在采出气体时，天然气中往往含有较多的 C_5^+ 烃和少量的 H_2S，并含有饱和水，此时应进行分离，回收 $C_3 \sim C_5^+$ 烃，以满足管输气烃露点的要求。为达到管输气硫含量和水露点的要求，多采用固体脱硫法脱除少量 H_2S，采出气体中的饱和水也要脱除。

地下储气库地面设施中最庞大部分是气体压缩站。注气时，来自输气干线支管的天然气压力为 2.5～3.6MPa，需经立式捕尘器除去固体微粒和微滴水后，进压缩机压缩，然后经冷却、分离吸附除油后进入储气库。抽气时，天然气采出时总会带有沙粒和水滴，先经分离后，再进行甘醇脱水，最后送入输气管网。

压缩机组都是燃气轮机带动压缩机，整个压缩机噪声很大。为了减少噪声对环境的影响，用隔音材料将整个压缩机房隔离密闭起来，只有从操作时观察、控制压缩机的运转情况，场地上噪声才会很小。

9.8.4.2 新型地下储气库设施

LRC 储气库同样可以分为地上和地下两部分，地上部分和其他类型的地下储气库相似，包括各种气体处理装置（如图 9-91 所示）。地下部分有较大的不同，是由一个或多个储气洞室组成，储气洞室的大小主要由地质条件决定。地下储气洞室的核心是洞壁，LRC 洞壁不单单只有一层钢内衬，它是由几层相互作用的壁组成的系统。洞壁主要由三个单元组成：钢内衬、滑动层、混凝土层。混凝土层直接与围岩相接，把钢内衬传递出来的内部压力传递给围岩，并且混凝土层还为内层结构提供一个平整基面；钢内衬是与内部气体直接接触的单元，主要起到密封作用，保持储气库内部的密封性，防止气体泄漏；混凝土层与钢内衬之间还有个滑动层，主要起到减少摩擦的作用，同时为钢内衬提供防腐保护。同时洞壁还分布有排水引流系统，排水系统安装在岩洞洞穴外层，不但起到排水作用，在气体泄漏时还可以监测、收集、排除泄漏气体。混凝土层有两米厚或更厚，内衬密封层 15mm 左右。

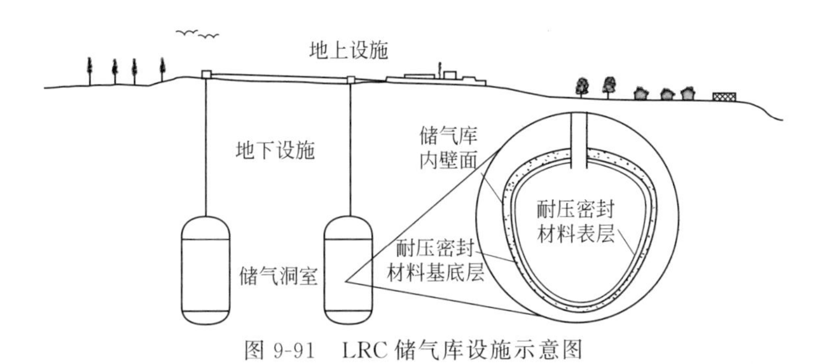

图 9-91　LRC 储气库设施示意图

水合物地下储气库的地下储气部分可采用喷淋式半连续水合物反应器，如图 9-92 所示。喷淋形式能有效增大气液接触面积，两面的喷嘴可以都喷射水也可以分别喷射水和其他液体，能向水中加入促进剂。这种反应器在应用过程中既是水合物生成反应器，也将作为水合物的储存容器，极大地简化了工艺流程。初期在反应器中加入一定量的水，保持反应器内气体达到一定的压力，通过泵抽取容器底部的水在顶部喷出形成表面积较大的液体膜或小液滴与气体分子进行水合物生成反应，生成的水合物堆积在容器内的水面上。未反应的水继续进行循环，可以连续生产水合物直到水耗尽，通过控制反应器内水的量可以控制水合物的生成量。水合物生成完毕后直接储存在容器里不再取出另行储存，需要分解释放气体时，向容器内注入热量即可。通过连接多个反应器可以实现储气库的扩容，所有的反应器都可以布置在地下以减少占地面积和提高安全性。

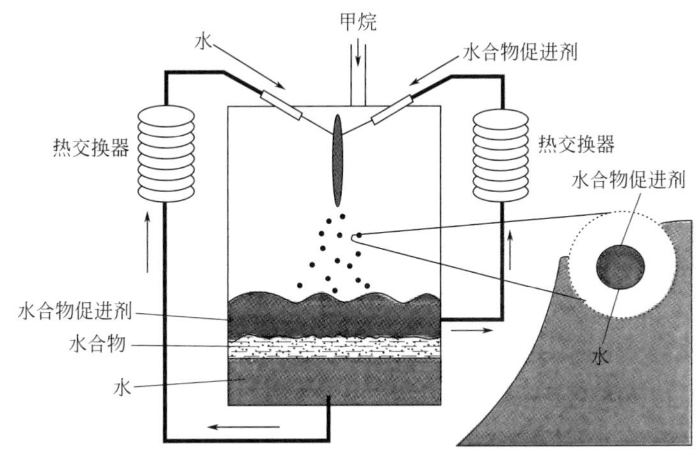

图 9-92　水合物地下储气采用的喷淋反应装置示意图

9.8.5　地下储气库建设投资及运行费用

建设一座地下储气库需要几千万到数亿美元资金。实践证明，建设储气库要比铺设管道储气便宜得多。在加拿大储 1000m^3 天然气，储气库的边际成本为 66 美元，而管道储气成本为 120 美元。

9.8.5.1　投资费用

地下储气库的总投资主要取决于以下三个因素：①勘探、钻井工程；②压气站设施及管道系统连接；③气垫气。

建设地下储气库的投资和建设输气干线系统的投资相比，地下储气库的投资只占很小部分。储气库的总投资可分解为几部分组成：①勘探费用 10%；②钻井费用 10%；③气垫气费用 40%；④其他设备和管线费用 30%；⑤机动费用 10%。

在储气库投资中，气垫气的费用超过总投资的 1/3，有时因构造的原因可达到 1/2。20 世纪 80 年代以来由于天然气价格上涨，气垫气的成本超过 2/3，所以用惰性气体来替代气垫气具有重要的经济意义。

9.8.5.2 运行费用

地下储气库的运行费用与气库的类型、容积大小及服务区域有关。运行费用构成见表 9-20。

几种类型地下储气库 20 年间的平均运行费用（美国）如下：

枯竭油气田气库　　10.6～17.6 美元/km^3

含水层储气库　　10.6～17.6 美元/km^3

盐穴储气库　　10.6～88.3 美元/km^3

苏联地下储气库运行费用包含的内容见表 9-20。20 世纪 80 年代中期，几种类型地下储气库的运行费用（统计均衡值）如下：

枯竭油气田气库　　3～6 卢布/km^3

含水层储气库　　5～8 卢布/km^3

盐穴储气库　　15～30 卢布/km^3

以上数据表明利用枯竭油气藏建设储气库费用最低，建设时间也最短，为 3～5 年。

表 9-20　地下储气库运行费用构成

费用项目	所占比例/%	费用项目	所占比例/%
气垫气	19.6	储气装备费	23.0
工资及附加费	3.0	其他费用	8.2
压缩机站操作费	37.2	合计	100.0
气井折旧费	9.0		

9.8.5.3 新型地下储气库建造成本估算

对于 LRC 地下储气库和水合物地下储气库而言，由于现有工程实例较少，因此只能对其建造成本进行估算。

(1) LRC 储气库建造成本估算。

建造一个内衬岩洞的投入包括地面工程费用 C_{up}，地下工程费用 C_{under}，操作建造费用 C_{ope}。工程设计、岩土勘探费用包括在地面、地下工程投入上。操作建造费用 C_{ope} 包括：隧道挖掘单位造价 $PR_{exc,tun}$（元/m^3）、隧道保护造价 $PR_{prot,tun}$（元/m^3）、洞穴挖掘造价 $PR_{exc,cav}$（元/m^3）、洞穴保护造价 $PR_{prot,cav}$（元/m^2）、洞穴排水造价 PR_{drain}（元/m^2）、岩壁混凝土墙造价 PR_{wall}（元/m^3）、墙体加固造价 PR_{reinf}（元/t）、钢衬造价 PR_{steel}（元/m^2）。

用 $V_{exc,cav}$ 表示挖掘洞穴体积，用式(9-3) 计算。用 $A_{exc,cav}$ 表示挖掘洞穴内表面积，用式(9-4) 计算。用 A_{cav} 表示储气洞室容积，用式(9-5) 计算。用 A_{cav} 表示储气洞室内表面积，用式(9-6) 计算。用 A_{concr} 表示混凝土体积，用式(9-7) 计算。用 W_{reinf} 表示加固钢材重量，用式(9-8) 计算。

$$V_{exc,cav}=\frac{\pi(d+2t)^3}{6}+\frac{\pi(d+2t)^2}{4}h_{cav} \tag{9-3}$$

$$A_{exc,cav}=\pi(d+2t)^2+\pi(d+2t)h_{cav} \tag{9-4}$$

$$V_{cav}=\frac{\pi d^3}{6}+\frac{\pi d^2}{4}h_{cav} \tag{9-5}$$

$$A_{cav}=\pi d^2+\pi dh_{cav} \tag{9-6}$$

$$V_{concr}=V_{exc,cav}-V_{cav} \tag{9-7}$$

$$W_{reinf}=V_{concr}\mu p \tag{9-8}$$

最后，挖掘建造一个内衬洞穴需要的投入可以表示为式(9-9)。

$$COST_{cav}=(C_{up}+C_{under})N_{0,cav}+PR_{exc,tun}L_{exc,tun}+PR_{prot,tun}L_{exc,tun}+PR_{exc,cav}V_{exc,cav}+PR_{prot,cav}A_{exc,cav}+PR_{drain}A_{exc,cav}+PR_{wall}(V_{exc,cav}-V_{cav})+PR_{reinf}(V_{exc\ cav}-V_{cav})\rho\mu+PR_{steel}A_{cav} \tag{9-9}$$

下面以地下洞穴只有一个的情况进行计算，设计洞穴部分参数见表 9-21，各部分基础单位造价见表 9-22。

表 9-21 LRC 储气洞穴部分参数

浓度 h/m	高度 h_{cav}/m	直径 d/m	工作压力/MPa	混凝土厚度/m	钢衬厚度/mm
150	60	25	2～20	2	12

表 9-22 LRC 储气库各部分单位造价

C_{up}/万元	C_{under}/万元	$PR_{exc,tun}$/(元/m³)	$PR_{prot,tun}$/(元/m³)	$PR_{exc,cav}$/(元/m³)	$PR_{prot,cav}$/(元/m²)	PR_{drain}/(元/m²)	PR_{wall}/(元/m³)	PR_{reinf}/(元/t)	PR_{steel}/(元/m²)
400	150	105	60	110	100	110	350	4000	1500

结合各数据计算得，建造此洞穴花费 3366.44 万元，洞穴容积为 $3.76\times10^4m^3$。

(2) 天然气水合物地下储气库建造成本估算。

水合物地下储气方式的投入主要由以下几部分构成：水合物生产设备投入；水合物地下储存设施投入；水合物分解设备投入。下面以一个假设的水合物储气库为例进行计算，储气库设计为圆柱形，直径 40m，高度 45m，还设有 0.3m 混凝土层和 0.7m 隔热夹层。挖掘洞穴体积 $6.37\times10^4m^3$，可用内部体积 $5.65\times10^4m^3$。

水合物生产设备主要包括，压缩机、水合物反应器、设备间泵、水合物-水分离器、冷却系统、各种附属设备等。使用储存于水合物中的天然气，需要经过再汽化处理，再汽化过程主要设备有输运泵、加热器、干燥器、压缩机、各种附属设备等。目前还没有成熟完整的生产、汽化工业运用，在此假设整套设备投入 6000 万元进行计算。

水合物生产后储存在地下储气库中，地下储气库的建造投入可以参考 LRC 地下储气库的建造投入，相比较而言，水合物地下储气库的要求较低。假设各部分单位造价如表 9-23 所示，以此计算得到建造储气洞穴需要约 925 万元。

表 9-23 储气洞穴各部分单位造价

$PR_{exc,cav}$/(元/m³)	$PR_{prot,cav}$/(元/m²)	PR_{drain}/(元/m²)	PR_{wall}/(元/m³)	PR_{reinf}/(元/t)
100	90	100	350	4000

将以上几部分价格加和得到建设上述一个天然气水合物储气库需要投入约 7000 万元。若以水合物和水质量比接近 1∶1 的水合物浆进行储存，最多可以储存天然气约 $4.52\times10^6m^3$。

以上计算表明新型地下储气方式的建造成本与传统地下储气库接近，但由于其在选址和库容方面具有更大的灵活性，因此未来具有较好的发展前景。

参考文献

[1] 徐文渊，蒋长安主编. 天然气利用手册. 北京：中国石化出版社，2002.

[2] 严铭卿，廉乐明主编．天然气输配工程．北京：中国建筑工业出版社，2005.
[3] 王志昌主编．输气管道工程．北京：石油工业出版社，1997.
[4] 姜正候主编．燃气工程技术手册．上海：同济大学出版社，1993.
[5] 章申远．国外输气管道建设．天然气与石油，2000，18（4）：1-10.
[6] 郑大振．液化天然气（LNG）在燃料工业中竞争的优劣势．天然气工业，1995，15（1:）：59-61.
[7] 陈赓良．液化天然气的一般特性．油气加工，1998，8（4）：9-12.
[8] 安隽博国际有限公司研究和出版部，中国 LNG 工厂报告．http：//www. chinagasmap. com/theprojects/projectstatisticssc. htm.
[9] 王遇冬主编．天然气处理与加工工艺．北京：石油工业出版社，1999.
[10] 郑凡，张良鹤．天然气液化技术考察报告．天然气与石油，1997，15（1）：63-70.
[11] 杜光能．LNG 终端接收站的工艺及设备．天然气工业，1999，19（50）：82-86.
[12] 徐文，顾安忠．世界天然气液化技术发展的新动向．石油与天然气化工，1994，23（1）：31-35.
[13] 闫光灿，林俊良，王晓霞．NFPA 59A-1994：液化天然气（LNG）生产、储存和装运标准．天然气与石油，1996，15（1，2）：14-23.
[14] 刘建辉．天然气储运关键技术及技术经济分析．广州，华南理工大学，2012.
[15] 徐文渊．液化天然气、压缩天然气的生产和运用．天然气工业，1993，13（3）：76-79.
[16] 刘锡麟．CNG 加气站的系统配置．城市煤气，2001，314（4）：5-9.
[17] 邹祖烨主编．国外代用燃料汽车发展概览．北京：中国铁道出版社，2002.
[18] 李富国，刘永志．车用 CNG 充装站储气规模与装置应用优化探讨．城市煤气，2001，322（12）：11-16.
[19] 王建军，唐志祥，陈杰．瓶装压缩天然气输配工艺研究之二——压缩天然气输配系统优化．城市煤气，2001，318（8）：14-16.
[20] 蒋宝城，张永春，周锦霞等．天然气吸附剂研究进展．化工进展，2007，26（5）：632-635.
[21] 徐文东，华贲，陈进富．吸附天然气技术研究进展及发展前景．天然气工业，2006，26（6）：127-130.
[22] 刘克万，黄小美．天然气吸附储存技术．煤气与热力，2009，29（11）：A34-39.
[23] Parkyn N D，Quinn D F. Natural Gas Absorbed on Carbon in Porosity in Carbons. Ed. by Patrick，J W Edward，Arnold，London，1995：292-325.
[24] 唐晓东，陈进富．用作天然气吸附储存的新型活性炭吸附剂的开发研究．炭素，1997，3：39-43.
[25] 邢伟，阎子峰．天然气吸附剂制备条件与其结构及贮气性能的关系．天然气化工，2001，26（2）：10-13.
[26] 孙玉恒，蒋毅，陈君和等．炭基吸附剂结构对天然气脱附量的影响．天然气化工，2003，28（1）：5-7.
[27] 陶北平．专用天然气（甲烷）吸附剂的研制进展．低温与特气，2000，18（5）：5-8.
[28] 陈进富，娄世松，陆绍信．天然气吸附剂的开发及其储气性能的研究．燃料化学学报，1999，27（5）：399-402.
[29] 邹勇，陆绍信．活性炭吸附储存天然气的最佳压力研究．石油与天然气化工，1996，25（2）：59-61.
[30] 陈进富，瞿梅，徐文东．我国天然气吸附储存技术的研究进展．天然气工业，2002，22（4）：95-97.
[31] 肖锦堂．用作汽车燃料的天然气低压吸附贮存系统的开发和研究．天然气工业，1996，16（2）：65-69.
[32] 陈进富，陆绍信．吸附法储存天然气汽车燃料技术的研究．天然气工业，1999，19（4）：81-84.
[33] 杨晓东．超临界温度甲烷吸附存储的研究．上海交通大学制冷与低温工程研究所，博士学位论文，2002.
[34] 陈进富，李兴存，李术元．天然气吸附剂的开发及其储气性能的研究Ⅳ——相变储热材料对吸附热效应的影响．太阳能学报，2004，25（1）：41-45.
[35] Sloan E D，Koh C A. Clathrate Hydrates of Natural Gases. 3rd Edition. CRC Press/Taylor & Francis：Boca Raton，FL，2008.
[36] 樊栓狮编著．天然气水合物储存与运输技术．北京：化学工业出版社，2005.
[37] 王雪枫，王雪丽．天然气水合物的研究和固态输送．新疆大学学报（自然科学版），2003，20（4）：414-417.
[38] 孔昭瑞．天然气非常规储运技术及其发展前景．油气储运，2003，22（7）：1-4.
[39] 陈光进，樊栓狮．天然气水合物固态储存天然气新技术研究．中创基金项目研究报告，2001.
[40] 孙志高，樊栓狮，郭开华等．气体水合物——储运天然气技术与发展．化工进展，2001，（1）：9-12.
[41] Antony F. Offshore Gas to Solids Technology. SPE Paper 71805，2002，54：52.
[42] Zhou L，Sun Y，Zhou Y P. Enhancement of the Methane Storage on Activated Carbon by Preadsorbed Water. AIChE J，2002，48：2412-2416.
[43] 陈光进，孙长宇，马庆兰编著．气体水合物科学与技术．北京：化学工业出版社，2007.
[44] Yan L，Chen G J，Pang W X，Liu J. Experimental and Modeling Study on Hydrate Formation in Wet Activated Carbon. J. Phys. Chem. B，2005，109：6025-6030.
[45] Lang X，Fan S，Wang Y. Intensification of methane and hydrogen storage in clathrate hydrate and future prospect. Journal of Natural Gas Chemistry 2010，（19）：203-209.

[46] 杨亮．甲烷水合物生成的静态强化技术［D］．华南理工大学，2013.

[47] Fan S，Yang L，Wang Y，et al. Rapid and high capacity methane storage in clathrate hydrates using surfactant dry solution［J］. Chemical Engineering Science，2014，106：53-59.

[48] Yang L，Fan S，Wang Y，et al. Accelerated formation of methane hydrate in aluminum foam［J］. industrial & engineering chemistry research，2011，50（20）：11563-11569.

[49] Fan S，Yang L，Lang X，et al. Kinetics and thermal analysis of methane hydrate formation in aluminum foam［J］. Chemical Engineering Science，2012，82：185-193.

[50] 熊文涛．高密度和可逆水合物储甲烷技术［D］. 华南理工大学，2014.

[51] Ding A，Yang L，Fan S，et al. Reversible methane storage in porous hydrogel supported clathrates［J］ Chemical Engineering Science，2013，96（Complete）：124-130.

[52] Gudmundsson J. S. Method for production of gas hydrate for transportation and storage［P］. US Patent，No. 5536893，1996.

[53] Gudmundsson J. S.，Andersson V.，Levik O. I.，et al. Natural gas hydrates：A new gas-transportation form［J］. Journal of Petroleum Technology，1999，51（4）：66-67.

[54] Takaoki T.，Hirai K.，Kamei M.，et al. Study of natural gas hydrate（NGH）carriers［A］. Proceedings of the 5th International Conference on Gas Hydrates［C］，Trondheim，Norway，2005：1258-1265.

[55] Iwasaki T. Continuous natural gas hydrate pellet production（NGHP）by process development unit（PDU）［A］. Proceeding of 5th International Conference on Gas Hydrate［C］，Trondheim，Norway，2005：1107-1115.

[56] 许强，窦万波，刘国庆．液化石油气和天然气储运装备的现状与展望．煤气与热力，2001，21（6）：530-532.

[57] 颜廷昭译．天然气地下储气库．世界石油工业，1998，5（12）：55-57.

[58] 李闯文．我国地下储气库规划研究．管道运输，1999，4（2）：1-5.

[59] 宋德琦．天然气地下储气库技术研究．成都：西南石油学院，2001.

节能篇

10 天然气利用过程中的节能

10.1 天然气冷能利用技术及研究

10.1.1 LNG冷能利用概况

液化天然气（LNG）是气态天然气在脱硫、脱水处理后，经低温工艺冷冻液化而成的低温（−162℃）液体混合物。每生产1tLNG的动力及公用设施耗电量约为850kW·h，而在LNG接收站一般又需将LNG通过汽化器汽化后使用，汽化时放出很大的冷量，其值大约为830kJ/kg（包括LNG的汽化潜热和气态天然气从储存温度复温到环境温度的显热），这一部分冷能通常在天然气气化器中随海水或空气被舍弃了，造成了能源的极度浪费。然而如果通过特定的工艺技术将这部分浪费的冷能进行回收和利用，则可以达到节能环保以及拓展LNG产业链的目的[1]。

随着国际石油价格的暴涨，能源和电力成本也在大幅度地增加，因此LNG的冷量越来越显得珍贵。日本、美国和欧洲一些发达国家都非常重视LNG冷能的回收利用，并已积累了丰富的经验。他们认为，进口LNG不仅进口了燃料，同时也进口了宝贵的冷能。用制冷的术语来说，−162℃左右的LNG属于一种深冷冷源。冷能的温度越低，它的价值就越高，因而LNG的冷能也具有较高的价值；LNG被利用的温度越低，节能效果越明显。

世界上最早在进口LNG的同时也开发LNG冷量利用技术的是日本，这已经有二十多年的历史。日本每年从国外进口LNG约5500×10^4t，大约有2000t/h的LNG是用于提供LNG冷能的，约占整个进口量的20%。日本现存系统对这20%的LNG所蕴含的潜能利用率则为8%。日本LNG冷能利用主要分成两类：一类供接收站自身使用；另一类是与外部工厂或冷却系统集成使用，如空分、液体二氧化碳生产和冷藏等。其中使用最广泛的是空分系统，每吨LNG大约节省电力250kW·h。

随着能源安全问题的日益严峻、单位GDP的能耗居高不下，中国将会成为世界上最大的能源购买国，能源需求增长将占全世界基本能源总增长的20%以上，而LNG则占据相当的比例。液化天然气（LNG）产业的迅猛发展和节能工程的全面展开，LNG的气化冷能的高效利用已备受重视。目前我国LNG冷能利用项目主要建在两种地方，一种是LNG接收站。“十二五”期间我国将新建进口LNG接收站17座，年接收能力在6500万吨左右，将携带数万太焦/年的巨额冷量。另一种是内地LNG卫星气化站。由于我国天然气应用范围和领域迅速地全面展开，以及天然气管网建设的相对滞后，决定了未来几十年内我国天然气产业的发展道路必定是天然气管网运输和LNG槽车运输相结合的方式。随着我国LNG产业的迅猛发展，近年来全国各地已经建成了两百多座LNG卫星站。LNG卫星站不仅可以作为天然气主干管网周边地区的天然气下游市场的开拓者，而且可以作为天然气管网高峰供气和事故调峰的备用气源站，保障管网的供气安全，所以LNG卫星站在我国具有很好的发展前景。因此LNG冷能的充分利用不仅可以节约大量用于制冷的电能，而且将有利于降低LNG使用的气化成本，开拓天然气下游市场，促进LNG产业的健康发展，对我国发展循环经济具有重大意义，同时也符合我国向节能型社会发展的国策。

10.1.2 LNG冷能单元利用技术

LNG冷能的利用过程可分为直接利用和间接利用两种。直接利用包括冷能发电、深冷空气分离、冷冻仓库、制造液态CO_2（干冰）、汽车冷藏、汽车空调、海水淡化、空调制冷等；间接利用包括低温粉碎、水和污染物处理等[2]。目前LNG冷能主要应用领域如表10-1所示。

表10-1 LNG冷能主要应用领域

应用领域与产品	用途
液化二氧化碳	
液体二氧化碳或干冰	冷藏冷冻、碳酸饮料、焊接、烟丝膨松剂、降解塑料等
深度冷冻	
低温冷藏库	食品保鲜、水产品冷藏、蓄冷
空气分离	
液氮	液化二氧化碳、深度冷库、集中供冷系统、低温粉碎、化工原料
液氩	钢厂、焊接、照明、电子等
液氧	臭氧、水处理、军工、医用、钢厂、金属加工、化工原料等
气体纯氮	化工
深冷粉碎	
橡胶胶粉，超细粉体产品等	工业
海水淡化	
淡化水	工业及民用
冷能发电	作为动力及照明等

LNG冷能在空气分离、深冷粉碎、冷能发电和深度冷冻等方面已经达到实用化程度，经济效益和社会效益非常明显；小型冷能发电在日本LNG接收站也有运行，可供应LNG接收站部分用电需求；海水淡化等项目尚需要对技术进行进一步的开发和集成。基于种种条件的限制，LNG冷能平均利用率约20%。世界主要国家或地区LNG冷能利用情况如表10-2所示。

表10-2 世界主要国家或地区LNG冷能利用情况

国家或地区	LNG冷能利用率/%	LNG冷能利用方式
日本		
东京湾根岸	43	冷能空分，冷能发电，液体二氧化碳和干冰，深冷仓库
北九州	20	冷能空分
韩国	＜20	冷能空分，食品冷冻
中国台湾	＜20	冷能空分，筹建国际低温物流中心

10.1.2.1 冷能发电

用LNG冷能发电是以电能的形式回收LNG冷能，主要利用LNG的低温冷能使工质液化，然后工质经加热气化在汽轮机中膨胀做功带动发电机发电。依靠动力循环进行发电是目前LNG冷能回收利用的重要内容，且技术相对较为成熟。冷能发电优势主要有四个方面：一是有利于优化和调整能源结构；二是有利于缓解环境保护的压力；三是可提高发电的能源利用效率；四是可减轻电网输电和电网建设的压力[3]。主要方法有直接膨胀法、二次冷媒法、联合法、混合冷媒法、布雷顿循环和燃气轮机利用方法等[4]。

(1) 直接膨胀法

从 LNG 储罐来的 LNG 经低温泵加压，在气化器受热气化为高压天然气后直接驱动透平膨胀机，带动发电机发电，这个过程主要是利用了 LNG 的压力，冷能回收量取决于汽轮机进口气体的压力比。这种循环的优点是循环过程简单，所需设备少。但是，由于液化天然气的低温冷量没有充分利用，故其对外做功亦较少。利用 LNG 冷能发电在应用领域中使用较多，直接膨胀发电是其中一种重要方式。利用该方法回收部分冷能，可考虑与其他 LNG 冷能利用方法联合使用[5]。

图 10-1 所示是利用高压天然气直接膨胀发电的基本循环，从 LNG 贮槽来的 LNG 经泵加压后，在汽化器中加热气化成高压天然气，经透平膨胀成低压气体，同时对外输出动力发电。汽化器热源可用海水，也可适用其他热源。

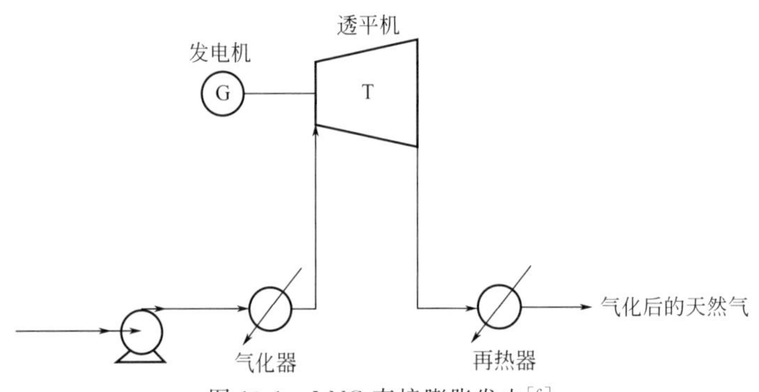

图 10-1 LNG 直接膨胀发电[6]

(2) 二次冷媒法

二次冷媒法（中间载热体的朗肯循环）是将低温的液化天然气作为冷凝液，通过冷凝器，把冷量转化到某一冷媒上，利用液化天然气与环境之间的温差，推动冷媒进行蒸汽动力循环，实现对外做功。要有效利用 LNG 的冷能，工作媒体的选择非常重要。工作媒体有甲烷、乙烷、丙烷等单组分，或者采用它们的混合物[3]。LNG 是多组分混合物，沸程很宽，要提高效率，使 LNG 的气化曲线与工作媒体的凝结曲线尽可能保持一致是十分必要的。因此，使用混合媒体更有利。根据中间媒体的不同，存在单工质、混合工质的朗肯循环系统。单工质朗肯循环系统一般使用纯的甲烷或乙烯，其装置冷能回收量大约为 17%～18%。混合工质朗肯循环系统为碳氢化合物的混合物，工质冷凝器采用多流体换热器，在换热器中 LNG 利用工质自身的显热和潜热进行预热或部分气化，然后在蒸发器中全部气化进入输气管线，其效率约为 36%。这种方法对 LNG 冷能的利用效率要优于直接膨胀法。但是，由于高于冷凝温度的这部分天然气冷能没有加以利用，冷能回收效率也必然受到限制。根据日本已建成的低温发电设备评估，该系统的发电容量造价高达 6 万～10 万元 RMB/kW，因此经济上不具有竞争力。

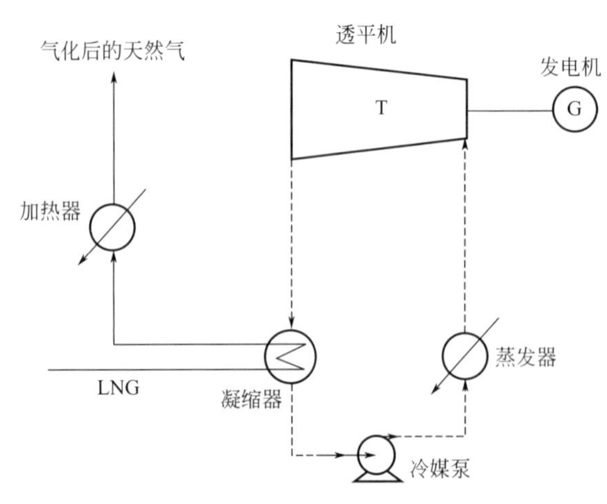

图 10-2 LNG 二次冷媒法发电

图 10-2 所示是 LNG 二次冷媒法的

基本流程。该流程包括如下四个过程[7]：①冷凝过程，透平膨胀后的低压载热体蒸汽在凝缩器中凝结成液体；②升压，低压液体经泵提高压力；③蒸发，升压后的载热液体加热变成高压蒸汽；④膨胀，高压蒸汽经透平膨胀成低压蒸汽，对外输出功，可带动发动机发电。循环冷凝过程中，利用 LNG 冷量将低压蒸汽冷凝成液体，蒸发过程中，可采用海水等作为热源载热剂蒸发。

(3) 联合法

该法综合了直接膨胀法与二次媒体法。低温的液化天然气首先被压缩提高压力，然后通过冷凝器带动二次媒体的蒸汽动能循环对外做功，最后天然气再通过气体透平膨胀做功[8]。这种回收方式的冷能回收率通常保持在 50%左右，并且综合造价低，有利于环保等优点，发电量为每吨 LNG 可发电 45kW·h 左右。在稳定性方面也有优势，已投入运行的机组，20 多年来还没有发生过因故障导致的停电事故。较为常见的是联合法 LNG 冷能回收发电流程如图 10-3 所示。

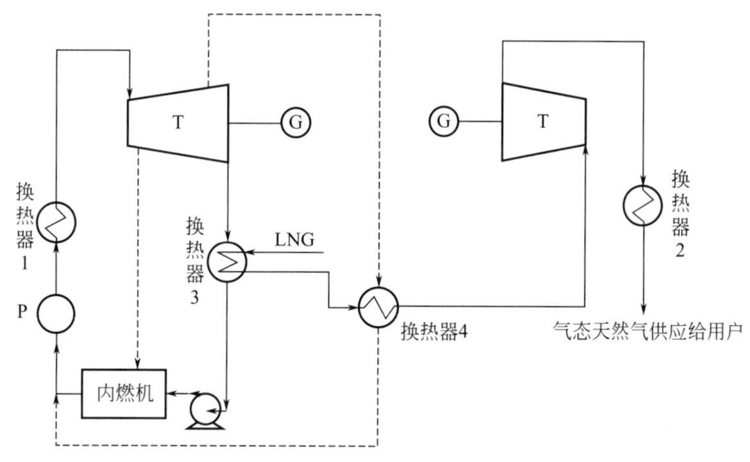

图 10-3 LNG 联合法发电[2]

图 10-3 中左边是一个二次冷媒法运行系统，右边是一个直接膨胀法运行系统。在二次冷媒系统中，主要是利用 LNG 的冷能驱动的动能循环。系统中二次冷媒的选取较为重要，其物性要达到一定的要求：必须在 LNG 温度范围内不凝固，且具有良好的流动和传热性能，临界温度要高于环境温度，比热容大，使用安全。通常选丙烷、乙烯等烃类化合物或者 R502 等氟里昂类工质以及轻烃与氟里昂的混合物。当二次冷媒在汽轮机中膨胀发电之后，排出的气体进入换热器 3，气体所具有的热量被 LNG 吸收后，再通过回热器回热，在换热器 1 中进行换热，提高系统效率，二次冷媒再进行下一个循环。图中右边的压力直接膨胀法发电，采用天然气作为介质。LNG 进入换热器 3 换热后，再由换热器 4 进一步蒸发成气态，换热器 4 热量来源于二次冷媒发电机组排出的一部分回热。气态的天然气进入机组进行发电，机组排出的乏气再由换热器 2 进行换热，成常温下气态的天然气，从而可直接供天然气用户使用。图中的二次冷媒蒸汽动力循环由泵、汽轮机、回热器和冷凝器等主要装置组成。冷媒在泵中被压缩升压；然后进入换热器加热汽化，直至进入汽轮机膨胀做功，做功后的低压气进入冷凝器被 LNG 冷却凝结成液态，再回到泵中，利用汽轮机的回热蒸发，再进入下一个循环。

(4) 混合冷媒法

因为天然气的温度在整个过程中是变化的，和单一媒体比较，使用混合媒体可以覆盖低温天然气更大温度范围的冷量。但是，由于混合媒体本身的不稳定性，这种方法在实际应用中出现了很多困难。

(5) 布雷顿循环法

在布雷顿循环（气体动力循环）中，使用氮气作为工质，可在系统主循环中用 LNG 冷量冷却压缩机进口气体，同时压缩机进口气体温度降低，使压缩机在达到相同增压比情况下功耗降低，高压氮气经加热器加热进入气体透平膨胀做功，对外输出电能。利用冷量来冷却压缩机进口气体，可使装置热效率显著提高。根据理论计算，若压缩机吸入气体温度为－130℃，透平进口温度 720℃，热交换器平均温差 15℃，加热炉效率 90%，则整个装置热效率可达 53%。

大阪公司 LNG 冷能利用的主要方式是发电（表 10-3），约 493t/h，400 万吨/年，占了 LNG 冷能利用的绝大部分量。接收站用电约 53%来自冷能发电，容量为 3000kW·h 的一套装置，需投资约 15 亿日元，差不多每千瓦投资约 3.3 万人民币。

表 10-3 大阪 LNG 冷能发电

接收站	装置数	开始运行时间（月/年）	容量/kW	发电方式	LNG/(t/h)	气体输出压力/MPa
泉北 2	1	12/1979	1450	Rankine	60	3.0
泉北 2	1	2/1982	6000	Rankine 和直接膨胀发电	150	1.7
姬路	1	1/1987	2500	Rankine	120	4.0
泉北 1	1	2/1989	2400	直接膨胀发电	83	0.7
姬路	1	3/2000	1500	直接膨胀发电	80	1.5

LNG 的冷能发电是一项新兴的无污染发电方式，这不失为一种节能的好方法，但它只考虑到对 LNG 冷能的回收利用，并未注意到对 LNG 冷能品位的利用。这种方法对冷能的回收效率是非常低的。所以在发电装置中利用 LNG 冷能虽然是最可能大规模实现的方式，但却不是利用 LNG 冷能最科学的方式[5]。

10.1.2.2 空气分离

空分技术经过一百多年的不断发展，现在已步入大型、全低压流程的阶段，工艺流程由空气压缩、空气预冷、空气净化、空气分离、产品输送等操作单元组成。空分设备能耗较高，能源消耗占空分产品成本的 70%～80%。例如，一套 72000m^3/h 空分设备的主空压机容量达 31000kW，相当于一个小城镇的民用电量，因此，如何降低单位制氧耗电一直是空分行业关注的主要问题。利用 LNG 高品质的低温冷能是有效降低空分单位制氧耗电的用途之一[2]。

通常的低温环境都是由电力驱动的机械制冷产生的，由制冷原理可知，随着温度的降低其消耗的电能将急剧增加。在一定的低温蒸发范围内，蒸发温度降 1K，能耗要增加 10%。利用回收的 LNG 冷能和两级压缩式制冷机冷却空气制取液氮、液氧，制冷机很容易实现小型化，电能消耗也可减少 50%，水耗减少 30%，这样就会大大降低液氮、液氧的生产成本，具有可观的经济效益[8]。低成本制造的液氮可以使 LNG 应用的温度领域扩展到更低的温度带（－196℃），如用于真空冷阱、生产半导体器件、食品速冻、低温破碎回收物料以及金属热处理等。利用制取的液氧还可以得到高纯度的臭氧，在污水处理方面用途很大。此外，LNG 作为空气分离装置的预冷剂，在生产液氩的空分装置中，利用其冷能冷却和液化由下塔抽出经过复热的循环氮，可以省去氟里昂制冷机以及氮透平膨胀机组，使装置的投资费用减少 10%左右，生产成本降低 20%～30%。

LNG 冷能用于液化空气制液氧、液氮、液氩，在 LNG 冷能利用系统中被认为是最有效的利用方式。这是因为它的节能率高，也很少受到地点条件的限制，而且 LNG 巨大的冷能产出的液体氮量和液体氧量都很大。空分装置只利用 LNG 的冷量，LNG 在空分装置中气化升温后全部送回天然气输气总管。也就是说，还可以减少一些气化站原来所需的气化器的数量，降低一些这方面的投资。根据LNG冷能有效能原理分析，温度有效能是在越远离环境温度时越大，因此应在尽可能低的温度下利用LNG冷能。否则，在接近环境温度的范围内利用LNG冷能，大量宝贵的温度有效能就会损失掉。从这个角度来看，由于空分装置中所能达到的温度比LNG温度还低，因此LNG的冷能得到了最佳的利用。

在LNG气化站配置生产液体空分产品的空分装置，要注意三个要求：一是在LNG贮槽上有一只能向空分装置输出LNG液体的低温阀门；二是在气化站向外界的输气总管上有一只能接入经空分装置气化升温后的天然气阀门；三是气化站旁边有一定的空间，能放得下一套空分装置并符合有关的安全要求。为此建议，凡准备建设和计划要扩建的LNG气化站都应该认真考虑上述要求，以适应今后的发展需要。

把LNG冷能应用于空气分离方面也已有较为成功的实践，表10-4列出了日本一些主要的利用LNG冷能的空分装置。

表10-4　日本利用LNG冷能的空气分离装置[9]

LNG接收基地	生产能力/(m^3/h)			LNG使用量/(t/h)	电力消耗/(kW·h/m^3)
	液氮	液氧	液氩		
根岸基地	7000	3050	150	8	0.8
泉北基地	7500	7500	150	23	0.6
袖浦基地	6000	6000	100	34	0.54
知多基地	6000	4000	100	26	0.57

注：表中流量为标准状态。

在LNG产业链中，就目前情况看，利用LNG冷能来生产空分产品是LNG项目冷能利用的一个很好的方向之一。

10.1.2.3　冷冻仓库

LNG基地一般都设在港口附近，一则方便船运，二则通常的气化都是靠与海水的热交换实现的。而大型的冷库基本设在港口附近，这样方便远洋捕获的鱼类的冷冻加工。回收LNG的冷能供给冷库是一种非常好的冷能利用方式。将LNG与冷媒（如R-12）在低温换热器中进行热交换，冷却后的冷媒经管道进入冷冻、冷藏库，通过冷却盘管释放冷量实现对物品的冷冻冷藏[2]。传统的冷库采用压缩机制冷装置维持冷库的低温，电耗很大。若利用LNG的冷量作为冷库的冷源，将载冷剂冷却到低温，然后通过载冷剂循环冷却冷库，可以简化制冷系统，极大地降低电耗。例如位于日本神奈川县根岸基地的金枪鱼超低温冷库，采用LNG作为冷库的冷源，将载冷剂冷却到一定温度，冷却后的载冷剂经管道进入冷冻、冷藏库，通过冷却盘管释放冷量实现对物品的冷冻冷藏[10]。另外，还可对LNG的冷能进行"温度对口，逐级利用"，即从低温到高温，用不同的冷媒进行热交换后分别送入低温冻结库或低温冻结装置（－60℃）、冷冻库（－35℃）、冷藏库（0℃以下）以及果蔬预冷库（0～10℃），这样其冷能的利用效率大大提高，整个成本较之机械制冷会下降37.5%。

利用LNG冷能建设食品冷冻或保鲜能使建设费用大幅削减，并且有效利用占地面积小，所消耗电力约1/3，噪声、振动少，冷库内的温度回升快，故障少、易维修。为有效利用LNG的冷能，可将食品冻结及加工装置、冷冻库、冷藏库及预冷装置等按不同的温度带连成一串，使冷媒、管路系统化。

10.1.2.4　燃气轮机进气冷却

研究表明降低燃气轮机的进气温度，将会显著提高循环做功和循环效率。在实际工作中，通常利用LNG冷量预冷空气，以提高机组效率，增加发电量。由于LNG的气化温度较低，空气的冷却是以 LNG 作为冷源，采用不同的冷却介质（水，氟里昂，甲醇，乙二醇等）通过直接或间接的方法将 LNG 气化时释放的冷能用于降低燃气轮机入口空气温度或用来冷却蒸汽轮机的排气。

燃气轮机额定参数都是在 ISO（环境温度 15℃，相对湿度 60%）工况下给出的，而燃气轮机的一个重要特点是其过剩空气系数较大（通常为 3～3.5），这使得燃气轮机的进口空气质量流量对机组性能起着重要的影响。当室外环境温度升高时，空气密度减小，相应地减小了压气机的进口空气质量流量，从而减小了燃机的发电能力。通常认为空气温度升高 1℃，最大可导致燃机额定发电能力下降 1%。夏季是电力和空调消耗高峰季节，也正是燃气轮机冷热电联产系统或联合循环电站产生经济效益的最佳时机，而由于环境温度的影响，燃气轮机的发电出力和余热利用量将大幅度下降，系统运行经济性受到限制。即使对于大型的联合循环电站，该部分冷能不能完全满足夏季的需要，可作为其他供冷方式的补充。

在该技术上，美国夏威夷已经成功采用重型燃气轮机进气冷却手段增加其出力。同时印度西海岸马哈拉施特拉邦（Maharashtra）的达波尔（Dabhol）电厂所用的发电机组是 GE 公司 S109 FA 大型燃气轮机联合循环机组，2 台 F 级大型燃气轮机组成的联合循环发电机组，采用 LNG 冷能冷却压气机进口空气总出力。在气温 35℃时为 715MW，利用 LNG 冷能，使进气冷却到 7.2℃后，出力增加到了 815MW，提高了 14%，比标准工况（气温 15℃）下的出力 787 MW 还要高。年发电量可增加 1%，投资回报期少于 2 年；而且装置的投资不高，与蒸发式制冷相当，而比压缩式制冷、吸收式制冷或蓄冰式制冷的造价低。目前，国外有许多正在设计和建设的 LNG 接收站/发电厂一体化项目都在考虑采用这一技术。

利用这一技术，如果冷功率达到 6000kW，则可使一台 30 万千瓦的燃气轮机进气温度降低 1.5～2.0℃，联合循环系统的发电出力可增加 4000～5000kW，发电效率大约可提高 0.5%。同时进气冷却部分装置投资很少，相当于在夏季增加了一台数千千瓦的调峰发电机组，因此具有相当好的经济效益和社会效益[11]。

10.1.2.5 制取液态二氧化碳和干冰

液体二氧化碳和干冰在工业和饮料食品行业有着广泛的用途[1]。在金属焊接和铸造行业，可明显提高工件质量；在饮料食品行业，可以极大改善饮料的品格风味。还可用于烟草行业的烟丝膨化，食品保鲜冷冻及食品添加，制药、制糖工业，印染、制酒、农林园艺、超临界萃取及科学研究等行业。

二氧化碳的液化可通过两种方法。第一种是传统工艺，将二氧化碳压缩至 2.5～3.0MPa，再利用制冷设备冷却和液化。第二种是利用 LNG 冷能的 LNG 低温液化工艺。容易获得冷却和液化二氧化碳所需要的低温，从而将液化装置的工作压力降至 0.9MPa 左右。使用一种冷却介质、通过二氧化碳气体与 LNG 冷能的热交换实现液化。使用这种工艺来液化二氧化碳所需耗费的电力只有传统方法的一半左右，因此在节能方面表现极为优异。大阪燃气改良了这种技术，在二氧化碳气体与 LNG 之间使用直接热交换方法对二氧化碳进行预冷处理，而这种新工艺又进一步减少了 10%的加压用电。除了节能以外，新的气体预冷工艺在冷却二氧化碳时的 LNG 用量也更少，因此在 LNG 冷能利用效率方面也表现非凡。此外，采用这种新工艺还有其他好处，例如降低设施成本、简化控制系统等等。并且干冰制备利用 LNG 冷能中间品位的部分（－80℃以上的部分）；这就可以把更低温、高品位的冷能用于价值更高的深冷项目；对于冷能的逐级利用十分有利。因此采用 LNG 冷能制备干冰，对降低干冰的生产成本和干冰市场的开拓有着非常重要的意义。图 10-4 展示了利用 LNG 制取液态 CO_2 的工艺流程。

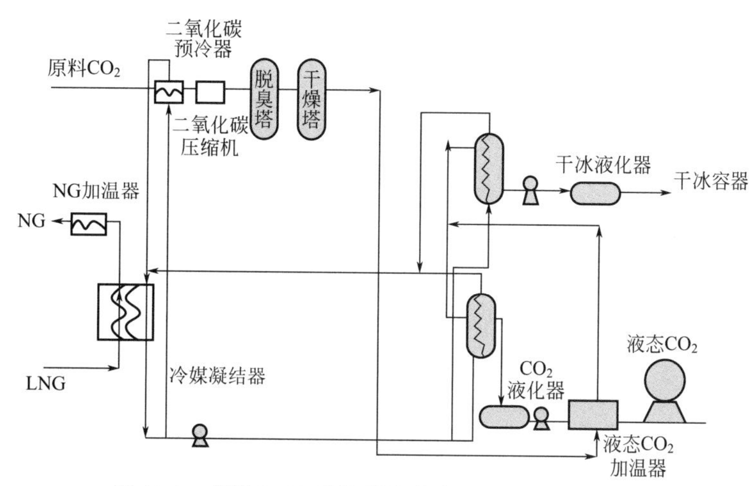

图 10-4　利用 LNG 冷能制取液态 CO_2 工艺流程示意

10.1.2.6　LNG 冷能回收在汽车空调和汽车冷藏车中的应用[12,13]

随着液化天然气（LNG）汽车的不断发展，LNG 用作汽车清洁燃料的同时，可以将其冷量回收用于汽车空调或汽车冷藏车。这样就无需给汽车单独配备机械式制冷机组，既节省了投资，又消除了机械制冷带来的噪声污染，具有节能和环保的双重意义，是一种真正意义上的“绿色”汽车，尤其适用于设在城市中心地带的商业步行街或其他有噪声污染限制的地区。图 10-5 为 LNG 冷能回收在汽车冷藏车中的应用示意图。在炎热的夏季，货物在冷库经充分的预冷后装上冷藏车，开始不需要消耗过多的冷量，此时 LNG 液化后产生的冷量储存在蓄冷板中。随着运输时间的增加、开门次数的增多引起的负荷增大，LNG 气化后产生的冷量就直接进入车厢，与蓄冷系统同时供冷，以维持车厢中的温度。按冷藏车每小时消耗 12～15kg LNG，其制冷能力 218kW，足以提供将预冷后的货物进行中短途的冷藏运输。世界上首台 LNG 冷藏车首先由德国的梅赛尔公司制造完成，并于 1997 年底在德国 REWE 零售连锁店投入使用。这种冷藏车经过 1998 年一个夏天的运输检验，以其稳定的运行工况、良好的冷藏效果以及轻污染的环保优势，得到了科隆地区政府的认可。

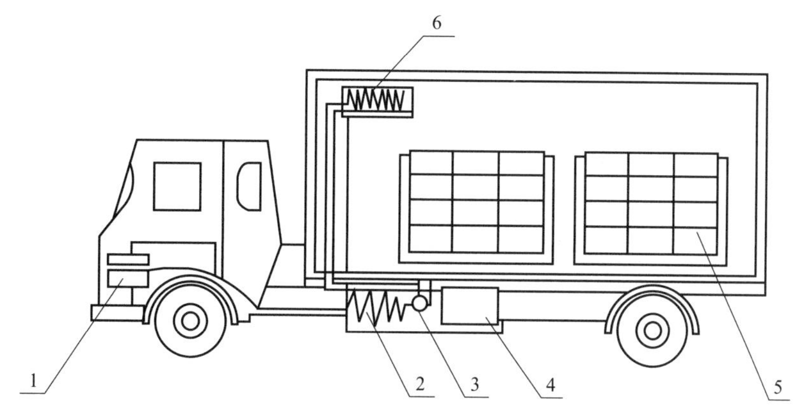

图 10-5　LNG 冷能回收利用于汽车冷藏车示意

1—气体发动机；2—加热器；3—控制阀；4—LNG 储液罐；5—冷冻货物；6—热交换器

10.1.2.7　低温粉碎

2006 年橡胶消耗量 510 万吨，占世界耗胶量 1/5 以上，我国是一个生胶资源相对短缺的国家，几乎每年生胶消耗量的45%左右需要进口，寻找橡胶原料来源及其代用材料是十分迫切的任务[14]。我国汽车保有量快速增加的带动下，轮胎产量持续上升。据预测，到2015年，我国轮胎产量将达5.6亿条（比2009年的3.8亿条增长47.3%，比2010年的4.2亿条增长33.5%）。废旧轮胎的大量堆积不仅造成资源的浪费，还带来严重的环境污染。把废旧轮胎粉碎加工制备成胶粉是废旧橡胶再生利用的主要处理方法，也是最有价值的方法。因此，采取LNG冷能深冷粉碎橡胶，对充分利用再生资源、摆脱自然资源匮乏、减少环境污染、改善人们的生存环境具有重要意义[15~17]。

橡胶低温粉碎即深冷粉碎，其基本原理就是通过冷冻将橡胶温度降至橡胶的玻璃化温度以下，使橡胶分子链段不能运动而脆化，从而易于粉碎[18]。具体工艺是将切碎的胶料送入预冷箱，利用液氮或其他冷冻剂，将橡胶冷却至－70～－100℃，胶料在此温度下脆化，进入低温粉碎机，在冷媒的制冷作用下研磨粉碎，形成精细胶粉。低温粉碎法所需的动力低、粉碎效果好，生产出的胶粉流动性好，且粒径比常温粉碎法小。然而，由于需要耗费大量的冷能用于橡胶的冷冻和粉碎，成本高，严重影响了橡胶低温粉碎技术的经济性[19]。

低温粉碎法适用于粉碎常温下不易粉碎的物质，如橡胶、热塑性塑料等，该方法的主要优点有：可制得比常温粉碎法粒径更小、流动性更好的颗粒；可以利用物质间脆化温度的差异来实现选择性破碎；可避免粉尘爆炸、臭气污染与噪声等；粉碎所需的动力低，粉碎效果好；热敏性物质不会被氧化或变质；制得的细 粉可保持物质原有的高弹性及固有的物理性能。以精细胶粉为原料制成的物品，其拉伸强度、疲劳强度、扯断伸长率及龟裂、磨耗、收缩等性能大大超过用常温再生方法生产的再生胶制品的性能，橡胶深冷粉碎技术正逐渐得到广泛应用。胶粉的用途广泛多样，在发达国家，有近20%左右的废旧橡胶制成胶粉，而我国尚不足10%。我国应加大胶粉制备技术的研究力度和胶粉的生产规模。

目前，低温粉碎方法主要有液氮法和空气膨胀制冷两种；另外，国内还研究出了利用天然气管网压力能制冷的低温粉碎法。液氮冷冻粉碎法是利用液氮做制冷剂，使废旧橡胶温度降低至玻璃化温度以下进行粉碎。大体上可分为两种工艺：一种是低温粉碎工艺，即利用液氮冷冻使废旧橡胶制品冷至玻璃化温度以下之后对其进行粉碎；另一种是常温、低温并用的粉碎工艺，即先在常温下将废旧橡胶制品粉碎到一定粒径，再将其送到低温粉碎机中进行低温粉碎[20]。液氮制冷具有原料来源丰富、无污染、预冷时间短、装置简单等优点，是目前发达国家低温粉碎法普遍采用的制冷。空气膨胀制冷工艺与液氮低温粉碎工艺基本相同，主要采用常温、低温并用粉碎法。天然气的长途输送一般采用高压管输的方式，管网高压天然气进入城市调压站后都被降至0.4MPa左右，这个过程释放大量的能量。高压天然气膨胀制冷的低温粉碎法就是将此能量回收用于低温粉碎工艺。

随着LNG冷能越来越多的利用，国外已有公司开发出了LNG低温粉碎工艺。利用LNG冷能低温粉碎废旧轮胎是废旧轮胎高值化的发展方向，是国家鼓励发展的新兴产业。综合利用废旧轮胎生产精细橡胶粉，使其成为一种新型的二次橡胶绿色资源，能部分取代天然橡胶和合成橡胶，减轻我国对进口橡胶原料的依赖性，为废旧轮胎资源化综合利用开辟了一条新的道路。同时也将减少LNG冷能资源的浪费。

深冷粉碎橡胶利用的是大约－130℃以上的冷量。首先需要将橡胶从常温冷却到－90℃，冷能约需要425kJ/kg；在－90℃时橡胶粉碎需要的冷量为250kJ/kg。根据目前世界橡胶冷冻粉碎技术，每粉碎1t胶粉，需要消耗冷量423.5MJ。废旧轮胎深冷粉碎技术需要将废橡胶冷冻到－80℃左右的低温，将LNG冷能利用与废旧橡胶轮胎低温粉碎技术相结合，可以为精细胶粉的粉碎装置提供冷量，带来巨大的经济效益与社会效益。

利用LNG冷能低温粉碎废旧轮胎制备精细胶粉最理想的工艺是直接利用LNG冷能进

行粉碎。采用 LNG 冷能的低温粉碎法有两种：一种是先将 LNG 用于空气分离，然后用分离后的液氮冷冻胶粉进行粉碎；另一种以氮气为冷媒回收 LNG 的冷量，并将其用于橡胶低温粉碎。氮气与－150.0℃的 LNG 换热而获得冷量，温度降至－95.0℃左右后输入冷冻室和低温粉碎机用于橡胶的冷冻和粉碎。具体工艺流程如图 10-6 所示：废旧轮胎经初步破碎成一定粒度的胶粒后，再经磁选、筛分和干燥后送到预冷室进行初步降温，然后送入冷冻室冷冻，冷冻脆化后的胶粒在低温粉碎机中粉碎[19]。

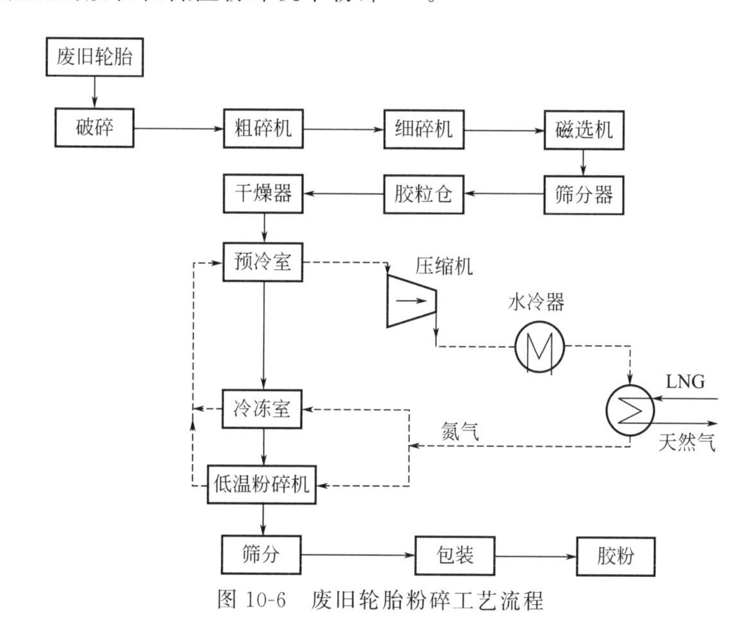

图 10-6　废旧轮胎粉碎工艺流程

我国 LNG 产业蓬勃发展，应考虑发展 LNG 冷量联合利用技术，分级利用 LNG 冷能，把达到橡胶脆化温度粉碎所需冷量相匹配的 LNG 冷能集成用于橡胶低温粉碎。

10.1.2.8　其他单元利用方法

(1) 通过蓄冷装置调节冷量供应

LNG 下游的两个重要用户：发电和城市燃气，LNG 的气化负荷将随时间和季节发生波动[1]。然而 LNG 冷能的波动，将会对冷能利用设备的运行产生不良影响，必须予以重视。日本大阪煤气公司研究的 LNG 蓄冷装置，利用相变物质的潜热存储 LNG 冷能。白天 LNG 冷能充裕时，相变物质吸收冷量而凝固；夜间 LNG 冷能供应不足时，相变物质溶解，释放冷能供给冷能利用设备。

(2) 海水淡化

对于海水淡化，能耗是直接决定其成本高低的关键。40 多年来，随着技术的提高，海水淡化的能耗指标降低了 90%左右，成本随之大为降低。目前我国海水淡化的成本已经降至 4～7 元/m^3，苦咸水淡化的成本则降至 2～4 元/m^3，如天津大港电厂的海水淡化成本为 5 元/m^3 左右，河北省沧州市的苦咸水淡化成本为 2.5 元/m^3 左右。如果进一步综合利用，把淡化后的浓盐水用来制盐和提取化学物质等，则其淡化成本还可以大大降低。至于某些生产性的工艺用水，如电厂锅炉用水，由于对水质要求较高，需由自来水进行再处理，此时其综合成本将大大高于海水淡化的一次性处理成本。如果以 LNG 冷能用于海水淡化，每吨 LNG 大约能产 2 吨多的淡水，其经济性较差。

(3) 制造冰雪

从已有的资料分析，LNG 冷能还没有用于制造滑雪场、溜冰场的先例。一方面，人工露天滑雪场、滑冰场接受的太阳辐射能量巨大，维持滑雪、滑冰的条件需要大量的冷能，而

LNG 可以提供的冷能有限，恐怕不足以平衡辐射。另一方面，LNG 的冷量与冷藏、冷库类似，人工滑雪、滑冰场需要的温度段较高，将－162℃的高级的 LNG 冷能全部用于制造冰雪是深冷能量的降质利用。同时制造冰雪还需大量的淡水和土地，而一般 LNG 接收站的位置较偏远、地形较特殊，其经济性和市场潜力需要慎重考虑。不过用于室内滑冰场还是可以的。因为室内隔热较好、空间有限，冷量可以平衡。目前国内在福建德化 LNG 冷能利用项目上已经规划了室内滑冰场的项目。

(4) 轻烃分离

利用 LNG 的冷量能够以较低的成本将湿天然气（即含 C_{2+} 较多，体积分数在 10%左右或以上）中的轻烃资源分离出来，其利用温位在－150～－110℃。由于 LNG 中不同程度地含有 C_{2+} 以上的组分，从 LNG 中回收乙烷等重组分用于乙烯工程，不仅可以改进我国乙烯原料构成，降低能耗和生产成本，同时也可以缓解我国石油资源的短缺，因而具有显著的社会价值和经济价值。另一方面，基于已有过程能量综合优化的研究成果，对低温冷量换热网络与轻烃分离过程进行了集成优化，使利用 LNG 的冷量将 LNG 分离为单体烃（C_1、C_2、C_3）的同时，剩余冷量还能够把甲烷在低温液化并在较低的压力下储存。如熊永强等采用流程模拟软件 Aspen Plus 开发出了一种 LNG 冷量利用与轻烃分离相集成优化工艺流程（图 10-7），此流程轻烃回收率高达 95%以上，而且能够将质量分数 25%左右的液体甲烷进行低压储存，大大提升调峰能力，同时回收 LNG 的冷量将 C_{2+} 轻烃液体过冷，使之能够保持低压液相，有利于轻烃的储存、运输[7]。

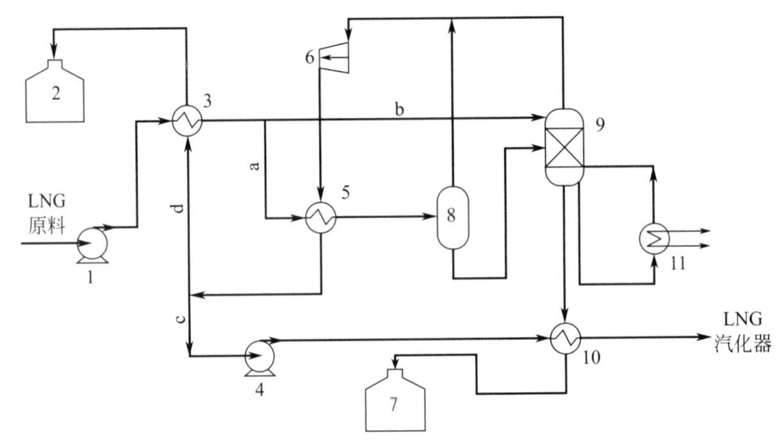

图 10-7 LNG 冷量利用与轻烃分离相集成优化工艺流程

1,4—LNG 泵；2—甲烷液体储罐；3,5,10—换热器；6—压缩机；7— C_{2+} 液体储罐；8—闪蒸塔；9—脱甲烷塔；11—再沸器

(5) 潜艇废气处理

在军用潜艇的动力系统中，热机的废气排放是需谨慎解决的难题。针对此类问题，归类于两大方面。第一，潜艇一般处于水下航行状态，平时整个艇身承受着较大的水压，对有时需潜至水下几千米及其以下深度进行作业和航行的潜艇更为如此。在这么高压的状态下，较于常压情况下热机燃烧后排放废气这一司空见惯的操作，将变得极其困难和复杂，甚者，排放废气所可能耗费的能量可占到整个热机输出能量的 30%。第二，对于承担军事任务且不能够采用空气推进技术的军用潜艇而言，是绝对不可以排放会暴露自身行踪的废气的。要解决这一问题，目前主要有两大方法：第一是“减排”，通过技术和设备的改进，尽可能地提高热效率，使燃料充分燃烧，减少废气中某些成分的产生量；第二是“储存”，在潜艇的动力系统后面建立一套技术可行的储存系统，将那些通过减排后实在不能消除的废气成分进行

分类和储存，然而对于要求轻装设备工艺的潜艇而言，这将会使潜艇的负载增加，能耗提高。对于上述看似无法解决的矛盾，液化天然气作为供给燃料的优越性则将体现出来了。液化天然气除了自身具有高热值的燃烧性能之外，更是一种超低温燃料，我们完全可以通过其在气化时所散发的冷量使废气中的部分成分（如二氧化碳）液化，缩小二氧化碳的体积，便于在较低的压力环境下储存，这样，二氧化碳液化储存系统只需消耗相对较小的压缩功，同时也达到了节能的目的。

10.1.3 LNG冷能集成利用工艺

迄今为止，在国外LNG冷能利用方面的成功案例是单项利用技术，冷能利用效率较低，综合及整体化考虑LNG冷能利用的技术尚未见报道和披露。而我国目前从未建有类似工程，目前各方企业都在积极筹划LNG冷能的高效利用，国内LNG接收站冷能利用项目已经全面展开。福建莆田、浙江宁波的LNG项目已经完成LNG冷能利用规划，处于具体实施阶段，深圳大棚接收站虽然已经开始运行，但尚未启动LNG冷能利用项目。珠海、海南、上海、唐山、大连等地，包括一些正在筹建的LNG卫星气化站，都在积极考虑LNG冷能利用项目与LNG接收站同步建设的问题。但从已有的或者陆续策划和研究的LNG冷能利用项目上看，除福建莆田外基本上都是集中于单纯的空分，而且占地不多、规模不大，液体产品生产量为600t/d；且只利用了一期气量10%～20%的LNG气化释放出的部分冷能。其利用深度和规模尚有很大发展空间。

因此在当前我国极其严峻的能源形势下，我们有责任充分利用这些宝贵的冷能。在充分吸取国外经验和教训基础上，进一步自主创新，开发具有自主知识产权的LNG冷能综合优化利用技术。这将有利于降低LNG使用成本，开拓天然气下游用户，促进LNG产业的健康发展，符合我国向节能型社会发展的国策，具有重大的现实经济和技术意义与极其深远的社会和战略意义。从国家整体利益和能源环境严峻形势出发，这些问题必须解决，必须发展LNG冷能梯级利用技术，做到单元过程和全局的协同优化，达到LNG冷能的高效充分利用。因而许多研究人员正在研究各种提高冷能利用效率的方案，把LNG冷能分梯级用于低温粉碎、干冰制备、低温冷库项目、室内人造冰雪和冷水空调等项目，既能节省大量电能和固定投资，也能尽快带动相应工业的发展，实现经济效益最大化，为循环经济的发展增添一个能源环境优化的亮点。

10.1.3.1 冷能集成技术实施条件与解决措施

（1）冷能利用的时间和空间不同步性

具体冷能利用项目的选择和实施，需明确LNG气化站和冷能用户之间的制约和限制条件，以及冷能用户的可操作性和经济性问题。其中LNG气化进入下游管网与冷能利用过程间存在的空间和时间不同步的问题尤为重要。LNG的气化过程中，要根据天然气下游用户的使用的峰、谷负荷来调整不同时段气化量，同时也就决定了气化释放出的冷能量。而冷能利用的产业，比如空分、干冰制造、废轮胎的低温粉碎等对于冷能需求的时间特性，显然是与天然气用户的峰、谷负荷时间特性不同。在空间上，接收站和气化站必须独立操作，而冷能利用产业群的占地面积一般比接受站大得多；绝对不可能把这些装置都建在LNG接收站里；且由于低温冷量的经济输送距离只能在1～3公里之内；因此LNG冷能利用的下游产业链与接收站必须靠近，并借助选用适当的冷媒循环存储和换热系统的专利技术，来解决这种时间、空间不同步的矛盾。

（2）冷媒循环系统及冷媒比选

利用冷媒储冷，将供气高峰时期多余的冷能储存起来，当供气低谷LNG的气化量减少时，为满足冷用户需求所缺少的冷能可由储存的冷媒供给，从而保证冷能用户的平稳运行和变化需求。

在传统意义上，我们把载冷剂和制冷剂统称为冷媒。在冷冻空调系统中，冷媒指用以传递热能，产生冷冻效果的工作流体。按工作方式分类，可分为一次冷媒与二次冷媒。按物质属性分类，可分为自然冷媒与合成冷媒。理想冷媒：无毒、不爆炸、对金属及非金属无腐蚀作用、不燃烧、泄漏时易于察觉、化学性安定、对润滑油无破坏性、具有较大的蒸发潜热、对环境无害。

冷媒循环系统主要由低温储罐（包含相变储能材料）、高温储罐、冷媒与天然气换热器、低温冷媒与高温冷媒换热器等四部分组成，是连接 LNG 气化系统和冷能用户的桥梁。

通过冷媒将冷能回收和冷能利用分开成为两个过程，只将占地面积很小低温冷媒与 LNG 的换热器安置在接收站中，而将占地面积大的冷能用户布置在该场地外，只通过冷媒输送管线由该场地向各冷能用户供应冷能。LNG 气化过程和冷能回收过程全部在该接收站的直接控制下，这样可以根据天然气下游用户的用气负荷变化规律来调节制冷量，保障下游的用气需求，完全不受冷能利用的影响，满足制冷和需冷过程的空间不同步性。通过冷媒低温储罐和冷媒常温储罐的调节，可以满足在制冷量波动的情况下，尽量多地回收冷能，提高了冷能的回收利用率，而且可以根据用户需求向用户提供冷能，当冷能用户的负荷波动时也有一定的调节能力，满足制冷和需冷过程的时间不同步性。现有冷能利用技术中都是采用高压液化天然气直接和冷能利用装置进行热交换，冷能用户必须使用耐高压的换热器（7.0MPa 以上）来利用液化天然气的冷能，并具备相应的应急设施，致使高压保温管线大大增加，使得冷能利用项目投资增大和危险增加。而冷媒压力远低于天然气压力，冷能利用项目中换热器和管线的投资可以大为降低，提高冷能利用项目的经济效益。冷媒携带的冷能可以用于深冷粉碎、制干冰、冷库制冷，还可以用于冷能发电和燃气轮机的进气冷却。由于不受接收站的用地限制，所以可以设置多个大型的冷能利用项目，还可以使得冷能能够按照“温度对口，梯级利用”的原则得到充分利用。

考虑到冷媒循环系统的作用、设备成本、操作成本及其下游用户，在冷媒选择方面，可使用在循环过程中始终处于液相状态的冷媒，因此可选择丁烷及其混合物。

高温冷媒循环系统主要是冷库和冷水空调，其控制温位分为－30℃、－15℃和 2～5℃，综合考虑冷媒循环系统的作用、设备成本、操作成本及其控制温位，对于冷库可选用氨水或者低温冷媒本身。氨水在此处设置的主要优点是温度容易控制，缺点是输冷过程中发生相变化，操作成本较高。对于冷水空调可选用低浓度的乙二醇水溶液或者循环冰水。

10.1.3.2 冷能集成利用工艺介绍

LNG 冷能利用技术的研发原则是温度对口、梯级利用、投资-㶲损总费用最小化。按照这个用能原则，首先研究㶲经济学在低温强化换热领域的应用，即根据低温的强化换热设备和材料价格和冷能用户的用冷特性，确定在不同温位下的技术经济最优的传热温差。其次在保证必要的传热温差情况下，建立各冷能用户的 LNG 冷能梯级利用的理论最优换热网络，评价指标是过程㶲损最小化。即按照深冷、中冷、次中冷和浅冷四个冷量利用温度带，考虑各级用户冷量需求不同特点，建立 LNG 冷量按温位梯级综合利用的理论最优方案。

深冷利用部分包括乙烯工程、空分装置和 C_{2+} 轻烃分离装置等；中冷利用部分包括低温冻结库或低温冻结装置、干冰制备装置及深冷粉碎橡胶装置；次中冷利用部分主要是冷冻库装置；浅冷部分主要用于空调装置以及联合循环电站或冷热电三联供系统燃气轮机的进气冷却等。最后建立 LNG 冷量梯级优化利用集成模型，并把实际条件纳入模型中，得出具体项目的技术规划方案。

(1) 总体集成利用工艺

针对我国 LNG 冷能利用研究领域存在的诸多问题，在目前工业上冷能用户较为成熟的基础上，根据各种冷用户的用冷温位和特性的不同，建立了 LNG 冷量集成利用优化方案，具体工艺模型见图 10-8。其总体设计不仅重视冷能的回收效率，更看重品位的利用，实现了 LNG 冷能的梯级利用。

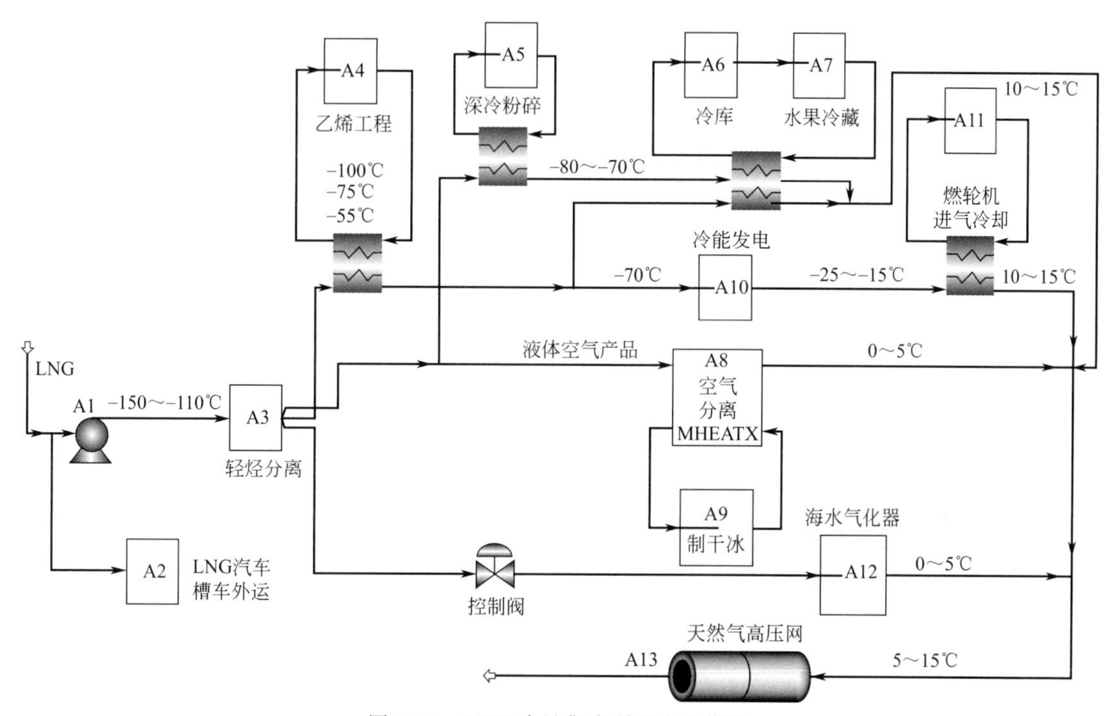

图 10-8　LNG 冷量集成利用工艺模型

如图 10-8 所示：－162℃的 LNG 从储罐中抽出 A2 万吨，用于发展 LNG 汽车或者槽车外运的边远用户，其余通过 LNG 泵加压、气化后进入天然气高压管网。这里以湿 LNG 为例，经加压后 LNG 温度从－162℃升高到－150℃左右，直接用于轻烃分离（A3），其利用温位为－150～－110℃。轻烃分离后的 LNG 温度在－110℃左右，仍然具有大量的冷能，在条件适宜的情况下，可直接用于乙烯工程（A4），其利用温位在－100℃、－75℃、－55℃，这是 LNG 冷能极好的、最大的用户。余下冷能可按温位和流量不同分别用于冷能发电（A10）(－70℃左右)、冷库（A6）和水果冷藏（A7）(－60～0℃)、燃轮机进气冷却(A11)(5～7℃)。剩余－110℃的 LNG 冷能可用于深冷粉碎和空分系统。深冷粉碎部分利用的是大约－130～－80℃之间的冷量；余下的冷能按 LNG 不同温度带，送入冷库（A6）和水果冷藏（A7）。空分系统中的温度在－190℃左右，可以充分利用 LNG 的低温冷量。把 LNG 冷量用于空分装置后，剩余的－100℃的 LNG 进一步升温的冷量用于干冰的制备装置。另外还要加入适当规模的海水气化器（A12），以保证气化效率和管网下游用户的正常运行[13]。

在实际应用中，要根据工况背景、市场需求来确定上述冷能用户取舍及其规模，按照这种集成利用方式可使 LNG 冷能得到最大程度的回收利用，创造最大的经济价值和社会效益。

(2) 空分、干冰、冷库三梯级利用工艺

尤海英等也提出了 LNG 冷能三梯级利用方案（图 10-9）[7]。

第一梯级利用可用作空气分离，工艺一般在－150～－191℃条件下进行，此低温与 LNG 气化时的温度－162℃传热温差较小，LNG 在空分装置中通过换热后的温度为－100℃左右。第二梯级利用可用作制取干冰，干冰（固态二氧化碳）温度为－78.5℃，此温度与

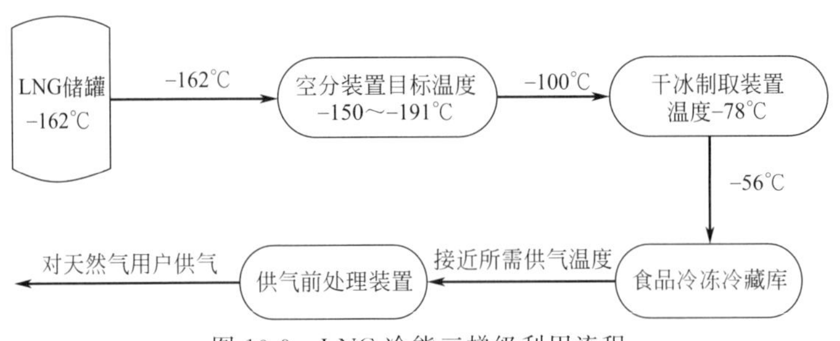

图 10-9　LNG 冷能三梯级利用流程

LNG 通过空分装置后的温度－100℃较为匹配，且因干冰能够急速地冷冻物体和降低温度，在溶解时不是由固态转化为液态，而是由固态直接升华为气态，因此其融化并不会产生任何水或液体。第三梯级利用可用作设计多级冷库，因为 LNG 冷能用于制取干冰后，其温度仍大大低于环境温度，这部分冷量可考虑应用于冷库，不同用途的冷库其设计温度不同，同一冷库也分为不同的冷间，要求温度也有差异，如冷却间设计温度为 0℃，冷却物冷藏间从 0℃到 16℃，冻结物冷藏间从－15℃到－23℃，冻结间从－18℃到－30℃，冰库从－4℃到－6℃此方案可行，且设计时可根据不同冷间设计温度对 LNG 冷能的利用作优化。

(3) 空分、深冷粉碎、干冰制备和冷库集成利用工艺

通过优化换热网络，按照各种工艺所需冷量的温位不同把空分、深冷粉碎、干冰制备和冷库等四个冷能用户集成利用起来，其工艺流程如图 10-10。低温粉碎装置利用－100.0℃的 LNG 时，冷量利用的㶲效率达到 84.3%。CO_2 液化工艺利用－100.0℃的 LNG 时的㶲效率最高，可达 46.4%，但是尚有部分－40.0～－50.0℃的冷量无法利用。低温冷库可以利用温度高于－50.0℃的冷量，因此 CO_2 液化工艺中剩余的－40.0～－50.0℃的冷量可以用于低温冷库，而低温冷库中不能利用的冷量则可通过乙二醇水溶液回收，用于燃气轮机的进气冷却，提高发电机组的出力增加发电量。

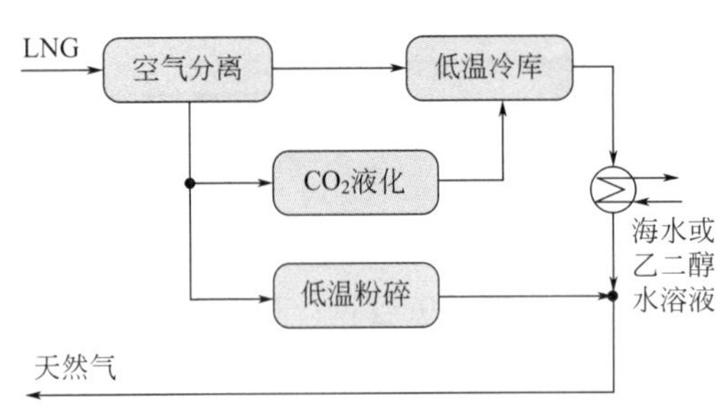

图 10-10　LNG 集成利用工艺流程图

(4) 以冷媒为介质的 LNG 冷量回收利用工艺

图 10-11 是一种以冷媒为介质的 LNG 冷量回收利用工艺流程[21]。常压 LNG 从大罐抽出，通过 LNG 泵增压到 8.0～10.0MPa，LNG 的温度升高至－155.0℃左右。高压的 LNG 通过分流器分为两股，一股经 LNG 阀 V1 输送到低温换热器 E301 中同冷媒换热，冷媒吸收 LNG 的冷量再经冷媒泵和保温冷媒管线输送到接收站外的冷量利用区，为各个冷量利用装置提供冷量；冷媒经冷量利用区内的装置利用冷量后，再经过常温冷媒管线输送回 LNG 接收站内的换热器 E301，整个过程中冷媒始终保持液相。同时，LNG 吸收冷媒的热量，温度升高并全部汽化，但天然气的温度仍然较低，可利用乙二醇水溶液通过换热器 E302 回收这部分冷量，用于燃气轮机的进气冷却，提高发电量；最后天然气被加热至 0.0℃以上进入天然气高压管网。分流器中分出的另一股 LNG 经 LNG 阀 V2 和海水汽化装置直接加热汽化，天然气温度升高至 0.0℃以上后进入管网。通过 LNG 阀 V1 和 V2 可以控制两股 LNG 的量，当冷量回收装置（如 E301、E302）、冷量的输送或利用系统发生故障不能正常运转的时候，可以关闭 LNG 阀 V1 和天然气阀 V3，将 LNG 全部由海水汽化器来汽化，这样可以保证供气的安全和稳定。

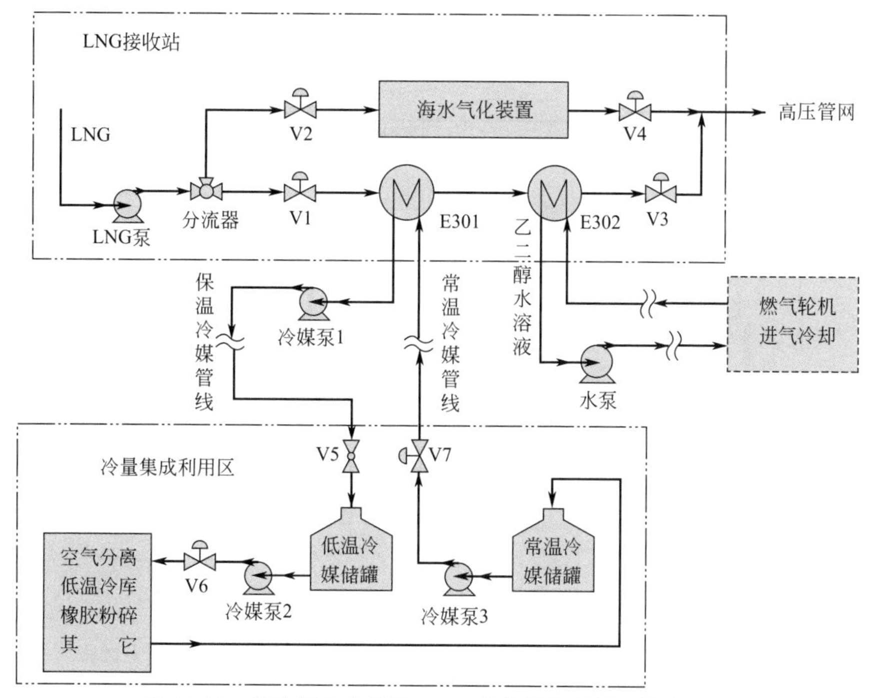

图 10-11 以冷媒为介质的 LNG 冷量回收利用工艺流程图

冷媒通过低温换热器同 LNG 换热而获得冷量，温度可降低至−150.0℃左右，再通过保温管线将其输送至 LNG 接收站外的冷量利用区。LNG 的气化量随时间变化时，则会导致对冷量用户供冷的不稳定。为此，先将冷媒节流降至常压，由于过冷的冷媒仍能保持为液相，可储存于常压的低温冷媒储罐中，然后由低温冷媒泵 2 向冷量用户稳定地供应冷媒，并可根据冷量用户的需求负荷变化进行调节；冷媒经用户利用冷量后，温度升高至常温，然后将其储存于常温冷媒储罐中，再由常温冷媒泵 3 将常温冷媒输送到低温换热器 E301，形成冷量回收利用循环；当 LNG 的气化量发生波动时，通过改变常温冷媒泵 3 的输送量来调节与 LNG 换热的冷媒量，在用气高峰时，提高常温冷媒泵 3 的输送量，而在用气低谷时，则减少常温冷媒泵 3 的输送量；当 LNG 的气化波动量超过冷媒储罐的调节范围时，通过调节 LNG 阀 V1 和 V2，改变经海水汽化器的 LNG 气化量来满足下游的供气要求。

在此系统中，冷媒经用户使用完冷量后仍需保持液相，这样一方面可以将其储存于常温储罐中以应对 LNG 气化量的波动；另一方面，液体冷媒可以利用泵来输送，而气体则需要通过压缩机做功来克服输送过程的管道阻力，用泵输送的能耗远低于压缩机。

以冷媒为介质来回收 LNG 的冷量，这样就可以将冷量利用项目设置在接收站之外，无需将 LNG 输送到接收站外，有利于接收站掌控 LNG 的气化过程，保证向天然气下游用户的安全供气；同时，当 LNG 的气化量变化时，可以利用两个冷媒储罐的液位变化来调节与 LNG 换热的冷媒量，提高 LNG 冷量的回收量，而且可以比较平稳地向用户提供冷量。

10.1.3.3 结合实际的冷能集成利用方案介绍

[方案一] 某 LNG 站线项目一期年进口 LNG 260 万吨，根据技术条件、设备成本、产品市场需求以及工程背景等因素，建立各冷能用户的初步数据库，通过技术经济效益

分析和与该公司等各方面的磋商、讨论，确定了该冷能集成利用工艺方案，具体流程见图 10-12。

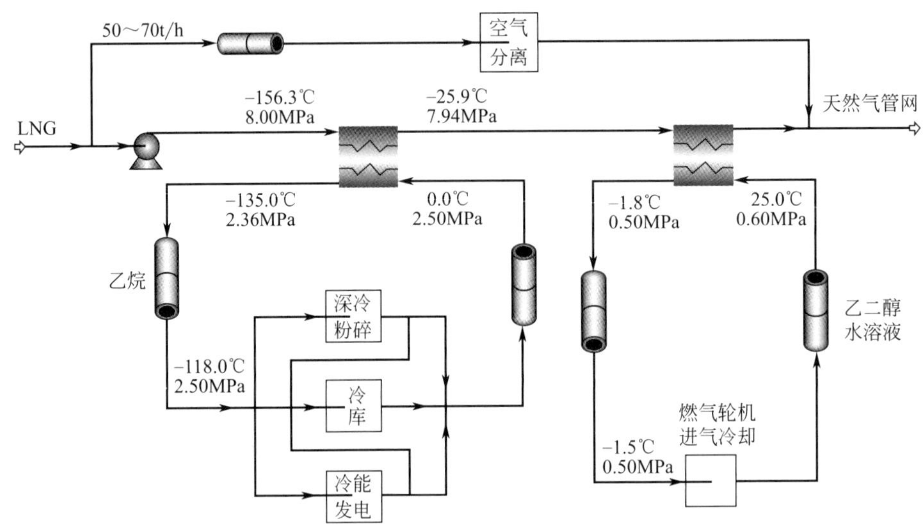

图 10-12 LNG 冷能集成利用原则流程图

从高压 LNG 中分出 50～70t/h，利用保温管线输送到空气分离装置，可以为日产 600t 液体空气产品（其中液氮 250t，液氧 340t，液氩 10t）的空分装置提供冷能。此部分 LNG 经空分装置气化后，温度升高至 0℃以上，可以直接进入天然气管网。余下的高压 LNG 在换热器中同 2.5MPa、0℃的乙烷换热，LNG 获得热量全部气化成天然气，温度升高至－25.9℃，与此同时乙烷温度降至－135℃，通过保温管线输送到冷能利用小区，由于输送过程的冷能损失，乙烷温度上升到－118℃。根据目前的冷能用户的规模，一部分乙烷用于废旧轮胎的深冷粉，一部分可为冷库提供冷能，剩余乙烷可以用于冷能发电。在正常情况下，乙烷经过深冷粉碎的应用后温度上升到－70～－50℃，还能进入冷库换冷流程为其提供冷能；乙烷经过冷能发电系统后温度上升到－30℃左右，也可进入冷库换冷流程。从而间接实现了 LNG 冷能的梯级利用，使其过程㶲损最小化。乙烷通过冷能用户，温度升高至－10℃左右，再通过保温管线输送到换热器中同高压 LNG 换冷，形成用冷循环。

LNG 同乙烷换热而气化，温度升高至－25.9℃，其冷能还可以用于燃气轮机的进气冷却，提高发电效率。低温天然气在换热器中同 25℃的乙二醇水溶液换热，天然气温度升高至 10℃左右，可以直接进入天然气管网，同时乙二醇溶液温度降至－1.8℃，通过保温管线将其输送至燃气电厂用于进气冷却。换热后，乙二醇溶液温度升高，通过管线输送到换热器同低温天然气换热，形成冷能利用循环。

［方案二］ 从技术经济和地理环境角度分析，符合某 LNG 卫星站实际情况的冷能利用技术包括冷库项目、深冷粉碎、液体 CO_2 与干冰制备项目、室内滑冰场和冷水空调。其中深冷粉碎项目需建立废旧橡胶和塑料的回收网络，液体 CO_2 与干冰制备项目需建立原料市场和开拓产品市场，在目前情况下尚不具备立项条件，将其放在中、远期规划中。剩余冷库项目、室内滑冰场和冷水空调这些项目所需的冷能温位都比较高。该设计的工艺流程简图如图 10-13 所示。流程主要包括四个控制部分，即冷能服务公司、冷库公司、室内滑冰场公司和冷水空调公司控制区。

冷能服务公司控制区管理 LNG 气化部分、丁烷换热储存部分和低温㶲发电部分。即

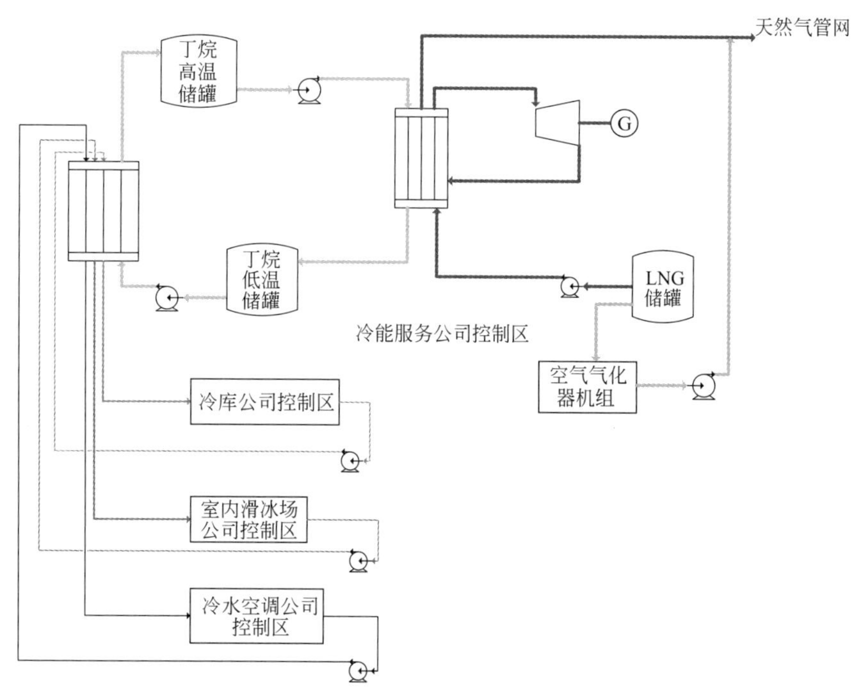

图 10-13 某 LNG 卫星站冷能综合利用工艺流程简图

LNG 从 LNG 储罐出来分为两路，一路是原有的、LNG 流经空气气化器后进入天然气管网；一路是经 LNG 低温泵加压后进入丁烷换热器，温度升至 15℃左右后进入膨胀发电机组，压力降至 0.4MPa 左右后再进入丁烷换热器，温度再次升至 15℃左右后进入天然气管网。同时冷媒丁烷从高温储罐出来，经常温泵加压后进入丁烷换热器，温度降至一定程度后进入丁烷低温储罐储存。储罐中的低温丁烷经低温泵打到换热器后进入冷能利用公司控制区。

冷库公司控制流程为：冷库冷媒经换热器后温度降至－40℃左右，再依次进入冷冻库和保鲜库，冷媒温度升至－10℃左右后进入冷库冷媒储罐，实现冷库冷媒的梯级循环利用。

室内滑冰场公司控制流程为：滑冰场冷媒经换热器后温度降至－30℃左右，再进入各滑冰场内部换热管排，冷媒温度升至－5℃左右后进入滑冰场冷媒储罐，实现滑冰场冷媒的循环利用。

冷水空调公司控制流程为：空调冷水经换热器后温度降至 2℃左右，再分别进入空调用户内部空调机组，冷水温度升至 20℃左右后进入冷水储罐，实现冷水的循环利用。

在实际设计中，可根据各公司的相对位置，确定各换热器的数量、安装位置等，保证冷媒传输过程中管网建设成本和冷能损失最小化。特别是针对换热器，应根据不同冷能用户对各自冷媒温位和冷能数量的要求，整体考虑冷能的温度对口和供需平衡问题，利用冷箱设计技术，做到各冷阱的相互匹配和优化，实现冷能的充分利用。总之在现有市场和技术条件下，该卫星站冷能利用能够真正地梯级、集成用于低温火用 发电、冷库、室内滑冰场和冷水空调项目。

［方案三］ 唐山 LNG 冷能利用项目以 LNG 冷能为依托，以空分、伴生气轻烃分离和冷媒循环系统为纽带，使 380 平方公里开发区内的首钢、炼油厂、乙烯厂、其他重化工业、

油田伴生气资源优化利用以及煤码头、杂货码头等产业统筹规划、协调发展，打造规模最大的国家级循环经济开发区，其能流和物流如图 10-14 所示。

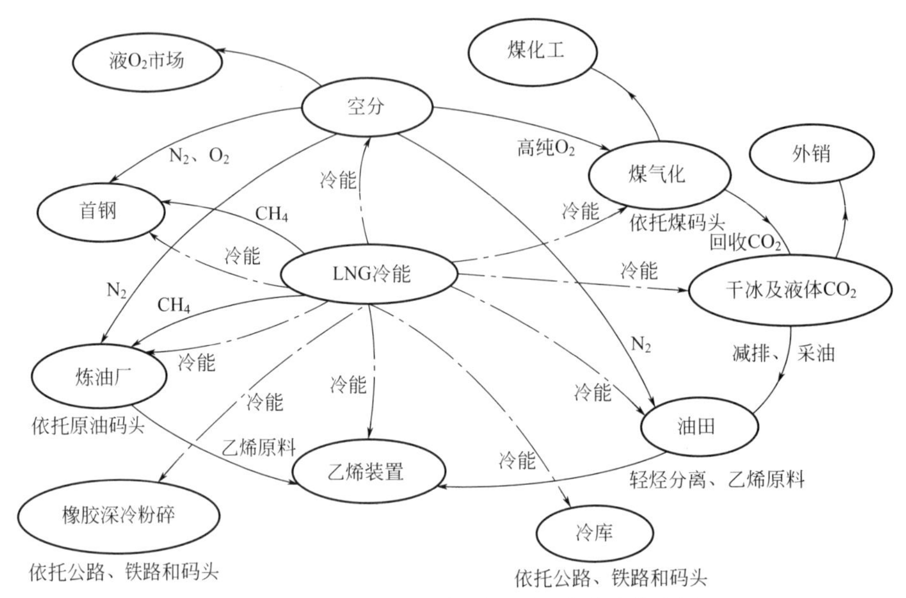

图 10-14 唐山 LNG 冷能利用项目能流和物流图

10.2 天然气压力能利用技术及研究

10.2.1 天然气压力能潜能分析

管道是天然气的主要运输方式，加强输气干线建设是加快天然气产业发展的基础，不仅可以促进下游市场开发，又可激励上游天然气资源的勘探和开采，从而带动整个天然气产业链的发展。从 20 世纪 90 年代以来，我国天然气管道的建设开始步入快速发展的时期，陕-京线、崖-港线、涩-宁-兰、“西气东输”、陕-京二线、忠-武线和冀宁联络线等重要管道已经建成投产或在积极施工中。此外我国还在建设西气东输二线（阿拉山口—广州）工程和川气东送管线。随着天然气管网的建设，如何提高管网输送的经济性和安全性也成了人们日益关注的问题。

当前世界的输气管道发展的总趋势是：长运距、大口径、高压力和网络化。输气管道向更高输送压力的方向发展是一个趋势，也在一定程度上反映了一个国家输气管道的整体技术水平。在给定的输气量下，采用高输气压力可以减小管径，从而节省管材和施工费用，同时小管径下可以增大壁厚，提高管线的安全性。目前，世界上部分国家陆上输气管道的最高设计压力为：美国 12MPa，德国和意大利 8MPa，中国 10MPa[22]。国外多数天然气长输管线的输气压力都在 10.0MPa 以上，如阿拉斯加输气管道美国东部支线的工作压力为 10.0MPa，穿越西西里海峡的阿-意输气管道的最大工作压力为 15.0MPa。表 10-5 是国内部分天然气管道的基本参数[23]。由此可见，我国“西气东输”管道、陕京线及二线系统和冀宁联络线输气管道的设计输气压力也都达到了 10MPa。“西气东输”二线管道，设计压力可以达到 12.0MPa，我国长输管道技术正在向世界先进技术迈进。

表 10-5 国内部分天然气管道参数

输气管道	直径/mm	输气压力/MPa
北京-石家庄输气管道	508	6.3
涩-宁-兰输气管道	660	6.4
忠-武输气管道	711	6.4
陕-京一线输气管道	660	6.4
陕-京二线输气管道	1016	10
冀宁联络线输气管道	1016	10
西气东输管道	1016	10

由高压输气干线输送来的高压天然气，在各城市的天然气接收门站、调压站，都需要根据下游用户的供气压力要求进行降压，然后才能够供应给普通用户（如城市燃气用户、公商用户等）使用。所以各城市的天然气接收门站或接收门站后都设有调压站。

根据国家标准 GB 50028—2002《城镇燃气设计规范》规定，城市燃气管网按压力等级划分为高、中、低 3 个级别，如表 10-6 所示。

表 10-6 城市燃气管网压力分级表（表压） 单位：MPa

高压 A	$2.5<p\leqslant4.0$	高压 B	$1.6<p\leqslant2.5$
次高压 A	$0.8<p\leqslant1.6$	次高压 B	$0.4<p\leqslant0.8$
中压 A	$0.2<p\leqslant0.4$	中压 B	$0.01<p\leqslant0.2$
低压	$p\leqslant0.01$		

高压天然气在调压站内调压，一般采用一级调压或者二级调压的方式。一级调压是指直接将超高压天然气或高压天然气降压到 0.2～0.4MPa（表压）的中压标准；而二级调压是指先将超高压天然气或高压天然气调压到 1.6～2.0MPa（表压）左右，然后再进一步调压至 0.2～0.4MPa（表压）的中压标准。中压天然气通过城市中压燃气管网进入小区或各楼栋，借助于各小区的调压装置（如调压箱、调压站、调压井、调压柜等）将压力降低到 2.5kPa（表压）左右供用户使用。因此，高压天然气蕴含着较大的压力能。

10.2.2 天然气压力能利用工艺介绍

高压天然气在调压的过程中会产生很大的压力降，释放大量的能量，但这部分能量的利用在国内尚未引起足够的重视。如果能采用适当的方式回收利用这部分压力能，将能在很大程度上提高能源利用率和天然气管网运行的经济性。“十一五”期间我国重点推进的十项节能工程之一是余热余压利用工程，随着城市天然气应用力度的逐渐增加，天然气管网的发展，高压天然气的压力能回收利用技术将具有广阔的发展空间及现实意义。

目前，对高压天然气压力能的利用方式主要有天然气压力能发电和天然气压力能制冷两种方式[24]。

10.2.2.1 天然气压力能发电技术及存在问题和解决措施

(1) 天然气压力能发电技术

利用高压天然气压力能发电主要是以膨胀机代替传统的调压阀来回收高压天然气降压过程中的压力能，并将其用于发电。日本东京电力公司建设了一座利用天然气压力差发电的电站，这座电站的发电能力为 7700kW。利用高压天然气压力能发电具体说来有以下三种方式。

① 利用天然气膨胀机输出功驱动同轴发电机发电　这类工艺一般在天然气膨胀前先将其预热，以保证天然气膨胀后的温度在 0℃以上，从而可防止天然气中的水汽凝结[24]。

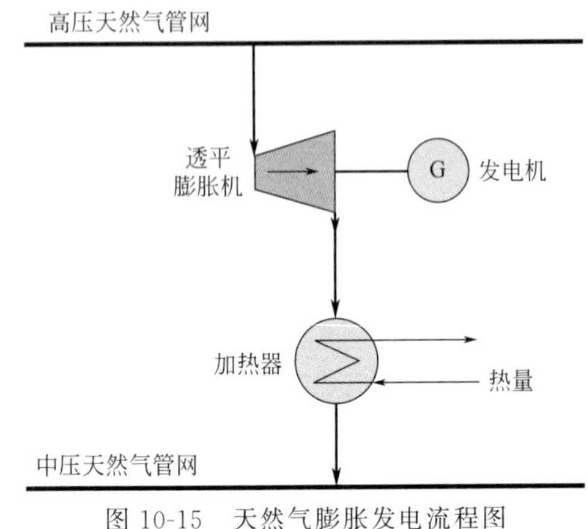

图 10-15　天然气膨胀发电流程图

图 10-15是一种利用高压天然气管网压力能直接膨胀发电的工艺流程，这个流程的主要设备有：透平膨胀机、发电机组以及加热器。高压天然气管网中的高压天然气先经过透平膨胀机膨胀降压，高压天然气的压力降低，体积增大对外做功，驱动发电机将机械能转化为电能。膨胀降压后的天然气温度降低，需要将其加热至中压天然气管网要求的温度后进入中压管网。

② 将膨胀后的低温天然气冷量用于燃气轮机进气冷却[24]　该方式可增加进入压气机和燃气透平的空气质量，从而在压比不变的情况下减少所需的压缩功，同时省去了发电厂传统的燃气轮机机组冷却设备。Farzaneh-Gord 等提出一种可使压气机进口空气温度降低 4～25℃，并可将一年中近 10 个月的燃气轮机效率提高 1.5%～5%（11～12 月份的燃气轮机效率没有明显提高）的发电工艺。该工艺也需要先对高压天然气进行预热，然后进入膨胀机制冷，膨胀后的低温天然气用以冷却压气机进口空气，进而提高燃气轮机效率。

③ 上述两种方式结合，压力能联合循环发电　王松岭教授等提出了针对天然气管网压力能利用的联合循环系统，开拓了一种回收天然气管网压力能用于联合循环发电的新思路，流程如图 10-16 所示[23]。在这个流程中，首先将高压天然气通过透平膨胀机膨胀做功，并带动压气机工作，减少了燃气轮机消耗在压气机上的功，从而增大对外输出功，增加了发电量；其次将膨胀后的低温天然气用于燃气轮机的进气冷却，增加燃气轮机的出力和发电量；然后将温度依然很低的天然气通往凝汽器，冷却凝汽器的排气，从而降低饱和压力，提高凝汽器真空，这样可以降低机组煤耗，提高系统的发电效率和出力；最后温度还比较低的天然气通过排烟余热回收器，用来回收排烟的余热加热天然气，使其温度较高的温度进入燃烧室。这个系统不仅可以避免高压天然气管线压力能的浪费，还能提高蒸汽联合循环的循环效率，在很大程度上提高了能源的综合利用效率。

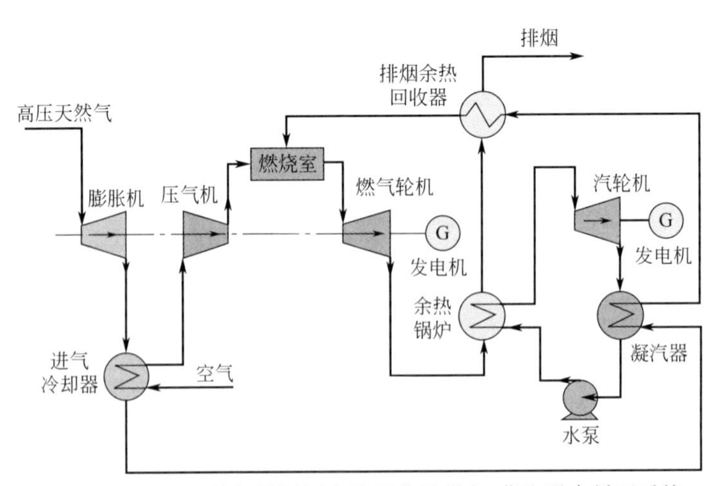

图 10-16　基于天然气管网压力能回收的燃气-蒸汽联合循环系统

(2) 压力能回收用于发电方面存在的问题及解决措施

现有的回收天然气压力能大多是通过特定设备（透平膨胀机、气波制冷机等）有效回收天然气管网压力能的技术方法，高压天然气压力能用于发电存在较大的困难，具体说来有以下两点：一、城市天然气调压站布局分散，不利于建设大型电力回收系统；二、发电时要求天然气压力和流量相对稳定，而天然气的使用存在着严重的季节、昼夜以及小时的不均匀性，无法满足该种设备的稳定运行。

针对天然气管网压力能用于发电技术所存在的问题，李峥等给出了几点建议[25,26]：①在中小型调压站使用30kW以下的微型透平发电装置，可实现小区或某一楼宇供电；②大型调压站建设调峰发电厂，使用两种燃料设计，夏季多用天然气发电，而冬季少用甚至不用；③此外，为使电厂稳定运行，还需建设必要的调峰设备。

10.2.2.2 天然气压力能制冷技术及存在问题和解决措施

(1) 压力能制冷技术

高压气体在降压膨胀的过程中因为放热而导致温度降低，膨胀后产生的低温流体中蕴涵着非常大的冷能。以冷媒回收降压后低温天然气的冷量，并将冷量供给多种冷量用户，这类工艺大都没有对透平膨胀机的输出功进行回收。

① 压力能制冷用于燃气调峰、轻烃回收以及天然气脱水　城市燃气用量随小时、昼夜、季节等波动非常大，因此，投资建设天然气调峰设施显得非常必要，如地下储气库、高压储罐、高压输配管网及液化天然气等，其中以高压储罐或高压管道储气的单位储气投资费用最高，以建设地下储气库的费用最低，但需要将天然气压缩至近20MPa储存，消耗大量能量，且需要良好的地质条件。利用膨胀后低温天然气的冷量用于液化天然气（LNG）或者生产天然气水合物（NGH），以此方式进行调峰。

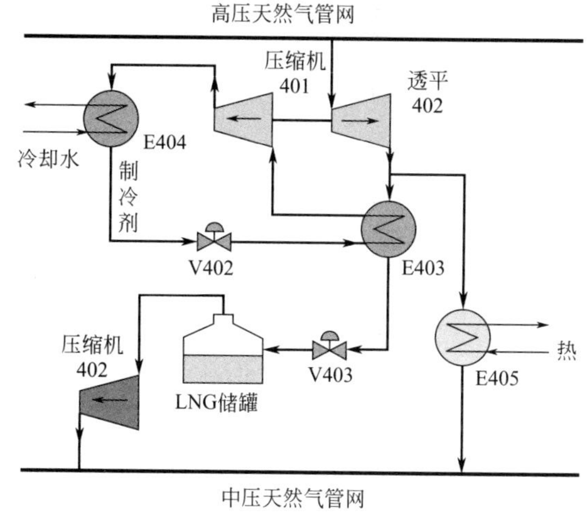

图 10-17　利用天然气压力能的天然气液化工艺流程图

目前，国内外有很多利用高压天然气压力能制冷液化管道天然气的工艺，例如美国专利 US 6023942、US 6209350B1、US 6449982B1、US 6378330B1 等。俄罗斯开发了采用涡流管制冷的天然气液化工艺流程（NGGLU），2002年6月已经通过了生产检测，这为规模化生产此类液化装置打下了基础。该液化装置充分利用了高压天然气管网的压力能，不用消耗额外的能量，就能液化天然气。

Shen等提出了如图10-17所示的利用高压天然气管网压力能制冷的天然气液化工艺流程。其主要思路是：高压天然气先经过透平膨胀机402降压至中压，温度降低，利用透平膨胀产生的机械功来驱动制冷剂压缩机401，通过压缩制冷剂制冷来提供天然气液化所需要的冷量；压缩制冷的冷量只能液化一部分中压天然气，其余没有被液化的低温中压天然气利用外界的热量将其加热至0.0℃以上进入中压天然气管网；获得的中压LNG经节流阀V403降压至常压后输送到LNG储罐中，温度进一步降低；低温的常压天然气从LNG储罐顶部分出，再利用压缩机402将其压缩至中压，温度升高至0.0℃以上，然后进入中压天然气管网，供用户使用。

国内一些专家提出了采用气波制冷机和透平膨胀机联合进行的利用高压天然气压力能液化天然气的工艺流程以及如图10-18所示的利用高压天然气压力能液化天然气的流程。图中所示的液化天然气的流程是以高压天然气作为制冷工质，以透平膨胀机作为制冷部件，利用天然气气源与供气管网之间的压力差来膨胀制冷，省去了压缩机等耗能部件，不用消耗额外能量就能达到液化天然气的目的。

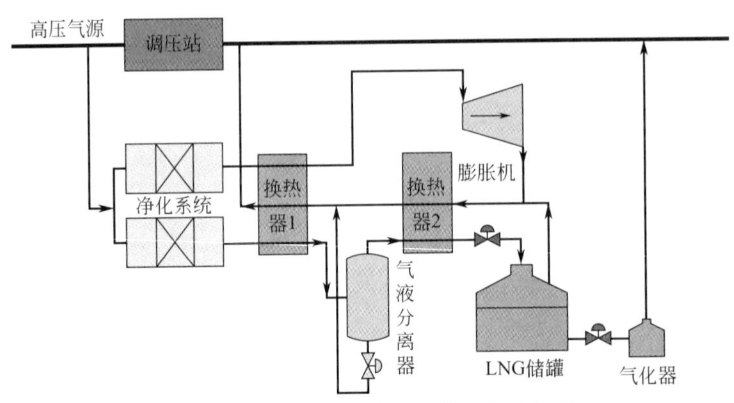

图 10-18 天然气膨胀机液化工艺流程图

高压天然气管网蕴藏着丰富的压力能，在调压过程中会产生大量的工艺冷能，水合物的生成过程是放热反应，为提高 NGH 的生成速度和储气量，需经换热器将反应热迅速移除。将天然气管网的调压过程与 NGH 的生产工艺有机地结合起来，一个制冷，一个放热，不但使高压管网的压力能得以有效回收和利用，而且可为换热器提供冷却介质，将生成水合物时产生的反应热迅速移除，从而使 NGH 储气调峰的工业化成为可能。基于 NGH 储存技术和高压管网压力能的回收利用流程，提出利用高压管网的压力能进行 NGH 储气调峰的设想，工艺流程见图 10-19。通过制冰装置，获得冰水比例为 1∶1 的混合物，在 5MPa，10℃ 条件下，与天然气在三级反应器系统中接触。为增大汽水接触面积，可采用搅拌、喷淋等方式，并利用换热器将反应热移除。离开最后一级反应器的混合物中 NGH 的质量分数为 30%，该混合物经分离器脱除未反应的水，然后将 NGH 冷冻到 −15℃，降低压力，装罐储存。在用气高峰时，将储水罐里的水加热到 20℃，与 NGH 混合，通过热交换使 NGH 分解，释放出来的天然气经压缩、脱水后供入燃气输配管网。NGH 分解后剩余的冰或水可用于 NGH 的制备，或回到储水罐中。为了满足 NGH 制备过程中制冰、反应器换热、冷冻的不同温度需要，系统采用二级调压，且以天然气为载冷剂。同时，高压天然气膨胀做功产生的电能用以维持系统设备的正常运行[27,28]。

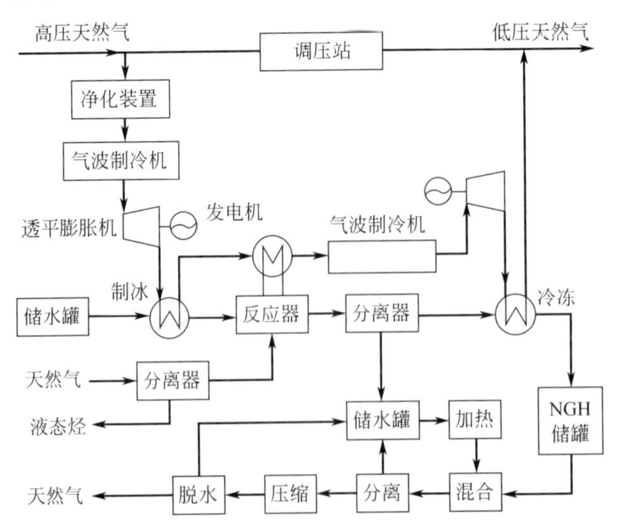

图 10-19 利用高压管网的压力能进行 NGH 储气调峰的工艺流程图

该方案流程简单、设备少，操作和维护方便，同时利用高压管网中的天然气膨胀制冷，无需消耗电能，运行费用低。供气管网的压力差较大时，可采用该方案承担城市燃气的日、时调峰，但尚需严格的技术经济可行性论证。

膨胀后的低温天然气在用于液化调峰的同时回收了天然气中的轻烃资源，为石化工业提供优质的化工原料，流程的总液化率最高可达 18.1%。其中乙烷、C_3+以及 C_4+的回收率最高分别为 97.6%、99.9%和 99.9%。大连理工大学于 1997 年公开了一种利用高压天然气膨胀制冷的脱水工艺，采用气波制冷机为高压天然气的降压设备，通过两级预冷和分离和甲醇滴注等方式，最终实现天然气脱水。中国专利 CN 1515818A 公开了一种利用多种方式（甲醇滴注、氨压缩和高压天然气膨胀制冷）进行天然气脱水，同时副产轻烃的工艺。

采用 LNG 或 NGH 方式进行调峰，膨胀后的低温天然气可为生产 LNG 和 NGH 提供冷量，降低了二者的生产成本，但生产 LNG 需要将天然气冷却至－162℃以下，而即使是 8.0MPa 的常温天然气膨胀降压至 0.4MPa 时，温度也只有－104℃左右，也就是说除了利用管网压力能制得的冷量外还需要大量的冷量；而生产 NGH 需要较高的压力，距离工业化还有一段距离。

② 压力能制冷用于橡胶深冷粉碎　工业上深冷粉碎橡胶一般需要将原料胶冷却至－70℃以下，以增强粉碎效果。图 10-20 介绍了一种利用回收高压天然气调压过程的压力能为废旧橡胶低温粉碎提供冷源的工艺，不仅能够使高压天然气的压力能得到有效的回收利用，而且能够降低废旧橡胶低温粉碎的成本[29]。以处理能力约 14000m^3/h 的调压站为例，20.0℃的天然气从 5MPa 降压至 0.5MPa，所提供的冷量能够生产 1.0×10^4 t 胶粉，处理80 万～100 万条废旧轮胎。

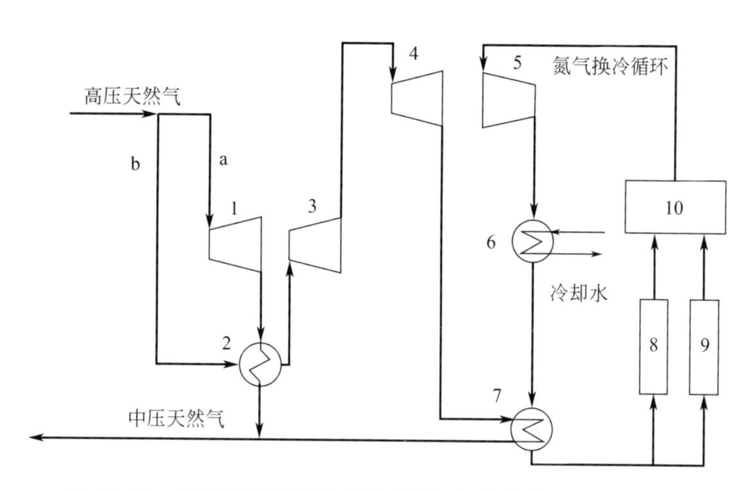

图 10-20　用于橡胶粉碎的高压天然气压力能制冷工艺流程图

1,3—气波制冷机；2,7—板翅式换热器；4—透平膨胀机；5—氮气压缩机；6—水冷却器；8—粉碎机；9—冷冻室；10—胶粒预冷室

③ 压力能制冷用于冷库及冷水空调　传统冷库制冷采用电压缩氨膨胀制冷，需要消耗大量的电力。以氨为制冷剂，1kW 的电力可制得约 2kW 的冷量，将天然气压力能用于冷库可大大降低冷库的运行成本。中国专利 CN 101245956A 采用气波制冷机调节天然气压力，将降压后的低温天然气梯级用于冷库、冷水空调、干冰制备等系统，节电效益分别为 527 万元/年、250 万元/年及 1024 万元/年，其工艺如图 10-21[30]。只是该工艺采用的制冷剂 R410A 在国内的普及程度不高，实用性不强，且气波制冷机制冷效率

不高。

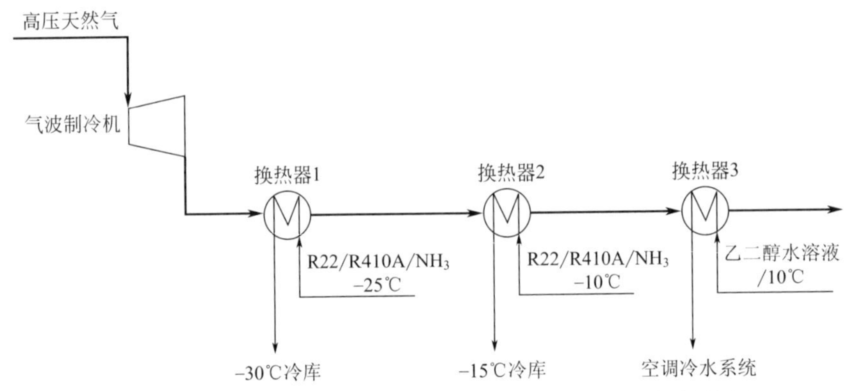

图 10-21 高压天然气经制冷机膨胀制冷并用于不同温位冷能用户

(2) 压力能回收用于制冷方面存在的问题及解决措施

天然气调压站在实际调峰时，为了不使降压后的天然气温度过低，在天然气膨胀前都要先将其预热，将天然气压力能用于制冷，则节省了这部分热源，将膨胀后的低温天然气冷量进行回收用于不同冷量用户，在节省热源的同时为用户提供了冷量，具有一定的实用性。但高压天然气压力能用于制冷时多数只利用了膨胀制得的冷量；且采用气波制冷机时，制冷效率较低。

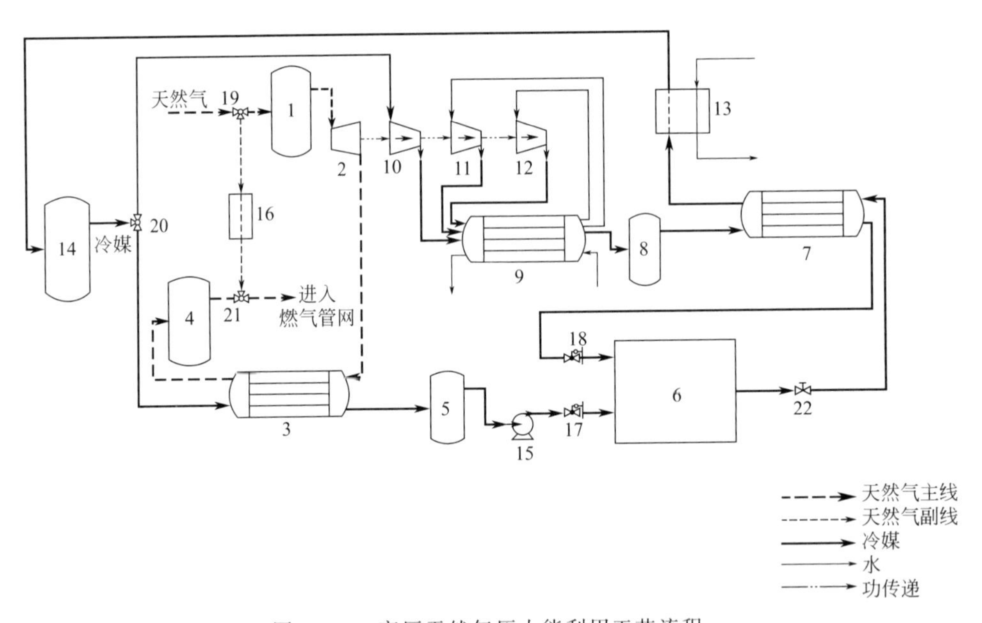

图 10-22 高压天然气压力能利用工艺流程

1—高压天然气调峰罐；2—膨胀机；3,7,9—换热器；4—低压天然气调峰罐；5,8—液冷媒罐；6—冷库；10～12—压缩机；13—冷水空调；14—冷媒气储罐，15—离心泵；16—天然气门站原有调压阀等调压设备；17,18—调压阀；19～21—三通阀；22—阀门

为进一步提高压力能回收利用率，某研究组提出如图 10-22 所示工艺，在利用膨胀后的低温天然气冷量的同时，利用天然气膨胀机输出功驱动压缩机做功，节省了压缩机电耗[24]。该工艺包含天然气压力能制冷单元和冷能利用两个单元。其中压力能制冷又分为两种方式，即利用冷媒回收高压管网天然气膨胀后的低温冷量，同时将天然气膨胀机输出功用于压缩制

冷系统中，压缩后的气态冷媒经冷凝后进入冷媒储罐备用。冷能利用单元是将上述过程所制得的冷能充分用于冷库、冷水空调或其他冷产业。该工艺是在利用高压管网天然气压力能制冷的普遍方式基础上加入了膨胀机输出功回收环节，并将其与传统的电压缩制冷系统联合，节省了压缩机功耗；同时，工艺中高低压天然气调峰罐的使用，起到了稳流天然气的作用，保证了膨胀机输出功的稳定性。

10.2.3 压力能回收的主要设备

将高压管网天然气压力能回收并用于发电主要是以膨胀机代替传统的调压阀来回收高压天然气降压过程中的压力能。利用高压天然气压力能制冷，即利用透平膨胀机、气波制冷机等设备实现高压天然气的降压，以冷媒回收降压后低温天然气的冷量，并将冷量供给多种冷量用户。所以，高压天然气压力能的利用主要是通过透平膨胀机、涡流管和气波制冷机等技术以及这几种技术的组合来实现的。因此这些设备的选型及其效果直接决定压力能利用项目的成败。

10.2.3.1 透平膨胀机

透平式膨胀机是利用压缩气体在通过喷嘴和工作轮时膨胀，推动工作轮回转输出外功，同时本身冷却。如果压缩气体的膨胀过程完全在喷嘴中进行，工作轮仅是受气流的冲动作用的透平膨胀机，称为冲动式透平膨胀机；如果在工作轮流道中还继续着气体的膨胀，工作轮除接受从喷嘴来的动能外，还利用反作用原理产生向前推力的透平膨胀机，称为反动式透平膨胀机。冲动式透平膨胀机因具有较大的速度和气体转折角，使其损失高于反动式，绝热效率远比反动式低，目前已很少采用。

透平膨胀机的制动方式有电磁制动（包括发电机制动、电涡流式磁发电机制动）和流体动力制动（包括风机制动、油制动等）两大类。调节透平式膨胀机产冷量的方法有机前节流，改变喷嘴叶片高度，关闭部分喷嘴，转动喷嘴叶片，以及多台机组组合的混合调节等。

透平膨胀机通称速度型，其特点是转速高、体积小、重量轻、结构简单、易损件少，因而制造维修工作量小，适宜于大流量、中高压力而初温较低。它广泛地使用于空气分离装置、天然气液化装置、回收能量和其他需要紧凑动力源的系统。从润滑方式上分为油轴承透平膨胀机及气体轴承透平膨胀机二种，后者主要用于小型空分设备。

当前，我国石油、化工、冶金、空分等行业所用的透平膨胀机大部分从国外进口。特别是应用于石化、天然气领域的低温膨胀机，如液化石油气（LPG）、液化天然气（LNG）等工艺流程的膨胀机基本完全进口，大型空分用制冷膨胀机也主要为国外厂商垄断。

10.2.3.2 活塞式膨胀机

活塞式膨胀机是利用气体在气缸中膨胀做外功，通过曲柄连杆机构传给曲轴。其工作过程与活塞式压缩机正好相反，多用电机制动，膨胀机产生的功通过电机输入电网，启动时电机带动膨胀机运转。

根据结构和压力，活塞式膨胀机分为：立式与卧式；高压，中压与低压，单级与多级等。

调节活塞式膨胀机产冷量的方法有改变膨胀机转速，改变充气度（即改变进气量）和节流调节（降低进气压力）三种。改变膨胀机转速的方法，可用于采用压缩机制动，或直流电机制动的膨胀机，不适用于采用一般转数不可调节的交流电机制动的膨胀机；节流调节虽最为简单，但最不经济；改变充气度的方法，由于充气度改变时，特别是在接近最佳充气度范围内改变时，对绝热效率的影响不大，因此目前被广泛采用。

活塞式膨胀机主要是用于获得冷量，活塞密封既要保证工作气缸有良好的密封性，又要使其沿气缸壁运动的摩擦热量小，同时摩擦热对工作气体的影响也要尽可能小；气阀是强制式控制；需设置防止转速超过允许转数的超速安全设备。附属设备复杂、操作弹性较小，在天然气管网压力能利用系统中不建议使用该设备。

10.2.3.3 螺杆膨胀机

螺杆膨胀机是活塞式膨胀机的一种，其对热源要求不高，使用范围广，并且安装施工比较简单。与汽轮机相比较，造价低适应性强，能适应各种工质，如过热蒸汽、饱和蒸汽、汽水两相流体和热水（包括高盐分热水）。螺杆膨胀机在负荷变化不超过50％范围内能平稳可靠地工作，在低负荷状态下仍能维持45％以上的热效率，这是螺杆膨胀机最大的优势。

螺杆膨胀发电机基本构造是由一对螺旋转子和机壳组成的动力机。流体进入螺杆齿槽，压力推动螺杆转动，齿槽容积增加，流体降压膨胀做功，实现能量转换。螺杆膨胀机工作大致可分为如下过程。

进气过程：高压介质经进气口进入转子的齿间容积后，将推动转子旋转，并使齿间容积不断扩大，当齿间容积完全与进气口脱离时，进气过程结束。

膨胀过程：随着齿间容积继续增大，高压介质体积膨胀温度降低，同时输出动力到转子的伸出轴处。

排气过程：当齿间容积与排气口相通时，便开始排气过程，直至齿间容积减少为零，完成一个工作循环为止。

螺杆发电机组主要由螺杆发电机机组本体、调速系统、润滑油系统、冷却系统、自动危急保护系统等组成螺杆膨胀发电机在热源参数大幅波动工况下，能够高效、安全运行。不飞车、无盘车、免暖机、机组启停和运行平稳简便。长期无大修，小修维护简易；无需专人值守运行操作。

10.2.3.4 节流阀[31]

节流阀是通过改变节流截面或节流长度以控制流体流量的阀门。将节流阀和单向阀并联则可组合成单向节流阀。节流阀和单向节流阀是简易的流量控制阀。节流阀按通道方式可分为直通式和角式两种；按启闭件的形状分，有针形、沟形和窗形三种。

节流阀是根据气体的节流效应而制造的调压装置，并可产生一定的制冷效应。在实际节流过程中，气体流经节流阀孔口的速度快、时间短，来不及与外界进行热交换，可近似认为是绝热节流。当宏观动能和位能无变化时，节流前后气体的焓值不变，故天然气流经节流阀的膨胀过程可近似看作是等焓节流，且一般情况下均产生冷效应。

由于节流阀可近似认为是绝热节流，其构造较简单，便于制造和维修，成本低；调节精度不高，不能作调节使用；密封面易冲蚀，不能作切断介质用；密封性较差。可供在压力降极大的情况下作降低介质压力之用。流量调节范围大，流量-压差变化平滑；内泄漏量小，若有外泄漏油口，外泄漏量也要小；调节力矩小，动作灵敏。只适用于负载变化不大且速度稳定性要求不高的场合。

10.2.3.5 涡流管

涡流管，又称兰克·赫尔青（Ranque-Hilsch）管，是一种结构非常简单的能量分离装置，它是由一根两端开口的管子、喷嘴、涡流室、分离孔板和冷热两端管组成。按基本结构，涡流管可以分为逆流型涡流管和顺流型涡流管两类，顺流型涡流管的效率很少超过逆流型涡流管的一半，所以，在一般情况下都采用逆流型涡流管。工作时压缩气体在喷嘴内膨胀，然后以很高的速度沿切线方向进入涡流管。气流在涡流管内高速旋转时，经过涡流变换后分离成总温不相等的两部分气流，处于中心部位的气流温度低，而处于外层部位的气流温度高，调节冷热流比例，可以得到最佳制冷效应或制热效应，将压缩气体分为高温和低温两种气流。

涡流管具有结构简单、操作方便、无运动部件、运行安全可靠、造价低廉、免维护、及时冷却、温度可调等一系列优点，又具有制冷、制热、抽真空、气液分离等多方面的功能，因此在科研、航空、生物医学、化工等领域有着极为广泛的应用前景。目前其主要应用在冷却电子元件、液化气体、利用其热电效应发电以及天然气脱水、柴油机尾气处理、石油化工、国防装备等方面[32,33]。

10.2.3.6　气波制冷机

气波制冷机是利用气体的压力能产生激波和膨胀波使气体制冷的一种制冷设备，又称压力波制冷机或热分离机（器），是 20 世纪 60 年代末至 70 年代初，由法国 ELF 公司和 BERTIN 公司发明的[34,35]。此后，日本、苏联、美国和中国等国家先后引进此技术，并进行进一步的开发和应用。我国大连理工大学方耀奇教授等人在大量实验研究及理论分析的基础上，采用激波吸收技术，成功地消除了反射激波的影响，从而使热分离机的体积减小，制冷效率提高，于 1989 年获得国家专利，并根据机器的工作特点及制冷原理，定名为气波制冷机。

气波制冷机按结构分为静止式和旋转式两大类。其中静止式又可以根据接受管的数量分为单管式、双管式和多管式气波制冷机。

气波制冷机在制冷工艺中的作用与透平膨胀机、节流阀一样，是一种气体制冷机。它的热力过程与膨胀机相似，是靠气体的等熵膨胀过程获得低温的；而与活塞膨胀机和透平膨胀机不同之处在于，它是以气波（激波、膨胀波）为主要工作元件的机器。具有结构简单、转速低、操作运行方便等优点，尤为适用于在气体冷却过程中会出现气液两相流的工况。而且，在工艺过程中可以取代热力过程为等焓膨胀的节流阀，以获得较大的温度效应和制冷量，国外热分离机的效率已达 80%～90%。同时，气波制冷机适用的膨胀比范围广（可在 2～7 之间变化），允许处理气量变化在设计点的±30%，而且具有较高带液量，高达 40%左右。

气波制冷机由于其本身具有结构简单、价格便宜、操作维护容易等特点，从而使采用气波制冷装置的工艺流程得到了简化。因此，相关的项目在能源、投资、运行费用等许多指标方面都有一定的优势，而且建设周期短。脱水净化、天然气中液烃的回收、低温风洞、天然气脱水净化、轻烃回收及低温粉碎中均可运用。

气波制冷机尽管结构简单，但内部过程却相当复杂。其内部的非定常流动由于伴随着非定常传热与摩擦，同时，由于部分充排气及质量掺混的存在使管入口段内呈现复杂的三维效应。因此，要解析地描述管内的真实过程十分困难。

图 10-23 是某门站利用气波制冷机回收压力能的工艺流程简图。

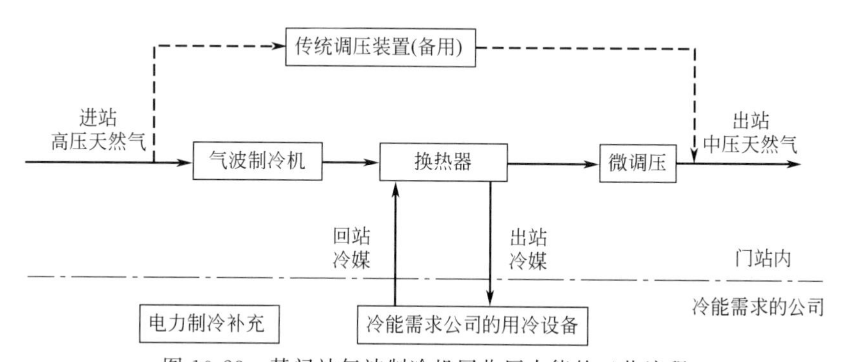

图 10-23　某门站气波制冷机回收压力能的工艺流程

冷能获取部分：设在该门站内，建设有压力能/冷能转换及相关的换热设备、工艺管线等，气波制冷机既是压力能/冷能转换设备，又执行调压功能。

冷能利用部分：门站外是冷能利用部分，通过两条冷媒管线与门站设备相连。

10.2.3.7 调压器

调压器是燃气输配系统的重要设备，其作用是将较高的入口压力调至较低的出口压力，并随着燃气需用量的变化自动地保持其出口压力为定值。

调压器一般均由感应装置和调节机构组成。感应装置的主要部分是敏感元件（薄膜、导压管等），出口压力的任何变化通过薄膜使节流阀移动。调节机构是各种形式的节流阀。敏感元件和调节机构之间用执行机构相连。

调压器在天然气门站和调压站被广泛应用，无论用气量及人口压力如何变化，调压器总能自动保持稳定的供气压力。其制冷过程相当于天然气绝热膨胀过程，制冷效率较低，工作温度较高，但能适应变流量、变压力等各种复杂工况，是较好的天然气管网压力能制冷设备。

参 考 文 献

[1] 张涛，高彩魁．LNG冷能的应用．上海煤气，2010，2：38-40.

[2] 余黎明，江克忠，张磊．我国液化天然气冷能利用技术综述．化学工业，2008，26（3）：9-18.

[3] 李杰，任建国．LNG冷能发电技术的初步研究．科技信息，2010，（9）：27.

[4] 刘燕妮，郭开华．液化天然气冷能发电效益分析．低温与超导，2010，38（2）：13-17.

[5] 周廷鹤，彭世尼．LNG冷能利用技术探讨．上海煤气，2009，（1）：37-39.

[6] 胡冰．浅谈LNG的冷能发电．上海煤气．2005，（5）：29-31.

[7] 曾宪平，林璟．液化天然气冷能利用．广东化工，2008，35（4）：35-38.

[8] 王坤，鲁雪生，顾安忠．液化 天然气发电中的冷能利用技术浅析．低温工程，2005，1（143）：53-58.

[9] 黄建民，廖文俊，曾乐才．液化天气冷能的综合利用研究．上海电机学院学报，2008，11（2）.

[10] 刘宗斌，黄建卫，徐文东．LNG卫星站冷能用于冷库技术开发及示范．城市燃气，2010，427：8-11.

[11] 徐文东，高丽荣，华赍等．液化天然气冷能梯级集成利用技术研究．现代化工，2007，27（4）：11-13.

[12] 王强，厉彦忠，张朝昌．液化天然气（LNG）冷能回收及其利用．低温工程，2002，（4）：28-31.

[13] 熊标，华贲，徐文东．LNG汽车在我国的发展优势及其产业链分析．天然气工业，2006，26（6）：146-148.

[14] 华贲，李伟，徐文东等．唐山LNG项目冷能利用示范工程．天然气工业，2008，28（5）：1-4.

[15] 何永峰，刘王强．胶粉生产及其应用：废旧橡胶资源化新技术．北京：中国石化出版社，2001.

[16] 孙玉海，盖国胜，张培新．我国废橡胶资源化利用的现状和发展趋势．橡胶工业．2003，50（12）：760-763.

[17] 陈民．低温粉碎技术的开发与应用．中氮肥．1996，（6）：13-15.

[18] 杜琳琳．LNG冷能集成用于橡胶深冷粉碎和冷库技术研究．广州：华南理工大学，2006.

[19] 郑惠平，徐文东，边海军等．废旧橡胶低温粉碎技术研究进展．化工进展，2009，28（12）：2242-2247.

[20] 杨艳利，华赍，徐文东等．低温粉碎橡胶技术在我国的发展前景．化工进展，2006，25（6）：663-666.

[21] 熊永强，华赍，贾德民．以冷媒为介质的液化天然气冷能利用系统．现代化工，2009，29（3）：72-76.

[22] 闻箐，徐明仿．天然气管网压力能的回收及利用．天然气工业，2007，27（7）：106-108.

[23] 王松岭，论立勇，谢英柏等．基于天然气管网压力能回收的联合循环构思．热能动力工程，2005，20（6）：628-631.

[24] 徐文东，郑惠平，郎雪梅等．高压管网天然气压力能回收利用技术．化工进展，2010，29（12）：2385-2389.

[25] 李铮，张文宽，牛文波等．天然气输配过程中余能回收的探讨．城市燃气，2007，10（392）：3-6.

[26] 李峥，张文宽，牛文波等．天然气输配过程中的余能回收．节能与环保，2007，（11）：27-28.

[27] 樊栓狮，陈玉娟，郑惠平等．利用管网压力能制备天然气水合物的调峰新技术．天然气工业，2010，30（10）：83-86.

[28] 郑志，王树立，陈思伟等．天然气管网压力能用于NGH储气调峰的设想．油气储运，2009，28（10）：47-51.

[29] 熊永强，华赍，罗东晓等．天然气管网压力能用于废旧橡胶粉碎的制冷装置．现代化工，2007，27（1）：49-52.

[30] 乔武康，李静，张德坤等．利用天然气压力能的方法．中国专利：101245956A，2008-08-20.
[31] 郑志，石清树，张鹏宇等．天然气调压设备及其热力学完善性分析．天然气技术，2009，3 (4)：57-59.
[32] 徐正斌．涡流管技术在天然气领域的应用前景．油气储运，2009，28 (1)：41-44.
[33] 石鑫，孙淑凤，王立．涡流管研究进展及在天然气工业中的应用．低温与超导，2009，38 (2)：18-22.
[34] 李学来，郭荣伟．两种管外传热型式对振荡管性能的影响．化工学报，2000，51 (1)：12-16.
[35] 黄廷夫，李学来，黄齐飞．振荡管冷效应的实验研究．福州大学学报（自然科学版），2006，34 (4)：612-615.

11

天然气与新能源

11.1 太阳能

11.1.1 太阳能利用概述

太阳能是一种宝贵的可再生能源。开发利用太阳能，对于节约常规能源，保护自然环境，减缓气候变化，都具有重要意义。

太阳能有很多种利用形式，其中主要的是光热利用。光利用包括太阳能发电和太阳能制氢。太阳能发电主要就是半导体内部的光伏效应将太阳能直接转换为电能，当太阳光照射到半导体的 p-n 结时，能量相匹配的光子碰撞硅原子中的价电子，使其获得能量溢出晶格变成自由电子，从而有电流产生。太阳能电池有很多种，包括晶体硅电池和非晶体硅等电池，其中晶体硅电池应用最为广泛，且光电转换效率高，晶体硅电池又分单晶硅和多晶硅，多晶硅原材料比较便宜，因此多晶硅电池得到了很大的发展。随着光伏产业的发展和太阳能电池的不断改进，大规模应用光能发电成为未来新能源中必须重视的发展方向。图 11-1 为太阳能电厂发电示意图。

太阳能热利用非常广泛，比如用太阳能制热水，制冷；太阳能热动力发电；太阳能淡化

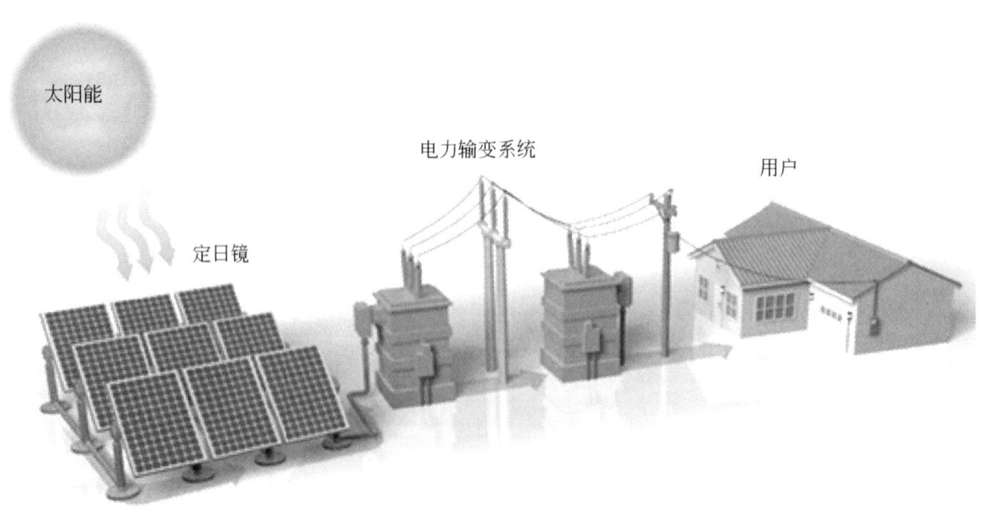

图 11-1　太阳能电厂发电示意

海水等，它们的共同点是通过仪器将太阳能收集起来，通过与物质相互作用产生热能，或者直接加热物质将物质转化为所需要的目标产物。

由于太阳能的自然环保且便于利用，因此太阳能经常被用来与其他能源结合使用，如太阳能热裂解天然气制氢和炭黑、太阳能辅助天然气加热系统、利用太阳能进行天然气重整等。

11.1.2 太阳能重整天然气

天然气重整制合成气是天然气化工利用的一条主要路线，已广泛应用于合成氨、甲醇和氢气等的生产过程。天然气主要重整包括天然气中的主要成分 CH_4 与水蒸气的重整反应（式 11-1）和甲烷与二氧化碳的重整反应（式 11-2）。

$$CH_4 + H_2O(g) \longrightarrow CO + 3H_2 \qquad \Delta H_{298K} = 206kJ/mol \tag{11-1}$$

$$CH_4 + CO_2 \longrightarrow 2CO + 2H_2 \qquad \Delta H_{298K} = 247kJ/mol \tag{11-2}$$

甲烷重整反应是强吸热反应，从热力学计算可知，在温度达到 600℃以上时，才有合成气生成，且随反应温度升高，反应物转化率增大，合成气收率也升高。其高吸热特性使得工业生产能耗很高，但此特性可被用于储存太阳能以及工业的高温废热。重整反应所制合成气可通过管道远程输送，再经可逆的放热反应释放能量，从而实现能量的转换、贮存和输送（见图 11-2）。

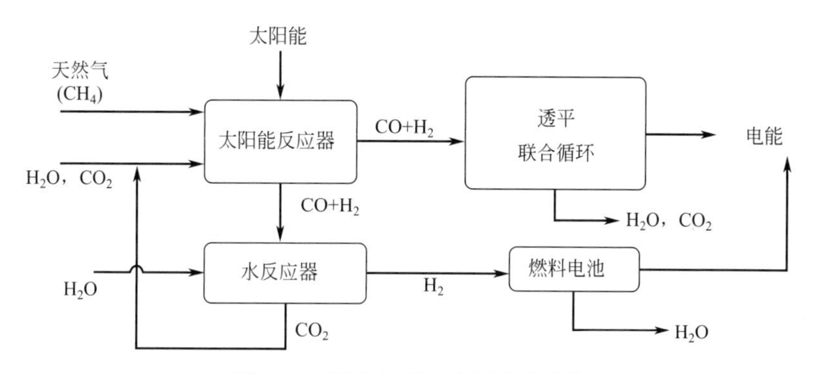

图 11-2 天然气重整应用系统示意

11.1.3 太阳能热裂解天然气制氢和炭黑

太阳能热裂解天然气制氢与炭黑，是将太阳能聚焦，在反应炉中产生高温，天然气在高温反应炉中进行热裂解，并产生氢气和炭黑的过程。天然气（主要为甲烷）经过太阳能热裂解过程如下：

$$CH_4 \longrightarrow 2H_2 + C \qquad \Delta H = 75kJ/mol \tag{11-3}$$

图 11-3 为太阳能热裂解天然气示意图。

产品中的氢气经过简单纯化或不用纯化而可以直接用于燃料电池汽车或其他的工业用途。另一个产物为纳米级的无定型炭黑，该产物经过旋风分离和其他过滤装置后，可以直接作为商用炭黑来销售，它在橡胶工业、建筑材料、燃料电池（fuel cells）或者土壤改良剂等方面有广泛的用途。市场上炭黑的价格根据其结构和性能从 0.6～30 欧元/kg 不等，因此产物炭黑的售卖价格对该反应过程的经济性有很大影响。炭黑的性能与反应的温度密切相关，一般情况下温度超过 1800℃以上才能制备出性能较好的炭黑，反应过程的效率才会比较高，如果温度太低，很多副产物开始出现，比如多环芳烃，导致反应的转化效率下降，炭黑的性能也不能得到保证。

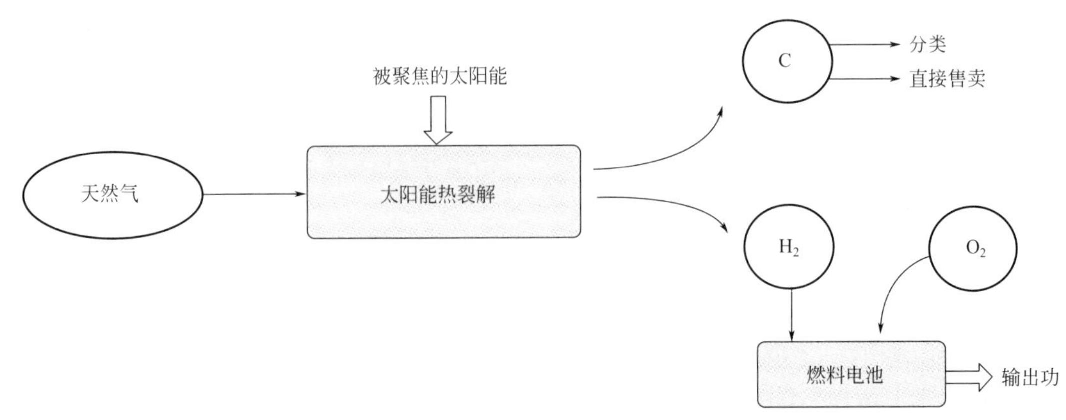

图 11-3 太阳能热裂解天然气示意

根据 Sylvain Rodat 等[1]的估算，与常规方法用化石能源原材料石油等经过热裂解产生氢气和用高温炉制造炭黑相比，使用该种方法裂解天然气每生产 1kg 氢气能节约 277MJ 的化石能源和 13.9kg CO_2，且该工艺直接使用太阳能，不消耗其他能源，并且反应过程不产生碳氧化物等温室气体，是一种清洁、经济的制氢工艺，具有较好的发展前景。

该反应难易程度也即反应活化能与反应器的类型、气体的流通性、反应温度及催化剂的类型密切相关。太阳能裂解反应器需要借助太阳炉来将太阳能的能量收集起来，将热量传递到热裂解反应器中，以便提供热裂解反应所需要的温度，太阳能反应炉主要由三部分组成，即太阳能反射装置，包括定日镜及其自动跟踪系统、太阳能集中装置——聚光器和反应炉。

由于太阳能热裂解天然气需要高温高压，所以对于太阳能辐射的聚集必须有较大的聚光比，需要用很多面反射镜，并要有合理的布局，一般把这些反射镜单元平行安装在框架上，使其反射辐射都能集中到较小的接收器窗口。把玻璃板用研磨和抛光方法制成光学平面，用真空镀膜法镀铝或银，再涂以适当的保护膜，这样的反射镜是最合适的，反射镜的反射比在 0.8～0.9 以上，所有反射镜应同步自动跟踪太阳。自动跟踪系统可以使用定时跟踪、伺服跟踪等自动跟踪系统，以便使反射镜最大限度地接受太阳能。聚光器又称为太阳能接收器，可以分为垂直空腔和水平空腔等类型，高能量密度要求聚光器的体积小，换能效率高。

美国国家可再生能源实验室建设了一种高功率（10kW）的太阳能反应炉（HFSF）是示范工程，如图 11-4 所示。

这种反应炉的三部分是这样工作的，首先太阳能经过定日镜将太阳能反射到初级聚光器上，初级聚光器将该太阳能反射传递到二级聚光器，二级聚光器再将能量传递给反应器，在这个实验装置中，反射镜和聚光镜将大约 2000～3000kW/m^2 的太阳能集中在反应器上，因此能使反应温度到达 2000K 及以上。

热裂解反应器主要有二种反应器类型，直接和间接加热型反应器。

直接加热装置就是直接用太阳能来加热反应的物质，反应物直接吸收热接收装置的热量进行反应，这种反应装置由于没有反射损失，因此光能利用效率较高，但有一个危险因素就是，如果反应窗口有沉积物附着，则反应窗口很容易发生过热现象，造成反应窗口破裂。很多同类的研究都表明随着反应温度的增大，单位质量反应物有效反应面积的增加，反应的转化率能得到一定程度的提高。Kogan M 和 Kogan A[2～4]使用了一种漩涡状的反应容器，这种反应器可以避免反应颗粒沉积在反应器内壁。在该构造中，一种辅助用的保护气被用来保

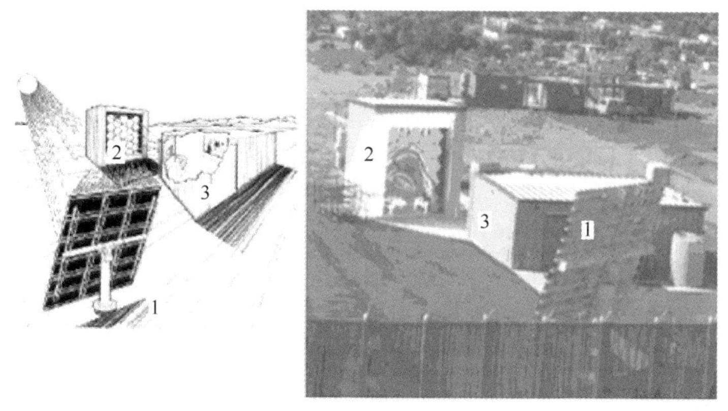

图 11-4　美国可再生能源实验室 HFSF 示范工程

1—定日镜；2—初级聚光器；3—反应器

护反应中心，随着吹扫气从圆锥型开口排出，且气体的排出使得反应器内部产生负压，因此保护气层的作用更加明显，反应器的窗口因此不容易附着其他物质。这种反应器在温度超过1320K 时的转化率只有 28%，因此作者对该反应器的进料装置进行了改造之后，转化率得到明显的提高。Steinfeld 等[5]发现在锥形反应器的内部加上碳材料，对天然气的转化有催化作用，功率为 5kW 的反应器转化效率在 1600K 时能达到 67%。Abanades 和 Flamant[6]设计了一种 1kW 的管状、喷嘴型的反应器，该反应器的转化率在 1660K、不加碳催化剂的条件下能到达 97%，但该反应有小量副产物乙炔产生（小于 5%），反应装置如图 11-5 所示：该反应装置直接通过太阳能加热反应物，它的上部为耐热玻璃做成的玻璃罩，用以接收被聚光器聚集过的太阳光线。玻璃罩的下部为不透明的热传导空腔，空腔中间垂直放着一个石墨管（外径 17mm，内径 10mm，长 65mm），其外围与特制碳毡相连，使其与外界隔离。

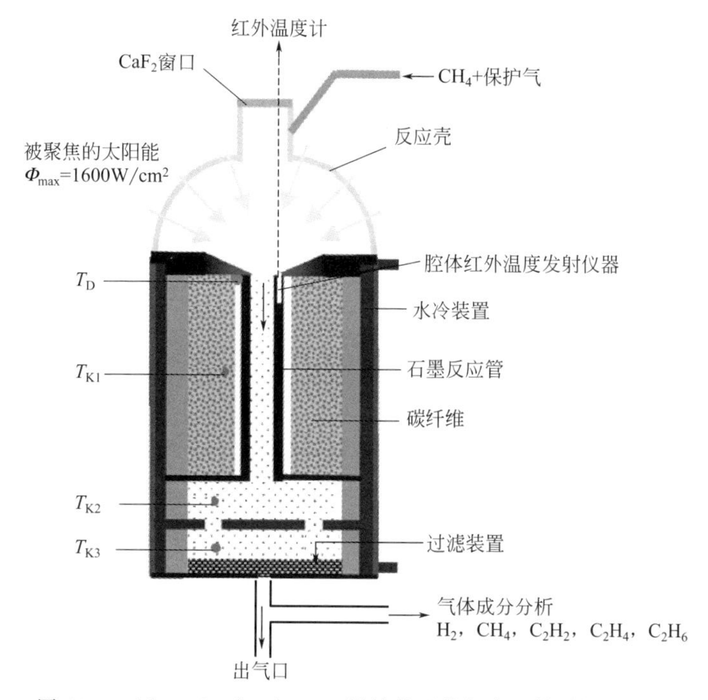

图 11-5　Abanades 和 Flamant 设计的天然气太阳能裂解反应器

天然气在太阳光聚焦区，也即玻璃罩的上部被聚焦的太阳能加热（1600W/cm^2），同时热空腔和气流之间的对流对天然气的热裂解也有很大的促进作用，随着反应的进行，碳颗粒开始在反应器内部形成，他们对太阳光有良好的吸收特性，且可以作为成核颗粒，对反应有催化作用。

与直接加热型裂解反应器不同，间接加热型的太阳能热裂解反应器就不存在沉积物在反应窗口沉积的现象发生，避免了反应器窗口破裂危险的发生。

美国 Colorado 大学化工系在美国可再生能源实验室 10kW 的太阳炉（HFSF）上进行了一系列实验，其中包括利用太阳炉开展天然气热裂解实验，他们设计了一套太阳能反应器，该反应器与二级聚光器相连，二级聚光器是一种外侧开口为八边形，底侧开口为矩形的棱锥型的器件，底侧的聚光器与圆柱型反应器相连接，并被聚光器包围，如图 11-6 所示，它的光反射损失在 77%左右，这种聚焦装置能将很多束的太阳光聚焦到直径为 0.1m 范围内的反应器上。

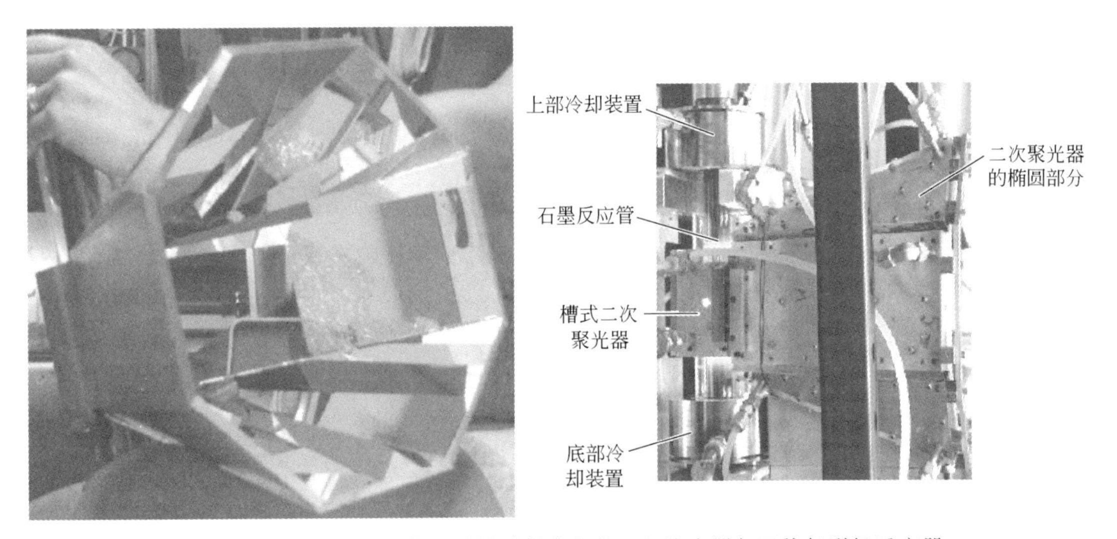

图 11-6　Colorado 大学化工系设计的太阳能二级聚光器与天热气裂解反应器

由于太阳能裂解天然气要求达到接近 2000K 的高温，因此反应器的材料必须耐高温，而且要求能够承受由于太阳能的开关过程所带来的热冲击，石墨就是能承受这种苛刻条件的良好材料。反应器为三个同心圆筒结构，如图 11-7，反应器由三部分组成，内部为多孔石墨反应管，反应管为多孔的石墨层结构，该石墨层的孔隙率与管长可以随着反应条件的不同而进行调整。包覆该管的第二层为结构致密的石墨加热管，它主要通过接收太阳能聚集装置传递过来的热量对反应管中的天然气进行加热。最外面一层为透明或者内嵌透明石英的太阳能透射管，该管主要用来接收聚光器聚焦过的太阳能，给加热管提供太阳能热源，它的内部有一个防反射层，这样就可以避免反射光的光能损失，增加太阳能的利用效率，同时该管还能提供类似于壳的作用，对整个反应器进行保护。一般情况下，在反应管和加热管，加热管和外层保护管之间都充满了保护气，以避免石墨与天然气、催化剂等其他物质反应，保护气一般为惰性，如氩气、氦气、氮气等，当实验条件为制备氢气且氢气与其他物质不发生反应时，氢气也可以作为保护气，保护气的选择主要看反应物质和反应条件来决定。

经过实验条件的调整，Jeffrey Wyss 等[7]在此反应器上进行天然气热裂解反应，在 2000K 的条件下天然气的转化率达到 90%（停留时间 10ms）。根据理论推测在此温度条件下的转化率应为 100%，Jaimee 等认为传热限制了转化率的提高，在后续的研究中加入炭黑颗粒作为辐射的吸收源以加热气体、改善传热。

目前世界各地很多实验室对这一课题开展了研究，美国的可再生能源实验室（NREL），以色列的 Weizmann 科技研究所，苏黎世的可再生能源研究学生团体，德国航空航天研究中心等。当前的利用太阳能进行天然气热裂解的研究主要针对如何设计最优化经济性的反应器，同时使反应产物氢气和炭黑的产品质量进一步提高。目前该课题存在的主要问题是生产规模较小，还不能实行较大规模的工业化运作，不过最近有一个 50kW 的太阳能热电厂进行天然气热裂解的 SOLHYCARB 项目正准备筹建，该项目的主要目的是进一步提高天然气的转化率，改善氢气和炭黑的分离过程，提供太阳能热裂解天然气的生产规模。

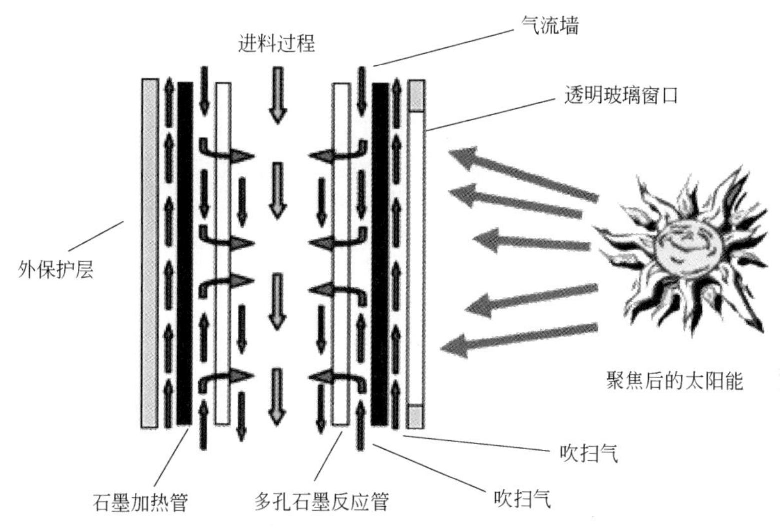

图 11-7 气体流保护式天然气裂解反应器示意

11.1.4 电厂用天然气重整

天然气中除了甲烷之外，还经常有其他的物质，如 CO_2，甚至有些其他杂质，有的天然气 CO_2 的含量较少，有的 CO_2 含量甚至能达到 70%或者更多，因此燃气热电厂一般使用燃气前需要先去除 CO_2，这就增加了电厂运行的费用。目前大部分的电厂都是直接将 CO_2 排放至大气，如果碳排放机制开始实施，去除 CO_2 的费用会进一步增加。图 11-8 为燃气热电厂运行示意图。

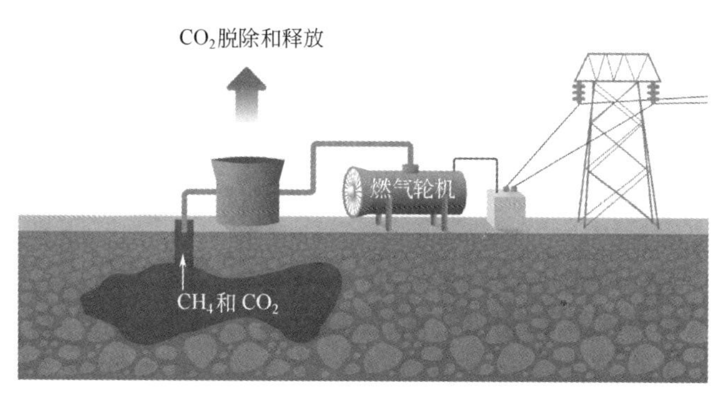

图 11-8 燃气热电厂运行过程

我们知道，CH_4 和 CO_2 混合物加热至 1000℃及以上的话，它们能反应产生 H_2 和 CO，整个反应过程吸热，通过这种重整反应过程，太阳能被吸收进入重整后的混合天然气系统中，混合后的天然气热值升高。某公司开发的天然气重整系统如图 11-9 所示，太阳能经过反射塔，然后被聚集进入反应室，反应室内的太阳光由多孔的热反应器组成，其内部温度能到达 1200°C 甚至更高，CH_4 和 CO_2 经过反应器，进入发电厂开始发电。

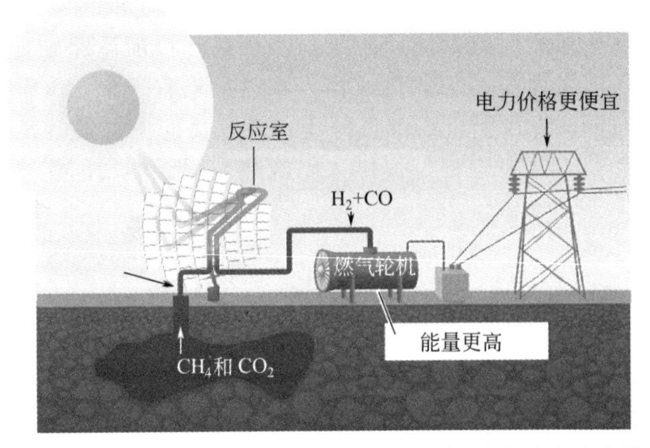

图 11-9 美国一公司利用太阳能进行天然气重整反应示意图

这种重整后的天然气具有较大的优势，主要表现在：

① 燃气无需对 CO_2 进行预处理，节省了处理费用；

② 大概有 30%甚至更多的太阳能被吸收进入混合天然气中，充分利用了可再生的太阳能；

③ 反应过程燃烧更加充分，减少了反应中间体的产生；

④ 整个反应安全稳定，在阴雨天气，电厂的透平仍能正常工作，不会影响发电。

11.1.5 太阳能与天然气混合加热或制热系统

燃气炉能够非常迅速且方便地为人们提供热水，并可用热水提供采暖和制冷。太阳能加热系统可以非常经济地为人们提供热水。对普通家庭用户而言，如果单独采用燃气炉生产热水将消耗大量的常规能源；单独地使用太阳能加热系统，一方面负荷的用能难以保证，另一方面非晴天，尤其是冬季太阳能加热系统的使用将受到限制。因此将二者结合的混合能源提供系统将是非常好的家庭用能解决方案。这种系统主要有两种结合方式，包括：①太阳能辅助的天然气能源提供系统；②天然气辅助的太阳能加热系统。

如图 11-10 为天然气辅助太阳能加热系统示意图，当太阳能加热系统提供热水的水量和

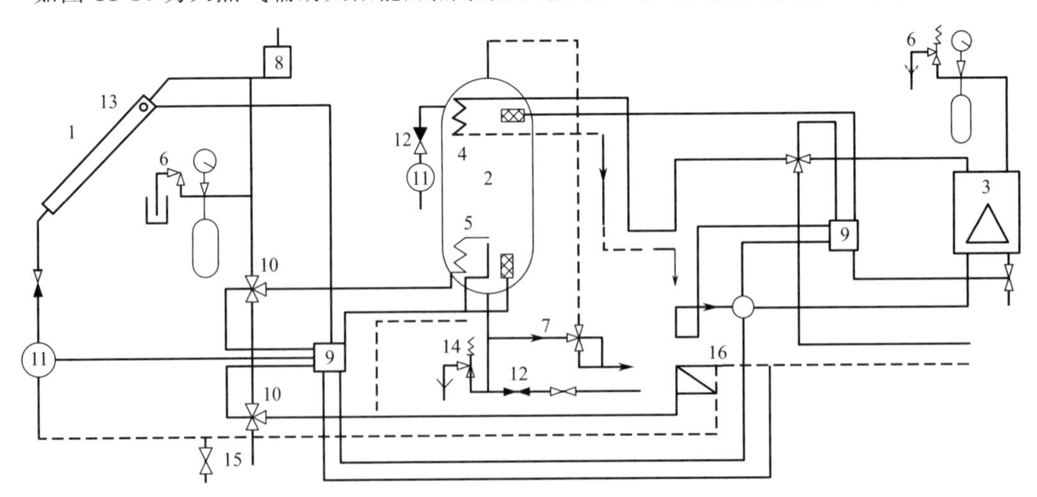

图 11-10 燃气炉与太阳能联合系统

1—太阳能集热器；2—蓄热箱；3—燃气炉；4—顶部盘管；5—底部盘管；6—过压安全阀；7—过热保护；8—放散阀；9—控制器；10—三通阀；11—泵；12—单向阀；13—温度计；14—安全阀；15—截止阀；16—热交换器

水温能满足要求时，就不需要启动燃气炉加热系统，太阳能加热系统也可以加热蓄热箱里的水，当平板集热器上探测器的温度高于蓄热箱底部探测器的温度时，太阳能系统循环泵被打开，此时平板集热器中的热水通过蓄热箱底部的盘管换热器给蓄热箱加热。太阳能加热系统还能为燃气加热炉的进水加热，提高燃气加热炉的进水温度，节省燃料。

当位于蓄热箱顶部的温度计显示的温度较低，不能满足用户的要求时，燃气炉的三通阀由供热水部分转向顶部盘管，燃气炉水泵启动，燃烧器加热蓄热箱顶部的盘管换热器给蓄热箱加热，一旦蓄热箱中的热水温度达到了要求，温度控制器将把三通阀转向热水供应，另外，还可从蓄热箱取水经燃气炉加热后直接供应给用户。该系统向用户提供的热水可来自太阳能集热器，也可来自从蓄热箱，还可以来自燃气炉加热系统，向用户提供的热水应优先考虑从太阳能集热器和蓄热箱获得。当太阳能加热系统和蓄热箱系统的热水水温不能满足要求时，才启动燃气炉加热系统，此时可直接获取热水，也可通过蓄热箱顶部的盘管换热器给蓄热箱加热，使蓄热箱中的水温达到使用要求，采暖系统设计的思路是首先用太阳能集热器产生的热水来采暖，当水温不足，或者水量不够时，再启动燃气炉，加热已经过太阳能集热器加热过的水，以满足采暖的要求。

图 11-11 太阳能辅助天然气加热系统

太阳能部分的工作情况，当达到要求的温度，而且超过了回流温度在采暖部分进行换热之前，太阳能部分的三通阀由底部盘管转向散热器，除了保证要求之外三通阀将优先考虑转向保证热水供应的方向，燃气炉工作情况。在采暖完成以后，当温度计显示温度过低时，燃气炉开始工作，直到蓄热箱顶部的换热器的水温达到预定值为止。

最近随着天然气价格的上涨，人们开始逐渐降低天然气的使用量，以减少在家庭用能上的费用，相关研究表明，太阳能辅助天然气加热系统能有效地降低用能费用，但初期投资可能比较大，如图 11-11所示为一个公司开发的太阳能辅助天然气加热系统。

11.2 风能

11.2.1 风能利用概述

11.2.1.1 风电的发展

人类利用风能的历史非常悠久，风车的使用可以追溯到 3000 年前，那时风车主要用来做机械功，比如提水、磨碎粮食，海上船只的航行等。最早记录利用风车发电大概在 19 世纪晚期，美国的 Brush 研制的一台 12kW 的直流分离机[8]。

由于化石燃料的日益枯竭和人类对全球环境恶化的关注，从 20 世纪 70 年代以来，各国政府和国际组织都不断投入大量的资金用于新能源和可再生能源的开发，寻求一条社会经济进步与资源、环境和人口相协调的可持续发展的道路，尤其是将相对于常规能源最具有竞争力的风能，作为促进能源结构多样化和环境与生态改善的重要途径。

11.2.1.2 风电技术的发展

图 11-12 所示为风力发电系统。随着风电技术的进步，几种新型的风电机组相继出现，技术逐步成熟并逐步商品化。为了能够降低风电场的建设成本，提高机组可靠性，真正与常规能源发电进行竞争，风电场和单机的容量都向大型化方面发展。从风电场方面来说，整个风电场安装的机组越来越多，总容量越来越大，采用的技术越来越先进。对于单机来说，机组普遍采用更加先进的技术，增大容量，以提高机组的效率和可靠性。一些新技术的应用，如变桨变速、柔性叶片、无齿直驱、多极永磁发电机、无刷双馈电机、最优转速控制等，极大地提高了风力发电的技术水平，这些成果的应用进一步推动了风电的发展。

图 11-12 风力发电系统

随着国际上风力机市场竞争的激烈化，以商业应用为目标的各种大型风力机已经商品化或正示范性运行，对比传统的失速型风力机，新一代的大型机组在控制上一般都采用变转速＋变桨距控制。在结构上采用以下三种形式：

① 轮毂＋齿轮箱＋采用双馈电机＋30％容量变频器（双馈电机式）；

② 轮毂＋直驱永磁电机＋全容量变频器（直驱永磁式）；

③ 轮毂＋一级齿轮箱＋中速双馈电机＋30％容量变频器（混合驱动式）。

相应的变速恒频控制都采用 IGBT 元件的变频器结构，不同的是采用的变频器容量大小与电网以及发电机接入的方式上的差别。不同的结构各有优缺点。这三种形式的机组都有相应的公司正在开发，其中双馈型机组最多[9]。直驱永磁方式是一个非常好的发展方向，如果随着技术的进步进一步解决它的一些缺点的话，将会有极大的竞争优势。它的主要优点是省去了价格昂贵、加工难度大、故障率最高的齿轮箱，极大地提高了机组的整体可靠性。采用变速变桨结构，提高机组在额定风速下的效率[10]，提高机组在额定风速上的稳定性，减少疲劳载荷。采用永磁电机，省去了励磁系统，提高了机组效率。采用全容量变频器结构，机组对电网的冲击极小。其缺点是由于级数多，永磁发电机体积庞大，给制造、运输和吊装带来了很多困难。由于发电机采用永磁材料，价格比较贵，现在能够生产的厂家不多。另外，由于必须采用全容量的变频器，使得变频器价格高，技术难度大，电控系统复杂等。双馈电机方式是现在大机组采用最多的方式，其主要优点是采用变速变桨结构，提高机组在额定风速下的效率和在额定风速上的稳定性，减少疲劳载荷。双馈电机体积较小，价格较低，并且可以自主控制输出的有功和无功。另外，由于采用较小容量的变频器，使得变频器价格较低。其主要缺点是仍然必须采用价格昂贵、加工难度大、故障率最高的多级齿轮箱。混合驱动方式是对双馈电机方式的改进，它具有双馈电机方式的优点，同时折中考虑齿轮箱和发电机，采用一个带整体主轴承的单级齿轮箱和一个中等转速的双馈电机，兼顾考虑性能与价格的关系。

11.2.2 风电-燃气轮机互补发电

11.2.2.1 互补发电的提出及意义

倪维斗院士和新疆金风科技有限公司的前董事长于午铭先生结合我国风电发展的特点和新疆的实际情况，提出了一种新的能源互补系统，风力发电-燃气轮机互补系统，简称风气互补发电系统[11]。风气互补发电系统由风电场和燃气轮机电站组成，如图 11-13 所示。

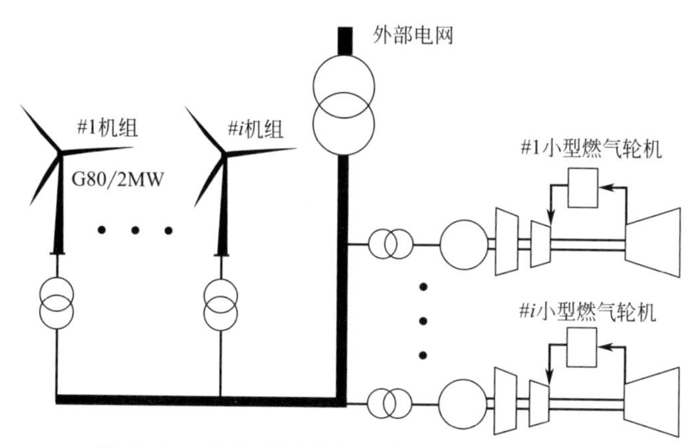

图 11-13 风电-燃气轮机互补发电系统的示意图

风电机组通过一次升压一起连到内部的网络，与来自附近小型燃气轮机电站一起通过二次升压连到外部的电网中，形成稳定的输出负荷。风气互补系统的目的就是通过具有快速启停和快速负荷调节特性的燃气轮机电站来补偿风电场出力的波动，使得整个系统的出力在一段时间内有稳定的输出，克服仅仅由风电场的出力波动对电网造成的不利影响，彻底解决大规模开发风电对电网稳定性所引起的技术问题，同时通过调节燃气轮机的输出，使得整个发电系统具有良好的可调度性。这一技术方案在现有的技术条件下，对于风电的大规模开发具有十分重要的意义。

11.2.2.2 风气互补发电原理与方案设计

根据风气互补发电系统的结构和要求，影响系统方案设计的主要因素有：

电网平均的调度出力要求：D_{total}

风电场的总装机容量：P_w

风力发电机单机功率：$P_{one,w}$

风电场机组平均运行可靠性为：α_w

当地的风能资源，即风电场平均容量系数：β_w

燃气轮机电站的总装机容量：P_g

燃气轮机的单机功率：$P_{one,g}$

燃气轮机机组平均可靠性为：α_g

燃气轮机的平均容量系数为：β_g

$$P_w=\frac{D_{total}-P_g\alpha_g\beta_g}{\alpha_w\beta_w} \tag{11-4}$$

风气互补发电系统必须首先选择系统设计方案，也就是确定系统总容量、燃气轮机总容量、燃气轮机单机容量与型号和台套数、风电场的总容量以及机组的单机容量和台套数等参数。设计风气互补发电系统的方案有两种方式：一是选定风电场的总容量，再根据上面关键参数之间的关系，确定燃气轮机电站总容量和设备台套数；二是选定燃气轮机电站总容量和设备台套数，再根据上面关键参数之间的关系，确定风电场的总容量和设备台套数。

由于燃气轮机电站可选的范围非常窄，单机容量相对于风力发电机来说又非常大，每增加一台机组就要求增加相当台套数的风力发电机，所以建议在设计风气互补发电系统方案时采用第二种方式。

11.2.2.3 风气互补总发电量分析

互补系统在一段时间内总发电量 $E_{e\text{-}h}$ 为

$$E_{e\text{-}h}=E_{e\text{-}w}+E_{e\text{-}g}=\int_{t=0}^{T}P_{w}(t)\mathrm{d}t+\sum_{i=1}^{n_g}E_{e\text{-}g,i}=\int_{t=0}^{T}P_{w}(t)\mathrm{d}t+\sum_{i=1}^{n_g}\int_{t=0}^{T}P_{g,i}(t)\mathrm{d}t \quad (11\text{-}5)$$

式中，$E_{e\text{-}w}$ 为风电场在一个时间段内总发电量；$E_{e\text{-}g}$ 为燃气轮机在一个时间段内总发电量；t 为时间变量；T 为时间周期，一般为 1 年；$P_{w}(t)$ 为 t 时刻风电场发电功率；n_g 为燃气轮机台数；$E_{e\text{-}g,i}$ 为第 i 台燃气轮机总发电量；$P_{g,i}(t)$ 为 t 时刻第 i 台燃气轮机发电功率。

燃气轮机电站总的天然气消耗 G_{gas} 为：

$$G_{gas}=\sum_{k=1}^{n_g}G_{gas,k}=\sum_{k=1}^{n_g}\frac{\int_{t=0}^{T}\frac{P_{g,k}(t)}{\eta_{g,k}(t)}\mathrm{d}t}{E_{gas}} \quad (11\text{-}6)$$

式中，$G_{gas,k}$ 为第 k 台燃气轮机天然气的消耗量；$P_{g,k}(t)$ 为第 k 台燃气轮机发电功率；E_{gas} 为单位立方米天然气的热值；$\eta_{g,k}(t)$ 为第 k 台燃气轮机部分负荷发电效率。

$$\eta_{g,k}(t)=f(L_{g,k}(t)) \quad (11\text{-}7)$$

式中，$L_{g,k}(t)$ 为第 k 台小型燃气轮机部分负荷百分比；$f(L_{g,k}(t))$ 为发电效率和部分负荷的函数关系。那么，平均单位千瓦时的天然气消耗量 $\overline{g}_{gas}$ 为：

$$\overline{g}_{gas}=\frac{G_{gas}}{E_{e\text{-}g}} \quad (11\text{-}8)$$

容量系数是表征一台发电设备利用率高低的参数。容量系数 α 的定义是在一段时间一般为 1 年内，从一台设备得到的总发电量 E_D 和在相同时间内的设备以额定功率发电 E_{max} 所得到的发电量之比。那么，风电场的容量系数 α_w 为：

$$\alpha_w=\frac{E_{e\text{-}w}}{E_{max\text{-}w}}=\frac{\int_{t=0}^{T}P_{w}(t)\mathrm{d}t}{P_{nom\text{-}w}T} \quad (11\text{-}9)$$

式中，$P_{w}(t)$ 为风电机组发电功率；$P_{nom\text{-}w}$ 为风电机组的额定功率。则燃气轮机平均容量系数 α_g 为：

$$\alpha_g=\frac{E_{e\text{-}g}}{E_{max\text{-}g}}=\frac{\sum_{i=1}^{n_g}\int_{t=0}^{T}P_{g,i}(t)\mathrm{d}t}{P_{nom\text{-}g}T} \quad (11\text{-}10)$$

式中，n_g 为燃气轮机的安装台数。那么，互补发电系统平均容量系数为：

$$\alpha_h=\frac{E_{e\text{-}h}}{E_{max\text{-}h}}=\frac{\int_{t=0}^{T}P_{w}(t)\mathrm{d}t+\sum_{i=1}^{n_g}\int_{t=0}^{T}P_{g,i}(t)\mathrm{d}t}{(P_{nom\text{-}w}+P_{nom\text{-}g})T} \quad (11\text{-}11)$$

年利用小时数 τ 为

$$\tau = N_y \alpha \tag{11-12}$$

式中，N_y 为一年总小时数 8760h。则燃气轮机的平均效率 $\bar{\eta}_g$ 为：

$$\bar{\eta}_g = \frac{\alpha_g P_{nom\text{-}g}}{G_{gas} E_{gas}} \tag{11-13}$$

式中，G_{gas} 为燃气轮机天然气的总消耗量；E_{gas} 为单位立方米天然气的热值。

11.2.3 目前中国风气互补发电项目进展

2010 年 10 月 22 日，长庆采气三厂完成作业一区苏 14-4 集气站风电优先风气互补供电系统改造项目，预计每年可节省电费 20 万元。

背靠毛乌素荒漠，苏里格地区风力资源丰富。在积极推进节能降耗活动中，长庆采气三厂对已建集气站耗电量进行细致分析，发现集气站用电主要集中在照明、电伴热、电动阀门和加热炉等设备上。为了节约用电，相关技术人员对照明、电伴热等设备的用电负荷认真分析和反复论证，并根据苏里格气田的环境及地理位置，因地制宜，引入绿色照明、空压机变频调速和压缩机自用气改造等技术，提高综合节电率。

此外，采气三厂还对生活辅助设施进行节能小改造。苏里格气田生产指挥中心生活区和陶利、昂素等倒班点路灯已改造成太阳能型，公寓楼的热力系统使用太阳能，单井、集气站及道路自控用电采用太阳能、风能发电方式。

新疆具有良好的风电资源，且天然气资源也很丰富，目前新疆天然气-风能互补发电得到了良好的发展。

11.3 地热能

11.3.1 地热能简介

据目前科学研究发现，地球本身就是一座巨大的储热库。地球内部的温度高达 7000℃，而在 80～100km 的深度处，温度会降至 650～1200℃。透过地下水的流动和熔岩涌至离地面 1～5km 的地壳，热力得以被转送至较接近地面的地方，在那里，热能可能绝热储存达百万年之久。地热能就是来自地球内部的熔浆所蕴藏的天然热能[12]。

地热能是来自地球深处的可再生性热能，它起于地球的熔融岩浆和放射性物质的衰变。地下水的深处循环和来自极深处的岩浆侵入到地壳后，把热量从地下深处带至近表层。其储量比目前人们所利用能量的总量多很多，大部分集中分布在构造板块边缘一带，该区域也是火山和地震多发区。它不但是无污染的清洁能源，而且如果热量提取速度不超过补充的速度，地热能是可再生的，用之不竭的。

地热资源是在可以预见的未来时间内能够被人类开发利用的地球内部的热能资源。主要包括地下的天然蒸汽、热水、热卤水等，以及由这些产物带出的与流体伴生的副产品。目前，国际上所指的地热资源，仅以地壳浅部深 5000m 以内贮存的天然热量 14.2×10^{23} kJ 为依据，这相当于 5000 亿吨标准煤的热量。据估算，全球地热可采资源量为 500×10^{18} J/a，已超过全球一次性能源的年消耗量（400×10^{18} J/a）。可见，地热资源开发利用的潜力很大。

中国地处欧亚板块的东南边缘，在东部和南部与太平洋板块和印度洋板块连接，是地热资源丰富的国家之一。近年来，中国的地质普查和勘探结果表明，全国有 19 个省、市、区具有较好的地热资源，发现的地热点有 3000 多处，已进行勘查的地热田 50 多个，查明的地热储量相当于 31.6 亿吨标准煤，推测储量 116.6 亿吨标准煤，远景储量约相当于1353.5亿吨标准煤。其中，地热资源特别丰富的为西藏、云南、台湾的高温地热，广东、海南、福建、江西、湖南、湖北、山东、河北、辽宁、北京、天津等地的中低温地热分布较广，内蒙古、新疆、四川、重庆、陕西等地也有一些地热点分布，详细情况尚待进一步查明。

11.3.2 地热能的利用

人类很早以前就开始利用地热能，例如，利用温泉沐浴、医疗，利用地下热水取暖、建造农作物温室、水产养殖及烘干谷物等。但真正认识地热资源并进行较大规模的开发利用，却是始于20世纪中叶[13]。

地热能的利用可分为地热发电和直接利用两大类。对于不同温度的地热流体，可能利用的范围如下。

① 200～400℃：直接发电及综合利用。

② 150～200℃：双循环发电，制冷，工业干燥，工业热加工。

③ 100～150℃：双循环发电，供暖，制冷，工业干燥，脱水加工，回收盐类，罐头食品。

④ 50～100℃：供暖，温室，家庭用热水，工业干燥。

⑤ 20～50℃：沐浴，水产养殖，饲养牲畜，土壤加温，脱水加工。

其中地热能的利用以地热发电为最主要的方式。高温地热流体应首先应用于发电。地热发电至今已有近百年的历史，世界上最早开发并投入运行的是1913年意大利拉德罗瑞地热发电站，只有1台250kW的机组。至20世纪70年代后，由于世界能源危机发生，矿物燃料价格上涨，使得一些国家相继开发地热资源，各种类型的地热电站不断出现。据统计，全世界地热发电装机容量2002年为8000MW，年产能量达到50000GW·h，其中美国地热发电装机容量居世界首位。

(1) 蒸汽型地热发电

蒸汽型地热发电是把蒸汽中的干蒸汽直接引入汽轮机发电机组发电，但在引入发电机组前，应该把蒸汽中所含的岩屑和水滴分离出去。这种发电方式最为简单，但干蒸汽地热资源十分有限，且多存于较深的地层，开采技术难度大，故发展受到限制。

(2) 热水型地热发电

热水型地热发电是地热发电的主要方式。目前热水型地热发电站有两种循环系统。

① 闪蒸系统　当高压热水从热水井中抽至地面，由于压力降低，部分热水会沸腾并“闪蒸”成蒸汽，蒸汽送至汽轮机做功；而分离后的热水可继续利用后排出，当然最好是再回注入地层。

② 双循环系统　地热水首先流经热交换器，将地热能传给另一种低沸点的工作流体，使之沸腾而产生蒸汽。蒸汽进入汽轮机做工后进入凝汽器，再通过热交换器而完成发电循环。地热水则从热交换回注入地层。这种系统特别适合于含盐量大、腐蚀性强和不凝结气体含量高的地热资源。

我国地热发电自1992～2001年的十年中，增加不到1MW。我国地热发电何以停滞不前，归纳起来有以下几个方面。

① 高温地热资源不多　目前世界各国进行商业性地热发电的热源大多与浅成年轻酸性侵入体有关，而且大多地热系统都具有高孔隙率和高渗透率的地质环境，如菲律宾、印度尼西亚等，而我国大陆已探明的高温地热系统均不属于这种类型。

② 高温地热资源地域分布的局限性　高温地热能最大的特点之一就是其出露位置受控于区域地质构造，资源分布具有地域性。它不同于可以远程运输的化石能源，只能就地近开

发利用，所以这也在一定程度上制约其发展。我国大陆唯一的藏滇高温地热带主要分布于藏南、川西和滇西，均属地势高、人烟稀少、经济落后的偏远高原和山区。

③ 高温地热资源勘探的风险性　根据我国多年高温地热钻探的结果显示，我国热储大多为基岩裂隙型，除羊八井浅层热储具有层状分布特征外，云南腾冲等地的钻井资料显示均为垂向的带状热储，这类热储的勘察难度大、风险高、成井率低。

④ 政策问题　地热开发的前期需要投入大量资金用于勘探。从1986年以后，国家取消了这项勘探投资，风险全部由开发单位承担。与此同时，国家也未出台以市场机制为基础的激励政策。当今世界各国新能源和可再生能源发展历程显示，政府政策与法规的制定和执行，将对新能源可持续发展非常重要。

11.4 生物质能

11.4.1 生物质能概述

生物质能源是蕴藏在生物质中的能量，是绿色植物通过叶绿素将太阳能转化为化学能而储存在生物质内部的能量。煤、石油和天然气等化石能源也是由生物质能转变而来的。

生物质包括植物、动物及其排泄物、垃圾及有机废水等几大类。从广义上讲，生物质是植物通过光合作用生成的有机物，它的能量最初来源于太阳能，所以生物质能是太阳能的一种。

生物质是太阳能最主要的吸收器和储存器。太阳能照射到地球后，一部分转化为热能，一部分被植物吸收，转化为生物质能；由于转化为热能的太阳能能量密度很低，不容易收集，只有少量能被人类所利用，其他大部分存于大气和地球中的其他物质中；生物质通过光合作用，能够把太阳能富集起来，储存在有机物中，这些能量是人类发展所需能源的源泉和基础[14]。基于这一独特的形成过程，生物质能既不同于常规的矿物能源，又有别于其他新能源，兼有两者的特点和优势，是人类最主要的可再生能源之一。

生物质具体的种类很多，植物类中最主要也是我们经常见到的有木材、农作物（秸秆、稻草、麦秆、豆秆、棉花秆、谷壳等）、杂草、藻类等。非植物类中主要有动物粪便、动物尸体、废水中的有机成分、垃圾中的有机成分等。

由于地球上生物数量巨大，由这些生命物质排泄和代谢出许多有机质，这些物质所蕴藏的能量是相当惊人的。根据生物学家估算，地球上每年生长的生物能总量约1400亿～1800亿吨（干重），相当于目前世界总能耗的10倍。我国的生物质能也极为丰富，现在每年农村中的秸秆量约6.5亿吨，2010年约7亿吨，相当于5亿吨标煤。柴薪和林业废弃物数量也很大，林业废弃物（不包括炭薪林），每年约达3700m^3，相当于2000万吨标煤。如果考虑日益增多的城市垃圾和生活污水，禽蓄粪便等其他生物质资源，我国每年的生物质资源达6亿吨标煤以上，扣除了一部分做饲料和其他原料，可开发为能源的生物质资源达3亿多吨标煤[15]。

从生物质能的资源总体构成来看，目前我国农村中生物质能约占全部生物质能的约70％以上，其他主要是城镇生活垃圾、污水和林业废弃物，而从先进国家目前的生物质资源和利用来看，其主要构成均都是以林业废弃物和薪炭林为主。我国随着薪炭林技术的发展和工业化水平的提高，这方面的比例也会越来越大，所以这方面的开发利用量也是不容忽视的。

随着人类大量使用矿物燃料带来的环境问题日益严重，各国政府开始关心重视生物质能源的开发利用。虽然各国的自然条件和技术水平差别很大，对生物质能今后的利用情况将千差万别，但总的来说，生物质能今后的发展将不再像最近200多年来一样日渐萎缩，而是重新发挥重要作用，并在整个一次能源体系中占据稳定的比例和重要的地位。

11.4.2 生物质能的利用

生物质能的转换技术主要包括直接氧化（燃烧）、热化学转换和生物转换。

直接氧化（即燃烧）是生物质能最简单又应用最广的利用方式，目前亚洲、非洲的大多数发展中国家，用直接燃烧方式所获得的生物质能约占该国能源消费总量的40%以上。

热化学转换方法主要是通过化学手段将生物质能转换成气体或液体燃料。其中高温分解法既可通过干馏获得像木炭这样的优质固体燃料，又可通过生物质的快速热解液化技术直接获得液体燃料和重要的化工副产品。而生物质的热化学气化，则是将生物质有机燃料在高温下与气化剂作用而获得合成气，再由合成气获得其他优质的气体或液体燃料。

生物转换主要借助于厌氧消化和生物霉技术，将生物质转换为液体或气体燃料，前者包括小型的农村沼气和大型的厌氧污水处理工程，后者则可将一些含有糖分、淀粉和纤维素的生物质转化为乙醇等液体燃料。

目前生物质能利用中的主要问题是能量利用率很低，使用上也很不合理。除直接燃料用木材、秸秆造成资源的巨大浪费外，热化学转换和生物转换的转化效率低、生产成本高也影响了生物质能的大规模有效利用。但由于生物质能的巨大潜力，世界各国均已把高效利用生物质能摆到重要位置。例如欧洲目前生物质能约占总能源消费量的2%，预计15年后将达15%；欧盟能源发展战略绿皮书更预计到2020年生物质能燃料将代替20%的化石燃料；美国在生物质能利用方面发展更快，目前生物质发电量已装机9000MW，预计到2020年将达到30000MW。21世纪，在现代高科技群体的支持下生物质能的利用必将上一个新台阶，并在解决发展中国家的农村能源问题中发挥重要作用。

我国的化石资源非常有限。已成为石油纯进口国。但我国的植物生物质，特别是非木材植物生物质资源丰富，仅农作物秸秆、蔗渣、芦苇和竹子等生物质，其总量已超过10亿吨。更为重要的是，我国有大量不适合农耕的土地，可以种植速生林。以它们产出的木材做生物质原料，既可以取代石油和煤等矿物原料，又能推动大规模植树造林。关键问题是如何廉价洁净地把生物质转化成燃料和化工产品。

11.4.3 生物质原料制备生物天然气

竹子、木材边角料、树皮、秸秆等废弃物是林业、农业生产中常见的副产物，它们含有丰富的纤维素、半纤维素以及木质素等天然高分子，数量巨大，每年不断产生，如果合理地进行综合利用，这些生物质资源可以生产天然气和新型优质木质素[16]。在竹木、秸秆等植物原料中多数含有纤维素、半纤维素和木质素这三大组分。纤维素可以用于造纸、制备复合纤维以及一系列纤维素衍生物。半纤维素可以提取木聚糖、低聚木糖或加工成木糖醇，作为保健食品有重要的应用价值，也可以直接微生物转化成天然气。纤维素可以制备纤维素衍生物、纸浆或经过微生物转化为天然气。木质素是一种天然高分子，在高分子化工、建材工业、轻工业、农业等行业有广泛用途。

从这些废弃物中提取纤维素、半纤维素，采用新型蒸气爆破工艺把半纤维素降解，让半纤维素、纤维素直接转化成生物天然气，该技术成熟，工艺简单，成本低。课题组开发的木质素应用的系列专利技术制备各种木质素衍生物，可以替代部分石油化工原料（如苯酚、双酚-A等），应用于高分子材料的改性，这种综合利用生物质资源的方案，真正做到把生物质三大组分“吃干、榨尽”，不仅减少石油化工原料的消耗，还提高相关企业的经济效益，有利于可持续发展。

这样不仅可以解决我国丰富的生物质资源的合理、高效利用，不仅增加经济效益，而且有利于节能减排及可持续发展。

11.4.4 生物质天然气的优势

生物质天然气的气体成分比化石天然气单纯，用数控汽爆装置对生物质原料进行蒸汽爆破预处理，然后经过微生物发酵，产生的气体主要成分为 CH_4 70%、CO_2 30%。液化分离 CO_2 及去除少量其余气体后的 CH_4 为优质天然气，高于国家车用天然气（CNG）的标准，可 100%地替代汽油，对机动车发动机的保护更为彻底，大为延长机油更换时间。而且生物质天然气分散生产、分散销售，无运输管道成本。相比于汽油，车辆燃料费用下降 40%以上；销售方式可直接面对广大 CNG 及双燃料车辆，无中间环节及费用，不受垄断企业控制，无市场销售风险；此外，天然气可显著降低机动车排放，是政府大力推广的移动能源方向。

11.4.5 经济效益和社会效益分析

每千克生物质通过转化成生物天然气 B-CNG 可实现能量转化率为 75%～87%，在目前已知的生物质能热量转化中居首，成本最低、每千克生物质原料赢利最高、制取生物质天然气的原料来源广泛、技术稳定、过程容易控制；其每单位转化热量的固定资产投资最低；转化成本最低；转化价值最高。考虑项目实施的经济效益，原料收集以及运输费用必须加以控制，先设定以年处理 3 万吨秸秆等生物质原料为第一目标，帮助企业建设标准生产线，这种规模的项目需要投资 7500 万～8000 万元，其中设备投资占 6500 万元。年生产生物天然气 1000 万立方米，木质素 2000t，产值 4000 万元左右。天然气生产成本每立方米 0.8～0.9 元，产生利税 2.5～2.8 元。木质素成本 3500～4200 元，销售价格每吨 5500 元。

秸秆制备生物天然气项目所需的能耗、原料成本：

① 蒸汽爆破装置所需蒸汽压力为 2.5MPa，每吨秸秆耗蒸汽为 1.5t；

② 产酸发酵需 35～37℃环境温度，依据地区自然温度与保温差异其耗汽量约为每吨秸秆耗 0.35～0.40t 蒸汽用于加热；

③ 收购秸秆等干基生物质成本为每吨 300～350 元，系目前主要成本（干基含水量为 12%）。

目前，生物质能源单位热值转化投资最高的是秸秆直燃发电，其次是纤维乙醇，最低的是天然气。固定资产投资越低，其回收投资的时间越短。换算到生物质天然气工程上时为年产每立方米天然气投资为 7.5～8.5 元/m^3（不包括征地等基础设施）。由于天然气的市场属性，其投资是按投资能力而定与市场容量无关。例如当可筹集资金为 1.0 亿～1.2 亿元时，则可建年产 1700 万～1800 万立方米天然气的生产工厂，年利润 3500 万～3600 万元，约 3.5～4.0 年收回投资，属能源领域投资回收期最短的项目。

11.5 氢能

煤炭石油等矿物燃料的广泛使用，已对全球环境造成严重污染，甚至对人类自身的生存造成威胁。同时矿物燃料的存量，是一个有限量，也会随着过度开采而枯竭。因此，当前在设法降低现有常规能源（如煤、石油等）造成污染环境的同时，清洁能源的开发与应用是大势所趋。氢能是理想的清洁能源之一，已广泛引起人们的重视。氢不仅是一种清洁能源而且也是一种优良的能源载体，具有可储的特性。储能是合理利用能量的一种方式。太阳能、风能分散间歇发电装置及电网负荷的峰谷差或有大量廉价电能都可以转化为氢能储存，供需要时再使用，这种储能方式分散灵活。氢能也具有可输的特性，如在一定条件下将电能转化为氢能，输氢较输电有一定的优越性[17]。科学家认为，氢能在21世纪能源舞台上将成为一种举足轻重的能源。

11.5.1 天然气制氢

该法是在催化剂存在下天然气与水蒸气反应转化制得氢气。主要发生下述反应：

$$CH_4+H_2O \longrightarrow CO+3H_2 \tag{11-14}$$

$$CO+H_2O \longrightarrow CO_2+H_2 \tag{11-15}$$

反应在800～820℃下进行。从上述反应可知，也有部分氢气来自水蒸气。用该法制得的气体组成中，氢气含量可达74%（体积），其生产成本主要取决于原料价格，大多数大型合成氨和甲醇工厂均采用天然气为原料，催化水蒸气转化制氢的工艺[18]。我国在该领域进行了大量有成效的研究工作，并建有大批工业生产装置。我国曾开发采用间歇式天然气蒸气转化制氢工艺，制取小型合成氨厂的原料，这种方法不必采用高温合金转化炉，装置投资成本低。以天然气为原料制氢的工艺已十分成熟，但因受原料的限制目前主要用于制取化工原料。

制氢行业在原料和工艺上有多种选择，主要采用电解水、甲醇裂解、煤制氢、氨分解等生产工艺[19]，目前，国际上制氢技术在各个领域已得到广泛的应用，有影响力的有美国空气化工产品公司（Air Products）、法国的德希尼布（Tcchnip），德国的鲁奇（Lurgi）、林德（Linde）等。

国内制氢尤其在中小氢用量市场，很多企业制氢有成本高、污染重、危险高等弊端，面临淘汰和改造。具有代表性的是以生产加压水电解制氢装置的718所，以生产氨分解制氢装置的苏净集团，以变压吸附制氢的上海华西公司，还有四川亚联高科技等。

11.5.2 天然气制氢——加氢站建设

目前世界上最经济的氢气来源是通过天然气水蒸气重整反应来生产，比较成熟的应用有HCNG汽车，氢燃料（氢内燃、燃料电池）汽车及家庭燃料电池热电联产。

氢燃料汽车发展初期氢气的输配方式有两种：集中生产、管网输送；集中生产，车辆输送（利用现有城市天然气输配管网就地生产氢气）[20]，图11-14、图11-15分别为氢气集中生产并采用管网运输和车辆运输的输配方式图。

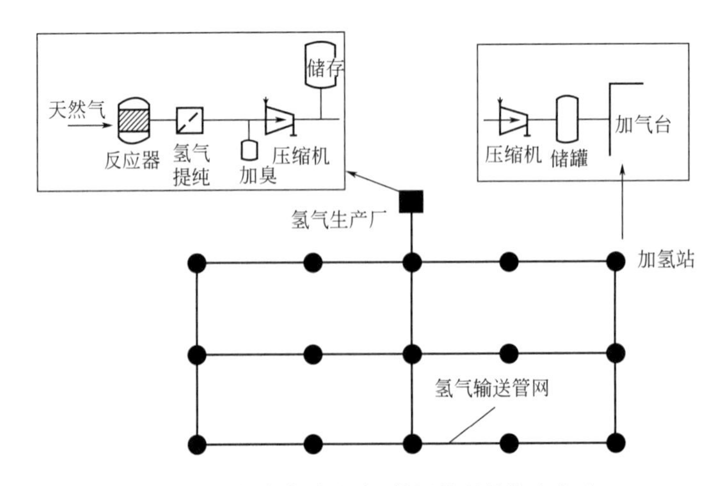

图11-14 氢气集中生产/管网输送的输配方式

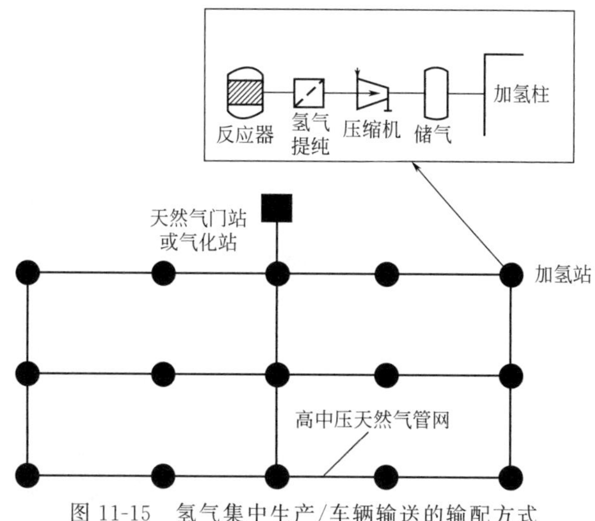

图 11-15　氢气集中生产/车辆输送的输配方式

图 11-16 为加气站级天然气制氢反应器外观，图 11-17 为加气站级天然气制氢反应器内部结构示意图。

图 11-16　加气站级天然气制氢反应器外观

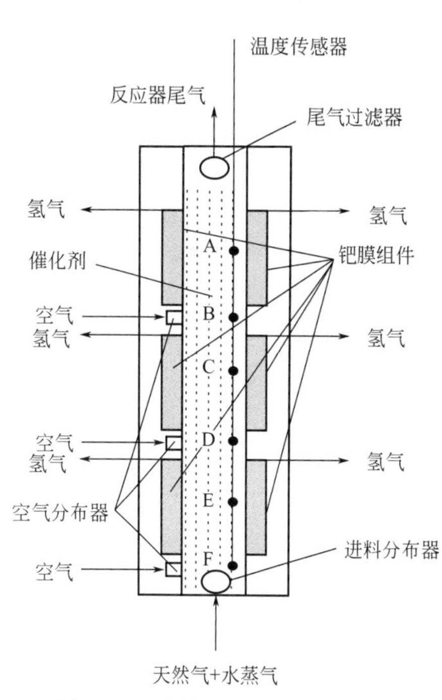

图 11-17　加气站级天然气制氢反应器内部结构示意图[21]

11.5.3 氢气压缩天然气

近年来，我国汽车工业高速发展，带来了一系列关于能源和环保的问题。采用清洁高效的新型替代燃料是缓解上述问题的有效方法，天然气和氢气被认为是非常具有应用前景的车用替代燃料。而天然气掺氢燃料（HCNG）更是由于其燃烧清洁的显著特性受到国内外研究者的日益重视。

HCNG 是将氢气与天然气按一定比例混合而得到的代用气体燃料[22]。具有燃烧速率快、着火极限宽等特点，从而可以提高燃料经济性和发动机的性能，降低发动机的排放，是一种较为理想的绿色能源。图 11-18 为 HCNG 汽车。

图 11-18 HCNG 汽车

通过氢气和天然气燃烧特性对比，可以看出，氢气的燃烧速度极高，大约是天然气的 8 倍，在天然气中掺入氢气可以提高混合气的燃烧速度，点火可以更靠近发动机上止点，减少压缩负功，提高燃烧定容度和热效率；氢气的点火能量低，不需要高能点火系统；氢气的可燃混合界限宽，稀薄燃烧极限达 0.068（相对燃空比）；淬熄距离只有天然气的 30%。因此，少量的氢气可以拓宽混合气的可燃混合比例，可实现稀薄燃烧，使发动机负荷调节方式从量调节转化为热效率更高的负荷调节方式，从而降低 NO_x 排放和双燃料运行时的 HC 排放[23]。图 11-19 显示了空燃比对天然气发动机尾气中 NO_x 影响的曲线。此外，由于稀燃造成燃烧温度低，使发动机排温较低，可有效地提高发动机可靠性，虽然同时也会导致总碳氢排放增加，但可利用排气中富余的 O 及装用氧化型催化转化器来解决；由于氢气的加入提高了燃料的 H/C 比，既从燃料本身减少了 CO 的生成，又可以因燃烧热效率的提高，一并降低温室气体的排放。

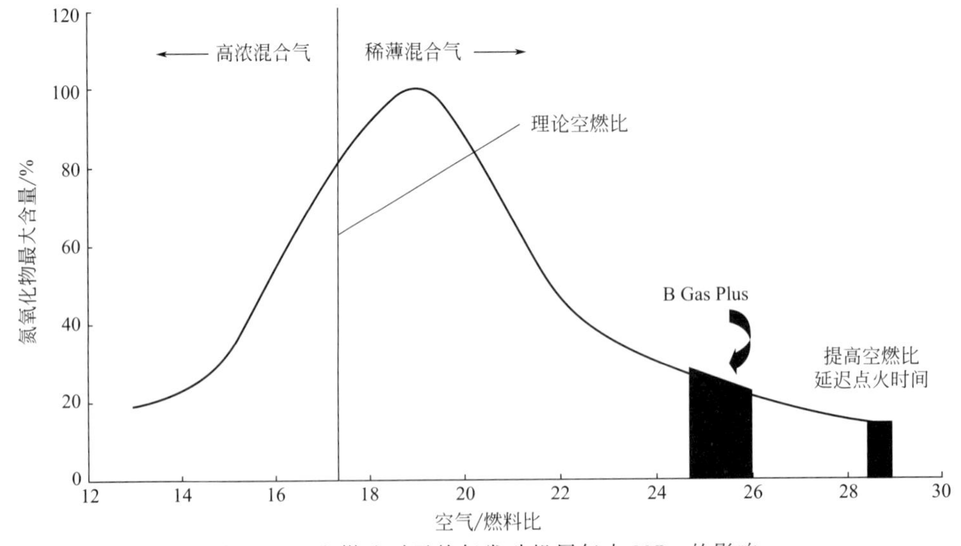

图 11-19 空燃比对天然气发动机尾气中 NO_x 的影响

西港公司在由 Cummins B 系列柴油机改装的 B Gas Plus 天然气发动机（见图 11-20）上进行了 HCNG 燃料对天然气发动机性能、瞬态工况排放、动态响应等影响的深入的研究。该发动机的外特性测试表明，在使用 20%体积掺氢比的 HCNG 燃料时，发动机与原燃用天然气的曲线基本一致，局部略高于原机性能，发动机瞬态工况排放测试结果表明，NO_x 排放较燃用天然气在平均燃油消耗率大致不变的情况下降低了 35%～65%，其他排放物如 CO、NMHC、THC 在大多数工况下也低于燃用天然气的水平。这是由于 HCNG 燃料中氢气的加入，可以更稀的空燃比工作，从而使燃烧温度低于燃用天然气，改善燃烧性能，降低排放，使 HCNG 更加环保。

图 11-20 西港公司的 B Gas Plus 天然气发动机

同时，发动机动态响应性测试表明，燃用 HCNG 具有与天然气一样的响应特性，无需对发动机进行重新的动力匹配。

国家客车检测中心依照相关标准上述 HCNG 客车以及对比基础车 CNG 客车进行了性能检测。检测内容包括 0～50km/h 加速试验、最高车速试验、中国典型城市公交循环工况下的燃料消耗量试验、最大爬坡能力试验。检测结果如下。

① 燃料经济性。在中国典型城市公交循环工况下，CNG 客车的燃料（CNG）消耗率为 39.13kg/100km，HCNG 客车的燃料（HCNG）消耗率为 36.13kg/100km。与基础车相比，HCNG 客车的燃料经济性改善 7.7%。

② 动力性。0～50km/h 的加速时间，CNG 客车为 16.5s，HCNG 客车为 17.85s；HCNG客车的最大爬坡度为 30%，与 CNG 基础客车相当；CNG 基础客车的最高车速为 83.4km/h，HCNG 客车的最高车速为 84.1km/h。

③ 排放。从表 11-1 可以看出，HCNG 城市客车排放实测情况在氮氧化物、一氧化碳等污染物排放方面已超过欧Ⅴ标准。

表 11-1 HCNG 汽车排放实测数据

项目	欧Ⅳ限值	欧Ⅴ限值	EEV 限值	HCNG 客车实测值
NO_x/[g/(kW·h)]	3.5	2.0	2.0	1.18～1.60
CO/[g/(kW·h)]	4.0	4.0	3.0	0.26～0.80
NMHC/[g/(kW·h)]	0.55	0.55	0.40	0.09～0.20
CH_4/[g/(kW·h)]	1.1	1.1	0.65	0.40～0.50

鉴于目前 HCNG 城市客车技术已经成熟，我们认为，在适合的地区可以实现示范、应

用。如首先在1～2个离HCNG气源地较近的地区进行小批量示范推广，在该区域建设一座HCNG车用加气示范站，设备规模控制在保证示范运行的基础上，留出一部分余量。在示范城市运行20～30辆HCNG城市客车，并在该市示范效应较好的公交线路上运行。同时，还应尽快推动包括HCNG车、站的相关标准工作的进度，力争国家的相关标准尽快出台，为HCNG汽车及加气站的发展奠定基础。

世界最大规模的氢-天然气混合燃料（HCNG）加气站、全国首个氢能示范项目已在山西省河津市建成，预计2012年将正式投运。该项目由山西省国新能源集团于2010年投资5600余万元建设。该集团为山西省国资委监管企业，100%控股山西省天然气股份公司。2010年，该集团制定规划，欲综合开发利用100亿立方米气体，并在原有的天然气、煤层气、焦炉气基础上增加了氢气，形成“四气合一”的发展目标。

参 考 文 献

[1] Sylvain Rodat Stephane Abanades, Jean-Louis Sans, Gilles Flamant, Hydrogen production from solar thermal dissociation of natural gas: development of a 10 kW solar chemical reactor prototype. Solar. Energy, 2009, 83: 1599-1610.

[2] Kogan M, Kogan A. Production of hydrogen and carbon by solar thermal methane splitting. I. The unseeded reactor. Int. J. Hydrogen Energy, 2003, 28 (11): 1187-1198.

[3] Kogan A, Kogan M, Barak S. Production of hydrogen and carbon by solar thermal methane splitting. Ⅱ. Room temperature simulation tests of seeded solar reactor. Int. J. Hydrogen Energy, 2004, 29 (12): 1227-1236.

[4] Kogan A, Kogan M, Barak S. Production of hydrogen and carbon by solar thermal methane splitting. Ⅲ. Fluidization, entrainment and seeding powder particles into a volumetric solar receiver. Int. J. Hydrogen Energy, 2005, 30 (1): 35-43.

[5] Trommer D, Hirsch D, Steinfeld A. Kinetic investigation of the thermal decomposition of CH_4 by direct irradiation of a vortex-flow laden with carbon particles. International Journal of Hydrogen Energy, 2004, 29: 627-633.

[6] Stephane Abanades, Gilles Flamant. Experimental study and modeling of a high-temperature solar chemical reactor for hydrogen production from methane cracking International Journal of Hydrogen Energy, 2007, 32: 1508-1515.

[7] Jeffrey Wyss Janna Martineky Michael Kerinsz Jaimee K. Dah Alan Weimeryy Allan Lewandowskizz Carl Bingham, Rapid Solar-thermal Decarbonization of Methane in a Fluid-wall Aerosol Flow Reactor – Fundamentals and Application international Journal of Chemical Reactor Enginerring, 2007, 5 (25): 1-26.

[8] Cristina L. Archer, Mark Z. Jacobson. Evaluation of Global Wind Power. Journal of geophysical research, 2005, 10: 1-20.

[9] Slootweg J G, Kling W. Modeling of large wind farms in power system simulations, In IEEE Power Engineering Society Summer Meeting, Chicago, USA, 2002, 1: 503-508.

[10] Dennis Y C Leung, Yuan Yang, Wind energy development and its environmental impact: A review, Renewable and Sustainable Energy Reviews, 2012, 16: 1031-1039.

[11] Kariniotakis G N, Stavrakakis G S, Nogaret E F. Wind power forecasting using advanced neural networks models, Energy Conversion, 1996, 11: 762-767.

[12] Enrico Barbier. Geothermalenergy technology and current status: an overview. Renewable and Sustainable Energy Reviews, 2002, 6: 3-65.

[13] Ingvar B. Fridleifsson, Status of geothermalenergy amongst the world's energy sources. Geothermics, 2003, 33: 379-388.

[14] Christopher B. Field1, J. Elliott Campbell, David B. Lobell, Biomassenergy: the scale of the potential resource, trends in ecology and evolution, 2008, 23: 65-72.

[15] Monique Hoogwijka, Andre Faaija, Richard van den Broek, et al. Exploration of the ranges of the global potential of biomass for energy, Biomass and Bioenergy, 2003, 23: 119-133.

[16] Guohui Song, Laihong Shen, Jun Xiao. Estimating Specific Chemical Exergy of Biomass from Basic Analysis Data, Industrial and Engineering Chemistry Research, 2011, 50: 9758-9766.

[17] Moirian M, Veziroglu T. Recent directions of world hydrogen production, Renewable and Sustainable Energy Reviews, 1999, 3: 219-231.

［18］ Czuppon T A，Knez S A，Newsome D A. Hydrogen. In：Kroschwitz J I，Howe-Gran M，Kirk-Othmer encyclopedia of chemical technology，Vol. 13，4th ed. New York：Wiley，1995：838-852.

［19］ Renner H J，Marschner F. Catalytic reforming of natural gas and other hydrocarbons. In：Elvers B，Hawkins S，Ravenscroft M，Rousaville J F，Schulz G，editors. Ullmann's encyclopedia of industrial chemistry，Vol. A12，5th ed. Weinheim，Germany：VCH Verlagsgesellschaft，1989：186-204.

［20］ 李磊．加氢站高压氢系统工艺参数研究．杭州：浙江大学，2007.

［21］ 彭昂．千瓦级燃料电池热电联产系统中天然气重整制氢体系的研究．广州：华南理工大学，2011.

［22］ Fanhua Ma，Yu Wang，Mingyue Wang，et al. Development and validation of a quasi-dimensional combustion model for SI engines fuelled by HCNG with variable hydrogen fractions，International Journal of Hydrogen Energy，2008，33（18）：4863-4875.

［23］ Fanhua Ma，Yong Yin. Development of Hydrogen-natural Gas Fueling Supply System on Test Bench for HCNG Engine Research. Vechicle engine，2006，2：49-53.

索引